固体矿产勘查实用技术手册

《固体矿产勘查实用技术手册》编委会 编

中国科学技术大学出版社

内 容 简 介

本书介绍了固体矿产勘查全过程的地质实用技术，包括固体矿产勘查野外作业技术，地勘资料综合整理研究及报告编制、评审、出版等（不包括能源矿产、放射性矿产及水气矿产勘查技术，亦不包括中小比例尺区域地质调查勘查技术）。

本书面向地质专业领域，以地质技术人员为主要服务对象，切合工作实际，紧扣规范要求，实用性、指导性和参考性较强，可作为广大从事固体矿产勘查的地质技术人员的工具书及培训教材，是勘查单位技术管理、质量管理、地勘工作的标准化参考书，也是从事矿政管理工作人员的地勘专业技术参考书。

图书在版编目（CIP）数据

固体矿产勘查实用技术手册/《固体矿产勘查实用技术手册》编委会编．—合肥：中国科学技术大学出版社，2020.5（2020.6重印）
ISBN 978-7-312-04776-3

Ⅰ．固…　Ⅱ．固…　Ⅲ．固体—矿产资源—地质勘探—技术手册
Ⅳ．P624-62

中国版本图书馆CIP数据核字（2019）第165078号

GUTI　KUANGCHAN　KANCHA　SHIYONG　JISHU　SHOUCE

出版　中国科学技术大学出版社
安徽省合肥市金寨路96号，230026
http://press. ustc. edu. cn
https://zgkxjsdxcbs. tmall. com
印刷　合肥华苑印刷包装有限公司
发行　中国科学技术大学出版社
经销　全国新华书店
开本　787 mm×1092 mm　1/32
印张　32.875
字数　854千
版次　2020年5月第1版
印次　2020年6月第2次印刷
定价　200.00元

《固体矿产勘查实用技术手册》编委会

编 写 团 队

编写单位　安徽省地质矿产勘查局三一二地质队

编写人员　张立明　刘国华　黄先觉　魏士书

　　　　　朱邦杨　王　威　褚进海　陈春元

　　　　　邓炳法　郭　帅　李孟春

前　言

2000年以来，为适应经济社会飞速发展的需要，国土资源部对以往的固体矿产勘查规范进行了系统修订，并以新的国家标准和行业标准的形式陆续发布实施。组织新老地质技术人员系统学习和全面贯彻执行新规范，规范固体矿产勘查各项工作，统一各勘查单位原始地质编录、综合地质编录、矿产勘查报告的内容与格式，为矿产勘查报告文档编辑、制印和地质图件清绘、出版提供技术指导，是确保矿产勘查成果质量，实现矿产勘查规范化、标准化必须要做的工作。刚踏上矿产勘查岗位的青年技术人员，应及时掌握地勘技术操作技能，准确、全面地执行地勘规范。

计算机技术的飞速发展，大大地提高了地质勘查资料综合整理研究、矿产勘查报告及地质图件的编制速度和效能，地质技术人员利用计算机软件清绘地质图件和编辑矿产勘查报告文档资料，并直接交付制印、出版已经成为新的工作模式。为此，加强对地质技术人员地质勘查资料综合整理研究、文档编辑和地质图件清绘、出版的规范化技术培训，提升勘查单位的技术水平及质量管理的科学化、规范化、标准化水平，是实现矿产勘查报告标准化、规范化的重要举措。

《固体矿产勘查实用技术手册》（以下简称《手册》）应上述需求而编撰。《手册》力求切合工作实际，紧扣规范要求，实用性、指导性和参考性强，适合广大矿产勘查技术人员使用。

《手册》介绍了固体矿产勘查全过程的地质实用技术，包括固体矿产勘查野外作业技术、地勘资料综合整理研究及报告编制、评审、出版等(不包括能源矿产、放射性矿产及水气矿产勘查技术,亦不包括中小比例尺区域地质调查勘查技术)。

《手册》的编撰和出版系安徽省自然资源厅(原安徽省国土资源厅)2016年度安徽省公益性地质工作第二批项目(皖国土资〔2016〕71号)工作内容,总体目标任务是:“围绕固体矿产勘查中所需地质物探等各项工作方法、手段,结合新方法和新技术,编制一本简明、实用,图文并茂,便于广大地质工作者使用的《固体矿产勘查野外实用技术手册》。”项目由安徽省地质矿产勘查局三一二地质队承担。项目实施得到了安徽省公益性地质调查管理中心的精心指导及安徽省地质矿产勘查局311地质队、安徽省地质矿产勘查局313地质队、安徽省地质矿产勘查局326地质队、安徽省地质调查院、安徽省地球物理地球化学勘查技术院、安徽省地质测绘技术院等兄弟单位的鼎力支持。其中,我们邀请了安徽省地质矿产勘查局313地质队、安徽省地质调查院、安徽省地质测绘技术院相关专业的专家参与了部分章节的编撰。

《手册》主要编撰人员及分工如下:

张立明(项目负责人):

前言

第1章　矿产勘查概论(除1.2.3、1.7.1、1.9、1.10)

第6章　地质资料综合整理与综合研究

第8章　矿床开发经济意义研究、评价

第12章　重砂找矿

魏士书(项目副负责人):

1.9　绿色勘查

1.10　固体矿产综合勘查和资源综合利用

第3章　勘查工程系统及探矿工程地质应用技术

刘国华：

第2章　地质填图

第4章　探矿工程原始地质编录

第5章　岩矿取样及矿产质量研究、矿石加工技术研究

第7章　固体矿产资源/储量估算

第9章　矿产勘查质量评估

16.1　固体矿产勘查报告的编制(除16.1.5、16.1.6)

16.2　《报告》的评审

16.3　《报告》的出版

黄先觉：

1.2.3　矿点检查与评价

1.7.1　矿产勘查工作的立项、设计及勘查质量

王威：

第10章　地球物理勘查

朱邦杨：

第11章　地球化学勘查

褚进海：

第13章　遥感地质调查

陈春元：

第14章　矿床开采技术条件勘查

邓炳法：

第15章　地质矿产勘查测量

李孟春：

16.4　地质资料的汇交

郭　帅：

16.1.5　矿山闭坑报告编制

16.1.6　固体矿产资源/储量核实报告编制

《手册》由刘国华设计编写大纲，刘青、张立明统稿，图、表的绘制、排版由郭帅完成。刘经鼎、刘焕应、刘青、李希隆、李燕敏等参与了对《手册》初稿的预审工作，《手册》各类文稿资料、报告的整理由赵广华完成。谨此向以上单位和个人表示最诚挚的谢意！

《手册》依据的规范

GB/T 33444—2016	《固体矿产勘查工作规范》
GB/T 13908—2002	《固体矿产地质勘查规范总则》
GB/T 17766—1999	《固体矿产资源/储量分类》
GB/T 958—2015	《区域地质图图例》
GB/T 25283—2010	《矿产资源综合勘查评价规范》
GB/T 18341—2001	《地质矿产勘查测量规范》
GB/T 1.1—2009	《标准化工作导则　第一部分:标准的结构和编写》
GB 3838—2002	《地表水环境质量标准》
GB 12719—91	《矿区水文地质工程地质勘探规范》
DZ/T 0078—2015	《固体矿产勘查原始地质编录规程》
DZ/T 0079—2015	《固体矿产勘查地质资料综合整理综合研究技术要求》
DZ/T 0130—2006	《地质实验室测试质量管理规范》
DZ/T 0033—2002	《固体矿产勘查/矿山闭坑地质报告编写规范》
DZ/T 0273—2015	《地质资料汇交规范》
DZ/T 0251—2012	《地质勘查单位质量管理规范》
DZ/T 0227—2010	《地质岩心钻探规程》
DZ/T 0156—95	《区域地质及矿区地质图清绘规程》
DZ/T 0157—95	《1:50000地质图地理底图编绘规范》
DZ/T 0131—94	《固体矿产勘查报告格式规定》
CNAS-GL 06	《化学分析中不确定度的评估指南》

目　录

前言 …………………………………………………………………………………… i
《手册》依据的规范 ………………………………………………………………… v
第1章　矿产勘查概论 ………………………………………………………………… 1
1.1　矿产勘查目的、任务及勘查技术种类 ………………………………………… 1
1.2　矿产勘查基本原则及勘查阶段的划分 ………………………………………… 1
1.3　矿床勘查类型及控制程度 …………………………………………………… 8
1.4　勘查研究程度 ………………………………………………………………… 9
1.5　勘查工作内容 ………………………………………………………………… 12
1.6　资源/储量估算 ………………………………………………………………… 14
1.7　矿产勘查工作的立项、设计及矿产勘查质量 ………………………………… 15
1.8　矿床开发经济意义评价 ……………………………………………………… 23
1.9　绿色勘查 ……………………………………………………………………… 25
1.10　固体矿产综合勘查和资源综合利用 ………………………………………… 28
1.11　矿产勘查报告的编写、评审、出版、汇交 …………………………………… 36
第2章　地质填图 …………………………………………………………………… 38
2.1　概述 …………………………………………………………………………… 38
2.2　实测地质剖面操作技术 ……………………………………………………… 39
2.3　矿床(区)地质填图 …………………………………………………………… 49
2.4　矿区外围(区域)地质图编制 ………………………………………………… 55

2.5 浅覆盖区地质填图……56
2.6 填图方法及技术要求……57
2.7 填图质量检查要点……66

第3章 勘查工程系统及探矿工程地质应用技术……68
3.1 勘查工程系统综述……68
3.2 勘查工程系统与矿体基本形态类型的关系……69
3.3 勘查工程总体布置……72
3.4 探矿工程种类、规格和使用技术……78
3.5 勘查工程间距的确定……84
3.6 探矿工程的设计、施工和竣工后续工作……93
3.7 探矿工程质量标准……106

第4章 探矿工程原始地质编录……114
4.1 概述……114
4.2 基本要求……116
4.3 地质编录的工作程序……120
4.4 各类工程地质编录……122
4.5 探矿工程原始地质编录资料质量检查……158
4.6 采样地质编录……161

第5章 岩矿取样及矿产质量研究、矿石加工技术研究……165
5.1 概述……165
5.2 术语和定义……165
5.3 影响矿产质量的因素……168
5.4 矿产取样布采原则……170
5.5 矿产取样的种类及技术要求……172

5.6 化学样品加工 ……219
5.7 采样工作评估 ……222
5.8 内外检样品的抽取及误差计算 ……229

第6章 地质资料综合整理与综合研究 ……241
6.1 概述 ……241
6.2 野外原始地质资料的综合整理 ……242
6.3 勘查过程中的资料综合研究 ……256
6.4 勘查报告编写前的综合整理研究 ……288
6.5 综合整理研究的质量监控 ……293
6.6 附图、附表种类 ……295
6.7 数据整理技巧 ……298
6.8 实验数据的测量误差与测量不确定度 ……311

第7章 固体矿产资源/储量估算 ……317
7.1 概述 ……317
7.2 矿产工业指标 ……326
7.3 矿体圈定与连接 ……332
7.4 资源/储量估算 ……354
7.5 距离加权法、相关分析法、克里格法、SD法资源/储量计算 ……394

第8章 矿床开发经济意义研究、评价 ……413
8.1 概述 ……413
8.2 概略研究 ……416
8.3 预可行性研究 ……420
8.4 可行性研究 ……422

8.5 矿床技术经济评价步骤 ……423
8.6 矿床技术经济评价方法分类 ……424
8.7 微观经济静态法评价指标 ……428
8.8 微观经济动态法评价指标 ……430
8.9 国民(宏观)经济评价 ……432
8.10 不确定性分析评价 ……436
8.11 矿床开发经济意义研究报告编写 ……442

第9章 矿产勘查质量评估 ……444
9.1 概述 ……444
9.2 工作质量评估 ……444
9.3 质量保证 ……469

第10章 地球物理勘查 ……474
10.1 概论 ……474
10.2 物探技术方法及应用条件、野外施工及质量控制 ……480
10.3 设计书编写 ……526
10.4 野外工作检查及资料验收 ……530
10.5 成果报告编写 ……535
10.6 物探异常的地质解释 ……540
10.7 典型矿床综合物探方法应用 ……553

第11章 地球化学勘查 ……557
11.1 概述 ……557
11.2 特点、种类及应用范围 ……557
11.3 地球化学勘查技术及野外工作方法 ……560
11.4 样品分析测试及质量监控 ……575

11.5 数据处理、资料整理及图件编制 ……576
11.6 综合研究:化探异常的分类、判别、查证和评价 ……588
11.7 化探地质报告的编制……595

第12章 重砂找矿 ……598
12.1 概述……598
12.2 目的、任务 ……599
12.3 基本原则……599
12.4 基本程序……600
12.5 基本工作内容……600
12.6 砂矿取样……609
12.7 工作成果……611

第13章 遥感地质调查 ……619
13.1 概述……619
13.2 基本要求……620
13.3 基本程序……620
13.4 基本内容……621
13.5 工作成果及成果提交……639

第14章 矿床开采技术条件勘查 ……640
14.1 矿区水、工、环勘查工作概论……640
14.2 矿区水文地质勘查……646
14.3 矿区工程地质勘查……705
14.4 矿区环境地质勘查……716
14.5 矿床开采技术条件勘查类型及原始资料质量检查……728
14.6 水、工、环勘查工程质量评估及报告编写……734

第15章 地质矿产勘查测量 ……748
15.1 概述……748
15.2 地形图图件分幅、坐标系统和高程基准 ……749
15.3 各勘查阶段对测量的总体要求……752
15.4 测量主要技术要求和质量指标……752
15.5 成图要求……757
15.6 测量成果质量要点……760

第16章 固体矿产勘查、矿山闭坑报告的编制、评审、出版、汇交 ……764
16.1 固体矿产勘查报告编制……764
16.2 《报告》评审……781
16.3 《报告》出版……805
16.4 地质资料汇交……844

附录 ……879
附录1 安徽省小型以下矿产资源/储量规模划分标准 ……879
附录2 安徽省铁矿等14个矿种采选行业准入标准 ……884
附录3 地层分类的单位术语和等级节要……886
附录4 国际地层表……889
附录5 中国区域年代地层(地质年代 海相区域)表……892
附录6 安徽省岩石地层(年代地层)单位简表……896
附录7 安徽省构造单元(构造相)划分简表及主要构造单位划分方案……898
附录8 中国主要类型岩石、疏松沉积物、大陆地壳的化学组成和元素丰度……901
附录9 矿石主要构造类型……906

附录10　气成—热液蚀变类型、主要金属矿床氧化带中常见的矿物及其特征 ……907
附录11　岩石花纹设计原则及组合方法 ……915
附录12　固体矿产勘查原始地质编录表式、图式 ……917
附录13　地质资料综合整理研究附表格式 ……978
附录14　矿床开发经济意义概略研究预可行性研究报告编写提纲(参考) ……996
附录15　相关系数临界值表 ……1001
附录16　固体矿产勘查设计、勘查报告编写提纲 ……1005
附录17　固体矿产勘查现行常用国家标准、行业标准(规范、规程)名录 ……1019

参考文献 ……1026

第1章　矿产勘查概论

1.1　矿产勘查目的、任务及勘查技术种类

矿产资源是人类赖以生存和发展的物质基础。高效、快速、经济、优质和足够多地提供矿产资源基地和矿产勘查成果，是矿产勘查的基本任务。

矿产勘查的最终目的是为矿山建设设计提供矿产资源储量和开采技术条件、矿床开发经济技术等必需的地质资料，减少开发风险和获得最大的经济效益。

本手册阐述固体矿产勘查技术，主要包含以下内容：矿产勘查的目的、任务，勘查研究程度，勘查控制程度，探矿手段及勘查系统的运用，勘查工作方法、操作技术及质量要求，矿产资源/储量分类及资源/储量估算，矿床开发可行性评价，矿产勘查报告编制、评审和出版等。

1.2　矿产勘查基本原则及勘查阶段的划分

1.2.1　基本原则

矿产勘查要遵循的基本原则如下：

(1) 依法、依规勘查原则：矿产勘查和其他相应的矿业活动，必须以依法获得矿业权为前提，合法勘查；所有勘查工作，应严格按勘查设

计和相关规范实施。

(2) 因地制宜原则:从矿床实际的地质效果和经济效果出发部署勘查工作。

(3) 循序渐进原则:各项工作的开展应遵循由粗到细、由表及里、由浅入深、由已知到未知的原则。

(4) 全面研究原则:对矿床进行地质、技术和经济层面的全面的研究评价。

(5) 综合评价原则:对矿床中主元素和有益组分的综合利用要进行全面综合评价。

(6) 经济合理原则:在保证矿产勘查程度的前提下,用最合理的方法,最少的人力、物力、财力,最短的时间,取得最好的地质成果和最大的经济效益。

(7) 环境保护原则:环境是人类赖以生存的基础,矿产勘查及开发利用必须考虑地质、生态环境的保护和恢复治理,矿产勘查和开发不能以牺牲环境为代价。

(8) 勘查程度合规原则:拟设立采矿权的矿山的勘查程度要符合相关规定,即非煤矿产原则上要达到勘探程度;简单矿床、开采矿山外围及深部勘查要达到详查及以上程度。(国土资发〔2007〕68号、国土资规〔2017〕14号)

1.2.2 勘查阶段的划分

根据《固体矿产地质勘查规范总则》(GB/T 13908—2002),固体矿产勘查可分为预查、普查、详查、勘探四个阶段,勘查阶段不同,其工作基础,目的、任务,工作内容,工作程度及资源/储量性质等也不同,如表1.1所示。

表1.1 矿产勘查各阶段工作特点

勘查阶段	工作基础	目的、任务	工作内容	工作程度	资源/储量性质		资源/储量占比要求(%)
预查	区域调查资料	初步了解预查区内矿产资源远景,提供可供普查的地区	综合研究、类比研究、初步野外观测及极少量工程验证	初步了解	潜在资源	预测的(334类)	
普查	以预查为基础;预查发现的矿化潜力较大地区	对已知矿化区进行初步评价,发现矿产,提供详查范围	地质测量、物探、化探、取样工程及经济评价概略研究	大致查明		推断的(333类)	推断以上的资源/储量占比≥30%;作矿山设计时占比≥50%
详查	以普查为基础;普查圈定的详查区域	评价矿产的工业价值,圈出勘探范围	采用各种勘查方法及手段,进行经济评价与可行性研究	基本查明	查明资源	控制的(332类)	控制的资源/储量占比≥30%;作矿山设计时占比≥50%
勘探	已知有工业价值的矿区,详查提供的勘探靶区	提供矿山建设设计依据	采用各种勘查方法及手段加密采样工程,进行经济评价与可行性研究	详细查明		探明的(331类)	(探明的+控制的资源)储量占比≥50%

由上述勘查阶段可知,固体矿产勘查一般流程如图1.1所示。

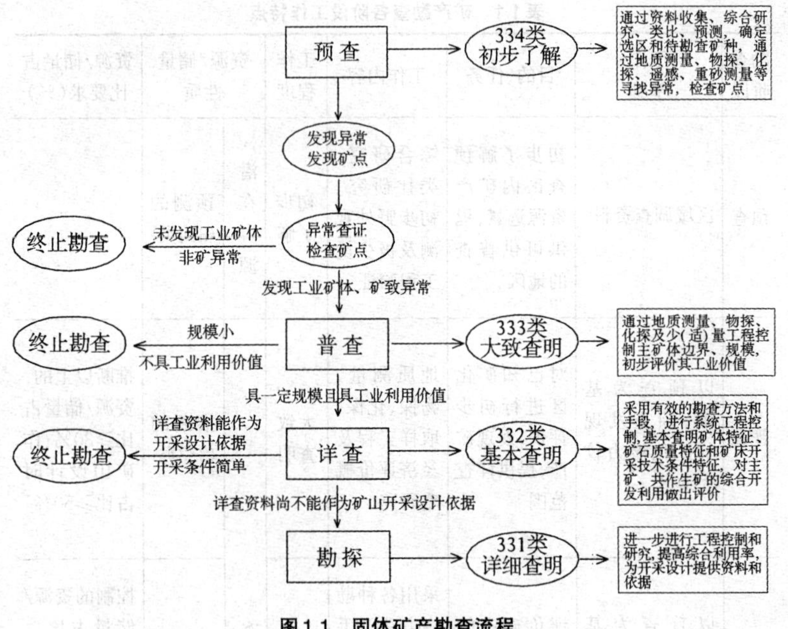

图 1.1　固体矿产勘查流程

1.2.3　矿点检查与评价

1.2.3.1　目的与任务

矿点检查与评价是矿产勘查过程中的一项重要工作，它一般在矿产勘查的预查和普查阶段进行。

根据《固体矿产勘查工作规范》(GB/T 33444—2016)，矿点可细分为报矿点、矿化点等。

报矿点是指群众(非矿产勘查专业单位、个人)提供的可能存在矿产线索的地点。根据《地质词典》及《地球科学大辞典》，矿化点是指据现有资料判断其具有直接或间接的矿化标志，但不足以说明是否有矿床存在的地点。矿点是指具备矿产形成条件，有直接显示矿产存在的标志的地点。矿点一般只经初步了解，是否有价值需进一步开展工作，可作为进一步找矿的线索；或经进一步开展工作，其规模小于小型矿床，或未经勘查，其规模尚未查明。

矿点检查的目的和任务是：对地质资料和矿化地质特征进行综合整理和综合研究，通过对具有找矿意义的矿点和异常的野外踏勘检查，开展少量探矿工程、采样测试以及对异常的验证、评价，对勘查点找矿前景作出评价。

《固体矿产勘查工作规范》(GB/T 33444—2016)对报矿点、矿化点和矿点的工作内容、方法、需提交的资料成果等要求节录如下。

1.2.3.2　报矿点检查

(1) 对报矿点地质情况、矿化特征等找矿线索(包括已有资料记载、报矿记录或标本等)进行检查，并进行适量的野外调查和采样测试。

(2) 编写报矿点检查简报，附示意图或路线调查草图、采样测试资料等，并进一步提出具体的工作建议。

1.2.3.3　矿化点检查

1. 矿化点检查的内容和方法

(1) 通过自然露头调查研究矿化点的地层、构造、岩浆岩和矿化等的特征。

(2) 根据自然露头情况，配合少量槽井探工程，实测1∶2000～1∶500的地质剖面图，条件具备时，用物探、化探剖面性工作控制勘查区。

(3) 用极少量的槽探、井探工程，对含矿地质体进行适当揭露，大致了解其规模、形态、产状及矿化特征，大致圈定矿化范围。

(4) 用刻槽法或连续拣块法，采取具有代表性的基本分析及光谱分析样品。

(5) 填制地质平面草图，并编写矿化点检查报告。

2. 矿化点检查应提交的资料

(1) 矿化点检查报告，主要包括矿化点所处地理位置、交通位置、检查方法、工作量、地质构造及矿化特征，提出检查意见及进一步工作的建议。

(2) 矿化点地质平面略图、地质实测剖面图等。

(3) 必要的物探、化探解释资料，如平面数据图、异常平面图、剖面平面图、地质物化探综合剖面图等。

(4) 地质填图资料，槽探、井探编录等各种原始资料，矿石鉴定及各种分析测试资料等。

1.2.3.4 矿点检查与评价

1. 目的与任务

通过收集和分析资料、现场调查异常源、查证异常重现性、开展极少量工程验证等，对具有工业意义的异常和矿点进行检查与评价，并提出进一步工作的建议。

2. 基本程序及要求

(1) 在收集、研究和利用已有成果资料的基础上，对地表达到边界品位以上的矿化体、老硐、民窿等老矿点，地表矿化品位虽低但规模可能较大，蚀变或铁帽等找矿标志明显，有一定成矿条件的物探、化探异常均应进行实地调查。

(2) 调查研究矿点的地质、构造、蚀变及矿化特征，地质成矿条件，含矿部位，矿体(或含矿地质体)规模、形态、产状及矿石质量特征等。

(3) 在进行单矿点检查时,应填制1:2000~1:1000的地质平面图或简图,测制1:1000~1:500的地质剖面图;在进行有一定成因联系的多矿点检查时,应填制相应面积的1:10000~1:1000的地质简图或草图。从而开展成矿预测,以指导找矿。填图时应有目的地采取原生晕、次生晕、分散流及岩矿鉴定等样品,全面调查矿点的成矿远景。

(4) 分析和研究矿点的地表和深部的内在联系,对成矿地质条件较好,找矿标志明显,物探、化探存在综合异常的矿点,应进行检查和验证。

(5) 重视地表矿化体的揭露、检查与研究工作,用稀疏的地表坑探工程对矿体(或矿化体)进行揭露,研究其大致规模、形态、产状及分布范围。

(6) 进行一定量的物探、化探面积性或剖面性工作,及时查证有关异常。

(7) 对地表有一定程度的矿化、成矿条件有利但经矿点检查难以作出明确结论的,应根据具体情况,决定是否进一步开展工作;对因各种原因暂不能进一步开展工作和异常验证的,应在矿点检查报告中予以说明。

(8) 通过采取一定数量的样品进行岩矿鉴定、光谱分析与基本分析等,测试研究矿石(或矿化体)的矿物成分及有用、有益、有害组分等。

(9) 矿点检查评价的原始资料应在野外定稿,不应在室内靠回忆编写或补充。若矿点有民窿、老硐等,在确保安全的前提下应进行清理、调查和编录。

(10) 编制地质工程简图或草图,地质、物探、化探综合平面图,采样点位图,平面数据图,单元素或综合异常图,物探异常图,联合剖面图和综合地质、物探和化探综合剖面图。

(11) 对有成矿远景的矿点进行检查评价后,应提出进一步工作的建议。

3. 工作成果

提交矿点检查地质报告,地质点、槽探、井探及老窿调查等原始书面资料及影像资料,物探、化探、岩矿鉴定及测试等所有矿点检查资料。矿点检查地质报告编写格式见附录16.5。

1.3 矿床勘查类型及控制程度

1.3.1 矿床勘查类型

按照矿床的主要地质特点及其对勘查工作的影响(勘查的难易程度)所划分的类型称为矿床的勘查类型,也叫作勘探类型。勘查类型分为Ⅰ、Ⅱ、Ⅲ 三类,允许划分过渡类型。

确定矿床勘查类型的原则主要为:

(1) 追求最佳勘查效益。

(2) 从矿床的具体特征出发,各矿种有各自的划分标准。

(3) 以主矿体(占矿床资源/储量的70%以上)为主的原则。

(4) 对初定的勘查类型,随工作进展,在实践中验证并及时修正。

1.3.2 勘查控制程度

勘查控制程度一般是指通过各类探矿手段、探矿工程、样品采集测试、矿石加工技术研究等,对勘查对象开展不同网度的工程控制和地质勘查工作。矿种不同、矿床类型不同、矿床的特征及开采条件不同,对矿产勘查的控制程度要求也不同。

矿床控制程度主要体现在矿床勘查类型的划分、勘查工程间距的确定,以及工程布置、施工原则、控制程度等方面。其中控制程度包括勘查范围内矿体分布范围和相互关系的控制，地表矿体露头、矿体边界的控制，破矿构造、盲矿体的控制，以及首采区资源/储量占查明的矿产资源量的百分比的控制等。满足对主矿体控制程度的要求是勘查控制程度的核心。

《固体矿产地质勘查规范总则》和各矿种勘查规范对各勘查阶段的勘查控制程度都有相关规定（要求）。对主矿体的有效控制是否符合规范，是确定矿床的控制程度是否合规的要点。

1.4　勘查研究程度

1.4.1　勘查研究内容

不同矿种和不同勘查阶段对勘查研究程度有不同的要求。勘查研究内容主要有地质研究（勘查区地质、矿床地质）、矿体特征研究、矿石质量研究、矿石加工选冶技术性能研究、矿床开采技术条件研究、矿产资源综合评价、矿床开发可行性评价等方面。

1.4.2　地质研究程度

地质研究指围绕勘查区、矿区的地层、构造、岩浆岩、变质岩、矿体、矿化及围岩蚀变等地质要素，进行产出特征、空间规律、相互关系等的综合研究。矿产勘查阶段不同，对地质研究程度的要求则不同，《固体矿产地质勘查规范总则》及各矿种勘查规范对各勘查阶段的地质研究程度均有规范性的要求，勘查者应认真贯彻执行。总体要求为：

(1) 预查阶段：广泛搜集资料，达到“初步了解”程度，即初步了解预查区地质特征和矿产资源远景，并作出潜力预测。

(2) 普查阶段：达到“大致查明”程度，即大致查明地质、构造概况,大致掌握矿体形态、产状等。

(3) 详查阶段:达到"基本查明"程度,即基本查明地质、构造及主要矿体形态、产状、大小等,基本确定矿体的连续性。

(4) 勘探阶段:达到"详细查明"程度,即详细查明矿床地质特征、矿体的连续性及矿体形态、产状、大小、空间位置特征等。

勘查研究程度的具体要求,详见本手册第6章第6.3节中的"各个勘查阶段综合研究侧重点表"。

1.4.3 矿石质量研究程度

对矿石质量的研究,主要是对矿石特征、物质组分、矿石的有益有害组分进行研究。矿种不同、勘查阶段不同,对矿石质量研究程度要求也不同,总的要求与地质研究程度类似,即预查阶段:广泛搜集资料,开展类比研究,达到"初步了解"程度;普查阶段:达到"大致掌握"质量特征程度;详查阶段:达到"基本查明"矿石质量程度;勘探阶段:达到"详细查明"矿石质量特征程度。

矿石质量研究详见本手册第5章、第6章、第7章相关内容。

1.4.4 矿石选冶和加工技术研究程度

对于矿石选冶工艺试验研究程度,不同矿种和不同勘查阶段要求不同,各单矿种勘查规范均有具体要求。总体要求为:

(1) 预查阶段:要求做类比研究试验。

(2) 普查阶段:对于工业利用技术已成熟的易选、易加工选冶矿石,可做类比研究试验;对于难选矿石要做可选(冶)性试验;对新类型矿石要做实验室流程试验;对于饰面石材要有试采资料。

(3) 详查阶段:要做可选(冶)性试验、实验室流程试验;对于难选矿石要做实验室扩大连续试验。

(4) 勘探阶段:对于不同类型矿石要做实验室流程试验、实验室扩大连续试验,对于大型矿山及新类型矿山要做半工业试验。

矿石加工技术研究的范围、目的、类别、研究程度等,详见本手册第6章第6.3.4条。

1.4.5　矿床开采技术条件研究

矿床开采技术条件研究,是评价矿床能否被开发利用和怎样开发利用的重要依据之一。矿产勘查,要根据矿床的开采技术条件,按照规范要求进行勘查。不同矿种、不同勘查阶段、不同矿床条件,矿床的开采技术条件研究程度要求各不相同,各类勘查规范均有明确规定。

矿床开采技术条件研究,主要围绕水文地质条件、工程地质条件、环境地质条件(以下简称水、工、环)研究展开。总体要求为:

(1) 预查阶段:收集区域和矿区水、工、环资料。

(2) 普查阶段:大致了解矿床开采技术条件。

(3) 详查阶段:基本查明矿床开采技术条件。

(4) 勘探阶段:详细查明矿体开采技术条件。

矿床开采技术条件的勘查类型划分为简单(Ⅰ)、中等(Ⅱ)、复杂(Ⅲ)三大类九小类,各类型开采技术条件特征及勘查工作具体要求不同,详情请参阅《固体矿产地质勘查规范总则》(GB/T 13908—2002)附录B以及各单矿种勘查规范。

有关矿床开采技术条件勘查技术,在本手册第14章予以专述。

1.4.6　矿产资源综合勘查评价研究程度

矿产勘查在对主矿产进行勘查评价的同时,要对共伴生矿产进行勘查评价,即对共伴生矿产的赋存形式、分布规律、品位指标、可利用性、经济意义、资源/储量等进行研究评价,为矿山建设设计和矿山生产提供资源综合利用的地质资料。

1.5　勘查工作内容

1.5.1　固体矿产勘查技术方法

1.5.1.1　定义

固体矿产勘查技术方法，是指在矿产勘查活动中能直接获取区内有关矿产的形成与赋存的直接或间接的各种信息及各种技术参数的技术方法。

1.5.1.2　种类

固体矿产勘查方法的种类主要有地质测量法、重砂找矿法、地球化学测量法、地球物理测量法、遥感地质测量法、探矿工程法等。与其配套的方法还有地质采样及样品制备、实验测试等。

矿产勘查各种技术方法一般要联合使用，其中，地质测量法、探矿工程法是最基本的技术方法。各种方法技术将在本手册之后的各章中详细阐述。

1.5.2　影响勘查技术方法选择的因素

影响勘查技术方法选择的因素主要有勘查的阶段、工作区的地质条件、矿床类型及地质特征、工作区自然地理条件以及经济方面的因素等。

1.5.3　勘查技术方法的合理运用

要实现勘查技术方法的合理运用，就要对所勘查的矿产的有效性、经济效益、政策环境等"先决"条件有充分了解。勘查（设计）者应严格遵循效能、经济、环保、安全及政策许可原则，设计和实施各种勘查方法手段和探矿工程。例如：

（1）高山区前期工作可选航空物探、化探测量法，遥感地质测量法，水系沉积物测量法，重砂测量法和地质测量法。

（2）高寒区前期工作可选航空物探、遥感地质测量法、地质测量法，配合水系沉积物测量法、重砂测量法及地面物探。

（3）林区前期工作可选遥感地质测量法，航空物探、化探测量法，水系沉积物测量法，生物地球化学测量法，重砂测量法和地质测量法。根据需要利用探矿工程揭露。

（4）大面积覆盖区前期工作可选遥感地质测量法查找隐伏构造，配合遥感资料解释进行地质填图，并利用物探测量法、水化学和气体地球化学测量法。根据需要利用探矿工程揭露。

（5）探矿工程应了解地表基岩地质界线及矿化信息，在浅土层林木稀疏区域可实施槽探、井探等工程，对勘查覆盖层较厚或氧化带较深的矿体，槽探、井探难以达到目的时须用浅钻代替。矿体系统揭露控制须用钻探或坑探工程。在生态脆弱区，应尽可能选择对地质生态环境影响小、易于环境恢复治理的方法手段。

1.6 资源/储量估算

1.6.1 矿体的圈定、连接

按照相关规范的要求,圈定和合理连接矿体,是矿产勘查的核心工作之一。要在圈定矿体的基础上进行资源/储量估算,必须具备的前提是:有合理合法的工业指标,有用组分赋存状态已经查明,且达到工业指标,对矿体进行了合理的连接,参与计算的各探矿工程,样品采集、加工、测试均符合有关规范、规程及规定的要求。

矿体的圈定与连接规则及资源/储量估算,详见本手册第6章第6.3.9.2条中的“矿体圈定与连接研究”及第7章第7.3节、第7.4节。

1.6.2 资源/储量分类及编码

1.6.2.1 分类

经勘查工作已发现的矿产资源的总和即固体矿产资源/储量,可分为查明的和潜在的矿产资源/储量。查明的矿产资源/储量又可分为储量、基础储量、资源量三类。只有达到边际经济及以上的查明的矿产量才能称为储量,次边际经济及内蕴经济的矿产量只能叫作资源量。

1.6.2.2 编码

矿产资源/储量编码由3位阿拉伯数字组成。它包含了矿床开发的经济意义、矿床开发的可行性研究程度、矿床的地质研究程度三重意义。它们的数字代号在资源/储量编码中位置分别为第1位、第2

位、第3位。

关于固体矿产资源/储量的定义、分类、编码、分级及新老资源/储量级别套改等内容,请参见"GB/T 17766—1993"规范及本手册第7章第7.1节。

1.6.3 资源/储量估算方法概述

固体矿产资源/储量估算,是指根据矿产勘查所获得的矿床(矿体)资料数据,运用矿床学理论及一定的方法,计算和确认矿产的数量、质量、空间分布等数据。自然界的矿体形态和矿石质量是千变万化的,资源/储量估算方法的实质,是将矿体空间形态分割成简单的空间几何体,将矿石组分均一化,运用体积计算公式估算其体积和平均品位,并根据所测定的矿石体积、质量进行矿石量、金属量等的估算。

资源/储量估算方法主要有几何学法、地质统计学法、SD法等。最常用的是几何学法,又可分为断面法、地质块段法、算术平均法、多角形法、等值线法等,其中断面法又可分为平行垂直断面法、水平断面法。

估算方法的选择,要根据矿床的特点结合勘查工作实际,以有效、准确、简便、能满足规范要求为依据。关于资源/储量估算的操作技术,请参阅本手册第7章。

1.7 矿产勘查项目的立项、设计及矿产勘查质量

1.7.1 矿产勘查项目的立项

矿产勘查项目立项是矿产勘查工作的重要环节之一,它关系到矿

产勘查目标任务的实现。

以下以安徽省矿产勘查项目的立项为例进行详细阐述，相关程序及内容随政策有变化，仅供参考。

安徽省国土资源矿产勘查工作项目分为安徽省地质勘查基金项目、安徽省公益性地质工作项目和安徽省国土资源科技项目三类。

1.7.1.1 立项程序

依据《安徽省地质勘查基金项目管理办法》（财建字〔2015〕26号）、《安徽省公益性地质工作项目管理暂行办法》（皖国土资〔2007〕122号）、《安徽省国土资源科技项目管理暂行办法》（皖国土资规〔2016〕5号）和《安徽省公益性地质调查管理中心项目监督管理办法》的有关规定，安徽省财政出资地质工作项目的立项程序主要可归纳为四步：

1. 项目入库论证

(1) 按照安徽省自然资源厅（原安徽省国土资源厅）会同安徽省财政厅发布的立项指南或通知等相关要求，立项建议单位[各级自然资源部门（原国土资源部门）、勘查单位和有关单位]通过资料收集、研究和野外踏勘，编制立项建议书（格式见附录16.2、16.3）并向安徽省公益性地质调查管理中心申报。

(2) 安徽省公益性地质调查管理中心安排专人受理立项建议书，并向立项申报单位出具受理单。对受理的立项建议书，安徽省公益性地质调查管理中心将进行初步筛选和查重，不符合立项指南、与已实施项目和入库项目重复的，讨论后不予受理，退回立项建议单位。

(3) 通过初步筛选的立项建议书，安徽省公益性地质调查管理中心与安徽省自然资源厅相关处室共同商定项目论证方案，组织专家进行论证。立项建议书论证重点为立项依据和需求分析。

(4) 安徽省公益性地质调查管理中心整理专家论证结果,上报安徽省自然资源厅相关处室,向社会公示。论证结束后,安徽省公益性地质调查管理中心将通过论证的项目录入项目库。

2. 拟实施项目的提取

根据安徽省自然资源厅工作重点和国土资源事业发展需求及年度项目预算,安徽省公益性地质调查管理中心依据相关提取原则从项目库中提取当年拟实施的项目建议,上报安徽省自然资源厅讨论确定拟实施的项目,安徽省自然资源厅发布拟实施项目公告。

拟实施项目的提取原则如下:

(1) 符合当年立项指南所确定的立项重点。

(2) 专家论证排序靠前的项目。

(3) 以满足国家找矿战略需要和实现安徽省找矿目标的项目为主。

(4) 加强重要成矿带基础地质、科技工作的项目。

(5) 为生态文明建设和地方经济发展服务及社会经济发展急需的项目。

(6) 找矿急需但中央财政暂时无法安排的区域性中大比例尺工作项目。

(7) 为支持贫困地区脱贫致富服务的项目。

(8) 以需求为导向,地方政府积极性高的项目。

3. 立项设计书审查

(1) 根据安徽省自然资源厅发布拟实施项目公告要求,符合条件的勘查单位根据发布的项目公告编写项目申报书,并向安徽省公益性地质调查管理中心申报。申报书分A、B卷(A卷格式见附录16.1),项目经费预算应单独编写。其中A卷和项目预算书中不得涉及项目申报单位的相关信息。

(2) 安徽省公益性地质调查管理中心安排专人受理项目申报书,

向申报单位出具受理单,并对申报书以密码形式进行编号分组。然后由安徽省公益性地质调查管理中心提出审查方案,上报安徽省自然资源厅批准后,组织专家进行审查。

(3) 专家审查时,先对项目技术方案按评分标准进行打分,在专家评分的基础上,形成综合分数后,由项目审查委员会审定,确定竞争项目承担单位。然后对项目设计书进行详细审查,形成技术审查意见。在技术审查基础上开展项目预算审查。项目技术审查和预算审查情况均由项目审查委员会最终审定。确定的项目承担单位在安徽省自然资源厅网站上公示。

4. 签订项目委托施工合同

根据公示结果,安徽省自然资源厅会同安徽省财政厅批准项目立项及实施,向项目承担单位下达项目任务书,并与其签订合同,项目承担单位按合同约定组织项目实施。

安徽省公益性地质工作和安徽省国土资源科技项目由安徽省自然资源厅与项目承担单位签订委托施工合同;安徽省地质勘查基金项目在取得勘查许可证后由安徽省地质调查管理中心与项目承担单位签订委托施工合同;合作勘查的安徽省地质勘查基金项目由安徽省地质勘查基金管理中心与合作单位签订合作投资合同,在合作资金到账后方能签订委托施工合作。

1.7.1.2 立项要求

矿产勘查立项的主要要求为:

(1) 立项的地质依据必须充分,这是立项成功的关键。立项的选区应选具有有利的成矿地质条件和良好的找矿前景区块,面积性矿产勘查要围绕重要成矿区带选区。

(2) 勘查矿种应属国家急需和鼓励勘查的矿种,且要以市场需求为导向。

(3) 必须遵守国家现行政策和法规,尽量满足当地经济发展的需要。

(4) 应满足矿产资源规划的要求,立项区域应属鼓励勘查的区域。

(5) 应符合生态环境保护的规定,立项范围应避开生态保护红线。

(6) 勘查工作部署和技术路线合理,采用的勘查工作技术方法合适,符合相关规范和规程要求。

(7) 基金项目实施前应办理勘查许可证,立项区域应属空白区,且满足矿产勘查面积1′×1′划分的区块为基本单位区块。

1.7.2 矿产勘查项目的设计

要高质量地完成矿产勘查任务,必须具备良好的设计思路、合格的符合规范要求的各项勘查工作(工程)、高水平综合研究成果和符合规范的勘查报告,四者须同时兼备。编制一个好的勘查设计方案是高质量完成矿产勘查的前提和基础。

矿产勘查项目设计,要以地质找矿为中心;从实际出发,实事求是;遵循地质工作程序,由表及里、由浅入深、由疏到密;根据勘查区的具体条件和勘查阶段任务,综合使用各种勘查手段方法;各项技术、质量要求要遵循国家和地勘行业规范;安全和地质环境保护方案在进行矿产勘查设计时要同时考虑到。

矿产勘查项目设计主要包含如下内容:目的、任务、以往资料的收集和综合研究、工作部署、技术路线、工作方法及技术要求、实物工作量及工作安排、经费预算、组织管理和质量安全保证措施、预期成果等。

编写矿产勘查项目设计方案的基本要点是:

(1) 所勘查的矿种是国家产业政策允许、市场需求的。

(2) 勘查的地块符合省、市矿产规划。

(3) 要全面收集以往地质及矿产勘查资料，认真综合研究和踏勘，找出要解决的主要地质、矿产问题，有的放矢，主攻目标明确。

(4) 设计依据充分，包括政策许可、市场有需求、外部条件允许、成矿条件有利、地质先决条件良好。

(5) 工作部署合理，方法、手段符合勘查区实际，技术要求明确，工作量安排恰当。

(6) 经费预算合理合规。

(7) 组织机构落实、质量和安全措施到位。

(8) 预期成果明确且可实现性强。

根据《固体矿产普查勘探设计编写、审批规定》(中华人民共和国地质部地矿字〔1979〕885号)及目前矿产勘查发展的实际，我们拟定了《固体矿产勘查设计参考提纲》《固体矿产勘查报告参考提纲》，参见本手册附录16.4、16.6。

1.7.2.1 勘查工程系统

勘查工程的组合形式即勘查工程系统。运用哪一种勘查工程系统，主要取决于矿体的形态、产状、矿床的规模大小及有用物质变化程度等地质因素，以及勘查区自然地理条件和其他一些勘查条件。常表现为由勘查工程组成的勘查线剖面及其构成的勘查网络。根据网络形态可分为正方形网、长方形网、菱形网及三角形网。

布置勘查工程，要贯彻物化探先行、绿色勘查原则，围绕技术、经济、环境、安全四要素及对主矿体的控制程度，按一定的间距系统而有规律地布置。由已知到未知，由地表到地下，由稀到密；工程要穿过整个矿体或含矿构造带；因地制宜，能最大限度获取地质、矿产信息及最佳经济效果，安全和施工技术可行；根据工程的特点、性质及适用性，勘查工程尽可能在后期能够被利用；所布置的工程要利于勘查区地质环境的修复等。

矿产勘查工程包括物探工程、化探工程、坑探工程、钻探工程，以及它们所需的配套工程等。坑探工程和钻探工程是构成勘探工程的主要部分，物探工程和化探工程作为综合手段配合坑探工程和钻探工程使用。

探矿工程设计的关键是思路要清晰，要根据矿区地质、地形地貌、覆盖物性质等特征，掌握工程的使用范围和使用技术。

1.7.2.2 坑探工程设计

坑探工程包括探槽工程、浅井工程、坑道工程等。探槽和浅井工程为轻型坑探工程，其施工便利、费用低，使用较为方便、灵活。应根据探槽、浅井的性质、规格，紧紧围绕地质目的进行设计。设计时要明确各类坑探工程的具体目的、任务、布置原则、规格、工作量、施工顺序、质量要求等。设计时的关注要点是：

(1) 探槽适用于覆盖物厚度在3 m以内，浅井深度控制在20 m以内。

(2) 探槽方向应沿地质变化最大的方向布置。

(3) 主干探槽（通天槽）的使用要慎重，要考虑其环境影响，生态环境脆弱地段不适宜大量使用探槽，含水砂层中不适宜用浅井。

(4) 坑探工程应尽可能布置在勘查线上，使信息集中，便于典型解剖和综合研究利用。

(5) 对于重型坑探工程（坑道、竖井等工程）的施工和安全，要针对每一个工程专门设计。

1.7.2.3 钻探工程设计关注要点

设计时的关注要点是：

(1) 钻探工程地质观测和编录、样品采取均依托于钻取的岩矿心,可供观测的视域小,其优点是较坑道勘探成本低、效率高、对环境影响小、勘查深度深、应用领域广泛。钻孔按其角度和方位有直孔、斜孔、定向孔之分。

(2) 钻孔应尽可能布置在勘查线上,使信息集中,便于典型解剖和综合研究及进行资源/储量估算。

(3) 机械岩心钻探设计分为地质设计和施工设计。应明确施工地质目的、布置原则、终孔原则及深度、施工顺序、质量要求等。机械岩心钻探是重型工程,每个钻孔均要进行单独的设备、动力、技术、安全施工及环境保护设计。

(4) 钻孔设计的具体内容请参阅本手册第3章中第3.6.1.3条。

1.7.3 矿产勘查质量

1.7.3.1 定义及相关规范

矿产勘查质量是指"一组固有特性满足要求的程度"(DZ/T 0251—2012)。它贯穿于地质矿产勘查全过程,深刻地影响着矿山的开发利用。现行关于矿产勘查质量的规范主要有:《地质工作质量检查验收规定》(地质部地矿司)、《固体矿产地质勘查规范总则》(GB/T 13908—2002)、《勘查单位质量管理规范》(DZ/T 0251—2012),其他矿产勘查规范在本手册相应章节中对相关工作的质量要求作了规定。

1.7.3.2 质量分类

矿产地质勘查质量,可分为管理质量和产品质量。管理质量是产品质量的保障,包括质量目标、质量管理体系和机构、质量制度、质量管理、质量检查验收等方面,请参阅本手册第9.3节。

产品质量主要体现在设计质量、成果地质报告质量(包括勘查报告编、审、出版质量，原始地质资料质量，实物地质资料质量等）、资料汇交质量等。矿产地质勘查质量又可分为总体（宏观）质量和勘查工程质量：

总体（宏观）质量是指：根据设计和规范要求，满足投资者对矿产勘查任务的要求；勘查阶段符合设计要求，各项勘查工作及质量满足该勘查阶段的相关要求；勘查工作手段方法选择得当、符合矿区实际；各项工作质量及探矿工程质量符合相关规范要求；矿床开发经济评估及技术经济参数取值符合实际、评估结论合理；查明的资源/储量占比满足首采期还本付息等相关要求；勘查报告编写规范、资料齐全、图表数据内容对应正确、数据精确可靠、各项地质资料达到归档要求等。

勘查工程质量是指：各项专业工作满足规范规定的具体质量要求，包括地形及工程点测量，地质填图，水文地质，工程地质，环境地质勘查，物、化探遥感，重砂采样，探矿工程，样品布采，样品加工技术和实验测试，矿石选冶样品采集和实验，原始地质编录和地质资料综合整理研究，矿床开采技术条件勘查，报告编制、汇交、制印、出版等各项工作达到的具体质量。

1.7.3.3 质量把关主要节点

对于对于保障矿产勘查质量，目前通常的做法是重点把握好如下节点质量关：设计编审、项目野外验收或中间评估、原始地质资料和综合研究资料质量检查和定稿、报告编写、专家评审、报告汇交等。关于各项勘查工作的详细质量要求，请参见本手册第9章。

1.8 矿床开发经济意义评价

矿床开发经济意义评价是指在完成矿产勘查各项地质勘查、开采技术条件勘查、资料整理和综合研究、资源/储量估算、矿石加工技术试验等各项工作及勘查报告初稿基础上，通过预估矿床未来一定时期内对矿床工业开发的经济价值和经济社会效益，对矿床开发的经济意义作出评价。

矿床开发经济意义评价工作，根据现行规范，可划分为概略研究评价、预可行性研究评价、可行性研究评价。概略研究评价由勘查报告编制单位完成，后两者由具有资质的专业机构完成。

矿床开发经济意义评价的类别、勘查阶段、工作目的、工作内容、主要评价指标及方法、承担单位等参见第8章相关内容。

矿产资源/储量勘查报告，均要对矿床开发经济意义作出评价。评价的方法有类比法、计算法和数理统计法。各个评价方法都是通过对未来矿床（矿山）企业经济运行的预测评估来实现对矿床开发经济意义评价。评价方法分两大类：静态评估法和动态评估法。

(1) 静态评估法。静态评估法是指在矿床开采期内，不考虑时间因素对货币的影响，计算矿床全采期可能获得的经济效益。常用的评价指标为矿床总利润、投资回收率、投资回收期等。

(2) 动态评估法。动态评估法考虑矿床开发整个时期内的时间因素对货币的折旧影响，其实质是按一定的贴现率（货币折旧率），将矿山企业获得的利润折算到评价时的值，以此来衡量矿床开发的经济价值。常用评价指标有总现值、净现值、总现值比、净现值比、内部收益率、动态投资回收期等。

勘查单位应编制矿床开发经济意义概略研究报告，其参考提纲参见本手册附录14。如果是引用预可行性研究报告或可行性研究报告成果，则要对采用的评价指标和计算公式进行考查，判别评价指标所采用参数的合理性和可信程度，以及国内矿业生产水平现状参数的合理性（如未来企业规模、生产效率、工资福利、产品成本、销售价格、现金折旧率等)。关于可行性评价详情请参阅本手册第8章。

1.9 绿色勘查

1.9.1 概述

1.9.1.1 绿色勘查的定义

绿色勘查是指绿色发展理念在地质勘查领域的具体实践,是基于环保要求达到找矿效果的一种勘查新措施或新方法。具体指在地质找矿过程中,以绿色发展理念为引领,通过运用先进的找矿手段、方法、设备和工艺,最大限度地减小对生态环境的负面影响,实施地质勘查全过程环境影响最小化控制,实现找矿和环保双赢的一种全新的勘查模式。

1.9.1.2 绿色勘查的宗旨

生态环境保护是我国的一项基本国策,紧紧围绕生态环境的保护,统筹协调矿产勘查与环境保护两者之间的关系,使地质勘查活动对生态环境的影响或扰动降到最小,勘查活动造成的生态环境破坏能得到及时、有效的恢复治理。

1.9.1.3 绿色勘查的目标

科学作业、文明施工,最大限度减小勘查工作对环境和当地社区的不利影响,从矿业源头开始管控生态环境扰动,实现绿色勘查,同时产生环境效益和经济效益。

1.9.1.4 绿色勘查的原则

(1) 绿色发展:严格保护生态,对勘查申请进行环境影响评价,只有达到环保标准和准入条件,才可以开展矿产勘查活动。

(2) 规范管理:责任明确、防治结合。“谁勘查谁负责,谁破坏谁恢复,谁污染谁治理”,强化和落实生产经营单位的主体责任,建立健全绿色勘查责任制、规章制度和操作方法。

(3) 和谐共赢:尊重自然、尊重所在地民俗,构建和谐的勘查氛围,统筹兼顾勘查效益、生态环境和当地社会效益。

(4) 创新驱动:依靠科技创新,采用新方法、新工艺、新设备,最大限度地避免和减轻勘查活动对生态环境的影响。

(5)“三个同时”:在矿产勘查项目设计时,要同时规划、设计绿色勘查内容及评估对环境的影响;项目实施时要同时实施绿色勘查工程;项目终止时,要同时检查、治理、恢复生态环境并验收。

1.9.1.5 绿色勘查的内容

绿色勘查的内容主要有项目设计和环境评价、绿色勘查方案及操作方法(勘查现场管理、勘查废料管理、放射性矿产勘查保护等)、生态环境恢复治理等。

1.9.2 绿色勘查的关注要点

1.9.2.1 勘查项目设计阶段

勘查设计要同时规划、设计绿色勘查内容;设计书中增设绿色勘查章节,明确绿色勘查的具体方法和检查考核力度,将绿色勘查与安全生产、施工质量同等对待并提出明确要求。

对勘查设计要进行项目的环境评价,环境要求优先于勘查需求;

注重社区关系，通过与社区进行有效的互动，积极主动地向当地政府汇报绿色勘查方案，降低矿产勘探项目与社区相关规定产生冲突的风险，争取当地政府群众的支持；勘查手段要选择对环境负面影响最小的方法。

1.9.2.2 勘查项目实施阶段

严格遵守设计中有关绿色勘查的各项操作要求，包括野外生活、地质测量、探矿工程施工、样品采取、物化探勘查、简易道路施工、车辆驾驶等。

尽可能不修建道路，如必须修建，则优先选择已有道路或小路。要选择扰动最小的季节进行施工，规划最佳的行车路线，尽量减小扰动，使用尽可能轻的设备和车辆，尽量减小辙压实土壤等影响。要将挖出的表土与底土分开堆存，表土的堆存高度不得超过2 m，以确保土壤中微生物的生存环境不被破坏。

1.9.2.3 勘查项目结束阶段

生态环境恢复治理由政府监督，勘探者和担保者共同保证完成复垦、复绿工作。

复垦时应先铺设底土再铺设表土。复垦的原则是“安全稳定”，尽可能恢复到扰动前的状态。复绿要实现控制地表侵蚀，恢复、提高边坡稳定性，恢复或改良土壤结构，保持或实现场地美观，培育经济林或农业生产点，恢复并提供野生动物栖息地的目标。

绿色勘查规程、规范、操作方法由部、省相关部门发布，须及时关注和执行。

1.10 固体矿产综合勘查和资源综合利用

1.10.1 概述

矿产资源是不可再生的资源。对共伴生的矿产，在勘查主矿产的同时应进行综合勘查评价，以综合利用矿产资源。

矿产资源综合勘查评价执行标准是《矿产资源综合勘查评价规范》(GB/T 25283—2010)以及各单矿种勘查规范。

勘查阶段不同，综合评价研究的程度则不同。《矿产资源综合勘查评价规范》(GB/T 25283—2010)对各勘查阶段共伴生矿产综合勘查研究程度总的要求可归纳为表1.2。

表1.2　各勘查阶段共伴生矿产研究程度要求

勘查阶段	研究程度要求
预查	初步研究
普查	初步评价
详查	共生矿产:基本查明;伴生矿产:大致查明
勘探	共生矿产:详细查明或基本查明;伴生矿产:基本查明

共伴生矿产可分为共生、伴生两类。共生矿产又可分为与主矿产同体共生和异体共生两种。各勘查阶段的共伴生矿产勘查工作的任务是不同的，见表1.3。

表1.3　各勘查阶段共伴生矿产综合勘查任务

勘查阶段	主要任务
预查阶段	全面搜集资料，通过综合研究、类比、预测及初步的野外观测、极少量的工程验证，在勘查主矿产的同时，初步研究可能存在的共伴生矿产
普查阶段	通过地质、物探、化探工作，开展数量有限的取样工程，对已知矿化区初步评价，在大致查明主矿的同时，进行必要的可选性试验，大致了解共伴生矿产的物质组成、赋存状况及回收途径，对共伴生矿产综合开发利用作出初步评价
详查阶段	采用各种有效勘查方法和手段，通过系统的勘查工程和取样，控制矿体总体分布范围，在基本查明主矿产的同时，基本查明共生矿产、大致查明伴生矿产的地质特征、矿石质量、物资组分赋存状态，划分矿石类型，进行矿石加工选冶性能试验研究，对主矿产、共伴生矿产综合开发利用作出评价
勘探阶段	详细或基本查明共生矿产、基本查明伴生矿产的矿产地质特征，深入进行矿石物质组成、赋存状态、矿石类型、矿石质量、矿石加工选冶性能研究，对主矿产、共伴生矿产综合开发利用作出评价

1.10.2　综合勘查评价基本工作要求

综合勘查评价的基本原则是：根据社会需要和矿床实际，确定综合勘查评价的有用组分种类；在勘查主矿产的同时，勘查、评价共伴生矿产并估算资源/储量；具有多种用途的矿产，应根据需要按相应用途的工业要求进行研究评价；妥善处理经济效益、社会效益和环境效益之间的关系。根据“GB/T 25283—2010”，对共伴生矿产勘查的基本工作要求可归纳为表1.4。其中对矿石中的共伴生有用组分的加工技术选冶研究是工作的核心。

表1.4　共伴生矿产勘查基本工作要求

工作类别		基本工作要求
勘查	共生矿	按相应矿种规范随主矿产同时进行综合勘查评价及提交资源/储量数据； 当主矿产勘查程度达不到共生矿产勘查要求时，可根据实际需要按相应矿种规范适当增加勘查工程或专门安排勘查和评价工作； 共生矿产资源/储量规模达到中型及以上的，按该矿种的勘查规范要求勘查评价
	伴生矿	利用主矿产勘查工程同时勘查，一般不单独安排勘查工作量，通过组合分析查定矿石中伴生组分含量
采样		共伴生矿产取样按矿石类型、品级、结构、构造特征从主矿产样品正副样中抽取具有代表性的样品
测试	基本分析	对用于圈定矿体和参与综合工业指标计算的共生组分以及能在矿石加工选冶过程中单独回收利用的伴生组分，应作基本分析； 对矿体圈定、产品质量有严重影响的有害组分，须作基本分析； 当经过一定量的基本分析，表明某些有害组分含量变化不大时，可改作组合分析
	组合分析	依基本分析副样，按工程、分矿体、矿石类型、品级，按比例进行组合。一般可按主矿产的估算块段组合；对伴生组分分布均匀的零星小矿体，也可按矿体进行组合
	其他测试	化学全分析：每种矿石类型(或品级)取1~2件样品，从组合分析副样中采取或单独采取； 物相分析：与基本分析同时进行，在基本分析副样中抽取或专门采集； 单矿物分析：每一种矿石类型应有代表性样品，样品中所包含的被选矿物应不少于90%
	内外检	共生组分测试的内、外检样品比例与主组分相同； 有特殊要求的伴生组分测试的内、外检样品比例与主组分相同或适当降低； 各组分测试误差要求，执行“DZ/T 0130—2006”相关规定

续表

<table>
<tr><th colspan="2">工作类别</th><th>基本工作要求</th></tr>
<tr><td colspan="2">物质组成研究</td><td>查证矿石中有用、有益和有害组分的矿物组成、粒度、结构构造特征及赋存状态，矿物之间的共生关系。对呈分散状态存在的组分，应查明载体矿物及赋存形式，加强工艺矿物学的研究，以指导选择合理的加工选冶方法和流程条件</td></tr>
<tr><td colspan="2">矿石加工选冶试验研究</td><td>研究共伴生组分综合回收利用的技术可行性和经济合理性；
查证呈独立矿物形式存在的共伴生组分其分离、富集、制备得到合格产品的可能性；
了解呈分散状态存在的共伴生组分富集规律和回收利用的途径；
按矿石类型、品级、结构特征和空间分布及各有用、有益、有害组分的代表性采取共伴生矿产的加工选冶样品。能分采、分选的要分类型采集，反之，可采混合样；采样应考虑开采时的矿石贫化并符合相关技术规程规范要求</td></tr>
<tr><td rowspan="4">矿石加工选冶试验</td><td>预查</td><td>对可能存在的共伴生矿产种类作出预测和初步判断；
试验程度：类比研究</td></tr>
<tr><td>普查</td><td>对共伴生矿产是否可利用作出初步评价；
试验程度：易加工选冶矿石→可选性验证试验；工业利用尚有难度的矿石→可选性试验；组分复杂、矿物粒度细、品位低、难加工选冶或有找矿前景的新类型矿石→实验室流程试验</td></tr>
<tr><td>详查</td><td>对共伴生矿产的回收利用途径及可行性作出评价；
试验程度：易加工选冶的矿石→可选性试验；一般矿石→实验室流程试验；大型规模或难加工选冶的矿石或国家急需的战略资源→实验室扩大连续试验</td></tr>
<tr><td>勘探</td><td>提供确定共伴生矿产工业回收利用工艺流程的依据；
试验程度：邻近有可类比生产矿山的易加工选冶矿石→实验室流程试验；加工选冶性能一般、综合利用价值较高、新类型的矿石→实验室扩大连续试验；矿产资源/储量规模为大型、难加工选冶的矿石→半工业试验，必要时进行工业试验</td></tr>
</table>

续表

工作类别	基本工作要求
低品位矿及尾矿的利用研究与评价	根据国家的资源开发利用政策、市场需求、矿产品价格及矿产开发的各种因素，对低品位矿及尾矿中有用组分的综合利用进行可能性研究与评价；对废矿渣和选矿尾砂的综合利用进行可能性研究与评价
零星分散共伴生矿产评价	对零星分散存在的共伴生矿产，根据地质因素的查明程度、综合回收利用的途径及可行性，作出是否具有工业价值的评价

1.10.3 共伴生矿产资源/储量估算

1.10.3.1 工业指标

共伴生矿产综合评价工业指标确定的基本原则，根据“GB/T 25283—2010”要求，可归纳为表1.5。

表1.5 各勘查阶段共伴生矿产勘查工业指标确定的原则

勘查阶段	工业指标	
	共生矿产	伴生矿产
预查、普查阶段	该矿种勘查规范的工业指标的一般要求	参照主矿产勘查规范所列的综合评价参考指标
详查、勘探阶段	要对工业指标进行论证	根据矿石加工选冶试验结果确定伴生矿产综合评价指标；易选矿石，采用主矿产勘查规范中所列的综合评价参考指标；伴生矿产的综合评价参考指标，一般情况下采用单一品位指标

1.10.3.2 资源/储量估算

共伴生矿产资源/储量估算原则与方法，根据“GB/T 25283—

2010”要求,可归纳为表1.6。

表1.6　共伴生矿产资源/储量估算原则与方法

矿产类别	估算原则与方法
共生矿产	(1) 同体共生:有用组分品位达到工业品位要求,可根据矿床特征采用相应矿种的工业品位或综合工业品位,按相应矿种矿产资源/储量估算的原则与方法进行估算; (2) 异体共生:分别按相应矿种矿产资源/储量估算的原则与方法进行估算; (3) 组分分布不均匀或极不均匀的共生矿产:采用块段或矿体的综合工业品位估算矿产资源/储量; (4) 低品位(达到边界品位未达到工业品位)共生矿产:经论证采用综合工业指标的,应按综合工业指标圈定矿体并估算矿产资源/储量;未能参与综合工业指标制定的,按伴生矿产处理
伴生矿产	(1) 达到综合评价参考指标的伴生有用组分,资源/储量估算依照主组分估算的原则和方法进行。除平均品位要单独确定外,其余估算参数均与主组分的参数一致; (2) 伴生有用组分矿产资源/储量估算方法可采用传统估算法、相关分析法等,对于有条件的生产矿山,还可以采用单矿物法和精矿法等; (3) 未达到或未列入综合评价参考指标,根据矿石加工选冶试验结果或矿山生产实际,或参照相近矿种勘查规范中所列的伴生组分综合评价参考指标估算矿产资源/储量,其中: ① 以分散状态存在,可在主矿产的精矿或某一产品中富集且达到计价标准的伴生有用组分,可根据其在精矿中的品位折算为原矿中的品位进行评价,或按其在精矿或某一产品中的含量直接计量; ② 以独立矿物存在的伴生有用组分,按综合回收状况确定评价指标; ③ 在矿石加工选冶过程中可单独提取出产品的伴生组分,按实际回收状况确定评价指标; (4) 达到综合评价参考指标的伴生组分,经矿石加工选冶试验或生产实际确定当前不能回收利用的,不予估算资源/储量

1.10.3.3　综合工业评价指标的制定

根据“GB/T 25283—2010”,制定综合工业评价指标的前提、先决条件和基本原则如下：

1. 制定综合工业评价指标的前提

(1) 在同一矿床或矿体中存在两种或两种以上达不到工业品位一般要求的有用组分，但各组分综合回收在技术、经济上可行。

(2) 虽然有的组分达到工业品位一般要求，但因不同组分不均匀交互变化不宜分采分选。

(3) 多种组分综合回收后可降低各组分工业品位要求。

(4) 可按等价原则折算为某一主组分的最低工业品位要求和综合边界品位。

2. 制定综合工业指标的先决条件

(1) 已查明或基本查明矿石的矿物成分、结构构造以及有用组分的赋存状态、含量及其变化规律。

(2) 查明了矿石中有用组分的回收方式、富集途径、工业回收利用的工艺流程、产品方案及产品质量。

(3) 已取得参与综合工业品位计算的各种组分的技术经济参数。

3. 制定综合工业指标的基本原则

制定合理的综合评价指标，要通过多方案比较，充分考虑如下因素：

(1) 矿床、矿体及矿石的地质因素(矿床的成因类型，矿体形态、产状、规模，矿石特征，有用、有益、有害组分的赋存状态、含量高低、分布规律等)。

(2) 矿产开发的社会因素(国家及地方政策和市场需求，生态环境保护因素等)。

(3) 采选条件因素(开采技术条件、矿山开采方式、矿石加工选冶性能、外部建设条件)。

(4) 经济合理因素(3~5年的矿产品平均价格和经济效益)。

(5) 已经具备制定综合工业指标的前提。

1.10.3.4　共伴生矿产资源/储量类型的确定

根据“GB/T 25283—2010”要求,共伴生矿产资源/储量类型可归纳为表1.7。

表1.7　共伴生矿产资源/储量类型

<table>
<tr><th colspan="2">矿产类别</th><th colspan="2">研究程度</th><th>资源/储量类型</th></tr>
<tr><td colspan="2">共生矿产</td><td colspan="2">与主矿产一样,达到了《固体矿产资源/储量分类》(GB/T 17766—1999)及相应矿种(类)有关规范的原则和要求</td><td>共生矿产的资源/储量类型与主矿产相同</td></tr>
<tr><td rowspan="5">伴生矿产</td><td rowspan="4">达到综合评价指标</td><td rowspan="2">进行了基本分析</td><td>地质研究程度、矿石加工选冶试验研究程度达到与主矿产相应的查明程度;根据勘查阶段要求对伴生矿产综合回收的经济意义作出了相应评价</td><td>伴生矿产资源/储量类型与主矿产相同</td></tr>
<tr><td>进行了基本分析但未能满足其他研究程度条件</td><td>伴生矿产为降低的资源/储量类型</td></tr>
<tr><td>未作基本分析</td><td>只进行了组合分析</td><td>伴生矿产为推断的资源/储量类型</td></tr>
<tr><td colspan="2">赋存状态和回收情况尚未查清,只作定性的综合评价</td><td>不予估算资源/储量类型</td></tr>
<tr><td>未达到综合评价指标</td><td colspan="2">可单独提取出产品,或在精矿及某一产品中可以富集回收利用</td><td>归类为推断的资源/储量类型</td></tr>
<tr><td colspan="2">低品位矿产</td><td colspan="2"></td><td>按“GB/T 17766—1999”的原则和要求分类</td></tr>
</table>

1.10.4　采矿、选矿废渣的综合利用

矿产开发会产生大量的废矿渣和选矿尾砂,若处置不当,会对矿

山生态环境造成负面影响，导致资源浪费和产生安全隐患。应加强夹石及围岩的综合利用的可能性研究与评价，包括可利用的产品种类、利用方向、利用的经济效果、环境效益等。建议将此列入综合勘查评价的工作内容。

可供参考的尾矿综合利用方式有：用于生产建筑材料、用作充填材料、用作土壤改良剂及微量元素肥料、进行土壤复垦和生态恢复、矿山空场充填等。

根据国家生态文明建设的要求，废石和尾砂等固废物处置率应达到100%。

1.11 矿产勘查报告的编写、评审、出版、汇交

矿产勘查的最终资料成果是矿产勘查报告，它要经历报告编写、评审、出版、汇交诸阶段。

1.11.1 矿产勘查报告的编写依据

固体矿产勘查报告可分为预查报告、普查报告、详查报告、勘探报告、储量核实报告等。报告编写须执行《固体矿产勘查/矿山闭坑地质报告编写规范》(DZ/T 0033—2002)、《固体矿产勘查报告格式规定》(DZ/T 0131—94)、《地质资料汇交规范》(DZ/T 0273—2015)、《国土资源部关于加强地质资料管理的通知》(国土资规〔2017〕1号)及相应矿种勘查规范的要求。本手册第16章第16.1节将予以详述。

1.11.2 矿产勘查报告的评审内容

根据皖国土资〔2009〕98号文件，矿产勘查报告评审的主要内容为：① 报告编写质量；② 资料与成果质量及吻合程度；③ 工作部署合

理性和任务目标完成情况；④ 矿床技术经济概略评价水平；⑤ 综合研究水平等；⑥ 资源/储量估算的可信度等。报告评审要以规范(国家标准)为准绳，从矿区实际出发，坚持实事求是、客观公正的原则，确保矿产勘查报告提交的资源/储量合理、可靠。

矿产勘查报告送审前，勘查单位总工程师及技术管理部门要牵头组织内部审查，并形成内审意见书。详见本手册第16章第16.2节。

1.11.3　矿产勘查报告的出版

出版前须具备如下条件：① 报告通过了上级评审和验收；② 根据上级评审意见对报告进行了修改、订正、补充；③ 各项资料齐全、规范，包括文字、图件、表格、附件等。详见本手册第16章第16.3节。

1.11.4　地质资料的汇交

根据《地质资料管理条例》及《地质资料管理条例实施办法》，汇交地质工作形成的地质资料，是汇交人应尽的法定义务，汇交人对汇交的存档文件、原始电子文件的真实性、完整性、有效性负责。地质资料汇交以部标《地质资料汇交规范》(DZ/T 0273—2015)、《国土资源部关于加强地质资料管理的通知》(国土资规〔2017〕1号)及省级地质资料馆的相关要求为标准，编制汇交文本、汇交电子文件和汇交各项地质资料。地质资料汇交的大致程序是：汇交文档的编制→汇交目录清单报批→报送资料→资料接收部门检查验收→发放汇交凭证等。汇交的地质资料可分为成果地质资料、原始地质资料和实物地质资料。详见本手册第16章第16.4节。

第2章 地质填图

2.1 概述

矿产勘查地质填图,包括矿床(区)地质填图(1:10000~1:500)、矿区外围区域地质编图(1:25000~1:5000)和区域地质填图(1:250000~1:50000)。前两者为矿产勘查地质填图,为本手册阐述的内容;后者为区域背景调查填图,按照规范要求,由相应的勘查单位承担,本手册将不予阐述。

矿床(区)地形地质图是矿产勘查、探矿工程布置、资源/储量估算、矿床评价的基础性必备图件,是矿山开发设计和生产的主要依据之一。

地质填图工作程序包括实测地质剖面和地质填图两部分。根据现行矿产勘查工作的实际,实测地质剖面多使用于预查、普查阶段,而详查、勘探阶段根据大量的勘探工程实际资料,对前期的实测地质剖面进行补充、完善和修编。如果预查、普查阶段未形成合格的实测地质剖面,则详查、勘探阶段要按规范要求实测地质剖面。

地质填图的基本内容,应根据沉积岩区、侵入岩区、火山岩区、变质岩区及第四系区等不同特点而有所侧重,其工作方法亦略有区别,详情请参阅“GB/T 33444—2016”第6章。

勘查矿区地层单元划分一般服从区域划分方案。而区域地层单元的划分随着时间的变迁而逐步完善,本手册附录分别给出了地层分类的单位术语和等级节要(附录3)、国际年代地层表(附录4)、中国区域年代地层(地质年代 海相区域)表(附录5)、安徽省岩石地层(年代地层)单位简表(附录6)等供参考。

2.2 实测地质剖面操作技术

2.2.1 目的、任务

地质填图应先实测地质地层剖面。其目的、任务是:对各岩石地层单位的基本层序的组成、结构、类型、厚度、数量、相互关系、特殊夹层、重要间断和它们的纵向变化特点以及含矿岩石、矿化蚀变、矿化与岩石、岩体、地质构造关系进行野外实测,通过综合整理,确定填图单元、填图标志,统一地层、岩石、蚀变矿化命名,为矿区地质填图提供必备条件。

矿区在开展地质填图工作之前,至少要测制1~2条完整的地质地层剖面。地质构造复杂或面积较大的矿区还应适当增加。

2.2.2 技术准备

包括资料准备、实测剖面位置选择、刻面比例尺及剖面设计和覆盖区剖面的测制等。

2.2.2.1 资料准备

收集工作区内或更大范围内前人有关工作成果资料,并进行认真研究、分析。主要收集测区内地层、岩石(沉积岩、岩浆岩、变质岩)、矿产及矿化蚀变、构造(褶皱、断裂)、物化探(重砂)、航遥简译、地形地貌、覆盖程度等资料。针对拟定的工作重点和需要解决的问题,组织地质、水文、物化探、测量等工种的主要技术人员,对测区进行踏勘和实测剖面,用一套经过鉴定、测试的标本、样品,统一命名和统一编录人员的认识,并在综合研究的基础上,统一填图单元、统一野外岩矿石命名、统一填图方法和要求、统一图式图例。

2.2.2.2 实测剖面位置选择

实测地质地层剖面位置,应选择基岩露头连续、完整,产状清楚,构造简单(或清楚),能基本反映填图区内地质体的主要地质特征、具有代表性的路线和区域。剖面线的走向应基本垂直主要地层或主要构造线方向,其夹角一般不宜小于60°。

矿区实测地质地层剖面,主要是综合地质剖面。根据矿产勘查目标、研究内容不同,可以测制地层和含矿层剖面、岩体剖面、构造剖面等。

"DZ/T 0078—2015"规范规定剖面位置的选择条件是:

(1) 地层和含矿层剖面的选择条件是:地层层序完整,分层标志明显,易于识别;接触关系和标志层清楚,化石丰富,岩性组合和厚度具有代表性;地层(岩性层)在一定范围内(走向上)具有较好的稳定性,并与邻区可以进行对比;构造简单,没有或很少有侵入体破坏;剖面应尽量垂直区内地层走向。

(2) 岩体剖面的选择条件是:岩相带清楚、岩性具有代表性、接触关系明显、原生构造比较发育的主要岩体以及含矿岩体地段。对岩体至少应布置两条十字形剖面。

(3) 构造剖面的选择条件是:构造发育具有代表性或有典型意义的地段。剖面应尽量垂直区内构造带(线)走向。

2.2.2.3 剖面比例尺及剖面设计

1. 实测地质剖面比例尺

不同规范要求略有不同,实测剖面图的比例尺应根据剖面的研究目的、精度要求、地质构造的复杂程度而定，一般为平面地质图比例尺放大5～10倍。剖面图比例尺请参见表2.1、表2.2。

表2.1　"DZ/T 0078—93"剖面图比例尺

矿区地质图	实测地质剖面图	剖面图比例尺比平面图放大的倍数	矿区勘查线剖面图
1:25000	1:2000～1:1000	25～12.5	1:10000～1:5000
1:10000	1:1000～1:500	20～10	1:5000～1:2000
1:5000	1:500～1:200	25～10	1:5000～1:2000
1:2000	1:200～1:100	20～10	1:2000～1:1000
1:1000	1:100	10	1:1000～1:500

表2.2　"DZ/T 0078—2015"剖面图比例尺

矿区地质图	实测地层剖面图	剖面图比例尺比平面图放大的倍数	矿区勘查线剖面图
1:10000	1:5000～1:2000	5～2	1:10000～1:5000
1:5000	1:2000～1:1000	5～2.5	1:5000～1:2000
1:2000	1:1000～1:500	4～2	1:2000～1:1000
1:1000	1:500～1:200	5～2	1:1000～1:500

上述"DZ/T 0078"两个版本的规范，对实测剖面比例尺的要求相差较大，本手册建议执行"DZ/T 0078—2015"。

2. 实测剖面设计

可单独编写，也可在项目工作设计中编写。主要内容包括：测制实测地质剖面的目的和地点，剖面线位置、总体方向、工作量、完成期限、比例尺及精度，地表揭露和标本及样品的采集位置、编号原则、规格、数量等。

2.2.2.4 覆盖区剖面的测制

在1:25000~1:10000比例尺矿产预测、预查及普查阶段，剖面通过区如遇大片覆盖、天然障碍或因构造破坏造成测制意义不大的地段，则需平移测制。平移应以一定的标志层或实地顺层追索为准，“DZ/T 0078—2015”规定平移距离一般“不大于500 m”，否则应另行测制剖面。

编者建议：矿产勘查的普查、详查、勘探阶段，实测剖面穿越的地层、矿体(层)界线、构造线，如遇浮土覆盖，在满足绿色勘查要求的前提下，应有适当间距的洛阳铲、探槽、探井加以控制，必要时可使用浅钻、物化探等多种手段予以配合。鉴于矿区勘查的特点，不推荐平移距离“不大于500 m”的平移做法。

2.2.3 野外踏勘

2.2.3.1 目的、任务

沿初步确定的剖面位置，踏勘区内地层分布、层序和总体产状，矿体(层)分布及矿化范围，主要岩石类型及填图标志层，侵入岩种类、分布、岩性、岩相、接触关系，确定填图单元，标志层划分及位置，矿化特征及位置，化石层位、重要标本及样品的采集位置，工程揭露地段，地形情况及基岩出露情况，岩石风化、植被、掩盖程度及施工条件等。

2.2.3.2 标注界线、标本等位置

踏勘时，应将矿体的顶、底界线，工程揭露位置，重要标本及样品的采取位置和剖面位置及起、止点等在实地标注，并用手持全球定位系统(GPS)仪定位、记录、展绘到手图上。

2.2.3.3　标本采集

踏勘时，要初步采集有代表性的岩矿石标本作为剖面的实测指导。

2.2.4　地质地层剖面测制

2.2.4.1　基线布置

实测剖面基线布置方法是：自剖面的起点沿选定的剖面位置及方向，实地标注剖面起点，编号为0，后测手持测绳的端点站于起点处，前测手持测绳向剖面前进方向推进，在地形明显变化处或与起点有一定距离处设置基线点1并实地标注。前测手丈量该基线斜长，前、后测手分别用罗盘测量基线方位（3°误差内取平均值）和坡度（3°误差内取平均值，记录坡度角时，上坡为正、下坡为负），并将上述测量数据记录于基点基线记录表中。以此类推，测制其余基线的斜长、方向、坡度（DZ/T 0078—2015）。

2.2.4.2　地质观察、分层、记录与作图

1. 地质观察

"DZ/T 0078—2015"对地质观察的要求节录如下：

现场编录人员对地质现象的观察研究要认真、细致、全面，测量地质体的产状、形态、大小等数据要准确，采集标本、样品的规格和数量要满足要求。

观察岩石的矿物组分、结构、构造及其变化，确定岩石名称；观察岩石的蚀变类型、蚀变矿物及含量、蚀变程度、蚀变分带等及与矿化的关系；观察矿（化）体厚度，初步划分矿石自然类型及工业品级（目测含量）等；观察断裂及裂隙分布位置、断层破碎带特征及宽度、断层性质

及切割矿体程度等；详细划分不同的岩性层，掌握蚀变或矿化(体)赋存位置、成矿有利因素、矿体破坏情况等。

2. 地质分层

1）分层总要求

分层应合理，按比例尺要求，地质体和重要地质现象不遗漏，各种地质界线划分准确，各层之间接触关系清楚。实测剖面的分层精度可根据剖面的比例尺大小确定。凡在图面上出露宽度达1 mm的地质体均应划分和表示；对于一些重要的或具特殊意义的地质体，如标志层、化石层、矿化层、火山岩中的沉积岩夹层等，如图上宽度达不到1 mm，也应将其放大到1 mm表示。

2）分层单元的确定

分层单元的确定以岩性层为基础。通过归纳整理，逐步形成矿区地层单元和填图单元，一般应小于或等于矿区填图单元。不能用前一勘查阶段的填图单元作为本阶段勘查的分层标准。矿体分层厚度及夹石剔除厚度，以设计或该矿种勘查规范推荐的工业指标为准。凡图面上大于1 mm的矿(化)体层、矿石类型和工业品级都应分层，图面上小于1 mm的矿体也应放大表示；不同岩石类型及地质(构造)的分层可以较矿(化)体层适当放宽。

3. 记录

在剖面测制中，应将实测的数据和观察到的地质现象记录在实测地质剖面记录表中(格式见本手册附录12附表12.2)。要仔细观察各种地质现象，测量各种数据并记录，主要内容有：岩石名称，岩石特征(颜色、风化特征、成分、结构、构造等)；古生物及遗迹化石；蚀变及矿化现象；岩(矿)脉的岩矿石名称、岩性、穿插关系及产状、厚(宽)度；地质体及地质构造(褶曲、断裂、破碎带等)的产状、接触关系、垂直及水平方向上的变化等。有意义的地质现象要作放大素描和补充描述，或用照片、录像等记录。

4. 作图步骤

常用“平面优先法”(投影法)作图,即依照路线平面地质图→实测剖面的平面地质图→实测剖面图的顺序制图。步骤如下:

(1) 确定绘图总方向:作图时,剖面图的北、北西、西、南西端置于图纸的左边,图面的水平方向为剖面的总体方向。

(2) 绘制基线平面图:剖面由多个基线段组成,一般要以剖面起点和终点连线作为剖面总的方位来作图——实测剖面图及其“平面投影线”。作图员根据各基线段的斜长和坡度,计算出各基线段的平距,并根据各基线段的方位、平距,依比例尺连续逐一展绘出各基点及基线段的平面展布图——基线平面图。

(3) 绘制路线平面地质图:在基线平面图上,将基线段通过的和附近的分层地质界线、产状、样品、标本位置及其他编录要素展绘到各基线的平面图上,即形成实测的路线平面地质图。

(4) 绘制剖面地形线:在基线平面图的上方,自0点开始,将平面图中的各基点向上垂直投影到剖面上相应标高(或累积高差)处即“投影点”,连接基点“投影点”,并根据剖面地形地貌细部特征,逐段勾绘出剖面地形线,标注各基线段方位,即形成投影后的剖面地形图。

如果在实测剖面的总方向线上“投影点”与基线测点高程相差较大,则要对“投影点”高程按其投影位置实际高程进行调整(可根据地形图或实地情况)。

(5) 绘制实测剖面图的平面投影线图:将路线平面地质图上各地质要素点(如地质界线、岩体界线、矿体矿化体界线、样品位置、产状、标本位置等)按走向延伸交绘到实测剖面图的平面投影线上,即形成实测剖面图的平面投影线图。

(6) 绘制地质剖面图:将实测剖面图的平面投影线图中表示的各地质要素点垂直投影到剖面地形图上,并根据各要素点地层或构造走向与剖面总方位的夹角计算出标志面的视倾角，绘出标志面在剖面中的位置和产状。其他要素如居民点、水系、地形制高点、重要地物及探矿工程等视情况进行投绘，即形成实测地质剖面图底图(图2.1)。

(7) 岩矿层厚度计算方法见附录12中附表12.3填表说明及本手册第7章的7.4.4.4条。

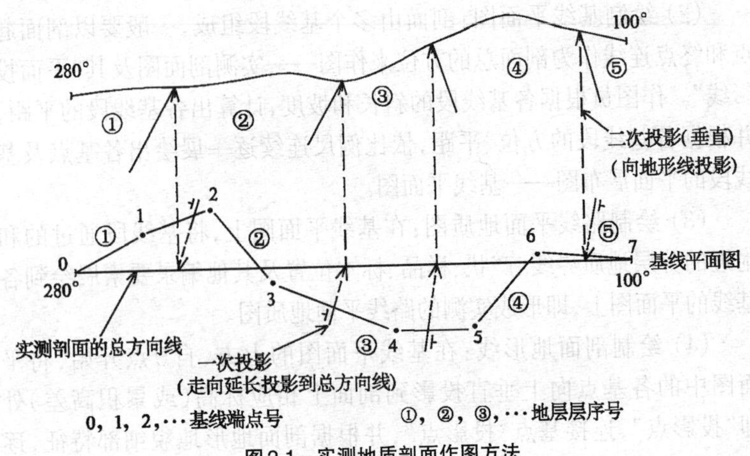

图2.1 实测地质剖面作图方法

2.2.4.3 标本及样品采集

实测地质剖面时要系统采集具有代表性的矿物、岩石、古生物化石标本和设计中要求采取的专门样品，如化学分析样品、岩石全分析样品、光谱分析样品、古地磁测定样品、同位素地质年龄样品等。如基线上风化程度较深或有浮土覆盖，可沿地质走向平移一定距离采取，必要时附补充剖面。采集标本、样品的位置要记录和标在图上，并将鉴定、测试的结果补充到记录中去。

2.2.4.4　剖面测制中的物化探工作

实测地质剖面时，应视情况配合必要的物化探工作，如岩石化学剖面、磁法精测剖面等，其数据采集与地质编录格式要按照有关专业规定执行。

2.2.4.5　编制综合地质柱状图、确定矿区填图单位

实测地质剖面工作全部完成后，要对测制的若干剖面进行对比和综合分析，在此基础上编制综合地质柱状图。主要内容应反映区域内地质发展历史、地质条件和地层特征等。一般表示的内容为：地层单位及其名称在地层表中的位置、符号、最大与最小厚度；地层单位的相互关系；地层单位中所含最重要生物化石名称、岩性成分，标志层、矿层以及有利成矿的岩层等；岩浆岩、火山岩及其与沉积岩层的相互关系等(DZ/T 0078—2015)。

柱状图内容与剖面图必须吻合，重要的矿层、标志层、化石层可适当放大到1 mm表示；地层柱状图各分层的厚度是岩层真厚度，要通过计算获得。

要在各剖面对比的基础上，确定出矿区的填图单位及一套经过鉴定、测试的矿物、岩(矿)石、古生物标本，统一岩(矿)石命名，随着深部揭露工作的开展要及时补充钻孔或坑道采集的新标本，深化认识，必要时要修正原来的名称。

2.2.4.6　实测剖面小结

实测剖面工作结束后，应编写实测剖面小结，“DZ/T 0078—2015”提出的内容要求如下：

1. 前言

目的；剖面线位置、方向、坐标、测量方法；工作起止时间、工作单

位、主要工作人员；完成主要工作量：剖面长度、工程工作量、标本及样品数量、剖面实测过程中的质量检查情况等。

2. 地质成果

主要总结与成矿作用有关的地层、岩浆岩、构造。

(1) 地质背景：综述测区与成矿作用有关的地层、岩浆岩、构造及矿产特征。

(2) 地层：依地层年代由老至新对剖面进行分层叙述。每一年代中地层可按地层组合单位叙述其组合特征，再按不同岩性分层或填图单元详述岩性特征、接触关系，特别是不整合接触或断层接触关系及标志层特征和分层的识别标志。

(3) 岩浆岩：岩浆岩形态、产状、岩性(岩相)组合、穿插关系、接触蚀变类型及矿化情况。

(4) 构造：包括断裂及褶皱，分别描述其类型、性质、规模、形态、产状、对地层或矿层的破坏，以及控矿特征等。

(5) 矿产：含矿层、矿体及矿化线索应作详细叙述；标志层特点及填图单元初步划分意见。

(6) 新发现、新进展及新认识。

3. 存在问题及建议

编写剖面小结时，可根据不同矿区的实际情况，对剖面小结的内容作适当调整。

2.2.5 勘查线剖面图编测

2.2.5.1 勘查线剖面图的含义

勘查线剖面图是矿区地质空间结构、矿体空间展布、资源/储量计算的基础图件。它表述的地质、矿体、构造特征，比实测地质剖面资料更为丰富。勘查线剖面图是在剖面上的地表地质剖面测量和探矿工程所获得的全部资料基础上编测而成的。它是一种既有地表又有地下的地质、矿体结构的勘查线剖面图。比例尺应大于或等于矿床地质图和储量计算平面图。

2.2.5.2　勘查线剖面图的内容

勘查线剖面图要以地(岩性)层,岩浆岩体(岩相带),矿化蚀变带,矿体(层)与围岩,不同矿石类型、品级,矿体氧化带、混合带、原生带等的界线为地质界线,且反映剖面地形线,剖面方位,起点坐标,坐标线及标高线,探矿工程位置、编号及井坑深度,钻孔孔深,样品位置、品位等,从而反映矿区勘查工程对矿体的控制程度,矿体形态、产状、变化特征及其他地质要素,矿体圈定及各类资源/储量分布的合理性。

2.2.5.3　精度要求

矿区勘查线剖面图剖面端点、地形要用仪器法测绘。填绘剖面地质时,对工程位置、地质界线特别是矿层(体)界线、重要断裂界线等必须用仪器法定位。工作中还要防止图纸变形影响精度。

测量点、基点、观察点在实地用木桩或用油漆在岩石上作标志。矿区勘查线剖面端点要埋设水泥桩,并测定其坐标及高程。

2.3　矿床(区)地质填图

2.3.1　图件的性质、作用

矿床(区)地形地质图是正确、详细地表示矿床(区)的矿体(层),矿化带或含矿层,一切岩层与岩体的形态、产状、分布、大小、构造特征及相互关系的图件。它适当地表达和推断了矿床形成的地质条件,为探矿工程布置及矿床评价提供了基础地质资料。它是矿产勘查的基础性必备图件,是矿山开发设计和生产的主要依据之一。

矿床(区)地质填图内容包括地质观察路线和观测点上所见到的地质现象的文字记录、素描图、照片资料、样品和标本采集资料以及所测绘的地质图。

2.3.2 填图的工作基础

矿床(区)地质填图,是矿产勘查的基础地质工作之一,包括实测剖面和地质填图两部分。通过实测剖面,详细划分地层层序、地层关系、岩浆岩岩相,确定填图单位。地质填图要在实测剖面基础上先向两侧展开,再逐步扩展到全区。

矿床(区)地质填图的工作基础详见表2.3。

表2.3 各种比例尺地质填图的工作基础

比例尺	工作基础
1:10000~1:5000	在1:250000~1:50000地质、物化探、遥感工作基础上,通过成矿地质条件的研究,提供的找矿靶区
	在已知矿床的外围,根据地质构造和成矿规律预测的有利成矿地段
1:2000~1:1000	在1:10000地质填图的基础上,或经普查转入的详查区
	在已有的详查、勘探区外围,根据成矿规律研究或勘查证实,可进行详查、勘探的地段
	在预查、普查的基础上,以已知矿体或矿化带为中心,圈定的成矿地段

注:资料来源于"DZ/T0078—2015"表3。

2.3.3 填图比例尺

2.3.3.1 地质填图比例尺的选择

《固体矿产勘查工作规范》(GB/T 33444—2016)的规定是:应根据不同的勘查工作阶段、不同的矿产种类、不同的矿床规模、矿体厚薄以及地质构造复杂程度等因素确定不同的填图比例尺。矿产勘查地质填图比例尺以1:2000~1:1000为主。

1. 预查、普查阶段填图比例尺

在预查、普查阶段,一般采用1:10000~1:5000比例尺(多为草测到简测)。一些金属矿产,普查阶段就要考虑采用1:2000比例尺。当矿体的厚度薄,或矿床范围小,或存在某些特种非金属、稀有金属矿种时,填图比例尺也可更大一些。

2. 详查、勘探阶段填图比例尺

在详查、勘探阶段,一般采用1:2000比例尺;对煤矿等规模大、矿体稳定的沉积矿床,常采用1:5000比例尺的地质填图;而对地质情况复杂、矿体宽度小于1 m、矿体形态不稳定或存在某些特种非金属、稀有金属矿床时,则应采用1:1000甚至更大的比例尺。

(1) 预查阶段填图用1:50000~1:10000比例尺。

(2) 普查阶段填图用1:25000~1:2000(或1000)比例尺。

(3) 详查阶段填图用1:10000~1:1000比例尺。

(4) 勘探阶段填图用1:10000~1:500比例尺。

2.3.3.2 地形底图比例尺及精度要求

《地质矿产勘查测量规范》(GB/T 18341—2001)第8.1.1条中的"c"项规定,普查阶段的测量工作遵循的原则是:满足地质填图需要的地形图，其比例尺应大于或等于地质图比例尺。无相应地形图时，应测制与地质图相适应的地形图。当地质填图急需时，可测制地形简测图。

"GB/T 33444—2016"第6.2.6条规定：地质填图一般要求用相同或较大比例尺的地形图作为底图。预查、普查阶段在无相同比例尺地形图的地区，可考虑草测和简测；详查、勘探阶段应有相同比例尺的地形测量成果。

由上可知，矿床（区）地形地质图，其地形底图比例尺与勘查阶段密切相关，原则上采用等于或大于地质测量比例尺。

对于地形底图精度的要求是：预查阶段可用草测地形图或已有较小比例尺的正测地形图放大并经实地修测的地形图；普查阶段要用正测地形图或简测地形图；详查阶段，一般矿区以及对于某些只以详查成果作为矿山建设设计依据的特殊矿种的矿区，应使用正测地形图，如果矿床无工业价值，允许使用简测地形图；勘探阶段必须用正测地形图。

"DZ/T 0078—2015"中有"……普查阶段用草测图""……详查阶段用简测图"的表述，精度要求与上述规范不一致，建议执行上述两个规范（GB/T 18341—2001、GB/T 33444—2016）的要求。

地形底图应采用全国通用的坐标系统和最新的国家高程基准点。无相同比例尺地形底图时，对于边远地区小矿，周围没有可供联测的全国坐标系统基准点时，可采用卫星定位系统提供的当地数据，建立独立的坐标系统测图。必须详细说明所采用仪器的型号以及定位的时间、程序、精度。测量的精度要求应按有关规范执行。

2.3.4　地质图精度要求

2.3.4.1　各勘查阶段地质图精度种类要求

不同勘查阶段对矿床(区)地质图精度要求不同。“DZ/T 0078—2015”给出的标准可归纳为表2.4。

表2.4　各个勘查阶段对地质填图种类要求

类别		精度要求		
		正测	简测	草测
地质图件	勘探阶段	正测地质图		
	详查阶段	正测地质图	简测地质图	
	普查阶段		简测地质图	
	预查阶段			草测地质图
地质观测点密度			为正测图的70%	为正测图的50%
地形底图		正测地形图	将比例尺为填图比例尺1/2的正测地形图放大,用三角点、图根点控制	将比例尺为填图比例尺1/4～1/2的地形图放大,或用半仪器法测制同比例尺地形草图

表2.4中,地形地质简测图被用于详查及普查阶段。矿产勘查详查阶段一般采用大比例尺地质填图,并作为332及以上类别资源/储量估算基础图件,要求提交正测图件,以达到正测精度要求。简测图的精度不能用于332及以上类别资源/储量估算,即不能满足详查要求。

矿床(体)地质图是对之前勘查阶段的矿区地质图的补充和修订,利用比例尺相对较大的野外地质填图与探矿工程资料填编结合成图。矿床(体)地质图一般是基岩地质图,即要揭去第四系覆盖层。

2.3.4.2 各类地质图精度要求

地质图可分为正测图、简测图、草测图,各类地质图精度要求见表2.5。

表2.5 各类地质图精度要求

类别	地形底图精度	地质填图精度	其他
地形地质正测图	符合测量规范的正测地形图; 同填图比例尺或大于填图比例尺	地质填图精度为简测; 矿体分布地段的重要地质界线用较密的观测点配合必要的探矿工程进行揭露控制;界线点(含界线上的加密点)数一般应达到地质点总数的70%以上,薄矿体(层)、标志层及其他有特殊意义的地质现象,应放大表示;对大部分被第四系覆盖的矿床,要分别编制地形地质图和基岩地质图	所有地表工程、地质点、勘查线剖面均须用全仪器法展绘到图上; 可作为提交资源/储量报告的基础图件
地形地质简测图	用同比例尺或比例尺为填图比例尺1/2的正测地形图放大,并在计算机上数字化后制作成图。简测地形底图要用三角点、图根点控制,或者用GPS建立独立的坐标系统	地质填图精度为简测; 地质点密度及数量约为正测的75%。地质简测的观测点密度在矿体露头或与矿体评价有密切关系的部位,与正测图件相同,其他部分可适当放稀。对遇浮土覆盖的蚀变矿化体或重要地质界线,则配合适量槽探、井探或采样钻工程进行稀疏揭露控制	矿体界线、重要的地质体界线、所有探矿工程等要全部使用测量仪器定位。其他地质点可用GPS仪定位; 不能作为提交332类及以上资源/储量报告的基础图件

续表

类别	地形底图精度	地质填图精度	其他
地形地质草测图	用半仪器法测制同比例尺地形草图，或使用比例尺为填图比例尺1/4～1/2的地形图放大，在计算机上数字化后制作的图	地质填图精度为草测； 地质点密度及数量，除矿区主要部分外，约为正测图的65%； 对有找矿希望的地区，选择几条路线进行地质踏勘并勾绘成图	地质点一般采用手持GPS仪或地形地物定点； 不能作为提交333类及以上资源/储量报告的基础图件

注：简测、草测图地质点密度及数量值摘录于“GB/T33444—2016”。

2.3.5 填图方法

矿床(区)大比例尺填图以追索法为主。选择标志层、含矿层或矿体、蚀变带、主要断层(或断裂带)等，沿走向追索填图。观察路线一般采用“之”字形迂回布置，以控制其顶底界线和了解其变化情况。

2.4 矿区外围(区域)地质图编制

2.4.1 概述

矿区外围或成矿远景区，与已知矿床有地质联系的地质体及矿(化)点，找矿标志明显地段，通过各种找矿手段(包括地质、物化探、重砂测量等)发现或圈定的综合异常地段，须编填/编制的较矿区图比例尺小的区域地质图，统称矿区外围(区域)地质图。

矿区外围(区域)地质图，一般采用区域地质调查1∶250000～1∶50000比例尺的地质图或放大图，并根据矿区所在位置的地质情况，对图面内容进行修改、补充完善。使用放大的地质图，要进行野外修测填图。

野外修测填图,以手图上实测剖面线为起点,按照填图精度要求的观察路线距离,垂直(或大致垂直)岩层走向布置观察路线,即以穿越法为主。观察路线要根据填图精度和基岩出露情况考虑点距和线距。

2.4.2 图件比例尺

矿区外围的区域地质图,比例尺一般为1:5000、1:10000、1:25000或1:50000。

2.5 浅覆盖区地质填图

“第四系厚度小于100 m、覆盖层面积占图幅面积大于或等于50%”的区域即为浅覆盖区。其地质填图方法以编测填图为主,配合实测填图(露头地段)。质量要求按“DZ/T 0158—95”相关要求执行。

浅覆盖区地质填图的工作要点是:

(1) 露头区按照常规地质填图方法要求填绘地质图,覆盖区填图采用工程揭露。通过地质观察、采样,结合遥感、物化探资料对基岩地质特征和起伏情况进行调查了解。

(2) 恪守绿色勘查准则。根据批准的设计进行,慎用探矿工程。覆盖层厚度小于3 m时可动用洛阳铲、探槽,大于3 m时可动用洛阳铲、小圆井、浅井、浅钻等。对基岩揭露的深度:槽井为0.3~0.5 m,钻孔为1~2 m。工程竣工后要修复被破坏的植被,保护地质环境。

(3) 图幅内要根据实际需要布测1~2条控制性剖面。探矿工程主体部分尽可能布置在控制性剖面上。图幅内钻孔数量的50%要取心,岩矿心采取率要求:矿石和矿化孔段大于80%,一般岩石孔段为

70%。

(4) 矿区地质图要求提交基岩地质图。区域填图要提交区域地质图，必要时要提交第四纪地质图、地貌图等。

(5) 图上点距总体密度是：地质界线点距10～20 mm，构造点距20～40 mm。根据构造复杂程度适当加密或放稀。

(6) 浅覆盖区地质填图图上标定精度，与常规地质填图基本相同：一般是图上直径大于2 mm的闭合基岩地质体、1 mm×5 mm的线型基岩地质体、长度大于5 mm的断层构造应予标定；基岩区内图上宽度小于2 mm的线型第四系不单独标定。

2.6　填图方法及技术要求

2.6.1　野外踏勘

根据工作区实测地质剖面的成果资料，初步布置观察路线，概算进行地质填图时所需施工的槽、井探和旧坑清理与调查的工作量。将踏勘结果与以往资料进行对照，研究旧资料的可靠程度，并合理地选定地质填图的范围。

2.6.2　填图单位的划分

1∶10000～1∶5000比例尺地质填图：地层单位要求划分到组、段或亚段，岩浆岩要求划分到期、次和相。大于或等于1∶2000比例尺的地质填图，要以岩性层、矿(化)体及矿石类型、矿石品级、对确定矿体或指示矿体存在的或具分层意义的特殊地质体作为单位，通过综合、归纳确定为填图单位。基本要求是：地层大致要划分到岩性层、亚段或段。

2.6.3 地质观测路线的布置

观测路线的基本形式有追索路线与穿越路线两种。

追索路线的布置:沿地质体、地质界线或构造线的走向,追索一定的地层层位(如化石层、含矿层、标志层等)、接触界线、断层线、矿体等。1:5000及更大比例尺的填图常以追索法为主,结合穿越路线法。

穿越路线的布置:原则上应垂直于主要岩层走向或构造线走向,按一定的间距横穿整个勘查区。1:10000及更小比例尺的填图常以穿越法为主,结合追索法进行。

2.6.4 地质观测点

2.6.4.1 布置原则及要求

地质观测点的布置以能有效地控制各种地质界线和地质要素为原则。一般应布置在填图单元的界线、标志层、化石点、岩相或岩性发生明显变化的地点:岩浆岩的接触带和内部相带界线;矿体、矿化现象、蚀变带;褶曲枢纽、断层破碎带;节理、片理、劈理的测量或统计地点;代表性产状要素测量点;坑探工程、取样点以及其他有意义的地质现象观察部位(如水文点、地貌点)等位置上。

2.6.4.2 地质观测点、线密度,观测精度要求

地质观测点又称地质点、观测点或观察点,包括地质界线点、构造点、岩性点、矿产观测点、地貌观测点、第四纪地质观测点及水文地质观测点等。

矿区填图地质观测点、线密度,要视不同的勘查类型和勘查阶段以及对矿体顶底板界线的控制地表比地下加密一倍的原则,根据填图

比例尺要求安排地质观测点、线密度。

在同等外部条件下,重要地质界线上的地质观测点密度应主要根据不同矿种的勘查类型及勘查阶段确定,要求保证对重要地质界线的有效控制。

地质填图观测线间距:常规的做法是图面上要满足1~2 cm间距密度,构造简单区可适当放大至2~3 cm间距密度。观察点距一般可按观察线距加密1~5倍布置,但不应机械地等距离布置,要以能够有效地控制各种地质界线和地质要素为原则。凡是重要的地质界线,均应由较密的观察点控制。如果自然露头不好,则应适当使用地表工程揭露。

地质观测点、线密度、精度要求见表2.6。

表2.6　图上必须表示的地质体规模要求

<table>
<tr><th colspan="2">填(编)图比例尺</th><th>1:10000</th><th>1:5000</th><th>1:2000</th><th>1:1000</th><th>1:10000
(草图)</th><th>1:2000
(草图)</th></tr>
<tr><td rowspan="4">必须表示的地质体规模要求</td><td>矿体宽度</td><td>>5 m</td><td>>2.5 m</td><td>>1 m</td><td>>0.5 m</td><td>>5 m</td><td>>1 m</td></tr>
<tr><td>蚀变体宽度</td><td>>10 m</td><td>>5 m</td><td>>2 m</td><td>>1 m</td><td>>10 m</td><td>>2 m</td></tr>
<tr><td>一般岩石宽度</td><td>>20 m</td><td>>10 m</td><td>>4 m</td><td>>2 m</td><td>>40 m</td><td>>4 m</td></tr>
<tr><td>构造形迹长度</td><td>>100 m</td><td>>50 m</td><td>>20 m</td><td>>10 m</td><td>>200 m</td><td>>40 m</td></tr>
<tr><td>地质界线点图面允许误差</td><td colspan="7">1. 用仪器定测时,同比例尺地形测图的精度要求;
2. 用半仪器法定位时,矿体的图面误差不大于1 mm,其他地质体的图面误差不大于2 mm;草测图要求分别放宽一倍</td></tr>
</table>

续表

<table>
<tr><td colspan="2">填(编)图比例尺</td><td>1:10000</td><td>1:5000</td><td>1:2000</td><td>1:1000</td><td>1:10000
(草图)</td><td>1:2000
(草图)</td></tr>
<tr><td rowspan="4">地质观测路线间距</td><td>地质构造简单区</td><td>200～300 m</td><td>100～150 m</td><td>40～60 m</td><td>20～30m</td><td>200～300m</td><td>40～60m</td></tr>
<tr><td>地质构造复杂区</td><td>100～200 m</td><td>50～100 m</td><td>20～40 m</td><td>10～20m</td><td>100～200m</td><td>20～40m</td></tr>
<tr><td>与基岩出露关系</td><td colspan="6">基岩出露区应采用较密的观察线距,掩盖区则可采用较稀线距</td></tr>
<tr><td>与矿体控制程度关系</td><td colspan="6">按矿床资源量类别的控制网度,合理选择观察线距,一般为相应资源量类别的控制网度密的1～2倍</td></tr>
<tr><td>地质观测点距</td><td colspan="7">点距一般应小于或等于线距,但不应机械地等距离布置,以能够有效地控制各种地质界线和地质要素为原则。凡是重要的地质界线,均应有较密的地质观测点控制。如果自然露头不好,应适当使用地表工程揭露</td></tr>
<tr><td>地质观测点位置的测定</td><td colspan="7">1:10000填图:地质观测点可用半仪器法标定在图上,但对重要的地质观测点,如主要的构造点、含矿层、矿体露头等,则用仪器测绘在图上;
1:5000～1:1000填图:地质观测点一般均应用仪器标定在图上,对部分意义不大的地质观测点,则允许用半仪器法标定在图上</td></tr>
</table>

注:资料来源于"DZ/T 0078—2015"中表4。

地质观测点数量主要根据填图比例尺及构造复杂程度确定。界线点(含界线上的加密点)数,一般应达到地质观测点总数的70%以上。正测图地质观测点数量如表2.7所示;简测的地质观测点数量约为正测的75%;草测的地质观测点数量约为正测的65%;界线点数与加密点数之和一般应达到地质观测点总数的70%。

表2.7 正测地质图地质观测点数量

填图比例尺	点距(m)	每平方千米内的地质观测点个数			备注
		构造简单	构造中等	构造复杂	
1:10000	100~200	40~60	60~80	>80	探槽长每20 m可折合1个点
1:5000	50~100	80~120	120~150	>150	
1:2000	20~50	160~240	240~300	>300	探槽长每10 m可折合1个点
1:1000	10~25	320~480	480~600	>600	
1:500	5~10	500~600	600~1000	>2000	

注:资料来源于“GB/T33444—2016”。

编者建议:类似于1:2000的大比例尺矿床(体)地质图,填图方法以追索法为主,配合剖面法及探矿工程资料编图,其地质观测点密度主要应该以对地质界线等标志要素能否达到有效“控制”为要点,大体是能达到在图面上沿界线每1~2 cm有一个控制点,且达到在矿体顶、底板界线的控制程度上地表比地下密度大一倍为宜,特殊情况可加密。

2.6.4.3 地质观测点布置

1. 种类

地质观测点主要分为界线点、岩性控制(内部)点两类。

1) 界线点

界线点是为控制地质界线和基本构造形态布置的地质观测点,是地质填图的基本观察点。

2) 岩性控制点

岩性控制点是为控制和了解地质界线之间岩层产状变化及岩性特征、满足地质观测点密度和数量要求而布置的观察点,岩性控制点一般只需记录岩层产状和岩性特征。

2. 点位选择

地质观测点应着重选择在地质界线、矿体、矿化点、蚀变岩石露头、断层、褶皱、水文地质、地貌等重要地质现象处。其中界线点应布置在填图单元的地质界线、含矿层或矿体界线、蚀变带界线、岩体界线、断层面及褶皱轴等位置上。对界线点要作详细的文字记录(必要时作放大素描图或拍照)。在重要的地质界线上可视需要在界线点之间增加一些加密点,加密点的记录可适当简化。

地质观测点的布置和密度以能控制各种地质界线和地质体、满足地质勘查的目的和要求为原则,一般取决于地质勘查的比例尺、地质复杂程度和覆盖程度等。在地质观测点之间也要进行地质现象的观察与记录。

3. 点位定位

1) 现场标注点位

地质观测点位及编号用红油漆或防水笔标注在实地新鲜基岩面或人工点号桩(一般为木、竹桩)上。加密点及岩性控制点视情况标注。对需仪器定测的重要界线点,应在地质观测点附近插(挂)上小红布条,以方便测量找点。

2) 定位及坐标测量

所有界线点都应用手持GPS仪并结合地形图定位,加密点及岩性控制点视情况用手持GPS仪或半仪器法定位后,将点位及点号标注在现场及手图上。

对精度要求很高的重要界线点,须用全站仪进行精确定位。一般的做法是:填图人员在现场经观察确定地质观测点,用GPS仪测量点位坐标后,将这类地质观测点及坐标通知矿区工程测量人员进行精确测量定位。

2.6.5 地质观察和记录要求

2.6.5.1 地质观测点的记录要求

野外地质填图的基本工作是:在地形图上及实地标定地质观测点的位置进行观察、研究与描述,测量地质体的产状要素及其他构造要素,采集标本和样品,追索与填绘地质界线等。观察与记录总体参照"2.2.4.2 地质观察、分层、记录与作图"的有关要求进行。填图时应加强地质路线的沿途观察描述。

2.6.5.2 地质观测点的记录内容

"DZ/T 0078—2015"对地质观测点记录内容要求如下:

(1) 矿区名称:矿区名称用矿区中文名称或代号(在矿区设计中规定)表示。

(2) 点号:指地质观测点编号。一个矿区的两个填图组最好一组用单号D1,D3,D5,…,另一组用双号D2,D4,D6,…,以免重号。

(3) 位置:GPS的定位坐标及相对于明显地物地貌的特定位置等。

(4) 地质观测点性质:除记录界线点、构造点、矿化点、岩性控制点等之外,还要记录露头性质(人工、天然,基岩出露和掩盖情况)。

(5) 路线地质:指相邻两个地质观测点之间的路线地质现象,如D1—D2表示1号地质观测点到2号地质观测点之间的路线。记录内容主要是描述两点间先后观察到的地质现象。但应注意:记录的地质现象要有准确的位置(对应某个地质观测点的方位和平距);记录地质现象的性质和特征,并说明与已知地质观测点有无差异或变化;路线上尽可能多地实测岩层产状,注意产状变化并分析原因;每条路线的观察记录应具有连续性;必要时可作路线剖面图或平面图表示地质体形态特征和变化规律。

(6) 地质描述内容:每个地质观测点所具有的地质意义不完全相同,在描述地质现象时应有侧重点,切忌千篇一律或平淡叙述。

(7) 岩矿石标本、样品编号:地质观测点及沿途采集的标本、样品,应在实地和手图的相应位置上标注和编号。

地质观测点的记录按附录12中附表12.5“地质观察点卡片”的格式要求进行。

2.6.6 地质界线勾绘

地质界线勾绘是指将控制同一地质界线的两个相邻地质点进行连接。地质界线勾绘应在野外实地进行,勾绘时,应充分考虑两点间距离的远近、产状及变化、有无断层切割及地形变化(按“V”字形法则勾绘)等因素。实测及推测出的地质界线分别用实线及虚线表示(DZ/T 0078—2015)。

2.6.7 地质填图的原始图件

地质填图每天的填制内容应在野外手图中详细表述,并按阶段整理成野外清图。野外手图与野外清图内容要一致。它们是地质填图的野外主要图件资料。图中记录了地质点、地质观测路线、界线点、采样点、产状点、各种地质界线及断层线等的位置、编号、代号、界线等编录内容等。

2.6.8 实际材料图编制

实际材料图编制应直接在计算机中进行数字化编制。“DZ/T 0078—2015”阐述的方法含以下两种。

方法一:将手图中填绘的全部内容(地质点、路线地质、标本、样品、产状、已施工工程、各种地质界线及断层线等的位置、编号、代号等)扫描进计算机后进行数字化,再根据鉴定测试成果及综合研究结果在计算机中补充,加上图框、图名、图例(按矿区统一图例)、比例尺、责任签名等,形成数字化实际材料图。实际材料图应在野外填图过程中逐步完成,以保证填图中出现的遗漏、错误、争议等问题能在野外得到弥补、修正和统一。

方法二:将手图中填绘的全部内容逐一输入计算机的与手图同版的电子(数字化)底图中,再根据鉴定测试成果及综合研究结果在计算机中补充完成。

2.6.9　地质填图工作小结

阶段性填图工作结束后应编制工作小结。"DZ/T 0078—2015"要求的主要内容为目的及任务、交通位置及自然地理、以往地质工作评述(主要成果及存在问题)、完成实物工作量、工作方法及质量评述、矿区地质、主要成果、存在的问题、下一步工作意见等。

2.6.10　地质填图须提交的资料

地质填图须提交的资料种类可参照区域地质调查规范并根据实际情况增减,例如:

2.6.10.1　原始地质资料

(1) 野外填图小结和文字总结报告。

(2) 全部野外图件:野外填图手图、野外地质图、实际材料图、实测和修测剖面图、卫片和航片等遥感解译资料。

(3) 各种原始记录本、表格、卡片和相册。

(4) 探矿工程地质编录资料。

(5) 样品采样、测试、鉴定、分析资料(包括各种样品采样地质记录、送样单、化验、分析测试报告、岩矿、化石鉴定报告、样品登记本、标本、化石登记本)。

(6) 修测填图须提供所用前人的各种图件、卡片、资料索引等。

(7) 典型矿物、岩石、矿石、化石、构造等标本实物。

(8) 项目设计书及审批意见、阶段性总结、三级质量检查资料。

2.6.10.2 最终成果资料

(1) 实际材料图。

(2) 实测剖面图、地层柱状图。

(3) 矿区地质图或矿区外围地质图及相关文字说明。

(4) 探矿工程素描图、展开图、钻孔柱状图。

(5) 填图工作总结报告。

(6) 典型矿物、岩石、矿石、化石、构造等标本实物。

2.7 填图质量检查要点

2.7.1 一般性检查要点

(1) 比例尺选择是否合理,是否满足勘查阶段对地质填图的要求,包括平面地质图和实测剖面图。

(2) 矿区(床)地质图的地形底图选择是否妥当,包括地形底图比例尺、图件质量等。

(3) 实测剖面图视倾角及剖面上探矿工程中岩、矿层视倾角及厚度计算等是否正确。

(4) 地质测量精度是否达到要求。例如:必须表示的地质体、对规模的填制要求及实际填制情况、地质界线点的图面误差、地质观察路线间距、地质点距、观测点对矿体顶底板界线的控制程度、地质点位置的测定方法等;采用放大图作为矿区外围(区域)地质图时,是否对放大图进行了野外地质修测和补充,对图面矿区部位是否进行了矿区资料的补充修编。

(5) 对用于储量计算的地表矿体,是否按照地表比地下加密一倍的要求对矿体及顶底板进行了控制,包括地质定点、工程揭露、采样控制等。

(6) 对矿(化)体(层)是否进行了单独分层和详细地质编录及采样。

(7) 图面地质内容、结构是否合理,地质界线、断层线的连接是否违反"V"字形法则。

(8) 野外填图原始资料(包括野外填图记录、采样记录、野外填图手图、清图)、岩矿鉴定及测试分析资料、测绘资料等是否齐全;责任签名是否齐全;三级质量检查情况。

(9) 图式图例、成图格式是否符合规范要求。

(10) 表格式样、实测地质剖面图、实测剖面柱状图式样见本手册附录12。

(11) 典型矿物、岩石、矿石、化石、构造等标本完善程度。

2.7.2 浅覆盖区检查要点

浅覆盖区(覆盖层厚度小于3 m)1:50000地质填图的质量监控要点(DZ/T 0158—95)为:

(1) 路线控制程度:各类观测点数不少于3个/km^2。

(2) 天然+人工露头点数目:不少于1.5个/km^2。

(3) 剖面控制程度:不少于120 m/km^2。

(4) 剖面揭露比:不少于5%。

(5) 剖面有效控制程度:不少于30%。

上述5点可供矿区外围区域地质填图质量监控参考。

第3章 勘查工程系统及探矿工程地质应用技术

3.1 勘查工程系统综述

矿产勘查工程包括物探、化探、钻探、坑探、测量等工程以及供水、供电、交通运输、机械设备配套等工程。钻探工程和坑探工程是构成勘探工程的基本且主要的部分,物探工程和化探工程作为综合手段配合使用。本章所述勘查工程特指钻探工程和坑探工程。

固体矿产勘查中所采用的勘查工程,往往是几种勘查工程的联合应用,这样就构成了勘查工程系统,即勘查工程的组合形式。运用哪一种勘查工程系统,主要取决于矿体的形态和产状,以及矿床的规模大小等地质因素和勘查区自然地理条件等其他一些勘查条件因素。

勘查工程系统的选择原则是:在达到地质要求的基础上选择技术经济方面最合理的系统。因此,比较各种勘查工程系统的经济效果十分重要。

勘查工程系统的分类:根据勘查工程构成的网格形态,可将其分为正方形网、长方形网、菱形网及三角形网;根据工程种类组合情况,B. И. 毕留科夫把勘探工程划分为3个系统9个组,如表3.1所示。

表3.1　固体矿产勘查工程系统分类

勘探剖面形式	坑探工程	坑探和钻探工程	钻探工程
垂直的	垂直坑道系统	垂直坑道和钻探系统	垂直钻探系统
水平的	水平坑道系统	水平坑道和钻探系统	水平钻探系统
垂直与水平结合的	水平和垂直坑道系统	水平和垂直坑道及钻探系统	水平与垂直钻探系统

3.2　勘查工程系统与矿体基本形态类型的关系

3.2.1　矿体基本形态类型

自然界的矿体形态是千变万化的，大致可以划分为3个基本形态类型：一个方向（厚度）短、两个方向（走向及倾向）长的板状矿体，一个方向（延深）长、两个方向（走向及倾向）短的筒状矿体，以及三向延长的等轴状矿体。矿体基本形态不同，勘查工程系统（勘查剖面）的布置也有所不同。

3.2.2　板状矿体勘查工程系统

板状矿体包括水平的、缓倾斜的，以及陡倾斜的薄层状、似层状、脉状及扁豆状矿体。矿体在自然界出现得较多，其变化最大的方向是厚度方向。对于板状矿体，多数情况下勘查工程系统（勘查剖面）是垂直矿体走向布置的，如图3.1所示。

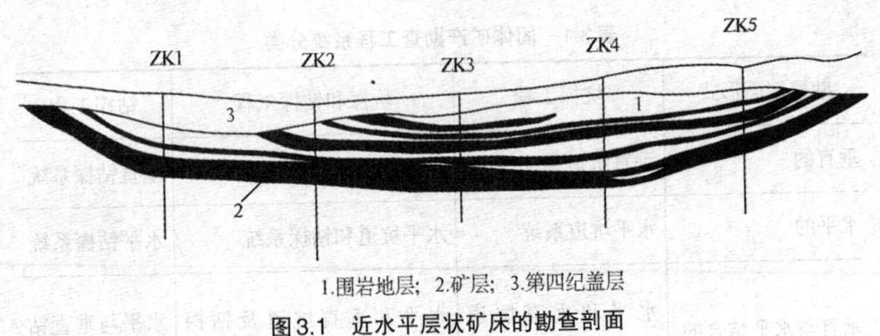

1.围岩地层；2.矿层；3.第四纪盖层

图3.1 近水平层状矿床的勘查剖面

3.2.3 筒状矿体勘查工程系统

筒状矿体勘查工程系统(勘查剖面)通过水平断面在不同的标高截断矿体,用水平断面图来反映矿体的地质特征,完成矿产勘查。如图3.2(a)所示。

3.2.4 等轴状矿体勘查工程系统

这类矿体包括那些体积巨大的、没有明显走向及倾向的近似等轴状的矿体,如各种斑岩型铜、钼矿等。矿体形态在三维空间的变化可视为均质状态,因而矿体勘查工程系统(勘查剖面)方向所形成的影响不大,从技术施工和研究角度出发,一般应用两组互相垂直(网状)的勘查剖面,如图3.2(b)所示。

矿体形态特征(走向、倾向及倾角)要素,还需要考虑矿体侧伏的三要素,即侧伏向、侧伏角和倾伏角,以便准确判定矿体的空间变化规律。

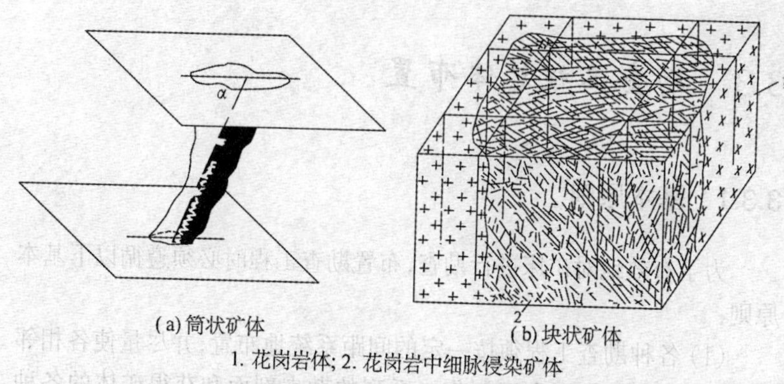

(a) 筒状矿体　(b) 块状矿体

1. 花岗岩体；2. 花岗岩中细脉侵染矿体

图3.2　柱状矿体勘查剖面示意图

矿体侧伏向是矿体最大延伸方向在平面上的侧伏方向（图3.3中的bd方位）；矿体侧伏角是矿体最大延伸方向（即矿体轴向）与矿体走向线之间的夹角（图3.3中的$\angle abc$）；矿体倾伏角是矿体最大延伸方向与其水平投影之间的夹角（图3.3中的$\angle cbd$）。矿体倾角是矿体倾斜面与水平面之间的夹角。

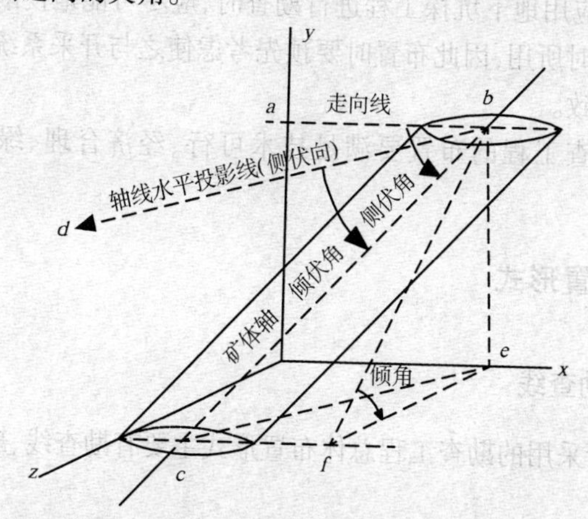

图3.3　矿体产状要素示意图

3.3 勘查工程总体布置

3.3.1 基本原则

为了有效地对矿床进行勘查，布置勘查工程时必须遵循以下基本原则：

(1) 各种勘查工程须按一定的间距系统地布置，并尽量使各相邻的工程互相联系，以利于制作一系列的勘查剖面和获得矿体的各种参数。

(2) 勘查工程要沿矿体形态和组分变化的最大方向（通常为厚度方向）穿过整个矿体或含矿构造带。

(3) 遵照循序渐进的认识规律，勘查工程的布置要由已知到未知、由地表到地下、由稀到密地布置。

(4) 当应用地下坑探工程进行勘查时，应尽可能地使勘查坑道可为将来开采时所用，因此布置时要预先考虑使之与开采系统和相关技术要求相一致。

(5) 勘查工程的布置要满足技术可行、经济合理、绿色环保的要求。

3.3.2 布置形式

3.3.2.1 勘查线

目前所采用的勘查工程总体布置形式主要有勘查线、勘探网和水平勘探。

一组勘查工程从地表到地下按一定间距布置在与矿体走向基本

垂直的铅垂勘查剖面内，并在不同深度揭露或追索矿体。这种勘查工程的总体布置形式称为勘查线。

在勘查剖面上可以是同一类勘查工程，如全部为钻孔，或全部为坑道，而在多数情况下是各种勘查工程的综合应用。但是，不论勘查工程是单一的还是多种的，都必须保证各种工程在同一个勘查剖面内。

勘查线一般适用于呈两个方向(走向及倾向)延长，产状中等至较陡的层状、似层状、透镜状及脉状等的矿体，如图3.4、图3.5所示。

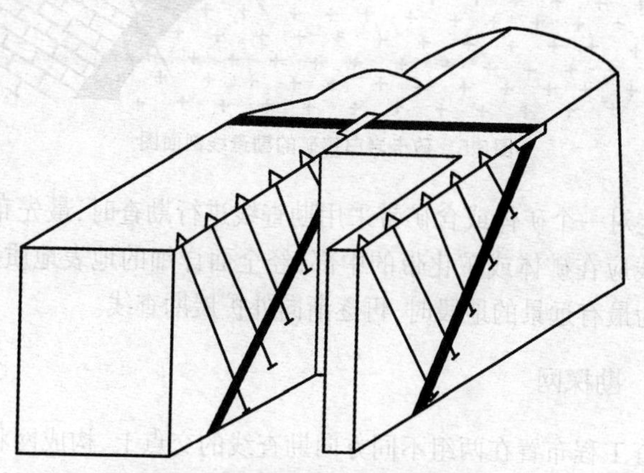

图3.4　勘查线勘查矿脉立体示意图

勘查线的布置，应使勘查线的延长方向与矿体走向或平均走向相垂直，也就是使勘查线沿矿体倾斜方向布置，保证勘查线的工程沿厚度方向截穿矿体。一般情况下，一个矿体或含矿带的勘查线应相互平行，便于进行勘查剖面资料的整理及进行资源/储量估算。但是，当一个矿体的规模很大，矿体或含矿带受构造影响在不同地段的产状变化较大时，则应按具体情况划分若干地段，并用不同方向的各组平行勘查线对各部分进行布置。

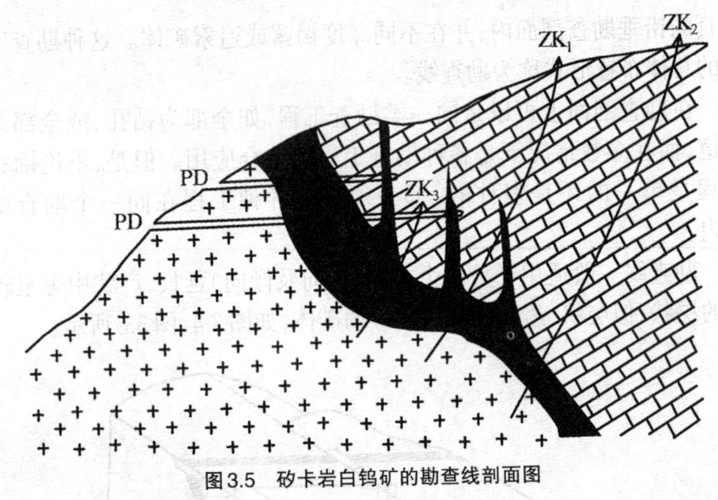

图3.5　矽卡岩白钨矿的勘查线剖面图

决定对一个矿体或含矿带采用勘查线进行勘查时，最先布置的几排勘查线应在矿体或矿化带的中部，经全面详细的地表地质研究后，确定其为最有远景的地段时，再逐渐向外扩展勘查线。

3.3.2.2　勘探网

勘查工程布置在两组不同方向勘查线的交点上，构成网状的工程总体布置方式，称作勘探网。其特点是可以依据工程的资料，编制二至四组不同方向的勘查剖面，以便从各个方向了解矿体的特点和变化情况。

勘探网工程布置的方式一般适用于矿区地形起伏不大，无明显走向和倾向的等向延长的矿体，产状呈水平或缓倾斜的层状、似层状以及无明显边界的大型网脉状矿体。

勘探网工程布置的方式要求各种勘查工程点分布连线在平面上是相互垂直的，勘查手段也只限于钻探工程和浅井，一般要求将勘查工程布置在网格交点上，使各种工程之间在不同方向上互相联系。而勘查线方式则不受这种限制,有较大的灵活性,在勘查线剖面上可以应用各种勘查工程(水平的、倾斜的、垂直的)。

勘探网有以下几种类型:正方形网、长方形网、菱形网及三角形网,如图3.6所示。正方形网和长方形网在实际工作中最常使用,后两者应用较少。

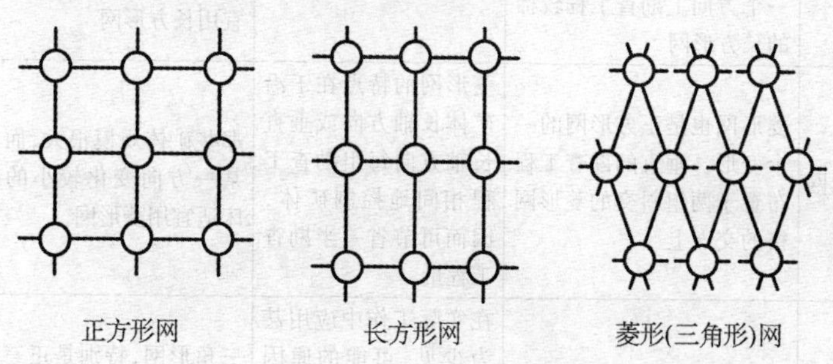

图3.6 勘探网的基本类型

各类勘查网的形态特征和适用范围、特点如表3.2所示。

表3.2 勘查网的形态特征和适用范围、特点

类型	形态	特点	适用范围
正方形网	两组相互垂直的勘查线组成各边相等的正方形网,在网格交点上布置垂直的钻孔或浅井。正方形网的第一条线应通过矿体中部的某一基线的中点,然后沿两个垂直方向按相等距离从中部向四周扩散,以构成正方形网去追索和圈定矿体	正方形网的特点在于能够用来编制几组精度较高的剖面,一般编制两组剖面;同时还可以编制沿对角线方向的精度稍低的辅助剖面	正方形网用于在平面上近于等向,而矿体又无明显边界的矿床,如斑岩型矿床、产状平缓或近于水平的沉积矿床、似层状内生矿床及风化壳型矿床等。这些矿床在矿体形态、厚度、矿石品位的空间变化方面常具有各向同性的特点

续表

类型	形态	特点	适用范围
长方形网	长方形网是正方形网的变形。勘查工程布置在两组互相垂直但边长不等的勘查线交点上，组成一个方向上勘查工程较密，而另一个方向上勘查工程较稀的长方形网	长方形网的短边，也即工程较密的一边，应与矿床变化最大的方向相一致	在平面上沿一定方向延伸的矿体，或矿化强度及品位变化明显的沿一个方向延伸较大而另一方向较小的矿体或矿带，适宜用长方形网
菱形网	菱形网也是正方形网的一个变形。垂直的勘查工程布置于两组斜交的菱形网格的交点上	菱形网的特点在于沿矿体长轴方向或垂直长轴方向每组勘查工程相间地控制矿体，因而可节省一半勘查工程量	那些矿体规模很大，而沿某一方向变化较小的矿床适宜用菱形网
三角形网	菱形网在其一个对角线方向加上勘查线便变成三角形网	在实际工作中应用甚为少见，可能的原因还是出于地质上的考虑，应用正方形网对了解走向和倾向方向矿体的变化比正三角形网方便得多	三角形网，特别是正三角形网，是一种较好的工程布置形式，用相同的工程量可取得比其他布置形式取得更好的地质效果

3.3.2.3 水平勘探

主要用水平勘查坑道(有时也配合应用钻探)沿不同深度的平面揭露和圈定矿体，构成若干层不同标高的水平勘查剖面。这种勘查工程的总体布置形式称为水平勘探，如图3.7所示。

水平勘探主要适用于陡倾斜的层状、脉状、透镜状、筒状或柱状矿体。当平行的水平坑道与钻探配合，在铅垂方向也构成成组的勘查剖面时，则成为水平勘探与勘查线相结合的工程布置形式。以水平勘探布置坑道时，其位置、中段高度、底板坡度等，均应考虑到开采时利用这些坑道的要求。应用这种布置形式，可编制矿体水平断面图。

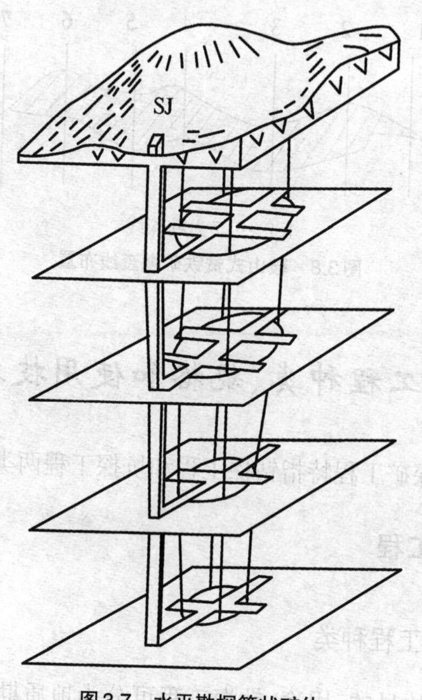

图3.7　水平勘探筒状矿体

3.3.2.4　合理选择布置形式

勘查工程总体布置形式，须根据矿床和矿体的各种地质特征变化规律，合理、灵活、有效地布置，不能机械地套用规则网或不规则网。同一矿区，根据地质变化的实际情况，也可分段布置不同的勘查工程网。如鞍山地区的变质铁矿，矿石品位变化稳定，但矿体形态(厚度)因受次级横向和纵向褶皱控制而变化大，因此，勘查线布置在矿体形态变化的转折点及横向褶皱轴部(图3.8)，它比等间距布置更能准确地圈定矿体，且节省工程量。

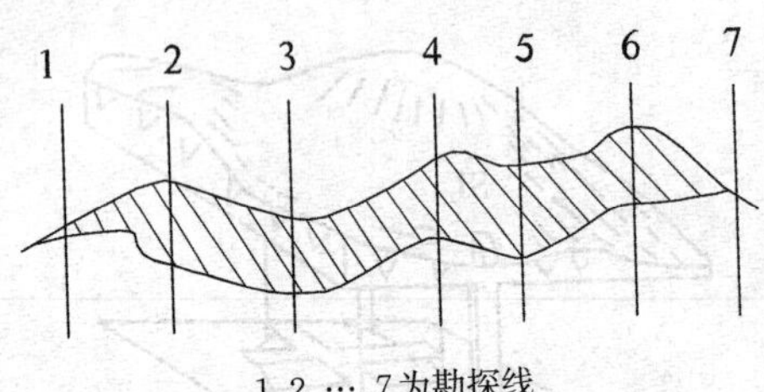

1,2,…,7为勘探线

图3.8 鞍山式贫铁矿勘查线布置

3.4 探矿工程种类、规格和使用技术

本章所述探矿工程特指钻探工程和坑探工程两类。

3.4.1 钻探工程

3.4.1.1 钻探工程种类

根据施工的目的、用途，钻探工程可分为地质勘探钻探和工程技术钻探两类。按机械碎岩方式划分，钻探可分为回转钻探、冲击钻探、冲击回转钻探、振动钻探和喷射钻探等；按碎岩工具或磨料划分，可分为钢粒钻探、硬质合金钻探、金刚石钻探、复合片钻探、牙轮钻头钻探等；按取心方式划分，可分为提钻取心、绳索取心、反循环连续取心等；按冲洗液类型划分，可分为清水钻探、泥浆钻探、空气钻探等；按冲洗液循环方式划分，可分为正循环、反循环、孔底局部循环等。

"DZ/T 0227—2010"规范根据钻进的深度，将钻探工程划分为浅孔(＜300 m)钻探、中深孔(300～1000 m)钻探、深孔(1000～3000 m)钻探、超深孔(＞3000 m)钻探等。

深度小于100 m的钻孔,可命名为超浅孔。超浅孔钻探的设备较小、较轻,对地质环境破坏相对较小,环境恢复容易,故应用广泛。

3.4.1.2　钻探工程特点

钻探工程的主要特点如下:

(1) 钻探的钻孔直径相对较小:固体矿产勘查钻探一般为46~94 mm,水文地质钻探为150~350 mm;水井钻探一般为150~550 mm。由于人不能进入工程内部工作,地质观测和编录、样品采取均依托于所钻取的岩矿心。

(2) 较坑道勘探,成本相对低,效率相对高,对环境影响相对小,勘查深度较深,应用领域更加广泛。

(3) 钻探施工技术的现代化能基本满足不同深度、口径、类型的勘查要求。

3.4.2　坑探工程

3.4.2.1　坑探工程种类

从地表或地下对地质体掘进的探槽、浅井、平巷、斜井和竖井等工程,统称坑探工程(地质勘查坑探规程"DZ/T 0141—94")。本手册沿用该定义。

坑探工程包括地表坑探工程和地下坑探工程,其中地表坑探工程包括剥土、探槽、小圆井及浅井等。比较浅的探井(0~5 m),断面常为圆形,称为小圆井;深度达5 m以上(20 m以内)的探井,称为浅井,其断面采用方形和长方形。

地下坑探工程包括平巷、竖井、斜井等。平巷又可分为平窿(硐)、石门、沿脉、穿脉。地面无出口的倾斜坑道又可称为上山、下山、暗井等。各类坑探工程特征、质量要求及适用范围如表3.3所示。

表3.3 坑探工程特点

种类	定义	断面规格	适用范围	特征	工程质量要求
探槽	从地表向下挖掘的一种槽形坑道，其横断面通常为倒梯形	视浮土性质及探槽深度而定。槽底宽度一般要大于0.6 m，深度一般不超过3 m	用于揭露、追索和圈定残坡积覆盖层下地表矿体及其他地质界线	一般要求垂直于矿体走向或垂直标志面界线布置。深度超过2 m时要进行安全支护	槽壁和槽底清理干净，一般要求揭露新鲜基岩不小于0.3 m
浅井	从地面向下掘进的垂直坑道，断面多为矩形、正方形	视深度而异：(1.2 m×0.8 m)～(1.7 m×1.3 m)不等	主要用于浮土厚度在3～20 m的近地表矿体、地质体的揭露、追索，物化探异常的检查验证，以及埋深较浅、产状平缓的风化矿床、砂矿床的勘探	深度一般不超过20 m，小于5 m时称作小圆井。根据土层结构稳定性及含水情况，井的深度大于3 m时要进行井壁安全支护。深井要考虑通风措施	满足地质设计的断面规格要求，井壁清理干净，准确、客观、安全地提供采样和编录条件。砂矿勘探的浅井，要提供可供采样设施下井的条件
平巷	向地下掘进的水平坑道，断面多为梯形或拱形	视长度而异：(1.8 m×1.2 m)～(2.0 m×3.0 m)	主要用于揭露、追索地下矿体，也是人员出入、运输、通风、排水的通道。在地形条件有利时应优先使用平巷坑道。多用于矿床勘探阶段	平窿：在地表有出口的水平坑道；石门：地表无直接出口，掘进在围岩中的地下水平坑道；沿脉：在矿体中沿走向掘进的地下水平坑道；穿脉：垂直或斜交矿体走向并穿过矿体的地下水平坑道	满足地质设计的断面规格要求，坑道壁清理干净，准确、客观、安全地提供采样和编录条件。高度不低于1.8 m

续表

种类	定义	断面规格	适用范围	特征	工程质量要求
竖井	直通地表深度较深和断面较大的垂直向下掘进的直井，断面多为矩形	视深度而异：(1.6 m×1.0 m)～(4.0 m×2.4 m)	应用于矿床勘查采大样和验证其他勘查工程。矿产勘查竖井不宜多，一个矿床一般设1～2个就可以了	应布置在矿体的下盘，在采矿时可安全使用，减少矿量损失，保证其他地下坑道的稳固	断面规格要满足地质设计要求和运输器械通行条件。井壁清理干净，准确、客观、安全地提供采样和编录条件。竖井是人员出入、运输、通风、排水的主要通道，必须安全可靠
斜井	在地表有直接出口的倾斜坑道	视长度而异：(1.7 m×1.0 m)～(1.8 m×3.0 m)	适用于勘探产状稳定且倾角小于45°的矿体。多用于矿床勘探阶段	与竖井相比，可减少石门长度。地面无出口的倾斜坑道可称为上山、下山、暗井	断面规格要满足地质设计要求，高度不低于1.6 m

注：水平坑道，人行道宽度为0.5～0.7 m，可有0.3%～0.7%的坡度，弯道曲率半径应为矿车轴距的7～10倍，矿车与坑道一侧的安全间隔为0.2～0.25 m。斜井断面净高不低于1.6 m。地下坑探工程，由于成本高，施工困难，因此多用于矿床勘探阶段，在使用时应考虑矿床开采的需要。

3.4.2.2　坑探工程特点

坑探工程特点如下：

(1) 观察的视野比钻孔岩矿心大，可以采集大量信息。工作人员可进入工程内直接观察、研究地质及矿产现象，进行地质编录、采样和测量等。

(2) 断面规格以能充分揭露地质体,可供人员及机器工作,方便取样、观察、编录以及安全施工为准。

(3) 若干有色和稀有贵重金属矿床要用坑探工程来验证物探、化探和钻探资料,部分坑道用于探采结合。

(4) 地表坑探工程(剥土、槽、井等)成本低、效率高,宜于使用小型轻便、自行式机械设备。

(5) 坑探工程由于其破土施工的特点,对地质生态环境有一定的破坏作用,在生态脆弱地区要谨慎使用,竣工后要回填和封闭坑道,恢复地质环境,防止有害气体溢出、人畜掉入而受到伤害等。

3.4.2.3 断面规格

各类坑探工程断面规格分别见表3.4~表3.8。

表3.4 探槽深度、宽度、坡度

项目	规格标准
深度	1~3 m
槽底宽度	>0.6 m
槽壁坡度	深度<1 m时,槽壁坡度±90°
	深度为1~3 m时,结实土层槽壁坡度75°~80°
	深度为1~3 m时,松软土层槽壁坡度60°~70°
	深度为1~3 m时,湿、松软土层槽壁坡度<55°
揭露新鲜基岩深度(根据地质设计要求)	0.3~0.5 m

注:资料来源于“DZ/T 0141—94”。

表3.5 浅井深度与净断面规格表

深度(m)	净断面规格(长×宽,m^2)	使用条件
0~5(小圆井)	0.8~1.0 m(直径)	手摇绞车提升
0~10	1.2×0.8=0.96	不需排水,手摇绞车或浅井提升机提升

续表

深度(m)	净断面规格(长×宽,m^2)	使用条件
0~20	1.2×1.0=1.2	吊桶排水,浅井提升机提升
	1.3×1.1=1.43	吊桶或潜水泵排水,浅井提升机提升
	1.7×1.3=2.21	潜水泵排水,浅井提升机提升

注:资料来源于“DZ/T 0141—94”。

表3.6　竖井深度与净断面规格

深度(m)	净断面规格(长×宽,m^2)	使用条件
0~30	1.6×1.0=1.60	不设梯子间,单吊桶提升
0~50	2.0×1.2=2.40	设梯子间,单吊桶提升
0~100	3.0×2.0=6.00	设梯子间,单罐笼提升
100	4.0×2.4=9.60	设梯子间,双罐笼提升

注:资料来源于“DZ/T 0141—94”。

表3.7　斜井深度与净断面规格

深度(m)	净断面规格(长×宽,m^2)	使用条件
0~30	1.7×1.0=1.70	小型机掘
0~100	1.7×1.2=2.04	提升矿车
	1.7×1.9=3.23	提升矿车,设人行道
0~200	1.8×2.4=4.32	提升箕斗,设人行道
0~300	1.8×3.0=5.40	双轨道,提升箕斗,设人行道

注:资料来源于“DZ/T 0141—94”。

表3.8　平巷长度与净断面规格

长度(m)	净断面规格(高×宽,m^2)	使用条件
0~50	1.8×1.2=2.16	手推车运输
0~100	1.8×1.5=2.70	矿车运输
0~300	2.0×1.8=3.60	铲运机或矿车运输
0~500	2.0×2.2=4.40	机械化掘进作业线
0~1000	2.0×3.0=6.00	机械化掘进作业线

注:资料来源于“DZ/T 0141—94”。

3.5 勘查工程间距的确定

3.5.1 定义

勘查工程间距又称勘查工程网密度、工程网度、工程密度、勘查网度，即相邻勘查工程控制矿体的实际距离，通常以工程沿矿体走向的距离与沿矿体倾斜方向的距离来表示。例如，勘查网密度100 m×50 m，是指工程沿矿体走向的距离为100 m，沿矿体倾斜方向的距离为50 m。

预查阶段，对勘查工程间距不作具体要求；普查、详查、勘探阶段，规范对工程间距有具体要求；大中型矿床，详查阶段还要对工程间距的合理性进行验证和确定。

3.5.2 基本原则

合理的勘查网密度，是指能够使获得的地质成果与真实情况之间的误差在允许范围之内的最稀的勘查网密度。也就是能够保证勘查所得的某一级别储量符合列入这一类别储量所要求条件的最稀的勘查网密度。

确定合理的勘查工程间距是一个技术问题，也是一个重要的经济问题，对勘查工作的速度、质量或勘查成本都有重大的影响。确定合理的勘查工程间距的基本原则如下：

(1) 勘查工程间距应根据反映矿床地质条件复杂程度的勘查类型来确定，即以勘查类型为基础。类型简单，工程间距相对大，反之则相对小。矿床开采技术条件的勘查类型，根据“GB/T 13908—2002”划分为3类9型。

(2) 在决定勘查类型的各地质因素(通常为矿体规模、矿体形态及内部结构、主矿体厚度稳定程度、构造复杂程度、矿石质量稳定程度"五大要素")中,首先要看主矿体的规模,并以变化程度最大的因素作为确定勘查类型的主要依据。例如,矿体规模较大、厚度变化为简单型、品位变化为中等型,其余诸因素均为变化简单型,则勘查类型应以品位变化作为主因素,定为中等(Ⅱ)类型或中等偏简单类型。

(3) 单矿种勘查规范给出的网度(间距)为详查的基本网度,在不同勘查阶段根据情况加密或放稀。勘查工程间距,按照普查→详查或详查→勘探,常以一倍密度加密,但根据实际情况也可不限于一倍密度加密,选择的工程间距原则是在地质上要足以让相邻剖面或相邻工程间进行互相联系和对比。

(4) 勘查工程间距可有一定的变化范围,以适应同一勘查类型不同矿床或同一矿床不同矿体(或矿段)的实际变化差异。主要矿体与次要矿体,浅部与深部,重点勘查地段与外围概略了解地段应当加以区别对待,不能采用一成不变的勘查工程间距,原则上地表勘查工程间距要比深部勘查工程间距适当减少,详查地段的地表及盲矿体头部,勘查工程间距要减少一半。

(5) 工程间距要按由大到小的次序进行,在勘查中要不断检验间距是否合理,而且要及时地调整间距,使其更加合理。

3.5.3　方法

3.5.3.1　方法种类

目前所使用的确定勘查工程间距的方法有类比法、加密法、稀空法、探采资料对比法、数学分析方法等。

1. 类比法

通过与(已经勘查过的)同类矿床类比确定工程间距的方法叫作

类比法。各类地质勘查规范中规定的勘查类型及勘查工程间距，就是对以往矿床勘查经验的总结，使用各类规范中的勘查类型和勘查工程间距，其实质就是一种类比法。

类比法是确定勘查工程间距最常用的一种方法，特别是在勘查初期，在仅有地表地质研究和极少量的地下资料的情况下，应用此法最为合适。

由于矿床的形成条件各异，因此勘查工程间距的确定应该充分考虑矿床自身的特点并在施工过程中进行必要的调整。

以类比法确定矿床勘查类型和勘查工程间距时，应以主矿体（层）为对象。对于矿体局部产状、厚度和矿石质量变化较大或构造复杂的地段，必要时可酌情适当补加工程。

2. 加密法

所谓加密法，即在有代表性的地段加密勘查工程。根据两种网度所得的勘查成果分别绘制图件和进行储量估算，验算对比加密勘查工程前后矿体的地质因素和储量的变化情况，如果矿体变化不大，储量误差也没超出允许范围，这就说明原定的各类储量的勘查网密度是合理的；反之，则说明原定的勘查网密度太稀，应该加密。

在地质勘查的过程中，在勘查后期准备进入探求高级储量阶段时，如对所确定的勘查网密度的正确性有所怀疑，或对新类型矿床的勘查需要进一步肯定勘查网密度的正确性的时候，则用加密法来验证勘查网密度。

3. 稀空法

稀空法是按照一定的规则放稀勘查工程间距，分析、对比放稀前后的资料，从中选择合理勘查网密度的方法。它在实质上也是类比法的具体运用，所获结果一般只能供同一矿床的其他地段或特点类似的矿床在确定勘查工程间距时参考。其大致过程如下：

选择矿床中有代表性的地段，以较密的间距进行勘查或采样，根据所获得的全部资料圈定矿体，计算平均品位或矿产储量，然后按相同间距将勘查工程间距依次放大到1/2倍、1倍、2倍……，再分别圈定矿体，计算平均品位或矿产储量。分析、对比不同间距所确定的矿体界线、平均品位或矿产储量及它们之间的误差大小，从中选定误差不超过矿山设计要求的合理勘查网度。

4. 探采资料对比法

1）概念

探采资料对比法简称探采对比法，是将开发勘查或开采所取得的地质资料与开采前相同地段的勘探资料进行分析、对比，从而检查与验证勘查工程间距的合理性并指导类似矿床确定勘查工程间距。

2）对比方法与内容

探采资料对比种类有地质勘探与开采资料对比、地质勘探与生产勘探资料对比。探采对比法是根据探采资料用放稀法进行不同勘探网密度的试验对比，进一步研究矿床合理勘探网密度。探采对比多以最终开采资料为对比的标准和基数，开采储量对比基数应包括采出矿量、损失矿量。探采对比内容主要有：① 矿体形态对比分析；② 矿体产状和位移对比分析；③ 矿体品位、储量对比与分析；④ 矿床地质条件对比分析。

3）对比参数的计算

探采资料对比参数主要有矿体面积绝对误差、矿体面积重合率、矿体形态歪曲误差、矿体厚度绝对误差、矿体长度误差、矿体边界位移误差、矿石品位误差、矿石储量误差、金属量误差等。探采对比参数计算公式法见表3.9。

表3.9 探采对比参数计算公式

<table>
<tr><th>对比参数</th><th>计算公式</th><th>含义</th><th>备注</th></tr>
<tr><td>面积误差率(S_γ)</td><td>$S_\gamma=\dfrac{S_u-S_c}{S_u}\times 100\%$</td><td>$S_c$:勘查圈定的矿体面积;
S_u:开采的矿体真实面积</td><td rowspan="8">允许误差参考指标:
1. 国家地质总局、国家储委资源/储量总体:
A级±10%
B级±20%
C级±40%
2.《黑色冶金矿山企业地质设计》编写组
① 储量总体误差:
A级<10%
B级<20%
C级<30%
② 面积总体误差:
A级<10%
B级<20%
C级<40%
③ 面积重合率:
A级>80%
B级>70%
C级>60%
(参考指标摘自《矿山地质手册》表7～表10)</td></tr>
<tr><td>矿体面积重合率(D_γ)</td><td>$D_\gamma=\dfrac{S_d}{S_u}\times 100\%$</td><td>$S_d$:探采矿体重合部分的面积;
S_u:开采矿体面积</td></tr>
<tr><td>矿体形态歪曲率(W_γ)</td><td>$W_\gamma=\dfrac{\sum(S_n-S_p)}{S_u}\times 100\%$</td><td>$S_n$:勘探工程圈定出来的面积比开采真实面积多圈的面积;
S_p:勘探工程圈定出来的面积比开采真实面积少圈的面积</td></tr>
<tr><td>矿体厚度误差率(M_γ)</td><td>$M_\gamma=\dfrac{M_u-M_c}{M_u}\times 100\%$</td><td>$M_c$:勘探圈定的矿体厚度;
M_u:开采矿体厚度</td></tr>
<tr><td>矿体长度误差率(L_γ)</td><td>$L_\gamma=\dfrac{L_u-L_c}{L_u}\times 100\%$</td><td>$L_c$:勘探圈定的矿体长度;
L_u:开采矿体长度</td></tr>
<tr><td>矿体边界位移误差</td><td colspan="2">可用探、采底板线在水平断面上所构成的图形的面积除以底板直线的平均长度,即得平均水平位移距离,并注明最大位移值</td></tr>
<tr><td>矿石品位误差率(C_γ)</td><td>$C_\gamma=\dfrac{C_u-C_c}{C_u}\times 100\%$</td><td>$C_c$:勘探计算的平均品位;
C_u:开采测定的矿体平均品位</td></tr>
<tr><td>矿石储量误差率(Q_γ)</td><td>$Q_\gamma=\dfrac{Q_u-Q_c}{Q_u}\times 100\%$</td><td>$Q_c$:勘探计算的矿石量;
Q_u:开采统计的矿石储量</td></tr>
</table>

续表

对比参数	计算公式	含义	备注
金属储量误差率(P_γ)	$P_\gamma=\dfrac{P_u-P_c}{P_u}\times 100\%$	P_c：勘探的金属储量； P_u：开采的金属储量	
矿体边界模数(U_k)	$U_k=\dfrac{L_k}{2\pi\sqrt{S_p/\pi}}$ (圆形) $U_k=\dfrac{L_k}{4\sqrt{S_p}}$(方形) $U_k=\dfrac{L_k}{2(l+S_p/l)}$ (矩形)	U_k：矿体边界模数(矿体在断面上的周长与相同面积的各种规则几何面(圆形、方形或矩形)的周长之比)； L_k：断面上矿体边界线总长； S_p：矿体断面积； l：在断面上矿体的投影长度	

注：资料来源于《矿山地质手册》(冶金出版社，1995年9月)。

5. 数学分析方法

所谓数学分析方法，即利用完工的勘查成果，运用数理统计法、地质统计学方法或SD方法确定勘查网密度，主要有变化系数计算法、方差计算法、地质统计法(区域化变量)、SD法等。

1）变化系数计算法

这是利用数理统计方法，根据矿体的厚度及品位变化系数以及设定的储量估算精度要求(勘查程度即允许误差)来确定所需要的最低工程数量，以此确定合理的勘查网密度。其公式为

$$n=\frac{t^2V^2}{p^2} \tag{3.1}$$

式中，V：矿体某参数值(如品位、厚度、体重等)的变化系数；p：确定参数平均值(平均厚度、平均品位)所要求的精度(允许误差)，它是根据

勘查程度要求给定的;t:概率系数;n:必要的工程数量。

t即所得出的最低工程数量n的结论,能满足勘查预期要求的可信程度。通常情况下,取$t=1.96$或$t=2$,相当于概率为0.95。常用的t值见表3.10。

表3.10 常用概率系数t值

概率(%)	t值	概率(%)	t值	概率(%)	t值
99	2.58	85	1.44	70	1.04
95	1.96	80	1.29	65	0.94
90	1.63	75	1.16	60	0.85

通过式3.1所求得的n,即为对具有一定变化程度的矿床进行勘查时,求得的一定误差范围内的储量估算算术平均参数所必需的截穿矿体的勘查工程数量。

当整个矿床的矿化范围或勘查面积(A)已定时,则可求得每一个勘查工程所控制的面积(S):

$$S=\frac{A}{n}=A\frac{p^2}{t^2V^2} \tag{3.2}$$

从式3.2可以看出,勘查工程的数量只与矿体参数值的变化程度及允许误差有关,而与矿体面积大小无关。这就是说勘查的矿床规模越大,则勘查工程网密度越大。

应用这个方法时,要注意以下问题:

(1) 式3.1所确定的n值只是从抽样误差的角度,保证确定参数平均值的一定精度而计算的,对于地质误差以及矿床地质构造研究和矿山开采技术条件的研究程度均未加以考虑。在应用此法时,必须注意这一不足。

(2) 矿体参数值有品位、厚度等,而且各参数的变化程度是不同的,在这种情况下要选用变化程度最大的参数来计算。

有些文献介绍了以所谓的“总变化系数法”计算勘查网密度,即将

矿床的各种参数的变化系数平方和进行开平方，求取矿床的总变化系数(V_0)，再进一步计算工程数量。公式为

$$V_0=\sqrt{V_m^2+V_c^2+\cdots+V_d^2} \tag{3.3}$$

式中，V_m:厚度变化系数；V_c:品位变化系数；V_d:体重变化系数。

编者认为此法不适用，理由是：

(1) 式3.3中，考虑的地质因素越多，总变化系数V_0就越大，所需要的勘查工程数量就越多。这个论断不合理，也不符合"GB/T 13908—2002"规范第4.2.2条要求的"首先要看矿体规模，并结合其主要因素确定工程间距"。

(2) 决定勘查网密度的主要矛盾是(主矿体)变化最大的地质因素，抓住了这个主要矛盾也就抓住了解决勘查网密度的核心。这个"总变化系数"，不能描述起决定作用的变化程度最大的地质因素的特征，故不能作为确定勘查网密度的依据。

(3) 式3.3表述为：必要工程数量只与矿床参数的变化程度和给定的精度要求有关，而与勘查面积无关。但某些学者研究表明，矿床参数变化系数的大小与研究面积的大小有一定关系：随着研究对象的面积的扩大，变化系数将增加1.5~2倍；许多探采资料对比研究表明，在矿体变化性一定的条件下影响勘查精度的是勘查工程的数量，而不是勘查工程的间距。

(4) 矿体变化性既有变化程度的一面，也有变化性质的一面，而趋势变化对变化系数的计算是有影响的。因此，应用式3.1计算n时应该消除趋势变化的影响。这样，根据随机变化的程度来确定必要的工程数量，即可以达到要求。

2) 方差计算法

根据参数的方差及给定精度要求确定勘查网密度的方法称为方差计算法。它与变化系数计算法一样，都是根据矿床参数的变化程度

和给定的平均值的精度，通过数理统计史太因公式计算，确定需要增加的最低勘查工程数量，以此确定勘查网密度。计算公式为

$$n_2=\frac{4t^2S^2}{d^2}-n_1 \tag{3.4}$$

式中，n_1：已施工的工程数量；n_2：需要增加的工程数量；t：概率系数，一般采用置信水平为95%时，$t=2$；S^2：参数的方差；d^2：允许方差。

在矿床勘查的初期，由于资料较少，运用数理统计公式确定勘查网密度有一定的困难，因此根据史太因公式计算较为方便，可以根据少量资料先作初步的计算，确定其必须增加的工程数量，然后进行加密施工。当这批工程施工之后，随着资料的增加可以进一步计算，看看是否还需要增加工程及增加多少，依次进行第二批加密工程设计和施工，当第二批加密工程施工后，再进行计算，如此反复，直到不再要求增加工程为止。

3）地质统计学法

"GB/T 13908—2002"附录C给出了地质统计学法确定最佳工程间距的方法。

4）SD法

用SD法确定最佳勘查工程间距，请参阅"GB/T 13908—2002"附录C2。

3.5.3.2 注意事项

勘查工程间距的确定须注意如下事项：

(1) 矿床勘查类型的确定主要取决于"五大要素"，在验证勘查网密度时，要以地质规律为基础，把重点放在那些主要的影响因素上。

(2) 选择验证对比块段时应注意其代表性，即应该选择那些在矿体厚度和有用组分的分布等的变化复杂程度能代表全矿区一般情况的块段。对加密法来讲，验证的块段最好是浅部的中心地段，能与高

级储量分布地段相结合。对放稀法和探采资料对比法来说,验证的块段数量愈多愈好;而加密法的块段数量则不宜过多,要求选择勘查工程质量比较好的地段、工程分布尽量规则的地段等。

(3) 对比不同勘查网密度的储量和品位等参数的对比误差时,应当以小块段,即储量计算的地段为基本单位。在这些地块中,误差可能大小不一,要以大多数块段的误差为依据,并参照其误差的平均值,整个对比地块的总误差只能作为参考。

(4) 勘查矿床的观察点愈多,对矿床的了解也就愈接近真实,因此,无论加密法、放稀法或探采资料对比法,各种放稀的勘查网密度应一律与最密的勘查网密度去对比,并求得相对误差。

(5) 用探采对比法要选择开采块段和勘探块段相一致的地段。开发勘探资料和开采资料须是正规的和系统的矿山地质编录资料,并要有各开采块段的比较准确的矿石开采量及开采损失量(包括留作矿柱的储量),要有开发勘探时在开拓坑道中进行加密工程或采样的原始地质编录资料,有了这些资料才能正确反映矿床的实际地质特征及实际的储量,从而正确研究和选择最合理的勘查网密度。

3.6 探矿工程的设计、施工和竣工后续工作

3.6.1 探矿工程设计

探矿工程设计,主要包括地表坑探工程、地下坑探工程及钻探工程的设计。

3.6.1.1 地表坑探工程设计

在揭露接近地表的矿体时,要设计地表坑探工程(探槽断面图、浅井布置图、地下坑道布置图分别见图3.9、图3.10、图3.11)。这时需要

注意和深部工程配合。如第一个探槽(或浅井、浅钻等),一般都设计在矿体的中部,然后根据所确定的距离(探槽间距离)向两边扩展,布置其他与其平行的探槽。在向两边扩展时,如遇矿体露头,一般用剥土代替。当矿体成群或成带出现时,要设计主干探槽,其位置要选择可能穿越到平行矿体机会最多的位置。对地表覆盖层下面的倾斜状矿体或矿脉,确定探槽位置要考虑用"V"字形法则判断矿层可能出现的位置,如图3.12所示。

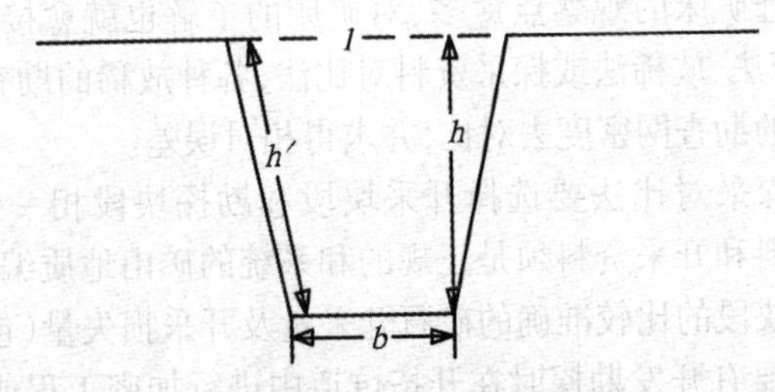

图3.9 探槽断面

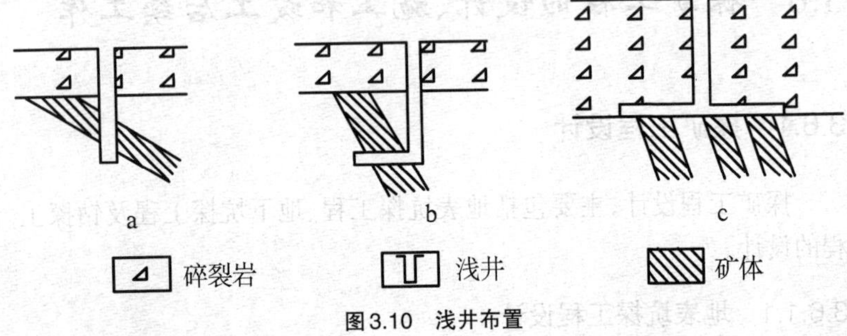

图3.10 浅井布置

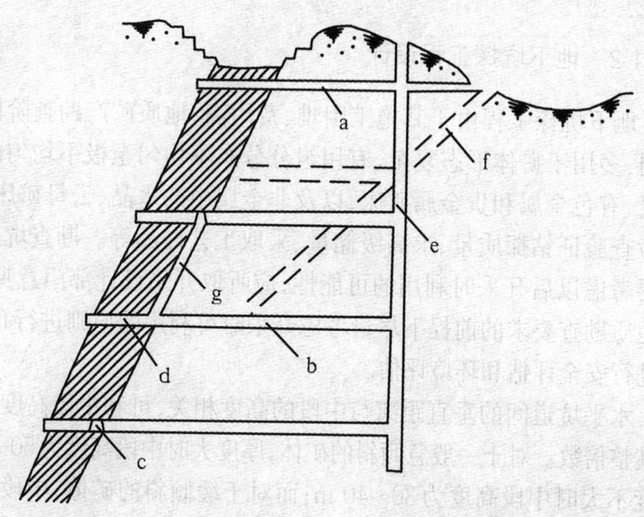

a.平窿；b.石门；c.沿脉；d.穿脉；e.竖井；f.斜井；g.上山(或下山)

图3.11　地下坑道布置

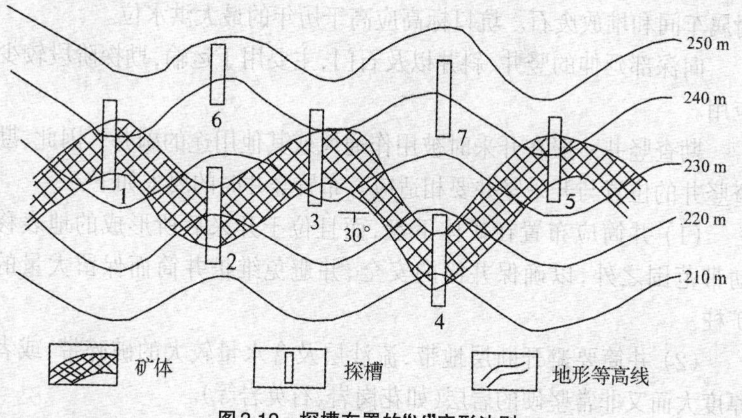

图3.12　探槽布置的"V"字形法则

3.6.1.2 地下坑探工程设计

地下坑探工程由于其施工困难、费用高，地质矿产勘查阶段较少使用，多用于矿体形态复杂、有用组分分布不均匀至极不均匀的稀有金属、有色金属和贵金属矿床，以及非金属中的水晶、云母矿床；或用来检查验证钻探质量、求高级储量、采取工艺样品等。勘查坑道的设计要考虑以后开采时利用的可能性，应听取开采设计部门意见，在满足地质勘查要求的前提下尽量考虑开采时可利用的原则进行布置，同时进行安全评估和环境评估。

水平坑道间的垂直距离与中段的高度相关，可和中段高度一致或为其整倍数。对于一般急倾斜的矿体，厚度大时中段高度为50～60 m，厚度不大时中段高度为30～40 m；而对于缓倾斜的矿体，中段高度为25～30 m。

同属一个开采系统的同一水平层的勘查坑道标高应当一致。

在地表有直接出口的平窿，坑口应有比较开阔的场地，以便建设附属车间和堆放废石。坑口标高应高于历年的最大洪水位。

向深部延伸的竖井、斜井以及石门，主要用于运输，勘探阶段较少应用。

勘查竖井一般在开采时被用作通风或其他用途的副井。因此，勘查竖井的位置与开采竖井要相适应。布置竖井时的要求如下：

(1) 井筒应布置在矿体下盘，而且位于开采后所形成的地表移动带范围之外，以确保井筒的安全，并避免维护井筒而保留大量的矿柱。

(2) 井筒要避开断层地带、流沙层及含水量较大的破碎带，或者厚度大而又非常坚硬的岩层(如花岗岩、石英岩等)。

(3) 井筒位置不宜设在湖沼、低地、河谷或易被洪水淹没的山谷中，井口标高要高出历年最高水位。

(4) 井口附近有良好的地形条件，便于构造建筑物、排水和堆放废石及运输等。

(5) 开采时地下石门要尽可能短。

3.6.1.3　钻探工程的设计

1. 常规要求

钻孔设计的常规要求如下：

1) 勘查线上布孔

为了在勘查线上布置勘查工程，首先要编制矿体的理想剖面图(设计剖面图)，然后在理想剖面图上通过矿体中心线(或矿体顶板线)按确定的工程间距(沿倾向距离)定出勘查工程截穿矿体的位置(如图3.13中所示的“L”)。再按技术施工的要求确定钻探工程在地表的位置、钻探工程的类型及终孔深度等。

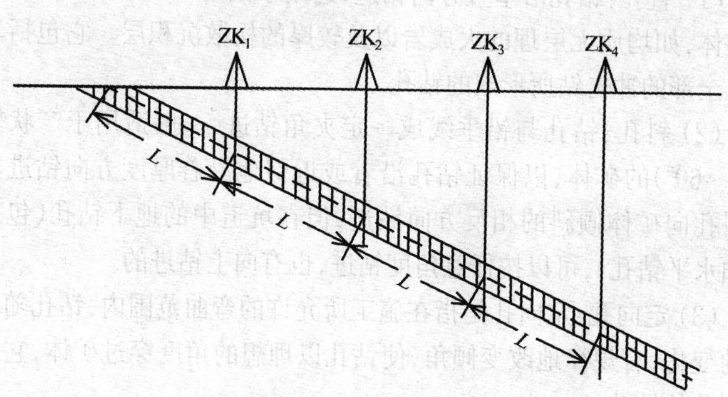

图3.13　钻孔孔距示意图

2) 终孔深度

终孔深度是根据地质设计允许的勘查深度，在钻孔穿过矿体再钻进一段控制进尺(通常为3~5 m)后所达到的钻进深度。宏观性的控制钻孔，其终孔深度要根据设计目的（地质目的）来确定。

3）穿矿钻孔布孔要求

在勘查过程中一般钻孔通过矿体时的要求是：

(1) 钻孔尽可能地沿矿体的厚度方向，即钻孔轴线与矿体表面相垂直的方向穿越矿体。在难以满足上述要求时，也要保证钻孔轴线倾角与矿体倾角的夹角不小于25°，以防止钻孔不能通过矿体而发生孔斜事故。

(2) 钻孔尽可能在矿体的上盘方向穿过矿体，极少钻孔从下盘穿过矿体。

4）钻孔类型选择

钻孔类型是指岩心钻探的钻孔采取什么角度进行钻进。钻孔按其角度和方位有直孔、斜孔和定向孔等类型，决定钻孔类型选择的因素是矿体和围岩的产状、物理技术性质及钻探技术可能性。

(1) 直孔：钻孔沿垂直方向钻进，适用于倾角不大于45°、产状平缓的矿体，如均质无层理的火成岩以及较厚的松散沉积层。它包括岩心钻及全部的冲击钻所形成的钻孔。

(2) 斜孔：钻孔与铅垂线成一定夹角钻进，一般适用于产状较陡(45°～60°)的矿体，以保证钻孔沿着或近似地沿着厚度方向钻进。通常斜孔向矿体倾斜的相反方向钻进，但在坑道中的地下钻孔（包括斜孔和水平钻孔），可以按任意角度钻进，也有向上钻进的。

(3) 定向孔：定向孔是指在施工所允许的弯曲范围内，钻孔随着深度的变化，有规律地改变倾角，使钻孔以理想的角度穿过矿体，它是人工弯曲的钻孔。

定向孔的施工技术更加复杂，设计前要有足够的地质资料，如岩层与矿层的厚度、深度、倾角、硬度变化等。定向钻孔一般用于倾斜大于60°，且片理发育软硬相间的地层，或者是在上部平缓、下部变陡的地层中，使钻孔按一定深度间隔，以倾角θ_1，θ_2，θ_3（如图3.14中0～

100 m θ_1按75°，100～200 m θ_2按73°，200～300 m θ_3按69°)，…钻进。避免直孔与岩层或矿体表面夹角过小或用斜孔造成进尺太长的缺点。定向孔的方向和斜孔一样，要求与岩层走向垂直。

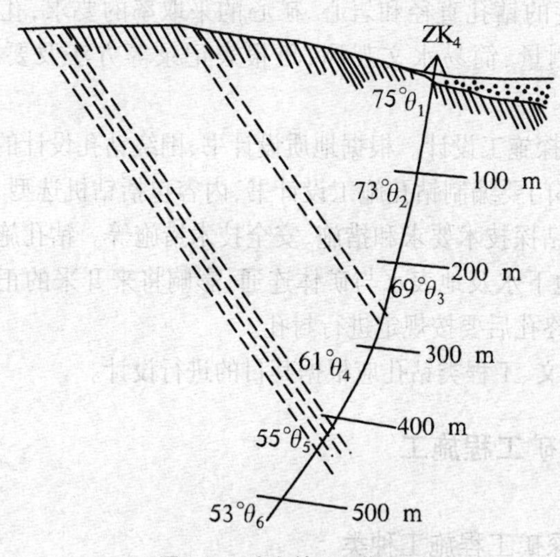

图3.14　定向钻孔示意图

2. 钻孔的设计

(1) 钻孔孔位设计。务必考虑施工技术的可能。对于平整和修建钻机的工作场地，应考虑保护地质环境、尽可能少地开展土方和石方工程；要避开陡崖、水塘、大型建筑物、公路、古迹等。设计孔位与上述要求相矛盾时，允许作适当的位移。其极限位移距离与资源/储量计算方法及储量级别(地质可靠程度)相关，如以平行断面法勘查和计算资源/储量，设计工程中的见矿中心点位移距离：勘查线上不超过10 m，勘查线外一般不得超过线距的1/4。

(2) 钻孔地质设计。所有钻孔均要作地质设计，作出钻孔理想柱状图，明确施工目的、地质质量要求，内容包括：钻孔编号，孔口位置、坐标,钻孔类型,各钻进深度的天顶角及方位角,可能见矿深度,岩矿石性质,主要地质界线的位置,矿体顶底板是否有标志层,标志层的特点,截穿的矿石及岩石的种类、硬度,裂隙发育情况及涌水、漏水情况,各钻进深度的钻孔直径和岩心、矿心的采取率的要求,孔深校正,钻孔弯曲度测量,简易水文观测,班报表记录等方法及要求,终孔深度等。

(3) 钻探施工设计。根据地质设计书,围绕钻孔设计的地质目的,探矿技术部门要编制钻孔施工设计书,内容包括钻机选型、施工方法、钻孔直径、钻探技术要求和措施、安全技术措施等。钻孔施工完毕,往往会引起地下水及地表水与矿体连通,影响将来开采的正常进行,因此,一般在终孔后要按规定进行封孔。

(4) 水文、工程类钻孔应根据其目的进行设计。

3.6.2 探矿工程施工

3.6.2.1 探矿工程施工种类

探矿工程施工包括坑探工程施工、钻探工程施工。坑探工程施工包括地表坑探工程施工和地下坑探工程施工;钻探工程施工包括岩心钻探工程施工、水文钻探工程施工、工程钻探工程施工。

3.6.2.2 工程位置定位及施测

探矿工程施工前要在野外实地定位。预查和普查阶段,探矿工程可由地质人员运用GPS仪或罗盘、皮尺,根据大比例尺地形地质图在实地定位布设;详查和勘探阶段,探矿工程通常由测量人员根据设计资料(工程位置)在实地定位。平好钻孔地基后,应该复测检查孔位。

探矿工程竣工后,要由测量人员对工程位置进行定测。根据定测的工程坐标，正确标定该工程在地形地质图上的位置，以便开展地质编录时应用。

一般说来，凡参加储量计算的工程或与圈定矿体重要边界有关的工程，都要测坐标。其测量精度要满足“GB/T 18341—2001”相关要求。

3.6.2.3　施工前的检查

探矿工程施工前须有地质、测量、施工管理、安全、机械等方面派员联合检查，与物化探、水文工作有关的工程，应有物化探、水文人员参加，检查相关准备工作是否到位，并于开工报告书中签字以示负责。

探矿工程开工前检查内容主要为：工程位置、工程的方位、倾角等是否符合设计要求；设计的各项技术指标的实现是否得到充分的施工准备和技术保障；施工必需的各项安全技术保障措施是否准备齐全；施工目的及要求、预测见矿深度、注意事项等是否进行了交底。

钻探工程开工前，技术人员应认真学习工程设计书，明确所要施工钻孔的目的、任务及对钻孔的各项要求，熟悉已有地质资料，了解钻孔施工处的地层、构造、矿化蚀变等地质情况，项目组要编制、签发、履行如下生产管理程序：

(1) 钻孔定位及定位通知。根据设计书要求，项目组要组织地质、测量、水文、探矿等方面人员参与，踏勘施工现场，确定孔位，向测量组、探矿组下达钻孔定位通知书。

钻孔定位后，由项目负责人(或地质组长)会同探矿负责人和机长到实地移交孔位。定位孔位不得随意变动，斜孔、定向孔还需加钉方向桩。钻孔定位偏线距离不得超过5 m。已经移动的斜孔、定向孔，要重新确定开孔方位角和天顶角。超过上述范围时应上报主管部门批准。

(2) 编制、下达钻孔设计书。其中钻孔地质设计书由地质组编制,要预测钻孔地层、构造、见矿深度及各类岩性位置,提出钻孔质量要求,并会同水文、探矿技术部门,补充钻孔水、工程环境工作要求,完善钻探施工技术以及安全生产方案,完成钻孔设计书,在开工前履行报批并下达至机台。

(3) 进行钻机安装验收。机台根据钻孔设计书要求,安装钻机、钻塔,项目技术负责人及编录技术员要到现场进行安装验收。验收项目主要有:钻孔位置是否移动、检查和校正钻机立轴、天顶角和钻进方向方位角、机场生产设施是否齐全(包括班报表、量具、岩心箱、岩心签、岩心隔板、油漆、钻孔测斜及简易水文测量工具设施等),验收合格后,由地质、水文、探矿、机台等负责人共同签发“钻孔安装验收书”,完成钻孔施工前的准备工作。

3.6.2.4 施工的实施

1. 坑探工程施工

坑探工程施工要按照《地质勘查坑探规程》(DZ/T 0141—94)要求进行设计和施工,施工须知主要有:

(1) 施工前要有设计,包括地质设计和施工技术设计,并经主管部门批准。

(2) 工程的施工要按照设计进行,施工过程如需变更设计,要由原设计单位批准,并下达设计变更通知书。

(3) 设计和施工,对生产安全、生态环境保护治理必须同时设计和同时施工,谨防安全生产事故发生和对生态环境的重大破坏;一切从事坑探生产、地质水文编录等的人员均要接受安全生产和生态环境保护教育,熟悉安全生产操作技术和坑探安全知识及生态环境保护施工技术。

(4) 断面规格要能满足地质设计要求,槽、井、坑壁清理干净,准确、客观、安全地提供采样和编录条件。

(5) 随着掘进进程的展开,编录人员要及时编录,及时布采样品。

2. 钻探工程的施工

对于钻孔施工,项目组(编录组)要开展如下工作(施工须知):

(1) 下达钻孔施工通知:钻探设备安装验收合格后,编录技术员应及时填发"钻孔施工通知书""钻孔设计书",并在生产现场召开钻孔施工技术交底会,向施工人员详细介绍钻孔施工目的、地质情况及对工程质量的要求,包括钻孔质量六大指标及岩矿心的清洗、整理、编号等。

(2) 下达钻孔预见矿通知:当钻探进尺即将达到设计见矿深度时,地质技术人员应提前向机台下达"钻孔预见矿通知书",并派技术人员到机台监守(守矿),要求机台当班班长采取措施,确保矿层采取率和顶、底板接触界线清晰。

(3) 下达钻孔补取矿心通知:当矿层采取率未达到规范和设计书要求时,应及时下达"钻孔补取矿心通知书",运用钻探技术补采矿心,以满足规范和设计要求。

(4) 下达整改通知:当施工质量出现问题(包括岩心箱缺失或岩矿心混乱、班报表记录错误、孔深校正和钻孔弯曲度测量缺失或错误、简易水文观测不合格等)时,项目组应及时下达"整改通知书",将相关质量问题告知机台,限时由机长组织整改并签字。

当出现安全生产事故隐患(如未安装避雷针、未配戴相关安全装备及用品、机场内使用明火、孔口无人操作、违章作业等)时,施工管理部门应及时通知机台立即整改,确保安全生产。

整改后要进行检查,若整改不到位或未整改,则要停止施工,并作不合格孔处理。

(5) 钻孔终止通知:当钻孔进尺到达设计深度并达到地质设计目

的时，按技术要求及时开展终孔前的孔深误差校正、钻孔弯曲度测量及相应的水文观测、物探测井、岩矿心保管等工作。在钻孔“六大质量指标”符合要求的情况下，经项目技术负责人批准后即可终孔。终止通知由编录组向机台下达“钻孔终止通知书”，并要求机长签字。

(6) 钻孔封孔工作：施工工作完成后，按设计书要求及时向机台下达“钻孔封孔通知书”和“封孔设计书”，提出封孔要求，现场监督机台封孔。完成上述工作后，项目组要及时会同地质、水文、物探、探矿等部门依照相关规定对钻孔质量进行验收，填写和签署钻孔质量验收报告。

(7) 编录和采样：钻孔编录组从开孔到终孔，要全过程及时地进行地质、水文地质编录及样品布采。

(8) 加强施工过程中的综合整理：钻孔编录资料要及时整理，包括数据计算、表格编制、钻孔柱状图、勘查线剖面图、设计柱状图、样品资料，以及时指导施工。

(9) 编写钻孔地质编录小结，内容主要有：

① 目的、任务及施工结果。

② 钻孔质量评述。

③ 孔内地质情况。

④ 存在的问题及认识。

3.6.3　探矿工程竣工后续工作

探矿工程竣工的后续工作，主要有勘查区地质环境的保护与恢复，岩矿心等实物资料的整理、移交、入库，生产资料的整理、立档等。

3.6.3.1 勘查区地质环境恢复治理

不管何种勘查工程，均会对其周围地质环境造成不同程度的破坏，在工程竣工后，根据“谁破坏谁治理”的原则，施工单位要进行地质环境的恢复治理。主要内容有槽井坑的回填、钻孔的封孔和回填、井巷石渣的处置、勘查工程地段的复绿等。

3.6.3.2 实物地质资料的整理、入库

矿产勘查中实物地质资料主要有钻探岩矿心资料、矿床的成套地层、岩矿石标本、化石标本、重要样品的留底标本等。

施工期间，岩矿心由机台管理、保管，工程竣工后，经地质组验收合格后，由机台向矿区临时库房移交。如无矿区临时库房，应向地质大队岩心库移交。所有移交均要履行岩矿心入库检查验收，检验无误后签署“岩矿心入库验收单”。未完成岩矿心入库的钻孔，视作未完成钻孔施工任务，不得签署钻孔质量验收报告。

对不需要保留的岩心，在通过报批后可就地掩埋：要先挖坑，将岩心顺序摆放，掩埋前进行全景照相，并用GPS仪定位掩埋点坐标，记录掩埋地址、位置，所被掩埋岩心摆放次序、摆放层数，操作人员，日期，批准就地掩埋的批准人(单位、姓名及日期)。

矿床的成套地层、岩矿石标本，化石标本，重要样品的留底标本等实物资料，均由编录人员负责整理，要求达到立档、归档的程度。

3.6.3.3 探矿工程资料的整理、立档

探矿工程资料，包括施工方面的技术经济和管理资料，地质编录及水文、工程、环境地质编录资料，样品编录和实验测试资料，各类素描图、展开图，以及音像资料等。工程竣工后要及时整理、分类装订装袋，务求达到立档水平。

探矿工程须提交的资料清单及式样，请参阅本手册第4章相关内容。

3.7 探矿工程质量标准

3.7.1 坑探工程质量标准

3.7.1.1 总的要求

坑探工程的质量服务于设计的地质目的，总的质量标准是：

(1) 断面规格：不得小于设计要求，同时不得大于设计断面的20%。

(2) 掘进方向：水平与倾斜巷道的掘进方向必须符合设计要求，任何一段的中线偏离误差不得大于坑道设计宽度的20%。竖井掘进方向必须与水平面垂直，井壁平整。局部井段的井壁与角线的偏离误差不得大于100 mm。

(3) 掘进坡度：平巷坡度为0.3%～0.7%，斜井(包括上山、下山)的倾斜角度应符合设计要求。斜井的底板要平整。局部巷段的底板与设计腰线的偏离误差不得大于100 mm。

(4) 其他：需要保护晶体的特殊矿产(水晶、云母、光学萤石等)勘查，其工程质量标准应按照有关规范的规定执行。

3.7.1.2 探槽工程质量

探槽长度以达到地质目的为准，深度不应超过3 m，否则应采取安全支护或改用浅井及其他勘探手段施工。探槽掘进方向应垂直于揭露的地质体走向，探槽揭露出的新鲜基岩深度一般为0.3～0.5 m。探槽规格及质量要求参见表3.3及表3.4。

3.7.1.3　浅井工程质量

浅井工程质量要求主要如下：

(1) 断面规格不得小于设计要求，同时不得大于设计断面的20%。井壁干净，准确、客观、安全地提供采样和编录条件，深度不超过20 m。

(2) 在探井中选取不扰动土样时，可用削土柱的方法，饱和软黏土及砂土可采用薄壁取土器压入取土，土柱直径不得小于100 mm或取20 cm×20 cm×20 cm的方块土样，取出的土样应及时包装密封，贴上标签。

(3) 在探井中取水试样时，井深应低于地下水位0.5 m，取样前水样瓶应清洗干净，然后用井中的水冲洗3次后再取样。水取出之后应立即蜡封，并贴好标签。

(4) 砂矿勘探的浅井，要提供可供采样设施下井的条件。若用超前铁桶法取样，浅井断面规格要达到铁桶在井中时便于人员掘进和取样操作的要求。

(5) 需要保护晶体的特殊矿种(水晶、云母、光学萤石等)，其工程质量标准应按照有关规范的规定执行。

浅井工程断面规格、质量要求见本章表3.3及表3.5。

3.7.1.4　其他坑探工程质量

满足地质设计对断面规格的要求，平巷高度不低于1.8 m，斜井高度不低于1.6 m。运输设备最大宽度与巷道一侧的安全间隙不小于0.25 m，人行道宽度一般为0.5～0.7 m，斜井倾角应小于35°。坑道壁清理干净，准确、客观、安全地提供采样和编录条件。

需要保护晶体的特殊矿种(水晶、云母、光学萤石等)，其工程质量标准应按照有关规范的规定执行。

其他坑探工程断面规格、质量要求见表3.3、表3.6、表3.7及表3.8。

3.7.2 钻探工程质量标准

钻探工程质量应满足矿产勘查设计要求。如勘查设计无特殊要求,钻探工程质量可参照《地质岩心钻探规程》(DZ/T 0227—2010)的6项质量要求及安徽省自然资源厅(原安徽省国土资源厅)相关文件(皖国土资函〔2013〕1558号)执行。

3.7.2.1 岩矿心采取率

固体矿产勘探取心孔段,平均岩心采取率达到70%以上,矿心及顶底板5 m范围采取率达到80%。在某些情况下,岩层、矿层的平均采取率需要高于或低于上述规定以及某些孔段的岩层需要分层计算采取率时,按需要和可能的原则,可在设计中提出具体指标。

岩矿心采取率的计算公式为

$$k_\gamma = \frac{l_x}{l_c} \times 100\% \tag{3.5}$$

式中,k_γ:岩(矿)心采取率(%);l_x:岩(矿)心长度(m);l_c:岩(矿)心进尺长度(m)。

式3.5中的进尺和岩(矿)心长度,是指固体岩(矿)层中的钻孔实际进尺和取出的岩(矿)心长度。除设计要求外,它不包括废矿坑、空洞、表面覆盖物、浮土层、流砂层的进尺及取出物。

当有残留岩矿心时,回次采取率的计算公式及处置方法详见第4.4.5.3条。

岩(矿)心整理的注意事项:

由机台负责将岩心清洗干净,自上而下按次序装箱,在岩心上用漆或油浸色笔写明回次数、总块数和块号(松软、破碎、粉状及易溶的岩矿心应装入布袋或塑料袋中),用铅笔填写岩心牌,放好岩心隔板,并妥善保管。

3.7.2.2　钻孔弯曲度

“GB/T 33444—2016”的要求为:“斜孔每钻进100 m,方位角允许偏差1°~2°;直孔施工每100 m倾角偏斜不应超过2°,斜孔不应超过3°。钻孔终孔位置不允许超过原设计线距的1/4。有特殊要求的按勘查设计或合同执行。”上述规定含三个指标:方位角偏离、倾角偏离及终孔偏离距离指标,且方位角、倾角偏离要按每百米孔段计量。

1. 测量间距

钻孔弯曲度测量间距一般要求是设计或实测钻孔顶角误差小于或等于3°时,每钻进100 m测一次顶角,不测方位角;顶角误差大于3°时,根据地质要求每钻进50 m测一次顶角和方位角;定向孔和易斜孔应适当缩短测量距离。详见表3.11。

表3.11　钻孔弯曲度测量间距

<table>
<tr><th colspan="2">顶角范围</th><th>测量内容</th><th>测量间距(m)</th></tr>
<tr><td rowspan="2">一般钻孔</td><td>顶角≤3°</td><td>顶角</td><td>100</td></tr>
<tr><td>顶角>3°</td><td rowspan="3">顶角、方位角</td><td rowspan="2">50</td></tr>
<tr><td colspan="2">定向钻孔</td></tr>
<tr><td colspan="2">易斜地层钻孔</td><td>25~50</td></tr>
</table>

施工部门应及时测量和确定钻孔轴线的形态及空间位置,采取有效措施,确保偏斜指标满足设计要求。

2. 测量方法

钻孔弯曲度测量方法常用的有玻璃管氢氟酸刻蚀法及测斜仪法。前者方法简便,但误差较大,仅适用于孔深较浅的直孔浅孔。对于斜孔、定向孔和中深直孔,要用测斜仪测量钻孔弯曲度和偏斜方位角。

安徽省自然资源厅(原安徽省国土资源厅)皖国土资函〔2013〕1558号及皖地调管〔2008〕50号文件要求:钻孔深度大于500 m的钻孔,无论是直孔还是斜孔,均不得用玻璃管氢氟酸刻蚀法测孔斜,必须用可读式钻孔测斜仪测量,磁性矿区必须用不受磁性干扰的测斜仪器测量。

3.7.2.3 简易水文地质观测

简易水文地质观测的内容与要求详见表3.12。

表3.12 简易水文地质观测的内容与要求

观测项目	观测条件	观测手段	观测要求
水位	以清水为清洗液的钻孔	测绳等	每班至少观测水位1~2回次,每观测回次中,提钻后、下钻前各测量一次水位,观测间隔时间应大于5 min
	以泥浆为清洗液的钻孔		一般可不进行水位测量
冲洗液消耗量	水源水箱、泥浆池	水源水箱水位、泥浆池液位	每回次观测,要根据水源水箱、泥浆池液位和补充冲洗液量计算冲洗液消耗量
孔内异常	遇到涌水、漏水、涌砂、掉块、坍塌、缩径、逸气、裂隙、溶洞及钻柱坠落等异常现象	测量钻具	记录异常现象发生位置的深度
地下自流水	安装测试装置、接高孔口管	高孔口管	水头高度
		水压表	涌水量
水温度	孔内发现热水	温度计	测量孔口孔底温度

3.7.2.4 孔深误差的测量与校正

1. 测量次数

直孔每钻进100 m、斜孔每钻进50 m、换层、见矿均须校正测量孔深一次；矿层厚度大于5 m，进出矿层时各测一次；至经编录人员确认的重要构造位置及划分地质时代的层位位置测量一次；下套管前和终孔后各测量一次。

2. 孔深校正

孔深误差率小于1‰时不修正班报表，孔深误差率大于1‰时要现场查找原因、重新测量、消除误差；如查不出原因、确认误差大于1‰，则要修正班报表，地质编录使用修正后的数据，修正所涉及的换层深度，按所影响的各层厚度进行误差配分平差，修正各受影响的换层深度、厚度和样品位置等。孔深校正误差率的计算公式为

$$\varepsilon=\frac{\left|h_q-h_h\right|}{h_h}\times 1000‰ \tag{3.6}$$

式中，ε：孔深校正误差率；h_q：校正前孔深(m)；h_h：校正后孔深(m)。

"GB/T 33444—2016"规定："一般情况下，孔深误差在允许范围内，可不平差"；对于要平差的钻孔，"误差小于0.5 m时，在最后两个回次按回次进尺比例平差；误差大于0.5 m时，在最后3个回次中按回次进尺比例平差；若误差段内有矿体(层)时，则按分层厚度加权平差"。

3.7.2.5 原始报表

必须指定专人在现场用防水笔及时填写原始班报表，要做到真实、齐全、准确、整洁。责任签名齐全。地质编录人员可通过统计各回次孔内上下各种钻具的变换情况，监控孔深校正测量时孔内钻具实时情况，帮助在孔深误差率超差时现场查找原因、消除误差，避免因孔深

误差测量或钻具长度丈量错误造成假象超差。

3.7.2.6 钻孔的封孔与检验

1. 封孔设计

终孔前探矿部门根据地质部门提出的实际钻孔柱状图和封孔要求编写“封孔设计方案”,经技术负责人批准后执行。

2. 封孔要求

封孔的主要要求如下:

(1) 凡易溶、易蚀、易流散、易被破坏的工业矿层(如油、气、卤水、矿化水、可溶盐、硫铁矿、自然硫等)、含水层、含水构造的钻孔均须在矿层及其顶、底板上下各5 m的范围进行隔水处理:用325号以上的普通硅酸盐水泥或抗硫酸盐水泥封闭。

(2) 除了上述之外的其他固体矿层,未见含水层和含水构造并且孔位低于侵蚀基准面的钻孔,可用325号以上的水泥或其他隔水材料封闭钻孔最上部隔水层与透水层交界处。

(3) 矿层不厚或矿层与矿层、矿层与含水层较近时,可一并封闭。

(4) 需要利用其进行地下水动态观测或对农田灌溉有利的钻孔,可暂不封闭,但对矿床充水有严重影响的钻孔,必须封闭。

(5) 孔壁严重坍塌或孔内有遗留物堵塞,无法处理时,可以只封闭上述部位以上的孔段。

3. 其他工作

封孔后必须在孔口中心处设立水泥标志桩(用水泥固定)。将“钻孔封孔设计和封孔记录表”送交地质、探矿部门存档。详查、勘探阶段,封孔质量必须检查,检查比例为2%,如不合格,增加2%,若再不合格,则要全部重新封孔。检查的办法是透孔取样检查,并保留水泥柱样品。

3.7.3　探矿工程竣工验收

探矿工程竣工后，要及时在现场组织质量验收。一般情况下，探槽、浅井工程质量验收由编录组承担；坑道、钻孔工程质量验收先填制坑道、钻孔质量验收报告初稿，会同地质、水文、物探、化探、探矿等部门共同验收。未经验收的探矿工程，不能作为合格工程利用。

探矿工程原始地质编录和资料质量检查验收操作技术，请参阅本手册第4章相关内容。

第4章　探矿工程原始地质编录

4.1　概述

4.1.1　地质编录

在地质找矿过程中,将观察到的各种地质现象、地质技术经济方面的信息以及综合研究的结果,系统、正确地用文字、图表、音像数字技术记录下来,这个过程叫作地质编录。它汇集了地质、矿产、水文、工程等方面的第一手资料,是研究地质和矿产规律,估算矿产资源/储量和编制地质勘探报告的基础,也是布置探矿工程、指导工程施工和安排下一步地质工作的依据。

4.1.2　地质编录的分类

根据专业内容不同,编录可分为地质(含水、工、环)编录、物探编录、技术经济编录等。物探编录是物探工作的专业编录;技术经济编录是指地质勘查过程中技术经济管理方面的记录,如施工技术指示书、工程终止通知书、班报表、岩矿心入库验收单等。

地质专业(包括水、工、环地质)编录工作,根据其性质可分为原始地质编录和综合地质编录两大类。

4.1.2.1　原始地质编录

原始地质编录包括现场编录和后整理编录两部分。

(1) 现场编录是指在野外现场编录人员用适当的信息记录手段，保留下来的宏观和微观地质现象的记录，以及采样、标本采集和其他相应的地质工作的记录。

(2) 后整理编录是指在室内，编录人员根据野外编录记录和标本、样品测试及鉴定数据，对现场编录内容进行修正、补充、制图、制表、整饰和立档、归档的过程。

4.1.2.2　综合地质编录

综合地质编录是指对原始编录资料和各类基础地质资料，进行科学的概括、总结、综合，将个别的、孤立的、局部的现象经系统归纳、分析得出较为全面的完整的结论、预测和推断。它是原始编录的深化，主要围绕地质特征、矿石质量、开采技术条件、矿石加工选冶性能、矿床开发经济意义等方面展开，包括文字材料、图表材料和其他必要的附件等。

本章阐述探矿工程原始地质编录相关技术。

4.2 基本要求

4.2.1 基本原则及相关要求

4.2.1.1 基本原则

1. 真实性

编录成果的真实性是地质编录资料质量的首要标准。真实性,包括了真实、客观、全面、准确等要求。其通过对地质现象的认真、客观、全面观察研究及准确的数据采集来实现。必须在现场进行,严禁用事后回忆或臆测的方式编录,推论意见应与观察的实际记录分开记述,不得混淆。

原始地质编录资料形成后,一般情况下不允许改动。不得对现场编录资料进行任意涂改或擦改。根据鉴定结果和分析测试结果对现场编录资料进行修正、补充等内容,应以插页或旁侧批注的方式记述,并注明修改原因、批注人及修改日期。

2. 及时性

原始地质编录应随工作(施工)进展及时进行。及时编录,能增强主动性,减少盲目性,及时有效指导施工,克服因时间变迁产生不利于真实、客观、全面收集原始资料的后果。

对于坑探工程,视施工进度(长度、深度、进尺)、围岩稳固程度、地质构造复杂程度及矿区设计要求,逐日或及时分段编录,即施工→地质编录(综合观察、分层、布样、坑探工程投影绘图、记录)→采样(刻槽)→继续施工。

不允许脱离施工,即在施工结束后进行事后突击式的编录,它将会因工程支护遮挡或其他原因失去搜集真实地质信息的机会，也不能及时指导施工。

采用主管部门批准使用的记录、成图软件进行原始编录时，应及时将原始数据按规定格式存盘、归档。

3. 统一性

地质编录工作是由多人在较长时间内完成的，必须坚持“统一性”，即标准化管理。它包括内容和格式两个方面，如统一岩石的分类与定名，统一标志层和地层划分标准，统一编录方法，统一图式、图例，分类统一各种图件比例尺以及素描图展开方法，统一图幅和测网，统一工程编号、样品编号原则，等等。

4. 针对性

对于被编录对象的描述、素描、照相、采样以及编制图件和表格，都必须根据工作项目有针对性地编录。要做到突出重点，避免巨细不分、主次倒置、包罗万象。

4.2.1.2 地质观察及描述要求

现场地质观察及描述的主要内容是：岩层、岩体及分层单元划分；岩性特征（岩石的名称、颜色、矿物组分、结构、构造及其变化）；矿化及矿石（矿化特征，矿体、矿化体厚度，矿石特征、目测含量，初步划分自然类型及工业品级）；蚀变及矿化关系（蚀变类型、蚀变矿物及含量、蚀变程度、蚀变分带等及其与矿化的关系，矿化与围岩的关系，矿化与构造的关系等）；构造、结构面（断裂、裂隙分布位置、断层破碎带特征及宽度、断层性质、切割矿体程度）；风化带特征；标志面特征和产状；地质特征在工程中的宏观变化，等等。

原始地质编录时，地质分层单元原则上要划分到岩性层，并且将岩性层归纳到矿区填图单元中。总的精度要求是：按比例尺，图上大于1 mm×3 mm的地质体要画出来，做到重要地质现象不遗漏，各种地质界线划分准确,各层之间接触关系清楚。

4.2.2 一般要求

编录应该力求标准化,通则为:

(1) 使用合格的量具、工具,且要定期检验,其检验报告要与原始编录资料一并归档。要用符合有关规定的绘图设备。

(2) 使用的计量单位、名称、符号必须符合《中华人民共和国法定计量单位》规定的计量单位、名称和符号。

(3) 使用的数字要符合《出版物上数字用法》(GB/T 15835—2011)的相关规定。

阿拉伯数字、中文数字、中文大写数字三者不得混用。如二0一六、贰〇壹六等数字均为两类数字混用,资料中不允许出现。

数值要反映其精确程度,写出全部有效数值,且精度要一致。在表格中,小数点后面保留位数要统一。数值在精确范围内修约时,按《数值修约规则与极限值的表示和判别》(GB/T 8170—2008)给出的规则进行,即"4舍6入5看右,5后有数进上去,尾数为0向左看,左数奇进偶舍去"。

(4) 规范使用汉字、标点符号:使用的汉字要符合1986年国务院颁布的《简化汉字总表》。使用的标点符号应符合《标点符号用法》"GB/T 15834—2011"的规定。

(5) 使用规定的记录设备和材料:文字记录要使用统一的野外记录本或表格(表格格式见附录12)。图表使用80 g以上的纸张绘印,幅面尺寸是A系列原版纸的对开、4开、8开、16开等。文字部分用纸规格为210 mm×297 mm(即A4规格)。现场记录及绘图时,应使用2H绘图铅笔或碳素墨水。对铅笔记录部分,整理时要用碳素墨水将图线及重要数据着墨。用电子计算机编录时,应按有关规定执行。

4.2.3 规范、规程依据

自1979年至今,国家和地勘行业先后颁发的固体矿产勘查原始地质编录规范有:

(1)《固体矿产普查勘探原始地质编录规范》,1979年由中华人民共和国地质部颁布(下面简称"原始编录1979部规范")。

(2) 中华人民共和国地质矿产行业标准《固体矿产勘查原始地质编录规定》(DZ/T 0078—93),1993年由地矿部颁布(下面简称"原始编录1993部规定")。

(3) 中华人民共和国地质矿产行业标准,《固体矿产勘查原始地质编录规程》(DZ/T 0078—2015),国土资源部(下面简称"原始编录2015部规程"),它替代了"DZ/T 0078—93"及"原始编录1979部规范"。

地质图式图例规范主要有:

(1)《区域地质图图例》(GB/T 958—2015),由中华人民共和国国家质量监督检验检疫总局、中国国家标准化管理委员会颁布。

(2)《区域地质矿产调查工作图式图例(1:50000)》,1983年由中华人民共和国地质矿产部颁布。

(3)《国家基本比例尺地图图式1:500 1:1000 1:2000》(GB/T 20257.1—2007),由中华人民共和国国家质量监督检验检疫总局、中国国家标准化管理委员会颁布。

4.2.4 关于自动记录软件及电子文档

采用自动记录、绘图软件进行编录的,应满足如下条件:

(1) 软件由国土资源主管部门(或相应的权威机构)正式发布。

(2) 软件获得勘查项目主管部门批准。

原始资料的电子文档应刻盘汇交:以电子文档格式记录的原始资料应按有关汇交要求,分类建立文件夹,刻盘保存。

4.3 地质编录的工作程序

探矿工程原始编录工作程序可归纳为:施工前的4项准备→施工过程中的6个及时→完工后的3项收尾→原始地质编录资料(三级)质量检查验收→原始地质编录资料的定稿→初步综合研究等工作。

4.3.1 施工前的准备工作

(1) 充分搜集和研究前人的有关工作成果,了解和学习工作区地质工作总体设计方案,对工作区进行踏勘。

(2) 编好工程设计的地质部分,提出相应的明确的地质要求,并对施工人员进行施工目的、地质要求、质量控制及注意事项等有关情况介绍。

(3) 会同有关部门对设备安装、材料准备、安全技术措施等项进行开工前的检验,检验合格后下达"施工通知书"。

(4) 备齐编录所需的工具、材料、装备。

4.3.2 施工过程中的工作

施工过程中,编录人员应做到"6个及时":

(1) 及时和经常性地进行现场编录和采样。

(2) 及时搜集地质资料和工程施工中的有关技术资料。

(3) 及时将有关成果反映到相应的图件上。

(4) 及时发现问题和采取纠正措施。

(5) 根据工程已揭露地段的地质情况,及时修正原设计并有效指导施工。

(6) 将要遇到含矿层或特殊地质现象时,及时通知施工部门以引起注意,或下达相应的通知书,注明注意事项,提出工作要求。对煤矿、岩盐矿等易损耗的矿产,必要时,编录人员要现场"守矿"。

4.3.3 完工后的收尾工作

(1) 根据工程设计、施工结果以及相邻工程(或相邻区段)地质情况的对比研究,认为工程的施工已达到设计的地质目的时,决定工程施工终止的部位,下达"工程终止通知书",提出工程终止须执行的后处理要求(如封孔、恢复地质环境等),并监督实施。

(2) 会同有关方面的人员对工程施工结果进行质量评定和验收。对不合格工程应根据情况尽可能采取补救措施。经补救后仍不能利用的工程,应报请上级批准报废。

(3) 工程完工后应及时完成对工程的原始编录和资料整理,收到岩矿鉴定及岩矿分析等实验测试结果后,应对原始编录资料进行补充、修正。

4.3.4 原始编录资料的质量检查和验收定稿

4.3.4.1 原始地质编录资料质量检查、验收

实施严格的原始地质编录资料三级质量检查验收制度。DZ/T 0078—2015等规范对三级质量检查比例作出了明确规定,请参见本手册4.5.2条、9.3.5条。

4.3.4.2 原始地质编录资料的定稿

原始地质编录资料初稿经由实验测试鉴定结果作补充,并根据三

级质量检查意见对资料进行修正、纠错、归纳、整理后，即进入原始地质编录资料野外验收阶段，根据野外验收的意见进行编录资料的补充、订正后，原始地质编录资料即可正式定稿。只有定稿的原始地质编录资料才可作为绘制综合图件、编制地质报告的依据。定稿的原始地质编录资料不得随意修改更动。如确需变更，须由项目负责人提出更改报告，说明更改理由和更改内容，报请项目承担单位技术负责人批准，其变更报告和批准书要与原始地质资料一并归档。

4.3.5 初步综合研究

地质工作的进程自始至终都包含着综合研究。对于探矿工程地质编录来说，综合研究应有机地贯穿于原始编录的整个过程。每一次探矿工程结束后，都要认真总结该工程所遇到的地质矿产情况、特点及相邻工程（区段）之间的联系和演变规律，作出探矿工程的地质小结，并及时指导下一步的勘查工作。

开展综合研究工作，应注意明确目的性和保持经常性。普查、勘探时对大批量施工的工程虽不需要对每个工程进行地质小结，但要选代表性工程进行地质小结，为提交地质报告打好基础。

4.4 各类工程地质编录

4.4.1 地质编录用语、代号及编号

4.4.1.1 地质编录用语及代号

依据“DZ/T 0078—2015”，常用的地质编录用语及代号见表4.1。表4.1中对原表的平坑（PK）、斜坑（XK）、竖坑（SK）依据“GB/T 958—

2015"及传统称谓改为平硐(PD)、斜井(XJ)、竖井(SJ)。

表4.1　常用地质编录用语及代号

名称	代号	名称	代号	名称	代号
地质观察点	D	构造标本	GB	土工试验样	TG
勘查(剖面)线	P	薄片鉴定样	b	风(氧)化带样	FY
探槽	TC	光片鉴定样	G	原生晕样	YY
剥土	BT	煤岩标本	MY	次生晕样	CY
小圆井	YJ	化石标本	HB	岩土力学试验样	YL
浅井	QJ	植物化石标本	ZB	物性测定样	WX
平硐	PD	孢粉化石标本	BB	大体重样	DT
沿脉	YM	动物化石标本	DB	小体重样	XT
穿脉	CM	岩组分析标本	YZ	煤灰成分分析	MH
斜井	XJ	光谱分析样	GP	选矿试验样	XK
竖井	SJ	基本化学分析样	H	同位素年龄样	TW
石门	SM	组合分析样	ZH	探槽照片	TCZ
采坑	CK	内检分析样	NJ	坑道照片	KDZ
老硐	LD	外检分析样	WJ	岩心照片	YXZ
掌子面	ZM	物相分析样	WS	照片	ZP
采样钻	CZ	化学全分析样	HQ	录音带	LY
钻孔	ZK	岩石全分析样	YQ	录像带	LX
水文钻孔	SZK	单矿物分析样	DK	光盘	JP
标本	B	人工重砂样	RS	磁盘	CP
定向标本	DB	自然重砂样	ZS	硅酸盐样	QS

4.4.1.2 地质观测点与剖面线编号

地质观测点、实测剖面、录像、录音、磁带、磁盘、标本、样品等,均以全矿区为单元统一顺序编号。号码允许不连续、缺号,但不允许有重号。

4.4.1.3 勘查线及探矿工程编号

(1) 预查阶段的编号:预查阶段工程较少,尚无法确定勘查线,勘探工程可按类别及施工顺序统一编号。例如:钻孔:ZK1、ZK2;探槽:TC1、TC2。

(2) 普查至勘探阶段的编号:勘查线及探矿工程的编号,均以矿区(段)为单元由西向东、由北向南统一按顺序编号;也可以将中心的勘查线编号为0号,向左依次编号为偶数、向右依次编号为奇数。各个阶段,相邻勘查线及工程的编号,要为今后可能的加密勘查线预留编号。

如普查阶段勘查线编号为1、5、9线,详查时各勘查线之间加密了3线、7线,变为1、3、5、7、9线,勘探时各个勘查线之间进一步加密了2、4、6、8线,变为1、2、3、4、5、6、7、8、9线,如图4.1所示。

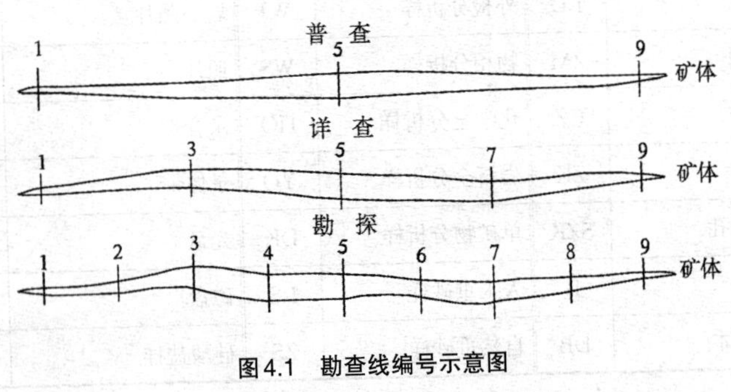

图4.1 勘查线编号示意图

勘探工程编号由工程代号、勘查线号及勘查线上(包括勘查线附近)该类工程顺序号依次组合而成。如某矿区2号勘查线上的第一个探槽编号为TC201,18号勘查线上的第三个钻孔编号为ZK1803。编号时,也要预留今后可能加密的工程号,编号方式与勘查线编号相似。

坑探工程中的钻孔编号,可按勘查线上的钻孔顺序依次编号,原则是全矿区及勘查线上不能出现重号钻孔。对远离勘查线的采场(坑)、老硐及其他零星探矿工程可按全矿区顺序编号。

4.4.2 探槽原始地质编录

4.4.2.1 概述

(1) 取样沟、剥土、浅坑、采场及其他天然露头,均可归类于探槽。编录对象是指施工质量验收合格的探槽类工程。验收由地质、施工管理及施工人员三方现场进行。

(2) 一般由组长、作图员和测手3个岗位工种组成编录组。组长主要承担地质观察、分层、布样和文字记录;作图员协助组长,主要负责素描图编制,测手负责编号、打桩、基线布置、测量各类数据、采取标本及各种拣块样,一般由2~3人完成。

4.4.2.2 野外基本操作方法

基本操作方法是:设置基线→绘制槽壁轮廓线、第四系界线(基岩顶面)→测量各种地质要素点的位置→编录描述→面向槽壁素描一壁一底→作探槽投影素描图。

1. 设置基线

从探槽起点至终点打上基点桩,用挂皮尺的方法设基线。基线设好后,用罗盘测量基线的方位角和坡度角(倾角),并根据基线的方位角和坡度角，将基线按比例尺绘制在图上，作为探槽素描图的基础。基线多设在槽壁基岩与浮土分界线附近，也可设在槽顶或槽底。基线设在槽壁时，水平、倾斜均可。探槽弯曲超过15°时，要在拐弯处设基线转折点。

2. 绘制槽壁轮廓线、第四系界线（基岩顶面）

沿基线（皮尺），用下垂的小钢尺（钢卷尺），视需要每隔1～2 m测量槽壁的轮廓线（壁顶地形线、壁与底的界线）、壁上第四系界线（基岩顶面界线）等控制点，并按比例尺将测量数据绘到探槽素描图空白底图上，在图上连接各测点，形成槽壁轮廓、槽底轮廓线、第四系界线（基岩顶面）等。

3. 测量各种地质要素点的位置

仔细对整个探槽进行地质观察、分层、布样。确定各个地质要素测点，进行数据测量。如分层位置、矿体（矿化体）位置、化石及特殊地质现象点、布样位置、标本位置、产状测量位置等。

数据测量方法是：使用钢卷尺，通过垂直下垂方式，读取测点到基线的相对位置数据，包括测点投影到基线上的位置数据（基线上的读数）和测点距离基线垂向数据，并将测点展绘到待画的素描图上，连接图上的各测点，即形成探槽素描图原始图件。

探矿工程编录，必须在野外现场作图和描述，严禁在野外只采集数据，回室内靠回忆作图和描述。

4. 编录描述

对各地质要素，要详细、准确地分段编录描述，包括手标本岩性描述，蚀变矿化、地层界线、探槽中宏观地质变化、样品的布采记录等。

规范对分层的要求是："分层单元视地质（矿）体复杂程度而定，一般应小于或等于矿区填图单元。矿体分层厚度及夹石剔除厚度，以设计或该矿种勘查规范推荐的工业指标为准。”（“DZ/T 0078—2015”第3.5.4条）“无矿化岩层的分层，应按矿区填图单元，结合岩石组合、构造、蚀变等变化特征进行分层”（“DZ/T 0078—2015”第3.5.6条）。

针对有些野外编录分层及岩性描述过于简单的缺陷，编者建议：矿产勘查在探矿工程中的分层，要以岩性层为单位，矿体（矿石）部分要根据工业指标要求，分层到不同矿石类型、工业品级、矿化岩石、蚀变、构造类型等。综合整理时视需要进行归纳，定位到矿区填图单元、矿化单元及地层单元中，其原始地质资料应该保留划分到岩性层。有的沉积岩层，薄层韵律层频繁交替出现时，可以适当归纳为若干岩性组（层）为单位予以描述，其中的薄层韵律层的特征应记录在案。总的原则是：按比例尺缩小后图上宽度大于1 mm的地质体或特殊要素，均应编录清楚，一些有特殊意义的图上小于1 mm的地质体，可将其放大表述。这个原则也适用于探井、坑道、矿区地质测量等。

岩性描述记录在《坑探工程地质记录表》上。其格式见本手册附录12中附表12.17，或参照“原始编录 1979部规范”中表15及“DZ/T 0078—2015”附录B的表B.5。

4.4.2.3　探槽素描有关问题的处理意见

1. 探槽图展开方式

通常运用一壁一底坡度展开法绘制探槽素描图。如果地质现象丰富，也可绘制二壁一底。槽底的宽度按槽底平均宽度依比例尺投绘，一般可绘成1～1.5 mm宽度的长方形图。素描图上的槽壁、槽底之间要空开1 mm。比例尺根据需要确定，一般为1:100～1:50。

对探槽的素描是面向槽壁作槽壁正面（不是背面）垂直正投影图和槽底水平投影图。如果槽壁壁面倾角大于75°，可视槽壁为垂直立面予以测量及素描;反之(小于75°),或者出现较大的壁面凹坑等,其地质要素点测量数据(钢卷尺及基线皮尺读数)要按照其投影到槽壁的垂直断面上的数据读取(这一条同样适用于浅井和坑道的素描)。

槽壁图左侧要画垂直标尺,标定探槽最低点至最高点。在槽底的水平投影图下方绘制水平标尺,标定槽底起点至终点。标尺与图件之间空开5 mm。相关规范规定槽底边界轮廓线可用直线投影投绘(规则的长方形)。但依照旧的规范,是按照槽底实际画成自然曲线。

2. 素描壁的选择

素描壁的选择,一要考虑全矿区大致统一,二要顾及地貌条件。一般是近东西方向探槽选北壁,近南北向探槽选东壁,北东向探槽选北西壁,北西向探槽选北东壁。如所选壁基岩露头不理想或地形特殊时,也可选另一壁作素描壁;或素描两个壁,以求探槽起点探槽图展开方式与其他探槽图协调一致。原则是一个矿区(工区)编录壁的选择要力求统一。

3. 关于槽子起点

槽子起点一般放在素描图左侧,多数放在槽口。在槽底水平投影图上,因槽头壁的斜坡原因,槽口与槽底起始端有一点距离。为便于使用探槽口起点坐标,有人主张槽底水平投影长度要包括槽头横截面斜坡水平投影部分,这种做法与规范格式不符。建议素描图的槽底长度仍按规范要求投绘(比槽口长度短),即采用槽底的实际长度水平投影。但可将槽头横截斜面投影到槽底,用虚线表示,其下方的水平标尺注记仍要从槽底0点起始。文字记录中要注明A′为探槽起点投影。如图4.2所示。

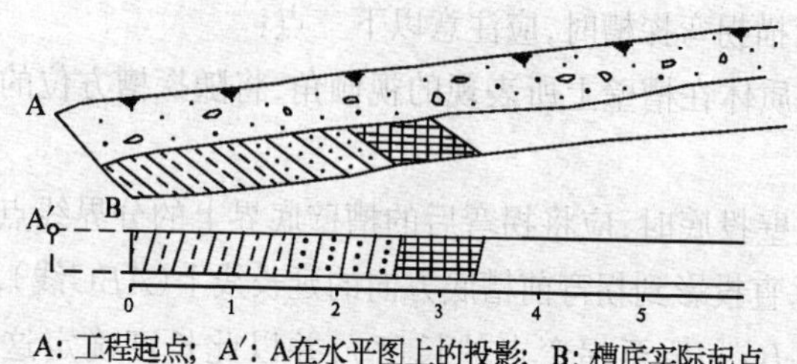

图4.2　探槽工程起点的表示方法

4. 长槽、大坡度槽处置

当地形坡度大，探槽又延伸较长时，可以按分段素描成槽底连续、槽壁分段垂直上下错动素描的办法素描展开。图的左右都要有垂直标尺的标注，左边（或右边，即最低点）从0起始标注，右边（或左边）探槽终点标注最高点。如图4.3所示。

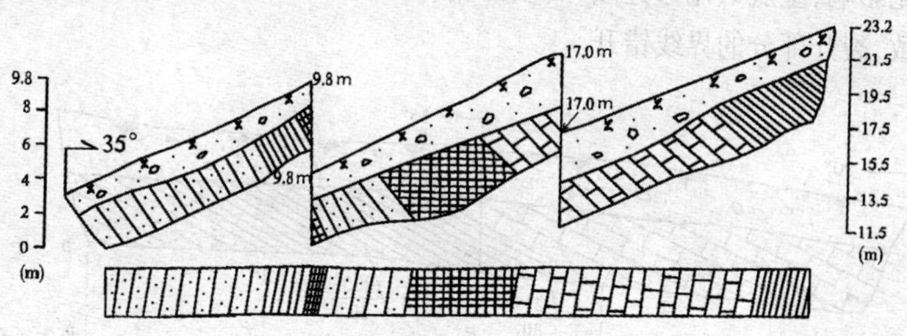

图4.3　槽底连续而槽壁分段错动

5. 探槽拐弯（方位发生变化）

当探槽延伸方位发生变化且变化大于15°时，应看作探槽拐弯，并以拐弯处为界，分段素描。或在槽壁的拐弯处画一铅垂线，将槽底按实际延伸方向画，并标注拐弯后的槽探方位，如图4.4所示。当采用后

一种方法素描拐弯探槽时,应注意以下三点:

(1) 地质体在槽壁上所表现的视倾角,将随探槽方位的改变而发生变化。

(2) 以壁投底时,应将拐弯后的槽壁底界上的分界线点及槽壁底部的端点垂直投影到拐弯前槽底方向的延长线上(*ABC*线),然后量取标志点(如Ba'、Bb至拐弯点的长度),并以此长度确定这些投影点(Ba''、Bb'')在拐弯后槽底的位置。

(3) 图4.4表达槽底拐弯的方式不通用。通常的表达方式是开一个叉口或重叠一个叉口。若探槽是向素描壁的对方拐弯,则将拐弯段Bb''放到拐弯前的延长线(*BC*轴)上,而将槽底图下部轮廓线割断拉开,形成向下开的叉口,叉口的夹角即探槽方向改变的角度。这时素描图最后成图是槽壁图连续、槽底图下部向下叉开截断的不连续图,如图4.5所示。探槽方向变大时,前段槽底正常绘制,不受后段方向变化影响;壁底共用边连续;后段槽底裂开,裂开的角度与方向变化角一致,裂开部分的界线错开。

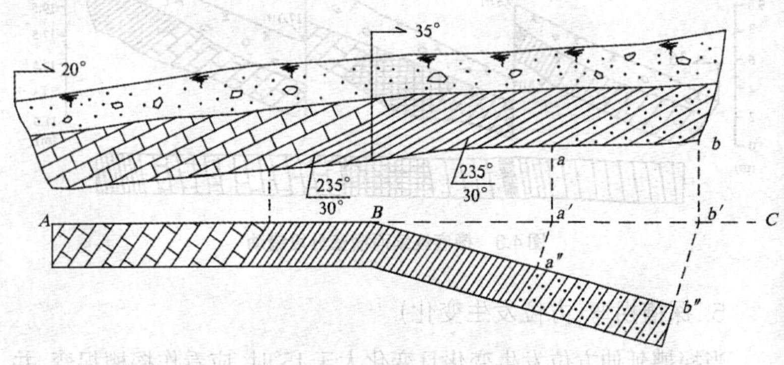

图4.4 拐弯探槽的画法

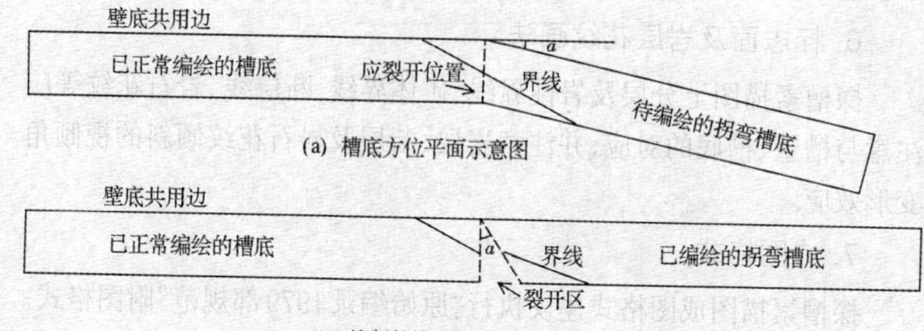

(a) 槽底方位平面示意图

(b) 绘制的槽底素描图

图4.5　探槽拐弯方位变大时槽底素描示意图

如果探槽拐弯,在平面图上是向素描壁方向,则槽底图下部轮廓线形成重叠的叉口,叉口向下。这时素描图的最后成图是槽壁图连续,槽底图为下部叉口重叠的重叠图,如图4.6所示;此时也可将槽壁图画成断开的分段图,将槽底画成向槽壁方向叉开的连接图。探槽方向变小时,前段槽底正常绘制,不受后段方向变化影响;壁底共用边连续;后段槽底截剪后,与前段槽底拼接,拼接部分的界线错开。

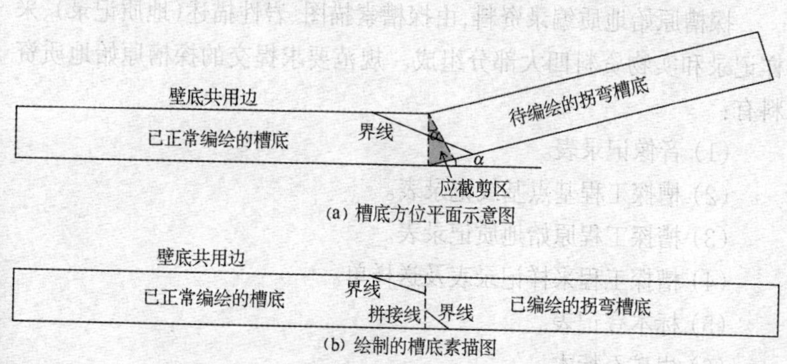

(a) 槽底方位平面示意图

(b) 绘制的槽底素描图

图4.6　探槽拐弯方位变小时槽底素描示意图

6. 标志面及岩层花纹画法

探槽素描图上分层及岩性界线、矿体界线、断层线、岩石花纹等应注意与槽壁、槽底的对应，并注意岩层、断层及岩石花纹倾斜的视倾角变形效应。

7. 成图格式

探槽素描图成图格式建议执行"原始编录1979部规范"附图格式。本手册附录12中附图12.3图式可供参考。岩性描述也可列表放到探槽素描图上。素描图成图方式与剖面图类似，即图左侧为北、北西、西南西。

素描图应包括图名、数字比例尺、起点坐标、起点方位角、垂直标尺、水平标尺、图例、责任表和样品分析结果表等内容。原始图件可保留基线，复制的图件应略去基线。

4.4.2.4 探槽原始地质编录提交的资料清单

探槽原始地质编录资料，由探槽素描图、岩性描述（地质记录）、采样记录和实物资料四大部分组成。规范要求提交的探槽原始地质资料有：

(1) 音像记录表。

(2) 槽探工程基点基线记录表。

(3) 槽探工程原始地质记录表。

(4) 槽探工程采样记录表及送样单。

(5) 标本登记表。

(6) 岩矿石标本。

(7) 鉴定及测试成果。

(8) 样品登记表。

(9) 探槽素描图。

4.4.3 探井原始地质编录

4.4.3.1 概述

探井主要有小圆井和浅井两类。小圆井主要用于地质填图中遇到第四系覆盖,而槽探又达不到地质目的时,用以了解第四系厚度及下覆基岩。浅井主要用于覆盖区揭露矿化、蚀变带、矿层以及物化探、重砂异常等。

小圆井施工深度通常不超过5 m,其横截面规格一般为0.8~1 m。如果第四系稳定性好,井下不充水或少水,经安全人员检查批准,在做好安全防范前提条件下,也可适当加深,否则要作为浅井施工并采取井壁支护措施。小圆井揭露新鲜基岩0.3~0.5 m即可视为达到地质目的。小圆井编录以文字记录为主,地质现象丰富时,也可作素描图。圆井素描图展开方法有三种:正方形法、圆周法、剖面法。剖面法为常用的方法,即在小圆井中选一平行于勘查线方向(或垂直于岩层走向)的直径面作一"剖面",将弧壁上的地质现象按产状投影到"剖面"上,"剖面"的宽度即为小圆井的直径。

浅井,分方形井和长方形井,多为长方形井,施工深度一般不超过20 m,横截面规格一般为(0.8 m×1.2 m)~(1.3 m×1.7 m),断面面积为0.96~2.21 m^2(表3.5)。其地质编录要随掘进进度,在支护前进行。素描图比例尺一般为1:100~1:50。

4.4.3.2 野外基本操作方法

编录小组由2~3人组成。野外探井地质编录基本操作方法是:设置基线→确定浅井图的展开方法→测量和投绘各地质要素点→编录描述→面向第一井壁素描四壁一底。

1. 设置基线

首先在井口第一壁的左角(断开壁交线处,即图4.7中的A点)确定基点,要固定基点位置,从基点向井中铅垂挂皮尺,形成基线(图4.7中的AA'线),作为各地质要素点测量的控制依据。

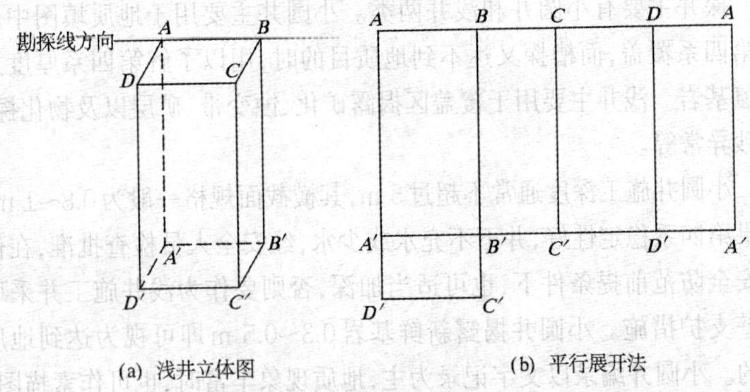

图4.7 浅井素描图的展开方法

2. 确定浅井图的展开方法

浅井展开图第一壁首选北壁,也可选北西、北东或正东壁,要求一个矿区(工区)统一第一壁;第一壁应选长方形井大壁,且放在勘查线上,或与勘查线平行。特殊情况下,如考虑安全等因素,可作适当调整。

如首选壁为北壁,则从北壁西拐点(图4.8中0点)断开,逆时针旋转展开西、南、东壁。其基点应设在断开点,基线应设在断开壁线,如图4.8中A点及AA'线所示。

丈量井口四壁规格,按照比例尺,将浅井四个壁及基线绘到图上,作为浅井素描图空白底图。

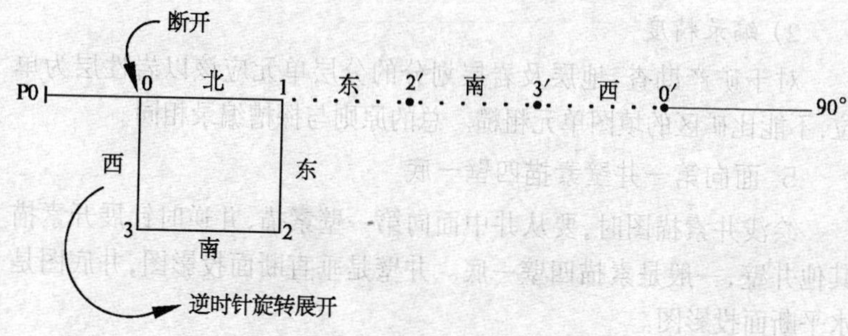

图4.8　浅井素描图展开方法

3. 测量和投绘各地质要素点

通过认真观察,确定要编录的各地质要素点,包括地质(矿体)界线、产状测量点、样品及标本位置等。测量各地质要素点与基线相对位置的数据,即测量各地质要素点投影到基线的位置(纵向深度)和到井壁转折线(横向-水平)的距离,并据地质要素点的"纵向"和"横向"两个数据,按比例尺投影到浅井素描图空白底图上,在现场根据实际情况连接各相关界线,即形成浅井素描图野外草图。

4. 编录描述

1) 文字记录、布样

在观察地质现象和测量各种数据的基础上,要详细、准确地分段编录描述,进行文字记录和布样。文字记录的内容和要求与槽探编录相同,包括手标本尺度岩性描述、蚀变矿化、地层界线、浅井中宏观地质变化、样品的布采记录等。岩性描述记录在"坑探工程原始地质记录表"上,布样应填写"槽、井、坑探工程采样记录表"。其格式参照"原始编录1979部规范"中表15及"原始编录2015部规程"中附录B的表B.5。

2）编录精度

对于矿产勘查，地层及岩层划分的分层单元应该以岩性层为单位，不能比矿区的填图单元粗糙。总的原则与探槽编录相同。

5. 面向第一井壁素描四壁一底

绘浅井素描图时，要从井中面向第一壁素描，并逆时针展开素描其他井壁，一般是素描四壁一底。井壁是垂直断面投影图，井底图是水平断面投影图。

4.4.3.3 几个有关问题的处置建议

1. 固定基点基线

浅井编录随施工进度在支护之前分段进行，每次编录要在同一位置（基点）挂基线（皮尺），以保证每次编录起算点一致。

2. 编录资料文图完全一致

包括界线、矿层及断层的井深、样品井深及编号、岩性花纹、产状位置、数据等。要做到用语恰当、准确。要注意地质界线、构造线、岩石花纹等在各壁交会处的协调连接及视倾角变形效应。编录资料经自检、互检无误后全部上墨。

3. 关于编录的精度

地质体或地质现象，在素描图上宽（厚）≥1 mm、长度≥3 mm的，都应在图上反映。小于上述规模的特殊地质体，要放大表示。这一准则也适用于其他地质编录。

4. 安全作业

在浅井施工、编录、采样过程中，要高度重视安全，防止垮塌、掉块，下井人员要佩带安全装备，井口人员要坚守岗位，严防掉块、掉物伤人。对长时间停工后的木质支护浅井或老井，下井前要检查井中支护安全和空气情况，以确保下井人员安全。

5. 成图格式

成图格式要求做到全矿区统一。建议参照"原始编录1979部规范"附图2格式。本手册附录12中附图12.4格式可供参考。

浅井素描图图面上应有图名、数字比例尺、图例、垂直标尺、井壁方位、井壁位置注记、井口坐标、分析结果表和简易责任签名。图内应有岩性分层界线、岩性花纹、矿层(体)界线、蚀变带,断层及破碎带、样品位置及编号、产状等。岩性描述也可列表放到浅井素描图上。

4.4.3.4 探井原始地质编录提交的资料清单

探井原始地质编录应提交的资料有:

(1) 音像记录表。

(2) 井探矿工程原始地质记录表。

(3) 井探矿工程采样登记表、送样单。

(4) 标本登记表。

(5) 岩、矿石标本。

(6) 鉴定及测试成果。

(7) 圆井或浅井素描图。

4.4.4 坑道原始地质编录

4.4.4.1 概述

坑道的种类有穿脉、沿脉、斜井、老硐等。坑道编录准备工作包括技术准备、物质准备、组织准备及安全准备。

(1) 技术准备:编录人员应了解和熟悉矿区,特别是坑道附近的地层、岩石、矿产、构造以及岩性分层、矿层、岩石特征等,掌握坑道原始地质编录的有关规定以及编录程序、方法、质量要求等。

(2) 物质准备:备齐编录所需的工具及其他物资材料,包括样袋、图纸、表格等。

(3) 组织准备:编录组一般设2~3人,组长负责综合地质观察和投影工作,一名助手负责绘制坑道素描图,另一名助手负责文字记录,其余工作由组长协调。

(4) 安全准备:对坑道地质编录人员进行安全生产教育,编录前必须戴好安全帽和照明用具,检查安全支护,谨防出现冒顶、掉块、突水及有毒气体。

4.4.4.2 野外基本操作方法

基本操作方法是:设置基线→作坑道素描展开图(同穿脉、沿脉坑道素描图作图方法与步骤)→编录描述等。

1. 设置基线

进行坑道素描时,先要设置基线。从坑口作为0点开始,设一个基点,从基点拉皮尺至坑道终端即形成基线。基线要设在坑道顶部(即利用测量对坑道定位的导线作基线),也可设在要素描的第一壁或该壁与坑道顶或底的交界处,以能固定皮尺、素描方便为妥。坑道拐弯或坡度变化大于15°时,要在转折点增设转折基点分段素描。

基线设好后,测量基线方位角及坡度角,并根据坑道规格按比例尺绘制坑道展开图的空白底图。

2. 坑道素描图展开方法

坑道素描图展开方法有压平法(压顶法)和翻转法(旋转法)。“DZ/T 0078—2015”要求用压平法展开编录,如图4.9所示。一般素描二壁一顶和终端掌子面。若矿体形态简单,组分均匀,两壁变化不大时,也可只素描一壁一顶。沿脉坑道要按设计要求间隔一定间距绘制掌子面素描图。素描图一般从左向右画,如果坑口在东,素描图也可自右向左画,一般要求矿区统一格式。常用比例尺为1:200~1:50。

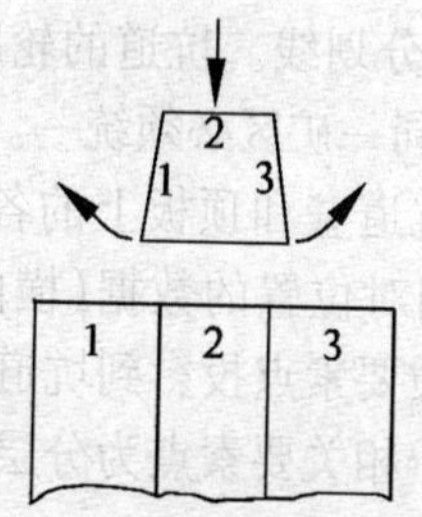

图4.9 坑道素描图展开方法

编者建议,采用翻转法展开编录坑道图较为直接,即面对首选壁(比如左壁)将其放在展开图的下方,坑道顶图放在中间(翻转90°后放在首选壁图之上),另一壁翻转180°后放到坑道顶图之上,即沿第一壁(左壁)顶部与坑道顶的交线ab线,向上翻转成图,如图4.10所示。

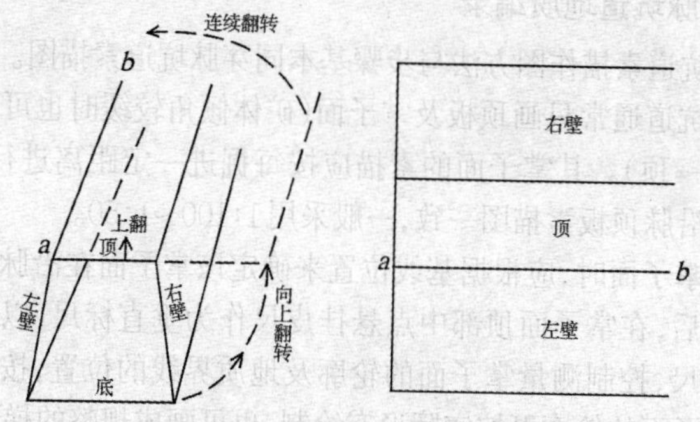

图4.10 坑道翻转法展开示意图

3. 穿脉坑道素描图作图方法与步骤

穿脉坑道素描图作图方法与步骤如下:

(1) 将皮尺挂在坑道首选壁或顶板中线上,测量坑道方位角及坡度角,丈量顶板宽度及坑壁高度。

(2) 在方格纸上用翻转法按比例尺画出坑道两壁及顶板的轮廓,

标注坑道方位，画出长度分划线。坑道的轮廓既可按实际形态画，也可画成规整的长方形，但同一矿区必须统一。

(3) 用钢卷尺测定坑道壁和顶板上的各地质要素点（如地质体、矿体界线点等）与基线相对位置的数据（横向水平数据、纵向垂直数据），并按比例尺将各地质要素点投影到坑道素描图空白底图上，在现场按照实际情况连接各个相关要素点为分层（或构造）界线，即形成坑道素描图的野外草图。

(4) 以同样方法，测量样品、标本要素点与基线的相对位置数据，标在图上并注记编号。

(5) 用同法测量产状点位置数据，展绘到素描图上，标注产状数据。

(6) 填绘岩石花纹及有关注记，进行文字描述、室内整理与清绘。

4. 沿脉坑道地质编录

沿脉坑道素描作图方法与步骤基本同穿脉坑道素描图。

沿脉坑道通常只画顶板及掌子面（矿体倾角较缓时也可画一壁一顶或两壁一顶）。其掌子面的素描应按每掘进一定距离进行一次，其比例尺与沿脉顶板素描图一致，一般采用1:100～1:50。

素描掌子面时，应根据基线位置来确定该掌子面在沿脉中的正确位置。然后，在掌子面顶部中点悬挂皮尺作为垂直标尺，以钢卷尺作为水平标尺，控制测量掌子面的轮廓及地质界线的位置，按比例画在图上。掌子面的轮廓可按实际形态绘制，也可画成规整的梯形。

掌子面素描图必须按照次序系统编号（如ZZM1……），并与顶板素描图放在一起，同时在顶板素描图上画一直线，以表示其具体位置，如图4.11所示。

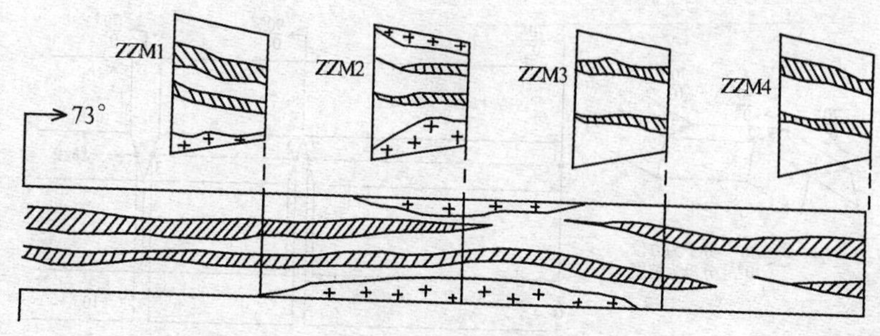

图4.11 沿脉地质素描图

5. 编录描述

文字记录、采样：详细、准确地观察地质现象和测量各种数据，分段编录描述，进行文字记录和采样。基本要求与槽探、浅井编录相同。岩性描述记录在“坑探工程原始地质记录表”上，采样应填写“坑探工程采样记录表”。其格式参照“原始编录1979部规范”中表15及“DZ/T 0078—2015”中附录B表B.5、表B.6。

4.4.4.3 几个有关问题的处置建议

1. 坑道拐弯的素描图展开方法

坑道拐弯的素描图展开方法如图4.12所示。

2. 凹坑、拱形面编录

当顶板或坑壁因坍塌出现较大拱形时，所看到的地质现象是一弧段。进行素描时，应将弧段内的地质现象点顺其产状倾向投影到顶板素描图上来，如图4.13所示。

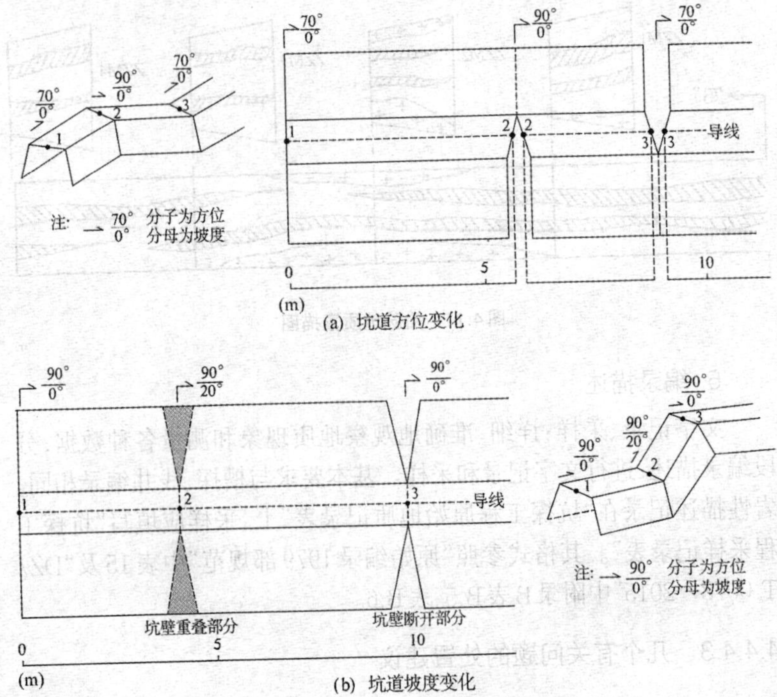

70°/0°
90°/0°
70°/0°
1
2
3
注: 70°/0° 分子为方位 分母为坡度
70°/0°
90°/0°
70°/0°
导线
0
5
10
(m)
(a) 坑道方位变化
90°/0°
90°/20°
90°/0°
1
2
3
导线
坑壁重叠部分
坑壁断开部分
0
5
10
(m)
注: 90°/0° 分子为方位 分母为坡度
(b) 坑道坡度变化

图4.12 拐弯坑道素描图展开方法

✓ × ✓ ×

✓: 正确的投影位置　　×: 错误的投影位置

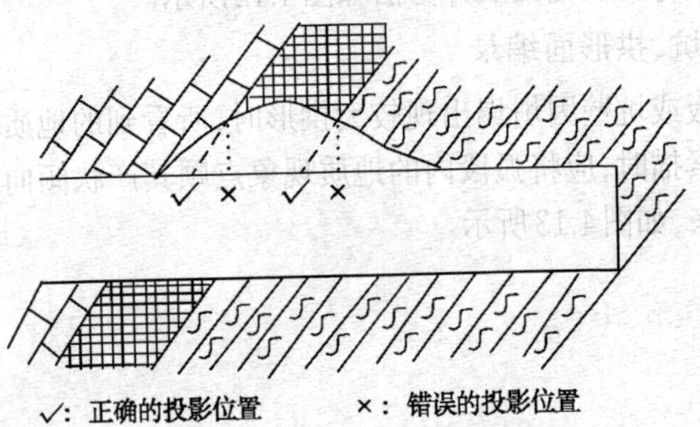

图4.13 坑道垂直纵剖面图

3. 标志面协调一致

与浅井、探槽编录一样，要做到编录文字和数据资料文、图一致，各地质界线、构造线、矿体及矿石品级界线以及岩石、矿体花纹等，在坑道顶、两壁及掌子面连接要协调一致，绘图和记录格式按规范的范本执行，做到全矿区统一。

4. 编录精度

编录精度总的原则与探槽、浅井精度相同，以岩性层为基础，在素描图上凡宽度≥1 mm、长度≥3 mm的地质体均要划分并编录出来。小于上述规模的特殊地质体，要放大表示。

5. 随掘进进度现场及时分段编录

坑道地质编录要随坑道掘进进度、顶与壁稳固程度、地质构造复杂程度及矿区设计要求，在现场分段及时进行编录。

6. 安全生产

坑道编录和采样人员要认真学习安全知识，佩戴好安全防护装备、用品和照明用具，对老硐进行编录，要检查有无危险岩块和有有毒气体存在。

7. 成图格式

建议执行"原始编录1979部规范"附图3格式。本手册附录12中附图12.5可供参考。

素描图上的内容有：图名、数字比例尺、起点坐标、坑道起点处前进方向方位角、水平标尺、图例、责任表和样品分析结果表等。坑道拐弯超过15°时，除坑壁和坑顶素描图要断开外，水平标尺也要断开，断开的程度同坑顶素描图中心线处断开的距离。

岩性描述也可列表放到坑道素描图上。

4.4.4.4 坑道原始编录提交的资料清单

坑道原始编录应提交的资料有:

(1) 音像记录表。

(2) 坑道施工概况表。

(3) 坑探工程基点基线记录表。

(4) 坑探工程原始地质记录表。

(5) 坑探工程采样记录表及送样单。

(6) 标本登记表。

(7) 岩、矿石标本。

(8) 鉴定及测试成果。

(9) 坑道素描图。

(10) 坑道编录小结。

4.4.5 钻孔原始地质编录

4.4.5.1 概述

1. 钻探的特点

钻探的种类有机械岩心钻探和砂钻,钻孔编录与槽、井、坑编录的区别是所能观察的范围很小,而且因采取率不能都达到100%,岩矿心结构构造有时会受到破坏,地质观察受到一定限制。

2. 编录前准备

钻孔编录应事先做好技术准备、施工准备和组织准备工作。

1) 钻探的技术准备工作

(1) 编录人员应熟悉矿区的基本地质特征,包括地层及分布状况、岩性组合特征、矿产种类及矿层(体)赋存状态、褶皱断裂、矿带分布及特征、矿区岩矿层划分单元等。

(2) 了解和熟练掌握原始编录的有关规定、程序、要求、方法等。

(3) 了解钻孔施工设计。

2) 钻探的施工准备工作

(1) 编写钻孔设计书(地质部分)。编录人员要会同探矿人员,在钻孔位置确定后,编写钻孔设计书的地质部分,内容包括:

① 钻孔编号,设计孔深,方位角(斜孔),钻孔弯曲度、倾角及其测量要求。

② 岩(矿)层分层起止孔深(由上至下)。

③ 岩(矿)层分层柱状图、分层岩石名称、断层、破碎带孔深。

④ 各分层岩心、矿心、矿层顶底板岩矿心采取率要求。

⑤ 孔深校正要求。

⑥ 钻孔结构及钻井方法。

⑦ 简易水文观测要求。

⑧ 其他特殊要求。

(2) 检查钻机安装是否符合设计要求:开钻前,地质编录人员要会同有关人员共同检查钻机安装是否合乎设计要求。其中特别要检查钻机立轴的角度是否合乎设计要求,对机高、机上钻杆等也应复核。检查岩心箱等装备是否准备齐全。

(3) 现场讲述钻孔施工目的要求:开钻前,编录人员要将钻孔设计书的地质部分向施工人员作详细介绍,包括钻孔施工目的、预计见矿深度、各项质量要求、钻进中可能遇到的各种地质情况等。

3) 钻探编录的组织准备工作

一般以孔为单位,配备地质技术人员进行地质编录,并配备专职水文地质员进行水、工、环地质编录。

4.4.5.2 基本操作方法

1. 主要工作内容

钻孔编录主要内容包括：根据班报表记录校对钻孔回次进尺、岩（矿）心采取率，记录岩矿心分层位置、岩性描述，计算分层孔深、分层厚度、采样位置，测量标志面与岩心轴夹角，核查钻孔弯曲度和孔深测量数据；简易水文地质观测、地球物理测井；按要求采集各种标本和样品；整理钻孔原始资料，编绘钻孔柱状图和钻孔地质剖面图，等等。

编录人员必须对钻孔的定孔、安装、钻探施工、岩心管理、原始记录、封孔、环境保护等钻孔施工的全过程进行质量监控，才能保证钻孔达到地质目的，取全、取准所需要的地质资料。

2. 一般工作程序

(1) 检查机台班报表：核对主动钻杆、机上余尺数据，核查回次进尺、孔深计算，核查孔深校正、弯曲度测量、钻孔简易水文地质观测数据等。

(2) 整理、检查和纠正岩矿心顺序、长度及岩心编号和岩心牌的填写。

(3) 分层、岩矿心描述、测量产状、布样、取样、取标本；作业组长组织复查岩矿心：统一岩石、矿石命名和分层，统一标志层和地层划分，订正及补充完善原始地质编录。

(4) 资料整理，计算换层位置、样品位置、标本位置、特殊地质现象位置等，计算孔深及相关数据，整理样品标本，填写送样单，编制钻孔柱状图及勘查线剖面图。

(5) 根据岩矿鉴定、测试结果及复查岩心记录，补充修正原编录资料。

(6) 开展三级质量检查，根据检查意见修改、补充、订正钻孔原始编录资料。

(7) 请求上级部门对原始地质编录资料进行野外验收;根据野外验收意见修改、补充、订正钻孔原始编录资料,并进行资料定稿工作。

(8) 资料整理立档,为报告编写提供完整、准确、全面、定稿的原始编录资料。

3. 砂钻施工和原始地质编录

砂钻类型不同,地质编录方法不同,其质量要求也略有差别。总的质量要点是:岩矿心采取率为80%~130%,钻头不能有大的变形,孔深要穿过砂矿层到基岩,终孔要测量水位等。

砂矿的岩矿心采取率,由于矿砂体积因松散变大的影响而超过100%,但在注水情况下的松散系数是体积增大的极限。

砂钻施工要求筒口锹开孔不能进入(破坏)砂矿层,终孔深度要穿过砂矿层打入基岩0.2 m,下钻前、提钻后要检查钻头是否超标变形等。

在进行班加钻(砂钻一种)地质编录时要关注:施工时套管要超前,泵筒取心时对每回次提钻取心要精确测量和记录体积,岩矿心采取率不合格时要现场返工,样品不得破(跨)回次采取。

在进行黄埔钻(砂钻一种)地质编录时要关注:在瓣合管中取样时,正确记录样品分样位置,不得跨层采样,矿心采取率不得低于80%。

在进行砂钻地质编录时,除关注上述要点外,要客观地对砂矿层进行岩性描述,包括野外定名、矿砂颜色、物质组成、分选性、黏结状况;砾石成分、百分含量、砾径、磨圆度、滚圆度(球度);砂子成分、百分含量、粒径、磨圆度;含泥质情况;重砂成分、特征、目估含量等。

4.4.5.3　几个有关问题的处置建议

1. 关于机台班报表数据的核查

钻探班报表是钻探施工的生产台账,也是钻孔原始地质编录的基

础资料。编录人员要高度关注、认真检查班报表中的相关数据。建议对下述数据进行检查:

(1) 机上余尺和主动钻杆数据:机上余尺只能小于主动钻杆长度,如出现机上余尺大于主动钻杆长度,则表明钻具计算错误,要立即检查原因,消除错误。

(2) 要求回次进尺小于岩心管长度,它反映了获取高采取率的施工安排。特别是见矿孔段,应该严格要求回次进尺小于岩心管长度。

(3) 孔深误差超差:机械岩心钻探孔深误差不得超过1‰。如果孔深校正测量发现超差,应在现场重新丈量,寻找原因、消除差错。如找不出产生超差的原因,则要对原始分层及取样等相关数据进行配分校正,这是很被动的。建议编录人员在钻孔施工过程中对上、下钻孔的钻具进行监控统计,消除钻具数据差错引起的孔深误差超差。

(4) 钢粒钻进时,对钻头的损耗要特别关注,以免误差积累孔深超差。

(5) 砂钻施工时,要注意钻头变形的情况,钻头变形超差会严重影响取样质量。

2. 关于残留岩心的处理

岩心钻探施工会出现残留岩心,影响到所在回次的采取率及孔深位置计算。残留岩心大致可分两种状态:回次岩心长度超过回次进尺及回次岩心长度不超过回次进尺。

1) 回次岩心长度超过回次进尺

未进行回次残留岩心测量或测量不准,岩心完整,其回次岩心长度大于回次进尺部分,应作残留岩心,处理方法:

(1) 以本回次岩心采取率为100%计,将超出部分上推到上回次计算。如连续超出可连续上推,最多只能上推三个回次。如上推三个回次后继续超出，应寻找原因，再作处理。

(2) 岩心破碎为砂状、粉状和不在同一岩性中钻进而用反循环采心工具采取的岩心，一般不作残留岩心上推处理。

2) 回次岩心长度不超过回次进尺

上回次及本回次在提钻后在钻具底部量得残留岩心(空缺)长度，或下回次岩心顶部见到上回次岩心残余掉块，其处置方法较为复杂：先算出有残余岩心的回次采取率，再算出换层孔深。

$$k_\gamma = \frac{l_b}{l_1 - l_2 + l_3} \tag{4.1}$$

式中，k_γ：本回次岩(矿)心采取率(%)；l_b：本回次提取岩(矿)心长度(m)；l_1：本回次进尺；l_2：本次孔底残余进尺；l_3：上次孔底残余进尺(m)。

回次岩心长度不超过回次进尺时残留岩心计算方法示例见表4.2、表4.3、图4.14。

表4.2　分层位置

单位：m

孔深	回次进尺	回次号	岩心长	采取率(不考虑残余进尺)	本次孔底残余进尺	采取率(考虑残余进尺)
177.80						
180.50	2.70	44	2.40	88.9%		
183.00	2.50	45	2.00	80.0%	0.20	87%
185.50	2.50	46	1.90	76.0%	0.15	75%

分层数据：$44^{\underline{0.70}}$、$45^{\underline{0.50}}$、$46^{\underline{0.10}}$、$46^{\underline{1.00}}$。

换层深度计算：

① 不考虑残留岩心的计算结果：

$44^{\underline{0.70}}$：$0.7 \div 0.889 + 177.80 = 178.59$ (m)

$45^{\underline{0.50}}$：0.5÷0.80＋180.50＝181.13 (m)

$46^{\underline{0.10}}$：0.10÷0.76＋183.00＝183.13 (m)

$46^{\underline{1.00}}$：1.00÷0.76＋183.00＝184.32 (m)

② 考虑残留岩心(残留进尺)的计算结果：

$45^{\underline{0.50}}$：0.5÷0.87＋180.50＝181.07 (m)

$46^{\underline{0.10}}$：0.10÷0.75＋183.00－0.20＝182.93 (m)

$46^{\underline{1.00}}$：1.00÷0.75＋183.00－0.20＝184.13 (m)

表4.3 残留岩心换算对比

单位：m

回次号	不考虑残留岩心的换层孔深	考虑残留岩心的换层孔深	误差
$44^{0.70}$	178.59	178.59	0.00
$45^{0.50}$	181.13	181.07	0.04
$46^{0.10}$	183.13	182.93	0.20
$46^{1.00}$	184.32	184.13	0.19

3) 金刚石岩心钻探

岩矿心采取率一般较高。有关操作规程中规定残留岩心超过0.2 m时，应专程捞取，因此计算岩矿心采取率时，一般可不考虑残留岩心。

4) 注意事项

应用回次采取率计算换层深度时，要注意不同岩性的磨损程度和钻进中感觉到的换层深度以及地球物理测井换层深度，以便提高换层深度计算的准确性。

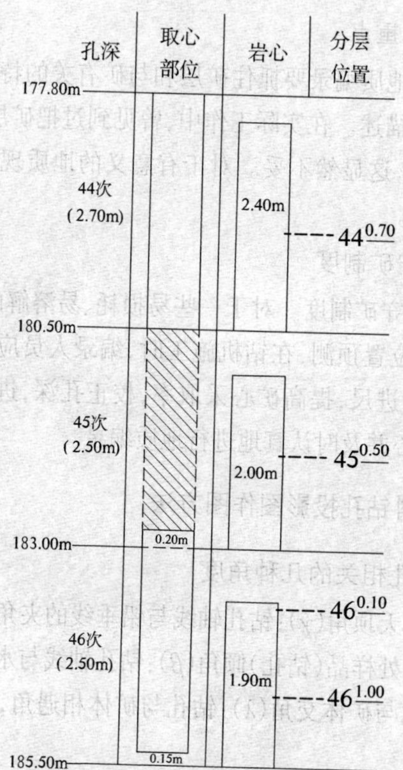

图4.14 钻孔残留岩心示意图

3. 不计算岩矿心采取率的情况

(1) 无心钻探。

(2) 浮土、流砂层及填筑土等松散覆盖层。

(3) 废矿矿山、天然溶洞的进尺孔段。

(4) 泥岩、坍塌物造成的假岩心。

(5) 反循环捞取的岩粉。

4. 应抓住重点

钻孔原始地质编录要抓住矿层和与矿有关的特殊地质体，对它们要单独分层和描述。在实际工作中，曾见到过把矿层作为夹层一笔带过的编录资料，这显然不妥。对于有意义的地质现象，应绘制岩心或手标本素描图。

5. 关于守矿制度

建议恢复守矿制度。对于一些易损耗、易溶解的矿（如煤矿、岩盐矿等）的见矿位置预测，在钻机施工时，编录人员应到机台值班守矿，督促机台控制进尺，提高矿心采取率，校正孔深，进行弯曲度测量，整理、保存好矿心并及时认真地进行地质编录。

4.4.5.4 偏斜钻孔投影图作图方法

1. 与钻孔相关的几种角度

(1) 钻孔天顶角(γ)：钻孔轴线与铅垂线的夹角。

(2) 见矿处样品(钻孔)倾角(β)：钻孔轴线与水平面的夹角。

(3) 钻孔与矿体交角(λ)：钻孔与矿体相遇角，为钻孔轴线与矿体顶底板交角。

(4) 钻孔方位角(θ)：钻孔轴线之水平投影线的方位角。

(5) 矿体真倾角(α)：矿体顶底板与水平面的夹角。

(6) 钻孔偏离角(φ)：钻孔轴线水平投影线与勘查线的夹角。

钻孔剖面与平面各种角度如图4.15所示。

2. 钻孔投影图弯曲校正

钻孔投影图弯曲校正有两种基本情况：钻孔倾角（或天顶角）弯曲校正及钻孔方位角偏移校正。

(1) 钻孔倾角（或天顶角）校正常采用的方法是使一个测点的

天顶角或倾角向上下各影响与相邻测点距离的一半，即中点转换。现以表4.4的测斜资料，具体说明天顶角校正钻孔轴线的过程。

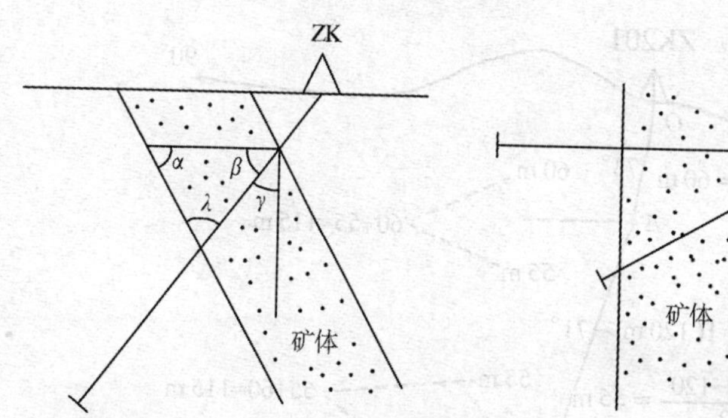

α：矿体真倾角；β：见矿处样品(钻孔)倾角；
γ：钻孔天顶角；λ：钻孔与矿体相遇角
(a) 剖面图

θ：钻孔方位角；
φ：钻孔方向与勘探线偏离角
(b) 平面图

图4.15　钻孔剖面与平面各种角度示意图

表4.4　某钻孔测斜数据

测点编号	测点深度(m)	天顶角(°)	方位角(°)
0	0	17	90
1	120	19	110
2	230	39	119
3	350	55	122

在编制钻孔中轴线剖面图时，首先应根据测斜数据求出制图时的钻孔天顶角转换点的深度，如图4.16中的A、B、C、D及各转换点的控制长度；然后应根据各测点的钻孔天顶角及角度转换点和控制长度进

行作图，连接 OA、AB、BC、CD 等折线形成的平滑曲线就是天顶角校正后的钻孔曲线。

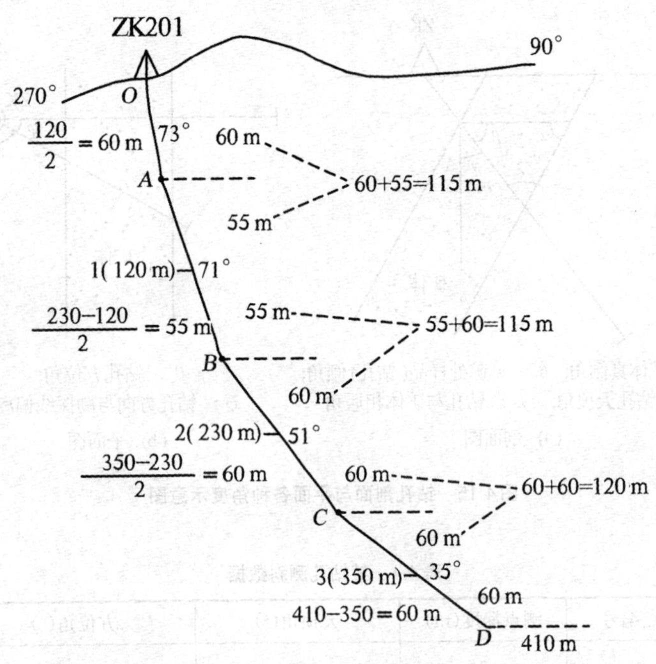

图4.16 天顶角校正后的钻孔中轴线

(2) 钻孔方位角校正是在钻孔轴线天顶角校正后的基础上，根据钻孔轴线的方位角和地质体的产状要素，选择不同的投影方法，作出钻孔轴线及地质体在勘查线剖面上的投影图。

3. 偏斜钻孔投影方法

1) 法线投影的图解法

以表4.2的资料为例，以图4.16为基础，在钻孔轴线的下方绘一水平线(此水平线应视为勘查线剖面的方向线),将O、A、B、C、D各折点垂直投影到水平线上[图4.17(a)],得$O'A'$、$A'B'$、$B'C'$、$C'D'$等线段,然后从孔位O'起,在90°方位上取线段长等于$O'A'$,得点1(在本例中1与A'重合);从点1起在110°位上取线段长等于$A'B'$,得点2;从点2起,在119°方位上取线段长等于$B'C'$,得点3;从点3起,在122°方位上取线段长等于$C'D'$,得点4。将点O'、1、2、3、4连接起来的折线,就是钻孔轴线在平面上的投影图[图4.17(a)]。自1、2、3、4各点向上作垂线与水平线交于1′(在本例中1′与1重合)、2′、3′、4′,与剖面上通过A、B、C、D各点的水平线交于1″、2″、3″、4″点,将0、1″、2″、3″、4″这些点连接起来,就是法线投影的钻孔轴线[图4.17(a)上部]。

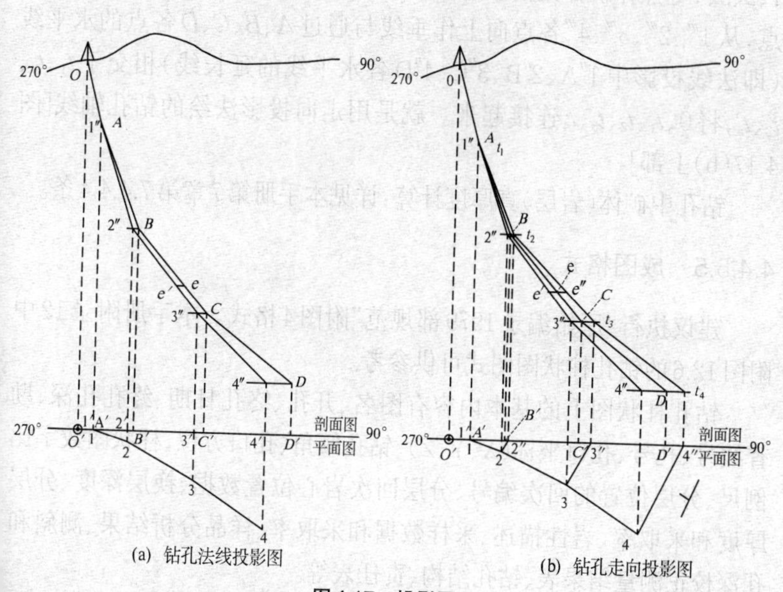

(a) 钻孔法线投影图　　(b) 钻孔走向投影图

图4.17　投影图

2) 地质界线点的投影方法

将天顶角校正后的钻孔轴线上的地质界线点[图4.17(a)中e点]，沿水平方向投影到钻孔法线投影线上[图4.17(a)中e'点]。通过这种方法作出的钻孔轴线为一折线，在实际应用时，人为地将其作圆滑处理为曲线。

3) 走向投影的图解法

此法是先用与法线投影中同样的方法作出钻孔天顶角校正后的钻孔轴线垂直剖面图和钻孔轴线水平投影图，然后在钻孔轴线水平投影图上加上矿体(或地质体)的走向和倾斜符号[图4.17(b)下部]。从1、2、3、4等点作矿体走向线的平行线，与剖面线交于1‴、2‴、3‴、4‴等各点，从1‴、2‴、3‴、4‴各点向上作垂线与通过A、B、C、D各点的水平线(即法线投影中1″A、2″B、3″C、4″D各水平线的延长线)相交于t_1、t_2、t_3、t_4，将0、t_1、t_2、t_3、t_4连接起来。就是用走向投影法绘的钻孔轴线[图4.17(b)上部]。

钻孔中矿体(岩层)真厚度计算：详见本手册第7章第7.4.4.4条。

4.4.5.5 成图格式

建议执行“原始编录1979部规范”附图4格式。本手册附录12中附图12.6的钻孔柱状图图式可供参考。

钻孔柱状图上的基本内容有图名、开孔、终孔日期、终孔孔深、勘查线号、孔号、孔口坐标(X、Y、Z)、钻孔倾角、孔口方位、柱状图数字比例尺、分层位置的回次编号、分层回次岩心位置数据、换层深度、分层厚度和采取率、岩性描述、采样数据和采取率、样品分析结果、测斜和孔深校正测量结果表、钻孔结构、责任表等。

4.4.5.6 钻孔原始地质编录提交的资料清单

《固体矿产勘查原始地质编录规程》(DZ/T 0078—2015)要求钻孔原始地质编录应提交的资料为：

(1) 音像记录表。

(2) 钻孔概况表。

(3) 孔深校正及弯曲度测量记录表。

(4) 钻孔原始地质记录表。

(5) 钻孔采样登记表。

(6) 标本登记表。

(7) 鉴定及测试成果。

(8) 钻孔柱状图。

(9) 岩矿心音像记录载体。

(10) 钻孔原始地质编录小结。

(11) 钻孔质量验收报告。

(12) 孔位坐标定测成果。

编者建议钻孔原始地质资料还应该包括：

(1) 钻孔地质技术设计(指示)书。

(2) 施工通知书。

(3) 终孔通知书。

(4) 封孔设计和封孔(执行)记录。

(5) 岩矿心入库验收单。

(6) 钻探地质综合记录表。

(7) 送样单。

(8) 三级质量检查卡片。

(9) 钻孔水、工、环观测资料和相关图件。

(10) 物探测井资料。

(11) 其他相关资料。

4.5 探矿工程原始地质编录资料质量检查

4.5.1 质量检查的意义

原始地质编录资料是矿产勘查的基础资料,是矿产勘查报告编制的依据,是地质成果质量的基础,必须实施严格的质量责任制和检查验收制度,确保原始地质编录资料质量合格、真实、客观。原始地质编录资料,未经三级质检及上级质量检查验收,不能作为正式审定资料,即不能作为编制综合图件的依据;未经审定的综合图件不能作为正式资料利用,即不能作为编制报告的依据。

4.5.2 三级质量检查比例要求

原始地质编录资料质量检查,要求做到全员、全过程和全面,严格执行三级质量检查制度。原始地质资料检查比例见本手册9.3.5条表9.6。

各类原始地质编录资料、各级检查结果(自检除外),均应填写"地质资料质量检查卡片",并与原始地质编录资料一并归档。

4.5.3 槽、井、坑原始地质编录资料质检程序

级别为勘查单位(大队级)的槽、井、坑原始地质编录资料质量检查程序建议如下:

(1) 清点资料数量,检查原始资料是否齐全。

(2) 复算资料中的所有数据。其中包括分层数据，样品数据，样品结果表中品位计算、内外检误差计算、矿体厚度计算、单工程加权平均品位计算等。

(3) 图件的检查：

① 内容齐全、协调程度。根据图的种类，检查内容是否齐全；检查所表述的内容的协调性，如槽壁与槽底，各井壁之间，坑道壁、顶之间的地质(矿体)界线、岩性花纹是否协调；根据产状数据，图件上标志面界线及岩石花纹(层理、片麻理)视倾角绘图是否协调；核对图件样品分析结果表数据；核对各资料、图件之间数据和标注内容是否一致，等等。

② 图幅开本、图式、图例是否规范、统一。检查图名、比例尺、责任表、纵向标尺及水平标尺绘画标注方式是否正确、一致。

(4) 同类图、表、资料的格式是否规范、统一；各项文、图、表之间的岩层、矿体、构造界线、定名及数据是否对应无误。

(5) 样品质量评述：包括样品布采质量(跨层、超长取样影响情况，矿层顶底板控制样布采是否到位等)；取样、送样、样品制备、化验是否及时(如石膏矿要防止长期搁置产生结晶水脱失和水化，影响品位成果)等。

(6) 审查编录内容是否确切、合理：包括岩(矿)层分层合理性和岩性描述是否确切；地层及时代划分、矿层划分及连接是否合理；取得岩矿鉴定及测试分析成果后，是否对资料进行了补充、修正和综合。

(7) 开工程序、工程终止、工程竣工的后处理工作(如回填)执行情况。

(8) 审检工程质量验收报告填写情况。检查有无三级质量检查记录(卡片)及历次质检卡片中所提问题修改及处理情况。

(9) 各项资料、图、表记录责任签名是否齐全。

(10) 如取有岩矿实物标本,应检查实物与资料是否一致。

(11) 其他需要检查的内容。

4.5.4 钻孔原始地质编录资料质检程序

钻孔原始地质编录资料种数较多,涉及面相对较广。为避免漏检,勘查单位一级的钻孔原始地质编录资料质检程序建议如下:

(1) 清点资料数量,检查原始资料是否齐全。

(2) 复算资料中的所有数据。其中包括回次进尺、孔深、换层深度、分层厚度、回次及分层岩心长度、累计长度、回次及分层采取率、样品起止孔深、样品的样长及岩心长度、单样采取率、全孔岩矿心采取率、样品品位计算、样品内外检误差计算、单工程加权平均品位计算等。

(3) 核对各资料、图件之间数据是否一致。

(4) 审查编录质量:分层合理性和岩性描述是否确切;地层及时代划分、矿层划分的合理性;取得岩矿鉴定及测试分析成果后,是否对资料进行了补充、修正和综合。

(5) 检查和评价样品布采质量。例如有无跨层、超长(超过可采厚度及夹石剔除厚度)取样,矿层顶、底板控制样布采是否到位等。取样、送样、样品制备、化验是否及时(如石膏矿要防止长期搁置产生结晶水脱失和水化影响品位成果)。

(6) 开孔、终孔、封孔管理程序执行情况,封孔记录、责任签名是否齐备;岩矿心是否入库,有无入库手续。

(7) 审检钻孔质量验收报告填写情况。检查有无三级质量检查记录(卡片)及历次质检卡片中所提问题修改、处理情况。

(8) 各项图、表、资料的格式是否统一,责任签名是否齐全。

(9) 如取有岩矿实物标本,应检查实物与资料是否一致。

(10) 核查班报表中简易水文观测、孔深校正、测斜等数据。

(11) 其他需要检查的内容。

4.6 采样地质编录

4.6.1 目的、任务

各类勘查样品,通常是在探矿工程中采取。坑探工程中的采样及编录,要在安全支护遮挡之前实施。采样编录的目的和任务是:准确、全面、规范地记录样品的布采方案实施情况、采样点的地质背景、采样方法、样品特征、送样和样品加工、测试成果登记和整理研究等,用以确定地质体的物质组成、结构构造、形成时代、物理化学性质和矿体界线等。

在进行采样编录时,要监控采样质量。探矿工程中各类样品的布采、编录、分析项目、送样等,请参阅本手册第5章相关内容。

4.6.2 依据规范

各类样品的采样原则和方法,参照原国家地质总局1977年颁发的《金属非金属矿产地质普查勘探采样规定及方法》、国土资源部2012年颁发的《固体矿产勘查采样规范》(征求意见稿)。

4.6.3 样品编号

所有样品均应按样品种类代号、所在单元要素代号(矿区、地质点、勘查线、探矿工程)顺序编号。基本分析样品的编号:工程代号+勘查线号+工程号+本工程中样品种类代号+样号组成,如ZK0010-

H12表示00线10号钻孔12号化学样。为避免繁琐,在样品登记表、送样单、各种图件表格中除各工程第一号样和每一页第一个样品外,其余样品只写顺序号即可,如2,3,4,…。其他各类样品的编号方法,原则上要与基本分析样品的编号方法相同。各类样品代号如表4.1所示。

4.6.4 记录内容

样品的记录应该在地质编录之后进行。记录内容主要为矿区名称、样品编号、采样位置(槽井工程具体位置、钻孔的回次编号及分样位置)、样品起止位置(孔深)及样长(钻孔采样要在现场根据岩矿心分样位置,计算样品起止孔深、样长和样品代表的真厚度)、采样方法(刻槽、半心等)、采样规格(刻槽断面规格、矿心直径)、样品重量、袋数、目测品位等。采样记录在采样记录表(登记表)上,表式详见附录12中附表12.22"钻孔采样登记表"和附表12.29"坑探工程采样登记表"。

钻孔岩矿心半心采样,应该在采样的岩性箱隔板部位,用红漆画上分样位置,填写采样牌,注明采样种类、所在回次、单样号起止孔深、采样长度、采样人、采样日期等。对于易潮解、易碎的特殊矿石(如石盐矿),所采样品和剩余的岩矿心(半心)应该采取塑封等保护措施,及时送样和妥善保管剩余岩矿心。

对所采样品部位(样槽、矿心),要根据样品种类和采样目的,针对样品特征进行地质背景和岩性描述。如矿产勘查基本分析样,对矿化的矿物组分、结构构造、与围岩的演化过渡情况、共伴生矿物组成、关系、目测品位等细部情况进行描述,必要时对岩矿心、手标本进行照相、素描,以便充实原始地质编录内容。

4.6.5　质量检查

这是指在野外实地对采样质量的检查。检查内容包括刻槽样品的样槽位置及刻槽规格、刻槽位表面是否已清理平整。刻槽时谨防样品碎屑飞溅损失和外来物质混入污染。钻孔取样淘汰传统的半心劈样法,建议用锯切法,锯样时注意矿心两半矿化的物质组分均匀程度大体相当。样品实际重量与理论重量的误差:根据“GB/T 33444—2016”第14.4.5条规定,对于单个样品的重量,刻槽样理论重量与实际重量之误差小于10%;使用锯心法两半心重量误差小于5%。不合格者须补采或重采。

4.6.6　登记台账

样品(包括标本)采完后,要完成采样台账登记,台账内容应包括样号、采样位置、采样方法、规格、样品重量、样品特征描述、布样及采样监督人、检查人、采样日期、样品测试结果、备注等。有关的登记表内容见附录12中附表12.22至附表12.39。

“GB/T 33444—2016”要求,采样后要提交样品布置、采样过程、采样效果的录像光盘或照片。

4.6.7　送样

采完样后,要按照设计要求包装并及时送交加工和化验。送样时要填写送样单(附录12中附表12.40、附表12.41),安排专人送样,严禁随意请人代送,严防送样途中样品丢失、混乱,实验室收样人要逐个验收并履行责任签收。

4.6.8 成果资料整理

收到分析鉴定结果后应及时填入有关表格内，计算品位、内外检合格率。如发现分析结果与目估品位出入较大、内外检质量不符合规范要求时，应寻找原因，及时妥善处理。

探矿工程原始地质资料表格式样、图件式样请参见附录12中的附表和附图。

第5章 岩矿取样及矿产质量研究、矿石加工技术研究

5.1 概述

本章主要阐述化学样、岩石矿物样、物性样、工艺样和砂矿取样，不包括孢粉鉴定采样和同位素地质年龄测定采样、区域地球化学调查取样和质量研究；影响矿产质量的因素，固体矿产勘查采样的定义、分类、布采原则、布采方法、技术要求以及布样、采样质量的检查评估；各个勘查阶段对矿石加工技术研究要求；各类样品测试成果的综合整理和综合研究等。

5.2 术语和定义

5.2.1 矿产

泛指一切埋藏在地下（或分布于地表）的可供人类利用的天然矿物资源。

5.2.2 矿石

在现有的技术和经济条件下，能够从中提取有用组分（元素、化合

物或矿物)的自然矿物聚集体。

5.2.3 矿产(矿石)质量

矿产(矿石)质量指能满足当前采、选加工利用的优劣程度或能力,即决定能够满足社会生产要求的性质。矿产质量是通过矿石质量来体现的。矿产质量概念具有相对性:第一,它直接决定于国民经济对该矿种的需求紧迫程度;第二,它决定于技术进步,包括采、选、冶及其利用技术的进步程度。

5.2.4 矿产分类

根据工业利用矿物原料对品质特性的要求,固体矿产可分成利用化学组分的矿产、利用矿物及其性能的矿产、利用化学组分又利用矿物性能的矿产等三类。

5.2.4.1 利用化学组分的矿产

大部分为金属矿产(如铁、铜、铅、锌、金等),部分为非金属矿产(如石盐、萤石、磷灰石)。工业利用主要是从中提取某元素或化合物。故其质量主要取决于化学成分或矿物成分及其含量,以及有用组分的赋存状态。

5.2.4.2 利用矿物及其性能的矿产

大部分非金属矿产属之。此类矿产大多利用其矿物的物理性能,如金刚石的硬度,水晶的压电效应,云母的晶体大小、剥分性和绝缘性,石棉的纤维长度、抗热、耐酸和绝缘性,凹凸棒石黏土的造浆率、吸附性等。

5.2.4.3　利用化学组分又利用矿物性能的矿产

某些非金属矿产，如高岭土、耐火黏土、滑石等。

5.2.5　固体矿产采样

在勘查对象（地质体）的一定部位，按一定规格和要求采取一小部分具有代表性的岩、矿石作为样品，用以确定地质体的物质组成、结构构造、形成时代、物理化学性质和矿体界线的地质工作。

5.2.6　样品分类

5.2.6.1　按样品用途划分

按照所采样品的用途，可分为化学样、岩石矿物样、物性样和工艺样。

（1）化学样：用于化学分析的样品称为化学样，包括基本分析样、组合分析样、全分析样、物相分析样、光谱分析样等。

（2）岩石矿物样：为查明岩（矿）石矿物成分及含量、共生组合、结构构造、粒级及嵌布特征、次生变化等所采集的样品。

（3）物性样：为查明矿石及围岩物理性质所采集的样品，包括密度、松散度、抗压抗剪强度、孔隙度、裂隙度、湿度等。

（4）工艺样：为研究矿石加工技术性能、条件、工艺而采集的样品。

5.2.6.2　按样品性质划分

按照样品性质又可分为常规样、特殊参数样和专项地质研究样。

（1）常规样主要为化学分析样（基本分析样、组合分析样、化学全分析样、光谱全分析样、物相分析样等)。

(2) 特殊参数样是为评价特殊矿产所布采的特种样品,以获得特殊评价参数。例如:砂矿的松散系数、淘洗系数、砾石系数;石灰岩、白云岩矿床的岩溶率;汞矿的含矿系数;浅层卤水矿的孔隙度和给水度;凹凸棒石的造浆率、脱色力;饰面石材的荒料率、出材率,等等。

(3) 专项地质研究样是为解决专项地质问题所布采的样品。它以初步综合整理研究,总结区域、矿床(区)地质特征为基础进行安排。例如:测试岩石、矿石物理技术性能等的技术样品,矿石加工选冶试验样品,同位素测试样品,同位素地质年龄测试样品,包体样品,古地磁样品,定向标本(样品)等。总的原则是标本(样品)要有足够的代表性,采样要求和测试方法要符合相关规范要求。

5.3 影响矿产质量的因素

影响矿产质量的因素很多,主要有矿石的组分及其含量特征、矿石的矿物成分、结构构造特征,以及矿石物理技术工艺特性等。影响矿产质量的诸因素,是矿产布样、采样时必须考虑的技术因素,是决定样品种类、采样方法、采样规格的关键因素,亦即布样、采样的制约因素。

5.3.1 矿石组分

矿石组分研究内容,主要有矿石中物质组分种类、含量、赋存状态、共生组合分布等。

矿石组分的研究,又可分为主组分和共、伴生组分研究,有益组分和有害组分研究,组分含量和赋存状态及分布规律研究等。

矿石的化学成分及其含量特征直接决定利用化学组分的矿产的

质量,包括有益主元素组分、有害杂质及共、伴生组分。常用品位来表示,如质量百分数,或g/t、g/m^3等。

矿石中物质组分包括元素、化合物组分和矿物组分。它们的种类、含量、赋存状态、共生组合及分布特征,直接影响矿石的质量。

比如铁矿,自然界已知的铁矿物有300多种,有工业价值的炼铁矿物仅有4类:磁铁矿、赤铁矿(镜铁矿)、菱铁矿、褐铁矿(针铁矿)等。所以,查明铁矿石中铁含量、可被工业利用的铁矿物种类及铁在该矿物中的占有率,是评价该铁矿质量的核心内容。

确定矿物成分在矿体各部分的变化规律及各矿物在不同矿石类型中的分布,是划分矿石自然类型、工业类型的基础。

5.3.2　矿石结构、构造及矿物嵌布特征

矿石的物理技术特性,包括矿物晶体或块度大小、硬度、脆性、柔性、弹性、密度、抗压性、导电性、导热性、耐热性等,它们是利用矿物及其性能类矿产(如某些特种矿产)的主要质量指标。

矿石的矿物成分和结构构造特征是选矿方法选择的重要制约因素。

矿石的结构、构造及矿物晶体或块度大小、嵌布特征,亦是矿石重要的质量指标。它是影响提取矿石中有用组分的选冶方法、选冶工艺流程、选冶指标的基本要素,是决定矿床是否有经济价值的因素之一。

5.3.3　矿石技术物理性质

矿石的技术物理性质主要有:矿石的硬度、脆性、柔性、弹性、抗压性、磁性、导电性、导热性、耐热性;矿石的体积质量(体重)、松散系数、抗压强度、裂隙度;宝石原料的矿物晶体大小、色彩、透明程度、特殊的光学性质等。矿石的技术物理性质对确定开采方法、矿石加工及选矿

方法、矿产利用价值评估具有重要意义，它们是“利用矿物及其性能类矿产”的主要质量指标，是矿石重要的质量研究内容。

5.3.4 矿石工艺性质

矿石工艺性质主要是指矿石的可选性、可冶炼性能及可加工性。自然界的矿石，大多需加工处理（碎矿、磨矿、选矿，甚至冶炼、打磨等）后才有经济利用价值，在很多情况下，矿石的工艺性质比其他因素更重要，特别是新的矿石类型，品位低贫、颗粒细小、杂质较多和难选矿石，以及建筑板材荒料的块度、可抛光性能、花纹等，它们的矿石工艺性质对其的利用具有决定性影响。

5.4 矿产取样布采原则

对矿产质量的研究，要通过取样来完成。矿产取样在矿床评价中有着举足轻重的作用。因此，确保样品布采和测试质量，是保证矿产质量的基础。

由于取样是从整体中抽取一部分样品，统计学上称为“抽样观测”，即通过样本了解矿体总体，所以样品的代表性是质量的核心问题。影响样品代表性的因素主要有矿体中有用组分分布的均匀程度、采样规格、方法和数量以及样品的分布状态和抽取样品方式。布采样品的方式方法应当以保证样品结果的代表性、最大的确定性为原则，并以保证合理的生产效率和足够好的经济效益为标准来选择。

为实现矿产取样的代表性和确定性，减少误差，保证取样的质量可靠性，布采样品时必须遵循如下基本原则：

5.4.1　系统性原则

取样应该在整个矿体厚度上连续进行。没有明显边界的矿体，要向围岩延伸一定距离(要大于最小可采厚度或夹石剔除厚度)，即要有矿体边界控制样，甚至在整个探矿工程上取样。

5.4.2　均匀性原则

样品应按一定的网格等距取样，样品应尽量沿矿化变化最大方向采取，且取样网格基本一致。

5.4.3　不跨层原则

各种自然矿石和矿化岩石应分段单独采取，不能跨层和跨矿石类型、矿石品级布采。

5.4.4　样长适宜原则

取样长度取决于矿体厚度大小、矿石类型变化情况、矿化均匀程度以及工业指标的最低可采厚度和夹石剔除厚度。样长不宜过长或过短，一般不大于最低可采厚度和夹石剔除厚度。当矿体与围岩有明显区别、矿体厚度较大、矿石类型简单、矿化均匀时，采样长度可相应放长。

5.4.5　经济性及高效能原则

5.4.5.1　经济性

在不影响样品代表性的前提下，尽可能采用成本低、效率高、劳动强度低的采样方法,但必须通过试验获取充分依据。

5.4.5.2 高效能

就是以合理的样品布采工作量,达到最大的勘查效果。样品的布采,要尽可能地排除影响圈矿的不利因素,并在满足规范要求及现今开采技术条件下,使矿体的圈定能够达到合理化、最大化效果,即最有效地圈定矿体。例如,矿体与围岩为渐变的矿体边界地段的样品布采[可“穿鞋戴帽”,指对矿体中部品位较高而将上下边部达到边界品位的低品位矿(按单样)带入工业矿体的现象];矿体内部影响圈矿的夹石地段样品的布采等。

5.5 矿产取样的种类及技术要求

5.5.1 种类

根据《金属非金属矿产地质普查勘探采样规定及方法》《固体矿产勘查采样规范》,按采样目的可将矿产取样分为六大类:岩矿鉴定标本样、化学样、岩石矿物样、物性样(技术样)、工艺样(加工技术样)、砂矿取样。其中化学样又可进一步划分为基本分析样、组合分析样、全分析样、物相分析样、光谱分析样等。

按采样方法,矿产取样可分为刻槽法、刻线法、剥层法、全巷法、全心法、劈(锯)心法、捡块法、砂矿取样(砂钻泵桶法、砂钻半合管法、浅井超前铁桶法)等。

5.5.2　岩矿鉴定标本采样

5.5.2.1　目的

岩矿鉴定标本的采样目的是：

(1) 研究岩石和矿石的结构、构造、矿物成分及其共生组合，研究岩石矿物的变质、蚀变现象，确定岩石、矿物的名称，为研究矿床提供资料。

(2) 配合物相分析，确定矿石氧化程度，划分矿石类型，进行分带。

(3) 配合加工技术试验，提供矿石加工和矿产综合利用方面的资料。

5.5.2.2　原则和要求

所采集的样品应有充分的代表性。要运用好勘查网络、典型解剖手段，根据工作需要及岩矿变化系统地采集，如集中于1～3条剖面上采取等。对某些具有特殊意义的标本亦应注意采集，以利于研究其变化规律。采集标本时要尽可能采取新鲜的标本，同时须做好野外描述工作。

5.5.2.3　样品的采集

1. 标本种类

矿产勘查标本种类主要有工作(标准)标本、矿区地层岩石标本、矿石(种类品级)标本、典型矿床标本、化石标本等。

2. 工作(标准)标本

矿区开展地质工作的初期，需要采用一套指导工作的标准标本，包括工作地区内所见到的具有代表性的全部地层、岩石、矿物、矿石标本，以便统一认识，统一定名。工作（标准）标本要随工作的进展根据需要予以采集，逐步完善。

3. 矿区地层岩石标本

在沉积岩、火山沉积岩中应按地层的层序及不同岩性逐层采取，注意岩相的变化以及采集与沉积相关的标本。对火成岩（侵入岩和熔岩）要从接触带至岩体中心或由内向外根据岩相变化系统采取，并应注意岩浆分异和火山岩的特征。对包体的同化以及蚀变现象也应采取必要的标本。对变质岩，要在不同的变质带内采样，并注意标本中应含有划分变质带的标准矿物。注意采集反映构造特征的标本。小标本不能反映岩矿的特殊构造时，可根据需要采取大型标本，如采取定向标本时须注明产状和方位。

4. 矿石（种类品级）标本

采集矿石（种类品级）研究标本，要根据矿石的自然类型，工业类型，矿物组分、结构和构造，蚀变深浅或变质程度，矿石和围岩的关系等特征进行采取。对于矿石类型复杂、矿物组分变化大的矿床，还应选择有代表性的剖面系统以便于研究矿物的变化规律。

在采取加工技术样品的同时，需要采取有代表性的矿石及岩石标本，用以研究不同矿石类型和品级中各种矿物之间的共生关系及其结构、构造，以及测定矿物粒度和含量，了解矿石与围岩的关系，为研究加工技术和矿石的可选性能提供资料。

有些矿床的氧化矿石与原生矿石的加工技术方法不同，需要由浅而深地采集矿石物相鉴定标本、采集物相分析样品，从而划分矿床的氧化带、混合带、原生带。对已有系统的岩矿鉴定资料、分带情况比较清楚的矿床，专门的物相鉴定标本可以少采或不采。

5. 典型矿床标本

矿床勘查完成后，应该形成一套较为完整的典型矿床标本，能达到陈列的标准，或作为实物资料与勘查报告一起提交。基本要求是：完整地表述矿区的地层、岩石、构造、蚀变、矿化、矿石类型品级等特征，每块标本均要有岩矿鉴定、测试资料和标本采集位置，为研究矿床成因提供实物资料。

6. 采样规格

采集标本的规格以能反映实际情况和满足切制光、薄片及手标本观察的需要为原则。一般陈列标本规格为3 cm×6 cm×9 cm，岩矿鉴定标本可适当减小。对于矿物晶体及化石标本，其规格视具体情况而定。

5.5.2.4 样品的登记、包装和送样要求

采集岩矿标本应在原始资料上注明采样位置和编号，必要时可编制专门性的图件。标本采集后，应立即填写标签和进行登记，并在标本上编号（涂漆等方法）以防混乱。标本与标签一起包装，应注意避免损坏标签。对于特殊岩矿标本或易磨损的标本，应妥善包装。对易脱水、易潮解或易氧化的某些特殊标本应密封包装。装箱时箱内应放入标本清单，箱外须写明标本编号及采样地区，并在标本登记簿上注明标本放置的箱号。

应认真填写送样单，并注明岩矿产状、鉴定要求。系统采送的岩矿鉴定样品，应附剖面或柱状图。对某些化石标本和具有特殊现象的标本，为了便于室内外结合研究，尽可能附剖面或素描图。

岩矿鉴定样，一般须留手标本，以便核对鉴定成果及帮助地质人员提高对标本的肉眼观察能力。

对于某些岩石、矿石样品，需要磨制定向、定位光、薄片者，应在标

本上圈定明显标志,并在采样说明书(送样单)中加以说明。

5.5.2.5 饰面石材品种鉴定样

根据“DZ/T 0207—2002”要求,勘查饰面石材要采标本鉴定样品,可分为标准样、基本样。

1. 标准样

每个品种不少于1件,每件一式2份。一份成材面经加工抛光测定光泽度,规格为30 cm×30 cm;另一份成材面不加工抛光,规格为10 cm×5 cm。样品将作为确定品种的依据。

2. 基本样

基本样指在工程中每隔5 m采集新鲜岩石,样品规格为10 cm×5 cm。用于与标准样对比,划分花色品种。

5.5.3 化学样

用于化学分析的样品称为化学样。化学样可分为基本分析样、组合分析样、全分析样、物相分析样(合理分析样)、光谱全分析样等。

5.5.3.1 基本分析样

1. 定义

基本分析又称普通分析、简项分析,是为查明矿石中主要有用(有害)组分的含量及其变化情况而进行的样品化学分析。

2. 目的

用以了解矿石质量、确定矿体、划分矿石类型和品级、估算资源/储量。

3. 分析项目

随矿种、矿床不同而异。原则是：主矿组分和共生矿组分以及有害组分达到或接近评价标准时，均要列入基本分析项目。各类矿产常见有益、有害、共伴生组分，要参照各矿种矿产勘查规范、《矿产资源综合勘查评价规范》(GB/T 25283—2010)规定和所勘查矿床的实际情况确定。

4. 适用范围

矿产勘查中应用最广、分析数量最多、从普查至勘探均须系统进行的一种分析。

5. 样品来源

从目标物上直接采取，包括在地表和槽、井、坑探及钻探工程中采取。

5.5.3.2　组合分析样

1. 定义

组合分析是指为了解矿石中伴生有用组分、有害组分的含量及其变化规律而进行的样品化学分析。样品依照某些特定原则组合而成。

2. 目的

了解矿石中伴生有用组分、有益组分和有害组分的含量及其变化规律，估算伴生有用组分的资源/储量，评价有益有害组分对矿石质量的影响。

3. 分析项目

分析项目确定的原则是：可以综合利用的伴生矿产和影响矿石加工、矿石质量的有益、有害组分。具体分析项目要参照各矿种矿产勘查规范、《矿产资源综合勘查评价规范》(GB/T 25283—2010)规定和所勘查矿床的实际情况确定。

4. 分析项目确定步骤

根据全分析或光谱全分析结果，并结合地球化学元素共生组合规律确定组合分析项目。基本分析已经分析的项目，不再列入组合分析。当需要对伴生组分作特殊研究或需要用组合分析结果来划分矿石类型时，组合分析才包括基本分析中的某些项目。

5. 适用范围

主要适用于详查和勘探阶段，其次适用于普查阶段。

6. 样品来源

由基本分析副样组合而成。

7. 样品组合方法

(1) 组合分析样品根据有益、有害组分含量变化大小，由几个至十几个或更多的基本分析副样组合而成。

(2) 根据基本分析样品的长度，按比例进行组合。

(3) 要用同一工程或相邻工程构成的同一矿体、同一块段、同一类型(或品级)的基本分析副样组合成样。

(4) 参与同一个组合分析样品的各个基本分析样不得分布在不同储量计算块段。组合后送交化验的每个组合样重量一般为100～200 g。

(5) 组合样的样品数量大致为基本分析样数的5%～10%。确定为有综合利用价值的元素及有害元素含量超标的元素，要全部作组合分析；经过岩矿鉴定以及对主要矿段有一定数量的组合分析资料，足以证明矿床中有益组分没有综合利用价值或有害元素含量低于工业指标要求时，对组合样品的分析项目或数量可少作或不作。

5.5.3.3　全分析样

1. 定义

全分析指对样品中主要组分及其他组分含量所进行的化学分析，可以分为化学全分析、硅酸盐岩全分析、碳酸盐岩全分析、单矿物化学全分析等。

2. 目的

了解各种类型矿石、岩石、矿物中有用、有益、有害元素的种类及含量，从而确定矿石质量，确定矿体与夹石、围岩的界线，划分矿石类型和品级，估算资源/储量。据此确定增减基本分析和组合分析项目，以及研究岩石、矿物中各种组分赋存特征。

3. 分析项目

根据样品目的而定。化学全分析多是为了了解矿石中所含全部化学组分，除微量元素外其他元素都要作为分析项目。硅酸盐全分析，分析项目主要包含 SiO_2、Al_2O_3、Fe_2O_3、FeO、MnO、MgO、CaO、Na_2O、K_2O、Ti_2O、P_2O_5、CO_2、H_2O^+、H_2O^-、烧失量等。碳酸盐岩全分析，分析项目主要包含 FeO、MgO、CaO、MnO、SiO_2、Al_2O_3、Fe_2O_3、Na_2O、K_2O、Ti_2O、P_2O_5、CO_2、S、H_2O^-等。

全分析结果之和应接近100%。“DZ/T 0130—2006”规定，在化学全分析之前，要先作光谱全分析。要求化学全分析的结果总和为99.3%～100.7%。

4. 适用范围

化学全分析适用于详查、勘探阶段采用。样品数量一般是每种矿石类型的1～3个。硅酸盐岩全分析、碳酸盐岩全分析、单矿物化学全分析应用于矿产勘查的各类研究。

5. 样品来源

由基本分析副样组合而成，或组合样的副样，也可单独采取。

5.5.3.4 物相分析样（合理分析样）

1. 定义

物相分析指为了解矿石中有用组分在各不同性质矿石（矿物）中（如氧化物、硫化物）存在的形式和含量进行的分析。例如，通过物相分析，可将铁矿石中的含铁矿物分为磁性铁、硅酸铁、碳酸铁、硫化铁、赤（褐）铁矿等。根据氧化程度不同，即 TFe/FeO 的不同比值（《矿产工业要求参考手册》，全国矿产储量委员会办公室，1972），把磁铁矿床中铁矿石分为：

磁铁矿石（原生矿） TFe/FeO ＜2.7

混合矿石 TFe/FeO 2.7～3.5

氧化矿石（赤铁矿石） TFe/FeO ＞3.5

物相分析方法主要是化学方法，少数可利用矿石的物理性质进行测定。物相分析采用化学分析方法的原理，主要是利用矿石中的各种矿物在各种溶剂中的溶解度和溶解速度不同，采用不同浓度的各种溶剂在不同条件下处理所分析的矿样，将矿石中的各种矿物进行分离，从而可测出试样中某种元素以何种矿物存在和含量多少。

2. 目的

查明矿石中主要组分和伴生有益组分的赋存状态、物相种类（矿物相）、含量和分配率，用以区分矿石的自然类型和技术品级，了解有用矿物的加工技术性能和矿石中可回收的元素成分。

3. 分析项目

一般是矿石中的主要有用组分，有时也研究伴生有益组分或有害杂质的矿物相。

4. 样品来源

物相分析样品可在基本分析样副样中抽选或专门采集。矿石一般先在经过系统的肉眼和镜下鉴定，大致确定了氧化带、混合带、硫化带的界线后，再在界线上下按一定间距提取相应位置的基本分析样品副样进行分析，也可专门采集。当利用基本分析副样作为物相分析样品时，必须及时进行，以免副样变质影响质量。

样品件数应视矿床规模和物质成分复杂程度而定。根据以往经验，金属矿石自然类型划分标准如表5.1所示。

表5.1　一般有色金属矿石自然类型的划分标准

矿石自然类型	$\frac{\text{硫化物中金属含量}}{\text{总金属含量}}$(%)	$\frac{\text{氧化物中金属含量}}{\text{总金属含量}}$(%)
氧化矿	<70	>30
混合矿	70～90	10～30
硫化矿	>90	<10

注：资料来源于《金属非金属矿产地质普查勘探采样规定及方法》(国家地质总局，地质出版社，1978)。

5.5.3.5　光谱全分析样

光谱全分析通常用于确定矿石中伴生有用、有益、有害组分的种类和含量，为确定组合分析、化学全分析项目和对矿床进行综合评价提供依据。多适用于详查和勘探阶段。在普查阶段也可进行光谱全分析。

光谱全分析的另一个作用是发现围岩中是否存在尚未认知或尚未被发现的有用矿产。

光谱全分析样品可采自同一矿体的不同空间部位和不同矿石类型，也可利用有代表性地段的基本分析副样或组合分析副样进行，是提供确定组合分析及化学全分析项目的依据。

5.5.4 岩石矿物样

5.5.4.1 定义

研究岩石及矿石中矿物组成及其物理性质的样品。采集岩石或矿石标本,通过矿物学、岩石学、矿相学方法,研究矿石和岩石。

5.5.4.2 目的

为了查明矿石及近矿围岩的矿物成分及含量、矿物物理性质(如矿物的解理、晶形、粒度、硬度、脆性、磁性、导电性等)、矿物共生组合、结构构造、矿物粒级和嵌布特征、矿物次生变化等,确定岩石种类、矿石自然类型、有用元素赋存状态、矿石技术加工性能等,为岩矿石定名,矿石的加工、选冶提供基础资料。

5.5.4.3 研究手段

岩矿薄片、光片显微镜、双目镜鉴定,X衍射,电子探针,激光光谱,差热分析以及矿物的化学分析等。样品采自岩石矿物标本、淘洗的重砂、单矿物颗粒等。

5.5.5 物理取样(技术取样)

5.5.5.1 定义

物理取样是指为测定矿石及近矿围岩的技术、物理性质而进行的取样。

5.5.5.2　目的

对一般矿产，主要是查明矿石及顶底板围岩的物理机械性质（密度、体重、矿石的硬度、松散度、抗压、抗剪强度、孔隙度、裂隙度、湿度等），为储量计算和矿山设计提供技术参数，为确定矿石质量、划分工业品级提供依据。

一部分使用化学取样方法还不足以确定质量的矿产，要使用其与矿产用途有关的物理技术性能作为质量指标，如石棉的含棉率、纤维长度、抗张强度和耐热性；云母片的大小、剥分性、绝缘性、耐摔性等；耐火黏土的耐火度；建筑石材的孔隙度、吸水率、抗冻性、耐磨性等；宝石的晶体大小、晶形、颜色、光学效应（折光率、猫眼、星光特征）等，这些须通过取物理样（技术样）进行物理技术性能测定，以实现矿石质量评价。

岩、矿石及近矿围岩的坚固性和稳定程度对矿山开采影响很大，它是确定矿山开采方法、巷道支护、露天开采边坡角等的重要依据。因此，在勘探工作中应注意收集有关资料，特别是在矿体顶底板围岩30～50 m范围和开采坑道通过的范围要注意详细研究，如通过坑探工程及钻孔岩心观察是否有变形垮塌现象，围岩和矿体的产状、孔隙、节理、断层、片理等发育程度及裂隙中充填物的性质等对矿山开采的可能影响程度。根据野外收集的上述资料，结合岩矿石物理力学试验结果进行分析评述。

5.5.5.3　试验项目的确定

试验项目的确定应从实际出发，并和生产设计、实验单位共同商定，一般包括矿石的体重、湿度、块度、孔隙度、松散系数，岩、矿石顶底板围岩的稳定性、硬度以及抗压、抗剪、抗拉强度，砂性土及黏性土的土工试验等。根据不同的开采方法可进行如表5.2所示的试验项目。

样品来源:野外直接采取。

表5.2　矿床勘探时进行岩石物理力学及土工试验项目

试验目的	岩石类别	天然湿度	体重	密度	粒度分析	压缩性	流塑限	收缩性	膨胀性	湿化性	内摩擦角及凝聚力	天然坡度	软化性	极限抗压强度	极限抗剪断强度	抗剪切强度	极限抗拉强度	弹性模量及波桑比
预测露天采矿场边坡角岩层的性状及边坡的稳定性	砂性土	△	△	△	△						△	▲						
	黏性土	▲	▲	△	△	△			△	△	▲							
	半坚硬岩石	▲	▲								▲		▲	▲	▲	▲		
	坚硬岩石		▲											▲	▲			
评价作用于拟建巷道支架上的地层压力和地下坑壁的稳定性	砂性土		▲ ▲															
	黏性土	▲	▲	△	▲	▲	△	▲	▲	△	▲							
	半坚硬岩石	▲	▲								△		△	▲	▲	△		△
	坚硬岩石		▲										△	▲		△	△	△

注:▲表示必须进行的试验项目;△表示根据具体情况确定做的项目或者选择部分样品做试验。

5.5.5.4　矿石体重测定

矿石体重是矿石单位体积质量,为测定体重所采样品称体重样,即体积质量样。其样品应按矿石类型和品级分别采样,并照顾到品位和分布的代表性。体重样分为小体重样和大体重样两种。体重样的具体数量要以相关规范要求为准。如“GB/T 33444—2016”第17.5.3

条要求："每种矿石类型、每个品级的小体积质量样品数量不少于30个"，"松散和多孔隙(裂隙)矿石应采集不少于3个大体积质量样，用于校正小体积质量值"，"直接用大体积质量值参与矿产资源/储量估算时，每种矿石类型的大体积质量测试样品不少于5个"。

1. 小体重样测定方法

小体重样在探槽、浅井、坑道及矿心中采取，体积一般为 60～120 cm^3。测定的方法常用封蜡排水法。分别测定干燥矿石的重量(w_1)、封蜡矿石的体积(V_c)、封蜡后矿石的重量(W_2)、蜡的密度(d_l)，求得矿石的体重为d。计算公式如下：

$$d=\frac{w_1}{V_c-[(W_2-w_1)/d_l]} \tag{5.1}$$

式中，w_1:干燥矿石重量；V_c:封蜡矿石体积；W_2:封蜡后矿石的重量；d_l:蜡的密度；d:矿石的体重。

"DZ/T 0078—2015"第10.5.3.2条推荐的采用小塑料袋排气扎口的所谓"塑封法"测小体重方法，极难保证测试质量，不主张采用。建议小体重样的测定用传统的封腊法，对石蜡的密度要检查核实。

2. 大体重样测定方法

大体重样在坑道、探槽、浅井或开采场采取。采样时应先将矿体表面铲平，尽可能凿取一个正方形或矩形的样，并准确地测量其体积，一般规格不小于0.125 m^3。计算公式如下：

$$D=\frac{W}{V} \tag{5.2}$$

式中，D:大体重；W:矿石重量；V:矿石体积。

根据规范要求，大体重测定一般每一类型为1～3个。当矿石的裂隙发育、松散多孔，需要用大体重样校正小体重样以后才能参与储量计算时，大体重样要多做几个；当矿石物质成分均匀、结构致密时，大体重样可以少做。

5.5.5.5 湿度测定

对盐类及疏松和多孔隙的矿石一般必须进行湿度测定，按不同矿石类型和季节分别采样，样品重量一般为300～1000 g。测定时将采出的样品立即称重(P_1)，然后烘干至恒重(P_2)，按下列公式求得湿度(B)：

$$B=\frac{P_1-P_2}{P_1}\times 100\% \tag{5.3}$$

若用矿石湿度(B)校正矿石体重时，计算公式如下：

当B用百分值(如4、8等)表述时，则

$$d_1=\frac{d(100-B)}{100} \tag{5.4}$$

当B用小数点(如0.04、0.08等)表述时，则

$$d_1=d\times(1-B) \tag{5.5}$$

式中，d_1:校正后的矿石体重；d:湿矿石体重。

当湿度大于3%时应进行湿度校正(“DZ/T 33444—2016”第17.5.3.2条)。

5.5.5.6 孔隙度测定

矿石孔隙度是矿石中的总孔隙容积与矿石总体积的比率，对疏松的盐类矿床及氧化的多金属矿床(如铁帽)必须测定孔隙度。采样时要注意保持矿石的原始状态，吸干其水分后测定，一般测定方法有：

(1) 根据矿石的体重(d_2)和密度(d_1)按下列公式求得矿石的孔隙度(K_n)：

$$K_n=\left(1-\frac{d_2}{d_1}\right)\times 100 \tag{5.6}$$

(2) 将保持原始状态的干燥样切成规则的形状，测量其体积(V_1)，用蜡封好，留出一缺口，缓缓注入煤油，待样品内空气排完为止，所用

煤油的体积为孔隙体积(V_2),用下列公式求得孔隙度(K_n):

$$K_n = \frac{V_2}{V_1} \times 100 \tag{5.7}$$

(3) 将已测得体积(V_1)的样品,经破碎成细块,全部放入装有煤油的量桶中浸泡,量桶内增长的体积为矿石的实体体积(V_2),用下列公式求得孔隙度(K_n):

$$K_n = \frac{V_1 - V_2}{V_1} \times 100 \tag{5.8}$$

5.5.5.7　矿石松散系数测定

一般是在采取加工技术试验样品或在掘进坑探工程时进行测定,同时记录爆破技术条件。其公式如下:

$$K = \frac{V_2}{V_1} \tag{5.9}$$

式中,K:矿石松散系数;V_2:矿石松散后体积;V_1:样品采空体积。

5.5.5.8　矿石块度测定

一般与测定松散系数同时进行。块度测定及分级划分应根据不同矿种及矿石的不同工业用途与工业部门联系确定。

测定方法是在爆破后的矿石碎块中,用手将块度大于50 mm的选出,块度小于50 mm的用各级筛子分选,然后分别称其重量,求各级块度的重量占总重量的百分比即可。

一般情况下,块度直径分为七级:Ⅰ级<5 mm,Ⅱ级6~10 mm,Ⅲ级11~25 mm,Ⅳ级26~50 mm,Ⅴ级51~100 mm,Ⅵ级101~200 mm,Ⅶ级>201 mm。

5.5.5.9　岩矿石(土)物理力学样的采取

按不同岩矿石(土)特征并考虑其影响物理力学性质的因素,如矿物成分、粒度、结构、裂隙的发育程度及风化程度分别采取，重点放在矿体的上下盘。采样要具有代表性，要反映各种岩矿石(土)的主要特征。岩石样要尽量保持原状结构。对原状土样必须保持不受扰动而破坏其结构(尽量避免用动力钻采样)，并保持其天然湿度。

岩矿石物理力学性质试验样品的规格、数量和要求，如表5.3所示(《金属非金属矿产地质普查勘探采样规定及方法》，国家地质总局，1977)。

凡是委托实验单位制件的试样，送样时必须满足试验项目制件的规格(一般要比制好的试件大1～2 cm)和数量要求。

取原状土样(包括软岩层如泥质岩、半风化及裂隙发育的岩石)进行土工全项试验时，可在探槽、浅井、坑道中进行采样，规格为15 cm×15 cm×15 cm或20 cm×20 cm×20 cm。若进行单项或几项试验，可根据具体情况适当减少。试样采集后应在样上刻画上下方向的记号，用棉纱包好，并用蜡封存，再标明上下方向。

5.5.6 矿石加工选(冶)试验样(工艺样)

5.5.6.1 定义

矿石加工选(冶)试验样(工艺样)即矿石技术加工试验样或选矿样，又称工艺样，指为研究矿石的加工技术性能和加工技术条件或加工工艺而采集的样品。

矿石加工选(冶)试验的目的在于确定矿石的可选性、选矿方法、冶炼前的加工步骤、冶炼条件(即矿产的加工技术性能、选矿、冶炼或其他加工方法、生产过程中合理的技术经济指标等)，这些是矿床开采技术经济评价的基础资料。

表5.3　室内岩矿石物理力学性质试验试件规格、数量及要求

实验项目	实验方法	实验条件：受力方向	实验条件：实验时状态	实验技术条件：形状示意图	实验技术条件：试件尺寸要求	实验技术条件：数量
极限抗压强度	单向	压力垂直于层(片)理面或天然水平面(即平行于岩心轴向)	风干	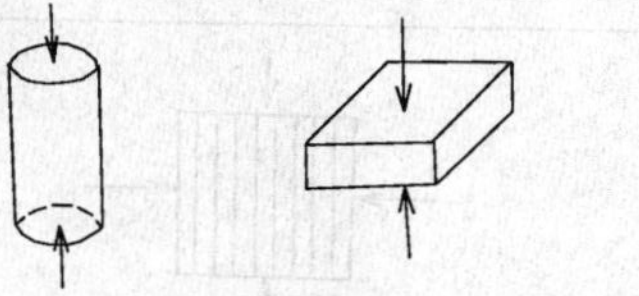	立方体：边长为5~7 cm	3
			干燥			3
			饱和			3
		压力平行于层(片)理面或天然水平面(即垂直于岩心轴向)	风干		圆柱体：直径等于高且大于5 cm	3
			干燥			3
			饱和			3
抗拉强度	劈裂法	拉力平行于层(片)理面或天然水平面(即垂直于岩心轴向)	风干	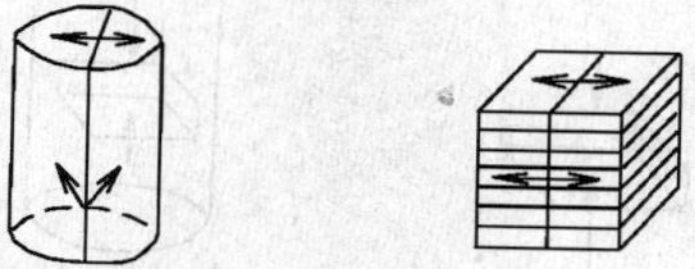	立方体：边长为5~7 cm	3
			干燥			3
			饱和			3
		压力垂直于层(片)理面或天然水平面(即平行于岩心轴向)	风干		圆柱体：直径等于高且大于5 cm	3
			干燥			3
			饱和			3

续表

实验项目	实验方法	实验条件		实验技术条件		
		受力方向	实验时状态	形状示意图	试件尺寸要求	数量
抗剪切强度	单力法	剪切力垂直于层(片)理面或天然水平面	风干		长方体：3 cm×1.5 cm×6 cm	3
			干燥			3
			饱和			3
		剪切力平行于层(片)理面或天然水平面	风干			3
			干燥			3
			饱和			3
抗剪断强度	变角板法	剪应力垂直于层(片)理	风干		立方体：5 cm×5 cm×5 cm	12
			干燥			12
			饱和			12
		剪应力平行于层(片)理	风干		立方体：5 cm×5 cm×5 cm	12
			干燥			12
			饱和			12

续表

实验项目	实验方法	实验条件		实验技术条件		
		受力方向	实验时状态	形状示意图	试件尺寸要求	数量
弹性模量及波桑比		压、应力垂直于层(片)理面或天然水平面	风干	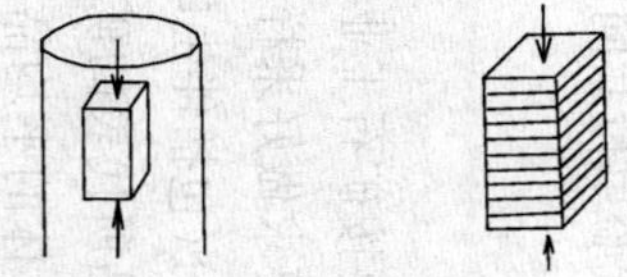	长方体：5 cm×5 cm×10 cm	3
			干燥			3
		压、应力平行于层(片)理面或天然水平面	风干	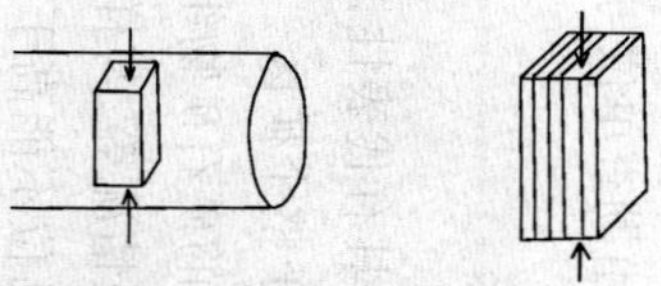		3
			干燥			3

注:关于岩矿石物理力学性质样品的规格、数量及要求,应根据有关实验单位的要求和具体设备情况而定。

不同矿种或不同用途的矿产,加工技术样的取样任务和研究内容不一样。绝大多数金属矿产和部分非金属矿产,主要是确定矿石的可选性及选矿方法,其中部分矿石,或要研究其冶炼性能,或要研究其加工性能;绝大部分非金属矿产,要采用各种专门的试验方法或测试手段查明与矿产工业用途有关的技术性能、物理性能和经济成本。

搞好技术加工样的设计、布采,选择合理的试验种类,是矿床勘查的关键要素之一。通常由勘查单位与试验单位共同协商采集。

5.5.6.2 样品布采要求

核心要求是样品要具有代表性,要按矿石工业类型,浅部与深部取样相结合,均匀分布于整个矿区。要求做好采样设计,充分评估采样的代表性。所采样品的矿石矿物组分(包括伴生的有用、有益、有害组分)、品位、结构、含泥情况等,与样品所代表的矿石品级、类型基本一致。加工技术样的品位不能高于矿体的平均品位,还应考虑适当贫化。

不同矿石类型应单独采样。如采集混合试样,则要按照矿区各类型矿石所占储量比重、采样位置、品位、数量等按比例组合而成,以充分体现样品的代表性。

除可选性试验样不作贫化配比,其他加工技术试验样均应按规定配入近矿围岩或夹石,使样品适当贫化,以接近开采时矿石的真实贫化情况。贫化配入率由委托方或矿山开发设计方确定。通常配入率是:露采5%~10%,地下坑采10%~25%。

5.5.6.3 实验种类

矿石加工选(冶)试验种类有类比研究试验、可选(冶)性试验、实验室流程试验、实验室扩大连续试验、半工业试验、工业试验和试采试验等。

1. 类比研究试验

根据矿石主要特征，与邻近已开发的同类矿山进行资料对比研究或简单的对比验证试验。类比的内容主要是矿物组分、结构构造、嵌布特征、粒度大小、有害组分及影响、加工选冶条件等，以评述其矿石的选冶性能。

2. 可选(冶)性试验

1) 目的

判别试验对象是否有工业价值。即通过初步实验室选矿加工试验，了解在目前技术经济条件下能否在矿石中提取有用组分，试验矿区的矿产目前有无工业利用价值及其可能达到的有用组分或精矿的回收率、精矿品位、尾矿品位等。目前还没有利用过的新矿床类型或难选矿石的矿床，在矿点或矿床详细普查评价阶段就要及时进行可选性试验，否则尽管从地质上确认具有工业远景也不能转入勘探阶段。对于目前已生产、选矿问题已解决的矿床类型，若矿石物质成分、矿石类型没有明显的特殊性，则可以不再进行可选性试验。

由勘查单位会同生产设计部门、试验单位协商，确定采样重量、原则及要求，编制采样设计和安排采样、送样。

2) 试验条件

在实验室条件下，采用当前具有工业意义的加工选冶方法和常规流程，以获取目的产品的技术指标(如精矿品位、尾矿品位、回收率等)。样品要分类型、品级、浅部、深部，按其所占比重进行组合，并要分布于整个矿区，以确保其代表性。

3) 试验要求

(1) 详细查明矿石的物质成分，了解矿石的工艺特性。

(2) 初步确定目前技术水平和设备条件可能达到的选矿技术指标,包括精矿回收率、精矿品位、尾矿品位以及有用矿物综合回收利用的可能性。

(3) 初步划分矿石类型,并大致确定将来开采是分别开采还是混合开采,对下一步实验室流程试验采样提出建议。

(4) 试验的样品重量一般要求达到50~100 kg。

3. 实验室流程试验

1) 试验目的

取得矿石可选性详细资料,通过流程试验确定最优的矿石选矿加工方法和工艺流程。试验的要点是对矿石加工选冶流程进行试验研究,即对流程的结构、流程的条件、药剂配伍、精矿指标进行多方案对比试验,一般要有闭路试验结果。由勘查单位负责进行。

2) 试验条件

在实验室小型设备条件下完成。

3) 试验要求

(1) 详细查明矿石的矿物成分、化学成分及其物理的、化学的性质,共生关系以及伴生有用元素和有害元素的赋存状态;查明矿石的结构、构造,矿物的嵌生嵌布关系,粒度分级及矿物颗粒的外观形态特征;确定各种矿物百分含量、矿石的氧化程度及含泥量;确定合理的综合利用和分离杂质的方法;提交光谱分析、化学全分析和物相分析的资料。

(2) 提出最优选矿方法和工艺流程及其可能达到的选矿技术经济指标。

(3) 确定混合处理不同类型矿石的混合比例和可选性能。

(4) 提出进一步进行中间试验(半工业试验)或工业试验的要求。

(5) 实验室流程试验一般在勘探阶段进行。样品重量取决于矿石的复杂程度,一般为300~1000 kg。

4. 实验室扩大连续试验

1）试验目的

对于物质成分比较复杂、缺乏选矿实践的新矿石类型，或为了校核和验证详细可选性试验单机所确定的工艺流程和选矿指标是否可靠，模拟工业规模生产的实验室连续性稳定试验。其主要任务是将实验室流程试验推荐的一个或数个流程，串联组成为连续的类似生产状态的操作条件并进行试验，在动态平衡中反映试验因素和技术指标。它具有一定的工业规模生产模拟度，成果可靠。由勘查单位与工业部门配合进行。

2）试验条件

利用实验室型的连续加工选冶设备，模拟工业生产的实验室连续稳定试验。

要求：

(1) 对实验室小型流程试验推荐的主要对比流程均应进行扩大连续试验。

(2) 要有足够连续稳定的运转时间，取得比实验室小型流程试验可靠的选矿指标和工艺参数。

(3) 样品重量为5000～25000 kg。

5. 半工业试验

又称中间试验。有时把扩大实验室流程的试验也作为一种中间试验。

1）目的

检验选厂工艺流程的可行性，确定在工厂条件下合理的技术经济指标。这是对难选的复杂矿石在生产选厂的条件下继续进行试验，或老选厂提出新的选矿方法，将新流程放到选厂去继续试验，以验证实验室扩大连续试验结果。常用于在生产上无先例而又要进行工业设计或工业评价的新矿种、新方法、新流程、新设备和大型矿床。工业规模生产模拟度更强，成果更可靠。由勘查单位配合工业部门进行。

2）试验条件

在生产选厂的条件下继续进行试验，用规模小于设计规模的工业生产工艺设备，按工业模式在专门的试验车间或工厂进行试验。

3）试验要求

试验样品重量根据试验设备的规模和工艺流程的复杂程度而定，一般多为5～10 t。

6. 工业试验

1）试验目的

工业试验是针对极为复杂难选的矿石，为建设大型选矿厂及最后检验选矿工艺流程的合理性和校核技术经济指标所进行的试生产试验。有时为了采用新设备、新工艺，也进行工业试验，具有试生产性质。该项试验由工业部门负责进行。

2）试验条件

在工厂的某个生产系列中进行。

3）试验要求

样品重量由工厂生产规模、需要试验时间、设备能力等因素确定，一般重量较大。

7. 特殊矿产的技术加工试验

勘探高岭土、耐火黏土、难熔黏土、易熔黏土、亚黏土和作矽砖用的石英砂等矿产时，应根据它们不同的工业用途，作岩矿鉴定、差热分析、X射线分析、粒度分析和化学全分析等研究。同时还要作各种工艺性能试验，试验要求和项目应根据矿种及其用途与承担试验任务的单位商定，然后采样。具体试验要求和项目种类繁多，可参考取样规范。

5.5.6.4　选冶试验程度要求

根据全国矿产储委、国家计委、国家经委(储发〔1987〕27号)《矿产勘查各阶段选冶试验程度的暂行规定》,各勘查阶段矿石加工技术研究程度大致分为:

1. 预查阶段

要求作类比研究试验。

2. 普查阶段

工业利用已成熟的易选矿产和工业利用尚未成熟的一般矿产可以进行类比评价,不作选冶试验;对于组分复杂、矿物粒度细、在国内工业利用尚无成熟经验的矿产,应进行可选(冶)性试验,对新类型矿石要作实验室流程试验;饰面石材要有试采资料,并进行锯、磨、抛光、切的加工技术性能及光泽度、板材率测试。

3. 详查阶段

对生产矿山附近的、有类比条件的易选矿产,可以进行类比评价,不作选冶试验;否则,应进行可选(冶)性试验。一般矿产进行可选(冶)性试验或实验室流程试验。难选矿产如属国家急需,经上级同意必须进行详查阶段工作,应进行实验室扩大连续试验。

4. 勘探阶段

一般矿产进行实验室流程试验或实验室扩大连续试验。对生产矿山附近的、有类比条件的易选矿产进行可选(冶)性试验甚或实验室流程试验。难选矿产进行半工业试验。建设大型矿山必要时还要进行工业试验。

新类型矿产的选冶试验程度一般按难选矿产的选冶试验程度对待。

不同的矿种、不同的勘查阶段,甚至不同的矿床,对矿石加工技术研究程度的要求不一样。勘查时,应该根据矿种、矿床的实际、勘查程度和矿产勘查投资者的意见,确定矿石加工技术研究程度。一般地,各勘查阶段矿石加工技术研究程度可参见本手册第6.3.4条及表6.2、表6.3、表6.4。

部分现行的单矿种地质勘查规范(行业标准)对各勘查阶段矿石加工技术研究程度作了规定,进行矿产勘查时要仔细阅读、认真执行。

5.5.6.5 采样方法及样品来源

采样方法取决于矿石成分的复杂程度、矿化均匀程度和试验单位所需要的样品重量,通常采取刻槽法、剥层法、全巷法及矿心锯心法(半心法),从野外直接采取。

5.5.6.6 采样设计与送样

矿石加工技术样应听取试验单位或生产设计部门的意见,共同商定采样重量、原则及要求,由勘查单位单独作采样设计。送样时除送样单外,须附采样说明书。采样说明书中应说明试验目的、要求,简述矿床地质特征、矿石组分、结构品级、采样方法、样品重量和包装情况,并附必要的地质图件,表明采样位置。

5.5.7 样品布采及技术要求

5.5.7.1 种类

矿产勘查采样,一部分在露头上采取,其他大多是在勘探工程中采取。可分为坑探采样和钻探采样两大类。

坑探采样种类有刻槽法、刻线法、剥层法、全巷法、网格法、拣块法(攫取法)、打眼法(炮眼法)等。

钻探采样种类有岩心钻探取样、冲击钻探取样、砂钻取样等。

刻槽法和钻探采样法是矿产勘查中最常用的方法。

5.5.7.2 刻槽法

1. 定义

沿矿体厚度或矿化变化最大方向,按一定的规格刻凿长槽,将长槽中全部刻取物作为样品的取样方法。样品采自天然露头或槽、井、坑探工程。适用于各种类型的各个勘查阶段的矿产勘查取样。

2. 布采原则

刻槽样品布采须遵循如下原则:

(1) 样槽方向要和矿体质量变化的最大方向一致(通常是矿体的厚度方向)。样品应沿矿体厚度方向,分矿石类型、品级、分段连续布置,至于是否与矿面垂直,应视具体情况而定,关键是要保证对矿体的控制既不重复又不缺失。

(2) 每条采样线必须连续刻槽布样,要贯穿整个矿体厚度,并在围岩中要布采1~2个控制样。

(3) 同一件样不得跨层布采,不同矿种(层)分开取样,贫富矿(不同品级)矿石应分段布采。如图5.1所示。

(4) 同一件样不得跨越不同矿石自然类型及工业品级,如图5.2所示。

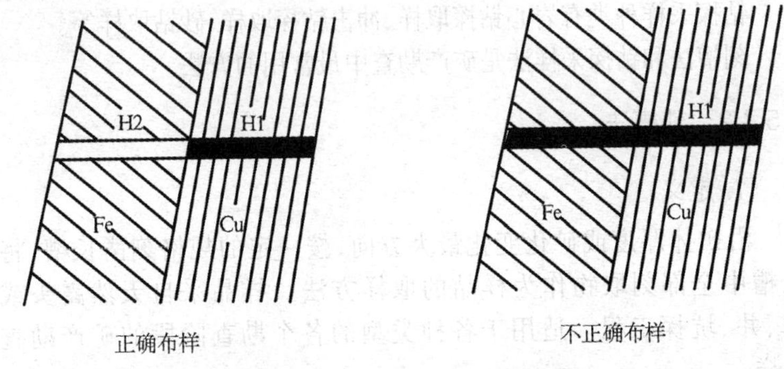

图 5.1 不同矿种(层)分开取样示意图

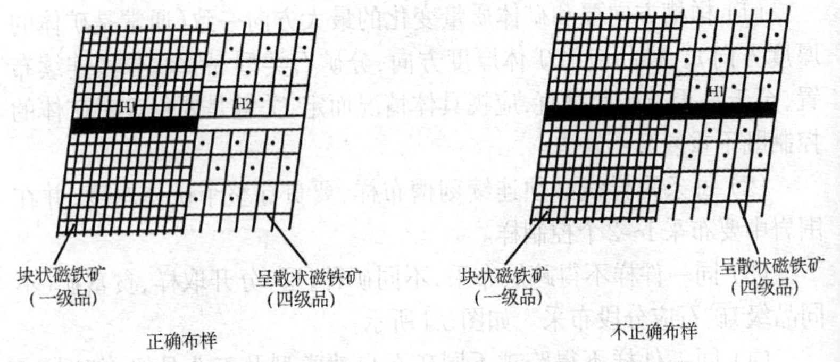

图 5.2 不同自然类型及工业品级矿石取样示意图

3. 刻槽样断面规格

影响刻槽样品断面规格的因素主要有:矿种、矿化均匀程度、矿体厚度、矿石结构构造等。常用规格为(5 cm×2 cm)~(10 cm×5 cm),某些矿种规格达到20 cm×20 cm。刻槽样品断面规格可根据表5.4并结合矿床的实际情况具体研究确定。对于矿化很不均匀的新矿区(矿种),应通过不同规格刻槽对比试验加以确定。

表5.4 主要金属、非金属矿产常用的采样规格

矿种	采样方法	采样断面规格 宽(cm)×深(cm)	采样长度 (m)	备注
铁矿	刻槽	(5×2)~(10×3)	1~2	矿层厚度大而稳定的矿体采样长度可适当放长
锰矿	刻槽	(5×2)~(10×5)	0.5~1	锰帽矿床断面为(5 cm×10 cm)~(20 cm×5 cm),堆积、残积淋滤矿床断面为(20 cm×15 cm)~(25 cm×25 cm)
铬	刻槽	(5×2)~(10×5)	1~2	
铜铅锌	刻槽	(5×2)~(10×3)	1~2	细脉浸染大型铜矿床,采样长度可以适当放长
铝	刻槽	(5×2)~(10×3)	1~2	细脉浸染大型矿床,采样长度可以适当放长
硫化镍	刻槽	(5×2)~(10×3)	1~2	硅酸镍断面为(5 cm×3 cm)~(10 cm×5 cm)
铝土矿	刻槽	(5×2)~(10×5)	0.5~2	
锑汞	刻槽	(5×3)~(10×5)	0.3~1	
钨锡	刻槽	(5×3)~(10×5)	1~2	
脉金	刻槽	(10×3)~(20×5)	<2	
钴土矿	刻槽	(10×5)~(20×20)	0.5~1	
铍	刻槽	(10×3)~(20×5)	0.5~2	
铌钽	刻槽	(5×3)~(20×5)	1~2	
磷	刻槽	(5×3)~(10×5)	1~2	结核状磷矿先求出结核的含量,再对磷矿结核进行 P_2O_5 分析
	剥层~全巷	(50~100)×(20~100)(用于团块状松散不均匀的矿床)		

续表

矿种	采样方法	采样断面规格 宽(cm)×深(cm)	采样长度(m)	备注
硫	刻槽	硫铁矿(10×5)～(5×3)	1～2	厚度巨大矿化均匀,可适当放长
		自然硫(10×5)～(8×3)	0.5～1	
	剥层～全巷	(50～100)×(10～100)	不大于开采厚度或矿层厚度	用于结核状黄铁矿和矿化不均匀的自然硫
明矾石	刻槽	10×5	0.5～2	明矾石
砷	刻槽	10×5	1～2	结构复杂时采样长度为0.5 m
		剥层	(50～100)×(10～20)	
硼	刻槽	(10×5)～(5×3)	0.5～1	用于内生硼矿床
	剥层～全巷	(50～100)×(10～100)	不大于开采厚度或矿层厚度	呈结晶团块沉积硼矿
石灰岩	刻槽	(5×3)～(10×5)	2～5	组合样长 5～10 m
白云岩	刻槽	(10×5)～(5×2)	0.5～2	
菱镁矿	刻槽	(10×5)～(5×2)	0.5～1	
	剥层～全巷	(50～100)×(10～50)		用于次生菱镁矿
石英砂 石英岩	刻槽	10×5	1～2	
蛇蚊岩	刻槽	10×5	2～4	
重晶石	刻槽	(10×5)～(5×3)	0.5～2 0.25～1	适用于层状矿 适用于脉状矿
	剥层～全巷	(50～100)×(20～50)		砂矿

续表

矿种	采样方法	采样断面规格 宽(cm)×深(cm)	采样长度 (m)	备注
石墨	刻槽	10×5	0.5～1	
高岭土 黏土	刻槽	(10×5)～(10×10)	0.5～1	
萤石	刻槽	10×5	0.25～1	需要统计剔除夹矸率的矿床，应进行刻槽规格试验
	剥层 全巷	(50～100)×(20～50)		
长石	刻槽	10×3	0.5～2	当刻槽样 Fe_2O_3 含量比拣块样 Fe_2O_3 含量大 0.1%，其他成分又相近似时，可用拣块法代刻槽法
	拣块	每相隔 10～20 cm 拣一块		
	全巷	同伟晶岩白云母采样规格		含工业白云母伟晶岩型，以手选分出，手选块度不小于 5 cm
滑石	刻槽	10×5	0.5～1	需统计剔除夹矸率的矿床应行刻槽规格试验
	剥层～ 全巷	(50～100)×(20～50)		
石膏	刻槽	10×5	0.5～2	
盐类矿床	刻槽	10×(5～3) 7×3	芒硝 0.3～1(最大至2)；石盐 0.3～0.5；天然碱 0.5～1	石盐当厚度大，成分均一，质量稳定时，长度可放到 2～5 m

注：资料来源于《金属非金属矿产地质普查勘探采样规定及方法》，国家地质总局，地质出版社，1978。

4. 刻槽样品长度

刻槽样品长度取决于矿体厚度大小、矿石类型变化情况、矿化均匀程度，以及工业指标规定的最低可采厚度和夹石剔除厚度。矿体厚度不大,或矿石类型变化复杂,或矿化分布不均匀的矿床,需要依据化学分析结果圈定矿体与围岩界线时,采样长度不宜过大,一般不大于可采厚度或夹石剔除厚度;某些矿种在工业利用中对于有害杂质含量的控制要求很严时,虽然夹石较薄,也必须分别采样。当矿体与围岩有明显区别,矿体厚度较大,矿石类型简单,矿化均匀时,则采样长度可相应放长。

5. 刻槽样品布采注意事项

(1) 刻槽采样前,要清除覆盖物、整平采样面,采样时防止样品粉屑散失和外来物质混入。

(2) 每条取样线必须贯穿矿体全部厚度,并连续取样,进入围岩要有1~2个控制样。

(3) 样长以矿体最低可采厚度(工业指标)为宜;超过规定样长一半,可另取一样,不足一半可与相邻样合并。

(4) 不同类型矿石、不同品级矿石应分段连续取样。

(5) 夹石是否单独取样,要看工业指标以及开采时能否单独剔除和对圈矿的影响;矿层中夹石(脉岩)厚度大于或等于剔除厚度(矿区设计中应确定)时,矿石与夹石分别采样;矿层中夹石(脉岩)厚度小于剔除厚度时,原则上要合并到相邻样品中取样,大多合并到低品位矿的样中,但要避免因布样不当形成夹石达到剔除厚度,造成夹石、矿体圈定不合理。总的要求是在满足规范要求及现今开采技术的条件下最有效地圈定矿体。

(6) 样品刻好后要用样槽板对所刻的样槽规格进行检查,确保样槽符合设计的规格。刻槽样品单样理论重量与实际重量误差应控制在10%以下(GB/T 33444—2016 14.4.5)。

5.5.7.3 刻线法

刻线法指沿矿体厚度或矿化变化最大方向,刻凿一条连续的或规则断续的窄浅的槽子，将槽中全部刻取物作为样品的取样方法。样品采自天然露头或坑探工程，适用于矿化比较均匀的矿床代替刻槽取样，一般只在矿点检查时使用。

"GB/T 33444—2016"第14.1.2条b所述集束刻线法取样与1977年国家地质总局颁发的《金属非金属矿产地质普查勘探采样规定及方法》所述刻线法取样实质上相同。前者认为"集束刻线法可以看作是刻槽法的一种变形，适用于矿化不均匀的取样，测试结果可作为资源/储量估算的依据"，后者认为"刻线法是刻槽法的简化，过去多用于普查和评价阶段"取样，以及"矿化均匀时的勘探阶段"。

在矿化不均匀的情况下，样品原始体积是影响样品代表性的主要因素。在理论上，集束刻线法所刻取的6条刻线断面面积理论之和为10.38 cm^2(6个边长为2 cm的等边三角形面积之和)，只相当于小规格的刻槽样断面面积[5×2=10 (cm^2)]，这种小规格样品无法保证矿化不均匀时样品的代表性。

编者建议，要执行现行各个单矿种地质勘查规范均要求的在"探槽、浅井、坑道中对矿体采样用刻槽法取样"。当矿化不均匀时，应该通过刻槽规格试验来选择样品刻槽规格，所谓集束刻线法是刻线法的一种，它仅适用于预查阶段矿化均匀状态下的概略调查取样，不宜作为详查、勘探阶段取样和矿产资源/储量估算的依据。

5.5.7.4　剥层法

剥层法是在垂直于矿层面的断面上按一定规格凿下一层矿(岩)石作为样品的方法。

样品多采自坑探工程。只适用于矿化极不均匀、有用矿物颗粒粗大，用其他方法不能获得可靠结果的矿床，亦用于其他采样方法的可靠程度检查。

5.5.7.5 全巷法

全巷法是将坑道(或浅井)中一定进尺挖出的全部或部分矿石作为样品的方法。因其样品量大,只在下列情况下使用:

(1) 用别的方法不能达到采样的目的,如云母、水晶、石棉、金刚石、宝石和部分金、铂矿床。

(2) 研究矿床的选冶和加工技术性能而需大量的样品。

(3) 检查其他采样方法的可靠程度。

5.5.7.6 钻探采样

1. 定义

从钻探获得的岩(矿)心、岩(矿)粉、岩(矿)屑中采取样品。它可分为岩心钻探取样、冲击钻探取样、冲击回转钻探取样、钻探砂矿取样等。其中岩心钻探取样应用最广。矿产勘查一般不使用冲击钻探及冲击回转钻探取样。确保岩矿心采取率是保证岩心钻探取样质量的基础。

2. 岩心钻探取样

以钻探的岩(矿)心为样品的取样,有全心法和半心法两种。建议采用锯心法采取半心样品,逐步淘汰传统的劈心法取样。不允许用小铁锤从岩(矿)心上随意敲取一些岩(矿)块替代半心法采取样品。

布采原则、样品长度、布采注意事项与刻槽样基本相同。钻探取样还应该注意:

(1) 样长所代表的真厚度一般不超过该矿床的可采厚度。

如图5.3所示,某铜矿可采厚度为2 m,而现在布样长度代表真厚度达4 m,若样品过长,则应分为2件样,见图5.3(b)。

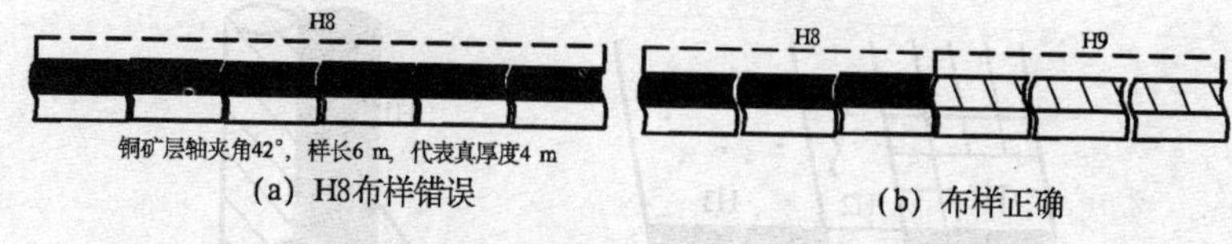

图5.3　样长所代表的真厚度一般不超过该矿床的可采厚度

(2) 钻孔岩矿心同一件样不得跨越不同孔径(图5.4)，不得跨越回次采取率相差较大的回次(图5.5)。

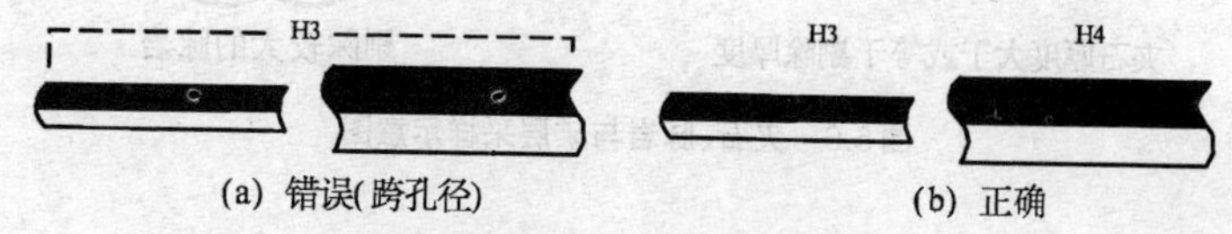

图5.4　同一件岩心样不得跨越不同孔径

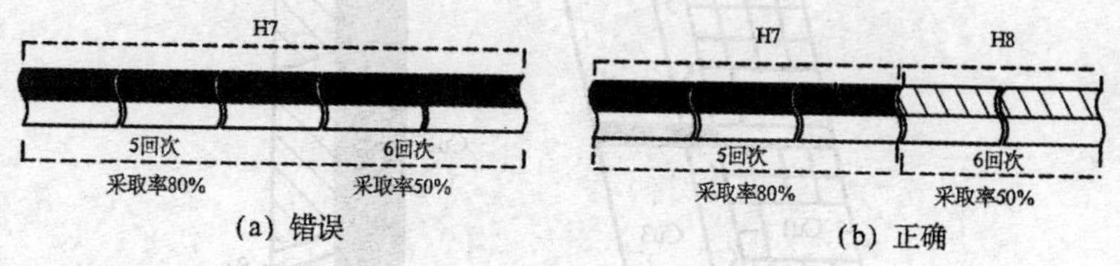

图5.5　同一件岩心样不得跨越采取率相差较大的回次

(3) 矿层中夹石(脉岩)的处理：矿层中夹石(脉岩)厚度大于或等于剔除厚度(矿区设计中应确定)时，矿石与夹石分别采样，如图5.6所示。矿层中夹石(脉岩)厚度小于剔除厚度时，应合并到相邻低品级矿石样中自然贫化，如图5.7所示。

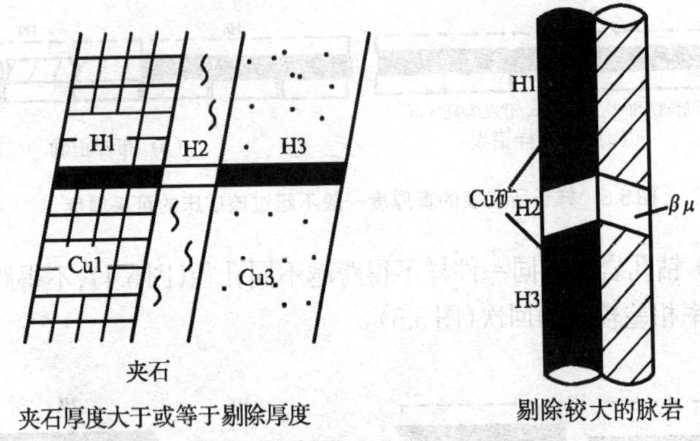

图5.6　夹石、脉岩与矿层采样示意图

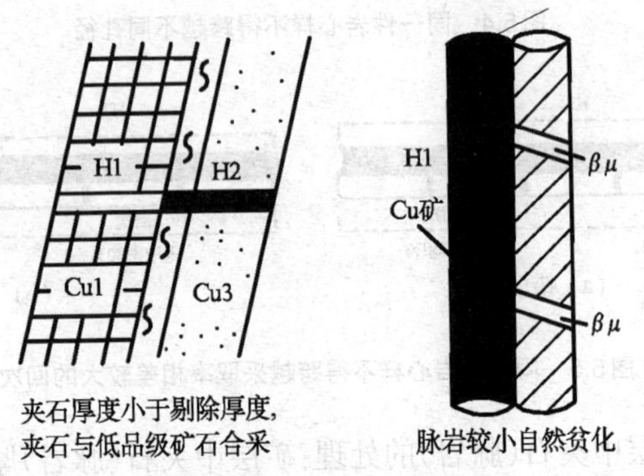

图5.7　脉岩剔除原则示意图

(4) 矿层的直接顶、底板必须各有1～2件控制样品。

化学样品采样方法、规格及用途如表5.5所示。

表5.5　化学样品采样方法、规格及用途

名称	方法	规格	用途
刻槽法	在矿岩露头上，用取样钎、锤或取样机开凿槽子，将槽中凿取下来的全部矿岩作为样品	常用样槽规格（宽×深）为(2 cm×5 cm)～(10 cm×5 cm)。矿化均匀时规格小些，矿化不均匀时规格大些	为金属、非金属矿产最常用的取样方法。在探槽、井巷、回采工作面等人工露头或自然露头上采集样品
刻线法	在矿岩露头上刻一条或几条连续的或规则断续的线形样沟，收集凿下的全部矿岩作为样品	常用样沟（单线）规格（宽×深）为(1～3)cm×(1～3) cm，线距 10～40 cm	单线刻线法用于矿化均匀矿床；多线刻线法用于矿化不均匀矿床。刻线法常用于采场内取样
网格法	在矿岩露头上划出网格或辅以绳网，在网线的交点上或网格中心凿取大致相等的（岩）石碎块（粉）作为样品。网格形状有正方形、菱形、长方形等	网格总范围一般为(1.5×2.0)m^2，单个网格边长10～25 cm，一个样品由15～100个点合成，总重2～10 kg	代替刻槽法
点线法	按刻槽法布置样线，在样长范围内直线上等距离布置样点，各点凿取近似重量的矿岩碎块（粉）作为样品，矿化不均匀时可在2～3条直线上布置样点	点距一般为10 cm，线距一般为50～100 cm	一定程度上代替网格法，常用于矿化较均匀的采场内取样
拣块法	从采下的矿（岩）石堆上，或装运矿石的车、船、皮带上，或成品矿堆上，按一定网距或点距拣取数量大致相等的碎块（粉）作为样品	爆堆上网点间距一般为0.2～0.5 m；矿车上取样视矿化均匀程度与矿车大小，有3点法、5点法、8点法、9点法、12点法等	常用于确定采下矿石质量或矿山成品矿质量

续表

名称		方法	规格	用途
打眼法	浅孔取样	用凿岩机钻凿浅眼的过程中，同时采集矿岩泥(粉)作为样品	常用眼深为1~2 m，一般不超过4 m，由一个或几个炮眼所排出矿岩泥（粉）组成一个样品	常用于矿体厚2~5 m、沿脉掘进时探明矿体界线，代替短穿脉，以及浅眼回采的采场内确定残留矿体界线、质量
	深孔取样	用采矿凿岩设备进行深孔凿岩过程中，同时采集矿、岩，泥(粉)作为样品。有全孔取样、分段连续取样、孔底取样三种方法	露天深孔取样网距一般为(4 m×4 m)~(6 m×8 m)，地下深孔取样间距一般为4~8 m或8~12 m	露天深孔取样（穿爆孔取样）的结果是详细确定开采块段矿体边界、矿石质量、矿石类型（品级）、编制爆破块段图、指挥生产等的主要依据；地下深孔取样主要用于详细确定回采块段矿岩边界和矿石质量，也可代替部分坑探或钻探工程中取样
剥层法		在矿岩出露面上按一定规格凿下一层矿岩石作为样品	常用剥层规格（宽度×深度）为(20~50)cm×(5~15) cm 某些非金属矿产取样断面规格较大	主要用于检查其他取样方法精度、采取技术试验样品及厚度小或矿化不均匀矿床的化学取样
全巷法		在巷道掘进一定进尺范围内的全部或部分矿（岩）石作为样品	取样断面与井巷断面一致，样长一般为1~2 m	主要用于检查其他化学取样方法精度以及矿化极不均匀矿床的化学取样
岩心取样		以钻探获得的岩心、岩屑、岩粉作为样品。常用岩心劈开机劈取一半岩心或金刚石锯取一半岩心作为样品	岩(矿)心直径有大孔径:127 ~146 mm；中孔径:75~110 mm；小孔径:小于75 mm，样长一般为1 m	用岩心钻探探矿时进行岩心取样

5.5.8 砂矿取样

5.5.8.1 定义

砂矿取样是为了确定砂矿中有用矿物的含量，研究有用矿物的分布规律及其性质，圈定矿体计算储量，以及确定砂矿床的加工性能和开采技术条件，从而对矿床作出工业评价。

5.5.8.2 特点

砂矿取样与原生矿取样不同，它的特点主要是：

(1) 砂矿取样实质上是一种重砂矿物取样。取样过程中要谨防在水中搅动、从水中捞取样品，以免造成因人为淘洗改变重砂矿物的自然分布，使样品失去代表性。

(2) 各种原生矿的取样方法(如刻槽法、全心法等)，基本上都适用于砂矿取样。

(3) 样品加工工序为淘洗有用(目标)矿物，测试其含量，计算品位。原生矿加工过程不适用于砂矿样品加工。

5.5.8.3 取样方法及适用范围

1. 浅坑法

挖0.3～0.5 m浅坑取样，样品重量不低于15 kg；多使用于矿产勘查的预普查阶段在河床的沙堆和沙滩冲积层或海滨的海成松散层中的采样。

2. 刻槽法

刻槽断面大小取决于能否保证样品重量达到30～60 kg，一般在自然露头上、浅井、探槽一壁刻取，如重砂分布不均匀时，可同时在对壁刻取。刻槽的规格主要取决于含矿均匀程度和所需鉴定的重量要求。此法被广泛用于砂矿勘查的各个阶段。

3. 剥层法

适用于浅井、坑道的粗砂层及含少量砾石的砂砾层取样,在二壁或一壁刻取。剥层宽度一般为0.5~1.0 m,深度为5~20 cm;适用于薄矿层的取样。

4. 全巷法

适用于浅井、坑探工程中的砂矿取样。将全部挖出物质作为样品,也可取其中一部分。它主要用来检查钻孔和刻槽法样品的正确性。

5. 超前桶法

即将无底的铁桶利用冲击力打入砂矿层,在铁桶中攫取全部含矿砂砾作为样品的取样方法。铁桶直径视砾石大小而定。此法适用于含矿砂砾层、砾石层取样,或替代全巷法检查砂钻取样质量,多用于浅井中取样,适用于矿产勘查各个阶段。

6. 钻探法

主要有班加钻泵筒法取样、黄铺钻瓣合管取样、麻花钻取样、筒口锹(洛阳铲)取样等。前两种为砂矿勘探手段,后两种只能作定性用,不适用于砂矿勘探。

7. 班加钻(旋转冲击钻)采样

在砂矿开孔后距地表1~2 m内采样,常用泵筒在套管中采取,提钻后需加水和撞碰泵筒,使样品完全倒出,并用量斗测量体积。为了保证样品的正确性,工作过程中必须注意保护孔壁,保证套管的超前度,准确测量样品体积,要有一定数量浅井来检查班加钻钻孔样品质量。这种方法因很难保证套管的超前度,且取样器(泵筒)上下冲击造成孔内重矿物扰动、沉底,需在水中捞取样品等,不适用于含水丰富的砂矿层、砾石层砂矿勘探。

8. 黄铺钻采样

黄铺钻是我国在勘探砂矿床实践中试验成功的砂钻，能全部取出孔内物质，当管具提起后，取下钻头，打开瓣合管，样品保持原来砂层结构、构造，分层清楚，素描编录后，即分段采样。此法适用于含水丰富的砂矿层勘探。

5.5.8.4 断面规格、样长及要求

砂矿采样应正确反映砂矿层中有用组分含量。采样长度根据工业指标的最低可采厚度，视矿层厚薄和矿化均匀程度而定，通常根据不同的矿层进行分段连续采样，一般含矿较均匀、厚度较大的为1~2 m，不均匀或厚度较薄的为0.5 m或更短，遇到换层或到基岩样长大于0.3 m的，应另采一个样。

根据长期经验，有用重砂矿物往往在基岩面上较富集，有时甚至沿着破碎裂隙灌入基岩 0.3~0.5 m，因此要求采样时，按实际情况应采入基岩一定深度。

砂矿常用采样断面规格如表5.6所示。

表5.6 砂矿常用采样断面规格

采样方法	采样规格：宽(m)×深(m)				备 注
刻槽法	0.2×0.1	0.1×0.05			
剥层法	0.5×0.05	(0.5~1)×0.1			在两壁或一壁剥采
全巷法	2.8×2.4	2.3×1.9	2.0×1.5		大规格样
	2.1×1.3	2.0×1.2	1.7×1.3	1.6×1.2	中等规格样
	1.6×1	1.5×1	1.4×1		小规格样

注：参见《固体矿产勘查采样规范(征求意见稿)》附录1(国土资矿评函〔2012〕70号)。

5.5.8.5 各种校正系数的测定

1. 淘洗系数的测定

无论是从浅井采出还是由砂钻采出的物质，都要经过淘洗，在淘洗过程中，往往因淘洗掉一些有用矿物，使原样品位降低，为了校正这部分误差，必须计算淘洗系数。检查淘洗（室内精淘）的样品应比较均匀地分布在矿层上，即各种含矿地貌单元和沉积物类型都要有适当的数量。样品可以在勘探工程中采取，也可以在坑道或在适合于采样的自然露头上采取，其测定方法常有：

（1）回收尾砂法。在普查勘探阶段样品的正常淘洗过程中，将粗洗的废砂和精洗的全部尾砂保留起来，在室内进行精淘，然后将相应的基本分析样和尾砂样分别进行分析对比。此种方法一般在重砂矿物含量高、颗粒较粗的情况下能取得较好的效果，而低品位样品不适用。计算公式如下：

$$N = \frac{G + q_1 + q_2}{G} \tag{5.10}$$

式中，N：淘洗系数；G：淘洗出的矿物重量；q_1：粗洗的废砂中淘得的矿物的重量；q_2：精洗的尾砂中淘得的矿物重量。

（2）基本淘洗（野外粗淘）与检查淘洗（室内精淘）对比法。在矿区适当采集相应数量的样品（样品体积为0.02～0.04 m^3）晒干（有胶结现象须进行人工松散），严格分为四份：一份进行基本淘洗（与矿区一般基本分析样品的淘洗精度相同），一份进行检查淘洗，剩下两份作为副样。此方法比较简单，适用范围较广，各类矿种均可采用。计算公式如下：

$$N = \frac{G_2}{G_1} \tag{5.11}$$

式中，N：淘洗系数；G_1基本淘洗（野外粗淘）矿物量；G_2：检查淘洗（室内精淘)矿物量。

(3) 化学分析检查淘洗法。采样位置、采样方法与基本淘洗与检查淘洗对比法相同。将采下的样品分成两份。一份按 $Q=Kd^2$(切乔特公式)加工缩分后进行化验分析,另一份作正常的精淘后进行重砂鉴定,各留副样以备检查。样品分析后将化学分析结果换算成重砂品位,然后进行对比。此方法不适用于同一元素形成多种矿物或有用组分呈分散状态赋存于几种矿物的矿床。计算公式如下:

$$c=\frac{(c_1/c_2)T}{V} \tag{5.12}$$

式中,c:用化验分析换算的重砂品位;c_1:砂矿原样化学分析品位;c_2:精矿化学分析品位;T:原样重量;V:原样体积。

然后将此结果与一般淘洗结果所求得的重砂品位 C_n 对比,得到淘洗系数:

$$N=\frac{C}{C_n} \tag{5.13}$$

式中,C:用化验分析换算的重砂品位;C_n:淘洗结果所求得的重砂品位。

2. 松散系数的测定

对用松散体积计算品位的砂矿,在勘探中如利用砂钻为主要勘探手段时,由于砂钻无法测定实际体积,必须用浅井测定松散系数进行校正。因此在矿区要按不同的地貌单元、不同的岩性进行测定。当用浅井勘探并用实方计算样品品位时,松散系数不起校正品位和储量的作用,仅作为矿山开采设计参考。测定方法有不注水测定和注水测定两种。由于测定松散体积容易产生人为的误差,因此测量体积时,要求测量的方法和条件必须一致,以便对比校正。

1) 不注水测定

以浅井挖空后(对应松散砂石样)一定的实际体积为 V_1,然后以量

斗测量其松散体积 V_2,为了便于测量,挖空体积一般为0.5～1 m^3,量斗容积可以用0.1 m^3的,其公式为

$$K=\frac{V_2}{V_1} \tag{5.14}$$

式中,K:松散系数;V_2:砂石松散体积;V_1:对应松散砂石的原体积。

2) 注水测定

主要校正砂钻的松散体积,以求得正确的品位和储量,因砂钻常用注水钻进,砂钻采出的样品也是含水的(含水达到饱和状况),为了测定结果接近实际情况,必须注水达到饱和程度为止,测定和计算方法同上。

3. 砾石度校正系数测定

冲积层中含砾石大小和多少是影响评价矿床的基本因素之一。砾石大且多,不但影响矿床的开采,而且对钻探勘探不利,因为大于钻具直径(如钻头、瓣合管、泵筒活门直径)的砾石不能被取出,人为地使品位偏高。测定砾石系数应在含砾石不同的矿层中进行,须注意其代表性。如勘探手段能取出砾石或含砾很少的砂矿(如某些海滨砂矿)可以少测或不测。测定是指在淘洗浅井样品时,将直径大于1 cm的砾石保留,以不同孔径的铁丝筛进行筛分(筛孔的等级分1 cm、5 cm、10 cm)。砾石体积用排水法求得,根据体积求各级砾石度(1～5 cm、6～10 cm、10 cm以上)。砾石度校正系数是指直径大于钻具内径的砾石体积在总体积中的百分比。计算公式如下:

$$L=\frac{V_L}{V_y}\times 100\% \tag{5.15}$$

式中,L:砾石度;V_L:砾石体积;V_y:样品体积。

$$L_\gamma=\frac{V_g}{V_y}\times 100\% \tag{5.16}$$

式中,L_γ:砾石校正系数;V_g:大于钻具内径的砾石体积;V_y:样品体积。

4. 工程检查系数的测定与计算

根据钻孔及浅井样品按工业指标分别圈定矿层，求出矿层的平均品位及厚度。然后将浅井的品位和厚度分别除以钻孔品位及厚度，得出浅井、钻孔矿层的品位、厚度误差系数，再以同样方式将矿层品位与厚度之乘积相比，即得工程检查系数。

1) 品位误差系数

品位误差系数的计算公式如下：

$$C_\gamma = \frac{\bar{C}_j}{\bar{C}_k} \tag{5.17}$$

式中，C_γ：品位误差系数；$\bar{C}_j$：浅井矿层平均品位；$\bar{C}_k$：钻孔矿层平均品位。

2) 厚度误差系数

厚度误差系数的计算公式如下：

$$m_\gamma = \frac{m_j}{m_k} \tag{5.18}$$

式中，m_γ：厚度误差系数；m_j：浅井矿层厚度；m_k：钻孔矿层厚度。

3) 工程检查系数

工程检查系数的计算公式如下：

$$G_\gamma = \frac{J_{mc}}{k_{mc}} \tag{5.19}$$

式中，G_γ：工程检查系数；J_{mc}：浅井品位与厚度乘积；k_{mc}：钻孔品位与厚度乘积。

注意：当浅井品位用实体积求得时，钻孔品位应用砾石度和松散系数校正后之品位。因此测工程系数的浅井时必须同时测松散系数和砾石度。

钻孔品位如已用砾石度校正系数和松散校正系数校正，则工程检查系数不再去校正品位。工程检查系数仅供和砂钻作为对比研究之用。

需要作为校正品位的淘洗系数、松散系数、砾石度等校正系数的测定数量，要根据砂矿床的大小和地质条件复杂程度而定，采样要有足够的代表性以保证质量。

5.5.8.6 砂矿的物理性能测定

1. 体重测定与湿度测定

见矿石物理力学性能试验采样。

2. 含泥量测定

一般在含泥较多的矿层中须进行含泥量测定，通常利用浅井所采的样品进行，根据砂矿类型及矿层的含泥多少来选择有代表性的地点，在淘洗时保留泥浆，用明矾沉淀，晒干后称泥质的重量T1，然后与原样的重量T2相比，即得含泥量。

3. 粒度测定

主要研究含矿层内组成物质及有用矿物的颗粒大小，以及各个不同等级的百分含量。样品的采取应包括不同地貌单元及不同含矿层，同时也必须满足研究沿矿层走向、倾向及上下变化情况的需要。多数在浅井中刻取，也可以利用钻孔采样。样品重量一般为10~15 kg。

5.5.8.7 人工重砂采样

目的是研究岩矿石中的含矿性，了解有用矿物的来源含量，以及有用组分的赋存状态和分布规律。人工重砂样除采取原生岩石外，有时也在风化壳残积层中采取。人工重砂样可用刻槽或剥层法、拣块法，按不同岩相、不同成因类型分别采样，其数量根据目的和矿床复杂程度有所不同，样品重量一般为20~30 kg，如为特殊矿种可酌情增加。

5.5.8.8　重砂淘洗质量要求

为保证淘洗质量，粒度悬殊的样品，应过筛分别进行淘洗。在野外一般将样品淘至灰色，防止砂样中重矿物损耗丢失。其要求如表5.7所示。

表5.7　自然重砂淘洗的质量要求

<table>
<tr><th colspan="3">项　目</th><th>普查找矿的自然重砂</th><th>详查、勘探的自然重砂</th></tr>
<tr><td rowspan="3">淘洗</td><td rowspan="2">粗洗淘</td><td>野外</td><td>重砂含量应大于40%（淘至灰色），不得淘洗掉有用矿物</td><td rowspan="2">原则上，尾砂中不得含有用矿物，重矿物部分有用矿物不得损耗、丢失</td></tr>
<tr><td>室内</td><td>重砂矿物含量应大于70%（淘至灰色），不得淘洗掉有用矿物</td></tr>
<tr><td colspan="2">精淘</td><td>轻矿物部分基本不含重矿物，重矿物部分纯度大于90%</td><td>轻矿物部分含有用矿物应少于同级有用矿物总量的0.5%</td></tr>
</table>

5.6　化学样品加工

5.6.1　概念

样品加工泛指矿产勘查中为研究矿产质量所进行的一切对样品的加工工作，包括碎样、鉴定、测试、化验等。

一般来说，化学样品加工是指为了满足化学分析或其他试验对样品最终重量和颗粒大小的要求，而对原始样品进行破碎、过筛、拌匀、缩分等全过程。

原始样品由数千克甚至数十千克加工成实验室所需的50～200 g，而且颗粒直径要小于0.1 mm，就需要破碎、缩分。核心问题是要确定缩分最小可靠重量（不能再缩分的重量），其计算公式为切乔特公式：

$$Q=Kd^2 \tag{5.20}$$

式中，Q：样品最低可靠重量，单位为千克(kg)；K：缩分系数或样品加工系数；d：样品中最大颗粒直径，单位为毫米(mm)。

式中的K值反映了矿化的不均匀性对样品加工质量的影响。它的取值随各矿种而异，为0.05～1，多数矿种取0.2；d值是样品中最大颗粒的直径，而d的指数α，反映了矿石中矿物组合及颗粒的物理性质(硬度、黏性、裂隙度、脆性等)，它们影响样品中的颗粒直径，它的取值为1.5～2.7，一般取2。

样品加工的程序为：破碎→过筛→拌匀→缩分，循环进行直至获取实验室所需的50～200 g且粒度小于0.1 mm的试样为止。

5.6.2 影响缩分最小可靠重量(Q值)的因素

(1) 金属矿物颗粒直径：样品中金属矿物颗粒的最大直径越大，最小可靠重量就越大，反之则越小。

(2) 金属矿物颗粒的数量：样品中金属矿物颗粒的数量越多，由缩分产生的误差越小，要求的最小可靠重量就越小。

(3) 金属矿物的比重：样品中金属矿物所占比重越大，缩分误差越大，要求的最小可靠重量就越大。

(4) 品位均匀程度：矿石中品位均匀程度越均匀，缩分误差越小，要求的最小可靠重量就越小。

(5) 化学分析的允许误差：所测试项目的允许误差越小，要求的样品原始重量就越大。

5.6.3　*K*值的确定

5.6.3.1　*K*值的意义

切乔特公式中的缩分系数*K*值反映了矿化不均匀性对样品重量的影响。*K*值应根据矿石类型及矿化均匀程度而定。*K*值越大，则*Q*值越大，要求的*d*值就越小，这将使加工繁琐、费工、费时。

5.6.3.2　确定*K*值的方法

《地质矿产实验室测试质量管理规范》(QZ/T 0130.2—2006)第2部分"岩石矿物分析试样制备"要求*K*值要通过加工试验确定，特别是新矿区、新矿种，更应该通过加工试验确定*K*值。

样品的*K*值与岩石矿物种类、待测元素的品位和分布均匀程度以及对分析精密度、准确度的要求有关。元素品位变化愈大，分布愈不均匀，分析精密度要求越高，则*K*值越大。新的矿种、新的矿区，*K*值更应通过试验确定。

"DZ/T 0130.2—2006"给出了主要岩石、矿物的缩分系数(*K*值)参考值，如表5.8所示。

表5.8　主要岩石、矿物的缩分系数(*K*值)参考值

岩石、矿物种类	*K*值
铁、锰(接触交代、沉积、变质型)	0.1～0.2
铜、钼、钨	0.1～0.5
镍、钴(硫化物)	0.2～0.5
镍(硅酸盐)、铝土矿(均一的)	0.1～0.3
铝土矿(非均一的，如黄铁矿化铝土矿、钙质铝土角砾岩等)	0.3～0.5

续表

岩石、矿物种类	K值
铬	0.3
铅、锌、锡	0.2
锑、汞	0.1~0.2
菱镁矿、石灰岩、白云岩	0.05~0.1
铌、钽、锆、铪、锂、铯、钪及稀土元素	0.1~0.5
磷、硫、石英岩、高岭土、黏土、硅酸盐、萤石、滑石、蛇纹石、石墨、盐类矿	0.1~0.2
明矾石、长石、石膏、砷矿、硼矿	0.02
重晶石(萤石重晶石、硫化物重晶石、铁重晶石、黏土晶石)	0.2~0.5

注:1. 金和铂族分析样品执行"DZ/T 0130.2—2006""金矿和铂族矿物检测试样的制备"。2. 表中未列入的岩石矿物,在未进行或不必要进行试验时,可以按照$K=0.2$执行。

5.6.3.3 金矿和铂族矿K值的确定

鉴于金及铂族矿物多以自然矿物出现,且其嵌布特征、延展性较为特殊,矿物粒度及分布很不均匀,试样制备时K值的选用比较特殊:微细粒金矿K值选0.8,第一次缩分试样粒度应小于0.84 mm;其他金矿样试样制备要作特殊处理,详情请参阅"DZ/T 0130.2—2006"。

5.7 采样工作评估

5.7.1 概述

固体矿产采样的各个勘查阶段,对取样种类、数量、试验项目有着不同的要求。按照规范要求布采各种样品,是矿产勘查核心任务之一。对采样工作的全面检查、评估，是确保地质勘查报告质量的基础。评估内容主要有：资料齐全程度，样品布采控制程度，采样方法选用合理性，采样质量，技术加工样的设计、布采、试验种类是否合理，各个勘查阶段对样品种类、规格、测试项目等要求是否得到满足，样品加工质量、化验测试合格与否等。

5.7.2　样品资料齐全程度

对于固体矿产采样，基础性的资料有：

(1) 采样记录和样品登记资料：野外采样(地质)记录表、送样单、各类样品采样登记表(钻孔采样登记表、坑探工程采样登记表、自然重砂采样登记表、岩矿标本登记表等)。

(2) 样品成果报告和成果登记：样品测试成果报告、样品成果登记表(单工程品位登记及矿体平均品位计算表、光谱分析结果登记表、物相分析样品登记表、单矿物分析样品登记表、组合分析样品分析结果登记表等)、化石(孢粉)鉴定结果登记表。

(3) 其他样品地质资料：矿石体重、湿度采样登记表，矿石体重、湿度测定记录表，大体重样品测定结果登记表，岩石力学性能试验采样登记表，岩矿石物理性能测定条件记录表，岩矿石物理性能测定成果登记表。

(4) 技术加工样采集资料：技术加工样采样方案(采样设计)及采样说明和测试要求等。

(5) 样品初步整理资料：单工程矿体平均品位计算表。

上述表格资料内容重叠时，可以合并，如样品采样登记和成果登记表。

5.7.3 样品布采控制程度

样品布采控制程度，主要是检查评价样品布采是否达到系统性、均匀性、不跨层、样长适宜、经济性和高效能等要求。

采样必须贯穿全矿体，且连续取样。

对全矿区样品长度要进行统计分析，评价样长的总体是否适宜。对过长样品要统计数量和分析其所在地段矿化均匀程度。如果矿化不均匀，过长样品数量偏多，就要采取补救措施纠正。

检查矿体边界控制程度。矿体是否得到控制，是由化验数据确认的，数据来自于样品，即矿体边界要有有效的控制样。所谓有效的控制，是指矿体边界控制样样长不低于工业指标的最低夹石剔除厚度。如最低夹石剔除厚度为2 m，矿体边界控制样总长却小于2 m，则该控制样就不能判为有效，存在漏矿隐患，对矿体边界就不能说达到了有效控制。

5.7.4 采样方法选用的合理性

对于不同的矿种、不同的研究目的、不同的勘查阶段、不同的矿石结构构造及不同的均匀程度，应选择不同的采样方法。因此，对采样的评估，应该评估所选用的采样方法对勘查对象的适用性、合理性。

样品大多在勘探工程中采取，探矿工程不同，采样方法也不同。坑探工程中刻槽法采样和岩心钻探半心法采样是矿产勘查中最常用的方法，而确保样品代表性的核心是样品规格，即刻槽样的刻槽断面规格和钻孔矿心直径。

例如，对于品位很不均匀的大颗粒金矿勘查，用5 cm×2 cm小规格刻槽及小口径钻探半心法采样就不能保证样品的代表性，影响勘查质量；对于砂金、金红石等重矿物砂矿，用班加钻泵筒法采样就不能确保勘查质量；对于利用矿物及岩石性能的矿产，如水晶矿、石棉矿、云母矿、建筑饰面石材矿、宝玉石矿等，如果简单地用刻槽法和半心法取样，显然是不合理的，也达不到勘查目的。

矿产勘查中洛阳铲法、拣块法、刻线法等取样方法，不适用于勘查矿产资源/储量的取样，只在概略性地质调查时采用。

5.7.5　采样质量

这里说的采样质量，是就采样的操作层面来讲的，大体有如下方面：

(1) 是否有跨层、跨类型、跨品级采样，评估其影响勘查质量的程度。

(2) 检查采样方法的表述与实际是否一致，拣块样、刻线样不能表述为刻槽样。

(3) 钻孔样品岩矿心采取率是否符合规范要求(包括矿心及顶底板采取率)。岩矿心采取率不符合规范要求，采样就没有代表性，必须补斜补心且满足采取率要求后才能采样。

(4) 岩矿心采样不应再用劈样机劈样，应该用锯心法采取。不允许用随意拣块或连续拣块方法取代锯心法采样。锯心时，要垂直标志面锯切，注意锯开的两半矿心的矿化程度应大体均匀。

(5) 刻槽采样必须有样布垫底，确保样品的重量和质量。要保证刻槽的规格达到要求，谨防外来物混入，对采样时混入的工具铁屑要去除。

(6) 采样的重量：刻槽法采样理论重量与实际重量之误差不应大于10%，钻孔锯心法采样两个半心重量误差应小于5%。

(7) 要区分矿种、矿石类型、氧化带、原生带采取小体重样；一般要测定干体重，如果矿石湿度小于3%，也可只测定自然状态的湿体重；测定小体重的同时要作化学分析。

5.7.6 矿石加工选(冶)试验样的设计、布采、试验种类

检查、评估矿石加工选(冶)试验样的采样设计、采样布点、样品组成、合理贫化方法及贫化程度、送样包装等，重点是评估样品的代表性。

具体工作内容是：评估配矿方案合理性，检查取样是否执行了采样设计的要求，样品是否有代表性；配矿是否按比例协调了各不同矿石类型、品级、氧化程度、共伴生组分含量、储量分布等因素；配矿后样品品位是否做到略低于矿区平均品位(贫化要求：一般露天开采时，矿样中围岩、夹石的重量可按总重量的5%~10%混入，地下开采时可按10%~25%混入)；采样重量及样品包装运输是否符合要求；采样位置是否合理等。

采样方法取决于矿石成分复杂程度、矿化均匀程度和试验单位所需要的重量，常用方法有刻槽法、剥层法、全巷法及矿心锯心法。

5.7.7 各个勘查阶段对加工选(冶)试验要求满足程度

检查各个勘查阶段对样品种类、规格、测试项目等要求是否得到满足，试验种类是该类样品的核心问题之一。根据矿石工业利用成熟程度、矿石加工难易情况、矿产种类及类型新旧等特征，以及勘查任务要求等，检查评估试验种类是否符合勘查阶段的要求。一般要求是：预查——类比研究、可选性试验、实验室流程试验；普查——类比研究、可选性试验、实验室流程试验；详查——可选性试验、实验室流程试验、实验室扩大连续试验、试采试验；勘探——实验室流程试验、实验室扩大连续试验、半工业试验。各勘查阶段试验种类详见第6章第6.3.4.3条及表6.2、表6.3、表6.4。

5.7.8 样品加工、化验测试质量

通过检查K值确定的过程及合理性和检查化学分析内外检合格率来评估样品加工、化验测试的质量。对于化学样品的化验测试质量,《地质矿产实验室测试质量管理规范》第3部分:“岩石矿物样品化学成分分析”(DZ/T 0130.3—2006),对化验测试质量内外检合格率及误差处置提出了明确要求。化学测试内外检合格率的具体计算方法,请参见本手册第5章第5.8.2条“化学分析质量内外检误差计算方法”。

各类样品采样、登记、计算表格式样等,请见本手册附录12、附录13中的相关内容。

5.7.9 评估方法与等级

采样工作质量的评估方法建议采用百分计量评分法,质量评分尺度见表5.9。评估等级采用四级:不合格<60分;60分≤合格<75分;75分≤良好<90分;优秀≥90分。

表5.9 采样工作质量评分

序号	项目	内容	评分标准		得分
1	资料齐全程度	1. 采样记录和样品登记资料(野外采样记录表、送样单、采样登记表)齐全;	5	16	
		2. 有样品成果报告、成果登记、成果小结;	4		
		3. 技术加工样设计、采样、送样、成果报告资料齐全;	3		
		4. 有样品初步整理资料(单工程矿体平均品位计算表);	2		
		5. 实物标本齐全	2		

续表

序号	项目	内容	评分标准		得分
2	样品布采控制程度	1. 布样呈系统性、均匀性，穿透矿体变化最大方向连续布样； 2. 矿体边界有样品有效控制，样品对矿化体控制合理； 3. 样品不跨层、不跨品级； 4. 根据最低可采厚度和夹石剔除厚度要求，样长适宜(超长样≤2%)	5 5 3 3	16	
3	采样方法合理性	1. 采样方法适用性、合理性符合勘查对象的实际，详查、勘探阶段提交矿产资源/储量无以洛阳铲法、拣块法、刻线法等取得的样品； 2. 根据矿种和矿化均匀程度，刻槽断面规格、钻孔矿心直径等满足勘查要求	8 6	14	
4	采样质量	1. 无跨矿种、跨层、跨矿石类型、跨品级、跨氧化带和原生带采样； 2. 采样方法的表述与实际一致； 3. 钻孔样品矿心采取率悬殊要分别采样； 4. 不允许用随意拣块或连续拣块方法取代锯心法，采样矿心两半矿化大体均匀； 5. 刻槽样的理论重量与实际重量之误差不应大于10%，钻孔锯心法采样两个半心重量误差应小于5%； 6. 小体重样同时要作化学分析	3 2 2 3 2 2	14	
5	技术加工样	1. 有无采样设计； 2. 采样方法、样品布点合理； 3. 样品组成合理； 4. 贫化方法及贫化程度合理； 5. 送样包装合格； 6. 送样资料齐全(包括送样单、采样说明书、矿区地质小结)	3 3 3 3 2 2	16	
6	技术加工样满足勘查阶段要求程度	根据矿种和勘查阶段不同而不同，一般要求是： 预查：类比研究、可选性试验、实验室流程试验； 普查：类比研究、可选性试验、实验室流程试验； 详查：可选性试验、实验室流程试验、实验室扩大连续试验、试采试验； 勘探：实验室流程试验、实验室扩大连续试验、半工业试验	10	10	

续表

序号	项目	内容	评分标准	得分
7	内、外检样品的抽取及误差计算	1. 内、外检样品的抽取比例：基本分析样内检率≥10%、外检率≥5%，组合分析样内检率≥5%； 2. 内检样品由地质项目组从矿体及接近边界品位的基本分析副样中以密码形式抽取，外检分析由项目组与原实验室协商，从内检合格的正副样中明码抽取； 3. 内检合格率≥95%，外检合格率≥90%； 4. 化学分析质量内、外检误差计算方法执行“DZ/T0130—2006”相关要求； 5. 凡出4份以上测试结果的实验报告须报出不确定度	3 3 3 3 2	14

5.8　内外检样品的抽取及误差计算

5.8.1　内外检样品的抽取

化学样品分析测试的质量验证是通过分期分批抽取部分基本分析样品重复测试实现的。凡是参与资源/储量估算的基本分析、组合分析及工业指标中规定的有害组分，均要作内、外部检查分析，以查明、评估实验分析可能存在的误差之性质、影响程度和消除不允许的偶然误差。

内检样品由地质项目组从矿体及接近边界品位的基本分析副样中以密码形式抽取后送交原实验室测试，目的是检查和评估原测试结果中的偶然误差情况。

外检分析由项目组与原实验室协商，从内检合格的分析正样中明码（或密码）抽取，送高一级的实验室分析测试，目的是检查和评估原测试结果系统误差情况。

化学分析测试的内、外检样品提取方法和比例，各矿种勘查规范要求不一，一般是：内检样从粗副样中以密码方式提取基本分析样的比例≥10%，外检样从正余样中以明码方式提取基本分析样的比例≥5%；组合分析样内检率≥5%。当样品数量少时，基本分析样内检样不少于30件，组合分析、物相分析样内检样不少于10件(DZ/T 33444—2016规定：内检率5%～8%、外检率3%～5%；组合分析、物相分析样内检率3%～5%)。

内、外检合格率总的要求是内检合格率≥95%、外检合格率≥90%。

部分规范内、外检样品提取方法和比例如表5.10所示。

表5.10 部分规范对内、外检样提取、送检规定

编号	规范名称	内、外检比例	样品来源	抽检方式	抽样送检单位
DZ/T 33444—2016	《固体矿产勘查工作规范》	内检≥10%	粗副样	密码	送样单位
		外检≥5%	正余样	明码	送样单位＋原实验室
DZ/T 0078—2015	《固体矿产勘查原始地质编录规程》	内检5%～8%	分析正样	密码	送样单位
		外检3%～5%	分析正样	密码	送样单位＋原实验室
DZ/T 0200—2002	《铁、锰、铬矿地质勘查规范》	内检10%	副样	密码	送样单位
		外检5%	正样	?	原实验室送检
DZ/T 0201—2002	《钨、锡、汞锑矿地质勘查规范》	内检10%	副样	密码	送样单位
		外检5%	正样	?	原实验室抽取送检

续表

编号	规范名称	内、外检比例	样品来源	抽检方式	抽样送检单位
DZ/T 0205—2002	《岩金矿地质勘查规范》	内检7%～10%	副样	密码	送样单位
		外检3%～5%	正样	?	原实验室抽取送检
DZ/T0214—2002	《铜、铅、锌、银、镍、钼矿地质勘查规范》	内检10%	副样	密码	送样单位
		外检5%	正样	?	原实验室抽取送检
DZ/T0202—2002	《铝土矿、冶金菱镁矿地质勘查规范》	内检7%～10%	副样	密码	送样单位
		外检3%～5%	?	密码	?
DZ/T0206—2002	《高岭土、膨润土、耐火黏土矿地质勘查规范》	内检高岭土7%～10%；外检耐火黏土10%	副样	?	送样单位
		内检高岭土3%～5%；外检耐火黏土5%			原实验室送样
DZ/T0213—2002	《冶金、化工石灰岩及白云岩、水泥原料矿产地质勘查规范》	内检10%	副样	密码	送样单位
		外检5%	副样	?	送样单位抽样、原实验室送样

续表

编号	规范名称	内、外检比例	样品来源	抽检方式	抽样送检单位
DZ/T0207—2002	《玻璃硅质原料、饰面石材、石膏、温石棉、硅灰石、滑石、石墨矿产地质勘查规范》	内检10%	粗副样	密码	送样单位
		外检5%	?		送样单位会同原实验室抽送
DZ/T0208—2002	《砂矿(金属矿产)地质勘查规范》	内检10%	副样	密码	送样单位抽送
		外检5%	正样	?	原实验室抽送

注:表中"?"为相关规范中未提及相关要求。

5.8.2 化学分析质量内外检误差计算方法

对于化学分析质量内、外检误差计算方法,"DZ/T 0130—2006"提出了新的要求,主要有:

(1) 建立了"岩石矿物试样化学成分重复分析相对偏差允许限数学模型""贵金属矿物试样重复分析相对偏差允许限数学模型"。

(2) 应用了测量不确定度的概念。

(3) 不再采用"双差"这一概念。

(4) 不再使用"岩石矿物允许相对双差计算方式"。

(5) 内外检控制指标——即精密度控制指标规定为:

① 以使用标准方法确定的重复性限(r)或再现性限(R)作为精密度的允许限(Y_{Cr}或Y_{CR});重复(或再现)分析结果之差的绝对值小于等于允许限(Y_{Cr}或Y_{CR})时为合格,大于允许限(Y_{Cr}或Y_{CR})时为不合格。

② 以岩石矿物试样化学成分重复分析相对偏差允许限数学模

型确定重复分析结果精密度的允许限(Y_C)。重复分析结果的相对偏差小于等于允许限(Y_C)时为合格;大于允许限(Y_C)时为不合格。

③ 在准确度判定合格后,统计批次试样重复分析的合格率(指室内一次合格率),当合格率≥95%时,判定该批次合格;当合格率<95%时,判定该批次不合格,应查找原因,妥善处理。

④ 实验室外部检查的合格率应≥90%。

⑤ 对于测试质量评估,包括试样加工质量评估、不同分析方法、不同仪器(同类型或不同类型)的评估、不同人的评估、实验室外检评估等,均引入了实验数据测量不确定度的概念,要求提供用不确定度数据,用不确定度指标进行控制。两个实验室的两次测定结果之差的绝对值与其扩展不确定度的比值≤1时为合格,即

$$\frac{\left|X_1 - X_2\right|}{\sqrt{U_1^2 + U_2^2}} \leqslant 1 \tag{5.21}$$

式中,X_1和X_2:两个实验室的两次分析结果;U_1和U_2:两个实验室采用分析方法的不确定度(置信水平$p=95\%$)。

“DZ/T 0130.3—2006”关于“内外检合格率”“实验数据测量不确定度”指标的规定,是评估化验测试质量的准则和依据。它与“DZ/T 0130.3—94”版本有很大变化,主要是内、外检误差计算不再采用“双差”这一概念;不再使用“岩石矿物允许相对双差计算方式”,建立了“岩石矿物试样化学成分重复分析相对偏差允许限数学模型”“贵金属矿物试样重复分析相对偏差允许限数学模型”,引进了测量不确定度的概念,如表5.11所示。

表5.11 岩矿化学分析内、外检误差计算和处置

类别	DZ/T 0130—94版本	DZ/T 0130—2006版本
基本公式	对测定样品计算双差和相对双差 双差：$D—A_1-A_2$ 相对双差：$RD=\dfrac{A_1-A_2}{(A_1+A_2)/2}$	不再采用“双差”这一概念；不再使用“岩石矿物允许相对双差计算方式”；引进了测量不确定度的概念，内、外检测试质量用相对偏差（RD）来表述[表示单次测定结果的偏差在重复分析结果平均值中所占的百分率 $RD=\dfrac{D}{\bar{X}}\times 100\%=\dfrac{X_i-\bar{X}}{\bar{X}}\times 100\%$（$i=1,2,\cdots,n$）
允许限计算公式	相对双差允许限计算公式： $Y=\begin{cases}C\times 20x-0.60x & \geqslant 3.08\% \\ C\times 12.5x-0.182x & <3.08\%\end{cases}$ 当相对双差RD测定值小于或等于相对双差允许限（Y）时判为合格，即达到质量的基本要求	依据岩石矿物试样化学成分重复分析相对偏差允许限数学模型确定重复分析结果精密度的允许限（Y_C）。岩石矿物试样化学成分重复分析相对偏差允许限数学模型公式： $Y_C=C(14.37\bar{X}^{-0.1263}-7.659)$ 贵金属重复分析相对误差允许限数学模型公式： $Y_G=14.43C\bar{X}_G^{-0.3012}$ 重复分析结果的相对偏差小于或等于允许限（Y_C或Y_G）时为合格；大于允许限（Y_C或Y_G）时为不合格
合格率指标	合格率$=\dfrac{\text{合格项目}}{\text{检查项目}}\times 100\%$ 内、外检合格率要求：不低于80%。内检除统计合格率外，还应进行F检验。判断外检结果与基本分析结果就否出现系统性偏离，应以T检验判断，并用准确可靠的方法或标准分析方法重新测定并进行判断	合格率$=\dfrac{\text{重复分析合格数}}{\text{被检查样品数}}\times 100\%$ 内检合格率为95%，外检合格率为90%；当合格率小于规定值时，判定该批次不合格，应查找原因，妥善处理。实验室应根据试样特性、工作经验、各种质量信息和有关专业知识对分析结果进行相关性分析、趋势分析和合理性分析，综合评估分析质量

续表

类别	DZ/T 0130—94版本	DZ/T 0130—2006版本
不确定度指标	无要求	对试样加工质量、不同分析方法、不同仪器(同类型或不同类型)、不同人和实验室外检质量评估等均引入了不确定度指标。两个实验室的两次测定结果之差的绝对值与其扩展不确定度的比值应小于或等于1，即当$\frac{\lvert X_1-X_2\rvert}{\sqrt{U_1^2+U_2^2}}\leqslant 1$时为合格。式中，$X_1$和$X_2$：两个实验室的两次分析结果；$U_1$和$U_2$：两个实验室采用分析方法的不确定度($p$=95%)

注：关于不确定度，请参阅本手册第6.8节“实验数据的测量误差与测量不确定度”。

“DZ/T 0078—2015”关于内外检误差的计算方法节录于下：“DZ/T 0078—2015”第10.4.14.5条“误差计算”中相对误差计算公式为：相对误差＝两次分析结果平均误差÷原分析样平均品位。

示例：某锰矿平均误差简单计算如表5.12所示。

表5.12　锰矿平均误差简单计算

样品号	原分析品位(%)	检查样品位(%)	误差绝对值(%)	误差相对值(%)
1	25	24	−1	6.5
2	24	25	+1	
3	23	20	−3	
4	20	21	+1	
合计	92	90	6	

结论：

原分析样平均品位＝92%÷4＝23%；两次分析结果平均误差＝6%÷4＝1.5%。

相对误差＝1.5÷23＝0.065＝6.5%；锰矿品位大于20%的相对误差规定为2%，现在计算的相对误差达到6.5%，已超差，说明化验质量不好。

讨论：

(1)“DZ/T 0078—2015”内、外检误差计算方法，不是从计算合格率来判定测试质量，而是通过相对平均偏差的计算来评判化验质量，它没有实验误差合格率的概念，与“GB/T 33444—2016”“DZ/T 0130—2006”“DZ/T 0079—2015”等规范要求用合格率判别分析质量相关规定不一致。

(2)“DZ/T 0078—2015”所提“相对误差＝两次分析结果平均误差÷原分析样平均品位”的概念与“DZ/T 0130—2006”“相对误差(RE)＝误差(E)÷真实值(XT)×100%”不符，它相当于“DZ/T 0130—2006”中的相对偏差，即

$$RD=\frac{X_i-\bar{X}}{\bar{X}} \tag{5.22}$$

式中，RD：相对偏差；x_i：单次测定结果；$\bar{x}$：多次测定结果平均值。

(3) 某件样品单次测定结果相对偏差(RD_i)为

$$RD_i=\frac{D_i}{\bar{X}}\times 100\%=\frac{X_i-\bar{X}}{\bar{X}}\times 100\% \tag{5.23}$$

式中，$\bar{X}$：指多次重复分析的平均值，内、外检测试一般即指原分析与检查分析结果的平均值；D_i：偏差。

误差计算步骤：计算重复分析平均值($\bar{X}$)→计算单次测定结果与平均值之差(偏差)→计算单次测定结果相对偏差值(RD_i)→根据数学模型计算每一件样品重复分析的相对偏差允许限(Y_C)→对比单件样重复分析相对偏差(RD_i)与允许限(Y_C)，当$RD_i \leqslant Y_C$时为合格，否则为

不合格→统计批次试样重复分析的合格数与合格率→根据合格率来判别本批次分析是否合格。

当合格率≥95%(内检)或≥90%(外检)时判定该批次合格，否则为不合格。

"DZ/T 0130—2006"中，重复分析相对偏差允许限(Y_C)数学模型如下。

岩石矿物试样化学成分重复分析相对偏差允许限数学模型公式为

$$Y_C = C(14.37\bar{X}^{-0.1263} - 7.659) \tag{5.24}$$

贵金属重复分析相对误差允许限数学模型公式为

$$Y_G = 14.43C\,\bar{X}_G^{-0.3012} \tag{5.25}$$

示例：某锰矿检查分析误差计算如表5.13所示。

表5.13　锰矿检查分析误差计算

样品号	原分析品位(%) X_i	检查样品位(%) X_j	平均值(%) $(X_i+X_j)/2$	偏差值 $D=X_i-\bar{X}$	相对偏差(%) $RD_i=(X_i-\bar{X})/\bar{X}$	相对偏差允许限 Y_C	相对偏差值超差否
1	25	24	24.5	+0.5	2	1.935	不合格
2	24	25	24.5	−0.5	2	1.935	不合格
3	23	20	21.5	+1.5	7	2.095	不合格
4	20	21	20.5	−0.5	2	2.15	合格

结论：4个样品的原分析与检查分析之相对偏差，超差3个样(1～3号样)，合格率仅为25%。小于规范要求的95%，判定本批次化验分析质量不合格。

再举一例：某金矿样品化学分析Au品位外检结果如表5.14所示。

表5.14 某金矿样品化学分析Au品位检查分析误差计算

样品编号	内检号	分析结果(g/t)			偏差值 $D_i=X_i-\bar{X}$	误差绝对值 X_i-X_j	相对偏差允许限% Yc	相对偏差(%) $RD=\frac{X_i-\bar{X}}{\bar{X}}\times 100\%$	相对偏差值是否合格
		原结果 X_i	检查结果 X_j	平均值 $\bar{X}=\frac{X_i+X_j}{2}$					
ZK028-H5	1525	0.10	0.12	0.110	0.010	0.02	33.40	9.09	合格
H17	1526	0.20	0.25	0.225	0.025	0.05	27.14	11.11	合格
ZK320-H20	1527	0.28	0.27	0.275	0.005	0.01	25.55	1.82	合格
H29	1528	0.02	0.03	0.025	0.005	0.01	33.40	20.00	合格
ZK713-H9	1529	1.54	1.51	1.525	0.015	0.03	15.25	0.98	合格
ZK709-H4	1530	0.33	0.35	0.340	0.010	0.02	23.96	2.94	合格
H25	1531	1.96	1.93	1.945	0.015	0.03	14.17	0.77	合格
ZK705-H13	1532	1.43	1.47	1.450	0.020	0.04	15.48	1.38	合格
H25	1533	0.43	0.40	0.415	0.015	0.03	22.57	3.61	合格
ZK704-H7	1534	0.07	0.06	0.065	0.005	0.01	33.40	7.69	合格
H46	1535	0.06	0.05	0.055	0.005	0.01	33.40	9.09	合格
ZK708-H17	1536	1.50	1.40	1.450	0.050	0.10	15.48	3.45	合格
H38	1537	0.06	0.05	0.055	0.005	0.01	33.40	9.09	合格
H27	1538	0.38	2.68	1.530	1.150	2.30	15.23	75.16	不合格
ZK709-H2	1539	0.50	0.54	0.520	0.020	0.04	21.09	3.85	合格

续表

样品编号	内检号	分析结果(g/t)			偏差值 $D_i = X_i - \bar{X}$	误差绝对值 $X_i - X_j$	相对偏差允许限% Yc	相对偏差(%) $RD = \frac{X_i - \bar{X}}{\bar{X}} \times 100\%$	相对偏差值是否合格
		原结果 X_i	检查结果 X_j	平均值 $\bar{X} = \frac{X_i + X_j}{2}$					
H4	1540	0.70	0.82	0.760	0.060	0.12	18.81	7.89	合格
H6	1541	0.80	0.70	0.750	0.050	0.10	18.88	6.67	合格
H10	1542	0.40	0.44	0.420	0.020	0.04	22.49	4.76	合格
ZK803-H1	1543	0.90	0.80	0.850	0.050	0.10	18.18	5.88	合格
H3	1544	1.02	1.10	1.060	0.040	0.08	17.01	3.77	合格
H8	1545	0.60	0.50	0.550	0.050	0.10	20.73	9.09	合格
绝对值合计		13.28				3.25			
平均		0.63				0.15			

注：根据“DZ/T0130—2006”，Au含量小于0.2×10^{-6}时，相对偏差允许限Y_C按33.4%执行。

本案例中，21件样品经检查分析，有1件超差，超差率(不合格率)为1÷21=4.77%，结论：本批次样品测试合格率100%−4.77%=95.23%，满足外检合格率≥90%的规定，判定本批次分析质量合格。由于ZK708-H27样品品位误差太大，要寻找原因，予以订正。

本案例如果按照“DZ/T 0078—2015”中所列方法计算：原分析21个样Au平均含量为0.55，两次分析结果偏差的平均值0.15，平均值的相对偏差RD=0.15÷0.55=0.27(27%)。根据“DZ/T 0130—2006”贵金属重复分析相对误差允许限数学模型公式($Y_G = 14.43C\bar{X}_G^{-0.3012}$)计算，当平均含量为0.55 g/t时，相对误差允许限值为20.73%，现在计算的实际相对误差为27%,大于允许限20.73%,外检化验判定本批次不合格。

两种方法计算的化验质量得出了相反的结论。“DZ/T 0078—2015”的内、外检误差计算方法及示例与“DZ/T 0130—2006”规范矛盾。建议执行“DZ/T 0130—2006”中计算合格率的规定。

5.8.3 内、外检结果的处理

各勘查规范对内、外检结果的处理均有明确规定,一般是要求执行“DZ/T 0130—2006”相关规定。其核心内容是:内检合格率出现超差,要寻找原因,将误差控制在规范允许范围之内,如找不出超差原因,则要按分析批次再次进行基本分析;外检超差要进行仲裁分析,如证明原分析确系错误或存在系统误差,要扩大外检数量,确认基本分析存在的问题,作系统校正或全部返工再次进行基本分析,返工要同时进行内、外检测试。具体处置方法,请参照“GB/T 33444—2016”14.7.2.4、14.7.2.5条。

第6章　地质资料综合整理与综合研究

6.1　概述

6.1.1　目的、任务、核心内容

资料综合整理研究的目的是:通过对基础地质资料规范性的整理和研究,阐明矿床地质特征,总结成矿条件及矿化富集规律,及时指导勘查工作,最终为编写勘查报告提供准确可靠、系统完整的成果地质资料及图件;任务是:通过收集、整理、分析、研究各类基础地质资料,编制相关图表,研究地质特征、矿石质量、开采技术条件、矿石加工选冶性能及矿床开发经济意义等。

综合整理研究的核心内容是地质规律、开采技术条件、矿石加工利用性能、矿床开发经济意义评估等。

6.1.2　要求

总体要求:使地质资料系统化、规范化、标准化,并符合相关矿产工作技术要求。基本要求如下:

(1) 综合整理与综合研究要贯穿矿产勘查全过程。

(2) 综合整理与综合研究要以野外验收合格的定稿资料为基础。不合格的、未定稿的资料,不能作为综合整理研究的基础资料。

(3) 未经验收合格的原始地质资料,不能作为编制综合图件的依

据;未经审定的图件不能作为正式资料利用。

(4)“三个三”原则。地质资料综合整理研究要遵循“三个三”原则:

①“三边”:边勘查,边综合整理及综合研究,边指导施工。

②“三及时”:及时整理第一手资料,及时编制各类过渡性及综合性资料,及时提交相应阶段的地质成果。

③“三个结合”:室内与野外结合,点(工程点、矿点、矿体和矿段等)与面(剖面、平面、矿床、矿区和区域)结合,宏观与微观结合。

(5)统一性:按规范要求做到地层、岩石命名统一,图式、图例、图表统一,工作细则统一。综合图件要达到规范化、标准化。

(6)技术民主:倡导不同学术观点的讨论或争论,集思广益,有不同意见的应予保留。

6.1.3 类别

地质资料综合整理和研究,按整理的程序、工作性质、时间要求可分为:当日资料整理、阶段性(月、季、年或按工程区块)资料整理、年度资料整理、野外验收前的资料整理、报告编制时的资料整理;按综合整理研究的资料性质可分为:原始地质资料的综合整理、综合编录资料的综合整理研究、专题研究报告资料的综合整理研究。

6.2 野外原始地质资料的综合整理

6.2.1 总体要求和工作内容

原始地质资料的系统(综合)整理,是承上启下、夯实报告基础、检查勘查工作是否达到设计要求、部署补课工作、提高勘查质量的关键环节。它的缺失将给地质勘查工作和报告编写带来重大质量影响。这也是我们以往工作中较为突出的薄弱环节,亟待加强和提高。

原始地质资料的综合整理,主要工作内容可归纳为检查、分类、统计计算、投绘、归纳总结、纠错订正、编写小结、提出补课意见、定稿、立档等,从而为综合研究和报告编写提供基础资料。

原始地质编录资料在定稿之前,须根据实验测试成果、三级质检意见等,系统补充、修正、纠错、归纳,即系统综合整理合格后,进行验收定稿。

定稿后的原始地质资料,要系统编号、归类、登记造册、装袋,使其达到立档水准,为归档做好准备。

原始地质资料的综合整理包括如下方面:

(1) 标本(样品)鉴定结果的资料整理。

(2) 专项标本(样品)资料整理。

(3) 地质填图的资料整理。

(4) 测量资料整理。

(5) 物、化探资料整理。

(6) 水文地质、工程地质、环境地质资料整理。

(7) 探矿工程资料整理。

(8) 化学样品分析、测试成果的整理。

6.2.2 标本及岩矿鉴定资料整理

标本及岩矿鉴定资料整理的主要工作如下:

6.2.2.1 完善资料

标本是实物资料,地质大队和矿区都应有符合规格要求的标本盒、标本架(或柜)和标本陈列室。对标本要进行系统的整理和分类,完善标本(样品)原始资料,包括登记、补缺、立档、包装装箱,并进行补充观察描述,对有重要意义的标本应绘制素描图。

所有标本(样品)都要在原始资料和实物上注明、补齐采样人、采样位置、采样编号、采样时间、采样目的等。对于特殊岩矿标本或易磨损的标本,要按相关要求进行处理、妥善保存,如对易脱水、易潮解、易氧化的某些标本应密封包装。

标本种类包括地层、岩石、矿物、矿石、构造及蚀变、古生物等标本。对它们要进行成果校核、分类统计、列表登记、素描,必要时要照相、录像等。

6.2.2.2 系统整理研究岩矿鉴定报告

根据岩矿鉴定成果(报告),参照留底标本、化验分析成果,对原始编录资料进行补充、修正,包括校正岩石和矿石名称,确定其时代、层序、含矿特征、蚀变类型及找矿标志等;收集和整理氧化带、混合带、原生带等相关资料。对于拟露天开采的矿床,应整理、分析、评价剥离物的种类、比例、剥离强度、综合利用的可能性等相关资料。

对岩矿鉴定报告,要归纳总结、装订成册、开展综合整理研究并编写小结,阐明矿区岩石、矿石的矿物组分、结构构造、矿化蚀变特点、空间赋存规律、找矿标志,总结野外定名描述与岩矿鉴定报告成果是否存在系统偏离,研究产生偏离的原因。

6.2.2.3 运用典型解剖技巧

将要研究的地质资料集中在剖面上,进行典型解剖研究,这是效能很高的一种研究手段。应在工作区或矿区选择1～2条剖面,集中采样和重点观测,进行薄、光片鉴定、样品测试,系统地进行野外观察、补充描述等,即进行典型解剖及编写地质小结,并形成成套实物资料。

6.2.2.4　建立成套陈列标本

矿床勘查，特别是新类型矿床或典型矿床，要建立本矿床的成套陈列标本：收集1～2套地层、岩石、矿石、蚀变、化石等成套实物标本陈列保存。标本尺寸要规格化：3 cm×6 cm×9 cm；矿物晶体、化石标本要视具体情况确定规格。对矿石要配套化验测试资料。非陈列标本待工作结束后按有关规定归档或处理。

6.2.3　各类样品的资料整理

矿产勘查分析测试样品资料主要为常规样品资料、专项样品资料、体重样资料。

6.2.3.1　常规样品的资料整理

主要工作是对采样记录、测试成果进行系统登记造册、分类、计算(品位、厚度、体重值及其平均值等)、制图和系统列表整理等，检查核对样品记录登记与实物是否吻合，采样要求、采样方法及测试方法是否满足相关规定。

6.2.3.2　专项样品的资料整理

除要按照相关专业技术要求计算、整理、制图外，还要研究样品的布采是否达到设计(预期)目的，如果样品的布采没有达到设计目的，或者测试结果与矿区地质实际出现重大矛盾，应寻找原因，提出合理的处置意见和补课建议。

6.2.3.3　体重样资料整理

体重样资料整理，主要有检查评判体重样代表性及质量、测定方法的合理性、统计计算小体重样成果等。

1. 检查评判体重样代表性、质量和数量

对参加资源/储量计算的矿石体积质量(体重)样,首先要评判其代表性,检查不同矿体、不同矿石类型、不同品级矿石小体重样数量是否满足相关规范要求。检查体重样是否有主组分品位、湿度、孔隙度等配套数据资料。

小体重样数量要满足“GB/T 33444—2016”第17.5.3条要求(见本手册第5.5.5.4条)。小体重样、大体重样数据差值大于5%时,需用大体重样校正小体重样值,或直接用大体重样进行资源/储量计算。

小体重样测定方法,建议用传统的标本封蜡排水法。

2. 统计计算小体重样成果

统计小体重样数据时,要按矿石类型、品级分别进行,不得将全区不同矿石类型混合平均计算。

小体重样平均值的求取,不能简单地进行算术平均。要先统计计算小体重值与主组分之间是否存在线性相关关系,当存在品位-体重线性相关关系时,小体重平均值要利用品位-体重线性回归方程求取;品位-体重值线性不相关时,可直接用小体重测定值进行算术平均。

体重样湿度大于3%的,综合整理时需将湿度校正至3%;湿度小于3%的,以后可不再测定湿度;致密块状的原生矿可不测孔隙度。

3. 规范的相关规定

关于小体重样,“GB/T 33444—2016”第17.5.3条规定主要有:

(1) 每种矿石类型、每个品级的小体积质量样品数不少于30个。

(2) 体积质量测试时应同时进行湿度测定,当湿度大于3%时应进行湿度校正。

(3) 松散和多孔隙(裂隙)矿石应采集不少于3个大体积质量样(体积不小于0.125 m^3)。

(4) 直接用大体积质量值参与矿产资源/储量估算时,每种矿石类型的大体积质量样品不少于5个。

(5) 主组分与体积质量相关关系密切时,应采用线性回归方法求取不同类型、不同品级、不同块段(矿块)矿石的平均体积质量。即小体重样平均值要用品位-体重线性回归方程求取。

上述相关要求在"DZ/T 0079—2015"第4.7.5条中有类似规定,请遵照执行。

6.2.4　地质填图资料整理

地质填图资料整理工作内容主要如下:

6.2.4.1　一般程序

地质填图资料整理(研究)的一般程序是:在充分利用已有资料的基础上,根据实测(或补测)剖面成果编制地层柱状图,在利用航空照片(卫星照片)填图时编制影像柱状剖面图。通过不同地段的地层柱状剖面的对比,确定填图单位,并尽可能地找出全区性或局部性的标志层。通过侵入体的剖面资料研究,确定相带划分原则。通过火山岩系剖面及路线对比资料,确定火山岩的填图单位和可能的火山机制。通过变质岩剖面资料的研究,在确定变质带和变质相的基础上,根据物质成分和岩石变质特征进一步细分其变质相带或岩性段,作为填图单位。结合物化探和航空照片解释等资料,订正路线地质,最后成图。

在矿区(床)地质图成图过程中,须综合考虑探矿工程所揭露的深部地质情况,避免作出片面的结论。

利用航空照片(卫星照片)进行地质填图时,应根据已取得的区域地层剖面等资料,确定地质解译标志,编出航空照片解译地质草图,再结合适当的野外地质路线、观察点和实测剖面作补充修改,编制成地质图。

视矿产勘查需要,可根据地面观测、航空照片解译资料,编制地貌图、第四纪地质图,以及地貌剖面图、第四纪沉积综合剖面图等。

地质填图地质资料综合整理包括日常整理、阶段性整理、野外验收后的订正、补充及定稿整理。

6.2.4.2 日常整理

地质填图过程中的日常性资料整理主要是:检查、完善、整饰野外记录和校对原始图件(野外手图和清图);整理分析路线剖面图、素描图、地质图和野外图件的着墨,对各种地质现象进行综合研究,并进行必要的小结。根据各项实际资料,编制实际材料图,并逐步完善。此项工作应坚持每天进行。

6.2.4.3 阶段整理

工作进行到某一具体的阶段或隔一定的时间,应综合整理、校对各种资料,深入研究各种地质现象,编制各种图件、表格,检查填图工作方法、手段使用的合理性及其效果,检查各项原始资料是否完备,检查填图实物工作量等,并写出阶段填图工作小结和专题研究简报,对存在的问题提出解决的办法,制订下阶段填图工作计划,确定下阶段资料整理、综合研究内容,完善野外验收所需资料。

6.2.4.4 野外验收及定稿整理

阶段整理达到一定程度后,即转入野外验收阶段。针对野外验收所提意见,订正、补充、完备地质填图资料,使其达到定稿标准。矿区外围(区域)地质图地层要划分到阶或组,矿区地质图地层要划分到段或岩性层。已竣工的工程要按坐标绘制到相关的综合图件上,工程中的地质现象界线(地层、岩层界线、矿体界线、断层界线、蚀变带、脉岩等)要与地表合理连接。

6.2.4.5　统一图式、图例

按规范的图式、图例编制各类图件,包括实测剖面图、地层柱状图、矿区(床)地形地质图、实际材料图等,系统整理归类文、图、表资料。

关于地质图图式、图例,执行中华人民共和国国家标准:《区域地质图图例》(GB/T 958—2015)。中华人民共和国地质矿产部颁布的《区域地质矿产调查工作图式图例(1:50000)》可供参考。

地质图用色标准请参阅“DZ/T 0179—1997”。

6.2.5　测量资料整理

测量资料整理工作主要内容如下:

6.2.5.1　检查坐标系

检查坐标系统、高程系统是否为全国通用及是否符合相关的管理规定。

《地质矿产勘查测量规范》(GB/T 18341—2001)要求采用1980年西安坐标系、1985年国家高程基准。

国土资源部、国家测绘地理信息局以“国土资发〔2017〕30号文”要求2018年7月1日起全面使用“2000年国家大地坐标系”。因此,矿产勘查测量坐标系应采用“2000年国家大地坐标系”(CGCS2000)。对老资料所用的“1954年北京坐标系”“1980年西安坐标系”“1956年黄海高程系”要换算成“2000年国家大地坐标系”“1985年国家高程基准”。

6.2.5.2　检查测量精度

按照规范要求检查测量的精度、质量和工作程度配套情况。普查

阶段可测制地形简图,详查、勘探阶段的矿床(区)地形图要按相应比例尺精测。检查矿体界线点、采样位置、重要地质现象的地质点、探矿工程起点及工程中的矿体界线点是否用仪器法测量定位。

测量精度要满足《地质矿产勘查测量规范》(GB/T 18341—2001)要求,制图精度要达到《区域地质及矿区地质图清绘规程》(DZ/T 0156—95)的要求。工程点位和界线制图误差不得大于0.2 mm。

6.2.5.3 检查比例尺

检查测量地形图的比例尺及测量范围是否满足地质填图和矿产资源/储量估算的要求:一般普查阶段为1:10000,详查至勘探阶段为1:5000～1:1000。

6.2.5.4 列表登记测量成果

所有的测量成果均要整理成相应的测量成果表,包括矿体界线点、采样位置、重要地质现象的地质点、探矿工程起点及工程中的矿体界线点等测量成果。

详细工作要求请参阅本手册第15章“地质矿产勘查测量”。

6.2.6 物化探资料整理

物化探资料整理主要工作如下:

6.2.6.1 资料检查

检查原始资料完整性、精度、质量,检查数据处理方法的正确性,检查野外工作方法和控制指标是否合理,是否满足规范及设计要求和地质目的等。

6.2.6.2　统计、计算

统计区内重力勘查、磁法勘查、电法勘查、地震勘查和放射性勘查等物探数据，计算背景值、异常下限，统计异常极值和平均值，圈定异常，建立矿致异常与非矿异常推断原则、指标。对物探异常进行反演计算。依据地质及测井资料，确定矿体(层)厚度、深度、地温、井径、钻孔偏斜等数据。

统计区内化探数据，包括水系沉积物、重砂、土壤、岩石、生物和气体等地球化学测量数据，通过计算确定元素地球化学背景值及异常下限。

统计计算重砂样品资料，确定重砂异常下限。

统计区内遥感解译资料，编制遥感异常解译图，结合地质条件进行解释。

6.2.6.3　作图、编图、圈异常

要根据项目需要编制系列物探、化探、重砂原始图件和综合成果图件、表册，确定异常。物探、化探、重砂、遥感综合图件的种类很多，如物探和化探、重砂异常数据图；物探综合平面图及剖面图、化极图、改正图、异常等值线图、断面图、异常成果图、遥感解译异常图等物探图件；单元素地球化学图、元素地球化学平面图及剖面图、单元素异常图、综合异常图等化探图件，重砂异常图、重砂综合异常图以及其他专题解释图件等。

6.2.6.4　初步推断解释异常

在统计计算基础上，圈定异常范围，描述异常数量、规模、形态、异常极值、平均值，对异常编号、分类、登记。对各类物探、化探、重砂、遥感异常进行系统编号，填写异常登记表(或卡片)。

对物探、化探、重砂异常地质背景的阐述至关重要。这是对异常作出科学的合理的推断解释、提出进一步工作意见的基础。通过参数特征值计算及编制各种物、化探图件，根据物性特征、地球化学特征，对异常进行分类评价及综合研究，圈出矿致异常和非矿异常，解释、推断矿体(层)厚度、埋藏深度、空间形态和构造特征等，紧密结合地质背景特征进行解译，指导工程布置。

物探、化探、重砂资料的数据处理、计算方法、制图、异常确定、异常排序和评价操作方法，请参阅本手册第10章、第11章、第12章相关内容。

6.2.7 水文地质、工程地质、环境地质资料整理

水文地质、工程地质、环境地质资料整理主要工作如下：

6.2.7.1 资料检查

综合整理、研究的第一步是检查各项水、工、环地质原始资料，检查主要围绕以下各项内容进行：

(1) 设计任务完成情况，包括水、工、环实物工作量完成情况、检查研究程度及资料完备程度。

(2) 各项资料质量是否符合相关规范要求，检查各项数据计算是否正确。

(3) 对工作不到位、质量有问题或研究程度达不到设计要求的提出补课措施。

(4) 水、工、环地质背景资料与矿区地质编录及探矿工程的地质编录资料符合情况(地层、岩石、构造、矿层、蚀变等)。

6.2.7.2　计算定稿

计算各项测试成果，并检查其正确性，定稿水、工、环原始编录资料。

6.2.7.3　绘图制表

绘制各种水、工、环地质成果图件及表格，主要资料有：

（1）原始水文地质资料：水文地质测绘、钻孔简易水文地质观测、抽（放）水试验、矿井水文地质调查、水文地质钻探编录、水样采集及水质分析、地表水及地下水动态观测资料、气象资料等；

（2）原始工程地质资料：矿层顶底板岩石或土壤的物理力学性质试验资料、各种工程地质图件资料等；

（3）环境地质资料：环境地质图件，地热、瓦斯、地压异常及矿体、围岩中有毒有害物质、放射性等资料及图表。

水、工、环勘查资料的数据处理、计算方法、制图、异常确定、评价等，请参阅本手册第14章。

6.2.8　探矿工程资料整理

探矿工程资料整理主要工作如下：

6.2.8.1　检查、补充、订正

要系统检查探矿工程原始地质资料，补齐缺失资料，纠正计算错误，修改、补充、订正资料中不符合规范要求的内容。主要有：

（1）资料种类和内容是否齐全。

（2）描述内容的合理性，订正不规范、不合理的部分，包括地层的确定及代号、矿体编号、断层界线、产状、样品编号、样品布样（质量）情况等。

(3) 样品位置、样长、品位等数据表述有无差错。

(4) 数据计算是否正确。

(5) 根据鉴定测试成果补充岩性描述、校正岩石矿石定名。

(6) 图式、图例是否符合规范要求,是否达到统一、标准的要求。

(7) 槽、井、坑、钻工程的素描展开方式、表述是否符合规范要求,内容齐备程度如何。

6.2.8.2 投绘制图

将竣工工程资料(包括位置资料和地质资料)投绘到相应的综合图件上。将钻孔偏斜资料、地质资料投绘到勘查线剖面图、水平投影图、纵投影图、底板等高线图等综合图件上。

6.2.8.3 列表统计计算

列表登记各项工程及样品测试鉴定成果,列表统计钻孔弯曲度方位角,计算钻孔偏斜及方位;列表计算各项数据,包括矿体单工程平均品位、厚度(工程中真厚度、水平投影厚度、纵投影厚度),井口、孔口坐标标高,矿层顶底板、标志层及主要构造线赋存标高,平均体积质量(小体重),组合分析成果,内、外检质量计算,特高品位计算处理,钻探工程质量统计计算,等等。在素描图上标明各类样品的采样点的位置及各项品位数据。某些矿产不能直接得到品位,就要通过列表对测试项目计算进而计算品位,如盐类矿产、凹凸棒石黏土矿等。

对于与探矿工程相关的各类资料,包括地质资料、采样资料、分析测试资料、施工经济技术资料等,都要系统整理、分类编辑、立档装袋,以便检查、使用和汇交。

6.2.9　化学样品分析、测试成果资料整理

化学样品分析、测试成果资料整理主要工作如下：

6.2.9.1　检查、审验

化学样品的分析测试是指通过对样品中某化学元素或化合物含量的测试来评价矿石质量。其综合整理工作主要为检查、确定、登记、计算、纠错。

检查、审验工作主要是检查资料的完整性和分析测试质量。对各类测试结果均应进行系统检查及分类整理，检查各类测试项目是否达到送样有关规定要求，注意成果是否齐全，号码有无错乱，分析、鉴定、测试结果与实际情况是否符合。如发现有缺号、漏项，则要测试单位尽快补齐，如出现错乱或与实际不符等情况，应到现场查明原因，及时补救或纠正，对不符合设计及规范要求的，要及时采取补救措施，有时须重采或补采样品，再作分析或鉴定。在确认资料无误后，才可登入有关图表，交付使用。

检查内容主要有：

(1) 样品原始资料齐备程度。

(2) 样品代表性，达到设计目的的程度。

(3) 测试分析项目的合理性。

(4) 采样方法、采样长度合理性。

(5) 样品加工质量及分析测试质量。

(6) 样品包装运输质量等。

组合分析项目确定。根据全分析或光谱全分析结果并结合地球化学元素共生组合规律，确定组合分析项目(包括可以综合利用的伴生矿产和影响矿石加工、矿石质量的有益、有害组分等)、组合方法、组合方案，布采组合样。具体操作请见本手册第5章第5.5.3条中组合分

析样相关内容。

6.2.9.2 系统列表计算、校正及补充

对样品测试成果要系统检查、分类整理、列表登记、准确计算，审查其是否达到采样目的，检查样品对矿体的控制程度等。

根据鉴定及分析测试成果，补充和校正原始编录中岩石、矿石定名、岩性描述，以及综合图件中的地层、矿体界线、矿石品级界线、矿石类型界线、氧化带界线等。

6.2.9.3 化学分析质量研判

化学分析质量研判，是通过内、外检测试实现的，包括内、外检样品数量、比例及样品测试方法和内、外检合格率。内、外检分析误差要按批次（时段）及时编制化学分析内、外检误差计算表（表式见附录13中附表13.12）。样品测试合格率计算、质量控制和质量评估要求按"DZ/T 0130—2006"执行（具体计算方法和计算示例请参见本手册第5章第5.8.2条）。合格率不符合要求时，应查找原因，及时采取补救措施，妥善处理或进行仲裁分析。如证实为试验方法、试验药剂、设施、试验环境造成的不合格者，要按批次重新测试分析。

6.3 勘查过程中的资料综合研究

6.3.1 各勘查阶段综合研究的内容

矿产勘查所划分的预查、普查、详查、勘探四个阶段，因其勘查任务不同，综合研究的侧重点有所不同，故综合研究要紧紧围绕各阶段勘查任务进行。

6.3.1.1　预查阶段

矿产勘查预查阶段的任务是对查区的地质、地球物理、地球化学背景和矿化线索进行初步了解,研判物探、化探、遥感、重砂等资料的有效性,为下一步找矿提出找矿靶区,圈定有普查价值的范围和已发现的矿产,估算334类资源量,研究有无投资机会,确定是否值得转入普查。

围绕上述任务,本阶段综合研究的侧重点是在研究成矿地质背景、控矿条件、找矿标志的基础上,以研究区域地质、矿床类型、成因类型为重点,研究区域矿产资源找矿前景和成矿规律,指出找矿靶区,研究矿(化)体地质特征,初步分析开采技术条件及矿石加工选冶性能等。

6.3.1.2　普查阶段

普查阶段的任务是研判物探、化探、遥感、重砂等资料的有效性。通过地质、物探、化探及取样等工作,对已知矿化区(找矿靶区)作出初步评价,圈定有详查价值的范围,即目标是发现矿产。

普查阶段综合研究的侧重点是大致查明矿产的地质背景、控矿条件、找矿标志、矿床规模,初步查明矿石质量,收集分析矿石加工选冶性能及水、工、环地质资料。发现有价值的矿产,圈定可供进一步工作(详查)的地段,研究有无投资机会,确定是否值得转入详查。

6.3.1.3　详查阶段

详查阶段的任务是评价已发现矿产的工业价值,并要求其达到基本控制程度,部分矿产要达到提供矿山设计的程度,为勘探决策、矿区总体规划、矿山建设项目建议书的编制提供依据。

详查阶段综合研究的侧重点是矿体特征、控矿条件、赋存规律、矿石特征，初步研究矿石的加工选冶技术性能和矿床开采技术条件，开展矿床开发经济意义研究，确定矿床是否具有工业价值，计算资源/储量，圈出勘探范围。

6.3.1.4 勘探阶段

对已知有工业价值的矿床，通过加密各种采样及矿床开发的可行性研究，为矿山建设设计提供依据。

勘探阶段综合研究以首采地段为重点，研究矿体特征、控矿条件、赋存规律、矿石特征、共伴生组分、矿床(区)控制程度，矿石加工选冶技术性能和开采技术条件，全面评价矿床开发的经济意义。

各个勘查阶段综合研究侧重点如表6.1所示。

表6.1 各个勘查阶段综合研究侧重点

勘查阶段	勘查任务	综合研究侧重点
预查阶段	对勘查区的地质、地球物理、地球化学背景和矿化线索作初步了解，为下一步找矿提出普查靶区，圈定已发现的矿产，估算334类资源量	研究区域矿产资源找矿前景和成矿规律，指出找矿靶区
普查阶段	通过地质、物探、化探及取样等工作，对已知矿化区(找矿靶区)作出初步评价，发现矿产，圈定可供进一步工作(详查)的地段	初步研究矿产的地质背景、控矿条件、找矿标志、矿床规模、矿石质量等。收集矿石加工选冶性能及水、工、环地质资料，开展矿床开发经济意义的探索性研究
详查阶段	评价已发现矿产的工业价值，并要求其达到基本控制程度，部分矿产要达到提供矿山设计的程度	矿体特征、控矿条件、赋存规律、矿石特征、矿石的加工选冶技术性能。开展矿床开发经济意义研究，确定矿床是否具有工业价值，圈出勘探范围
勘探阶段	为矿山建设设计提供依据，全面评价矿床开发的经济意义	综合研究以首采地段为重点，研究矿体特征、控矿条件、赋存规律、矿石特征、共伴生组分、矿床(区)控制程度，矿石加工选冶技术性能和开采技术条件

续表

勘查阶段	勘查任务	综合研究侧重点
详查及勘探后期	按多套不同方案的工业指标圈定矿体和估算资源量,比较每个方案矿体形态复杂程度、资源/储量规模及利用率、预期经济效益,选择最佳方案,提出合理的工业指标,并按相关规定报请确认后执行。总结成矿规律,指出找矿方向和评估找矿前景	论证工业指标,构建成矿模式,提出找矿模型,指出找矿方向

6.3.1.5　后期工作

详查阶段后期须对矿体工业指标进行论证,按照多套不同方案的工业指标,圈定矿体和估算资源量,比较每个方案矿体形态复杂程度、资源/储量规模及利用率、预期经济效益,选择最佳方案,提出工业指标,并按相关规定确认后执行。

详查及勘探后期的综合研究重点是构建成矿模式,提出找矿模型,指出找矿方向。

6.3.2　矿床(区)地质的综合研究内容

6.3.2.1　主要研究内容

对矿床(区)地质的综合研究,要立足于区域背景条件,做到点面结合。研究矿床(区)地层、岩石、构造,影响矿体稳定程度的因素,矿化特征及控矿因素,各地质变量间的相关关系等。

6.3.2.2　地层

在区域地层层序基础上,根据矿区特点建立矿区地层层序,编制矿区地层综合柱状图及岩相、岩性对比图，建立含矿岩系，厘清含矿岩系在地层中的位置、关系，编制相关图件，确定变质岩地层单元。

6.3.2.3 岩石

首先要统一矿区岩石定名，确定沉积岩物质组分、岩性及岩石组合与矿化关系，确定矿区岩浆岩单元、岩性与矿化的关系；划分岩相岩带、侵入期次，确定岩浆岩层序；圈定与成矿相关的火山机构；研究变质岩层序、变质相带，研究变质作用与矿化关系及富集特征；研究岩石地球化学特征以及蚀变种类与矿化关系等。

6.3.2.4 构造

研究矿床在区域构造中的位置，控制矿床构造性质、序次、形态、产状。详查及勘探阶段要详细研究控矿、容矿及破坏矿体的构造特征及关系，确定其性质、规模、产状、位置以及工程对构造的控制程度。研究节理、裂隙、面(线)理、层理构造面以及它们与成矿及构造的关系。

6.3.2.5 影响矿体稳定程度的其他因素

研究内容随不同矿区不同成因矿床类型而定：

(1) 详查和勘探阶段，要加强对矿体夹层、矿化带和破坏矿体的无矿天窗、侵入体、脉岩、陷落柱等与沉积构造、岩相或构造裂隙的关系，圈定其分布范围。要注意研究各地质变量间的相关关系和地质变量与矿体稳定程度的关系。

(2) 褶曲发育与否对厚度稳定程度影响较大，因此，对于褶曲发育的矿区要加强褶曲构造的研究，在详查和勘探阶段需研究褶皱形态、轴向、规模及产状。小褶曲发育时应沿走向及倾向的一定范围研究其发育规律，如统计其长度、弧度、密度、断层性质、断距、规模产状及密集程度等。可用底板等高线图表达褶曲、断层发育程度。通过研究要研判勘探工程对构造的控制程度,划分构造复杂类型(简单、中等、复杂)。

6.3.2.6　其他专项研究

包括地球物理、地球化学、同位素地质学、水文地质学、古生物学及古地磁学等。

6.3.3　矿体(层)综合研究内容

对矿体的综合研究主要包括对矿体形态的研究和矿石组分及质量的研究。

6.3.3.1　对矿体形体的研究

对矿体态的研究主要有矿体的空间位置,矿体数量、形态,矿体规模、产状,矿体空间的厚度变化(沿走向及倾向),矿体态变化与控矿作用的关系,矿体与围岩的演变关系,矿体中夹石变化特征,等等。

矿体空间变化研究方法:详查和勘探阶段可用地形地质图、中段图、剖面图、垂直纵投影图或水平投影图、底板等高线图、矿体等厚线图、有用或有害组分分布等值线图和赋矿地层或矿层对比图等反映矿体特征。对明显受层位、岩相和构造控制的矿体(层),应研究其控矿作用与厚度变化的关系。对多矿层的矿区,应确定对比标志,进行矿层的对比,编制矿层对比图,必要时可编制三维立体图。在先期开采(首采)地段主矿体上覆的小矿体,应注意研究其规模、形态、产状及赋存规律、赋存范围等。

矿体大厚度的认定和处理,请参阅本手册第7章第7.4.4.5条。

6.3.3.2　矿石组分及质量研究

矿石组分及质量研究主要是指组分本身的特征及组分之间、组分与地质控矿因素之间关系的研究,可分为:

(1) 矿石化学组分特征的研究：要区分矿种、矿石类型，研究矿石中主元素组分、共生组分、伴生组分及有害组分的含量及变化特征、赋存状态，研究组分之间关系、组分在矿物中的分配率等。

(2) 矿石的矿物组成、结构构造研究：矿物组成包括矿石矿物及脉石矿物。研究各矿物种类、含量、粒度、晶体形态、嵌布方式、结晶世代、矿物生成顺序和共生组合关系。

(3) 对特殊矿种质量有特殊要求的，要围绕该矿种对物理性能等的特殊要求，研究其特征、含量、特性及与受控因素之间的关系。

(4) 除研究组分之间的关系外，还要研究化学组分及矿物组分相互关系及与地质因素、控矿因素的关系，如与矿体厚度及空间分布、构造的关系，与原生带、氧化带的关系，与矿石类型之间的关系，等等。通过统计计算变化系数、相关系数，研究物质组分之间、组分与矿体厚度之间的关系，以及沿倾向和走向的变化。

(5) 划分矿石自然类型和工业类型，研究其分布规律。

(6) 划分主矿体、次要矿体、小矿体或矿体群，研究其组分变化特征。

(7) 结合物质组分，并依据不同矿种的矿床工业指标、矿物成分、品位、物相分析资料和矿石加工选冶方法，研究、划分矿石自然类型、工业类型及品级，并将其界线(含推断界线)表示在综合图件上，评估探矿工程对其控制程度。

特高品位的认定和处理，请参阅本手册第7章第7.4.4.3条。

6.3.4 矿石加工选冶技术性能研究

6.3.4.1 研究范围、目的

矿石加工选冶技术性能资料综合整理研究，要为划分矿石自然类型、工业类型及品级提出选冶推荐方案(在当前技术经济条件下选冶

可行、指标先进、经济合理)，为论证工业指标合理性、评价矿床开发经济意义及矿床开发可行性评估提供依据。

主要关注如下内容：

(1) 矿石加工选冶样品代表性(代表性的内涵及措施)的研判。

(2) 矿石选冶特征：如物质组分赋存特征、矿石加工选冶的工艺矿物学特征、矿石加工选冶技术性能、共伴生矿产综合回收，矿石加工选冶技术经济指标(精矿品位、产率、回收率，尾矿品位及加工选冶成本等)，精矿多元素分析及尾矿查定结果统计分析，加工选冶流程的合理性及加工选冶效果。

(3) 为矿石自然类型、工业类型及品级划分提供依据及划分方案。

6.3.4.2　研究类别

主要有原矿选冶工艺学研究和矿石选矿技术试验研究两个方面：

(1) 原矿选冶工艺学研究，包括矿石化学组分多元素组成，原矿工艺矿物学特征测定(矿石密度、矿物组成、矿物结构、构造、嵌布特征、粒度组成及筛分测定)等；

(2) 矿石选矿技术试验研究，包括对矿石的选矿方法、选矿工艺流程、选矿条件及药剂配伍等进行多方案试验；研究矿石加工选冶工艺流程的适宜性、可靠性；主组分、共伴生组分回收方案；有害组分去除方案等。提供选别指标、精矿产品指标及推荐流程成果报告。

6.3.4.3　不同勘查阶段对矿石加工技术研究程度的要求

不同矿种的不同勘查阶段对矿石加工技术研究程度要求不一。综合研究的任务之一是判定在矿石的加工技术研究程度方面是否达到了相应勘查阶段对矿石加工技术研究程度的要求。

各勘查阶段矿石加工技术研究程度、适用范围如表6.2所示。

表6.2 各勘查阶段矿石加工技术研究程度、适用范围

勘查阶段	研究程度	适用范围	备注
预查	类比研究	一般矿石	类比试验主要收集资料与同类矿床类比：矿物组分、结构构造、嵌布特征、粒度大小、有害组分及影响、加工选冶条件等，以评述其矿石的选冶性能
	可选(冶)性试验	无可类比的或新类型矿石	
	实验室流程试验		
普查	类比研究	工业利用成熟、易加工矿石	
	可选性试验	工业利用尚有一定难度的矿石	
	实验室流程试验	无可类比、难加工选冶、新类型矿石	
详查	可选性试验	易选矿石	
	实验室流程试验	一般矿石	
	实验室扩大连续试验	难选冶矿石	
	试采试验	特殊矿种(石)要作特殊的加工技术研究，如饰面石材要作锯、磨、抛光性能及光泽度、板材率等试验研究	
勘探	实验室流程试验	易选矿石	
	实验室扩大连续试验	一般矿石、难选矿石	
	半工业试验	大型矿山、难选矿石、新类型矿石	

矿石各类加工技术研究试验性质、任务、条件、样品重量如表6.3所示。

表6.3　矿石各类加工技术研究试验性质、任务

试验种类	试验性质、目的	试验任务	试验条件	样品重量
类比研究试验	通过对比，评述其矿石选冶性能	与邻近已开发的同类矿山进行矿石特性资料对比，或简单的对比验证试验；主要内容是研究对比矿石的矿物组分、结构构造、颗粒嵌布特征、粒度大小、有害组分及其影响加工选冶条件等	搜集资料	
可选(冶)性试验	判别试验对象能否作为工业原料利用	采用当前具有工业意义的加工选冶方法和常规流程，以获取目的产品的技术指标(如精矿品位、尾矿品位、回收率等)。样品要区分矿石类型、品级，浅部、深部，按其所占比重进行百分组合，并要分布于整个矿区，以确保其代表性。最多做一次开路试验	实验室条件下进行	样重50～100 kg
实验室流程试验	对矿石加工选冶流程进行试验研究，为建选矿厂提供选矿生产资料	对流程的结构、流程的条件、药剂配伍、精矿指标进行多方案对比试验，取得矿石可选性详细资料，确定最优的矿石选矿加工方法和工艺流程。一般要有闭路试验结果	依靠实验室小型设备完成	样重300～1000 kg

续表

试验种类	试验性质、目的	试验任务	试验条件	样品重量
实验室扩大流程试验	模拟工业生产的实验室连续稳定试验。检验选厂工艺流程的可行性,确定在工厂条件下合理的技术经济指标	对实验室流程试验推荐的一个或数个流程,在串组为连续的类似生产状态的操作条件下进行试验。在动态平衡中反映试验因素和技术指标,且试验达到稳定并延续一段时间	用实验室型的连续加工选冶设备开展试验,试验条件和结果均接近工业生产	样重 5000～25000 kg
半工业试验	验证实验室扩大连续试验结果。最后检验选矿工艺流程的合理性和校核技术经济指标	常用于在生产上无先例而又要进行工业设计或工业评价的新矿种、新方法、新流程、新设备和大型矿床的试生产试验	工业模式在专门的试验车间或工厂进行试验	根据工厂规模、试验时间、设备能力等因素确定,一般重量较大
工艺试验	对建材和冶金辅助原料等矿产进行工业利用的特种品质的工艺试验	勘探高岭土、耐火黏土、难熔黏土、易熔黏土、亚黏土和作矽砖用的石英砂等矿产时,除根据它们不同的工业用途作岩矿鉴定、差热分析、X射线分析、粒度分析和化学全分析等研究外,同时还要作各种工业利用的工艺性能试验,试验要求和项目随矿种而异。其试验要求和项目,种类繁多,要参考相关的单矿种地质勘查规范	实验室或专业生产车间	样品重量、规格由勘查单位与勘探出资方、承担试验单位商定

现行的单矿种地质勘查规范对各矿种的各勘查阶段矿石加工技术研究程度要求可归纳为表6.4。

表6.4　部分地质勘查规范矿石加工技术研究程度

规范名称	预查	普查	详查	勘探
《铁、锰、铬矿地质勘查规范》(DZ/T 0200—2002)	对已发现的矿体进行类比研究，作出矿石是否可选的预测	对一般矿石进行类比研究，作出是否可作为工业原料的评价；组分复杂、粒度较细，国内尚无成熟生产经验的矿石，要进行可选性试验或实验室流程试验	研究矿石的选冶和加工技术条件，作出工业利用方面的评价。对生产矿山附近的、有类比条件的易选矿石，可以类比评价，不进行可选(冶)性试验；对需选矿石，一般情况下进行可选(冶)性试验或实验室流程试验；对难选矿石或新类型矿石，应当进行实验室扩大连续试验	应详细研究矿石的选冶和加工技术条件；对有类比矿山的易选矿石，进行可选(冶)性试验或实验室流程试验；对需选矿石一般进行实验室流程试验，必要时进行实验室扩大连续实验；对难选矿石，进行半工业试验，必要时应做工业试验，以选择最佳工艺流程
《铜、铅、锌、银、镍、钼矿地质勘查规范》(DZ/T 0214—2002)	类比研究，作出是否可选的判断和预测	一般进行矿石选(冶)性能的对比研究。对组分复杂、粒度较细、国内尚无成熟选(冶)经验的矿石，应进行可选性试验，作出工业利用方面的初步评价	应初步查明主要矿石类型的选(冶)性能。一般情况下应进行矿石可选(冶)性试验或实验室流程试验；对生产矿山附近有类比条件的易选矿石可以进行类比评价，对难选或新类型矿石要进行实验室扩大连续试验，作出能否工业利用的评价	易选矿石作实验室流程试验；如矿石物质组分复杂、综合利用价值又较高，或为新类型矿石，必要时还需进行实验室扩大连续试验；大中型矿床难选矿石应进行半工业试验，必要时做工业试验，为确定最佳工艺流程提供依据

续表

规范名称	预查	普查	详查	勘探
《钨、锡、汞、锑矿地质勘查规范》(DZ/T 0201—2002)	类比研究，预测是否可选	一般类比研究初步评价可否利用，对组分复杂、粒度较细、国内尚无成熟选(冶)经验的矿石，应进行可选性试验或实验室流程试验	进行矿石可选(冶)性试验或实验室流程试验，对生产矿山附近的、有类比条件的易选矿石可以进行类比评价，对难选矿石或新类型矿石应进行实验室扩大连续试验	进行实验室流程试验、实验室扩大连续试验；有类比条件的矿山，易选矿石进行实验室流程试验；难选矿石或新类型矿石进行半工业试验大型矿山作工业试验
《岩金矿地质勘查规范》(DZ/T 0205—2002)		十分成熟的易选矿石作类比试验，对无可类比和新类型矿石作可选(冶)性试验或实验室流程试验	基本查明选(冶)性能，易选矿石作类比试验，一般矿石作可选(冶)性试验或实验室流程试验，难选矿石或多组分矿石作实验室连续试验	对可类比矿石作实验室流程试验，一般矿石作实验室流程试验；难选矿石或新类型矿石实验室扩大连续试验和半工业试验
《铝土矿、冶金菱镁矿地质勘查规范》(DZ/T 0202—2002)	不作具体要求	类比研究	对矿石利用性能作出评价。铝土矿作初步可溶性试验；菱镁矿作选(冶)性试验；新类型或组分复杂矿石作实验室流程试验	铝土矿作详细可溶性试验；菱镁矿作实验室流程试验；新类型或组分复杂矿石作实验室扩大连续性试验

续表

规范名称	预查	普查	详查	勘探
《高岭土、膨润土、耐火黏土矿地质勘查规范》(DZ/T 0206—2002)		与已生产的有类比条件的矿石进行类比研究	对有类比条件的易选矿石进行类比评价，或作可选性试验、实验室流程试验；难选或新类型矿石作实验室扩大连续试验	对有类比条件易选矿石作可选性试验、实验室流程试验；需选矿石作实验室流程试验；难选矿石或新类型作半工业试验。膨润土作应用技术试验，必要时高岭土、耐火黏土作半工业试验
《冶金、化工石灰岩及白云岩、水泥原料矿产地质勘查规范》(DZ/T 0213—2002)	搜集资料，类比研究	加工技术对比研究，作出能否作为工业原料的评价	根据投资者要求，作加工技术研究	熔剂灰岩作耐磨耐压试验；冶金、化工石灰岩及白云岩作煅烧试验、水洗试验；水泥原料作实验室规模可用性试验
《玻璃硅质原料、饰面石材、石膏、温石棉、硅灰石、滑石、石墨矿产地质勘查规范》(DZ/T 0207—2002)	类比研究	大致查明主要矿石类型、加工技术性能。一般矿石类比研究，初步评价可否工业利用；需选矿石作可选性试验或实验室流程试验	基本查明矿石类型、技术加工性能。需选矿石进行可行性试验或实验室流程试验；难选或新类型矿石作实验室扩大连续试验；附近有类比条件易选矿石作类比试验	详细查明主要矿石类型及加工技术性能。需选矿石作实验室流程试验或实验室扩大流程试验；有类比条件的易选矿石作可选性或实验室流程试验；难选或新类型矿石作半工业试验。石膏矿如有类比条件者进行类比评价；硅灰石矿进行手选试验；新类型矿石根据业主要求作加工技术利用试验

续表

规范名称	预查	普查	详查	勘探
《砂矿(金属矿产)地质勘查规范》(DZ/T 0208—2002)		类比试验;新类型矿石作可行性试验	可行性试验、实验室流程试验	可行性试验、实验室流程试验;难选矿石作实验室扩大连续试验

6.3.5 矿床(区)勘查工作程度的综合研究

6.3.5.1 概述

各勘查阶段,对于勘查工作的工作(研究)程度,在各单矿种勘查规范中都有严格的要求。它们主要体现在7个方面:① 地质特征;② 矿石质量;③ 矿石加工选冶技术;④ 矿床开采技术条件;⑤ 综合勘查、综合评价;⑥ 探矿工程控制程度;⑦ 其他勘查工作是否落实到位。

对勘查中的工作(研究)程度不足的部分,要及时部署补课工作,以确保勘查工作质量。

6.3.5.2 矿产勘查研究程度的关注要点

1. 研究勘查工程控制程度

主要从下述5个方面入手:① 矿体规模;② 主矿体形态和内部结构;③ 主矿体厚度稳定程度;④ 矿石质量稳定程度;⑤ 矿床构造、岩浆岩、岩溶对矿体的影响和破坏程度等。要研究其特征、规律,确定勘查类型,论证工程间距的合理性。

勘查工程控制程度的研究侧重点是:

(1) 矿体总体控制情况。

(2) 主矿体(资源/储量占全矿70%左右者)控制程度。有效控制主要体现在对主要矿体的工程控制网度,矿体连接情况,对厚度、品位变化的控制情况,构造控制程度等是否满足相应规范的要求。通常通过不同工程间距网度(稀释或加密)估算资源/储量,以论证工程间距是否合理。

(3) 出露地表的矿体边界必须有工程控制,其工程密度应在勘查网度的基础上加密。

(4) 盲矿体的矿头部分要加密控制。

(5) 破坏矿体的构造、破碎带、脉岩,要实施工程控制。

(6) 与主矿体能同时进行开采的小矿体要适当实施加密工程。

(7) 地下开采矿体要重点确保矿体两端、上下界面和延伸情况的控制。

(8) 拟露采的矿床,要注重矿体四周边界和采场底部的控制。

2. 分析研究矿床工业指标的合理性

要对项目所采用的工业指标的来源和依据的合理性、合法性进行鉴别和确认评估。

对于矿产工业指标,各矿种地质勘查规范均附有参考指标。实际操作时,应该由矿产勘查投资者依据国家规定和本企业的实际向勘查单位下达,详见本手册第7章第7.2节。

3. 检查各类资源/储量分布、占比

矿产勘查查明的各级资源/储量占比,反映了对矿床的勘查程度。旧的规范对矿产勘查各个阶段查明的各级资源/储量有相关规定,后来的规范虽没有具体规定,但实际要求更高:要求探明及控制的资源/储量占比满足矿山还本付息所要求的比例;最新的规范GB/T 33444—2016对各勘查阶段查明各类别储量占比有明确规定,详见本手册第7章第7.4.11条及表7.17。

4. 研判对矿床开发的可行性

研究矿床开发的可行性,主要体现在:技术上是否可行、环境是否允许、经济上是否合理、矿床(矿种)开发是否符合国家和地方经济社会发展的政策、矿床是否有进一步工作的价值等。通过评判矿床开发经济意义预可研报告、可研报告结论的合理性、可信性来实现。详情请参阅本手册第8章"矿床开发经济意义研究、评价"。

6.3.6 矿床(区)开采技术条件的综合研究

矿床(区)开采技术条件的综合研究主要针对矿区的水文地质、工程地质、环境地质方面。各矿种的勘查规范对各勘查阶段的矿床开采技术条件研究工作作了具体要求,应按照规范要求开展工作并检查其执行程度。

对于矿床开采技术条件的研究,各勘查阶段的研究内容有所不同,与矿种、矿床规模、开采方式、矿床开采技术条件复杂程度等有关,从总体上讲,综合研究的内容可归纳为:搜集资料,划分水、工、环地质单元,划分和论证开采技术条件勘查类型,计算相关参数,阐述影响矿床开发的主要(水、工、环)问题,确定勘查对象(水、工、环)工作重点和评判其工作程度,评述矿区水、工、环现状,预测矿床开采的可能影响,提出防治建议等。围绕这些内容,开展勘查程度、工作质量检查和综合研究,对工作程度不到位的,要提出补课建议。开采技术条件综合研究的侧重点建议为:

(1) 检查资料收集是否齐全。

(2) 相关工作(工程)布置及完成程度是否满足设计及规范要求。

(3) 各类水、工、环样品采样代表性是否达标。

(4) 对矿床(区)水、工、环地质特征进行归纳总结。

(5) 规范要求的水、工、环以外的开采技术条件及工作进行程度,如矿石体积质量、湿度、块度、软化性、松散系数、安息角,围岩及矿体中有毒、有害、放射性物质背景情况，地温、地压测定情况等的勘查是否满足规范要求，工作质量是否达标。

根据《固体矿产勘查地质资料综合整理综合研究技术要求》(GB/T 0079—2015)，各勘查阶段对矿床开采技术条件的研究要求可归纳为表6.5。

表6.5 矿床开采技术条件勘查主要任务

<table>
<tr><th rowspan="2">勘查阶段</th><th colspan="4">勘查任务</th></tr>
<tr><th>水文地质</th><th>工程地质</th><th>环境地质</th><th>其他开采技术</th></tr>
<tr><td>预查</td><td colspan="4">搜集相关资料，不开展专门水、工、环地质工作</td></tr>
<tr><td>普查</td><td>大致了解水文地质条件，大致划分含水层、隔水层</td><td>简要评述勘查区工程地质条件</td><td>初步了解勘查区自然地理环境、地质灾害现状，研究区域稳定性，大致划分矿区地质环境质量类别</td><td>初步了解其他开采技术条件</td></tr>
<tr><td>详查</td><td rowspan="2">划分勘查区水文地质勘查类型和水文地质条件复杂程度。矿坑涌水量预测及编撰预测图，提出矿坑防排水措施，提出地下水综合利用和防污染建议，指出供水水源方向</td><td>划分岩(土)体工程地质岩组，研究软弱岩组的性质、产状、分布及矿层顶底板岩性、厚度及稳定性。划分工程地质勘查类型及工程地质条件复杂程度</td><td>研究自然地质作用发育程度、活动性、分布规律、现状与发展趋势及其对矿床开采的影响，提出初步的防治措施建议，初步划分矿区地质环境质量类别</td><td rowspan="2">搜集汇总有毒有害物质、放射性核素等背景情况，研究其在粉尘和水中含量，圈定影响范围。研究地热、地压，圈出灾害区。了解老硐、停采矿井、小窑的分布范围和充填情况，进行资料汇总、综合研究，圈定其范围</td></tr>
<tr><td>勘探</td><td>研究氧化带、岩体风化深度及蚀变程度，变质带片理、面理以及构造带等的特征和分布，顶底板、矿层、夹石力学性质，划分工程地质勘查类型和工程地质条件复杂程度。露采矿山边坡稳定性，预测边坡可能滑动变形地段范围</td><td>研究开采引起的地下水位影响范围，尾矿库、矸石山、废石堆放影响范围，地面变形破坏范围，废渣废水污染测评，对生产和居民生活、生态环境构成的危害作出评价和防治意见，提出废石利用建议，划分矿区地质环境质量类别</td></tr>
</table>

6.3.7 矿床类型研究

矿床类型可分为成因类型、工业类型、勘查类型。综合研究的任务是对所勘查的矿床,根据其特征论证其所属的类型。

6.3.7.1 成因类型

矿床的成因类型是指按照矿床形成作用及成因划分的矿床类型,可分为:

(1) 按照成矿作用,矿床可划分为内生矿床、外生矿床、变质矿床、叠加和再生矿床。

(2) 按照矿床成因,矿床可划分为岩浆矿床、伟晶岩矿床、接触-交代(矽卡岩)矿床、气成-热液矿床、火山成因矿床、风化矿床、沉积矿床、变质矿床、叠生矿床等。

对矿床成因类型的划分,有助于深入理解矿床的形成机理、时空分布条件,合理地开展找矿勘探工作。

在矿产勘查各阶段均应注意收集矿床成因的资料,并视需要与可能进行成因综合研究。研究内容可根据勘查阶段的特点、矿种、矿床类型而有所侧重。

6.3.7.2 工业类型

按照对矿石的工业利用属性,矿床可划分为金属矿床、非金属矿床、能源矿床、宝玉石矿床、水气矿床等。

矿床的工业类型是指根据矿床在工业上的使用价值和现实意义,按矿石加工工艺特征和加工方法划分的矿床类型,它建立在矿床成因类型的基础上。对多数矿产来讲,其成因类型是多种多样的,但在工业上起重要作用并作为找矿主要对象的,常常是其中的某些类型。以铁矿为例,它的矿床成因类型多达十几种,但就世界范围来讲,工业价值较大的主要有沉积变质型(占60%)、海相沉积型(占30%)和热液、岩浆型等。

工业类型的划分是从矿床工业意义的大小着眼的。划分工业类型的目的在于突出有重要意义的矿床类型,作为找矿和研究工作的重点,以便深入研究它们的地质特点、形成过程和分布规律。

6.3.7.3 勘查类型

1. 勘查类型意义

按矿床的主要地质特点及其对勘查工作的影响(勘查易难)程度所划分的矿床勘查类型,是正确选择勘查方法和手段、合理确定勘查工程间距(证实矿体的连续性)以及对矿体进行有效控制和圈定的基础。

2. 勘查类型划分

勘查类型要以一个或几个主矿体为主,对巨大的矿体,也可根据不同地段勘查的易难程度分段确定勘查类型。按矿床地质特征将勘查类型划分为简单(Ⅰ)、中等(Ⅱ)、复杂(Ⅲ)三类,且允许有过渡类型,即“类型三分、允许过渡”。

3. 划分依据

划分矿床勘查类型依据的“五大地质因素”,各单矿种矿产地质勘查规范都有具体的定量指标规定,大致可分为数据区间、变化系数、夹石率、岩溶率、类型系数等。

各地质因素对勘查类型的影响程度随矿种、矿区不同而异。总的原则是以引起增大勘查难度最大的变量为确定勘查类型的主要依据。如某金矿床,规模为“中等”、矿体形态变化为“中等”、厚度变化为“较稳定”、构造及脉岩影响程度为“小”、主要有用组分分布均匀程度为“不均匀”。由于其主要有用组分分布均匀程度为“不均匀”,是增大勘查难度的最大变量,该矿床勘查类型应以主组分不均匀为主要依据,确定为第Ⅲ类勘查类型或Ⅲ类偏Ⅱ类勘查类型。

4. 关于类型系数

部分勘查规范,如《铜、铅、锌、银、镍、钼矿地质勘查规范》(DZ/T 0214—2002)、《铝土矿、冶镁菱镁矿地质勘查规范》(DZ/T 0202—2002),启用了"勘查类型系数总和"来确定勘查类型,其实质是对各地质因素(变量)的影响程度在勘查类型系数中赋予不同的权值。如"DZ/T 0214—2002"论及的五大地质因素中,主矿体的规模大小对勘查难易程度影响最大,其赋值在类型系数总和中约占30%;构造对矿体形状的影响与矿体规模有间接联系,影响最小,其赋值在类型系数中约占10%或更低,其余各因素赋值各占20%。如表6.6所示。

表6.6 部分地质勘查规范中勘查类型依据的地质变量

规范名称	确定勘查类型的地质因素(变量)						备注
	矿体规模	矿体形态变化程度	矿体厚度稳定程度	矿体内部结构复杂程度	构造、脉岩影响程度	有用组分分布均匀程度	
《岩金矿地质勘查规范》(DZ/T 0205—2002)	√	√	稳定(V_m<80%)		√	均匀(V_c<100%)	
			较稳定(V_m 80%~130%)			较均匀(V_c100%~160%)	
			不稳定(V_m>130%)			不均匀(V_c>160%)	
《铁锰铬矿地质勘查规范》(DZ/T 0200—2002)	√	√	简单(V_m<50%)		√	均匀(V_c<50%)	
			中等(V_m 50%~100%)			较均匀(V_c 50%~100%)	
			复杂(V_m>100%)			不均匀(Vc>100%)	

续表

规范名称	确定勘查类型的地质因素(变量)						备注
	矿体规模	矿体形态变化程度	矿体厚度稳定程度	矿体内部结构复杂程度	构造、脉岩影响程度	有用组分分布均匀程度	
《钨、锡、汞、锑矿地质勘查规范》(DZ/T 0201—2002)	√	√	√	√	√	√	
《高岭土、膨润土、耐火黏土矿地质勘查规范》(DZ/T 0206—002)	√	√	稳定(V_m<40%) 较稳定(V_m 40%~70%) 不稳定(V_m>70%)	线或面夹石率：简单(<10%)；中等(10%~20%)；复杂(>20%)		简单(V_c<20%) 中等(V_c 20%~30%) 复杂(V_c>30%)	
《玻璃硅质原料、饰面石材、石膏、温石棉、硅灰石、滑石、石墨矿产地质勘查规范》(DZ/T 0207—2002)	√	√	稳定(V_m<40%) 较稳定(V_m 40%~70%) 不稳定(V_m>70%)	线或面夹石率：简单(<10%)中等(10%~30%)；复杂(>30%)		稳定(V_c<40%) 较稳定(V_c 40%~70%) 不稳定(V_c>70%)	
《冶金、化工石灰岩及白云岩原料矿产地质勘查规范》(DZ/T 0213—2002)		√	稳定(V_m<40%) 较稳(V_m 40%~70%) 不稳定(V_m>70%)	岩溶率：不发育(<3%)较发育(3%~10%)发育(>10%)		岩浆岩与变岩：不发育、较发育、发育	

续表

规范名称	确定勘查类型的地质因素(变量)						备注
	矿体规模	矿体形态变化程度	矿体厚度稳定程度	矿体内部结构复杂程度	构造、脉岩影响程度	有用组分分布均匀程度	
《铜、铅、锌、银、镍、钼矿地质勘查规范》(DZ/T 0214—2002)	小型(0.1～0.3)	简单(0.6)	稳定(0.6)		小型(0.3)	均匀(0.6)	数据为类型系数。类型系数之和：Ⅰ类(2.5～3.0) Ⅱ类(1.7～2.4) Ⅲ类(1～1.6)
	中型(0.3～0.6)	中等(0.4)	较稳(0.4)		中等(0.2)	较均匀(0.4)	
	大型(0.9)	复杂(0.2)	不稳定(0.2)		复杂(0.1)	不均匀(0.2)	
《铝土矿、冶镁菱镁矿地质勘查规范》(DZ/T 0202—2002)	√	简单(0.6)	稳定(0.9)	简单(0.6)	影响小(0.3)	√(次要)	数据为类型系数。类型系数之和：Ⅰ类(2.5～3.0) Ⅱ类(1.9～2.4) Ⅲ类(1.0～1.8)
		中等(0.4)	较稳定(0.6)	中等(0.4)	影响中等(0.2)		
		复杂(0.2)	不稳定(0.3)	复杂(0.2)	影响大(0.1)		

注：表中标“√”者，为确定勘查类型时要依据的地质变量因素之一。V_m：厚度变化系数，V_c：品位变化系数。

6.3.7.4 矿床类型研究任务

各个勘查阶段对矿床类型研究有所不同,应视具体情况确定其侧重点(任务)。各阶段矿床类型研究任务可归纳为表6.7。

表6.7 各勘查阶段矿床类型研究任务

勘查阶段	矿床类型研究任务	矿床类型分类				
		成因类型	工业类型	勘查类型	成矿模式	找矿模式
预查	搜集区域资料,围绕确定找矿靶区,初步研究可能的矿床成因类型	√				
普查	综合分析矿床地质特征、矿床地球化学特征,初步研究矿床成因类型、控矿因素,总结矿化富集规律。如果发现了矿产,初步研究其勘查类型	√		√		
详查	根据勘查区成矿作用与地层、岩浆活动、变质作用、构造作用的时空关系,研究岩性、岩相、构造、古地理、围岩蚀变、矿化作用等与矿化富集和矿体分布规律的关系,研究矿床的成因类型、工业类型、勘查类型	√	√	√		
勘探	综合研究成矿环境、成矿物质来源及运移规律,研究后生作用与矿化富集或贫化的关系,研究盲矿体的赋存条件和形成规律;根据矿体的时空分布规律和控矿因素,研究矿体(床)的早期就位与后期改造、剥蚀、埋藏、保存之间的相互关系,确定矿床(体)的找矿标志,指出找矿方向,研究矿床成矿模式	√	√	√	√	
后期	对典型的大、中型矿床,提交矿区找矿远景的评价报告。有条件时开展成矿模式、找矿模式或成矿系列专题研究				√	√

注:表中标"√"者,为需侧重研究的矿床类型。

6.3.8 找矿前景综合研究

6.3.8.1 概述

矿区找矿前景综合研究，是通过矿床勘查获得成矿作用、矿床成因的新知，进而对区域成矿规律进行修正、补充、完善，提出新的成矿论断和找矿前景评估，指导新的找矿和矿产勘查工作。它主要通过如下工作实现：

(1) 编制矿区地质研究程度图和区域矿产图。整理、检查、鉴别、评述所有收集到的矿区和矿区外围地质、矿床、矿点、矿化点、物探及化探(含重砂)异常点(区、带)、遥感、岩矿鉴定、测试等资料，研究、总结找矿标志。

(2) 修编区域地质图、区域地质构造图、区域矿产图或根据需要编制构造-矿产图、构造-岩相图和岩相古地理图等，分析区域地质史、区域成矿地质条件及成矿规律。

(3) 编制矿区物探及化探平面图、剖面图。综合研究物探及化探背景、异常特征、分布规律与地质背景的关系，综合研究区域内矿种的成因类型、形成时间、空间分布及其特征。

(4) 编制矿区找矿前景相关图件，预测矿区找矿方向，确定下一步工作的重点区域。

(5) 编写上述各类图件的编图说明书，阐述修编内容和依据，总结成矿规律新知。

随着地质工作和综合研究工作的深入，应根据新资料和新认识对已有成果进行修正。当对区域成矿规律有新认识时，应对已做过结论的矿区(点)或物探、化探资料进行重新研究和评价。

6.3.8.2 基本原则

1. 贯穿始终

对矿床成因的综合研究,要贯穿于矿床勘查的始终。通过以下两个方面实现:

(1) 成矿作用与各地质要素(地层、岩浆活动、变质作用、构造变动)的时空关系研究。

(2) 矿化富集及矿体分布与各地质要素(岩性、岩相、围岩蚀变、矿化作用)的关系研究。

2. 各有侧重

各个勘查阶段,对矿床成因的研究侧重点不同:

(1) 详查和勘探的初期,对矿床成因作初步研究。主要侧重于对矿床(体)形成的机理及物质成分的特征作初步研究,方法是运用地质学、地球物理学、地球化学、矿物学、热力学方法等。

(2) 勘探阶段,对矿床成因要作详细研究。主要内容有:

① 综合研究矿床地球物理、地球化学特征及地质特征。

② 研究成矿环境、成矿物质来源及运移规律。

③ 研究后生作用与矿化富集或贫化的关系。

④ 研究盲矿体的赋存条件、形成规律。

⑤ 根据矿体的时空分布规律和控矿因素,研究矿体(床)的早期就位与后期改造、剥蚀、埋藏、保存之间的相互关系等。本阶段对矿床(体)的成因研究,应提出矿床(体)找矿标志,建立找矿模式,指明找矿方向。

(3) 勘探阶段后期,对典型的大、中型矿床应开展成矿模式、找矿模型或成矿系列的专题研究。

6.3.9 资源/储量估算综合研究

资源/储量估算综合研究，主要围绕矿床工业指标研究、矿体圈定与连接研究、资源/储量估算方法选取、估算参数的确定、数据计算正确性、估算结果汇总等内容展开。

6.3.9.1 矿床工业指标研究

1. 研究内容

矿床工业指标研究，主要是研究本矿床工业指标选取的合法性、可行性、合理性。它们是资源/储量计算的前提。

矿床工业指标包含两个部分内容：矿石质量指标、矿床开采技术条件指标。

矿石质量指标包括边界品位（边际品位）、最低工业品位、最低工业米·百分值（米·克/吨值）、含矿系数、最低综合工业品位、矿床平均品位、伴生有用组分含量、有害组分允许含量、物理和化学特性要求等。

矿床开采技术条件指标包括最小可采厚度、夹石剔除厚度、无矿地段剔除长度、平均剥采比、边坡角、勘查（开采）深度等，部分矿种根据具体用途还有一些特定要求（如部分非金属矿使用的物理性能指标等）。

2. 合理选取工业指标

合理的矿产工业指标，必须是矿床开发当前技术上可行、经济上盈利、国家和地方政策上允许的。它通过矿石加工技术条件（选矿）试验和矿床开发经济意义评估提供基础资料和评估结论。

在各单矿种勘查规范中给出了参考工业指标，可作为一般矿床勘查的工业指标的合法依据，也可以参考采用邻区同类矿床指标类比确定。如果是新类型矿种，应该通过矿石加工技术（选矿）试验和矿床开发经济意义评估予以确认。

矿产工业指标应该由矿产勘查投资者依据国家规定和本企业实际情况向勘查单位下达。

预查、普查阶段工业指标可采用规范给出的“一般工业指标”，亦可类比已知矿床(山)的地质特征、工业指标、选冶条件等，并根据对所勘查矿床的矿石自然类型、工业类型、未来矿山可能的开采方式和加工选冶方法等应用条件的初步认识，合理选取工业指标。

详查阶段及以上阶段工业指标应根据矿床地质特征及开采技术条件、矿石质量及加工选冶性能以及矿山内外部建设条件等，按不同的工业指标方案对矿体进行试圈，试算资源/储量，比较不同方案连接矿体的连续性及其形态、资源/储量规模，提出矿床工业指标的建议方案。详查阶段进行过矿床工业指标论证的，勘探阶段应进一步分析研究矿床工业指标的合理性，必要时应重新论证工业指标。工业指标的选取如表6.8所示。

表6.8　工业指标的选取

勘查阶段	工业指标选取
预查、普查	采用“一般工业指标”或采用类比的邻区同类矿床工业指标
详查、勘探	按不同的工业指标方案试圈矿体，试算资源/储量，对比、论证工业指标；通过矿床开发经济意义研究评估，确认工业指标合理、经济、可行

3. 履行工业指标论证报批手续

由专业单位(具有矿山建设设计相应资质的单位)依据国家有关产业与技术经济政策和市场需求，结合地质勘查单位提出的矿床工业指标建议，综合考虑国土资源部矿产开发利用“三率”[开采回采率、选(冶)矿回收率、综合利用率]等，对矿床工业指标进行技术、经济论证，提出推荐的矿床工业指标。由矿产勘查投资者下达工业指标，并向省级及以上的自然资源(矿产资源)管理部门履行报批手续。

6.3.9.2 矿体圈定与连接研究

矿体圈定与连接的基础是矿体边界线,基本操作程序为:先圈定单个工程中矿体边界点→在剖面上将相邻工程对应的矿体边界点相连接,完成勘查线剖面上的矿体边界线圈定→在平面图上将相邻剖面控制的矿体边界线连接,即完成矿体圈定。

矿体圈定与连接综合整理研究的侧重点主要是:

(1) 单工程中圈矿严格执行工业指标。正确圈定工业矿、低品位矿及“穿鞋戴帽”(本手册第7.3.2条)等的圈矿。

(2) 剖面上矿体连接,要把握以下几点:① 先连地质界线和构造线,再根据主要控矿地质特征连接矿体,不能“不管地质背景,见矿连矿”;② 正确界定剖面上相邻工程间、剖面与剖面间对应矿体;③ 工程间推断的矿体厚度不得大于工程实际控制的厚度。

(3) 剖面间矿体连接:根据矿区地质、构造、矿化规律,研究矿体空间展布特征,合理连接剖面线之间矿体界线点,再圈定矿体。研究无矿天窗、富矿块段、贫矿地段圈定的合理性及其分布特征。

(4) 要按矿体、块段、类型分别连接和估算资源/储量;详查和勘探阶段所有资源/储量估算参数必须实测取得,且在数量和分布上有代表性,不能用其他方法(如类比法)获得;矿体任意地段的厚度,不得大于相邻地段工程实际控制的厚度。

矿体具体圈定与连接及资源/储量估算,详见本手册第7章第7.3、7.4节。

6.3.9.3 资源/储量估算方法选取

1. 估算方法

根据矿体(层)地质特征、工程控制程度等因素,研究估算方法选择是否合理。要通过对不同估算方法计算的资源/储量误差的对比来评判。详见第7章第7.4.8条。

2. 估算参数的确定、数据计算正确性

无论采用传统的几何法还是使用现代的储量计算方法，储量计算的数据主要是储量计算的参数——矿体或块段的面积(S)、矿体平均厚度($\bar{m}$)、矿石平均体重($\bar{D}$)、平均品位($\bar{C}$)，以及由各参数计算的矿体或块段的体积(V)、矿体及块段的矿石量(Q)和有用组分的金属量(P)等数据。通过绘制相关图件、编制各类表格，进行参数的测定和计算。

本阶段的综合研究，一是要检查、判定各类参数的获取(测定)方法的合理性、数据测量精度，计算方法、数据计算等是否正确、合理，编制的表格、图件是否合理、齐全等；二是总结数据特征规律；三是检查、判定大厚度矿体、特高品位矿石的界定标准和处置办法的合理性，检查其实施情况。相关内容请参阅本手册第7章“固体矿产资源/储量估算”。

3. 资源/储量估算结果汇总表

资源/储量估算的最终结果应该编制相关总表。表格式样请参阅本手册附录13中附表13.2、附表13.3、附表13.4。

6.3.10　勘查资料综合研究方法、手段

矿产勘查地质资料综合研究方法、手段很多，但其表达方式可归纳为图件、表格及数据特征值三大类。一般的研究方法有典型剖面研究法、三维空间研究法、数学工具研究法、图表研究法等。

6.3.10.1　典型剖面研究法

选择有代表性的数条剖面，对各类样品试验测试成果、地质观察记录、物化探测量成果等，作剖面特征汇总、典型总结。即将所有地质

现象、信息资料集中到剖面上作典型解剖,这是一种效能较高的研究方法。

6.3.10.2　三维空间研究法

三维空间研究法指通过平面图、中段图、垂直断面图,从三维空间研究地质规律。通过现代计算机技术的应用,还可直接绘制三维空间立体图件。

区域规律的研究图件有区域地质图、区域构造(纲要)图、典型矿床的矿区地形地质图、矿区代表性剖面图、勘查线储量计算图(平面图或剖面图)、地层柱状图等。区域地质规律的研究主要依靠编制这些图件并进行综合研究来实现。

矿体(层)规律的研究图件有矿区地质图,矿层对比图,储量计算平面图(水平断面图),勘查线剖面(储量计算)图,矿体顶、底板等高线图,矿体平面等厚度图,元素等值线平面(剖面)图,物化探综合异常平面图等,矿区地质规律的研究主要依靠编制这些图件并进行综合研究来实现。

矿体形态及品位变化规律图件包括沿走向或倾向及空间的变化曲线图、变化系数变化曲线图、各元素之间或元素与厚度相关关系散点图等。

作上述图件,先要建立相应的基础资料表格。

6.3.10.3　数学工具研究法

运用数学(数理统计)工具,计算、对比研究地质变量的特征值,以此来总结、描述地质规律。常用的有厚度、品位、体重等的平均值、均方差、变化系数、相关系数等。勘查类型的确定、勘探网度的论证,常用到厚度变化系数、品位变化系数;平均体重的计算,常用到体重与品位相关系数、回归方程等。

对于变化系数,全矿区的变化系数描述整个矿区某一地质变量的分散、集中变化程度,要用各种地质变量的全体进行统计计算求得。矿区品位变化系数的计算要以统计单元中的所有单样样品品位参与统计计算求取。不能用工程、勘查线、块段变化系数值逐级平均求取。

变化系数的具体计算方法,请参阅本章6.7.2条“随机变量的数字特征值计算”。

6.3.10.4 图表研究法

图表研究法指系统地作图、列表计算来研究地质规律,例如某地质变量的变化曲线图、对比图,应先作表格进行统计计算后再作图。

6.3.10.5 局部辅助研究法

如对于大厚度矿体或无矿天窗地段或特殊地质现象,可通过作多方向的短剖面等辅助手段来研究其变化特征。

6.3.10.6 特征值计算公式

地质变量特征值主要有算术平均值、几何均值、加权平均值、极差、标准差、相关系数、变化系数(变异系数)等,其计算公式、计算方法参见本章6.7.2条的表6.11、表6.12。

6.3.11 矿床开发经济意义研究

矿床勘查,必须对矿床开发的经济意义进行研究、评价。《固体矿产地质勘查规范总则》(GB/T 13908—2002)规定,矿床开发的经济意义研究包括概略研究、预可行性研究、可行性研究三个阶段。各阶段对地质勘查工作的要求、基本的必备条件、工作目的、工作内容、主要评价指标、承担单位等要求不同。概略研究由地质勘查单位承担,预可行性研究、可行性研究由专业机构(如设计部门、研究部门、具备专业资质的中介机构)承担。

矿床开发经济意义综合研究的核心内容是评判“研究报告”中的产品结构、生产成本、人员工资和生产效率、产量和销量、产品销售价格、总利润、投资回报率、投资回收期、企业内部收益率等各项数据(参数)是否合理,报告的结论是否可信。

研究矿床开发的可行性,主要通过评判矿床开发经济意义预可研、可研报告结论的合理性、可信性实现。详情请参阅本手册第8章。

6.4 勘查报告编写前的综合整理研究

6.4.1 工作内容

勘查报告编写前的综合整理(即最终综合整理),是指按勘查报告编写要求绘制综合图件、编制综合表格、计算和描述地质变量数据特征、总结地质矿产规律、计算资源/储量、编制相关的文字资料等。综合表格的式样请参见本手册附录13。

6.4.2 对资料的一般要求

供综合研究的资料的要求是:

(1) 资料要正确并完成定稿。供最终综合研究的资料(原始编录资料、综合整理资料),应是准确、齐全,无计算错误,且完成定稿程序的原始地质资料。

(2) 资料之间要协调一致、相互吻合。各种综合图件之间、综合图件与各种表格之间、各种表格之间表述的资料数据应该协调一致、相互吻合,且应重点反映矿区(床)地质某一方面的特征或综合特征,或阐明某一专项地质问题。在一份报告中各类图件和同一图件上相同地质体的色调、花纹、文字符号必须一致。

(3) 文图表中文字、数字、符号要规范化。资料内不得采用国务院公布的除《汉字简化方案》以外的任何简化字；字体、字级应按有关标准图式规定执行，不得用行、草书体。

图表及文稿中的数字修约要满足国标《数据修约规则与极限数值的表示和判定》(GB/T 8170—2008)、《有关量、单位符号的一般原则》(GB 3100—93、GB 3101—93、GB 3102—93)、《出版物上数字用法》(GB/T 15835—2011)等的有关规定。

6.4.3　主要综合图件基本内容

编制综合图件是报告编写前进行综合研究的主要任务之一。关于主要综合图件种类和基本内容，相关规范有所规定。主要规范有：

《固体矿产勘查地质资料综合整理综合研究技术要求》(DZ/T 0079—2015)；

《固体矿产勘查地质图件规范图式》(国土资源部矿产资源/储量评审中心，地质出版社，2009)；

《固体矿产普查勘探地质资料综合整理规范》(地质部，1980)；

《固体矿产勘查/矿山闭坑地质报告编写规范》(DZ/T 0033—2002)。

6.4.4　制图一般技术要求

综合图件中的内容、格式要符合相关规范(上述第6.4.3条所列的四个规范)的要求，并统一图式、图例。其主要常用规则归纳如下：

6.4.4.1　图幅规格

为了统一规格和便于折叠保存，除标准分幅外，一般以文本规格整倍数为宜(目前通用的文本规格是A4开本)。

6.4.4.2 图面布置

平面图上北下南或右北左南。剖面图的正北、北东、东、南东端一般放在右侧,也可按方位角0°至180°范围内放在右侧;当剖面方位不一致或呈弧形排列时,应一律向同一方向放平。图幅大小以图内不剩大块空白为原则。标准分幅图件接图表示方式按区调的有关要求处理。

6.4.4.3 制图精度要求

综合整理综合研究成果的清绘和复制,要按照《地质矿产测量规范》(GB/T 18341—2001)、《区域地质及矿区地质图清绘规程》(DZ/T 0156—95)等规范、规程要求清绘和复制。在图上图框边长、工程点位、主要线划误差均不得大于0.2 mm。

6.4.4.4 各种图件的整饰

图件的整饰包括内外图廓、分度带、坐标网、图廓间注记、图名、图幅号、比例尺、方位标、图例、图签、接图表、坐标系统说明、保密等级等,除区域地质图和水文地质图按有关规范或要求进行外,一般均按下述规定办理:

(1) 除部分图件(如柱状图、钻孔柱状图、槽井坑素描图等)可视需要而定外,其他各类图件都必须绘制图廓。

(2) 国际分幅的地质图件应在外图廓绘出分度线。

(3) 图名一般由下列三部分按顺序排列组成:工作地区(省、县或为人所共知的地理或地质单元)、矿区名称或编号、图的类别,如湖北省黄石市大冶铁矿区地形地质图、柴达木盆地冷湖构造地质图等。勘查线剖面图、中段平面图以及相应种类的图件可省去工作地区行政区划名称，命名为××铜矿区××号勘查线剖面图。

图名应全部采用规范的汉字，必要时可注以汉语拼音字或当地民族文字。单幅图件应写大图名，大图名一般写在图的正中最上方，但有时也可视图面结构写在图的左上方或右上方。多幅图件的大图名可写在上排中间图幅的最上方，也可根据图面总体结构写在左上方或右上方图幅中。

(4) 所有各类图件均须绘出图的比例尺(用数字及直线比例尺表示)。比例尺为1:50000或小于1:50000的各类平面图应兼有数字比例尺和直线比例尺，1:10000或更大比例尺的平面图可只画数字比例尺，剖面图有时可只标数字比例尺及垂直标尺，但在一个矿区必须明确规定，以免混乱。

标准分幅图件的数字比例尺和直线比例尺绘于南图廓下方正中位置。任意分幅图件的比例尺绘于图的上方正中(一般在大图名之下)位置。

(5) 图件中所绘各种图形符号、文字符号、花纹及彩色必须全部列入图例，说明它们所代表的意义。地形底图上某些惯用符号可不列出。

成套使用的图件(如成套剖面图、成套坑道平面图等)可单独编制一张统一图例，在每张图中可不再画图例(此法不通用)。

图例中地质符号上下排列次序一般为地层系统(自新至老)、侵入岩(自新至老、自酸性至超基性)、岩相、构造、矿产、探矿工程、其他。

图例一般绘在右图廓外，也可视图面结构情况适当调整，以图面上不留较大空白为宜。

(6) 地质图、水文地质图的左下方要注明地形图的测制单位、测制日期和坐标系统。

(7) 图件的图签要规范统一格式，图号要统一编号。《固体矿产勘查报告格式规定》(DZ/T 0131—94)、《固体矿产勘查地质资料综合整理综合研究技术要求》(DZ/T 0079—2015)分别给出了图签式样，后者的图签格式缺编制单位和图名栏，编者建议用“DZ/T 0131—94”的式样。

6.4.4.5 资料来源注记

可注记为“实测”“据××单位”“引用××资料修编”“据××资料修测”等。若使用其他单位的资料图件，则要正确、如实地详细注明其资料来源，必要时可在图的下方适当位置附一示意小图。严禁将引用的资料随意改成实测及注记自己的名字。

6.4.4.6 运用新技术

应积极推广使用符合部颁标准的制图软件，实现计算机制图、自动打印。对于大、中型地质勘探报告中的综合图件要彩色胶印。

6.4.4.7 其他注意事项

(1) 所有图件在完成制图后均须经过严格校对才能复制。

(2) 图件的编号应力求简单明了，所有图纸应采用一个顺序编号，以便整理清查。

(3) 凡属区调、物化探等方面的综合图件应按相应规范规定或要求的内容编制。

(4) 同一个报告的各类附图、附表中的重复内容可酌情精减，但以不影响图件所应表达的主要内容为原则。

(5) 各类图件基本内容的精度应与图面比例尺一致。由于地形测量、地质(或物探、化探、水文地质)的某一项工作精度达不到有关规范的相应比例尺规定的要求时，应列为简图或草图以示区别，但不能作为正式储量计算用图。

图件种类和表述的内容要协调一致。

6.4.5　人员相对稳定

参加最终整理的人员，原则上应是矿床(区)内参加综合整理、综合研究的人员。综合整理研究及报告编制的工作人员应相对稳定。

6.4.6　检查验收

综合图件、表格和综合成果要根据有关技术标准和规定，组织专人进行检查验收，并填写综合资料成果质量检查验收书。

6.5　综合整理研究的质量监控

对固体矿产勘查资料综合整理研究的质量监控，是确保勘查工作及地质报告质量的重要措施，主要体现在对资料成果的质量检查、审定并形成质检报告和验收报告上。

6.5.1　质量检查的种类及比例

综合整理、综合研究的成果的质量检查可分为经常性检查及阶段性检查。

经常性检查可分为检查和抽查两个层次，检查比例为：

(1) 自检、互检、作业组长检查：100%。

(2) 项目负责人抽检：室内50%，实地30%。

阶段性检查：由勘查单位负责人或技术负责人组织有关人员进行检查，根据《地质工作质量检查验收规定》(地质部，1979)、《固体矿产勘查地质资料综合整理综合研究技术要求》(DZ/T 0079—2015)规定，检查比例为：

(1) 室内抽检：项目负责人30%～50%，单位负责人5%～10%。

(2) 实地抽检:项目负责人15%~30%,单位负责人3%~5%。

(3) 综合图件检查:100%。

上述各项检查完成后,均要逐项对被检资料出具质检卡片(报告)。

6.5.2 资料定稿验收

可分为原始资料定稿验收和综合研究图件、成果审定验收。

6.5.2.1 原始资料定稿验收

野外工作结束、原始资料综合整理完成后,大队要组织野外验收暨资料初步检查验收,编制勘查单位的野外验收报告,并向上级及出资单位申请检查验收。检查人要出具质检卡片及质量检查验收报告,项目单位要根据检查验收意见,订正、补充、完善原始地质资料,使其达到定稿标准,并进行原始地质资料定稿。

6.5.2.2 综合研究图件、成果审定验收

综合研究图件、成果经检查合格后,大队要对项目综合研究图件、成果进行审定验收。对重要地质现象、资料依据不足或争议较大的问题,须及时组织有关人员进行实地检查处理。对不符合要求的应重新开展工作。检查验收后,要及时填写综合资料质检卡片及综合成果质量验收报告。这项工作今后须大力加强。

6.5.2.3 落实资料的修正

对验收中提出的意见和要求,须逐项落实订正修改,及时补充或返工,并记录在案。综合研究成果一经审定,未经项目技术负责人同意,不得随意修改,电子文档须进行版本控制。

6.5.2.4 质检文档的整理立档

地质资料检查卡片和质量验收报告是检查质量责任的资料依据，均须作为技术资料归档保存。

6.5.2.5 矿业权人验收

勘查项目结束后，由矿业权人(出资人)或其委托的单位，对项目的综合整理研究成果进行总体验收并出具总体验收意见(即固体矿产勘查地质资料综合整理研究质量验收评定表)，并与技术资料一并归档保存。

6.6 附图、附表种类

综合整理、综合研究附图种类，请参阅《固体矿产勘查地质资料综合整理、综合研究技术要求》(DZ/T 0079—2015)附录A。综合图件附图目录见表6.9。

表6.9中各类图件的图式，请执行《固体矿产勘查地质图件规范图式》(国土资源部矿产资源/储量评审中心，地质出版社，2009)。各类图件要表述的内容，可根据所勘查的矿种、勘查阶段、报告种类、图件的作用、矿区实际情况等确定，详情请参见“DZ/T 0079—2015”中附录A。

表6.9 固体矿产勘查综合研究附图种类

序号	图名	预查	普查	详查	勘探
1	区域地质图	√	√	√	√
2	区域地质研究程度图	√	√		√
3	地质构造(纲要)图	√	√	√	√
4	区域矿产图	√	√		

续表

序号	图名	预查	普查	详查	勘探
5	矿区(床)地形地质图	√	√	√	√
6	矿区(床)实际材料图或探矿工程分布图	√	√	√	√
7	含矿地层柱状对比图及矿层柱状对比图	√	√	√	√
8	矿床(体)水平断面图	√	√	√	√
9	矿床(体)中段资源/储量估算平面图及矿床(体)取样平面图	√	√	√	√
10	勘查线地质剖面图及勘查线资源/储量估算平面图	√	√	√	√
11	矿体(层)垂直纵投影资源/储量估算图和水平投影资源储量估算图(附矿层底板、顶板等高线)			√	√
12	矿床(体)剥离比等值线图与外剥离量计算平面图			√	√
13	地貌图	特殊矿种要求			
14	第四纪地质图				
15	砂矿地质图				
16	区域水文地质图			√	√
17	矿区(床)水文地质、工程地质及环境地质图			√	√
18	矿床岩溶分布图(岩溶区)			√	√
19	矿床地表水及地下水动态变化曲线图			√	√
20	抽水试验综合图表			√	√
21	矿坑漏水量预算平面图			√	√
22	矿区重砂成果图	√	√	√	
23	矿区水系沉积物综合异常图	√	√	√	
24	矿区综合地形地质平面图	√	√	√	√
25	矿区地形地质物探化探综合平面图	√	√	√	√
26	踏勘路线剖面图	√	√		

综合研究附表种类详见表6.10。

表6.10　综合研究附表种类

序号	表格名称
1	工程测量成果表:测量成果表、勘查区资源/储量估算范围测量成果表、最终坐标平差表
2	光谱分析结果表
3	基本分析结果表:槽探、井探、坑探工程样品基本分析结果及矿体圈定表,钻探工程样品基本分析结果及矿体圈定表
4	组合分析结果表
5	物相分析结果表
6	样品内、外检统计计算表
7	内、外检分析结果统计表
8	特高品位处理表
9	槽探、井探、坑探、钻探单工程矿体平均品位,平均体积质量,平均厚度计算表
10	槽探、井探、坑探单工程厚度计算表
11	钻探单工程矿体厚度计算表
12	钻孔柱状图
13	钻探工程质量一览表:钻探工程质量一览表、煤炭钻探工程质量一览表
14	块段平均品位、厚度计算表
15	块段面积计算表:块段(块段法)块段面积计算表、块段(剖面法)面积计算表、几何法块段面积计算表、软件法块段面积计算表
16	小体积质量测试结果表
17	钻孔抽水试验成果表
18	钻孔水文观测结果表
19	单孔抽水试验综合成果填表
20	带观测孔的抽水试验综合成果图表
21	选矿试验结果表
22	入选矿石、精矿、尾矿多项分析结果表
23	块段资源/储量估算表
24	资源/储量估算汇总表

6.7 数据整理技巧

6.7.1 概述

在地质勘查工作中，经常会遇到大量的实验数据，如矿体厚度，矿石品位，实验测试的内、外检误差，体重等。对于大量的实验数据，如何有效整理、提取其特征信息、描述其规律、对比其数据集的异同、揭示数据集间的关系等，是地质勘查的基本任务之一。大量数据的综合整理、研究，通常要广泛地使用数理统计工具，例如：

(1) 用平均值、极差、均方差、变化系数等来阐述有用有益有害组分的集中和分散特征。

(2) 用变化系数确定矿体的厚度稳定程度和有用组分分布的均匀程度，作为确定勘查类型依据。

(3) 研究各主组分与有用有益组分间、有用或有益组分与矿体厚度间的关系，常使用相关系数。

(4) 对组分进行成因归类分组，研究其地质受控因素，常运用因子分析方法。

(5) 评估化学分析内、外检质量，要运用测量不确定度分析方法。

由此可知，掌握和熟练运用数理统计工具是每个地质工作者的基本功之一。

6.7.2 随机变量的数字特征值计算

实验数据$x_1,x_2,\cdots,x_n$的数字特征值计算，就是从其中计算一些代表性的特征量，用以浓缩、简化实验数据中的信息，使问题变得更加清晰、简单、易于理解和易于处理。

随机变量的数字特征值主要有四类:

(1) 集中性参数(位置特征参数):各种平均值及中位数、众数、数学期望等。

(2) 离散性参数:方差、均方差及极差等。

(3) 相关特征参数:协方差、相关系数等。

(4) 分布特征参数:三阶矩(偏度)、四阶矩(峰度)等。

随机变量的数字特征值的计算公式见表6.11。

表6.11　随机变量的数字特征值计算公式

类别	参数名称	计算公式	备注
集中性参数(位置特征参数) 数学期望是最可能出现的值,它是概率最大的随机变量值,但不是概率值。在正态分布下,右侧各个参数即合而为一	算术平均值	$\bar{x}=\frac{1}{n}\sum_{i=l}^{n}x_i$	要求x_i为独立的
	加权平均值	$\bar{x}=\frac{f_1x_1+f_2x_2+\cdots+f_n}{f_1+f_2+\cdots+f_n}=\frac{\sum_{i=1}^{n}f_ix_i}{\sum_{i=1}^{n}f_i}$	f_i:加权的权值
	几何均值	$\bar{x}=\sqrt[n]{\prod_{k=1}^{n}x_k}=\sqrt[n]{x_1\cdot x_2KKx_n}$	
	中位数	随机变量按大小排列的中间值。中间值如为偶数则取中间值的平均值	
	众数	概率最大的值,一般用M表示	
	数学期望	离散函数$E(x)=\frac{\sum_{i=1}^{n}p_ix_i}{\sum_{i=1}^{n}p_i}=\sum_{i=1}^{n}p_ix_i$	以概率为权的加权平均值$E(x)$即为数学期望
		连续函数$p_i=f(x)\cdot\Delta xE(x)=\int_{-\infty}^{\infty}xf(x)\mathrm{d}x$	
		正态分布函数$E_{(x)}=\bar{x}=\frac{1}{n}\sum_{i=1}^{n}x_i$	

续表

类别	参数名称	计算公式	备注
离散性参数	极差	数据中极大值(b)与极小值(a)之差 $L=b-a$	
	方差	$S^2=\frac{1}{n}\sum_n(x_n-\bar{x})^2=\frac{1}{n}\sum_n(x_n^2-(\bar{x})^2$	
	标准差	$S=\sqrt{\frac{1}{n}\sum_{i=1}^{n}(x_i-\bar{x})^2}$	用小样本计算时要将式中$1/n$换成$1/(n-1)$
	变异系数(变化系数)	$c=\frac{s}{\bar{x}}$	
相关特征参数	相关系数	$r_{x\cdot y}=\frac{S_{xy}}{S_xS_y}=\frac{\sum(x-\bar{x})(y-\bar{y})}{\sqrt{\sum(x-\bar{x})^2}\sqrt{\sum(y-\bar{y})^2}}$	线性相关
分布特征参数	偏度	$g_1=\frac{u_3}{s^3}=\frac{\frac{1}{n}\sum(x_1-\bar{x})^3}{\left(\sqrt{\frac{1}{n}\sum(x_i-\bar{x})^2}\right)^3}$	
	峰度	$g_2=\frac{u_4}{s^4}-3=\frac{\frac{1}{n}\sum(x_i-\bar{x})^4}{\left(\sqrt{\frac{1}{n}\sum(x_i-\bar{x})^2}\right)^4}$	

在表6.11中：

(1) 标准差的计算，选择n或$n-1$的条件是样本容量大小：大样本选n,小样本选$n-1$。数理统计给出的界线是,样本容量>30时,为大样本,可选择n;样本容量≤30时,用$n-1$。"DZ/T 0208-2002"附录Ⅰ表1.1规定的界线为50。编者建议用50作为界线,即≤50,可看作小样本,选$n-1$;>50时,可用n。

(2) 偏度系数是偏离正态分布的程度。按其取值符号不同,分别有正偏度($g_1>0$)分布和负偏度($g_1<0$)分布之分(图6.1),它描述了曲线(分布)不对称程度。峰度系数是描述曲线的凸平度(图6.2)。

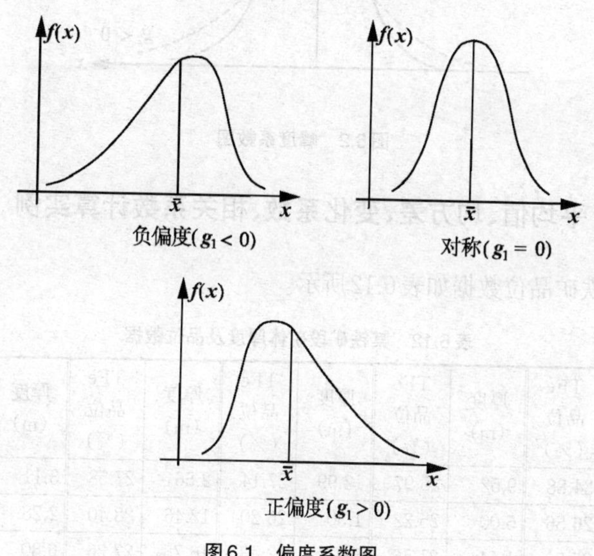

图6.1 偏度系数图

计算出偏度系数g_1和峰度系数g_2后,要进行统计检验。如计算结果绝对值$|g_1|<1.96\sqrt{6/n}$,$|g_2|<1.96\sqrt{24/n}$,则可判别为实验数据符合正态分布。

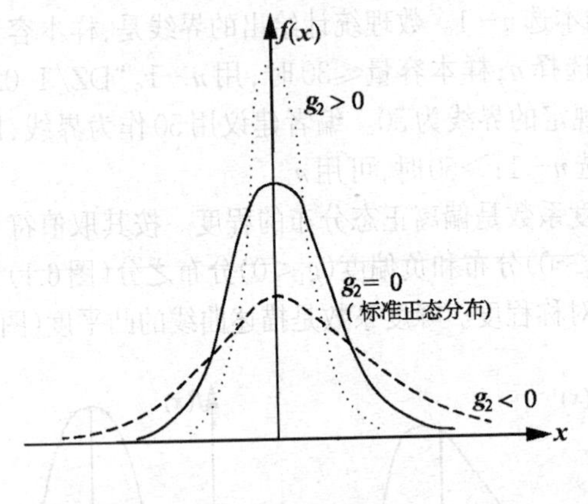

图6.2　峰度系数图

6.7.3　平均值、均方差、变化系数、相关系数计算实例

某铁矿品位数据如表6.12所示。

表6.12　某铁矿段矿体厚度及品位数据

厚度(m)	TFe品位(%)	厚度(m)	TFe品位(%)	厚度(m)	TFe品位(%)	厚度(m)	TFe品位(%)	厚度(m)	TFe品位(%)
2.31	34.88	9.52	25.97	12.99	27.14	2.56	27.58	3.11	26.69
21.39	26.56	5.00	25.22	1.30	26.20	12.46	28.40	2.28	21.55
3.44	25.50	1.44	21.56	5.97	27.43	16.75	27.26	6.80	25.25
1.62	34.86	3.80	28.87	3.17	25.20	10.36	26.84	6.41	25.08
5.24	25.07	5.12	25.16	5.87	27.62	17.54	27.47	14.09	28.79
4.64	29.97	5.84	30.07	2.02	25.28	2.00	27.70	21.70	28.16
6.59	29.73	14.80	29.43	3.91	23.20	2.00	28.49	8.45	29.72
4.67	28.48	12.43	30.24	10.16	28.27	1.91	28.90	27.32	28.94
8.53	27.01	6.54	25.60	8.88	26.69	2.63	30.84	2.34	29.90
22.92	28.64								

合计$n=46$。计算过程如下：

(1) 计算厚度(算术)平均值：将厚度(x)数据代入平均值计算公式：

$$\bar{x}=\frac{1}{n}\sum_{i=l}^{n}x_i \tag{6.1}$$

$$\overline{x_{厚}}=(2.31+21.39+3.44+\cdots+2.34)\div 46=7.85$$

(2) 计算厚度均方差：将厚度数据及平均值代入均方差计算公式：

$$S_{厚}=\sqrt{\frac{1}{n-1}\sum(x_n-\bar{x})^2} \tag{6.2}$$

$$S_{厚}=\left[\frac{1}{46-1}\sum\left((2.31-7.85)^2+(21.39-7.85)^2+\cdots+(2.34-7.85)^2\right)\right]^{\frac{1}{2}}$$

$$=6.48$$

利用同样方法计算品位($\overline{y_{品}}$)(算术)平均值及品位均方差($S_{品}$)，得到：$\overline{y_{品}}=27.55$，$S_{品}=2.64$。

(3) 计算厚度与品位相关系数：将厚度、品位的数据及平均值代入公式：

$$r_{x\cdot y}=\frac{S_{xy}}{S_x S_y}=\frac{\sum(x-\bar{x})}{\sqrt{\sum(x-\bar{x})^2}\sqrt{\sum(y-\bar{y})^2}} \tag{6.3}$$

$$\frac{\sum[(2.31-7.85)(34.88-2.64)+(21.79-7.85)(26.56-2.94)+\cdots+(2.34-7.85)(29.90-2.64)]}{\sqrt{\sum[(2.31-7.85)^2+\cdots+(2.34-7.85)]^2}\sqrt{\sum[(34.88-2.64)^2+\cdots+(29.90-2.64)]^2}}$$

$$=0.0988$$

查相关系数临界值表，选置信度$\alpha=0.05$，自由度$f=n-2=46-2=44$，则相关系数临界值为：$\gamma_{\alpha\,0.0544}=0.2909$。

因为计算值$\gamma_{厚,品}=0.0988<\gamma_{0.0544}=0.2909$，结论是厚度与品位不存在线性相关关系。

(4) 计算变化系数：将计算所得的厚度、品位的均方差及平均值代入公式

$$C=\frac{S}{\bar{x}} \tag{6.4}$$

$$C_{厚}=6.48\div7.85=0.8256=82.56\%$$

$$C_{品}=2.64\div27.55=0.0958=9.58\%$$

计算得到的特征值，如表6.13所示。

表6.13　某铁矿段矿体厚度及品位数据特征值

平均值	均方差	变化系数(%)	相关系数
$\overline{x}_{厚}$:7.85	$S_{厚}$:6.48	$C_{厚}$:82.56	$\gamma_{\alpha=0.05,f=46}=0.0988$
$\overline{y}_{品}$:27.55	$S_{品}$:2.64	$C_{品}$:9.58	
a(常数):27.24　b(斜率):0.04			

线性相关公式：

$$y=a+bx \tag{6.5}$$

即：

$$y_{品}=27.24+0.04\times x_{厚}$$

经计算，厚度变化系数为82.56%，属厚度变化中等类；品位变化系数为 9.58%，属品位变化均匀类。根据铁矿规范，属第Ⅱ勘探类型偏简单型。厚度品位不存在线性相关关系。

注意：

(1) 用样本求取标准差时，根号中的$1/n$，要改为$1/(n-1)$，这在统计学上称为求取无偏估计。

(2) 判别两个变量是否具备线性相关，对计算出的相关系数$r_{x,y}$，要与相关系数的临界值$r_{a,f}$对比(查表求得，见附录15)。只有当$|r_{x,y}|>r_{a,f}$时，才能判别为两个变量具备线性相关关系：正数为线性正相关，负

数为线性负相关。

(3) 本例案中,所列品位为工程的矿体平均品位,仅作计算示例参考。由于没有用全部单样计算,由此所计算出的品位变化系数,只是一个被压低了变化程度的假象,不能真实描述矿体品位变化程度。因此计算品位变化系数时,要注意用全体单样参与计算。

示例:簇群分析。

簇群分析根据样品的多种变量的测定数据进行数字分类,定量地确定变量之间(或样品之间)的亲疏程度,并将各变量归入不同的单位(组)。

常用相关系数进行簇群分析。变量之间的相关关系有单相关和复相关之分。两个对象(元素)之间的相关关系叫作单相关,多个对象(元素)之间的相关关系叫作复相关。利用复相关关系,对各个变量从相关关系的亲疏程度入手,通过逐步(加权)计算,将整体中的元素从统计学上进行分组,研究它们受控的不同地质因素,从而进一步研究它们的成因。因其计算工作量大,一般要运用软件在计算机上完成计算和作图。

例如,某矿区运用相关系数法R型聚类分析,对全矿Au、Pb矿化体计1903个样Au、Ag、Pb、Zn元素的单相关系数进行计算,可排列成相关系数矩阵,如表6.14所示。

表6.14　某矿区四个主要致矿元素相关系数矩阵

	Au	Ag	Pb	Zn
Au	1			
Ag	0.2171	1		
Pb	0.0195	0.4600	1	
Zn	−0.0156	0.3948	0.6962	1

根据表6.14,经逐步计算,得到相关系数聚类图,如图6.3所示。

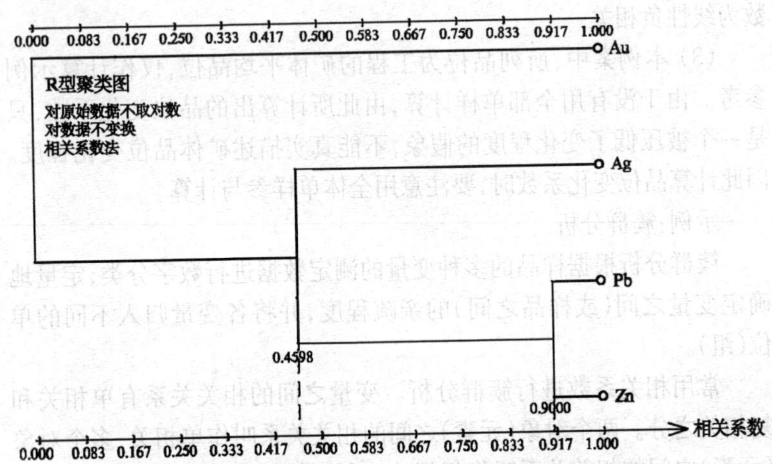

图6.3　某矿区四个主要致矿元素相关系数R型聚类图

从图6.3中可知：当相关系数低于0.4598时，四个元素可分成Au以及Ag-Pb-Zn两个大组，当相关系数达到0.4598时，元素可分成Au、Ag、Pb-Zn三个组。其中Pb、Zn元素相关程度最高，组成Pb-Zn小组，Ag可自成一组，且与Pb-Zn小组相关程度很高，复相关系数达到0.9左右，可能反映Pb-Zn-Ag属于同一地质控制因素于矿床中富集；而Pb-Zn-Ag大组，与Au复相关系数大约在0.4598，关系相对疏远，反映了它们可能分属于不同的地球化学统计母体，或是两个"成矿系统"的显示，推测为不同成矿因素所致。

注意：簇群分析在数据整理时，首先要对原始数据进行标准化(或正规化)转换，以使各个变量量纲一致。在图6.3示例中，注记为"对原始数据不取对数"，由于其样本容量很大，这可以认为基本合理；但是，又注记为"对数据不变换"，由于Au、Ag与Pb、Zn量纲不一样，该案例未对原始数据进行科学的变换，由此整理计算的成果存在缺陷。

原始数据常用的变换有标准化变换、正规化变换等，公式如下：

标准化变换公式：

$$x_i'=\frac{x_i-\bar{x}}{s} \tag{6.6}$$

正规化变换公式：

$$x_i'=\frac{x_i-x_{\min}}{x_{\max}-x_{\min}} \tag{6.7}$$

式中，x_i'：变换后的数据；x_i：原始数据；$\bar{x}$：变换前数据算术平均值；S：变换前原始数据均方差；$x_{\max}$：原始数据中最大值；$x_{\min}$：原始数据中最小值。

原始数据变换后，可使各变量处于相同量级的没有量纲的相对值，但变量内部数值的相对关系并未变化。

6.7.4　关于有效数字

矿产勘查所涉及的大量数据，必须统一遵循有效数字运算、表述的法定规则。

6.7.4.1　有效数字的定义

从一个数左边起第一个非零数字开始直到最右边的正确数字，都叫这个数的有效数字。例如：202.8(4个有效数字)、0.0075(2个有效数字)、23.010(5个有效数字)。

1. 数字的准确度

这个数所含有效数字的个数。

2. 数字的精确度

最后一个可靠数字相对于小数点的位置。

实验分析工作中的有效数字是指该分析方法实际能测到的数字，它表示测得数值的大小和测量的准确度。最终的分析数据只含真实可靠的有效数字，末位可疑数字应除去。

6.7.4.2 数字中“0”的作用

数字中的“0”可能是有效数字，也可能只起定位作用而不是有效数字，应视具体情况而定：

(1) 小数点后末位的“0”是有效数字。例如，为表示精确到毫克，9.8 g应写为9.800 g，最后的两个“0”都是有效数字。

(2) 非“0”数字前的“0”都不是有效数字。例如，0.0032 g前面的三个“0” 都不是有效数字。

(3) 位于有效数字之间的“0”都是有效数字。例如，0.503 mg/L中5与3之间的“0”是有效数字。

(4) 整数中最后的“0”可以是有效数字，也可以不是。例如，用托盘天平(感量为0.1 g)称一物体的重量为1.5 g，若用毫克表示，则为1500 mg，此时，最末的两个“0”不是有效数字；如果用感量为0.001 g的天平称得上述物体的重量为1.500 g，若表示为1500 mg，则最末的两个“0”就是有效数字。因此，整数后的“0”是否为有效数字需视具体情况判断。为避免产生误会，可用科学记数法，如1500 mg，若最末两个“0”不是有效数字，则写成15×10^2 mg；还可以用给出精密度的办法解决，例如写成1500±100 mg，则表明最末两个“0”不是有效数字。

有效数字能够反映出一个特定分析方法准确度的范围。为使最终分析结果的数字有意义，符合分析的目的，有效数字所达到的数位不能超过特定分析方法最低检出浓度的有效数字所达到的数位。不能利用在运算中保留小数点后的位数以提高数据的准确度。若需要更多的有效数字，则应进一步改善分析方法，或者选用其他方法。

6.7.4.3 有效数字的修约规则

“GB/T 33444—2016”第17.7.7条要求：各种参数及资源/储量小数的进位规则是“4舍5入”；“DZ/T 0079—2015”第6.4条要求：数据

“修约原则按‘GB/T 8170—2008’执行”，即“4舍6入法”。编者认为，地质勘查应执行“DZ/T 0079—2015”的规定，即用“GB/T 8170—2008”中的“4舍6入法”进行数据修约。

《数字修约规则与极限数值的表示和判定》(GB/T 8170—2008)规定的方法是：“4舍6入5看右，5后有数进上去，尾数为0向左看，左数奇进偶舍去。”若所拟舍弃的数字并非一个数字，不得连续进行多次修约，应按上述规定对舍弃的第一个数字进行修约。

例：(1) 将下列数字修约到只保留一位小数。

修约前	修约后	修约前	修约后
14.2432	14.2	0.3500	0.4
26.4843	26.5	1.05	1.0
1.050	1.1		

(2) 将13.4546修约到只保留两位有效数字：

不正确的做法是：13.4546→13.455→13.46→13.5→14。

正确的做法是：13.4546→13。

6.7.4.4　有效数字运算的保留规则

计算结果有效数字的保留规则是：

加减法运算：以参加运算的各数中小数点后位数最少的数为准。

示例(加减法)：0.0121＋25.64＋1.05792＝26.71002

正确的计算结果应保留小数后两位，即26.71，而不应是26.71002。

乘除运算：以参加运算的各数中有效数字位数最少的数为准。

示例(乘除法)：0.0121×25.64×1.0578＝0.3281761032

正确的计算结果应保留三位有效数字，即0.328，要舍弃多余的数字。

分析结果应保留的有效数字中只能有一位可疑数字。

6.7.4.5 平均值的有效数字

在计算不少于四个测定值的平均值时，平均值的有效数字位数可增加一位。

例：计算3.77，3.70，3.79，3.80，3.72的平均值。

$$\bar{x}=(3.77+3.70+3.79+3.80+3.72)\div 5=3.756$$

6.7.4.6 乘方和开方的有效数字

测定值的乘方和开方时，原测定值有几位有效数字，计算结果就保留几位有效数字。

例：计算6.54^2和$\sqrt{7.39}$。

$6.54^2=42.7716$。

根据原数字有效数字个数，结果应保留三位有效数字，为42.8。

$\sqrt{7.39}=2.71845544$。

根据原数字有效数字个数，结果应保留三位有效数字，为2.72。

6.7.4.7 对数和反对数的有效数字

测定值的对数计算，所取对数小数点后的位数(不包括首数)与真数的有效数字的位数相同。

6.7.4.8 计算式中数学常数、倍数、分数等的有效数字

所有计算式中的数学常数π、e，某些倍数、分数，不连续物理量的数值，以及不经测量而完全根据理论计算或定义得到的数值，其有效数字的位数可视为无限。这类数值在计算中需要几位就可以写几位。例如，三角形面积公式$S=(1/2)ah$中的1/2；1 m=100 cm中的100；测定次数n、自由度f；H_2SO_4中的2、4；以及$K_2Cr_2O_7$在氧化还原反应中

摩尔质量的基本单元＝1/6$K_2Cr_2O_7$中的1/6。

6.8　实验数据的测量误差与测量不确定度

6.8.1　概述

矿产勘查要进行大量的科学测量，不可避免地存在测量误差及测量不确定度。测量误差是一个古老的课题，而测量不确定度是一个相对较新的概念。

《地质矿产实验室测试质量管理规范》(DZ/T 0130—2006)明确规定了“应用测量不确定度”进行测试质量评估。“安徽省地质工作项目中间检查办法”(皖地调管函〔2010〕85号)样品测试检查质量评分表中指出：“凡有4份以上测试结果者，……应报出不确定度……”

引进和实施测量不确定度，是执行“DZ/T 0130—2006”规范所必需的。

6.8.2　实验数据测量误差

6.8.2.1　测量的概念

所谓测量，并非指地形测量的测量，而是指通过一定的实验方法、借助一定的实验器具，将待测量(实验对象)与标准值比较的实验过程。测量结果应包括数值、单位(量纲)及可信赖的程度(不确定度)三部分。

实验数据测量又可分为直接测量、间接测量、不等精度测量和等精度测量等。

6.8.2.2　测量误差

任何一个待测对象在一定客观条件下总存在一个真值。但由于测量总是近似性的,加上实验仪器及测量方法的局限性、环境的不稳定性等,使真值无法得知。测量结果与真值之间总有一定的差异,这种差异定义为测量误差。

误差的表达方式可用绝对误差、相对误差表述。

若测量值x的真值为a,则

$$\delta = x - a \tag{6.8}$$

$$E_\gamma = \delta \div a \times 100\% \tag{6.9}$$

式中,δ:绝对误差;E_γ:相对误差;a:真值。

根据误差的性质和产生的原因,误差又可分为系统误差、随机误差和过失误差。

由于真值是不可知的,所以测量值的误差也不能确切知道。测量的任务就是给出被测量真值的最佳估计和这种估计的可靠程度。当测量次数足够多时,随机分析误差为正和负的数据大致抵消,即算术平均值可作为真值的最佳估计值(无偏估计);而极差、方差、标准差及变异系数等则是刻画测量数据列分散性的特征参数。

6.8.3　测量不确定度

矿产勘查中将大量地测试、接触、收集、整理科学实验数据,如矿石品位、厚度、矿石体重等测量数据,而这些测量结果是否有价值取决于它的可信程度。过去人们习惯用误差来评定测量结果的可信程度,而误差是指测量结果减去被测量的真值,误差大小反映了测量结果偏离真值的程度。由于真值是一个未知的理想的概念,故误差在实际工作中难以确切求得。为此,要使用不确定度规范测量结果的表示形式,并为进行国际比对提供基础。

6.8.3.1　测量不确定度与测量误差的区别

测量不确定度是指根据所用到的信息，表征赋予被测量值分散性的非负参数[《测量不确定度评定与表示》(JJF1059.1—2012)]。

测量不确定度是误差理论的应用和拓展。误差分析是测量不确定度的理论基础。测量不确定度与误差都是与测量结果相关联的参数，均由测量导出，它们从不同角度对测量结果进行评价，都是具有定量描述的数值，其量纲均与被测量相同。但它们也有本质的区别。测量不确定度与测量误差的区别如表6.15所示。

表6.15　测量不确定度与测量误差的区别

类别	测量不确定度	测量误差
定义	表明被测量之值的分散性；表明测量结果的不肯定程度；是现代误差理论的核心，为主观可知	表明测量值与被测量真值之差；表明测量结果相对真值的差异大小；是经典误差理论的核心，为主观不可知
分类	它是对被测量的真值所处量值范围的评定，按某一置信概率给出真值可能落入的区间。 用标准差或标准差的倍数或置信区间的半宽度表示，在数轴上表述为一个区间。 按是否用统计方法求得，可分为A、B两类评定分量：A类评定通过观测列统计分析作出不确定度评定；B类评定依据经验或其他信息进行估计	它是一个具体的确定值，描述了测量结果偏离被测量真值的程度，可分为系统误差、随机误差、过失误差。 系统误差：在等精度测量中误差保持恒定或可预知的方式变化的误差。可由仪器缺陷、测试方法、理论公式或测量者生理或心理习惯造成。 随机误差：在相同的条件下多次测量同一物理量出现的不可预定的方式变化着的误差。它时正时负。多次测量，可以用实验结果的随机误差估算。 过失误差：由人为操作不正确或误读误记造成的误差

续表

类别	测量不确定度	测量误差
可操作性	它不是具体的真误差，只是以参数形式定量表示无法修正的那部分误差范围。 根据实验资料、经验信息进行评估，可以定量确定的分散性参数	由于真值不可知，所以真误差也无法准确知道，仅是与特定条件下寻求最佳的真值近似值。 它是与约定真值之差，是一个估计值
合成方法不同	当各分量彼此不相关时，用方和根法合成，否则应加入相关项	各误差分量的代数和
评定结果不同	它是无符号的参数，用标准差或标准差的倍数或置信区间的半宽度表示，由人们根据实验、资料、经验等信息进行评定，可以通过A、B两类评定方法确定	是有正号或负号的量值，即测量结果减去被测量的真值；它非正即负(或零)，不能用(±)号表示；由于真值为未知，往往不能准确得到。当用约定真值替代时，只可得到估计值
影响因素区别	由人们经过分析和评定得到，因而与人们对被测量、影响量及测量过程的认识有关	测量误差客观存在，不受外界因素的影响，不以人的认识程度而改变
性质不同	评定测量不确定度时一般不必区分其性质，若需区分则表述为“由随机效应引入的不确定度分量”和“由系统效应引入的不确定度分量”	要区别误差性质，可分随机误差和系统误差两类，都是无穷多次测量情况下的理想概念
对测量结果修正不同	测量不确定度是一种可估计的值，但它不是具体的确切的误差值，虽可估计，但不能用以修正测量结果，只可在修正测量结果的不确定度时修正不完善引入的不确定度分量	如果已知系统误差，则可对测量结果进行修正。一个量值修正后，可能会更靠近真值，但其不确定度不会减小，有时会更大。这是因为我们不能确切知道真值，仅能对靠近真值或离开真值的程度进行估计

续表

类别	测量不确定度	测量误差
与测量方法关系	测量不确定度与人们对被测量以及测量过程的认识有关。在相同条件下进行测量时,合理赋予被测量的任何值均具有相同的测量不确定度,即测量不确定度仅与测量方法有关	误差客观存在,不以人的认识程度而转移。误差属于给定的测量结果,相同的测量结果具有相同的误差,与得到该测量结果的测量仪器、方法无关

6.8.3.2 测量不确定度的分类

测量不确定度可分为标准不确定度和扩展不确定度两大类,如表6.16所示。

表6.16 测量不确定度的分类

测量不确定度	标准不确定度	不确定度A类评定	以标准偏差表示的测量不确定度
		不确定度B类评定	
		合成标准不确定度	
	扩展不确定度±	U(k=2,3)	确定测量结果区间的量,它是合成标准不确定度与一个大于1的数字因子的乘积
		U_p(p为置信概率)	

注:k为包含因子,是为获得扩展不确定度,对合成标准不确定所乘的大于1的数。正态分布时可据概率p查表求得。

6.8.4 岩矿样品分析质量评估指标

《地质矿产实验室测试质量管理规范》(DZ/T 0130.3—2006)第4.4条中,对试样加工质量的评估、不同分析方法和不同仪器(同类或不同类型)的评估、不同人的评估、实验室外检的评估等均规定了不确定度评估指标要求。为此,实验室应该提供实验测试报告、测试样品的不确定度数据,项目组对测试成果的整理要引入测量不确定度指标。

关于测量不确定度相关知识和计算方法及指标,请参阅《地质矿产实验室测试质量管理规范》(DZ/T 0130—2006)、《化学分析中不确定度的评估指南》(CNAS-GL06)、《测量不确定度评定与表示》(JJF 1059—1999)、《测量不确定度要求的实施指南》(CNAS—GL05)等规范。

第7章　固体矿产资源/储量估算

7.1　概述

7.1.1　资源/储量定义、编码

7.1.1.1　定义

固体矿产资源是指在地壳内或地表由地质作用形成的具有经济意义的固体自然富集物。根据其产出形式、数量和质量可以预期最终开采是技术上可行、经济上合理的。固体矿产资源的位置、数量、品位、质量、地质特征是根据特定的地质依据和地质知识计算和估算的。

7.1.1.2　编码

从上述定义可知,资源/储量的内涵包括地质可靠程度、可行性评价研究程度、矿床开发经济意义评估等级三部分内容,如图7.1所示。它们在3位数字的资源/储量分类编码中的编码位置分别是:地质可靠程度→第三位(××1),可行性评价研究程度→第二位(×1×);矿床开发经济意义评估等级→第一位(1××)。

1. 地质可靠程度

可分为探明的、控制的、推断的和预测的四类。它们对应的地质可靠程度储量分类编码是探明的→××1、控制的→××2、推断的→

××3、预测的→××4,如图7.1所示。

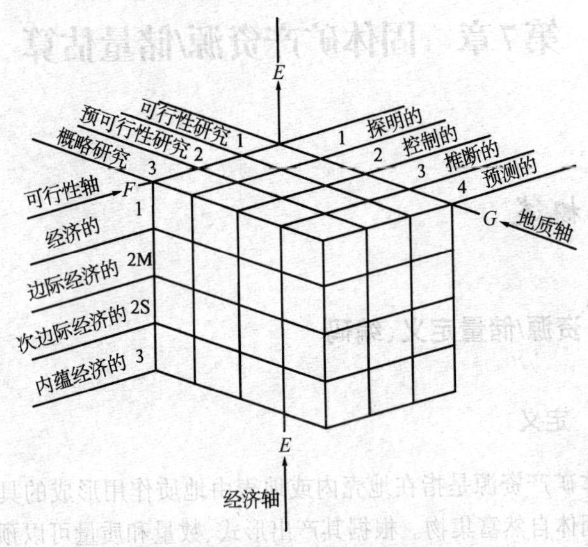

图7.1 固体矿产资源/储量分类框架

2. 可行性评价研究程度

对矿床勘查开发经济意义研究程度分为可行性研究、预可行性研究、概略研究三类。它们对应的储量分类编码是可行性研究→×1×、预可行性研究→×2×、概略研究→×3×。

3. 矿床开发经济意义评价

分为经济的、边际经济的、次边经济的、内蕴经济的和经济意义未定的五类。它们对应的储量分类编码是经济的→1××、边际经济的→2M××、次边经济的→2S××、内蕴经济的→3××、经济意义未定的→(3××)?。

对于没有扣除设计、采矿损失的可采储量,在储量编码的最后加b

字,如111b、121b、122b。

7.1.2　资源/储量分类及依据

7.1.2.1　分类

固体矿产资源/储量分类执行“GB/T 17766—1999”,根据固体矿产资源/储量地质可靠程度、可行性评价研究程度、矿床开发经济意义评估等级,将固体矿产资源/储量分为储量、基础储量、资源量3大类16种类型。其中,储量类包括111、121、122三个种类;基础储量类包括111b、121 b、122 b、2M11、2M21、2M22六个种类;资源量类包括2S11、2S21、2S22、331、332、333、334七个种类,如表7.1所示。

7.1.2.2　依据

矿产资源经过矿产勘查,取得了不同地质可靠程度和经过相应的可行性评价所获得的经济意义,是固体矿产资源/储量分类的主要依据,如表7.1所示。

1. 地质可靠程度的含义

勘查工作程度与地质可靠程度相互对应,它们是勘探→探明的、详查→控制的、普查→推断的、预查→预测的等。勘查工作程度体现在勘查工程控制程度、勘查研究程度、开采条件研究程度、勘查工作质量、资源/储量估算等方面。其中勘查研究程度包括地质研究程度、矿石研究程度、矿石选冶研究程度、综合勘查研究程度等。各单矿种矿产勘查规范对矿产勘查工作程度均有具体要求。

2. 矿床开发经济意义的含义

矿床开发经济意义评估等级包括经济的、边际经济的、次边经济的、内蕴经济的和经济意义未定的五类。它们的含义是:

表7.1　固体矿产资源/储量分类依据

资源/储量类别		地质可靠程度	矿床开发经济意义评估等级	可行性评价研究		备注
大类	小类			研究程度	研究结论	
储量	111 121 122	探明的、控制的	经济可采或已经开采	已进行可研或预可研	技术可行、环境允许、经济合理。投资项目内部收益率(IRR)≥行业基准内部收益率；净现值＞0	扣除设计、采矿损失的数量。 由可行性研究、矿山设计或开发利用方案、矿山生产理论或实际的开拓工程、采矿工艺等计算得出。 原则上不得使用经验损失率或利用率折算，也不应在333基础上估算
基础储量	111b 121b 122b	探明的、控制的	经济的			未扣除设计、采矿损失的数量。 对于无风险的地表矿产，简单勘查或调查即可达到矿山建设和开采要求的，可直接确定为111b或122b。 已通过开发利用方案审查、矿山设计，或在建、正常生产矿山，即使未开展过可行性研究工作也应属于技术经济可行的项目，可以确定为经济的基础储量。 331可对应121b、111b，332对应122b
	2M11 2M21 2M22		边际经济		不经济。 投资项目内部收益率(IRR)≥0，但小于行业内部基准收益率；净现值≈0	可行性、预可行性研究确定为矿山开发不经济的或接近盈亏边界，但计算的基础储量可信度较高的类型。 331可对应边际经济基础储量(2M11、2M21)； 332可对应控制的边际经济基础储量(2M22)

续表

资源/储量类别		地质可靠程度	矿床开发经济意义评估等级	可行性评价研究		备注
大类	小类			研究程度	研究结论	
	2S11 2S21 2S22	探明的、控制的	次边经济的		不经济。 投资项目内部收益率(IRR)<0	各类永久性矿柱是设计损失，不属于次边际经济资源量。 331可对应次边际经济资源量(2S11、2S21)； 332可对应控制的次边际经济资源量(2S22)
资源量	331 332 333 334	探明的、控制的、推断的、预测的	内蕴经济的	未进行可研或预可研研究，仅作概略研究	经济意义未定	完成地质勘查工作，只进行了概略研究；基础储量以外用一般工业指标估算的；因矿层薄、矿体小、开采难度大或开采成本高，可行性研究、技术经济分析或矿山设计未予利用的；矿山关闭后残留的矿产资源；各种因素压覆的不能利用的矿产资源，未经技术经济论证，经济意义不明；矿床工业指标估算的低品位矿和旧标准规定的各类暂不能利用储量(表外储量)；后期有可能回收的矿柱

(1) 经济的：矿床开发可研、预可研研究结论是技术可行、环境允许、经济合理的，企业年均内部收益率≥行业基准内部收益率，企业运行财务净现值>0。

(2) 边际经济的：矿床开发可研、预可研研究结论不经济，接近盈亏边界，企业年均内部收益率≥0，但<行业基准内部收益率，企业运

行财务净现值≈0。

(3) 次边经济的:矿床开发可研、预可研研究结论不经济,企业年均内部收益率<0,企业运行财务净现值<0。

(4) 内蕴经济的:仅通过概略研究作了相应的投资机会评价,未作可行性研究、预可行性研究,尚不能区分矿床开发的经济价值。

(5) 经济意义未定的:指存在潜在资源量,无法确定其经济意义。

3. 可行性评价研究程度的含义

可行性评价研究程度分为可行性评价研究、预可行性评价研究、概略研究三类。

7.1.3 新老资源/储量级别套改

1999年以前规范所规定的矿产资源/储量类别与现行规范(1999年之后)所规定的资源/储量类别的思路、概念完全不同,对应套改方案大体如下:

(1) 以前的A、B级储量相当于现在的"探明的"资源/储量;

(2) C级和一部分D级储量相当于现在的"控制的"资源/储量;

(3) D级和E级储量相当于现在的"预测的"资源量。

老的资源/储量经套改,如果其"套改编码"在新的资源/储量分类表中无此编号,就要用"归类编码"处置。如表7.2所示,套改的"套改编码"113归类为122类,即113→122,其余为113b→122b、123→122、123b→122b、2M12→2M22、2M13→333、2M23→2S22、2S12→2S22、2S23→2S22等。

固体矿产资源/储量分类、类型对比,新老资源/储量套改见表7.2、表7.3。

表7.2 固体矿产资源/储量分类、类型对比

		经济意义	地质可靠程度					
			查明矿产资源			潜在矿产资源		
			探明的	控制的	推断	预测的		
中国	新规范:固体矿产资源/储量分类(1999)	经济的	111					
			111b					
			121	122				
			121b	122b				
		边际经济的	2M11					
			2M21	2M22				
		次边经济的	2S11					
			2S21	2S22				
		内蕴经济的	331	332	333	334?		
	老规范	分类	分级					
	我国固体矿产储量分类(1954)		探明储量					
		平衡表内	A1	A2	B	C1	C2	
		平衡表外	A1	A2	B	C1	C2	
	矿产储量分类暂行规范(总则)(1959)		探明储量					
			开采	设计储量			地质	远景
		平衡表内	A1	A2	B	C1	C2	
		平衡表外	A1	A2	B	C1	C2	
	金属(非金属)矿床地质勘探规范(总则)(1977)		探明储量					
		能利用储量	A	B	C	D		
		暂不能利用	A	B	C	D		

续表

固体矿产地质勘探规范(总则)(1992)	能利用储量 a	A	B	C	D E	
	能利用储量 b	A	B	C	D E	
	尚难利用	A	B	C	D E	
联合国国际储量资源分类框架(1997)			详勘	一般勘探	普查	踏勘
	经济的	正常的/例外的	111			
			211			
	潜在经济的	边际经济的/次边经济的	121	122		
			221	222		
	内蕴经济的		331	332	333	334?
CMMI			确定的	推定的	推测的	矿产潜力
	适当的评价		111			
	具低信度水平的适当的评价		121	122		
	已知具内蕴经济意义		331	332	333	334?

表7.3　矿产资源/储量套改

储量种类	地质研究程度 储量级别	地质研究程度 勘查阶段	套改编码	归类编码
正在进行开采、基建的矿区的单一、主要矿产储量及其已(能)综合回收利用的共、伴生矿产储量以及因国家宏观经济政策调整而停采的矿产储量	A+B	勘探	111	111
			111b	111b
	C	勘探	(112)	111
			(112b)	111b
		详查	(112)	122
			(112b)	122b
	D	勘探	(113)	122
		详查	(113b)	122b
		普查	333	333

续表

储量种类	地质研究程度		套改编码	归类编码
	储量级别	勘查阶段		
计划近期利用、推荐近期利用、可供边探边采矿区单一、主要矿产储量及其可综合回收利用的共、伴生矿产储量及1993年10月1日以后提交的勘探报告中属能利用(表内)a亚类矿产储量	A+B	勘探 详查 普查	121	121
			121b	121b
	C		122	122
			122b	122b
	D		(123)	122
			(123b)	122b
			333	333
因经济效益差、矿产品无销路、污染环境等而停建、停采,将来技术、经济及污染等条件改善后可能再建再采的矿区单一、主要矿产储量及其已(能)综合回收的共、伴生矿产储量	A+B	勘探 详查	2M11	2M11
	C		(2M12)	2M22
	D		(2M13)	2M22
		普查	(2M13)	333
因交通或供水或供电等矿山建设的外部经济条件差,确定为近期难以利用及近期不宜进一步工作,但改善经济条件后即能利用的矿区的单一、主要矿产储量及其可综合回收的共、伴生矿产储量	A+B	勘探 详查	2M21	2M21
	C		2M22	2M22
	D		(2M23)	2M22
		普查	(2M23)	333
由于有用组分含量低,或有害组分含量高,或矿层(煤层)薄,或矿体埋藏深,或矿床水文地质条件复杂等而停建、停采的矿区的单一、主要矿产储量及其已(能)及未(不能)综合回收利用的共、伴生矿产储量及闭坑矿区储量	A+B	勘探 详查 普查	2S11	2S11
	C		(2S12)	2S22
	D		(2S13)	2S22
由于有用组分含量低,或有害组分含量高,或矿层(煤层)薄,或矿体埋藏深,或矿床水文地质条件复杂等确定为近期难以利用和近期不宜工作矿区的单一、主要矿产储量及其共、伴生矿产的储量,及表外矿	A+B	勘探 详查 普查	2S21	2S21
	C		2S22	2S22
	D		(2S23)	2S22

续表

储量种类	地质研究程度		套改编码	归类编码
	储量级别	勘查阶段		
未能按上述要求确定编码的矿产储量	A+B	勘探	331	331
	C	详查	332	332
	D	普查	333	333

注:资料来源于国土资厅发〔1999〕113号《固体矿产资源储量套改技术要求》。国土资发〔2001〕66号有部分修改,读者使用时请注意。

7.2 矿产工业指标

7.2.1 工业指标定义

矿产工业指标的定义可归纳为“要求、标准、基础”六个字,指在当前技术经济条件下工业部门对矿产质量和开采条件提出的要求,它是评定矿床工业价值、圈定矿体和计算资源/储量所依据的标准,是圈定矿体的基础。

7.2.2 工业指标种类、内容

矿产工业指标可分为两种、两类。

两种:一般性矿产工业指标和矿床具体的工业指标。一般性矿产工业指标由国家主管部门制定,供矿产勘查评价矿床和计算储量时参考。具体的工业指标因矿床不同而异,它是指根据国家的各项技术经济政策、资源情况、开采和加工技术水平,由勘查单位提出初步意见,经设计部门进行经济技术论证,报请主管机关批准后下达给地质勘探部门的具体的工业指标。

两类:矿石质量指标和矿床开采技术指标。矿石质量指标包括边界品位、工业品位、有害组分最大允许含量、最低工业米百分值等。矿床开采技术指标有最低可采厚度、夹石剔除厚度(矿体中夹石最大允许厚度)及剥离系数等,露天开采还有安全爆破距离、采场最终边坡角、采场最终底盘最小宽度等要求。一些特殊矿产还有一些特殊的要求。

矿床工业指标的论证、制定要按相关的技术标准和管理规定执行。目前执行的技术标准有国家矿产储量管理局《矿床工业指标管理暂行办法》(国储〔1992〕210号)和矿产资源综合利用技术指标及其计算方法(DZ/T 0272—2015)等。

《矿产资源工业要求手册》(地质出版社,2010)可作矿产勘查参考工业指标行业标准。

7.2.3 矿石质量指标

7.2.3.1 边界品位

边界品位是区分矿石与废石的有用组分最低品位界限。它是圈定矿体时对单个样品有用组分含量的最低要求。

7.2.3.2 工业品位

最低工业品位是有用组分平均含量的最低要求,也是最低可采品位,是在当前技术经济条件下开发这类矿产,在技术上可行、经济上合理的品位。

凡等于或大于该品位的矿石,才能视为工业上能利用的矿石,其资源/储量作为能利用的资源/储量(以往称表内储量);介于该品位与边界品位之间的矿石属工业上暂不能利用的矿石,其资源/储量作为暂不能利用的资源/储量(即低品位矿石,以往称表外储量)。

不同矿种(矿床)对工业品位使用范围的要求不同:对于一般矿产,工业品位是指单个工程中的平均品位;对于部分矿种(品位变化不均匀和极不均匀的矿产),工业品位还可用于块段、矿体或矿区的平均品位。在块段(矿体、矿区)中允许有个别工程控制的矿体平均品位低于最低工业品位,但不得有连续相邻的两个工程都低于最低工业品位,否则应按工业矿石与低品位矿石来分别圈定并单独估算。

常见的品位表述方式有百分含量(如1.5%)、相对含量值(如2.5 g/t)等。

7.2.3.3 伴生组分含量

伴生组分可分为伴生有用组分和伴生有益组分。伴生组分最低含量就是对伴生有用组分和伴生有益组分含量的最低要求。

伴生有用组分是指在对矿石中的主要有用组分进行采、选、冶的加工过程中,可以顺便或独立提取具有单独的产品和产值的组分。可用组合分析或精矿分析结果,按各矿种伴生有用组分评价指标来估算其资源/储量。一般规范中均有伴生有用组分综合评价的要求。

伴生有益组分是指那些在矿石中有利于主要有用组分进行选、冶加工的组分,以及在主要有用组分进行加工时能提高产品质量的组分。如某些铁矿石含有达不到综合回收标准的稀土、硼等元素,但在冶炼时可融入钢铁,从而提高钢铁产品的质量。

7.2.3.4 有害杂质允许含量

有害杂质允许含量是指对矿石采、选、冶加工过程中起不良影响,甚至影响产品质量的组分所规定的允许平均最大限量。

7.2.3.5 特殊矿产的特殊要求

评价某些矿床时,除对矿石或矿物的品位提出要求外,还要对其物理技术性能进行测定,作为矿产质量评价的一项重要质量指标。如凹凸棒石黏土矿的吸附性、脱色力、造浆率;装饰用大理岩的块度、色泽花纹和机械性能;云母的片度、剥分性和电绝缘性能;耐火黏土的耐火度;石棉纤维的长度、劈分性、抗拉强度、耐热、耐酸、耐碱性能;红、蓝宝石的色彩、净度(透明度)、晶粒大小(克拉重)、特殊的光学效应等。

7.2.4 矿床开采技术指标

7.2.4.1 最低可采厚度

最低可采厚度是指矿石质量符合要求时,在一定经济技术条件下,有工业开采价值的单层矿体的最小厚度。它是区分能利用和暂不能利用资源/储量的标准之一。

7.2.4.2 夹石剔除厚度

夹石剔除厚度也叫夹石最大允许厚度,是指允许夹在矿体中非矿部分的最大厚度。大于这个厚度时,要从矿体中剔除,圈为废石体;小于这个厚度时,可以合并于矿体中,作为矿体一部分估算资源/储量。

7.2.4.3 最低米·百分率(米·克/吨值)

最低米·百分率或最低米·克/吨值,是贵金属或有色金属勘查中的综合评价指标,即矿体厚度与矿石品位的乘积(米·百分率或米·克/吨值)。它只适用于厚度小于可采厚度而品位大于最低工业品位的矿体。在这个前提下,如果工程矿体厚度与矿石品位的乘积(米·百分率或米·克/吨值)等于或大于最小可采厚度与最低工业品位的乘积(最低米·百分率或最低米·克/吨值),则仍可视为工业矿体,参加平均品位计算及资源/储量估算。

7.2.4.4 含矿系数(含矿率)

含矿系数是指矿体中的工业可采部分在整个矿体(工业矿体+低品位矿体)中所占的比例,可以是长度、面积、体积比值。它是表示矿化地段内工业矿体的连续程度及矿化强度的一项指标。矿化连续的矿体,其含矿系数为1或接近于1;含矿系数愈小,矿化愈不连续。

7.2.4.5 露天开采技术条件

露采矿山在开采技术条件方面有一些特殊要求,如剥采比、采坑边坡角、最终底盘宽度、最低开采标高、爆破安全距离等。

剥离比(剥离比、剥采比)是指露天开采的矿床或矿体,其开采时需剥离的废石量(包括覆盖物、矿体间夹石、开拓安全角范围内的剥离物)与埋藏的矿石量的比值(也可用体积与体积之比)。等于或小于这个比值的那部分矿石可以露天开采。它是确定矿床露天开采的一项重要技术经济指标。

7.2.5 矿床工业指标的确定

7.2.5.1 原则

工业指标的确定要满足可行性、合理性、适用性及适时性要求。

可行性、合理性体现在:选取的矿床工业指标必须保证在技术上的可行性和经济上的合理性,并兼顾综合利用、综合评价。应根据所确定的工业指标圈矿,要保证所圈矿体的连续、完整,利于开采。

适用性体现在:由于各矿床特征不一样,矿床工业指标要因矿床、矿石的特点而异。在详查及勘探阶段,对于新类型或新矿种勘查,须对工业指标的适用性进行论证。

适时性体现在:工业指标还应随着国家经济的发展,采、选、冶技术条件的提高,原料供需变化,市场产品价格的变动等因素,适时调整。但不能随意调整,如果调整工业指标,必须履行报批手续。

7.2.5.2 预查、普查阶段工业指标的确定

不同的勘查阶段,工业指标确定的程序不一样。预查、普查阶段,矿床工业指标可参照各矿种"地质勘查规范"中所制定的一般工业指标,由勘查单位直接采用(一般应报业主认可)。

由于预查阶段的任务是提供找矿靶区,因此如果矿石质量的"参考工业指标"有双指标或三指标,可按单指标圈矿进行评价,作为下一步普查找矿的依据。

7.2.5.3 详查及勘探阶段工业指标的确定

详查、勘探阶段工业指标的确定相对复杂。要根据国家的各项技术经济政策、资源情况、开采和加工的技术水平,结合国家当前和长远的需要,在矿床勘查地质资料基础上(包括矿石加工技术研究及矿床开发经济意义研究成果)确定。矿床工业指标确定程序:勘查单位建议→设计单位推荐(或矿业权人论证及认可)→省级矿产资源/储量评审中心评审→报省厅正式批复。

未进行预可行性研究和可行性研究的商业地质勘查的详查、勘探报告,也可使用一般工业指标圈定矿体,所提交的各类资源/储量为331、332、333类资源量。

7.2.5.4 其他储量报告工业指标的确定

对于储量核实、储量年报、矿山闭坑报告,矿产工业指标一般沿用以往经审批的矿产工业指标,且应说明其来源的文件名称、文号、批准时间和批准单位。

7.3 矿体圈定与连接

7.3.1 矿体边界线的种类

为了确定矿体的分布范围和面积及分别估算资源/储量，应根据实际的勘查资料来确定各种边界线。矿体的边界线有零点边界线、可采边界线、暂时不能利用资源/储量的边界线、矿石类型边界线、矿石品级边界线、资源/储量类别边界线、内边界线与外边界线等。

7.3.1.1 零点边界线

零点边界线是矿体厚度或主要有用组分含量趋于零的各点，即矿体尖灭点的连线。一般情况下，它与矿体的自然边界线或外边界线一致，表示整个矿体的大致分布范围。

7.3.1.2 可采边界线

可采边界线是按可采厚度和工业品位或最低工业米·百分率等工业指标所圈定的矿体界线。它是工业矿体的边界线或可以开采利用的资源/储量边界线。这部分资源/储量称表内储量。

7.3.1.3 暂时不能利用资源/储量的边界线

这条界线是根据边界品位圈定的，此线与可采边界线之间的资源/储量为暂时不能利用的资源/储量，亦称低品位矿界线(以往称表外储量界线)。

7.3.1.4 矿石类型边界线

即在矿体内不同矿石类型各点的连线。

7.3.1.5　矿石品级边界线

即在矿体内不同矿石品级各点的连线，如氧化矿、混合矿、原生矿的界线；铁矿的高炉富矿、高炉低硫富矿、高炉高硫富矿、低硫自熔矿石的界线等。

7.3.1.6　资源/储量类别边界线

表示不同研究程度，即不同级别的资源/储量分布范围的一种储量计算边界线，如331、332、333、334类资源量的分界线。

7.3.1.7　内边界线与外边界线

内边界线是矿体边缘见矿工程控制点连接的界线，在资源/储量计算图上多不表示。外边界线是根据边缘见矿工程向外或向深部推断确定的边界线。

7.3.2　矿体的圈定

7.3.2.1　矿体边界线圈连基本操作程序

在见矿工程中圈矿→在剖面图上圈矿→在平面投影图(或纵投影图)上圈矿。即先圈定单个工程矿体边界点→在剖面上将相邻工程对应的矿体边界点相连接，完成勘查线剖面上的矿体边界线圈定→在平面图(或纵投影图)上将相邻剖面控制的矿体边界线适当连接和圈定。

7.3.2.2　单工程矿体圈定

1. 工业矿体圈定

在见矿工程中，先将等于或大于边界品位的样品圈为矿体，然后将其中连续样段的平均品位达到工业品位以上的部分圈为工业矿体。

当矿体的真厚度小于最小可采厚度，但品位较高，达到米·百分率或米·克/吨值工业矿体指标时，可圈为工业矿体。

若遇连续多个大于边界品位而小于最低工业品位的低品位样品，其厚度之和小于夹石剔除厚度且分布零星，可圈入工业矿体，参与工业矿体厚度和平均品位估算，但必须保证矿体的工程平均品位大于最低工业品位。

工业矿体的圈定，基本要求是保证矿体的完整性、连续性；且既能使富矿顶底板的贫矿尽可能多地圈入工业矿体中，又能保证将低品位矿地段圈定出来。

2. 低品位矿体圈定

将小于最低工业品位、大于边界品位的部分圈为低品位矿体。

单工程中低品位部分，当其厚度大于夹石剔除厚度时，尤其是对于厚度大且又能与周边工程的低品位矿连接成片时，不得圈入工业矿体，而应作为低品位矿单独圈出。

当矿体中出现达到最低工业品位的样品厚度小于最小可采厚度，采用米·百分率或米·克/吨值指标仍不能圈定为工业矿体时，可视情况与周边低品位样品工程合并圈为低品位矿体。

厚度大于夹石剔除厚度的非矿部分，应予以剔除或作为夹石圈出。

3. 石灰质水泥原料矿的圈定

对石灰质水泥原料矿（石灰岩、大理岩）的勘查，探矿工程中个别单样超过指标要求时，有些专家建议，可按8～12 m进行厚度加权计算，如计算结果符合和满足单工程最低工业指标要求，则可按矿石处理，圈入矿体。但此种做法尚无规范依据，取得上级主管部门准许和征得业主同意后方可采用。

4. 关于“穿鞋戴帽”圈矿问题

圈定工业矿体时，在矿体边部连续出现多个低品位（大于边界品位而低于最低工业品位）的样品时，一般只允许带入相当于“夹石剔除厚度”以内的样品圈入工业矿体中，其余可作为低品位矿体单独圈出，即“穿鞋戴帽”圈矿，不得将连续超过夹石剔除厚度的低品位矿圈入工业矿体中，原则是要确保工业矿的圈定。

5. 以满足工业矿为优先

当单工程平均品位小于最低工业品位，而剔除顶或底部的个别样品后，使之能达到或大于最低工业品位时，应剔除顶或底部的个别低品位矿样品。

示例：

某铜矿勘查的工业指标是边界品位0.2%，最低工业品位0.4%，最小可采厚度1.0 m，最低米·百分率0.4，夹石剔除厚度≥2 m。某个工程中样品分析结果及圈矿方案如表7.4所示。

表7.4　圈矿方案

<table>
<tr><th>方案2</th><th>方案1</th><th>样号</th><th>厚度(m)</th><th>品位(%)</th><th>方案3</th><th>方案4</th></tr>
<tr><td rowspan="5">上矿体</td><td rowspan="2">矿体</td><td>H24</td><td>1.00</td><td>0.22</td><td rowspan="5">工业矿</td><td rowspan="5">工业矿</td></tr>
<tr><td>H25</td><td>1.00</td><td>0.76</td></tr>
<tr><td>夹石</td><td>H26</td><td>1.00</td><td>0.16</td></tr>
<tr><td rowspan="2">矿体</td><td>H27</td><td>1.00</td><td>0.65</td></tr>
<tr><td>H28</td><td>0.50</td><td>0.37</td></tr>
<tr><td rowspan="2">夹石</td><td rowspan="2">夹石</td><td>H29</td><td>1.20</td><td>0.18</td><td rowspan="2">夹石</td><td rowspan="2">夹石</td></tr>
<tr><td>H30</td><td>1.00</td><td>0.15</td></tr>
</table>

续表

方案2	方案1	样号	厚度(m)	品位(%)	方案3	方案4
下矿体	矿体	H31	1.00	0.24	低品位矿	低品位矿
	夹石	H32	1.00	0.13		夹石
	矿体	H33	0.80	0.64		工业矿

方案1:根据指标初步圈矿。

根据截穿矿体的单个工程中连续分段取样化验分析结果,将大于边界品位的样品分布地段、总厚度大于最小可采厚度的地段全部圈为矿体,计有H24~H25、H27~H28、H31、H33等。其中,H33大于边界品位、厚度小于最小可采厚度,但厚度与品位乘积——米·百分率达到了指标要求,应圈为矿体。

方案2:处理矿体内的非矿部分。

在上述矿体之间,圈为非矿地段的总厚度若小于夹石剔除厚度,可按照圈入矿体后,矿体平均品位仍能达到指标要求的原则,将该非矿部分圈入矿体,如H26、H32;否则要作为夹石剔除,如H29、H30。圈出了上矿体、下矿体两个矿体。

方案3:计算矿体厚度和加权平均品位并调整圈矿。

计算每个孔段矿的厚度和厚度加权平均品位。若平均品位大于最低工业品位则为能利用储量(工业矿),否则为暂不能利用储量(低品位矿、次边际经济的资源量)。本铜矿最低工业品位为0.4%。本例中上矿体厚度为4.5 m,厚度加权平均品位为0.44%,达到工业矿指标,圈为能利用储量;下矿体厚度为2.8 m,厚度加权平均品位为0.315%,达不到工业矿指标,定为低品位矿、暂不能利用储量。

方案4:运用"穿鞋戴帽"技巧圈矿。

本例中H24、H28品位为0.22%、0.37%,达不到工业矿品位指标,但其与相邻达到工业矿样品相连,且参与工业矿平均品位计算后,仍能使上矿体达到工业矿指标，且 H24、H28厚度均未超出夹石剔除厚度，因此可以“穿鞋戴帽”圈入工业矿体。

H33号样，虽其米·百分率达到工业矿指标，由于其与H31、H32一起厚度加权平均品位达不到工业矿指标，方案3将其定为低品位矿；如果其周围工程相应部位为工业矿体，考虑到工业矿体的完整性，H33号样应圈为工业矿且与其周围工业矿相连接，并将H31样单独圈为低品位矿，或作为本矿体的分叉矿体圈矿。

7.3.3 平面上和剖面上矿体的连接

7.3.3.1 连矿原则

矿体的连接是指在平面上和剖面上(或走向上和倾向上)根据单项工程的矿体界线，把矿体的空间位置连接圈定出来。连矿原则是：

(1) 先地质后矿体。即在连接矿体时，要坚持“先连接地质界线或地质现象，再根据主要控矿地质特征连接矿体”的原则连接矿体。矿体的连接一般采用直线相连，在充分掌握矿体形态特征规律时，可用自然曲线连接。

(2) 工程间矿体厚度不得大于相邻两工程的实际最大厚度(宽度)。

7.3.3.2 相邻两剖面或相邻两工程矿体的连接

(1) 相邻两剖面或相邻两工程同属最低工业品位以上矿体或低品位矿体时，将其顶、底板直接连接成最低工业品位以上矿体或低品位矿体。

(2) 剖面上或平面上相邻两工程间，一工程为最低工业品位以上矿体，另一工程为低品位矿体，大多采用对角线连接矿体，或用品位内插法求出品位达到最低工业品位的内插点后再连接最低工业品位以上的矿体，如图7.2所示。

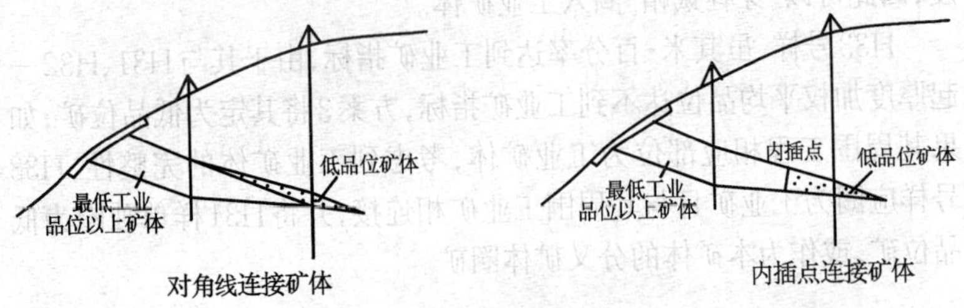

图7.2　矿体的连接

(3) 相邻两工程间，甲工程ZK05为最低工业品位以上矿体，乙工程ZK07为最低工业品位以上矿体＋低品位矿体，则将两工程对应的工业矿体相连接，乙工程低品位矿体与甲工程工业矿体的顶板或底板边界点直接相连，如图7.3所示。

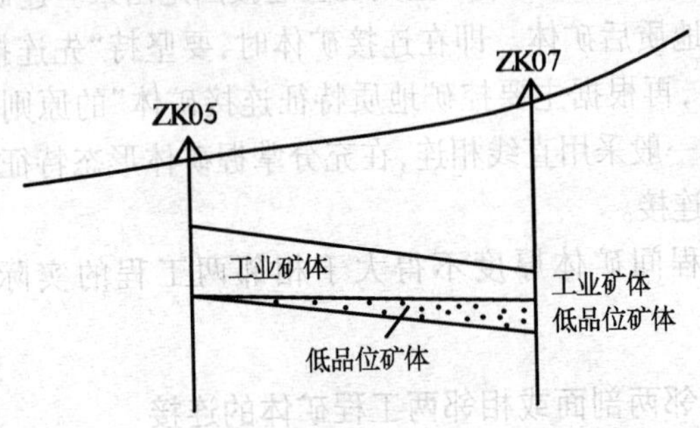

图7.3　矿体对角线连接

(4) 相邻两工程间，一工程为最低工业品位以上矿体，另一工程达到最低工业米·百分率(米·克/吨值)要求时，两者直接连接最低工业品位以上矿体，一般不再外推估算资源/储量，如图7.4所示。

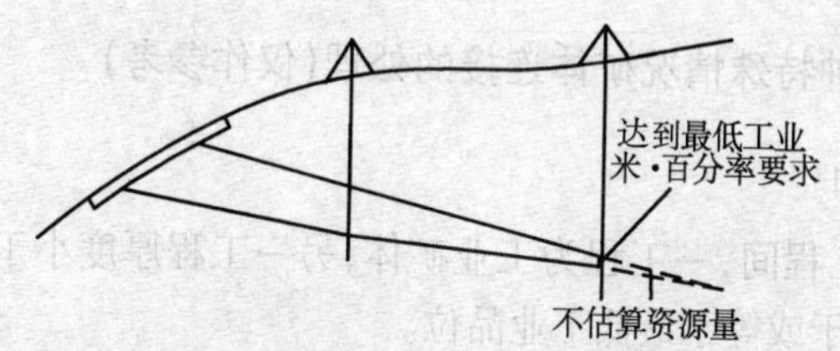

图7.4 达到最低工业米·百分率工程矿体不再估算资源/储量

7.3.3.3 分岔矿体的连接

相邻两工程间，甲工程不含夹石，乙工程含有夹石，一般情况下，当甲工程矿体厚度大于乙工程中矿体与夹石总厚度时，按同一矿体分岔连接，反之则按两个矿体分别连接。或工程中矿体夹石厚度小于或等于其两侧矿体的厚度时，按分岔矿体连接，若其中一侧矿体厚度小于夹石厚度时，则按两个矿体连接，如图7.5所示。

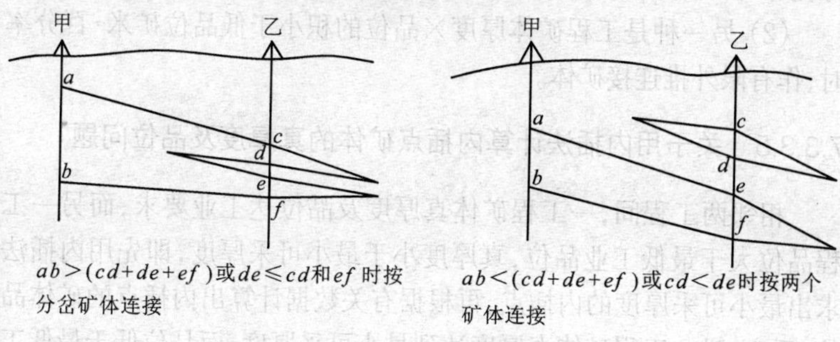

图7.5 分岔矿体的连接

7.3.3.4 两种特殊情况矿体连接的处理(仅作参考)

1. 情况1

相邻两工程间,一工程为工业矿体,另一工程厚度小于最小可采厚度,品位大于或等于最低工业品位。

(1) 米·百分率大于最低工业米·百分率,可连接为工业矿体。

(2) 米·百分率小于最低工业米·百分率,有两种处理办法:一种是该工程作零点尖灭连接矿体;另一种是内插到最小可采厚度再连接矿体。

2. 情况2

相邻两工程间,一工程为工业矿体,另一工程为低品位矿,且厚度小于最小可采厚度,亦有两种处理办法:

(1) 一种是工程矿体厚度×品位的积,达到低品位矿米·百分率时,该工程可作为尖灭点连接矿体。

(2) 另一种是工程矿体厚度×品位的积小于低品位矿米·百分率时,作有限外推连接矿体。

7.3.3.5 关于用内插法计算内插点矿体的真厚度及品位问题

相邻两工程间,一工程矿体真厚度及品位达工业要求,而另一工程品位大于最低工业品位,真厚度小于最小可采厚度,即先用内插法求出最小可采厚度的内插点,再根据有关数据计算出内插点的矿体品位;反之,另一工程矿体真厚度达到最小可采厚度,而品位低于最低工业品位,则先用内插法求出最低工业品位的内插点,再根据有关数据计算出内插点的矿体真厚度。这种方法又称双内插,就是先根据相邻两工程矿体真厚度或平均品位资料求出工业矿体工程至内插点的距离(即内插点的位置),再根据有关数据计算出内插点的矿体真厚度或品位。

(1) 计算内插点至工业矿体工程的距离,用下列公式计算:

$$I = L\frac{m_1 - M_0}{m_1 - m_2} \quad 或 \quad I = L\frac{C_1 - C_0}{C_1 - C_2} \tag{7.1}$$

式中,L:A、B两工程距离;I:内插点到工业矿体工程(A)的距离;m_1、C_1:工程(A)中工业矿体真厚度、平均品位;m_2、C_2:工程(B)中低品位矿体真厚度、平均品位;M_0、C_0:工业指标中最小可采厚度、最低工业品位。

(2) 求内插点矿体品位或真厚度,用下列公式计算:

$$C_x = C_1 - \frac{I(C_1 - C_2)}{L} \quad 或 \quad m_x = m_1 - \frac{I(m_1 - m_2)}{L} \tag{7.2}$$

式中,C_x、m_x:内插中矿体品位及真厚度。

以上矿体连接提到了点尖灭连接和内插连接,一般情况下,预查、普查阶段工作程度低,所估算的资源量可靠程度亦低,所以为减少估算过程和方便起见,常采用点尖灭连接矿体。而详查、勘探阶段工作程度高,所估算的资源/储量可靠程度亦高,因此可采用内插法内插到矿体最小可采厚度或最低工业品位来连接矿体。

7.3.3.6　矿体内部结构界线圈定

矿体内部结构包括矿石类型(主要指工业类型)、矿石品级(工业品级、工业矿石、低品位矿石等)、夹石。在圈定矿体边界线以后,要对矿体内部结构,即矿石工业类型、矿石品级、夹石按要求分别进行圈定,圈定原则与上述原则一致,如图7.6所示。

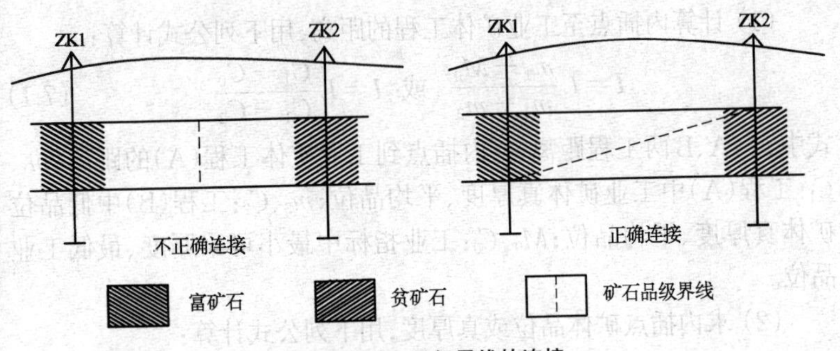

图7.6　矿石品级界线的连接

矿石类型界线如氧化矿石、混合矿石、原生矿石边界线的圈定，应考虑到地形地貌及水文地质条件，一般应与地面或地下水面平行，如图7.7所示。

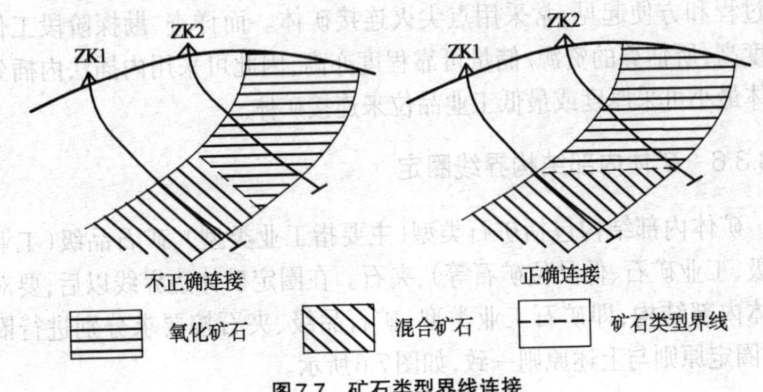

图7.7　矿石类型界线连接

7.3.4 矿体的外推

7.3.4.1 一般规则

1. 矿体外推的概念

连接见矿工程以外的矿体边界的方法叫作外推法。它是地质工作中常用的一种方法，即根据已知的勘查工程资料，结合地质构造及矿体变化规律，推断见矿工程以外未知部分矿体可能分布的界线。它可分为有限外推和无限外推两种。矿体外推要在矿体空间产出的地质规律基础上进行。

2. 矿体外推的一般方法

当矿体厚度与矿体长度无规律可循时，一般按相应勘查网度(工程间距)的1/2尖推或1/4平推。当矿体的厚度与长度有充分依据证明(一定数量的工程资料统计数据)呈线性正相关关系时，可以据此相关关系科学地确定外推长度，即厚度大的可外推长些，厚度小的可外推短些。砂矿一律按宽度的1/2、长度的1/4矩形平推，不作尖推。金矿有限外推按工程间距的1/2尖推，无限外推按工程间距的1/4尖推。

对有色及贵金属矿产，由于矿化特征复杂，当边部相邻(矿体边界以外)工程存在大于边界品位1/2矿化时，可作工程间距的2/3尖推或1/3平推。

3. 平面图上的矿体外推界线

平面图上的矿体外推界线不能在平面图上按勘探网度的1/2或2/3尖推矿体边界线。要先使用剖面图上(1/2或2/3尖推)矿体边界线点垂直投影到平面图上，再连接矿体界线。

4. 米·百分率(米·克/吨值)圈矿不外推

圈定矿体的边界时,须结合矿床特征考虑,一般不外推。对薄脉型矿体,多数采用米·百分率(米·克/吨值)来衡量矿体者,可进行外推圈定。对厚度变化大的矿体,当矿体中部出现个别米·百分率(米·克/吨值)达到要求的工程时,可以圈入矿体。

5. 最低一层坑道向下外推

如果工程为坑道,可向下外推一至两个中段高的矿体,具体如何外推视矿体变化而定。该情况以往较少遇见,但在编制资源/储量核实、资源/储量分割报告时,可能会遇见。最低一层坑道向下外推资源量,可按原国储〔1991〕164号文的要求进行[164号文中的C级、D级储量,相当于新规范的“控制的”(332)、“推断的”(333)的资源量类别]。国储〔1991〕164号文规定:

第一种情况:最低一层坑道向下(沿矿体倾斜方向)当有“控制的”工程间距钻孔见矿时(图7.8中ZK1、ZK2孔),坑道与ZK1、ZK2工程间圈算为控制的(332)资源/储量,如图7.8(a)所示。

第二种情况:当“控制的”工程间距钻孔(ZK1、ZK2)未见矿时,坑道和钻孔(ZK1、ZK2)间不能圈连为332资源量,只能自最低一层控矿坑道沿矿体倾向向下,按“控制的”工程间距(332)的1/4值,外推圈连332资源量,如图7.8(b)所示。

第三种情况:当坑道下有“推断的”(333)工程间距钻孔(ZK3、ZK4)见矿时,自坑道向下按“控制的”(332)工程间距1/4值平推圈连(332)资源量,余下部分为(333)资源量,如图7.8(c)所示。

第四种情况:当333工程间距钻孔(ZK3、ZK4)未见矿时,自坑道向下按“推断的”(333)工程间距的1/4值平推圈连333资源量。另外,在矿体走向上,在沿脉坑道边缘穿脉巷道外有“控制的”(332)钻孔见矿时,工程间圈连(332)资源量,如图7.8(d)所示。

如果对盲矿体头部最高一层控矿坑道出现上述情况时,可按同一方法处理。

上述最低一层坑道及最高一层控矿坑道矿体下推、上推点均是沿矿体倾斜方向外推距离，而非地质块段法投影面(平面或纵投影面)上的外推距离。

根据矿体地表出露长度向深部外推时，外推出露长度的1/4(平推)到1/2(尖推)。

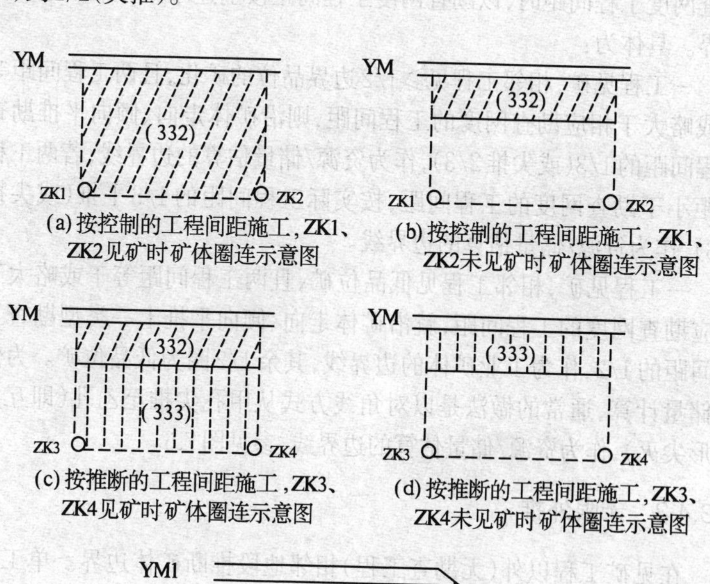

(a) 按控制的工程间距施工，ZK1、ZK2见矿时矿体圈连示意图

(b) 按控制的工程间距施工，ZK1、ZK2未见矿时矿体圈连示意图

(c) 按推断的工程间距施工，ZK3、ZK4见矿时矿体圈连示意图

(d) 按推断的工程间距施工，ZK3、ZK4未见矿时矿体圈连示意图

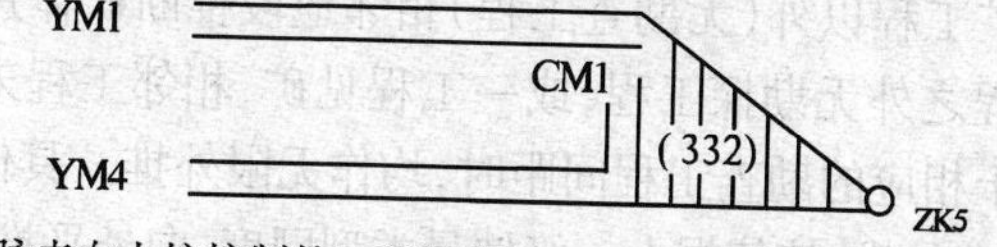

(e) 在矿脉走向上按控制的工程间距施工，ZK5见矿时矿体圈连示意图

图7.8 沿脉坑道向下矿体的圈定

7.3.4.2 有限外推

即在见矿工程与相邻未见矿工程之间圈定矿体边界。无论在走向上还是在倾向上,相邻两工程的距离小于勘查网度工程间距时,以实际控制的距离按上述原则外推圈定矿体边界。当两工程距离大于勘查网度工程间距时,以勘查网度工程间距按上述原则外推圈定矿体边界。具体为:

一工程见矿,相邻工程见≥1/2边界品位的矿化,且两工程间距等于或略大于相应勘查网度的工程间距,则沿矿体走向、倾向平推勘查工程间距的1/3(或尖推2/3),作为资源/储量估算的边界线;若两工程间距小于勘查网度的工程间距,按实际工程间距的1/3平推(或尖推2/3),作为资源/储量估算的边界线。

一工程见矿,相邻工程见低品位矿,且两工程间距等于或略大于相应勘查网度的工程间距,就沿矿体走向、倾向平推上一类型勘查工程间距的1/2,作为工业矿体的边界线,其余1/2圈为低品位矿。为便于储量计算,通常的做法是以对角线方式从甲孔尖推至乙孔(即互为楔形尖灭),作为资源/储量估算的边界线,参见图7.6。

7.3.4.3 无限外推

在见矿工程以外(无勘查工程)相邻地段推断矿体边界。单工程及见矿工程之外无勘探工程,或一工程见矿、相邻工程未见矿但两者间距远大于相应的勘查工程间距时,均作无限外推。具体方法是沿矿体走向、倾向外推,按依据上一级储量类型网度,向外平推工程间距1/4距离或尖推1/2距离,作为资源/储量估算的边界线。

位于矿体边部的低品位矿体及用米·百分率圈矿的矿体不能外推。

7.3.4.4 单工程(钻孔)控矿的矿体外推

单工程(钻孔)控矿的矿体外推有两种方法:

第一种方法如图7.9(a)所示。

将倾向及走向上按外推原则圈连的外推点投影到纵投影图上:倾向上的外推点,要先在剖面上将矿体按倾向外推并投影到纵投影面上(如a、b两点);走向上外推可在纵投影面上进行,如c、d两点,依次连线a、b、c、d点圈连矿块边界成菱形,按规定办法续求块段体积和资源/储量。地质块段法水平投影作图法类同。

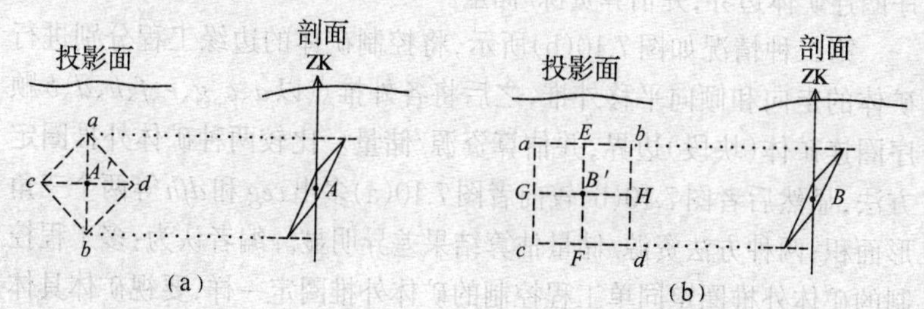

图7.9 单工程控制的矿体外推方法示意图(纵投影图)

第二种方法如图7.9(b)所示。

在矿体投影面上,将矿体倾向的上、下外推点(E、F)和矿体走向的外推点(G、H)表示在纵投影面上;在此基础上,继续将矿体走向外推点(G、H)分别沿矿体倾向上推和下推至a、b、c、d点;同理,在矿体倾向上的上、下外推点(E、F)沿走向上续左右外推(a、b、c、d点),如此在投影面上,矿体块段外推成一矩形,按规定方法估算块段体积和资源量值。水平投影法作图法类同。两种做法的结果是:第二种做法所获资源量是第一种做法的两倍,它们有明显的差异。第一种相对保守,第二种相对夸张。采用何种方法外推,要视实际情况(如矿体厚度是否稳定、走向上尖灭特征等）而定。由于第二种方法的*a*、*b*、*c*、*d*各点是*EG*-*EH*-*FG*-*FH*各点的二次外推，明显不合理，因此编者建议用第一种方法。

7.3.4.5 多工程控矿的矿体外推

多工程控制的矿体外推方法如单工程控制的矿体外推方法一样（如前述），也存在两种情况：

第一种情况如图7.10(a)所示，是将控制矿体的各边缘工程对矿进行走向和倾向按外推原则圈连的各外推点（*a*、*c*、*e*、*f*、*d*、*b*）直接按顺序圈连矿体边界，并估算资源/储量。

第二种情况如图7.10(b)所示，将控制矿体的边缘工程分别进行矿体的走向和倾向平移外推，之后将各外推点以*a*、*c*、*g*、*e*、*f*、*h*、*d*、*b*顺序圈连矿体（块段）边界，并估算资源/储量。比较两种矿体外推圈定方法，显然后者图7.10(b)较前者图7.10(a)多出*ceg*和*dfh*等两个三角形面积；两种方法资源/储量估算结果差异明显。编者认为：多工程控制的矿体外推圈定同单工程控制的矿体外推圈定一样，要视矿体具体情况（如矿体厚度是否稳定、走向上尖灭特征等）而定，尽可能以“合理”为主要考虑因素确定外推方法，而图7.10(b)中的*g*、*h*点存在二次外推之嫌，不甚合理。

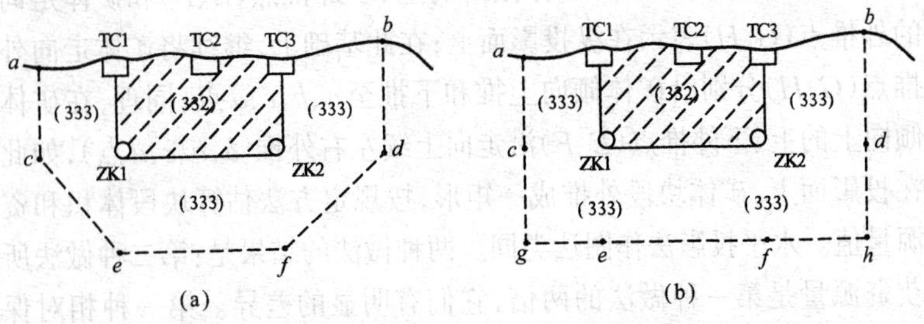

图7.10 多工程控制的矿体外推方法示意图（纵投影）

7.3.4.6　矿体内“无矿天窗”的外推

在矿体边界线内,有时遇到个别工程未见矿,它所影响的范围即称“无矿天窗”。它的外推及圈定原则与矿体的外推、圈定原则一致。

7.3.4.7　矿体内夹石的外推

工程中矿体内夹石的外推原则与矿体的外推原则一致。

7.3.5　矿体圈定注意事项

矿体圈定应注意如下事项:

(1) 探明的和控制的资源/储量只能用工程实际连线圈定,一般不外推同级资源/储量。

(2) 控制的资源/储量可以外推推断的资源量,探矿工程圈定的推断的资源量可以外推预测的资源量,即控制的→外推推断的,推断的→外推预测的;探明的不能外推,因为“探明的”外推则成为“推断的”,则产生地质可靠程度的顺序混乱(形成探明的→推断的),违反了探明的→控制的→推断的顺序。

(3) 不能连续外推:如控制的资源/储量外推了推断的资源量,不能再外推预测的资源量,即不允许控制的→外推推断的→再外推预测的,如图7.11所示。

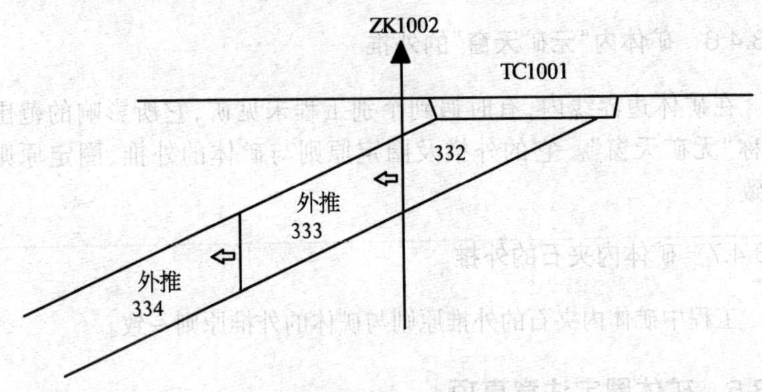

图7.11 错误的外推示意图

(4) 用米·克/吨值综合工业指标时,在矿(脉)体厚度不稳定(有一定变幅)、品位不均匀的情况下,矿(脉)体圈定不能进行外推。对于厚度较稳定、品位较均匀的薄脉型矿脉,则可采用一般外推方法对矿体(块段)进行外推圈定并估算资源/储量。

(5) 掌握矿床地质特点和矿化规律,是正确圈定矿体的基础、如矽卡岩型矿床按接触带圈定,若按岩层产状圈矿则是错误的。

① 根据岩性推断矿体边界:当矿体的形成与某类岩石分布有关时,矿体的边界可将岩性递变处作为矿体的边界(图7.12)。

② 根据构造推断矿体边界:当矿体的分布受某一类构造控制时,应研究构造的性质和特征,对矿体进行推断(图7.13)。

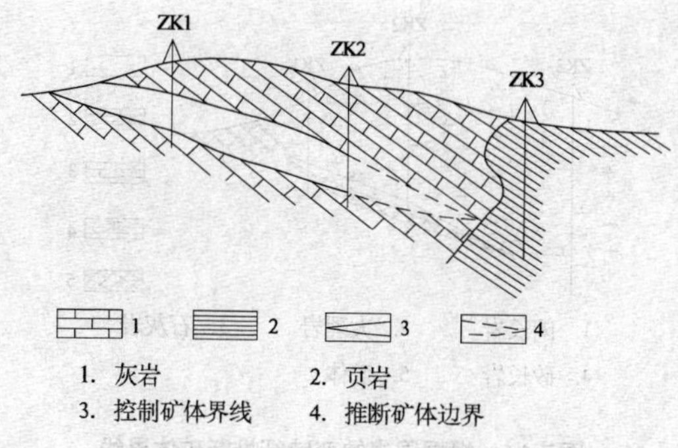

图7.12　根据岩性特征推断矿体边界

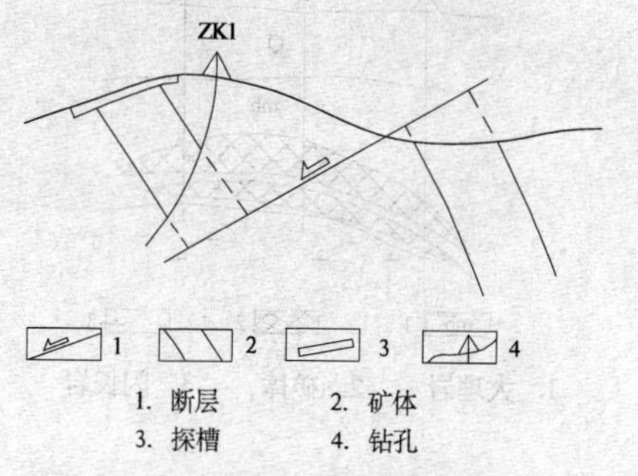

图7.13　根据构造特征推断矿体边界

③ 根据近矿围岩蚀变特征推断矿体边界：当矿体的形成与某种蚀变有关时，可根据蚀变带的特点、规模推断矿体边界(图7.14)。

④ 根据矿体本身变化规律来推断矿体边界：当矿体形态十分规律时，可根据形态的变化去推断矿体边界(图7.15)。对于露天开采的矿体，在开采境界范围外的小矿体无需圈入；在开采境界范围内(图7.16)主矿体1附近的2、3号矿体应圈入，境界范围外的4号矿体不圈入。

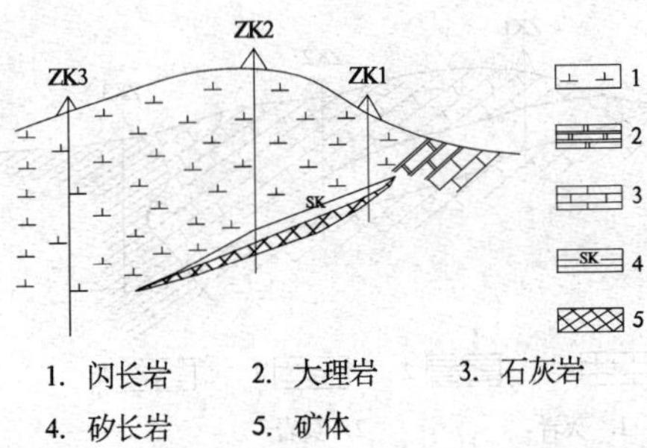

1. 闪长岩　2. 大理岩　3. 石灰岩
4. 矽长岩　5. 矿体

图7.14　根据围岩蚀变特征推断矿体界线

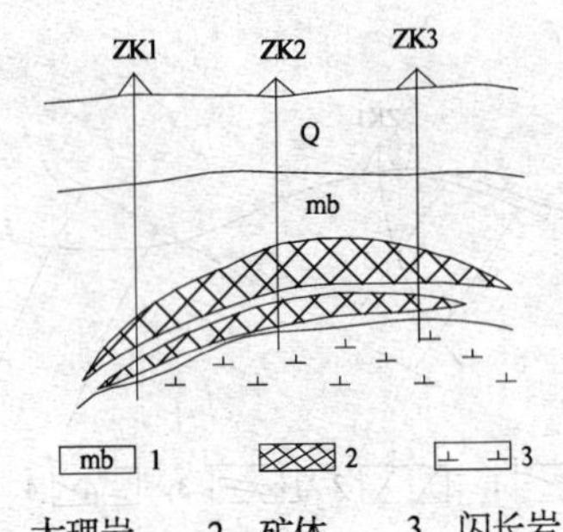

1. 大理岩　2. 矿体　3. 闪长岩

图7.15　根据矿体变化推断矿体边界

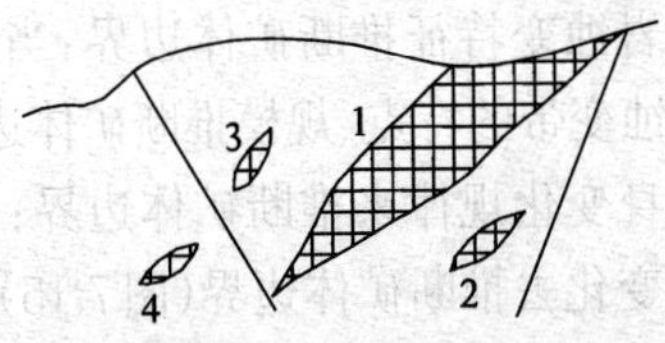

图7.16　露天开采小矿体的圈矿

现行(部分)规范对矿体外推的一般要求可归纳为表7.5。

表7.5 部分规范对矿体外推的一般要求

规范名称		矿体外推要求
《固体矿产勘查规范》(GB/T 33444—2016)		1. 有限外推:一工程见矿,另一个工程不见矿或见矿化(大于边界品位的1/2),视矿体变化特征或结合储量估算方法,作有限外推(按工程间距的1/2尖推或1/4平推,见矿化者作2/3尖推或1/3平推)。 一工程见矿,另一个工程见低品位矿,将工业矿与低品位矿互为楔形尖灭。 2. 无限外推:有规律可循按规律外推;无规律可循,按相应工程间距的1/2尖推或1/4平推。 3. 采用米·克/吨值圈矿一般不得外推,但多数采用米·克/吨值圈矿的薄型矿体可外推。 4. 稳定的沉积矿床、沉积变质矿床外推距离可适当放宽,但不应超过同类别资源/储量一个工程间距尖推或1/2平推
一般矿产	《钨、锡、汞、锑矿地质勘查规范》(DZ/T 0201—2002)	通常情况下,按工程间距的1/2楔形尖灭或1/4平推。 相邻工程中存在大于边界品位1/2矿化时,按工程间距的2/3尖推或1/3平推。 采用米·克/吨圈矿不得外推
	《稀土矿产地质勘查规范》(DZ/T 0204—2002)	矿体外推,按工程间距的1/2尖推或1/4平推
提出特殊要求的矿产	《稀有金属矿产地质勘查规范》(DZ/T 0203—2002)	矿体外推,按工程间距的1/2尖推或1/4平推;边部相邻工程中存在大于边界品位且厚度大于工程间距1/2的矿化时,按工程间距的2/3尖推和1/3平推,采用米·克/吨值圈矿不得外推
	《铜、铅、锌、银、镍、钼矿地质勘查规范》(DZ/T 0214—2002)	矿体外推,按工程间距的1/2尖推或1/4平推;相邻工程中存在大于边界品位1/2矿化时,按工程间距的2/3尖推和1/3平推
	《岩金矿地质勘查规范》(DZ/T 0205—2002)	有限外推:按工程间距的1/2楔形尖灭(尖推)。 无限外推:按工程间距的1/4楔形尖灭(尖推)。 采用米·克/吨值圈矿不得外推

续表

规范名称		矿体外推要求
	《砂矿(金属矿产)地质勘查规范》(DZ/T0208—2002)	皆呈矩形平推。 矿体宽度有限与无限外圈，均按基本(或实际)工程间距的1/2平推。 矿体长度有限与无限外推，均按基本(或实际)工程间距的1/4平推
目前常规做法	1. 探明的和控制的资源/储量只能用工程实际连线圈定，一般不外推同级资源/储量。 2. 沿矿体走向、倾向外推，按依据上一级储量类型网度，向外平推工程间距1/4距离或尖推1/2距离，作为资源/储量估算的边界线。当实际工程间距≥理论工程间距，按理论工程间距的1/2尖推；当实际工程间距＜理论工程间距，按工程所在地段的实际工程间距的1/2尖推。 3. 控制的→外推推断的；推断的→外推预测的；探明的不能外推。 4. 不能连续外推：如控制的外推了推断的资源量，不能再外推预测的资源量。 5. 地表矿体向深部外推时，外推出露长度的1/4(平推)到1/2(尖推)。 6. 平面图上的矿体外推界线，不能在平面图上按勘探网度1/2或2/3尖推矿体边界线，要使用剖面图上(1/2或2/3尖推)矿体边界线点垂直投影到平面图上，再连接矿体界线(本法则适用于垂直断面图)	

注：适用于用断面法、算术平均法、地质块段法计算资源/储量时的平面、剖面、投影图上的矿体外推。

7.4 资源/储量估算

7.4.1 一般原则

资源/储量估算的一般原则是：

(1) 参与资源/储量估算的各项探矿工程的质量应符合有关规范、规程和规定的要求。

(2) 资源/储量估算必须在综合研究矿床地质特征、控矿因素的基础上,严格按工业指标正确圈定矿体的前提下进行。

(3) 资源/储量估算应按矿体、资源/储量类型和块段分别估算矿石量、金属量和平均品位。当选(冶)试验证实矿石性质差异大,有可能进行分采、分选时,应考虑分矿石类型进行估算。

(4) 矿床中氧化带、混合带、原生带发育时,应分别估算其资源/储量。混合带不发育时,可视实际情况将其划入氧化带或原生带进行估算。

(5) 达到工业要求的共伴生组分,应分别圈定矿体估算资源/储量。

(6) 资源/储量的单位按各矿种规范的要求确定。通常情况下,一般矿产矿石量单位为万吨,金属量单位为万吨或吨;金等稀有贵金属矿石量、金属量单位为吨。一般矿产的矿石品位以质量分数(%)计,金、银等贵金属矿石品位以g/t计。

(7) 估算资源/储量时,应扣除截至勘查工作结束时采空区的资源/储量,永久性建筑物等压覆的资源/储量应予说明。

(8) 应用地质统计学方法、SD法等方法估算资源/储量时,所用的软件应是国家矿产资源/储量主管部门评审认可,或是工业部门长期实际应用中证实是可行的软件;资源/储量估算应在品位数据结构分析、区域化变量的变异函数研究、正确确定资源/储量估值参数及选择估值方法的条件下进行。

(9) 对矿(脉)体金属量进行估算时,不能错误地将"平均米·克/吨"值当作平均品位乘以矿体或块段矿石量估算金属量。采用米·克/吨值指标时,米·克/吨值为厚度×品位的双因素的综合指标,非单一的质量指标。即平均$(m\cdot g/t)\times Q$(矿石量t)$=m\cdot g$。$m\cdot g$非重量单位。正确做法是将平均米·克/吨值除以平均厚度,换算成平均品位,再乘以矿石量,才是所估算的金属量值。

(10) 普查阶段,单孔单线控制的矿体一般不估算(333类)资源量;详查及勘探阶段,在基本查明或详细查明矿体特征之后,单孔单线控制的可以考虑估算(333类)资源量。

(11) 资源/储量估算的一般程序是:在剖面图或平面图上合理圈定和连接矿体→精确测定各项储量估算参数→划分资源/储量估算块段→选择合适的块段体积计算公式→计算块段矿块体积→计算块段矿体矿石量或金属量。

7.4.2 估算范围

根据需要(如编制勘查报告,核实报告、年报、压覆报告等)划定本次资源/储量估算范围,一般应该是合法矿业权内的范围。

应说明资源/储量估算的平面范围(如起止剖面线或拐点坐标)、垂向范围(如准采标高或埋藏深度)及参加资源/储量估算的矿体数和矿体号。矿体分布范围超出矿权范围的,只估算矿权证内资源/储量,证外资源/储量一般不估算,特殊情况需估算的,须分别统计。

资源/储量估算范围还要用各拐点坐标值表述:相关规定要求用2000年国家大地坐标系、1985年国家高程基准表述。不符合此规定的,如1954年北京坐标系、1980年西安坐标系、1956年黄海高程系均要进行换算。

7.4.3 估算方法

7.4.3.1 估算方法种类

资源/储量估算方法主要有几何法、统计分析方法、SD法等(地质统计学法和SD法要使用软件在计算机上完成)。最常用的是几何法,其中断面法、地质块段法应用最广。本节重点阐述几何法。

采用何种方法,要根据矿床的地质特征、矿体的赋存状态、勘查工程的分布情况等因素进行选择。对估算方法及其结果的正确性应进行检验,可选择一部分有代表性的块段或矿体,采用其他方法进行检验估算。

《固体矿产地质勘查规范总则》(GB/T 13098—2002)指出:"估算方法的选择,要根据矿床自身的特点,并结合勘查工作实际,以有效、准确、简便、能满足要求为依据。"在估算方法的选择上,能用简单方法的就不要用复杂方法。

7.4.3.2 几何法简介

1. 平行垂直断面法

勘查线相互平行,探矿工程(槽、井、坑、钻等)一般布置在勘查线上,且各见矿工程见矿中心点偏离勘查线的距离小于勘查线间距的1/4;矿体在勘查线剖面上的形态为透镜状或不规则状,厚度变化较大时常采用此种方法。

所附图件为勘查线资源量估算剖面图、矿体分布水平投影图(当矿体倾角<45°时)或矿体分布垂直纵投影图(当矿体倾角≥45°时)。

2. 水平断面法

当地形较陡、矿体产状较陡、岩石破碎(钻孔取芯困难)时,采用不同中段的穿脉或沿脉坑道控制矿体(地表用槽探工程),不同中段的穿脉坑道沿勘查线布置,探矿工程见矿中心点偏离勘查线的距离小于勘查线间距的1/4;矿体在各水平中段上的形态为透镜状或不规则状,厚度变化较大时可采用此种方法。

所附图件为勘查线剖面图、中段地质平面图、矿体分布垂直纵投影图。

3. 线资源/储量估算方法

这是垂直平行断面法的一种。根据块段划分的不同有下述两种不同的估算方法:利用勘查线剖面影响距离(1/2)作为一个块段,将相邻两勘查线剖面间作为一个块段,进行资源/储量估算。线资源/储量法主要用于砂矿床的资源/储量估算。如果控制块段的两条勘查线的矿体形态、线储量相差悬殊,块段体积计算误差较大,就不适合用此方法计算资源/储量。

4. 地质块段法

这种估算方法是一种在算术平均法的基础上加以改进的资源/储量估算方法。它按一定的条件或要求(如不同的地质条件、矿石质量、开采技术条件、研究程度等),把整个矿体划分为若干块段,然后用算术平均法及加权平均法计算各资源/储量估算参数、各块段矿体体积和资源/储量,各块段资源/储量之和即为矿体的资源/储量。地质块段法适用于勘查工程不规则布置、工程较多且分布比较均匀的情况,又可分为:

(1) 垂直纵投影地质块段法:采用矿体垂直纵投影面积和水平厚度估算资源/储量,它适用于倾角较陡(≥45°)的矿体资源/储量估算。

(2) 水平投影地质块段法:采用矿体水平投影面积和平均铅垂厚度估算资源/储量,它适用于倾角较平缓(<45°)的矿体资源/储量估算。

(3) 采用倾斜真面积和矿体平均真厚度估算资源/储量,它适用于任何倾角矿体的资源/储量估算。

各种储量计算方法及适用条件如表7.6所示。

表7.6 储量估算方法

方法			适用条件	备注
几何法	块段法	地质块段法	形状相对简单,产状相对稳定,有用组分较均匀,品位厚度变化小,之间无相关关系,或单一钻探手段控制部分钻孔偏离勘查线较远矿体	各块段有一定数量的探矿工程控制
		开采块段法	勘查程度较高,有探矿天井控制的矿床	

续表

<table>
<tr><th colspan="3">方法</th><th>适用条件</th><th>备注</th></tr>
<tr><td rowspan="6"></td><td rowspan="3">断面法</td><td>平行垂直断面法</td><td rowspan="3">探矿工程均位于勘查线上的任何产状、形状的矿体。几乎适用于任何类型矿床</td><td>勘查线平行</td></tr>
<tr><td>水平断面法</td><td>水平勘探</td></tr>
<tr><td>不平行垂直断面法</td><td>勘查线不平行</td></tr>
<tr><td colspan="2">算术平均法</td><td>矿产质量和开采条件简单,厚度变化不大,勘查工程分布较均匀</td><td></td></tr>
<tr><td colspan="2">多角形法</td><td>多用于砂矿及层状矿体,要求有一定数量工程</td><td>应用较少</td></tr>
<tr><td colspan="2">等值线法</td><td>适用于形状简单无构造破坏的较大矿体</td><td></td></tr>
<tr><td rowspan="3">统计分析法</td><td colspan="2">距离加权法(距离幂次反比法)</td><td>有用组分分布均匀或较均匀</td><td></td></tr>
<tr><td colspan="2">相关分析法</td><td>适用于某伴生元素与主元素密切相关的伴生元素储量估算</td><td></td></tr>
<tr><td colspan="2">地质统计学法(克里格法)</td><td>探矿信息相对较多,样品数量满足统计学要求并可计算出变异函数的矿体。样品数量少、矿床参数纯随机或非常规则不适用</td><td>计算工作量大,用批准的软件由计算机完成</td></tr>
<tr><td>SD法</td><td colspan="2">SD法</td><td>适用于以勘查线为主的矿区。至少有2条勘查线,每条勘查线上至少有2个工程</td><td>用批准的软件由计算机完成</td></tr>
</table>

注:批准的软件系指由规范推荐的经国务院、地质矿产主管部门组织专家鉴定、验收并认可的矿产资源/储量计算软件。

7.4.3.3 矿体块段体积计算公式

无论何种储量计算方法,都要通过矿体体积计算进而估算资源/储量。矿体块段体积的计算,应根据块段矿体不同形态,分别采用不同公式计算。其计算公式和适用条件如表7.7所示。

表7.7　矿体体积计算公式

方法		体积计算公式	适用条件	几何体图像
地质块段法		$V=S\times\bar{m}$	勘查工程密度相对较大，矿体的品位厚度变化很小，且无相关关系	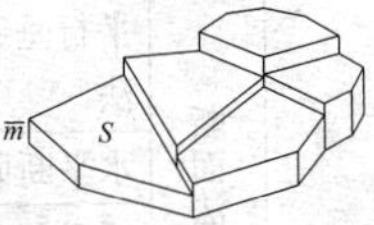
平行断面法	梯形体公式（梯台）	$V=\frac{L}{2}(S_1+S_2)$	当相邻两剖面上块段矿体断面形态相似，位置对应，且两面积相对差≤40%	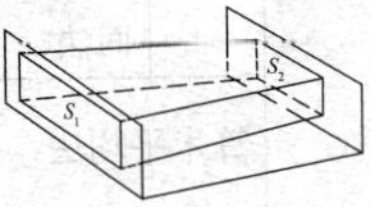
	截锥体公式	$V=\frac{L}{3}(S_1+S_2+\sqrt{S_1\times S_2})$	当相邻两剖面上矿体断面形态相似，空间位置相对应，两面积相对差>40%	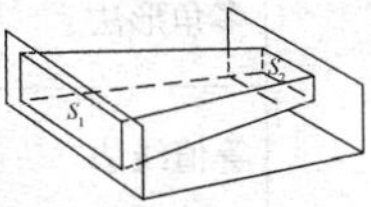
	角锥体公式	$V=\frac{L}{3}\cdot S_1$	一剖面有矿体断面面积，另一剖面矿体呈点尖灭	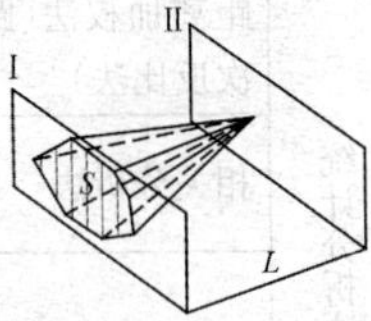
	正楔形体公式	$V=\frac{L}{2}\cdot S_1$	一剖面矿体呈线形尖灭，且尖灭的线形宽度（或斜长）与另一剖面断面面积宽度（或斜长）相等	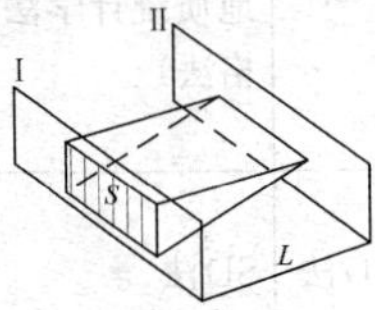
	斜楔形体公式	$V=\frac{\mathrm{L}}{6}\cdot S\left(2+\frac{a_2}{a_1}\right)$ 或 $V=\frac{\mathrm{L}}{6}\cdot S\left(2+\frac{m_2}{m_1}\right)$	一个剖面矿体有面积，另一剖面线形尖灭，且尖灭的线形宽度（或斜长）与有面积的剖面断面面积宽度（或斜长）不等；或用米·百分率（米·克/吨值）圈定矿体，只有矿体厚度而无面积	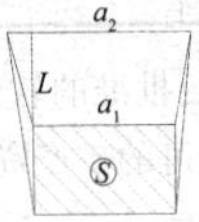 $a_2>a_1$ 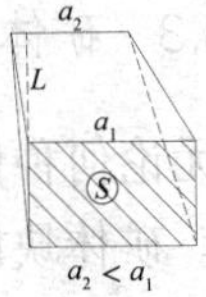 $a_2<a_1$

续表

方法		体积计算公式	适用条件	几何体图像
平行断面法	拟柱体（辛浦生）公式	$V=\frac{L}{3}\left(\frac{S_1+S_2}{2}+2S_m\right)$ $=\frac{1}{6}(S_1+S_2+S_m)$	当相邻两剖面矿体形状不同，不论面积相差多少，无对应边相等	
不平行断面法（左洛塔烈夫公式）		两个断面不平行，交角＜10°时： $V=\left(\frac{S_1+S_2}{2}\right)\times\left(\frac{H_1+H_2}{2}\right)$ 两个断面不平行，交角＞10°时： $V=\frac{\alpha'}{\sin\alpha}\times\left(\frac{S_1+S_2}{2}\right)\times\left(\frac{H_1+H_2}{2}\right)$		

说明：

(1) V：块段矿体体积；L：块段长度，即两相邻勘查线间距或矿体外推长度；S：断面上矿体投影面积；$\bar{m}$：投影面积法线方向矿体平均厚度；S_1、S_2：相邻两勘查线剖面上矿体断面面积；m_1：斜楔形底面积上矿体平均厚度（底面积÷矿体倾斜长度）；m_2：斜楔形中以米·百分率（米·克/吨值）圈矿工程矿体厚度；a_1：斜楔形底面积上矿体宽度（或斜长）；a_2：斜楔形线尖灭处矿体宽度（或斜长）；H_1、H_2：从一个断面中心到另一个断面所作垂线长度；s_m：两剖面中间$L/2$截面处（中间断面）矿体面积；α：两条相邻不平行剖面线间的锐夹角；α'：α的弧度值。

(2) 拟柱体（辛浦生）公式中S_m的求法：用内插法求取中间断面矿体边部各个拐点，连接各个拐点形成矿体边界，在计算机上便可测定中间断面S_m矿体面积。

(3) 左洛塔烈夫公式适用条件：S_1、S_2之差$<4S_{小}$，两剖面的矿体平均品位及平均体重接近。

7.4.4 资源/储量估算参数的确定

7.4.4.1 概述

资源/储量估算参数，主要有品位、厚度、面积及矿石体重等。随储量计算方法不同，测定(计算)方法略有差别，如表7.8所示。

表7.8 资源/储量估算参数

资源/储量估算方法	资源/储量估算参数种类	测定(计算)方法
平行断面法	平均品位($\bar{C}$)	1. 单工程矿体平均品位用样长加权计算。 2. 剖面矿块平均品位用相邻控制工程矿体厚度加权计算。 3. 块段平均品位用剖面矿块面积加权计算。 4. 矿体平均品位通过各块段矿石量与其平均品位加权求得
	矿体真厚度(m_s)	利用三角函数关系用公式计算
	矿石平均体重($\bar{d}$)	1. 根据品位与小体重线性回归方程用平均品位求取平均体重。 2. 以全区小体重样的算术平均法求取
	剖面线距或外推距离(L)	1. 相邻勘查线实测距离。 2. 外推距离用外推勘查线的相邻线距计算
	矿体剖面面积(S)	1. 根据矿体厚度及矿块工程间距计算。 2. 利用软件由计算机自动读取
线资源/储量估算法	平均品位($\bar{C}$)	1. 单工程矿体平均品位用品位样长加权计算。 2. 剖面矿块面积平均品位，用控制工程的矿体品位厚度加权计算。 3. 线平均品位用剖面矿块平均品位面积加权计算
	矿石平均体重($\bar{d}$)	1. 线小体重样算术平均值求取。 2. 以全区小体重样的算术平均法求取
	剖面线距或外推距离(L)	各勘查线间距实测数据

续表

资源/储量估算方法	资源/储量估算参数种类	测定(计算)方法
	矿体剖面面积(S)	1. 根据矿体厚度及矿块工程间距计算。 2. 运用软件由计算机自动读取
地质块段法	平均品位($\bar{C}$)	1. 单工程矿体平均品位用样长加权计算。 2. 块段平均品位,用控制工程的平均品位厚度加权计算。 3. 矿体平均品位,用块段平均品位平均厚度加权计算。 4. 矿床平均品位用各块段体积加权或各矿体体积加权
	矿体平均厚度($\bar{m}$)	1. 根据储量计算方法需要,将工程见矿厚度换算成“工程厚度”(铅垂厚度或水平厚度)。 2. 单工程矿体厚度用工程中“矿体样品长度”求和。 3. 块段平均厚度用各个控制工程的“工程厚度”算术平均求取。 4. 矿体(矿区)平均厚度用块段平均厚度与块段体积加权求取,或以全区控制工程矿体厚度算术平均求取
	矿石平均体重($\bar{d}$)	1. 根据品位与小体重线性回归方程用平均品位求取。 2. 以全矿区小体重样算术平均法求取
	矿体块段面积(S_k)	1. 用求积仪求取。 2. 用工程间距计算。 3. 运用软件在计算机上直接读取

7.4.4.2　平均品位($\bar{C}$)的计算

1. 单工程平均品位($\bar{C}_g$)计算

采用单个样品长度和品位加权法求其单工程矿体平均品位,其公

式为

$$\bar{C}_g=(C_1L_1+C_2L_2+C_3L_3+\cdots+C_nL_n)\div(L_1+L_2+L_3+\cdots+L_n) \quad (7.3)$$

式中，$\bar{C}_g$：单工程平均品位；n：样品个数；$C_1,\cdots,C_n$：单个样品的品位；$L_1,\cdots,L_n$：单个样品的长度。

2. 块段平均品位($\bar{C}_k$)的计算

它包括了储量计算剖面图、水平投影图、纵投影图上矿体面积块段平均品位计算。当块段只有单工程控制时，该单工程平均品位即为块段平均品位；当块段有两个以上工程控制时，以块段内各单工程的平均品位与其厚度加权平均求得。

$$\bar{C}_k=\frac{\bar{C}_{g1}m_{g1}+\bar{C}_{g2}m_{g2}+\cdots+\bar{C}_{gn}m_{gn}}{m_1+m_2+\cdots+m_n} \quad (7.4)$$

式中，$\bar{C}_k$：块段平均品位；$\bar{C}_{g1},\cdots,\bar{C}_{gn}$：单工程平均品位；$m_1,\cdots,m_n$：单工程矿体厚度；$n$：块段见矿工程序数。

3. 矿体平均品位($\bar{C}_t$)计算

矿体平均品位的计算用各块段矿石量与其平均品位加权求得，其公式为

$$\bar{C}_t=\frac{Q_{k1}C_{k1}+Q_{k2}C_{k2}+\cdots+Q_{kn}C_{kn}}{Q_{k1}+Q_{k2}+\cdots+Q_{kn}} \quad (7.5)$$

式中，$\bar{C}_t$：矿体平均品位；$Q_{k1},\cdots,Q_{kn}$：各块段矿石量；$C_{k1},\cdots,C_{kn}$：各块段平均品位。

7.4.4.3 特高品位的确定及处理

1. 特高品位概念

在贵金属和有色金属矿体中，有时出现单样或多样品位大于同一矿体、块段或临近地段平均品位数倍或数十倍的品位，称作特高品位或风暴品位(见表7.9)。特高品位对块段、矿段、矿体平均品位计算和资源/储量估算影响较大，也给矿山生产带来了风险。因此要针对所

勘查矿床品位变化的实际对特高品位进行合理的判别和技术处理(剔除)。

表7.9　特高品位的最低界限

品位分布均匀程度	矿床类型	特高品位为平均品位倍数
很均匀	大部分沉积矿床	2～3
均匀	复杂的沉积和变质矿床	4～5
不均匀	大部分有色金属矿床	8～10
很不均匀	稀有金属及部分贵金属矿床	12～15
极不均匀	部分很复杂的稀有金属矿床、放射性原料矿床、贵金属矿床	15以上

影响特高品位下限值的原因，主要是样品的品位变化均匀程度——品位变化系数大小：变化系数越大，特高品位下限值越高；反之则低。品位变化系数的大小主要决定于数据集的均方差(标准差)，均方差越大，变化系数越大。均方差是刻画数据集离散程度的一个特征参数，因此特高品位反映的是其在数据集中的“离群”程度。

矿产勘查对于品位变化的均匀程度，因矿种的不同，变化系数大小尺度的衡量标准也不一样。各矿种地质勘查规范给出了不同的衡量尺度，如表7.10所示。

表7.10　部分地质勘查规范对有用组分分布均匀程度的划分

矿种	有用组分分布均匀程度(变化系数%)				依据
	均匀	较均匀	不均匀	极不均匀	
铁、锰、铬	<50	50～100	>100		DZ/T 0200—2002
铜	<60	60～150	>150		DZ/T 0214—2002
铅锌	<80	80～180	>180		
银	<100	100～160	>160		
镍	<50	50～100	>100		

续表

矿种	有用组分分布均匀程度(变化系数%)				依据
	均匀	较均匀	不均匀	极不均匀	
钼	<80	80~150	>150		DZ/T 0201—2002
钨	<50	50~130	>130		
锡	<60	60~120	>120		
锑	<70	70~125	>125		
钒	<20	20~40	>40		安徽沉积型钒矿地质勘查规程
金(岩金)	<100	100~160	>160		DZ/T 0205—2002
(砂金)		<100	100~150	>150	DZ/T 0208—2002
玻璃硅质原料、石膏、硅灰石、滑石、石墨	<40	40~70	>70		DZ/T 0207—2002
膨润土	<20	20~30	>30		DZ/T 0206—2002
硼	<40	40~70	>70		DZ/T 0211—2002
萤石	<30	30~60	>60		

2. 特高品位的确定方法

确定方法主要有类比法、规范法、计算法和统计法等。

1) 类比法

类比同类矿床的经验数字,进行比较,确定特高品位下限。

2) 规范法

对于不同矿种和不同类型的矿床,各种规范对特高品位有不同的最低界限规定,执行规范中的规定即规范法。

《岩金矿地质勘查规范》(DZ/T 0205—2002)、《铜、铅、锌、银、镍、钼矿地质勘查规范》(DZ/T 0214—2002)、《钨、锡、汞、锑矿地质勘查规范》(DZ/T 0201—2002)、《砂矿(金属矿产)地质勘查规范》(DZ/T

0208—2002)、《固体矿产勘查地质资料综合整理综合研究技术要求》(DZ/T 0079—2015)及《固体矿产勘查工作规范等规范》(GB/T 33444—2016),总结了以往矿产勘查中特高品位高于矿床(矿体)平均品位的倍数趋向,明确规定:单样品位高于矿床(体)平均品位6~8倍时,即可确定为特高品位(有用组分变化不均匀时用上限8倍,变化均匀时用下限6倍)。因此,一般情况下,特高品位是按上述规范的规定确定和处置的。

类比法和规范法都只是经验性的、参考性的,勘查时应该根据本矿床品位变化的实际情况,对特高品位下限予以论证、判别和处置。

“GB/T 0079—2015”“GB/T 33444—2016”指出:当品位数据服从对数正态分布时,“也可用西舍尔估值检验特高品位及其处理结果的合理性”。关于进一步的操作方法,读者可参阅这两个规范。

3) 计算法

有关文献介绍了沃洛多莫诺夫提出的以下列公式计算确定特高品位下限:

$$C_t = \bar{C} + \frac{\bar{C}(N-1)M}{100} \tag{7.6}$$

式中,C_t:正常样品品位的上限(特高品位下限);$\bar{C}$:包括特高品位在内的平均品位;N:包括特高品位在内的样品数目;M:特高品位使平均品位增高的百分数。

其中:

$$M = \frac{\bar{C} - \bar{C}_1}{\bar{C}_1} \times 100\% \tag{7.7}$$

式中,$\bar{C}_1$:不包括特高品位的其余样品的平均品位。

用沃洛多莫诺夫公式 $C_t = \bar{C} + \frac{\bar{C}(N-1)M}{100}$ 计算特高品位下限,其实质包括特高品位在内的平均品位+修正系数。公式中N与特高品位下限C_t成正比,即样品的数目愈多,特高品位的下限数值愈高。

换句话说,当样品数很大时,特高品位的下限值会很高很高,也就等于没有特高品位了。由经验可知,自然界成矿地质作用多期及成矿背景复杂,元素的地球化学行为千差万别,使某些矿产的品位变化很大,会形成一些离群的品位(特高品位),即矿体中的特高品位的存在是客观现实,“特高品位下限值随样品数加大而增高”不甚合理。由此,编者认为该公式不适用于特高品位的判别。

4) 统计法

传统的确定特高品位的方法是建立在经验总结的基础上的,它没有充分地考虑到各个矿区样品数据集的数理统计特征规律的差异。如果确定特高品位与矿石组分品位的分布函数关系,那么这个函数就能较完整地说明组分(品位)数值的总体性质。知道了样品数据集分布函数的形式之后,可以利用该函数的统计参数确定小于或大于任一给定值样品品位所出现的概率,并以此概率来确定特高品位的临界值。

在金属矿床的勘查样品中查明特高品位,一般由下面两个步骤完成:检验样品数据集(品位)的经验分布与正态律或对数正态律的一致性,查明把样品中异常高品位组分列入“特高品位”的可能性。

3. 建议

许多规范规定了用6~8倍平均值(含特高品位)作为特高品位下限,来判别和剔除特高品位。

编者认为,“用6~8倍平均值(含特高品位)作为特高品位下限”缺乏数理统计基础理论支撑,没有紧密结合勘查矿区矿石品位变化分布特征,因此值得探讨。

平均值的要义是刻画数据的“集中程度”,而不是刻画数据的离散性特征;特高品位是数据离散性的表现。由于“平均值的倍数”不能精确刻画数据的离散特征,因此用它作为特高品位下限,不能紧密结合本矿区品位数据离散性(品位变化)的特征来刻画、界定特高品位的离群特征。大量的矿区特高品位数据表明,特高品位可以是平均值的2~15倍甚至更大(见表7.9),因此“平均值的6~8倍”只能是一些矿区特高品位的大致统计结果,是经验性的、浅表性的指标,缺乏指导意义的普遍适用性。

特高品位的识别水平和剔除水平是两回事。地质统计学常用品位累积频率为97.5%,即$x=a+1.96\sigma$($x_i=\bar{x}+1.96s$)所对应的品位作为特高品位的下限。根据国标“GB/T 4883—2008”相关规定:这个尺度所认定的高值只能作为离群值的识别水平而不能作为剔除水平。剔除水平要用$F(x)=99\%$,相当于$x=a+2.33\sigma$所对应的品位值,即99%水平或2.33σ水平。

在大样本($n\geqslant50$)情况下,从矿区的矿石品位变化实际出发,运用“$F(x)\geqslant97.5\%$”“1.96σ”相对应的品位值作为特高品位识别标准,而“$F(x)\geqslant99\%$”“2.33σ”作为剔除标准的法则识别、剔除特高品位,符合“GB/T 4883—2008”规范离群值的识别和剔除规则,其可信度相对较高。

4. 特高品位的处理

在实际工作中,特高品位往往是客观存在的,由于主观对特高品位处理不当,因此在矿床开采过程中会造成很大困难。如果富矿的分布范围、位置、品位、产状、变化规律等在开采前均未掌握,则会对合理安排生产有很大影响。因此,对于引起特高品位的原因,要认真检查和研究。对特高品位的识别和剔除,要慎之又慎,须从所勘查矿区品位变化的实际出发。若研究证明确是富矿引起的,就不应人为地剔除,在这种情况下,特高品位应当参加计算。

处理特高品位的方法是:首先要安排特高品位样品副样进行二次内检重新分析,若分析无错误,再到取样地点进行检查。如果因取样造成错误,则该样品要作废重新补取、重新分析。通过上述方法证明确是特高品位,按下述方法处理特高品位:

(1) 确认特高品位存在:通过确定特高品位下限确认高品位系特高品位。

(2) 当重分析结果误差在允许误差范围内确定为特高品位时,用第一次结果作为待处理的特高品位。

(3) 用平均品位替代特高品位参加资源/储量平均品位计算:

① 用整个矿体或整个块段或特高品位工程影响范围的数个工程范围内的平均品位来替代特高品位样品的品位,重新计算得出单工程或块段平均品位。这个品位可以包括也可以不包括特高品位。

② 用特高品位本工程(坑道、钻孔)的平均品位替代特高品位。

③ 以特高品位下限值替代特高品位样品的品位,参加平均品位的计算;"GB/T 33444—2016"及"DZ/T 0079—2015"对特高品位的处理规定:"地质统计学方法中,若样品数足够多(一般≥30),通常取品位累积曲线97.5%(即$x=a+1.96\sigma$)处所对应的品位值替代;若样品数较少,可用算术平均品位替代。"

(4) 图件表示:在工程素描图中仍按分析结果进行计算,表示其实际平均品位;在采样平面图、中段地质平面图、勘查线剖面图、资源/储量估算垂直纵投影图中,工程平均品位、块段平均品位则按处理后的结果表示。

(5) 若特高品位样品呈有规律分布,如某块段各工程相应地段均出现特高品位样,且可圈出高品位样带时,则单独圈定富矿带并计算资源/储量,这些样品不作为特高品位样品处理。

(6) "DZ/T 0079—2015"及其附录C规定:当采用地质统计学估算资源/储量时,可以以矿体样品品位累积分布曲线中相当于97.5%分位数所对应的品位值作为常规品位上限(或称特高品位下限)代替特高品位参与计算,用西舍尔估值检验法判断特高品位处理的合理性。

示例:

某金矿床金矿体有4个高品位样品Au,品位为48.75 g/t、23.10 g/t、

20.35 g/t、15.73 g/t，经过检查分析，分析误差均在允许范围之内，可确认该4个样品Au品位为高品位。本矿体平均品位为1.5 g/t，Au品位变化系数为170%，属变化不均匀，4个高品位样品分布零散，不构成高品位地段，须进行处理。

处理方法：根据《岩金矿地质勘查规范》(DZ/T 0205—2002)，高于平均品位(含特高品位参与计算)6～8倍，确定为特高品位。如矿体品位变化系数大，取上限值8，反之取下限值6。本矿Au品位变化系数大(170%)，属变化不均匀，故本案Au样品特高品位下限值取矿体平均品位的8倍：1.5×8=12(g/t)。由于本矿单工程中矿体厚度不大(1～3个样)，在进行平均品位(工程、块段、矿体)计算时，不采用所在"工程平均品位替代特高品位"，选用"以特高品位下限值替代特高品位"方法，将上述4个特高品位样品Au品位全部用12 g/t替代。但在工程素描图中，仍按分析结果进行标注，表示其实际品位；在勘查线剖面图、采样平面图、中段地质平面图、资源/储量估算垂直纵投影图中，工程平均品位、块段平均品位则按处理后的结果表示。

示例：

某矿勘查范围内需要处理的特高品位样品共3个，处理结果如表7.11所示。表7.11中TC35-7号探槽(控制Ⅲ号矿体)为一特高品位工程，用22.21×10^{-6}替代特高品位后，该工程平均品位为18.69×10^{-6}。为了消减其在资源/储量估算中的影响，又对其进行了第二次处理，即与旁侧的TC3号探槽(平均品位为2.59×10^{-6})进行了合并计算，合并后的平均品位为8.29×10^{-6}。矿体块段资源/储量估算中即用8.29×10^{-6}进行估算。这样处理是合理的，不会夸大该矿体(块段)资源/储量估算结果。

表7.11 特高品位样品处理结果

矿体号	矿体平均品位(10^{-6})	特高品位下限值(10^{-6})	特高品位样品			处理后的工程平均品位(10^{-6})
			样号	品位(10^{-6})	替代品位(10^{-6})	
Ⅰ	1.96	11.76	PD7-23	22.55	6.09	3.56
Ⅱ	1.83	10.98	PD2160C M31-19	29.57	5.50	2.15
Ⅲ	2.13	12.78	TC35-7-4	36.59	22.21	8.29

示例：

某金矿区共取样151个，一般品位为0.8～1.5 g/t，少量为3～5 g/t，其中有两个样分别为50.10 g/t和59.90 g/t，经复检确系高品位，要进行特高品位的识别和剔除处理。

经计算，其算术平均品位及均方差变化系数为

$\bar{C}=1.924$ g/t(包含两个高品位)；$s=6.20$ g/t；$v=321\%$

$\bar{C}_1=1.212$ g/t(不包含两个高品位)；$s_1=0.79$ g/t；$v=65\%$

代入沃洛多莫诺夫公式 $C_t=\bar{C}+\dfrac{\bar{C}(N-1)M}{100}$，计算可得

$$M=\frac{\bar{C}-\bar{C}_1}{\bar{C}_1}\times 100\%=\frac{1.924-1.212}{1.212}=0.588\times 100\%=58.8\%$$

$$C_t=\bar{C}+\frac{\bar{C}(N-1)M}{100}=1.924+\frac{1.924\times(151-1)\times 0.588}{100}=3.621$$

因此，特高品位下限是3.621 g/t，仅是平均品位1.92 g/t的1.88倍，对于金矿，由经验判断其结论不合理。

如果用规范规定的方法，定位特高品位下限值是算术平均值8倍：1.92 g/t×8=15.37 g/t；则其结论可以接受。

如果用累积曲线97.5%法，特高品位下限值为1.92+1.96×6.20=14.08 g/t，是平均品位1.92 g/t的7.32倍，则其结论可以接受。

如果用累积曲线99%法(2.33σ)准则，特高品位下限值为$1.92+2.33\times6.20=16.37$ g/t，是平均品位1.92 g/t的8.52倍，剔除指标符合"GB/T 4883—2008"离群值剔除规则，其结论相对满意。

本例用各种方法计算的特高品位下限结果对比，如表7.12所示。

表7.12　某金矿区不同方法计算特高品位下限对比

方法	特高品位下限值	下限值为平均值的倍数	下限值对应的概率区间	计算公式	结论
沃洛多莫诺夫法	3.62 g/t	1.88	$f(c)=a+0.27\sigma$	$C_t=\bar{C}+\dfrac{\bar{C}(N-1)M}{100}$	不合理
8倍平均值法	15.37 g/t	8	$f(c)=a+2.17\sigma$	$C_t=\bar{C}\times 8$	可接受
累积曲线97.5%法	14.08 g/t	7.32	$f(c)=a+1.96\sigma$	$C_t=\bar{C}+1.96\sigma$	可接受
累积曲线99%法	16.37 g/t	8.52	$f(c)=a+2.33\sigma$	$C_t=\bar{C}+2.33\sigma$	相对满意

7.4.4.4　厚度(H)的计算

1. 坑道及探槽矿体厚度换算

(1) 矿体水平厚度。当勘查线方向既与矿体走向垂直，又与探矿工程方向一致时，穿脉或探槽沿勘查线所揭露的矿体宽度(水平采样)，即所需要的矿体水平厚度。

如果穿脉或探槽不平行于勘查线，或与矿体纵投影图斜交，则矿体水平厚度m_s应按如下公式计算：

$$m_s=L\cdot\cos r_s/\cos r_r \quad 或 \quad m_s=L\cdot\sin\theta_s/\sin\theta_r \tag{7.8}$$

式中，m_s：矿体水平厚度；L：样长(样品视水平厚度)，表示坑道及探槽穿越矿体时水平采样的矿体视厚度；r_s：矿体倾向与穿脉或探槽方位夹角；r_r：矿体倾向与矿体纵剖面投影图法线间的夹角(即与勘查线夹角)，或矿体走向与矿体纵投影图方位夹角；θ_s：矿体走向与穿脉或探槽间的夹角；θ_r：矿体走向与纵投影图法线间的夹角(即与勘查线夹角)。

(2) 矿体铅垂厚度(m_c)计算公式如下：

$$m_c = L\cdot \cos r_s\cdot \tan\alpha \quad 或 \quad m_c = L\cdot \sin\theta_s\cdot \tan\alpha \tag{7.9}$$

(3) 矿体真厚度(m_z)计算公式如下：

$$m_z = L\cdot \cos r_s\cdot \sin\alpha \tag{7.10}$$

(4) 矿体真厚度计算也可采用简易公式：

$$m_z = L\cdot(\sin\alpha\cdot\cos\beta\cdot\cos r \pm \cos\alpha\cdot\sin\beta) \tag{7.11}$$

式中，α：矿体倾角；β：样品倾角(岩心样应取钻孔倾角，不取天顶角)；r：样槽方向与矿体倾向间夹角。矿体倾向与工程方向相反时用"+"，相同时用"−"。

(5) 矿体水平厚度计算公式如下：

$$m_c = m_z/\sin\alpha \tag{7.12}$$

(6) 矿体铅垂厚度计算公式如下：

$$m_c = m_z/\cos\alpha \tag{7.13}$$

2. 钻孔矿体厚度计算

(1) 由于钻孔所穿过的矿体厚度与储量计算所需要的矿体厚度方向不一致，因此需进行换算。换算时除涉及钻孔的穿矿厚度、钻孔穿矿的方位及倾角外，还涉及矿体产状(主要是倾向及倾角等)参数。对于矿体产状稳定者，可采用矿体产状总的平均值作为换算的依据。对于矿体形态比较复杂、产状变化较大者，应使用钻孔见矿处的局部产状，因而需用图解与计算等方法求得。

(2) 矿体产状可通过制作钻孔见矿点的等高线图法、三点法的图解法及解析法以及下面所列举的公式等方法求得。根据"GB/T 33444—2016"附录P，矿体厚度计算公式如下：

① 沿钻进剖面上的矿体水平厚度(m_s)：

$$m_s = \frac{\sin(\beta \pm \alpha_s)}{\sin\alpha_s} \cdot L \tag{7.14}$$

② 勘查线上矿体水平厚度(m_r)：

$$m_r = L \cdot \sin(\beta \pm \alpha_s)\cos r_s / \sin\alpha_s \cdot \cos r_r \tag{7.15}$$

③ 矿体倾向剖面上矿体水平厚度(m_q)：

$$m_q = L \cdot \sin(\beta \pm \alpha_s)\cos r_s / \sin\alpha_s \tag{7.16}$$

④ 矿体垂直厚度(m_c)：

$$m_c = L \cdot \sin(\beta \pm \alpha_s) / \cos\alpha_s \tag{7.17}$$

⑤ 矿体真厚度(m_z)：

$$m_z = L \cdot \sin(\beta \pm \alpha_s)\cos\alpha / \cos\alpha_s \tag{7.18}$$

式(7.14)、(7.15)、(7.16)、(7.17)、(7.18)中，L：钻孔穿矿厚度；m_q：矿体倾向剖面上矿体水平厚度；m_s：矿体钻进剖面上矿体水平厚度；m_r：勘查线剖面上矿体水平厚度；r_s：钻进剖面与矿体倾向夹角；θ_s：钻进剖面与矿体走向夹角；r_r：勘查线剖面与矿体倾向夹角；θ_r：勘查线剖面与矿体走向夹角；β：见矿处样品(钻孔)倾角；α_s：钻进剖面上矿体伪倾角；α_r：勘查线剖面上矿体伪倾角；α：矿体真倾角；m_c：矿体垂直厚度；m_z：矿体真厚度。

⑥ 矿体真厚度计算也可采用万能公式：

$$m_z = L \cdot (\sin\alpha \cdot \cos\beta \cdot \cos\gamma \pm \cos\alpha \cdot \sin\beta) \tag{7.19}$$

式中，α：矿体倾角；β：样品(钻孔)倾角；γ：钻进方向与矿体倾向间夹角。矿体倾向与工程方向相反时用“+”，相同时用“－”。

矿体水平厚度公式：

$$m_s = m_z / \sin\alpha \tag{7.20}$$

矿体铅垂厚度公式：

$$m_c = m_z / \cos\alpha \tag{7.21}$$

7.4.4.5 矿体的大厚度工程及大厚度处理

形成于侵蚀基准面之上的一些矿产，由于侵蚀基准面纵横向的起伏不平，组成诸多大小不等的高差相差很大的“漏斗”，造成后续沉积矿层厚度变化很大的现象，即出现大厚度矿层（体）。这种大厚度在宏观上没有代表性，它们将严重影响资源/储量估算精度，因此要对大厚度进行科学的处理。其方法是依照《铝土矿、冶镁菱镁矿地质勘查规范》（DZ/T 0202—2002）规定，当探矿工程中矿体厚度大于矿区（矿段）平均厚度（大厚度参与统计）3倍者，即定义为“大厚度”工程，处理办法是用矿区（矿段）的矿体平均厚度代替大厚度工程矿体厚度，再正式参与矿区（段）平均厚度及资源/储量计算。

“GB/T 33444—2016”第17.5.2.4条要求：“对于厚度变化很大的矿床，遇到特大厚度，应先进行特大厚度的处理，然后再求平均厚度。当工程分布很不均匀时，可根据影响长度或面积加权，不应重复使用（4次以上）特大厚度工程圈定块段。能圈出特大厚度块段的，可单独划出，不再进行特大厚度处理”。

大厚度的识别和剔除，应执行规范要求：厚度大于矿区（矿段）平均厚度（大厚度参与统计）3倍者予以剔除，并用平均厚度替代；编者建议，也可参照上述特高品位运用“2.33σ”法则识别、剔除。

7.4.4.6 矿体块段厚度（m）、矿体块段面积（S）的测定

1. 矿体块段厚度（m）的测定

以控制该块段的单工程矿体厚度通过算术平均法计算求得。

2. 矿体块段面积（S）的测定

包括地质块段法的水平投影面积测定、垂直断面法的勘查线上矿块面积测定等。通过计算机成图，运用软件由计算机直接读取各块段（投影）面积，也可用几何法计算或求积仪法测定面积。

7.4.4.7 矿石体积质量(体重 d)的确定

1. 概述

参与资源/储量估算的体积质量(体重)、湿度等参数,须以实际测定值为依据。一般取小体积质量(体重)的平均值进行资源/储量估算,只有当矿石极为松散和裂隙很发育时,才用大体积质量(体重)估算资源/储量。各矿石类型的体积质量(体重)差异大时,资源/储量估算应分别采用该矿石类型的平均体积质量(平均体重)以算术平均法求得;也可根据体积质量(体重)值与矿石中密切相关的因素建立回归函数,如用平均品位通过回归方程计算各个块段的平均体积质量(体重)。

2. 小体重测定方法、步骤(涂蜡法)

小体重(体积质量)用蜡封法测定,记录表式见附录12中的附表12.34。基本步骤是:

(1) 按不同矿石类型备测标本,规格一般为60~120 cm^3。

(2) 称取空气中被测标本(样品)重量。

(3) 用石蜡封闭被测标本,称取空气中封蜡后标本重量。

(4) 用排水法测量封蜡后的标本体积。

(5) 计算封蜡标本耗用石蜡重量(空气中封蜡后标本重量-空气中被测标本重量),并根据石蜡密度计算标本封蜡耗用的石蜡体积(标本耗用石蜡重量÷石蜡密度)(注意:石蜡密度通常为0.88~0.93 g/cm^3,请对商品石蜡标注的密度值进行测定校正)。

(6) 计算被测标本封蜡前的体积(封蜡后标本体积-封蜡标本耗用的石蜡体积)。

(7) 计算标本体积质量(标本重量÷标本体积)。

7.4.5 资源/储量估算

资源/储量估算主要是利用各项资源/储量估算参数,选择合理的体积计算公式,通过计算矿体的块段体积,进一步计算块段矿石量、块段金属量,然后相加各个块段的数据,得到矿体的矿区的资源/储量数据。

各个块段的矿体块段体积(V)、矿石量(Q)、金属量(P)估算过程如下:

7.4.5.1 块段体积

(1) 断面法

$$V_k = S_x \cdot L \tag{7.22}$$

式中,V_k:块段体积,分别为 V_1、V_2,…,V_n;S_x:勘查线矿体面积,分别为S_1,S_2,…,S_n;L:块段长度。

(2) 地质块段法

$$V_k = S_k \cdot \bar{m} \tag{7.23}$$

式中,V_k:块段体积;$\bar{m}$:矿体平均厚度;S_k:矿体块段投影面积。

当S_k为矿体块段水平投影面积时,$\bar{m}$为块段平均垂直厚度;

当S_k为垂直纵投影面积时,$\bar{m}$为平均水平厚度。

7.4.5.2 块段矿石量(Q_k)

$$Q_k = V_k \cdot d \tag{7.24}$$

式中,Q_k:块段矿石量,分别为Q_1,Q_2,…,Q_n;d:矿石体积质量。

7.4.5.3 块段金属量(P_k)

$$P_k = Q_k \cdot \bar{C}_k \tag{7.25}$$

式中,P_k:块段金属量,分别为 P_1,P_2,…,P_n;Q_k:块段矿石量,分别为

$Q_1, Q_2, \cdots, Q_n$；$\bar{C}_k$：块段平均品位，分别为$\bar{C}_1, \bar{C}_2, \cdots, \bar{C}_n$。

7.4.5.4　矿石量(Q)

为矿体各块段矿石量之和，即

$$Q=Q_1+Q_2+\cdots+Q_n=\sum_{n=1}^{n}Q_n \tag{7.26}$$

7.4.5.5　金属量(P)

为矿体各块段金属量之和，即

$$P=P_1+P_2+\cdots+P_n=\sum_{n=1}^{n}P_n \tag{7.27}$$

当采用断面法估算资源/储量时，块段体积的计算视相邻剖面面积的比例大小采用不同的公式进行。如果一剖面矿体呈线形尖灭，尖灭的线形宽度(或斜长)与另一剖面断面面积宽度(或斜长)不等，则要采用斜楔形公式计算块段体积(见第7.4.3.3条中表7.7斜楔形体公式)。

7.4.6　资源/储量估算块段划分

7.4.6.1　块段划分的原则

划分资源/储量估算块段是根据编制好的勘查线剖面图、平行断面图、垂直纵投影图或水平投影图等资料，按资源/储量类型、最低工业品位以上矿石、低品位矿石、矿石类型、矿石品级等进行块段划分和明确块段编号。原则上以两勘查线间划分块段为宜。划分资源/储量估算块段必须是矿权范围内，即要考虑矿界、准采标高、压覆界线等制约因素。

根据“GB/T 33444—2016”第17.4节规定，块段划分的原则是：

(1) 采用几何法估算资源/储量时,块段边界的划分一般应以勘查线、工程连线、等高线和断层等构造界线划分,同时应考虑控制程度、矿石类型、单工程矿体厚度及品位分布特征。

(2) 详查及勘探阶段,块段划分一般以4个工程为单元,每个工程一般最多使用4次。

(3) 探明的和控制的资源/储量块段边界线一般以工程连接线内圈划分,推断的资源量可由工程圈定,亦可外推圈定。分矿种(类)地质勘查规范有相应规定的从其规定。

(4) 具有工业矿和低品位矿的块段,在不影响块段工业矿圈定的前提下,一般允许由3个工业矿的工程带入1个低品位工程,共同组成1个工业块段。否则应将工业块段与低品位块段分别圈定。

7.4.6.2 块段划分的基本要求

块段是矿产储量计算的基本单元,在投影图或剖面图上按如下标志划分:

(1) 不同勘探程度、不同网度获得的储量类别不同。不同类别的资源/储量、工业储量和低品位资源/储量,地质可靠程度不同的资源/储量,要划分为不同块段。工程控制的和外推的要划分为不同块段。

(2) 矿石的不同自然类型和工业品级,如氧化矿与原生矿、贫矿与富矿划分为不同块段。

(3) 根据不同的开采系统的需要,按不同的产状、标高或开采条件划分为不同块段。

(4) 块段划分不能太零乱,要有序编号。根据矿体复杂程度,一般按照资源/储量类别—矿带(矿体)号—块段号依次序流水编号,编码不能太长,不能插花乱号,不能有重号。一般用汉语拼音大写字母表示矿石品级(工业矿G、低品位矿D、夹石J),罗马字母表示矿体代号,如GⅡ5——工业矿Ⅱ号矿体第5块段;DⅢ7——低品位矿Ⅲ号矿体第7块段;JⅢ2——Ⅲ号矿体夹石第2块段等。

7.4.7　资源/储量分类估算结果

资源/储量估算结果所阐述的内容主要有:按矿石种类、矿体号、矿石品级、资源/储量类别,综述各矿体、各类型、各品级的矿石量、金属量、平均品位以及各类资源/储量占比、空间分布等。由汇总表表述。

资源/储量估算结果汇总表如表7.13所示。

表7.13　矿资源/储量估算结果汇总表

矿石种类	矿体号	矿石品级	资源/储量类别	面积(m^2)	平均厚度(m)	体积(m^3)	平均体积质量(t/m^3)	矿石量(kt)	平均品位(%)			金属量(t)			资源/储量类别占比

7.4.8　资源/储量估算的可靠性

资源/储量误差由地质误差、技术误差和计算方法误差组成,通过探采对比进行评估。

有关部门曾对探采储量误差提出过一些要求,如各级储量探采对比允许误差为10%~40%。其中包括了计算方法误差,如表7.14所示。

表7.14　各级储量探采对比允许误差

储量级别	面积重合率(%)	形态歪曲率(%)	底板位移误差(m)	矿石量误差率(%)	品位误差率(%)	金属量误差率(%)
A	≥80	≤30	≤10	≤10		≤10
B(探明的)	≥80	≤40	≤10	≤20	15	≤20
C(控制的)	≥70	≤100	≤10	≤40	20	≤40

注:据昆明有色冶金设计院所编写的《铜矿总结》(1976)。

资源/储量总体允许误差参考指标如下(资料来源于《矿山地质手册》,冶金出版社,1995):

(1) 国家地质总局、国家储委:

A级±10%;B级±20%;C级±40%。

(2)《黑色冶金矿山企业地质设计》编写组:

① 储量总体误差:

A级<10%;B级<20%;C级<30%。

② 面积总体误差:

A级<10%;B级<20%;C级<40%。

③ 面积重合率:

A级>80%;B级>70%。

(3)《铀矿地质勘查规范》(DZ/T 0199—2002)中第9.2.6条规定:"对计算方法验算,其相对误差如超过±10%时,应研究原因,重新划分矿体、块段,或选用别的估算方法。"即以±10%作为误差限。

关于资源/储量计算方法的允许误差,目前尚无统一定量标准。

为验证资源/储量估算的可靠性,在地质勘查阶段多采用不同的资源/储量估算方法(多选择主矿体)进行验算。如果不同方法计算的资源/储量误差较大,可认为不同方法之间可能有着质的区别,这时应该根据矿床特征,矿体地质特征,矿体的连续性、稳定性等,对计算方法的合理性进行鉴别和论证,确保资源/储量计算方法相对合理、可靠。

关于储量计算可靠性问题,根据原国家地质总局、国家储委:资源/储量总体允许误差参考指标(A级±10%;B级±20%;C级±40%),B. И. 斯米尔诺夫的研究结论(不同计算方法之间储量误差一般不大于5%),以及数理统计学将5%作为可被接受的小概率事件或归入随机事件等,建议储量计算方法允许误差可按5%设置,最大不大于10%,如超过10%应研究原因或选用别的估算方法。

示例:

某报告为了验证用地质块段法所估算的资源/储量的可靠程度,选取规模较大、控制程度较高的Ⅲ-10、Ⅲ-18矿体的相应块段,用勘查线剖面法进行验算,验算结果如表7.15所示。从表7.15可知,矿石量相对误差为7.75%~10.69%,该报告认为地质块段法和剖面法估算的资源/储量结果基本吻合,采用的资源/储量估算方法相对合理。

表7.15　资源/储量估算方法对比

矿体号	块段号	地质块段法			勘查线剖面法			相对误差(%)	
		矿石量(t)	金属量(kg)	品位(10^{-4})	矿石量(t)	金属量(kg)	品位(10^{-4})	矿石量	金属量
Ⅲ-10	332-5	223017	432.12	1.49	241751	469.00	1.94	7.75	7.86
	333-6	223406	639.61	1.98	356084	705.05	1.98	9.18	9.28
Ⅲ-18	333-7	149642	213.99	1.43	135188	193.32	1.43	10.69	10.69

7.4.9　综合评价:共伴生组分资源/储量估算

7.4.9.1　概述

对矿床中已达到共伴生组分工业指标要求,并已查明其赋存状态和工业利用途径的共伴生组分,要进行资源/储量估算。报告中要说明共伴生组分资源/储量估算方法,列出共伴生组分资源/储量估算结果。

不同勘查阶段综合评价指标选用不同,参见表1.5。

(1) 预查、普查阶段:共生矿产的综合评价采用该矿种地质勘查规范规定的矿产工业指标一般要求,伴生矿产的综合评价可参照主矿产地质勘查规范中所列的综合评价参考指标。

(2) 详查、勘探阶段应对主矿产、共生矿产的工业指标进行论证,并根据矿石加工选冶试验结果确定伴生矿产综合评价指标；对易选矿石，详查阶段伴生矿产的综合评价可采用主矿产地质勘查规范中所列的综合评价参考指标。

下面以《矿产资源综合勘查评价规范》(GB/T 25283—2010)为蓝本，阐述共伴生矿产综合评价指标、矿体圈定和资源/储量估算相关内容。

7.4.9.2 共伴生矿产资源/储量估算原则与方法

共伴生矿产资源/储量估算原则与方法如下：

(1) 同体共生矿产各有用组分品位均达到工业品位要求时，采用相应矿种的工业品位或综合工业品位，按相应矿种矿产资源/储量估算的原则与方法进行估算。

(2) 异体共生矿产分别按相应矿种矿产资源/储量估算的原则与方法进行估算。

(3) 对有用组分分布不均匀或极不均匀的共生矿产，可采用块段或矿体的综合工业品位估算矿产资源/储量。

(4) 达到边界品位，未达到工业品位，经论证采用综合工业指标的共生矿产，应按综合工业指标圈定矿体并估算矿产资源/储量。

(5) 达到边界品位，未达到工业品位，且未能参与综合工业指标制定的有用组分，按伴生矿产处理。

(6) 达到综合评价参考指标的伴生有用组分，矿产资源/储量估算依照主组分估算的原则和方法进行。除平均品位要单独确定外，其余估算参数均与主组分的参数一致。伴生有用组分矿产资源/储量估算方法可采用传统估算法、相关分析法，对于有条件的生产矿山，还可以采用单矿物法和精矿法等(参见GB/T 25283—2010附录E)。

(7) 对未列入或未达到综合评价参考指标中的伴生组分，可根据矿石加工选冶试验结果或矿山生产实际，或参照相近矿种地质勘查规范中所列的伴生组分综合评价参考指标估算矿产资源/储量，其中：

① 以分散状态存在、可在主矿产的精矿或某一产品中富集且达到计价标准的伴生有用组分，可根据其在精矿中的品位折算为原矿中的品位进行评价，或按其在精矿或某一产品中的含量直接计量；

② 以独立矿物存在的伴生有用组分，按综合回收状况确定评价指标；

③ 在矿石加工选冶过程中可单独出产品的伴生组分，按实际回收状况确定评价指标。

(8) 达到综合评价参考指标的伴生组分，经矿石加工选冶试验或生产实际确定当前不能回收利用的，不予估算资源量。

7.4.9.3 伴生矿产品位的确定

1. 伴生组分种类与品位确定的原则

伴生组分种类与品位确定的原则如下：

(1) 各勘查阶段应按工作程度要求，相应查明伴生组分的种类、数量、质量、赋存状态、分布规律、技术经济条件等，确定可回收利用的组分种类。

(2) 伴生矿产的综合评价参考指标，一般情况下采用单一品位指标。

(3) 对于品位变化较大、需单独设立加工选冶流程的伴生组分，应根据回收该组分的综合效益确定块段平均品位指标。

2. 伴生组分综合评价参考指标

伴生组分综合评价参考指标参见“GB/T 25283—2010”附录F、附录G、附录H、附录I、附录J、附录K、附录L、附录M、附录N、附录O，汇总指标参见附录P。

7.4.9.4 综合工业品位的制定

1. 制定综合工业品位的原则和方法

在某些矿床或矿体中，有两种或两种以上矿产，其中任一种都达不到各自单独的工业品位要求，可按等价原则将其折算为某一主组分的等价品位，并据此确定相应的综合工业品位。综合工业品位制定的基本原则和方法为：

(1) 充分考虑矿床的成因类型，矿体的形态、产状、规模、矿石结构构造，有用、有益、有害组分的赋存状态、分布规律等。

(2) 充分考虑国家资源政策、市场需求及发展趋势、矿床开采技术条件、矿山开采方式、矿石加工选冶性能、外部建设条件、3～5年的矿产品平均价格和经济效益，经过多方案比较，确定合理的综合工业品位。

(3) 在地质、技术、经济综合论证的基础上进行综合研究，可采用综合指标评价法，研究选择适合该矿区地质特征的综合指标体系，综合圈定矿体并估算矿产资源/储量。

(4) 根据各有用组分含量高低、开采条件、加工选冶回收状况、产品价格及矿产资源/储量规模等条件，划分主要有用组分和次要有用组分，进行综合论证，确定各有用组分的最低品位指标，或将矿石中的有用组分按等价原则折算成主矿产的综合品位指标，用于圈定矿体(参见"GB/T 25283—2010"附录Q、附录R)。

2. 制定综合工业品位的前提

制定综合工业品位的前提是：

(1) 已查明或基本查明矿石的矿物成分，结构构造，有用组分的赋存状态、含量及其变化规律。

(2) 已按照不同地质勘查阶段的要求，通过矿石加工选冶试验查明了有用组分的回收方式、富集途径，确定了主组分和共生组分；对于可供矿山建设设计利用的矿体，已确定了工业回收利用的工艺流程、产品方案及产品数量。

(3) 已取得参与综合工业品位计算的各种组分的技术经济参数。

7.4.9.5　伴生组分资源/储量估算方法

伴生组分资源/储量估算主要有普通方法、相关分析法。采用哪种方法要视矿区地质工作具体情况及矿体特征而定，以满足规范要求、符合实际、方便操作为准。

1. 普通方法

这种方法是在主元素工业矿体中进行的，伴生组分与主元素处于同一矿体中(即同体伴生组分)，不必另行圈定矿体。伴生组分资源/储量即为主元素块段(或矿体)矿石量×块段(或矿体)伴生组分平均品位。计算公式为

$$P = Q \times \bar{C} \tag{7.28}$$

式中，P:伴生组分资源/储量；Q:块段(或矿体)主元素矿石量；$\bar{C}$:块段(或矿体)伴生组分平均品位。

伴生组分平均品位采用块段(或矿体)所有组合样品真厚度与品位加权求得。

2. 相关分析法

许多金属矿床中伴生组分与主元素之间存在着线性相关关系，有的为线性正相关，有的为线性负相关，也有的为线性不相关。线性相关关系用线性相关系数表述，相关系数为+1～−1，越接近+1的正相关越强，越接近−1的负相关越强，越接近0的越不相关。所以，此种方法只有在存在线性相关关系的情况下才能使用，否则不能使用。

操作步骤：首先计算矿体中伴生元素与主要元素之间的线性相关系数，建立相关系数回归方程；其次计算每一块段的伴生元素平均品位；再次计算各块段的伴生元素资源/储量。

线性相关系数计算公式为

$$\gamma=\frac{\sum_{i=1}^{n}\left(x_i-\bar{x}\right)\left(y_i-\bar{y}\right)}{\sqrt{\sum_{i=1}^{n}\left(x_i-\bar{x}\right)^2\sum_{i=1}^{n}\left(y_i-\bar{y}\right)^2}} \tag{7.29}$$

式中，γ：伴生组分与主元素间相关系数；x_i：组合样中伴生组分品位；$\bar{x}$：矿体伴生组分平均品位；y_i：组合样中主元素平均品位；$\bar{y}$：矿体中主元素平均品位；n：组合样品件数。

通过计算可知，如果伴生组分与主元素间存在着相关关系，则块段伴生组分平均品位可用直线回归方程求得，即

$$x=\gamma\cdot\frac{\sigma_x}{\sigma_y}\cdot(y-\bar{y})+\bar{x} \tag{7.30}$$

为使块段平均品位计算得更准确，常用联合回归方程式同时计算，即

$$x=\frac{1}{2}\gamma+\frac{1}{\gamma}\cdot\frac{\sigma_x}{\sigma_y}\cdot(y-\bar{y})+\bar{x} \tag{7.31}$$

式7.30、7.31中，x：块段伴生组分平均品位；$\bar{x}$：矿体中伴生组分平均品位；y：块段主元素平均品位；$\bar{y}$：矿体主元素平均品位；σ_x：伴生元素均方差；σ_y：主元素均方差；γ：伴生组分与主元素间相关系数。

用直线回归方程和联合回归方程所计算出的结果如有差异，是因为X、Y之间不是完全相关（即非函数关系），差值越大，相关关系越小（r越小）。这种差值说明，伴生元素和主元素之间有一部分不相关。

块段伴生组分金属量：

$$P=Q\cdot\bar{X} \tag{7.32}$$

式中，P：块段伴生组分金属量；Q：块段矿石量；$\bar{X}$：块段伴生组分平均品位。

7.4.9.6 共伴生矿产资源/储量类型的确定

(1) 主矿产和共生矿产的资源/储量类型的确定,应按“GB/T 17766—1999”及相应矿种(类)有关规范的原则和要求进行。

(2) 当伴生矿产的研究达到以下要求,并进行了基本分析时,其矿产资源/储量类型的确定可与主矿产相同:

① 地质研究程度要求:伴生矿产的质量、赋存状态、分布规律等达到与主矿产相同的查明程度;

② 矿石加工选冶试验要求:伴生矿产的物质组成与回收利用的加工选冶试验研究等达到与主矿产相应的查明程度;

③ 可行性评价要求:不同勘查阶段的可行性评价中,对伴生矿产综合回收的经济意义作出了相应评价。

(3) 当伴生矿产进行了基本分析但未能满足其他条件时,应降低资源/储量类别。

(4) 当伴生矿产只进行了组合分析而未作基本分析时,归类为推断的资源量。

(5) 未达到综合评价指标要求的伴生组分,可单独出产品,或在精矿及某一产品中可以富集回收利用的,归类为推断的资源量。

(6) 伴生组分虽达到综合评价参考指标要求,但其赋存状态和回收情况尚未查清的,只作定性的综合评价,不予估算资源量。

7.4.9.7 低品位矿产资源/储量类型的确定

低品位矿产资源/储量类型的确定按“GB/T 17766—1999”的原则和要求进行。

7.4.10 资源/储量的分割及常见问题

在资源/储量估算中,对333及其以上类型资源/储量块段的划分及圈定，均需以实际见矿工程为边界。而矿石工业类型的划分（如氧化带、混合带、原生带的界线）、矿业权（采矿权、探矿权）设置其边界线常将一个矿体（平面范围或开采标高的限定）分割成证内、证外部分，或由于矿山开采计划的需要（平面上划定区域、开采标高上划分中段）等，这些界线的划分常常并不是以实际见矿工程来确定的。因此，实际工作中这些因各种需要而划分的界线将对原资源/储量块段造成切割。对于这种情况，处理方法如图7.17所示。

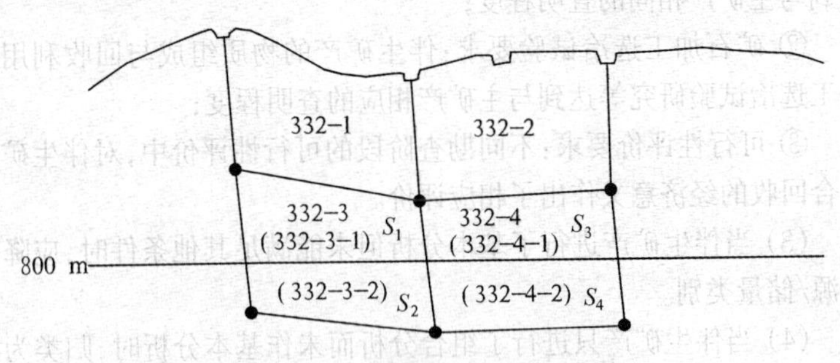

图7.17　资源/储量估算分割示意图

(1) 首先测定待分割块段332-3、332-4的面积(S_z)和估算资源/储量(储量总量Q_z)。

(2) 测定分割后的332-3-1、332-3-2以及332-4-1、332-4-2小块段的面积，分别为S_1、S_2、S_3、S_4。

(3) 利用小块段面积对块段面积(总面积S_z)的百分比求各小块段的资源/储量，从而完成资源/储量的分割计算。Q_1、Q_2与Q_3、Q_4的分割计算方法相同，即

$$Q_1=\frac{S_1}{S_z}\times 100\%\times Q_z \qquad Q_2=\frac{S_2}{S_z}\times 100\%\times Q_z \tag{7.33}$$

式中，S_z：块段面积（总面积）；S_1、S_2、S_3、S_4：块段面积；Q_z：块段的资源/储量；Q_1、Q_2、Q_3、Q_4：各个小块段的资源/储量。

(4) 资源/储量分割计算完成后，要编制“矿资源/储量结算表”，如表7.16所示。

表7.16 截至××年××月底××××矿资源/储量结算表(调界、整合采用)

单位：

矿山范围	类型	占用备案资源/储量		本次估算资源/储量					资源/储量增(+)、减(−)	
						采损量				
		保有量	累探量	保有量	平均品位	备案前	备案后	累探量	保有量	累探量
原××矿(××年)	122b									
	333									
扩界部分	332									
原××矿(××年)	122b									
	332									
	333									
合计	122b									
	332									
	333									
	122b+332+333									

资源/储量分割常见问题有：

(1) 被分割的资源/储量估算图件的坐标系统不一致，导致占用的资源/储量估算范围发生错误。

(2) 被分割的资源/储量估算纸质图件发生变形，导致占用的资源/储量估算面积误差较大，分割以前须进行图形校正。

(3) 100%占用的,不需作分割图和分割表。但是否100%占用,须从平面坐标位置及准采标高两个方面进行确认。

(4) 被分割的原块段范围须完整地反映在分割图上。

(5) 因分割而来的333或334类资源量块段,其中一部分因邻近新增工程,重算后资源/储量类型升级,则可能出现333或334类资源量块段与122b块段直接接触的情况,产生连续外推或资源/储量类型突变的假象,这是正常的,但应加以说明。

7.4.11 查明资源/储量的占比

矿产资源/储量占比总体上反映了矿产勘查过程中对矿床的工程控制程度和地质研究程度。各种规范对固体矿产勘查各级资源/储量查明占比要求如表7.17所示。

表7.17 固体矿产勘查的查明储量占比

规范名称	矿床规模	查明的储量占比	
		B级 (探明的)	C+D级 (控制的+推断的)
《金属矿床地质勘探规范总则》(1978年版)	大中型	大中型有色金属矿:5%~10% 大中型黑色金属矿:10%~20%	D级不超过10%
	小型		小型矿床只求C+D级
《非金属矿床地质勘探规范总则》(1978年版)	大中型	地质条件简单至中等的大中型矿床,B级占B+C级的10%~25%;化工石灰岩占20%~30%	
	小型		小型矿床只求C+D级,其中C级不少于60%

续表

规范名称	矿床规模	查明的储量占比	
		B级 (探明的)	C+D级 (控制的+推断的)
《固体矿产地质勘查规范总则》 (GB/T 13908—2002)	对查明的储量比例未作具体规定		
《固体矿产勘查地质资料综合整理综合研究技术要求》 (DZ/T 0079—2015)	勘探阶段探明的可采储量应满足矿山返本付息的需要(第5.6.3条)		
《固体矿产勘查工作规范》 (GB/T 33444—2016)	普查:推断以上的储量占比≥30%,直接作矿山设计用时储量占比≥50%;详查:控制的储量占比≥30%,直接作矿山设计用时储量占比≥50%;勘探:探明的+控制的储量占比≥50%		

注:表中B级相当于探明的资源/储量,C级相当于控制的资源/储量,D级相当于推断的资源/储量。

在当今社会主义市场经济背景条件下,矿产资源勘查、开发遵循“市场经济、业主行为、风险自担”的原则,强调不同勘查阶段报告的利用功能。总原则是“保证首期、储备后期、动态管理、以矿养矿”。

“保证首期”是说在矿产勘查中,要为矿山开发建设提供“探明的”资源/储量作为首采地段,以满足矿山首采区设置及矿山建设返本付息所需的矿量。具体来说,要求“探明的+控制的”资源/储量满足基建完成投产前10年的需要为限,勘探阶段探明的可采储量应满足矿山返本付息的需要,其中探明的占5%~20%。

“储备后期”是说探明的+控制的资源/储量总量应该满足矿山最低服务年限的要求;“推断的”资源/储量要能作为矿山远景规划的依

据，以满足矿山生产的连续性和规划服务年限所需的矿量。

《固体矿产勘查工作规范》(GB/T 33444—2016)明确规定：普查阶段，推断以上的储量占比≥30%，如直接作矿山设计用时储量占比≥50%；详查阶段，控制的储量占比≥30%，直接作矿山设计用时储量占比≥50%；勘探阶段：探明的+控制的储量占比≥50%。

由上可知，合理的矿产勘查程度及所查明的各级资源/储量占比，应按国家规定，由投资者、地质勘查单位、矿山设计及基建生产部门共同协商确定。

7.5 距离加权法、相关分析法、克里格法、SD法资源/储量计算

7.5.1 概论

本章第7.4.3条着重阐述了传统的资源/储量估算方法——几何法，它直观、简便、实用，但由于方法本身存在难以克服的弱点，如可靠性相对较差，其结果常出现不可预测的误差等，使得它已不能适应现代生产发展的要求。随着地质勘探、采矿工业的发展以及计算机技术的广泛应用，矿产资源/储量估算方法有了很大的发展，一些现代矿产资源/储量估算统计分析方法相继出现，如距离加权法、相关分析法、地质统计学分析法和SD法等。

7.5.2 距离加权法(距离幂次反比法)

传统几何法的一大缺点是没有反映如下情况：某一点的品位与周围一定范围内各点品位之间存在着空间相关关系，即两者距离的某种函数关系。因而这一点的品位值可用它周围不同距离点的已知品位

对其进行估计，一般是根据距离的远近给定不同的权数，离被估计点距离越近，估计作用越大，给的权数越大；距离越远，估计作用越小，给的权数也越小，即呈现距离幂次的反比函数关系。距离加权法就是以这种品位与距离的函数关系为基础建立的一种矿产资源/储量估算方法，又称距离幂次反比法，与传统几何法截然不同，它不考虑观测点的矿体厚度、形态和体积，是一种类似于后面将要讨论的克里格法的品位局部估计方法。

在实际工作中，一般是在圈定的矿体平面图内，按每一个钻孔分为一个单元(小块段)，该小块段的品位可用周围毗邻的与之密切相关的所有或者绝大部分钻孔的品位来估计，根据钻孔间的距离给定权数(所有钻孔权数之和必须等于1)，并由此而形成该块段周围各钻孔品位的线性组合。这样便可以求得以每个钻孔为中心孔的单元(小块段)品位，然后再根据平面图上圈定的各种矿体边界线或块段面积、所求块段的平均品位、平均厚度和平均体重等参数，计算块段或矿体的矿石量和金属量。

距离幂次反比法的幂次，“GB/T 33444—2016”的第17.1.2.5条要求：“幂的取值一般参考区域化变量的空间变异程度，变化较快对应于较大的幂次(一般取3)，变化较慢对应于较小的幂次(一般取2)，若经交叉验证，幂次可取其他值”。

常用幂次2——距离平方反比法，即形成线性组合的权数与距离的平方成反比。可用如下公式表示：

$$C=\frac{C_1/d_1^2+C_2/d_2^2+\cdots+C_n/d_n^2}{1/d_1^2+1/d_2^2+\cdots+1/d_n^2}=\frac{\sum_{i=1}^{n}(C_i/d_i^2)}{\sum_{i=1}^{n}(1/d_i^2)} \tag{7.34}$$

式中，C：某中心钻孔所划分的小块段品位；C_i：某毗邻单元的品位，其中，$i=1,2,\cdots,n$；d_i：中心钻孔与毗邻某钻孔的距离，其中$i=1,2,\cdots,n$；n：参加该中心钻孔品位计算的钻孔(样品)数。

为了确定n,首先根据统计理论需要确定一个参加该钻孔品位计算的影响范围,常用影响半径(γ)表示,其确定方法有两种:一种是根据经验,如取勘查线间距的1.5倍左右;另一种是采用图解法(坐标图)加以确定,其具体作法如图7.18所示。

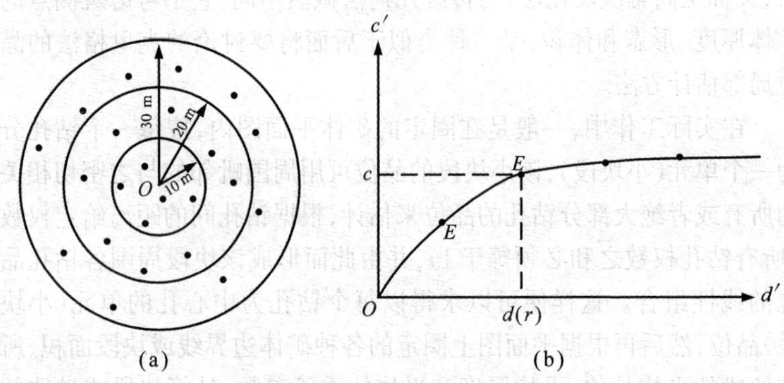

图7.18 图解法确定影响半径

设某矿体钻探工程平面布置如图7.18(a)所示。如果选10 m为半径,以中心孔为圆心作图,则除中心孔外其中还有5个钻孔,分别求出5个钻孔与中心钻孔的平均距离(d')和品位之差平均值(C')。这样就可以在图7.18(b)中依纵横坐标来确定一个点(E')。然后再用20 m、30 m、40 m作半径,同样在坐标图上可以得到一系列的点,将它们连成曲线,可见该曲线开始由弧形逐渐变成一条水平横线。找出转折点E,其在横坐标上的投影点d即为所求的影响半径(γ)。大于γ值,表明两钻孔间品位差的平均值已基本上不再变动,即两者品位之间已完全失去联系,或者说超过γ以外的钻孔和中心孔的品位相关关系极小,可以忽略不计。那么,凡是在这个半径(γ)所画的圆内,所有钻孔都可以参加中心孔品位的统计计算。

使用这种方法的缺点是,影响半径确定的因素中有主观因素;距离的幂次取值缺乏理论依据;没有考虑周围各钻孔的方向效应(即各向异性),即给予各方向以相等的权数。鉴于此,有人提出距离平方反比法的修正方法,即对不同方向给定不同的权数。故在确定影响范围时,不应是圆形,而应是椭圆形。

“GB/T 33444—2016”中附录N给出了已获部批准的距离幂次反比法软件可供选用。

7.5.3 相关分析法

相关分析法是储量计算方法之一,常用于伴生组分的矿产资源/储量估算。相关分析法可分为单相关分析法和复相关分析法两类,常用单相关分析法(或二元线性相关分析),具体请参阅本手册第7.4.9.5条,计算公式请参阅本手册第6.7节的表6.11。

7.5.4 克里格法

7.5.4.1 概述

克里格法也称克里金法(Kriging),它是一种无偏的、误差最小的、最优化的现代矿产资源/储量估算方法。在矿产资源/储量估算中,它把矿床地质参数(如品位)看成区域化变量,以较严谨的数学方法——变异函数为工具来处理地质参数的空间结构关系,在充分考虑样品形状、大小及与待估块段相互位置和品位变量空间结构基础上,根据一个块段内外若干样品数据,给每个样品赋予一定的权,利用加权平均来对该块段品位作出最优估计,并且可得到一个相应的估计误差。

地质统计学中应用最广泛的方法是普通克里格法。

7.5.4.2 半变异函数

地质统计学将几乎所有的地质变量，包括质量标志和形态标志，都看作区域化变量，即它们都是以空间坐标为自变量的随机场的函数。

半变异函数是区域化变量增量平方的数学期望之半，它是研究区域化变量空间变化特征和变化程度的基本工具。在实际应用中根据样本计算得到的实验半变异函数，其表达式为

$$\gamma^{*}(h)=\frac{1}{2N(h)}\sum_{i=1}^{N(h)}\left[Z\left(x_{i}+h\right)-Z\left(x_{i}\right)\right]^{2} \tag{7.35}$$

式中，$\gamma^{*}(h)$：实验半变异函数；h：步长，即在一定方向上，距离为$|h|$的矢量；$N(h)$：步长为h的样品对数；$Z(x_i)$：某变量的测定值；$Z(x_i+h)$：每间隔h距离（步长）所对应的某变量测定值。

根据取不同的h值用上式计算的结果，可作出变差图（图7.19）。

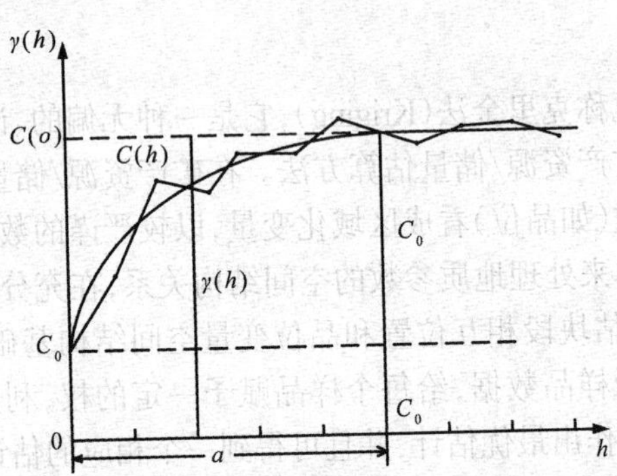

a：变程；$C(0)$：有限方差或基台值；h：样品间距或滞后；

C：拱高（结构随机变化极大值）；$\gamma(h)$：在h点上的半变异函数；

C_0：块金常数；$C(h)$：在h点上的方差

图7.19 实验半变异函数及相应理论曲（变差）线

图中$\gamma^*(h)$随h的增大而增大。当$h \geqslant a$(a称为变程)时,$Z(x_i)$与$Z(x_i+h)$不存在相关性;当$h<a$时,$Z(x_i)$与$Z(x_i+h)$具有相关性,且h值越小,相关性越强。

7.5.4.3 克里格法基本原理

用区域化变量$Z(x)$表示品位,在大小(体积、面积或长度)为V的几何域内其平均品位(块段、盘区、整个矿体),是该几何领域内v承载品位的集合,即$Z_v=E\{Z_v(x)\}$或$Z_v=\dfrac{1}{V}\int_V Z_v(x)\mathrm{d}x$,而承载$v$的品位$Z_v(x)$又是点品位$Z(x_i)$的集合,$Z_v(x)=\dfrac{1}{v}\int_V Z_v(x_i)\mathrm{d}x$,但矿床未开采前点品位$Z(x_i)$及$v$承载品位$Z_v(x)$都无从知道。$Z_v$只能用勘探、开采前取样所获得的品位进行估计。一般由于样品的体积相对很小,可以看成点承载,则Z_v的线性估计量为

$$Z_v^*=\lambda_1 Z(x_1)+\lambda_2 Z(x_2)+\cdots+\lambda_n Z(x_n)=\sum_{i=1}^{n}\lambda_i Z(x_i) \tag{7.36}$$

其估计误差的方差必然存在,且为

$$\begin{aligned}\sigma^2&=E\{Z_v-Z_v^*\}=E\{Z_v^{*2}\}-2E\{Z_v\times Z_v^*\}+E\{Z_v^{*2}\}\\&=2\bar{\gamma}(v,v)-\bar{\gamma}(v,v)-\bar{\gamma}(v,v)\\&=2\sum_{i=1}^{n}\lambda_i\bar{\gamma}(v,x_i)-\bar{\gamma}(v,v)-\sum_{i=1}^{n}\sum_{j=1}^{n}\lambda_i\lambda_j\bar{\gamma}(x_i,x_j)\end{aligned} \tag{7.37}$$

式中,$\bar{\gamma}(v,v)$:待估块段本身平均变异函数;$\lambda_i\bar{\gamma}(v,x_i)$:第$i$样品和待估块段本身的平均变异函数;$\bar{\gamma}(x_i,x_j)$:第$i$样品和第$j$样品间的平均变异函数;$n$:样品点数。

克里格法就是要获得最佳无偏线性估计值。所谓无偏,即要求$E\{Z_v-Z_v^*\}=0$,或$E\{Z_v\}=E\{Z_v^*\}=m$,由此可导出约束$\sum\lambda_i=1$为无偏条件。

所谓最佳,即估计方差必须最小,相当于寻找一组权系数λ_i,

使得估计方差σ^2在无偏条件($\sum\lambda_i=1$)下达到最小。显然这是一个条件极值问题。如果利用拉格朗日乘法求条件极小值，令$F=\sigma^2-2\mu(\sum\lambda_i-1)$对$n$个未知的$\lambda$和拉格朗日系数$\mu$的偏导数为零，便有

$$\frac{\partial F}{\partial \lambda_i}=2\bar{\gamma}(x_i,x_j)-2\sum_{j=1}^{n}\lambda_i\bar{\gamma}(x_i,x_j)-2\mu=0,\quad i,j=1,2,\cdots,n \tag{7.38}$$

这里n个方程组，将它与无偏条件联立，即

$$\begin{cases}\sum_{j=1}^{n}\lambda_i\bar{\gamma}(x_i,x_j)+\mu=\bar{\gamma}(x_i,v)\\ \sum\lambda_i=1\end{cases},\quad i=1,2,\cdots,n \tag{7.39}$$

这是一个由$n+1$个方程组成的$n+1$个未知元(n个λ和一个μ)的方程组，从中可以解出普通克里格权系数λ_i。由此进一步可得克里格方差：

$$\sigma^2=\sum_{j=1}^{n}\lambda_i\bar{\gamma}(x_i,v)-\bar{\gamma}(v,v)+\mu \tag{7.40}$$

为了直观和计算方便，克里格方程组可用矩阵形式表示，若令

$$K=\begin{bmatrix}\bar{\gamma}(x_1,x_1) & \bar{\gamma}(x_1,x_2) & \cdots & \bar{\gamma}(x_1,x_n) & 1\\ \bar{\gamma}(x_2,x_1) & \bar{\gamma}(x_1,x_2) & \cdots & \bar{\gamma}(x_2,x_{n2}) & 1\\ \vdots & \vdots & & \vdots & \vdots\\ \bar{\gamma}(x_n,x_1) & \bar{\gamma}(x_n,x_2) & \cdots & \bar{\gamma}(x_n,x_n) & 1\\ 1 & 1 & \cdots & 1 & 0\end{bmatrix}$$

$$M=\begin{bmatrix}\bar{\gamma}(x_1, V)\\ \bar{\gamma}(x_2, V)\\ \vdots\\ \bar{\gamma}(x_n, V)\end{bmatrix},\quad \lambda=\begin{bmatrix}\lambda_1\\ \lambda_2\\ \vdots\\ \lambda_n\\ \mu\end{bmatrix}$$

则式(7.37)可表述为

$$K\lambda=M \tag{7.41}$$

类似地,式(7.38)可表述为

$$\sigma^2=\lambda' M-\bar{\gamma}(v,v) \tag{7.42}$$

7.5.4.4　克里格法计算资源/储量步骤

用克里格法计算资源/储量步骤如下:

根据样品数据计算实验半变异函数→对实验半变异曲线配置相应的理论模型,确定变程a,参加资源/储量计算→计算待估域的品位真实值的估值,计算克里格方差→计算待估域体积,并根据其品位及体重,计算矿石储量和金属量。

(1) 根据样品数据,计算实验半变异函数,计算公式如上所示。在工程较多的不同方向(如走向、倾向等)代表性剖面上,选择不同步长h(如选择一倍工程间距为步长单位,分别选择间隔$h,2h,3h,\cdots,nh$相应的品位)计算相对于$h,2h,3h,\cdots,nh$的实验半变异函数,并将计算结果作成图7.19的实验半变异曲线。

(2) 对实验半变异曲线配置相应的理论模型,确定变程a,参加资源/储量计算。

半变异曲线理论模型有两大类:有基台模型和无基台模型。有基台模型又可分为球状模型、指数模型和高斯模型,如图7.20所示。

由经验所知,球状模型几乎适用于各种类型的矿床,求半变异函数$\gamma(h)$球状模型的表达式为

$$\gamma(h)=\begin{cases}0, & h=0\\ c_0+c\left(\dfrac{3h}{2a}-\dfrac{1h^3}{2a^3}\right), & 0<h\leqslant a\\ c_0+c, & h>a\end{cases}\tag{7.43}$$

式中，c_0：块金常数；c：拱高；c_0+c：基台值；a：变程；h：样品间距或滞后。

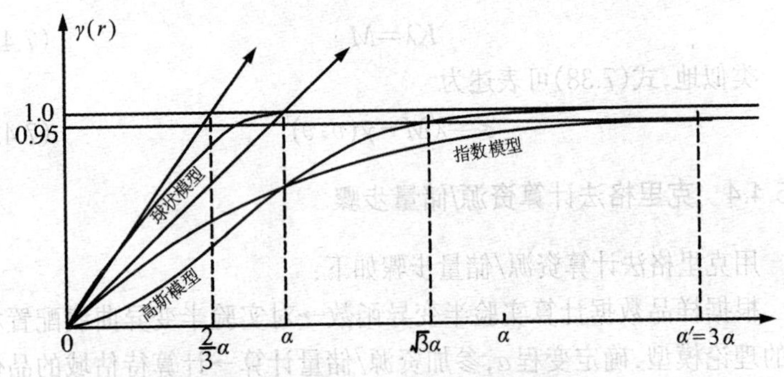

图7.20　3种有基台值的变差函数模型比较

(3) 计算待估域的品位真实值的估值，计算克里格方差。

设在待估域V的估计邻域内有一组品位值($Z_\alpha,\alpha=1,2,3,\cdots,n$)，待估域的品位真值$Z_V$的估计值$Z_V^*$是通过该待估块段影响范围内$n$个有效样品值($Z_\alpha,\alpha=1,2,3,\cdots,n$)的线性组合得到的：

$$Z_V^*=\sum_{i=1}^{n}\lambda_i Z(x_i)\tag{7.44}$$

求出式中n个权系数λ_α($\alpha=1,2,3,\cdots,n$)，以便保证估计值Z_V^*无偏，且估计方差最小。式中n个权系数λ_α是通过下列克里格方程组得到的：

$$\sum_{j=1}^{n}\lambda_j\bar{\gamma}(x_i,x_j)+\mu=\bar{\gamma}(x_i,V)\tag{7.45}$$

$$\sum_{i=1}^{n}\lambda_i,\quad i=1,2,3,\cdots,n \tag{7.46}$$

以上方程组中的点与点的变异函数值求解、块段与样品间的变异函数计算都是根据变异函数的理论模型进行的。

克里格方差σ_k^2表示如下

$$\sigma_k^2=\sum_{i=1}^{n}\lambda_i\bar{\gamma}(x_i,V)-\bar{\gamma}(V,V)+\mu \tag{7.47}$$

(4) 上式用矩阵形式表示为:

$$K\lambda=M \tag{7.48}$$

式中

$$K=\begin{bmatrix}\bar{\gamma}(x_1,x_1) & \bar{\gamma}(x_1,x_2) & \cdots & \bar{\gamma}(x_1,x_n) & 1\\ \bar{\gamma}(x_2,x_1) & \bar{\gamma}(x_2,x_2) & \cdots & \bar{\gamma}(x_2,x_{n2}) & 1\\ \vdots & \vdots & & \vdots & \vdots\\ \bar{\gamma}(x_n,x_1) & \bar{\gamma}(x_n,x_2) & \cdots & \bar{\gamma}(x_n,x_n) & 1\\ 1 & 1 & \cdots & 1 & 0\end{bmatrix} \tag{7.49}$$

$$M=\begin{bmatrix}\bar{\gamma}(x_1,V)\\ \bar{\gamma}(x_2,V)\\ \vdots\\ \bar{\gamma}(x_n,V)\end{bmatrix},\quad \lambda=\begin{bmatrix}\lambda_1\\ \lambda_2\\ \vdots\\ \lambda_n\end{bmatrix} \tag{7.50}$$

(5) 计算待估域体积,并根据其品位及体重,计算矿石储量和金属量。

7.5.4.5　克里格法计算举例

克里格法的计算过程是运用软件在计算机上完成的。下面以矿床品位的点估计为例进行说明。

(1) 准备样品资料:设有一层状矿床,在平面上S_1、S_2、S_3、S_4处取了4个样品,品位值分别为Z_1、Z_2、Z_3、Z_4(图7.21),据此估计S_0点处的品位Z_0。

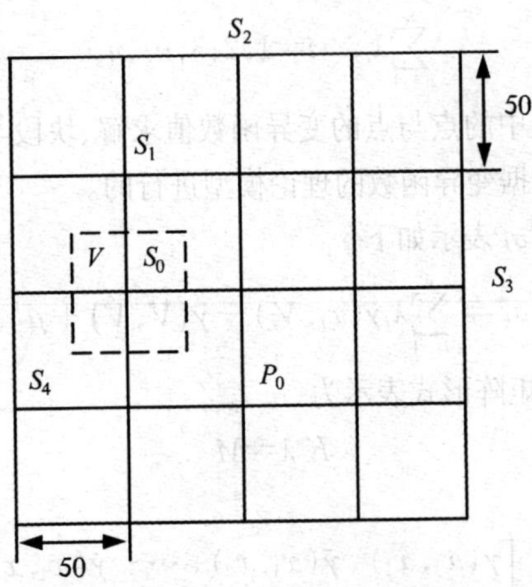

图7.21　样品位置示意图

(2) 建立变异函数：设品位的变异函数 $\gamma(h)$ 为球状模型，在平面上的各向同性。模型参数分别为 $C_0=2, a=200, C=20$。

$$\gamma(h)=\begin{cases}0, & h=0\\ 2+20\left[\dfrac{3}{2}\left(\dfrac{h}{200}\right)-\dfrac{1}{2}\left(\dfrac{h}{200}\right)^3\right], & 0<h\leqslant 200\\ 22, & h>200\end{cases} \tag{7.51}$$

(3) 确定克里格方程组：设 Z_0 的估计量为 $Z_0^*=\sum_{i=1}^{n}\lambda_i Z_i$，则克里格方程组的矩阵形式为

$$\begin{bmatrix}\gamma_{11} & \gamma_{12} & \gamma_{1} & \gamma_{14} & 1\\ \gamma_{21} & \gamma_{22} & \gamma_{23} & \gamma_{24} & 1\\ \gamma_{31} & \gamma_{32} & \gamma_{33} & \gamma_{34} & 1\\ \gamma_{41} & \gamma_{42} & \gamma_{43} & \gamma_{44} & 1\\ 1 & 1 & 1 & 1 & 0\end{bmatrix}\begin{bmatrix}\lambda_1\\ \lambda_2\\ \lambda_3\\ \lambda_4\\ \mu\end{bmatrix}=\begin{bmatrix}\gamma_{01}\\ \gamma_{02}\\ \gamma_{03}\\ \gamma_{04}\\ 1\end{bmatrix} \tag{7.52}$$

(4) 计算这些样品的变异函数：任意两样品点S_i和S_j的间隔$h_{ij}=|S_i-S_j|$，于是根据式(7.42)可以计算出

$$\gamma_{11}=\gamma_{22}=\gamma_{33}=\gamma_{44}=\gamma(0)=0$$

$$\gamma_{12}=\gamma_{21}=\gamma_{04}=\gamma\left(50\sqrt{2}\right)=2+20\left[\frac{3}{2}\left(\frac{50\sqrt{2}}{200}\right)-\frac{1}{2}\left(\frac{50\sqrt{2}}{200}\right)^3\right]$$

$$=12.16$$

$$\gamma_{13}=\gamma_{31}=\gamma\left(\sqrt{150^2+50^2}\right)=20.78$$

$$\gamma_{14}=\gamma_{41}=\gamma_{02}=\gamma\left(\sqrt{100^2+50^2}\right)=17.02$$

$$\gamma_{23}=\gamma_{32}=\gamma\left(\sqrt{100^2+100^2}\right)=19.68$$

$$\gamma_{24}=\gamma_{42}=\gamma\left(\sqrt{150^2+100^2}\right)=21.72$$

$$\gamma_{34}=\gamma_{43}=\gamma\left(\sqrt{200^2+50^2}\right)=22.00$$

$$\gamma_{01}=\gamma(50)=9.34$$

$$\gamma_{03}=\gamma(150)=20.28$$

(5) 列出变异函数矩阵，解线性方程组：将上述数值代入下式，可得

$$\begin{bmatrix} 0 & 12.16 & 20.78 & 17.02 & 1 \\ 12.16 & 0 & 19.68 & 21.72 & 1 \\ 20.78 & 19.68 & 0 & 22 & 1 \\ 17.02 & 21.72 & 22 & 0 & 1 \\ 1 & 1 & 1 & 1 & 0 \end{bmatrix} \begin{bmatrix} \lambda_1 \\ \lambda_2 \\ \lambda_3 \\ \lambda_4 \\ \mu \end{bmatrix} = \begin{bmatrix} 9.34 \\ 17.02 \\ 20.28 \\ 12.16 \\ 1 \end{bmatrix}$$

于是解出M，其中：

$$\lambda_1=0.5248,\quad \lambda_2=0.0583,\quad \lambda_3=0.0233,\quad \lambda_4=0.3936$$

这个解正是一组要求的克里格权系数。

(6) 计算估计品位：用上述这组权数乘以所利用的样品品位得到要估计的品位，即

$$Z_0^* = 0.5248Z_1 + 0.0583Z_2 + 0.0233Z_3 + 0.3936Z_4$$

代入具体的Z_1、Z_2、Z_3、Z_4品位值，就可得出S_0点处的平均品位估计值。

同理，在图7.21研究范围内估计另外一点P_0的品位，由于S_1、S_2、S_3、S_4的相对位置不变，故矩阵K亦不变，此时只需重新计算M，即可按上述方法求得P_0点的平均品位。

如果研究的不是一个点而是一个块段的平均品位，矩阵K仍不变，唯有M的计算要复杂得多，需用计算机计算，但是方法原理与点估计是一样的，在此就不详述了。

7.5.4.6 克里格法的特点及应用条件

克里格法与传统方法相比具有明显的优点。它能最科学、最大限度地利用勘查工程所提供的一切信息，使所估算的矿石品位和矿石储量精确得多；它可分别估算矿床中所有最小开采块段的品位和储量，从而更好地满足矿山设计要求；在估值的同时还给出了估计精度，而且是无偏的估计方差最小的(最优)估计，为储量的评价和利用提供了依据。

与其他方法一样，克里格法的应用也是有条件的。地质变量的两重性是克里格法估算储量的最重要条件，如果矿床参数是纯随机的或非常规的，就不宜或不必用克里格法。由于克里格法的计算量十分庞大，故它还以计算机的应用为前提。克里格法虽可最大限度地利用勘查工程所提供的信息，但在勘查资料不理想的情况下，如工程数或取样点过少，运用此法信息量就不足，很难得到可靠的估计。

一般地说，克里格法仅适用于勘探以上阶段，用于矿化稳定的大型特大型矿床储量计算。

“GB/T 33444—2016”附录N中表N.1给出了已获批准的克里格储量估算软件可供选用。

7.5.5 SD法

7.5.5.1 概述

SD法的全称是“最佳结构曲线断面积分储量计算和审定计算法”,是一套全新的系列矿产资源/储量计算方法和资源/储量审定方法,用稳健样条函数及分维几何学作为数学工具,对传统断面法进行了深入、系统的改造。克服其计算粗略、不准确、可靠性差以及由于缺乏自检功能而给地质工作带来的盲目性等种种弊端和不足,使断面法更加科学化。

SD法是一种简便灵活,以资源/储量估算精确可靠为目的,以最佳结构地质变量为基础,以断面构形为核心,以样条函数及分维几何学为数学工具的资源/储量估算方法。

SD法自成体系,即由一套理论——SD动态分维几何学,四种原理——降维形变、权尺稳健、搜索求解、递进逼近原理,两大方法——SD储量计算(分块计算、框块计算)、SD储量审定(精度计算),多种软件——评审通、矿业通、企业通、储量通、单矿通、速算通、行业通等组成。

7.5.5.2 SD法基本理论

1. 结构地质变量

所谓结构地质变量,是指反映出某种地质特征的空间结构及其规律性变化的地质变量。它既与所在的空间位置有关,亦与周围的地质变量大小和距离有关,它们在一定空间范围内相互影响,具有随机性和规律性双重性质。

对地质变量用数据稳健处理方法(权尺化)将原始数据处理成有规律数据,将离散型变量转换成连续型变量,建立权尺化处理后的数据模型(但不是建立原始数据模型),是SD法的第一步工作。

构造出结构地质变量曲线,是SD法资源/储量估算中的第二个重要课题。在工程坐标或断面坐标上过已知的以结构地质变量为点列作出光滑曲线(结构量曲线,它们的形态反映了地质变量在空间的变化规律),这是数学拟合问题(常采用三次样条函数拟合)。

结构量曲线一般应由计算机或样条仪绘制,当设备条件差,没有计算机及辅助设备时,可以人工绘制结构曲线,一般用压铁法、打钉法,即将一批给定点用有机玻璃条、细钢条、竹条、木条等(统称样条)固定在图板上,沿这些点连成一条光滑曲线。

2. 断面构形理论

地质体的空间构形均可用断面来表示,地质变量的空间结构也可用断面来表示。这种以断面构形代替空间构形的思想是SD法立足于传统断面法的核心思想,故SD法也是一种断面法资源/储量估算法。

在圈定矿体时,SD法一般不考虑样品中是否有达到最低工业品位的样品,而只笼统地用边界品位、夹石剔除厚度和可采厚度为指标在断面上圈定矿体。另外,考虑到矿体的连续性、完整性和计算的准确性,对那些低于边界品位、高于背景值的工程圈出了矿化体(零值工程、矿化工程和矿体工程在储量估算中起着同等信息作用)。然后根据工程取样提供的数据信息,经过处理,直接用数学模型计算储量,而不是根据图上绘成的矿体面积计算储量,即不是直接用它的形态,而是用几何变形后的形态(图7.22)。

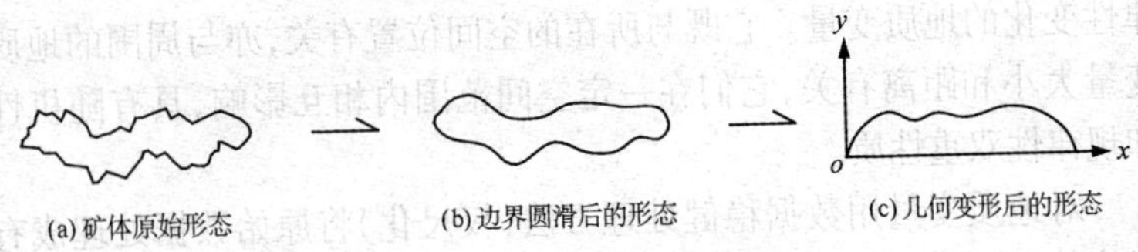

图7.22 矿体形态的几何变形过程

传统方法因不同的人对矿体的不同认识而有不同的矿体连接和矿体形态，这并不是矿体的真实形态，它只是反映了作图人对矿体这一客观实体的认识深度。但矿体矿化空间具有连续性，它的地质变量（厚度、品位）的变化就应满足一定的曲线关系。SD法可较客观地计算矿体厚度和绘制坐标曲线图（施行几何形变后的形态）。

7.5.5.3 SD法储量计算的一般程序

SD法在对传统断面法进行改造的同时，仍沿用其基本公式，必须求取体积、体积质量（体重）和品位这三个参数（变量），不过SD法的求取方式与传统法不同。对于矿体诸地质变量都可以转化为点、线、面体结构量，对于点、线量可沿用传统法的加权法求得，再将求得的结果处理成点、线结构变量，对结构变量及结构变量曲线积分可得到面、体结构量，一次积分得到面结构量，二次积分得到体结构量。

SD法用参数积分表达式计算储量。参数积分表达式，除矿体厚度积分的面积、体积具有物理意义外，其他则无。如图7.23所示，将矿体置于直角坐标系中分析，设垂直矿体厚度的投影面（Lol）上矿体面积为S，此投影面上有m条断面线，每条线上有n个工程。L为矿体长度方向，l为矿体宽度方向，其矿体宽度函数为$f(L)$，厚度函数为$f(L,l)$，厚度和品位乘积的函数为$f(L,l)$，D表示矿石体重。则矿体几何空间、矿石量、金属量、品位等参数的求取过程可用下列积分式表达：

(1) 矿体几何空间

断面积：

$$S(L)=\int_{l_1}^{l_n} f(L,l)\mathrm{d}l \tag{7.53}$$

投影面积：

$$S=\int_{L_1}^{L_m} f(L)\mathrm{d}L \tag{7.54}$$

体积：

$$V=\int_{L_1}^{L_m} S(L)\mathrm{d}L \tag{7.55}$$

断面平均厚度：

$$H_s=S(L)/(l_n-l_1) \tag{7.56}$$

体平均厚度：

$$H_v=V/S \tag{7.57}$$

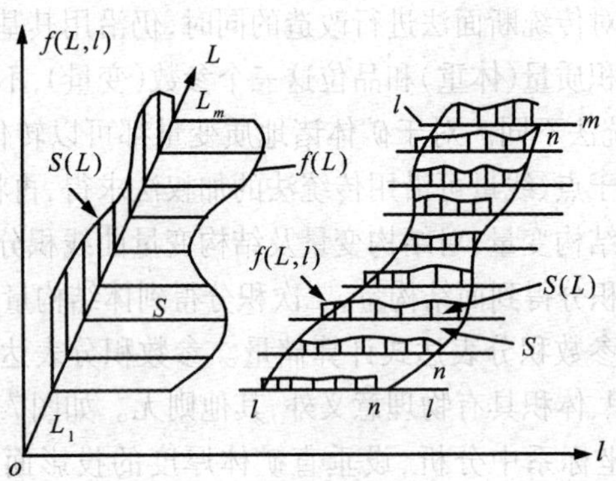

图7.23 参数积分关系

(2) 矿石量(Q)

$$Q=DV=D\int_{L_1}^{L_m} S(L)\mathrm{d}L \tag{7.58}$$

(3) 金属量

金属量 $P(L)$：

$$P(L)=\int_{L_1}^{L_n} F(L,l)\mathrm{d}l \tag{7.59}$$

面金属量 P_s：

$$P_s=DP(L) \tag{7.60}$$

体金属量 P：

$$P=P_v=D\int_{L_1}^{L_m}P(L)\mathrm{d}L \tag{7.61}$$

(4) 平均品位$\bar{C}$

面平均品位$\overline{C_s}$：

$$\overline{C_s}=P(L)/S(L) \tag{7.62}$$

体平均品位$\overline{C_v}$：

$$\overline{C_v}=P/Q \tag{7.63}$$

由于勘查过程中一般只采取少量体重样，加之同矿体同类型矿石体重较稳定，因此体重参数用算术平均或数理统计的方法即可求取。分段连续的样条函数能恰当地给出结构地质变量曲线的函数表达式，故上述积分公式中的函数完全可用三次样条函数代入进行积分。

SD法资源/储量计算须用软件在计算机上完成，须按照软件用户操作指南操作。软件不同，其操作程序(方法)不同。一般流程是：安装、启动"SD储量计算软件系统"→矿区数据搜集、分析→利用工具(如Excel)制表→数据转换→进入矿区界面修改数据→设置计算参数→数据校验→储量计算→储量分类(设置及分类)→绘图、输出、报表输出。

"GB/T 33444—2016"附录N中表N.1给出了已获批准的SD法储量估算软件可供选用。

7.5.5.4　SD法特点及应用条件

SD法具有动态审定一体化计算储量的功能，不仅灵活多用，而且计算结果精确可靠。所估算储量的实际精度要比其他一些方法高，且能作出成功的精度预测；只需勘探范围内取样的原始数据，便可准确计算任意形态、大小的块段储量；可同时在多种不同工业指标条件下，自动圈定矿体、计算各类资源/储量。一套适用的SD法软件系统，可使计算过程全部实现计算机化，从而实现矿产储量计算的科学化和自动化。

SD法具有强大的功能,包括数据采集、资源/储量计算、资源/储量审定、SD法经济评价、SD法结果输出、SD法自动成图等。

SD法适用性广,主要适用于内、外生金属矿和一般非金属矿,不适用于某些特殊非金属矿(如石棉、云母、冰洲石等);适用于以勘查线为主的矿区,勘查线平行与否均可,断面是垂直还是水平不限,但要求最少有两条勘查线,每条线上至少有两个工程,预测精度时勘查线及工程数量则要加倍;与克里格法相比,SD法对工程数并不苛求,一般只要有数十个至百余个钻孔就能取得较好的效果,当工程数较多时,其效果更好,而且计算量不会增加很多,这一条件显然要比克里格法优越。可见,从详查到生产、勘探以至矿山开采各个阶段,SD法均适用。

第8章　矿床开发经济意义研究、评价

8.1　概述

8.1.1　矿床开发经济意义研究、评价的概念

矿床开发经济意义评价是从企业经济和国民经济效益(效果)出发,在完成地质勘查、开采技术条件勘查、资料整理和综合研究、储量估算、矿石加工技术试验等各项矿产勘查工作及勘查报告初稿基础上,在现行市场价格、财经政策和国内生产技术水平的基础上,根据矿床地质勘查工作所获得的资料,选取合理的技术经济参数,预估矿床未来开发利用的经济价值和经济、社会效益,为矿床地质勘查项目取舍和矿山开发投资决策提供科学依据。对矿床未来开发的经济价值和经济效益进行评价,是地质勘查单位和矿山地质部门的一项经常性工作。

矿床开发经济意义评价的核心内容是国内外资源形势和产品供销形势,矿山建设外部、内部条件(包括地质特征、资源/储量及空间分布、矿石质量、选冶性能等),生产和选矿工艺条件,基本经济数据测算和评价,未来企业效益评价,社会效益评价,不确定性(抗风险能力)评价,总体结论的评价等。要围绕上述内容搜集资料、计算参数、评价效益。

8.1.2 矿床开发经济意义评价的意义

矿床开发经济意义评价的意义为:

(1) 作为矿产勘查项目选择和矿山投资决策的依据。

(2) 作为评价矿产勘查工作经济效益的基础。

(3) 作为选择矿山经营参数,充分利用矿产资源和提高矿山采选经济效益的依据;可作为奖励勘查工作者、补偿地勘费、实行资产有偿占用、按地下财富对采矿企业实行计划征税的依据;作为申请银行贷款、筹措资金及与有关部门签订合同和协议的依据。

8.1.3 阶段划分

根据现行规范,矿床开发经济意义的可行性评价可划分为概略研究评价、预可行性研究评价、可行性研究评价三个阶段。概略研究评价由勘查报告编制单位完成,一般是在普查阶段作概略性研究评价,条件不具备时,详查和勘探阶段也可只进行概略研究评价;预可研及可研两者由具有相关资质的机构完成,在详查和勘探基础上进行。只完成概略研究评价的矿床,无论其地质勘查程度如何,均只能提交内蕴经济资源量,即331、332、333、334类资源量。

矿床开发经济意义评价要在矿产勘查工作基本完成的基础上进行。各研究阶段的基本必备条件、工作目的、工作内容、主要评价指标、方法以及承担单位等如表8.1所示。

表8.1　矿床开发可行性评价分类

类别	勘查要求	基本必备条件	工作目的	内容	主要评价指标及方法	承担单位
概略研究	普查详查勘探	1. 矿床完成普查或详查、勘探工作。 2. 对矿石的初步可选性已作试验并编有正式报告。 3. 对矿区外部建设条件已作初步调查。 4. 对该矿产的国内及区域内资源供求现状及有关的经济统计资料作了初步调查	对矿床开发的经济意义作概略评价；计算内蕴经济意义资源量，为矿床能否转入详查提供决策依据	类比已知矿床，推测矿床规模质量和开采利用条件，以类似企业或扩大经济指标对未来矿山建设的规模、开采方式、产品方案、产品流向等作概略设想	运用类比方法和扩大指标作静态评价。评价经济指标有总利润率、投资利润率、投资收益率、投资回收期等	矿床勘查的勘查单位
预可行性研究	详查	1. 矿床详查工作已经结束。 2. 矿石加工性能已完成可行性试验或实验室流程试验，对难选矿石完成实验室连续扩大试验。 3. 基本查明矿床水、工、环情况。 4. 矿区交通运输供电供水资料较详尽。 5. 已知矿山开发对地勘工作的要求。 6. 掌握了该矿的国内外资源形势、供求现状及价格情况	对矿床开发经济意义作初步评价； 对矿床能否转入勘探和矿山建设总体规划的编制从技术经济方面提供依据； 计算次边经济、边际经济、经济的资源/储量	系统收集该矿种国内外资源/储量、生产、消费资讯及市场供需情况、价格趋势，提出项目建设规模、产品种类、矿区建设轮廓、工艺技术原则方案、初步建设总投资、主要工程量、主要设备需求等，从总体上、宏观地对矿山建设的必要性、建设条件的可行性及经济效益作评价	作动态经济评价。评价指标有企业内部收益率、净现值、动态投资回收期	专业机构如设计部门、研究部门及具备专业资质的中介机构

续表

类别	勘查要求	基本必备条件	工作目的	内容	主要评价指标及方法	承担单位
可行性研究	勘探	1. 矿床勘探工作已经结束。 2. 矿区的开采技术条件已详细查明。 3. 矿石选冶加工提交了扩大试验或半工业试验报告。 4. 矿区交通运输供电供水条件已详细了解。 5. 对该矿国内外资源形势供求现状价格有充分的研究。 6. 对矿床开发建设投资资金的筹措有一定把握	对矿床开发经济意义作详细评价; 作为矿山开发投资及设计的依据; 计算次边经济、边际经济、经济的资源/储量	与预可行性研究内容相同,但深度更深、层次更高	作动态经济评价。评价指标有企业内部收益率、净现值、动态投资回收期	专业机构如设计部门、研究部门及具备专业资质的中介机构

8.2 概略研究

8.2.1 定义

概略研究是指对矿床开发经济意义的概略评价。通常是在搜集分析该矿产资源在国内外市场供需状况的基础上分析已取得的地质资料,类比已知矿床,推测矿床规模、开采利用的技术条件,结合矿区的自然经济条件、环境保护等,以我国企业的技术经济指标或扩大指标对矿床作出技术经济评价,从而为矿床开发有无投资机会、是否进行详查工作、制定长远规划或工程建设规划的决策提供依据。

8.2.2 基本工作

概略研究的基本工作是：

(1) 搜集分析该矿种在国内外的资源状况、市场供求、市场价格及产品竞争能力。

(2) 了解外部建设条件和勘查区的经济状况，包括原材料、燃料供应、水电供给、交通条件、建材来源、劳动力情况等。

(3) 分析评价内部建设条件，包括资源条件、矿石加工技术选冶条件、开采技术条件等。

(4) 计算各项技术经济数据及未来企业经济效益。通过类比邻近已知矿床和矿山，根据本矿资源和建设条件的实际，构想未来矿山的规模、产品方案、开采与开拓方式、采矿方法、矿石加工选冶方法及工艺流程，计算其核心评价参数等。计算用的技术经济指标(如矿山规模及服务年限，矿山基建投资指标，各项成本指标，开采、选矿和综合回收等三率指标，矿山地质环境恢复治理费用指标等)采用类似企业生产指标或国家公布的扩大指标，对本矿床开发利用作出大致的技术经济评价。

(5) 根据技术经济评价的结果，对矿床开发有无投资机会、是否开展下一步工作作出评价。

8.2.3 关注要点

矿床开发经济意义概略研究关注要点为：

(1) 未来矿山的开发规模要与资源规模相协调、匹配。关于安徽省小型以下矿产储量规模、安徽省铁矿等14个矿种采选行业准入标准请参见本手册附录1、附录2。不能将大矿设计成小型矿山规模或将小矿设计为大型矿山规模，矿山生产规模及服务年限如表8.2所示。

表8.2 矿山生产规模及服务年限

<table>
<tr><th colspan="2" rowspan="2">项目名称</th><th rowspan="2">单位</th><th colspan="3">规模</th></tr>
<tr><th>大型</th><th>中型</th><th>小型</th></tr>
<tr><td rowspan="5">生产规模</td><td>砂金矿</td><td>万吨/年</td><td>>200</td><td>100~200</td><td><100</td></tr>
<tr><td>岩金矿</td><td>万吨/年</td><td>>100</td><td>20~100</td><td><20</td></tr>
<tr><td>磷矿</td><td>万吨/年</td><td>>100</td><td>30~100</td><td><30</td></tr>
<tr><td>硫铁矿</td><td>万吨/年</td><td>>100</td><td>20~100</td><td><20</td></tr>
<tr><td>铁矿及黑色金属矿山</td><td>万吨/年</td><td>>100</td><td>30~100</td><td><30</td></tr>
<tr><td rowspan="2">服务年限</td><td>露天矿</td><td>年</td><td></td><td>15~20</td><td></td></tr>
<tr><td>坑采矿</td><td>年</td><td></td><td>>20</td><td></td></tr>
</table>

注：摘自《矿床经济评价扩大指标》。

(2) 概略研究评价不能脱离国家产业政策、地方产业法规、矿产规划、地方经济发展需求以及地质环境保护等因素。

(3) 概略研究通常是在普查基础上进行的。由于地质信息和基础资料较少、缺乏准确的技术经济参数和经济评价所必需的详细资料，对未来矿山建设中有关问题只是概略构想，经其评价的资源量只具有内蕴经济特性。

(4) 矿床开发经济意义概略研究工作一般由矿床勘查单位承担，适用于矿产勘查普查阶段，也适用于不具备开展预可研、可研研究条件的详查及勘探阶段。

(5) 概略研究一般只进行静态的经济评价，其评价指标通常为总利润、投资利润率、投资收益率、投资回收期等。

(6) 矿床技术经济评价对未来矿山企业技术经济参数的设计应满足行业规范相应矿种对开采回采率、选矿回收率、综合利用率指标，即"三率"指标的要求。

2012~2017年，国土资源部以公告"2012年第26号(四川攀西钒钛磁铁矿)、28号(高岭土)、29号(金)、30号(磷),2013年第21号(铁、铜、铅锌、稀土、钾盐、萤石),2014年第31号(锰、铬、铝土矿、钨、钼、硫铁矿、石墨和石棉),2015年第30号(镍、锡、锑、石膏和滑石),2016年第30号(锂、锶、重晶石、石灰岩、菱镁矿和硼)”和函件“国土资厅函〔2017〕330号(镁、铌、钽、硅质原料、膨润土和芒硝)”形式陆续颁布了36个非煤固体矿产资源合理开发利用“三率”指标要求(试行),对矿产开发利用的开采回采率、选矿回收率、综合利用率作出了规范,可根据勘查矿种查阅自然资源部网站相关公告。

“三率”指标一般计算公式为

① 开采回采率(K_γ):

$$K_\gamma=\frac{Q_c}{Q_d}\times 100\%=\left(1-\frac{Q_s}{Q_d}\right)\times 100\% \tag{8.1}$$

式中,K_γ:开采回采率;Q_c:原矿采出量;Q_d:动用资源储量;Q_s:开采损失量。

② 选矿回收率(ε):

$$\varepsilon=\frac{q_x}{Q_y}\times 100\%=\gamma\frac{c_x}{C_y}\times 100\%=\frac{q_x\times c_x}{Q_y\times C_y}\times 100\% \tag{8.2}$$

式中,ε:选矿回收率;q_x:某组分精矿产品质量;Q_y:入选原矿中该组分质量;c_x:该组分精矿品位;C_y:该组分原矿品位;γ:精矿产率(选矿产品质量占入选原矿质量的百分比)。

③ 矿产综合利用率(R_i):

$$R_i=\frac{q_i}{Q_i}\times 100\% \tag{8.3}$$

式中,R_i:某共伴生组分的综合利用率;q_i:采选利用的某共伴生组分的质量;Q_i:原矿中相应共伴生组分资源储量。

④ 共伴生矿产资源综合利用率(R):

$$R=\frac{1}{n}\sum_{i=1}^{n}r_i \tag{8.4}$$

式中，r_i：第i个共伴生矿产综合利用率，是指第i个共伴生矿产年度利用量与该矿产年度开采动用资源储量的百分比；n：已经评审备案其储量的共伴生矿种数。

⑤ 尾矿综合利用率(R_w)：

$$R_w=\frac{q_\alpha}{q_\beta}\times 100\% \tag{8.5}$$

式中，R_w：尾矿综合利用率；q_α：年度利用尾矿量；q_β：年度产生尾矿量。

"三率"指标定义及详细的计算方法请参见《矿产资源综合利用技术指标及其计算方法》(DZ/T 0272—2015)及国土资源部关于矿产资源合理开发利用"三率"指标要求的相关公告。

8.3 预可行性研究

预可行性研究是对矿床开发经济意义的初步评价，由专业机构进行。它需要较为系统地对国内外该矿种资源、储量、生产、消费进行调查和初步分析，对市场需求、产品品种、质量要求、价格趋势进行初步预测。

预可行性研究要根据本矿床的规模、地质特征、地形地貌特征，借鉴类似企业的实践经验，初步研究并提出未来矿山项目的建设规模、产品种类、矿区总体建设轮廓和工艺技术原则方案。

通过预可研，从总体上、宏观上对矿山建设项目的三性(项目建设的必要性、建设条件的可行性和经济效益的合理性)作出评价，为能否进行勘探阶段提供依据。

开展预可研的必备条件是矿床已完成了详查及以上阶段的勘查工作。

编写地质报告矿床开发经济意义评价章节的侧重点是对如下基本内容予以关注:

(1) 预可行性研究要对该矿产的资源和市场形势、矿山建设外部条件、矿区资源情况、矿区地质条件、矿区开采条件、未来矿山的采选方案、矿山企业经济效果计算及经济效益分析评价等进行论述。

(2) 对矿山建设的必要性、建设条件的可行性及经济效益的合理性要作出合理的初步评价。为勘探决策、编制矿区总体规划和项目建议书提供依据。

(3) 评价用的技术经济指标来源符合当前水平、切合实际。一般要参照价目表或类似企业开采对比所获得的数据进行计算。要初步提出建设总投资、主要工程量和主要设备等,并进行初步经济分析。

(4) 地质勘查报告可依据预可行性研究报告,简要说明其有关内容和结论,主要是:未来矿山的开采规模、服务年限、产品方案、预计的开采及开拓方式、采矿方法、矿石加工选冶方法及工艺流程、基本的技术经济指标(包括采选冶技术指标、投资、采矿及选矿成本费用的构成、税费、各类矿产品的产量及销售价格、利润等),未来企业经济效益(如财务内部收益率、财务净现值、投资回收期等财务指标),财务评价结论等。

(5) 未来矿山的规模要与资源规模相协调匹配,开采规模、服务年限符合国家相关规定。

(6) 预可行性研究一般要作动态的经济评价,并进行微观和宏观评价及不确定性评价。评价指标主要是矿山总利润、净现值、简单投资收益率、企业内部投资收益率、投资回收期等。

(7) 矿床开发经济意义预可行性研究一般由专业单位承担,适用于矿产勘查详查及以上阶段。

8.4 可行性研究

可行性研究是对矿床开发经济意义的详细评价，由专业机构承担。其结果可以详细评价拟建项目的技术经济可靠性，为矿山建设的投资决策、拟建项目的技术经济可行性、确定工程项目建设计划和编制矿山建设初步设计等提供依据。

与预可行性研究相比，可行性研究掌握资料更为详细，内容深度较深，研究程度更高。勘查报告编写时所需引用的成果内容与预可行性研究相同。可依据可行性研究报告，简要说明可行性研究的有关内容和结论，以此作为确定资源/储量类别的依据。

矿山可行性研究，指在开采资源以及利用矿山资源时对其进行的一项判断其可行性的分析、调研工作。矿山指的是国际通称的非煤硬岩矿山。

可行性研究应在勘探工作的基础上进行，最终得出该开发项目是否可行的结论。矿山可行性研究要解决的问题是：

(1) 根据国内外市场的供需形势，进行较系统的、深入的市场调研，对未来的需求趋势和价格作出预测。

(2) 依据详查或者勘探所获区内的各类矿产资源信息，结合区内自然经济、建设条件和环境保护等因素，参照适合项目研究当时市场价格的类似企业所获数据估算的成本，进行初步的技术经济评价，确定工业指标，估算不同类型的矿产资源/储量。

(3) 综合各方面因素，依据初步的技术经济评价结论，对项目进行矿山建设的必要性、建设条件的可行性、经济效益的合理性作出评价。

(4) 初步选择建设方案，包括厂址、开采规模、产品方案、工艺流程、主要工程量、主要设备等，初步提出建设总投资。

须注意以下几个问题：

① 市场问题：市场问题是矿山建设的首要问题，我国已经加入世贸组织，国际市场的供需关系和价格走势与我国矿山建设的关系非常密切，在分析矿山建设的必要性时，除考虑国际市场供需关系外，还要认真分析我国的原料供需平衡问题。

② 设计规模问题。

③ 开拓系统问题：推荐的开拓系统要从基建时间和矿量衔接上分析其合理性。

④ 基建时间问题：矿山的基建时间很大程度上取决于井巷工程的施工速度，不能把竖井掘砌速度预计得过于理想化。

⑤ 投资问题。

⑥ 矿石成本问题。

⑦ 经济效益问题等。

8.5　矿床技术经济评价步骤

矿床技术经济评价大致按如下步骤进行：

(1) 搜集整理基础资料：资料和数据力求全面系统和可靠，它关系到评估结果是否正确。须汇集和整理的基础资料和数据主要有：

① 矿床勘查费用；② 矿体形态、产状、数量；③ 矿石质量；④ 矿床开采技术条件、矿区自然地理及外部建设条件；⑤ 社会政治因素；⑥ 矿产资源形势状况。

(2) 拟定采选方案，确定技术经济指标：根据矿床具体地质特征、当前的技术水平和加工试验成果等，拟定未来矿山企业的开采和选矿的工艺流程的可能方案，类比计算下列技术经济指标：

① 矿山企业的年生产能力(原矿或精矿)及服务年限；② 基建投

资、流动资金和资本化利息、生产成本;③ 原矿或精矿品位;④ 矿山开发利用“三率”;⑤ 终端产品质量、价格。

(3) 编制财务、经济活动报表,揭示未来矿山企业经济寿命期的财务与经济活动,计算和分析经济指标。

(4) 进行企业经济评价,计算经济价值和经济效益指标,正确定性评价企业经济效益。

(5) 进行国民经济评价。

(6) 综合评价与论证。主要任务是通过企业经济效益和国民经济效益的综合评价与论证,提出评价项目是否可转入下一步勘探或开发的决策意见。

8.6 矿床技术经济评价方法分类

矿床技术经济评价具体方法有类比法、数理统计法和计算法。

8.6.1 类比法

类比法是将评价对象(矿床)与特征条件类似的正在开采或设计建设的矿床进行类比分析,通过它们的技术经济指标确定本矿床未来开发利用的大致经济价值和经济效益。

该方法的优点是比较简单,如果对比得合适,对本矿床亦可作出比较可靠的评价。缺点是由于自然界矿床特点千变万化,因此不可能有特点完全相同的矿床,其评价的结果比较粗略,误差相对较大,可靠性低。

8.6.2 数理统计法

数理统计法指,对于一些具有类似地质技术经济特点的已采或正开采矿床的地质因素,技术经济参数和开发利用的经济价值、经济效益,统计分析它们的关系(如相关性),建立统计预测模型,并根据待评价矿床各勘查阶段获得的数据,确定其未来开发利用后可能获得的经济价值、经济效益。常用回归分析数学模型如下:

$$\gamma = a + \sum_{i=1}^{n} b_i \times x_i \tag{8.6}$$

式中,γ:因变量,即矿床经济评价值;a:常数项;b_i:回归系数;x_i:自变量,即影响矿床经济评价的地质因素和经济技术参数。

在实际工作中,由于评价因素较多,常采用多元线性回归方法。故使用此法的前提条件是必须搜集大量同类型已采或正采矿山的实际材料,建立数学模型,然后进行评价预测。在使用方面受条件限制,难以普遍使用。

8.6.3　计算法

计算法是依据矿产勘查所获得的矿床的地质、经济和采选冶技术经济条件等大量的资料和数据,运用适当的公式,计算未来矿床开发可能获得的经济价值和经济效益。它是一种定量的方法,评价结果比较准确、可靠,为目前国内外最常用的经济评价方法,下面详细介绍此计算法。

8.6.3.1　计算法的种类

计算法主要分为微观经济评价法、国民经济评价法两大类。根据时间因素,又可分为静态法和动态法,如表8.3所示。

表8.3 矿床技术经济评价方法分类

<table>
<tr><th colspan="3" rowspan="2">评价方法</th><th colspan="2">主要评价指标</th></tr>
<tr><th>静态</th><th>动态</th></tr>
<tr><td rowspan="7">微观经济评价法</td><td rowspan="3">静态法</td><td>总利润法</td><td>总利润</td><td></td></tr>
<tr><td>资金偿还期法</td><td>投资回收期</td><td></td></tr>
<tr><td>财务分析法</td><td>投资偿还期
投资利润率
投资收益率</td><td></td></tr>
<tr><td rowspan="4">动态法</td><td>总现值法</td><td></td><td>开采期利润现值总额(支出贴现后)</td></tr>
<tr><td>净现值法</td><td></td><td>开采期净现值总额(预先确定贴现率,对各年现金流入和现金流出贴现后净现值总和)</td></tr>
<tr><td>内部投资收益率法</td><td></td><td>企业内部收益率(矿山经济寿命期使现金流入合计等于现金流出合计时的贴现率)</td></tr>
<tr><td>投资回收期</td><td></td><td>动态投资回收期</td></tr>
<tr><td rowspan="2">国民(宏观)经济评价法</td><td>静态法</td><td>扩大范围评价法</td><td>国民收入总值
资金产出率
投资净产值率
万元投资就业率</td><td></td></tr>
<tr><td>动态法</td><td>较全面评价法</td><td>国家净收益
国民收入净增值
分配效果</td><td>国民收入净增值现值
国民收入净增值率
国家收益率</td></tr>
</table>

由于矿床技术经济评价采用的各项指标,如市场、地质勘查及矿床开采后矿产的储量、品位、开采条件等因素存在诸多不确定因素,所以对矿床技术经济评价还要作不确定性分析评价,它包括敏感性分析评价和盈亏平衡分析评价。

8.6.3.2 静态评价法(不计时间因素)

静态评价法(不计时)是指在矿床整个开发周期内不考虑时间因素对货币价值的影响,选择适合于评价矿床的参数,计算矿床全采期可能获得的经济价值和经济效益的一种方法。该法计算简便,多用于中小型矿床的经济评价,也可用于大中型矿床的概略经济评价,是一项通过对总利润额的估算,即矿产总提取价值扣除矿产品成本和税金后的余额,来反映矿床可采储量经过工业开发(采、选)后可能获利总水平的静态指标。评价标准是:投资回收期越短,经济效益越好,否则就不好。在我国,标准投资回收期一般为8～10年。其中,大型矿山为10～15年,中型矿山为5～10年,小型矿山为3～5年。投资回收期概念明确,计算简单。它主要考察的是项目的偿还能力。对于预测未来以采取对策,并从资金周转的角度来研究问题是有用的。由于这种方法不反映资金的时间价值,因此对项目优选来说,它不是可靠的依据,可作为一种辅助指标。

8.6.3.3 动态评价法(计时评价法)

动态评价法(计时评价法)在评价时考虑了时间因素对货币价值的影响,其实质就是按一定的贴现率,将矿山企业各年获得的利润折算到评价时的现值,以此为基础评价矿床开发的经济价值和经济效益,故又将其称为贴现评价法。实质上是把矿山企业各年的开采期望利润 A 逐一贴现成投产之日或某一规定时间的现值,然后将各分年的现值累加获得“总的利润现值”,简称总现值,它是考虑时间因素的总利润法。

评价标准:如果评价矿床预期的净现值大于零($NPV>0$),说明该矿床通过开发后能取得大于基准收益率的良好经济效益,即有超额利润,在经济上是可取的。在选择方案时,在其他条件相同时应选净现值大的方案为较优的方案，优先转入进一步勘查或矿山开发。

8.7 微观经济静态法评价指标

下面介绍的是矿床开发经济评价概略研究常用的评价指标，包括总利润、投资利润率、投资收益率、投资回收期等。

8.7.1 总利润

这是在矿山可能的生产服务年限内根据现在的价格参数和其他条件，在可能的开采建设方案上，选择适当的经营参数计算矿山开采完毕后的利润总和。此法对正在勘探且勘探后拟建矿山但尚未确定生产规模和服务年限的矿床，可以迅速得出评价结论。计算公式如下：

$$I=\sum_{t=1}^{T}Q_t\left(\frac{\bar{C}(1-\rho)\varepsilon_c}{\beta}J_j-W\right)-D \tag{8.7}$$

式中，I：计算的总利润（万元）；Q_t：第t年的采出矿石量（万吨）；ρ：采矿贫化率（%）；$\bar{C}$：矿石地质平均品位（%）；ε_c：选矿回收率（%）；β：精矿品位（%）；J_j：精矿价格（元/吨）；W：矿石生产成本（元/吨）；D：矿山建设总资金（万元）；T：计算年（服务年限）（年）。

当各年矿石产量、精矿价格、矿石生产成本等均不变时：

$$I=T\cdot Q\left(\frac{\bar{C}(1-\rho)\varepsilon_c}{\beta}J_j-W\right)-D \tag{8.8}$$

式中，Q：年均采出矿石量（万吨/年）。

以上公式的核心部分是矿石生产有无盈利，即$\frac{\bar{C}(1-\rho)\varepsilon_c}{\beta}J_j$是否大于$W$；其次是在盈利情况下能否收回建设资金并获得利润。由于收回建设资金后的利润额无衡量标准，因此本方法较为粗糙。

参考评价标准是计算的总利润≥期望总利润。

8.7.2 投资利润率

投资利润率指矿山企业在正常情况下，年净利润额与矿山建设总投资额之比，它是衡量投资利润水平的指标。计算公式为

$$PR=\frac{P}{D}\times 100\% \tag{8.9}$$

式中，PR：投资利润率；P：矿山企业年净利润(元)；D：矿山建设投资总额(元)＋流动资金。

8.7.3 投资收益率

考虑到将折旧费用也列为收益，可按下式计算投资收益率：

$$RR=\frac{P+DE}{D}\times 100\% \tag{8.10}$$

式中，RR：投资收益率；DE：年折旧费(万元)；D：基建投资总额(万元)；P：年净利润(万元)。

关于投资收益率，各个国家标准不一。我国1979年国务院规定为不低于6%，发达国家为不低于5%。

8.7.4 投资回收期(偿还期)

投资回收期即为投资返本期，也就是投资收益率的倒数，即

$$T=\frac{D}{P}=\frac{S_1+S_2+S_3+S_4}{P_1-C-G-H} \tag{8.11}$$

式中，T：投资回收期(年)；D：矿山建设总资金(万元)，$D=S_1+S_2+S_3+S_4$；P：年净利润(万元)；S_1：基建投资额(万元)；S_2：流动资金额(万元)；S_3：资本化利息(万元)；S_4：地勘费(万元)；P_1：产品年销售收入

(万元);C:企业年生产成本(万元);G:年上交工商税(万元);H:投资回收期前的年平均支付建设资金贷款利息(万元)。

其中

$$H=H_1+H_2 \tag{8.12}$$

式中,H_1:年均支付基建总投资贷款利息,H_1=基建总投资×年利率×$\frac{1}{2}$;H_2:年支付流动资金利息,H_2=年流动资金贷款额×年利率。

评价标准为投资回收期越短越好。参考标准:大型矿山10~15年;中型矿山5~10年;小型矿山3~5年。

8.8 微观经济动态法评价指标

动态法的评价指标主要有总现值、净现值、总现值比、内部收益率、动态投资回收期等。在预可行性研究经济评价和可行性研究经济评价时使用,计算方法本手册从略,读者可查阅《矿床技术经济评价》《建设项目经济评估》等图书。

8.8.1 总现值(*PV*)

计算公式为

$$\begin{aligned} PV &= PV_1+PV_2+PV_3+\cdots+PV_n \\ &= \frac{A_1}{(1+\gamma)^1}+\frac{A_2}{(1+\gamma)^2}+\frac{A_3}{(1+\gamma)^3}+\cdots+\frac{A_n}{(1+\gamma)^n} \\ &= \sum_{i=1}^{n} A_t \frac{1}{(1+\gamma)^t} \end{aligned} \tag{8.13}$$

式中,PV:总的利润现值(总现值);$PV_1, PV_2, PV_3, \cdots, PV_n$:分别为矿山企业第1,2,3,…,$n$年利润值;$A_1, A_2, A_3, \cdots, A_n$:分别为矿山企业第1,2,3,…,$n$年期望利润;$\gamma$:贴现率;$n$:年份。

8.8.2 净现值总额

计算公式为

$$NPV = PV - J = \sum_{i=1}^{n} A_t(1+r)^{-t} - \sum_{i=1}^{n} J_t'(1+i)^t \quad (8.14)$$

式中,NPV:净现值总额;PV:总现值;J:基建投资现值;A_t:矿山企业第t年开采期望利润;t:开采年份,分别为1,2,3,…,n;J_t':第t年投资额;i:年利率。

8.8.3 企业内部收益率

未来矿山企业逐年现金流入之和等于逐年现金流出之和,即各年净现值累计等于零时,它的收益率即企业内部收益率。这是评价未来矿山企业经济效益的一项重要基本指标。

它要在确定矿山企业经济寿命年限、预设各级别贴现率的条件下,逐年进行现金流入、现金流出之和的试算。当两个预设的相邻贴现率所求的“现金流入+现金流出”分别出现正值及负值时,说明要求的贴现率介于这两个预设的相邻贴现率之间,通过内插方法便可求出目标贴现率,即企业内部收益率。

将计算出的收益率与基准收益率进行对比,大于基准收益率时,企业经济效益好,项目可行;反之,则项目不可行。

传统的矿山企业基准收益率参考数据如下,黑色金属矿山:8%~10%;有色金属矿山:8%~12%;贵金属矿山:10%~15%;化工矿山:7%~10%。

8.8.4 动态投资回收期

动态投资回收期是指在考虑投资利息的情况下,回收全部投资所

需的时间。计算公式为

$$T=\frac{-\lg(1-\frac{J\cdot i}{J_t})}{\lg(1+i)} \tag{8.15}$$

式中,T:投资回收期(年);J:投资总额(万元);J_t:年投资偿还额(万元);i:年利率。

8.9 国民(宏观)经济评价

8.9.1 概述

矿床开发的国民经济评价也称宏观经济评价。它从国家和社会的角度出发,在全面考察矿床工业开发的直接经济效益与相关的间接经济效益、生产环节的经济效益与流通环节的经济效益基础上,来评价矿床开发的预期经济效益和社会效益。

评价方法有两种体系:

1. 扩大范围评价法

在企业评价基础上,按现行价格扩大评价范围,计算相关部门费用(投资、成本、折算费用)、效益(利润、利税、净资产等)和相应的效果指标。其因思路清晰、简单实用而应用较广。

2. 较全面的评价法

用影子价格、影子工资、影子汇率和社会折现率,分析项目在建设和生产服务年限内国家付出的代价和对国家的贡献。它要对有关参数(目前尚无统一的国家标准)进行调整,工作难度较大,应用较困难。

宏观评价主要在预可行性研究、可行性研究阶段进行,概略研究阶段一般仅进行未来企业微观评价。

8.9.2　主要评价指标计算公式

宏观经济评价扩大范围评价法主要指标计算公式介绍如下：

8.9.2.1　国民收入总值(W)

全采期国民收入总值计算公式为

$$W = \sum_{i=1}^{n} E_{\mathrm{i}} + \sum_{i=1}^{n} V_i \tag{8.16}$$

式中，W：全采期国民收入总值(万元)；n：本部门及主要相关部门数之和；$\sum_{i=1}^{n} E_i$：全采期本部门及主要相关部门利润总和(万元)；$\sum_{i=1}^{n} V_i$：全采期本部门及主要相关部门利润/工资总和(万元)。

1. 利润总和$\sum_{i=1}^{n} E_i$的计算

$$\sum_{i=1}^{n} E_i = E_{本} + E_{相} = E_{本} + (E_{电} + E_{交} + E_{原} + \cdots) \tag{8.17}$$

1) 本部门利润($E_{本}$)

$E_{本}$=(矿山生产值－矿山年成本)

×矿山服务年限－(基建投资＋流动资金)

2) 相关部门利润($E_{相}$)

(1) 电力部门利润($E_{电}$)：

$E_{电}$=(单位供电价格－单位供电成本)×年用电量×矿山服务年限

式中，年用电量＝矿山年生产能力×(采矿单位矿石用电量＋选(冶)单位矿石用电量)。

(2) 交通运输部门利润($E_{交}$)：

$E_{交}$=年运输量×矿山服务年限

×(单位运输价格－单位运输成本)

(3) 主要原材料供应部门利润($E_{原}$)：

$$E_{原}=\text{原材料年供应量}\times\text{矿山服务年限}\times(\text{原材料价格}-\text{原材料生产成本})$$

2. 工资总和$\sum_{i=1}^{n}V_i$的计算

$$\sum_{i=1}^{n}V_i=V_{本}+V_{相}=V_{本}+(V_{电}+V_{交}+V_{原}+\cdots) \tag{8.18}$$

1) 本部门工资($V_{本}$)

$$\begin{aligned}V_{本}&=\text{本部门职工定员}\times\text{人年平均工资}\times\text{矿山服务年限}\\&=\left(\frac{\text{矿山年生产规模}}{\text{采矿车间劳动生产率}}+\frac{\text{矿山年生产规模}}{\text{选矿车间劳动生产率}}\right)\\&\quad\times1.2\times\text{人年平均工资}\times\text{矿山服务年限}\end{aligned} \tag{8.19}$$

式中,“1.2”指全员人数占直接生产人员的倍率。

2) 相关部门的工资($V_{相}$)

(1) 电力部门($V_{电}$)：

$$V_{电}=\frac{\text{矿山年用电量}}{7200\times\text{电力部门人均日生产率}}\times\text{电力部门人年平均工资}\times\text{矿山服务年限} \tag{8.20}$$

(2) 交通运输部门($V_{交}$)：

$$V_{交}=\frac{\text{交通运输部门年运输矿产品量}}{\text{交通运输部门人均年劳动生产率}}\times\text{运输部门人年平均工资}\times\text{矿山服务年限} \tag{8.21}$$

(3) 主要原材料供应部门利润($V_{原}$)：

$$V_{原}=\frac{\text{原材料矿山年需要量}}{\text{原材料生产部门人均年劳动生产率}}\times\text{原材料生产部门人年平均工资}\times\text{矿山服务年限} \tag{8.22}$$

8.9.2.2　资金产出率

资金产出率是指矿山正常生产年国家净收益(平均国民收入)与总投资的比率。

$$资金产出率=\frac{年均国民收入}{总投资}\times 100\%=\frac{W/T}{I}\times 100\% \tag{8.23}$$

式中，W:全采期国民收入总值(万元)；T:矿山服务年限(年)；I:基建总投资(基建投资＋流动资金)，包括本部门及相关部门的投入(万元)。

8.9.2.3　投资净产值率

投资净产值率是指矿山正常生产期间本部门与相关部门年利润与总投资的比率。

$$投资净产值率=\frac{本部门与相关部门年利润}{总投资}\times 100\% =\frac{\sum_{i=1}^{n}E_i/T}{I}\times 100\% \tag{8.24}$$

式中各符号意义同式(8.23)。

8.9.2.4　万元投资就业率

1. 本部门万元投资就业率

$$万元投资就业率=\frac{本部门就业人数(人)}{基建总投资(万元)} \tag{8.25}$$

2. 本部门和相关部门万元投资就业率

$$\text{万元投资就业率} = \frac{\text{本部门和相关部门就业人数(人)}}{\text{基建总投资(万元)}} \tag{8.26}$$

8.10 不确定性分析评价

8.10.1 定义

不确定性分析是研究评价方案中不确定因素(参数)对经济效益影响程度的一种经济分析方法。所谓不确定,是指评价所依据的大部分数据,如产品销售价格产量、成本、投资等都是预测和估算的数字,均具有不确定性,地质资料和矿产数据也会有探采误差,也具有一定的不确定性,依据这些数据进行的经济评价不可避免地存在一定程度的不确定性,进而对矿床开发决策造成一定的风险。

不确定性分析可分为敏感性分析和盈亏平衡点分析。

8.10.2 敏感性分析

原材料及矿产品价格会随市场而变动,评价方案的经济效果也会随之变动,加上地质储量、品位等与开采的结果会存在探采误差,它们会造成投资收益率或投资利润率的变化。敏感性分析就是研究对投资效果起重要变化的诸因素不确定程度(变化的大小)与矿山建设投资收益率或投资利润率的关系。可根据敏感性的强弱指出哪些是主要影响因素,为决策经营提供科学依据。

《固体矿产勘查报告编写提纲》(DZ/T 0033—2002)附录A9“矿床开发经济意义研究”中要求对矿床进行经济效益计算和敏感性分析。因此,概略研究评价和初步经济评价时除进行经济效益计算外,还要作敏感性分析。

可选取矿山的生产能力变化、投资因素变化、销售收入变化、销售成本变化，根据矿山实际，还可选择储量变化、品位变化、开采条件变化等多项因素的不确定性进行敏感性分析。前四项可按照±10%的变化进行测算各项数据，进而编制敏感性分析表、绘制敏感性图或计算因不确定因素的变化造成标准收益率变化的幅度。

示例：

某铝土矿矿床技术经济评价其入选方案参数为：矿山规模85万吨/年、产量（氧化铝）50.59万吨、销售收入20236万元、销售成本11783.9万元、税金1315.34万元、建设总投资67319.7万元。

其中，地勘费93.9万元、基建投资54865.5万元、流动资金8229.8万元、资本化利息4130.4万元、投资利润率10.6%、投资收益率13.38%、参考基准投资收益率12%。

选取矿山生产能力、投资因素、销售收入、销售成本四项不确定因素进行计算分析。计算方法是对选定因素参数上下各变动10%，其他因素的参数不变。将计算结果编制成敏感性分析表，如表8.4所示。

表8.4　某铝土矿经济评价敏感性分析

序号	项目	单位	入选方案	生产能力		投资因素		销售收入		销售成本	
				+10%	−10%	+10%	−10%	+10%	−10%	+10%	−10%
1	矿山规模	万吨	85	93.5	76.5	85	85	85	85	85	85
2	产量	万吨	50.59	55.65	45.54	50.59	50.59	50.59	50.59	50.59	50.59
3	销售收入	万元	20236	22260	18216	20236	20236	22259.6	18212.4	20236	20236
4	销售成本	万元	11783.9	12962.6	10607.6	11783.9	11783.9	11783.9	11783.9	12962.3	10605.9
5	税金	万元	1315.3	1446.9	1184.0	1315.3	1315.3	1446.9	1183.8	1315.3	1315.3

续表

序号	项目	单位	入选方案	生产能力		投资因素		销售收入		销售成本	
				+10%	−10%	+10%	−10%	+10%	−10%	+10%	−10%
6	建设投资	万元	67319.7	67319.7	67319.7	74040.7	68598.0	67319.7	67319.7	67319.7	67319.7
	含地勘费	万元	93.9	93.9	93.9	93.9	93.9	93.9	93.9	93.9	93.9
	含基建投资	万元	54865.5	54865.5	54865.5	60352.0	49378.9	54865.5	54865.5	54865.5	54865.5
	含流动资金	万元	8229.8	8229.8	8229.8	9052.8	7406.2	8229.8	8229.8	8229.8	8229.8
	含资本化利息	万元	4130.4	4130.4	4130.4	4541.9	3718.9	4130.4	4130.4	4130.4	4130.4
7	投资利润率	%	10.6	11.66	9.5	9.64	11.78	13.41	7.79	8.85	12.35
8	投资收益率	%	13.38	14.71	12.04	12.16	14.85	16.58	10.17	11.21	15.24
9	与基准收益率比	%	12%	+2.71，相当于+23%	+0.04，相当于+0.34%	+0.16，相当于+1.34%	+2.85，相当于+21.5%	+4.58，相当于+38%	−1.83，相当于−15%	−0.79，相当于−7%	+3.24，相当于+27%

计算效果分析：

8.10.2.1 从敏感性图、表直观效果分析

通过验算，在选定的诸多不确定因素中，销售收入和销售成本变动对投资收益率的影响最大。

用上述计算结果编制敏感性图，如图8.1所示。

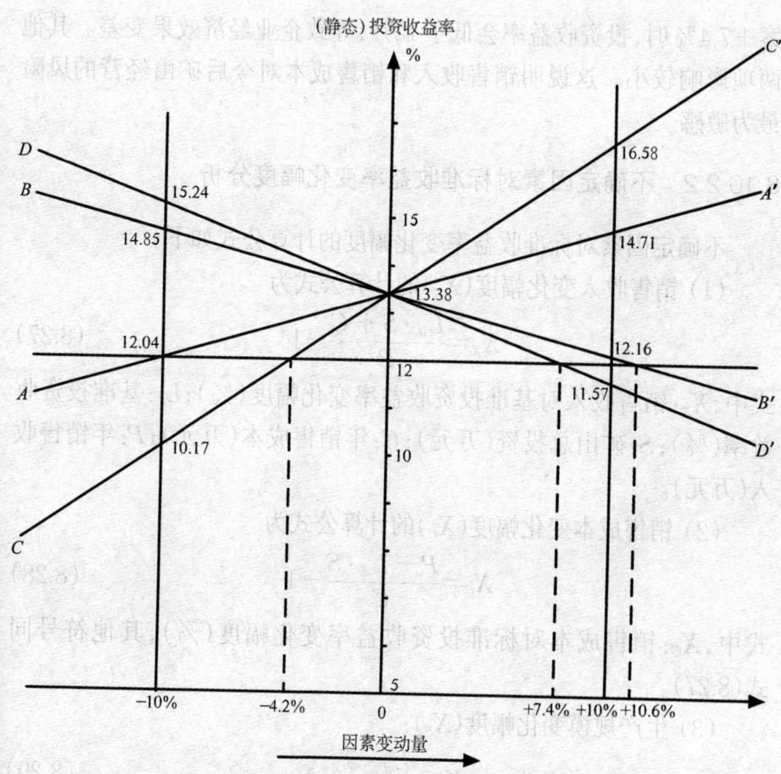

A—A′ 生产能力因素变化；B—B′ 投资因素变化；

C—C′ 销售收入因素变化；D—D′ 销售成本因素变化

图8.1 不确定因素变化与投资收益率关系

由图8.1可知，以基准投资收益率12%（作为该行业收益率要求）为标准来衡量，各因素变动临界点为生产能力：−10%，投资因素：+10.6%，销售收入：−4.2%，销售成本：+7.4%。

说明销售收入的变化量低于入选方案的−4.2%时，投资收益率即低于12%，销售成本（反映原材料消耗及矿石价格等）变动高于原方案+7.4%时,投资收益率会低于12%,导致企业经济效果变差。其他两项影响较小。这说明销售收入和销售成本对今后矿山经营的风险最为敏感。

8.10.2.2 不确定因素对标准收益率变化幅度分析

不确定因素对标准收益率变化幅度的计算公式如下:

(1) 销售收入变化幅度(X_X)的计算公式为

$$X_X=\frac{L_d\cdot S+C}{P}-1 \tag{8.27}$$

式中,X_X:销售收入对基准投资收益率变化幅度(%);L_d:基准投资收益率(%);S:矿山总投资(万元);C:年销售成本(万元);P:年销售收入(万元)。

(2) 销售成本变化幅度(X_C)的计算公式为

$$X_C=\frac{P-L_d\cdot S}{C}-1 \tag{8.28}$$

式中,X_C:销售成本对标准投资收益率变化幅度(%),其他符号同式(8.27)。

(3) 生产规模变化幅度(X_S):

$$X_S=\frac{L_d\cdot S}{P-C}-1 \tag{8.29}$$

式中符号同式(8.27)、式(8.28)。

(4) 矿山投资变化幅度(X_t):

$$X_t=\frac{P-C}{L_d\cdot S}-1 \tag{8.30}$$

式中符号同式(8.27)、式(8.28)。

利用以上四个公式可计算出相应的不确定因素的变化幅度对投资收益率的影响幅度,计算参数采用入选方案参数,计算结果如表8.5所示,并以此分析各不确定因素对投资收益率幅度变化的影响,找出最敏感因素。

分析变化幅度敏感性标准为,其变化幅度的绝对值愈小,证明该因素为诸因素中最敏感的因素。由表8.5亦可同样看出销售收入变化幅度的绝对值最小,销售成本次之,它们对投资收益率幅度变化影响最大,与上面的图、表结果一样。

表8.5 不确定因素对标准收益率变化幅度

不确定因素	标准收益率(%)	
	8%	12%
销售收入(P)	−0.15	−0.018
销售成本(C)	+0.26	+0.0317
生产规模(S)	−0.36	−0.044
矿山投资(t)	+0.56	+0.046

8.10.3 盈亏平衡点分析

盈亏平衡点分析是指找出企业收入与支出相等的界点——盈亏平衡点。影响盈利大小的直接因素主要为单位产品销售价格、成本、产品数量。盈亏平衡点分析方法是通过改变销售价格、成本、产品数量等因素,引起盈亏平衡点移动,进而分析其不确定性和抗风险能力。通常用生产能力利用率盈亏平衡点和销售价格盈亏平衡点表示。计算公式如下:

(1) 生产能力利用率盈亏平衡点公式为

$$BEP(\text{产能})=\frac{CF}{S-CV-T}\times 100\% \tag{8.31}$$

式中,BEP(产能):生产能力利用率盈亏平衡点;CF:年总固定成本;S:年销售收入;CV:年总可变成本;T:年销售税金。

(2) 销售价格盈亏平衡点计算公式为

$$BEP(\text{销价})=\frac{C}{P-t}\times 100\% \tag{8.32}$$

式中,BEP(销价):销售价格盈亏平衡点;C:单位产品成本;P:单位产品销售价格;t:单位产品税金。

对经过勘探后的矿床技术经济评价要作盈亏平衡点分析。

8.11 矿床开发经济意义研究报告编写

矿床开发经济意义研究报告由相应单位编写,其中概略研究报告由矿产勘查定位承担,预可行性研究及可行性研究报告由具有资质的专业单位承担。

矿床技术经济评价涉及的主要参数主要有:

(1) 矿山年生产能力和服务年限。

(2) 矿床工业开发的投资:基建投资、流动资金和资本化利息等。

(3) 最终产品(原矿、精矿或金属)的生产成本。

(4) 原矿或精矿的品位。

(5) 矿产开发利用"三率",包括采矿损失率、矿石贫化率、有用组分的加工(选矿和冶炼)回收率和产率等。

(6) 有用组分的加工(选矿和冶炼)回收率和产率。

(7) 最终产品的价格(销售价格)。

概略研究报告编写内容,根据"DZ/T 0033—2002"附录A.9相关内容,相关规定如下:

(1) 论述国内外资源状况市场供求、市场价格及产品竞争力。

(2) 概述矿床的资源/储量、矿石加工技术性能及矿床开采技术条件;概述供水供电、交通运输、原料及燃料供应、建筑材料来源及其他外部条件。

(3) 简要说明未来矿山生产规模、服务年限及产品方案;简要说明预计的开采方式、开拓方式、采矿方法、选矿方法、选矿流程等。

(4) 论述评价方法的选择及技术经济指标(类似企业的经验或扩

大指标)的选取。

(5) 经济效益计算(附有关表格)及敏感性分析。

(6) 简要说明企业经济效益和社会效益、环境保护问题。

(7) 对建设项目进行综合评价,确定矿床开发有无投资机会,是否需要进一步勘查,是否制定长远规划或工程建设规划。

矿床开发经济意义概略研究报告编写提纲(参考)见本手册附录14。

第9章 矿产勘查质量评估

9.1 概述

矿产地质勘查规范对各个环节、各个专业、各个阶段的各项工作都有明确的质量要求规定。勘查者须提交质量合格的勘查成果报告，应熟悉和遵守规范(国家标准及行业标准)的各项勘查工作质量要求。

9.2 工作质量评估

9.2.1 分类

矿产地质勘查工作质量可分为总体质量和工程质量。

9.2.1.1 总体质量

主要是指矿产地质勘查设计质量(包括总体部署及方法选择)、勘查研究程度、勘查控制程度、矿体圈定和资源/储量估算、矿床开发可行性评价、报告编制等各项工作的总体质量。

9.2.1.2 工程质量

指勘查工程各项专业工作的技术质量包含地形测量、地质填图，水文地质、工程地质、环境地质勘查，物、化探，探矿工程，样品布采，样品加工技术和实验测试,矿石选冶样品采取和实验,原始地质编录和地质资料综合整理研究,矿床开采技术条件勘查,报告评审、汇交和制印等各项工作达到的具体质量标准。

矿产地质勘查工作质量分类如表9.1所示。

表9.1　矿产地质勘查工作质量分类

- 矿产地质勘查工作质量
  - 总体质量
    - 设计质量(含总体部署、工作方法)
    - 勘查研究程度
      - 地质研究程度
      - 矿石质量研究程度
      - 矿石选冶加工研究程度
      - 矿床开采技术条件研究程度
      - 综合勘查研究程度
    - 勘查控制程度
    - 矿体圈定和资源/储量估算
    - 矿床开发可行性评价
    - 报告编制
  - 工程质量
    - 地形测量
    - 地质填图
    - 水、工、环工作
    - 物化探
    - 探矿工程
    - 样品布采及测试
    - 原始地质编录和地质资料综合整理研究
    - 矿床开采技术条件勘查
    - 报告评审、汇交、制印

9.2.2　设计质量

设计质量是指通过设计内容的技术层面和经济层面来确保设计的质量。

9.2.2.1 技术层面

技术层面内容主要是:任务来源要明确、合法;设计依据要充分、合理;总体工作部署和技术方法要科学合理;技术、质量要求要符合规范规定;设计实物工作量要满足勘查阶段的要求;保障措施要给力;预期成果必须明确,且满足设计要求;设计文本及图表内容、数字必须相互吻合,印制质量合规、整洁美观等。

1. 设计依据

包括矿业权依据、政策依据和地质依据等。如矿业权(指勘查范围)是否合法,是否与其他矿业权冲突;政策依据主要指所勘查矿种是否符合国家及地方的产业政策;地质依据主要指对以往地勘工作成果是否进行了广泛搜集和综合研究,本次工作是否针对存在问题和勘查目标进行了有针对性的踏勘和综合研究,矿产勘查的地质先决条件是否充分。

2. 设计的总体工作部署和技术方法

应务求科学合理,它们是决定矿产勘查成败的主因,从根本上影响矿产勘查质量。它的影响因素主要有:矿种、矿床类型和规模,勘查阶段,勘查区地质地貌施工条件,是否符合生态文明建设、国家、地方的矿业政策,矿业权业主要求是否合理等。不同的情况应该有不同的技术路线、总体部署和技术方法。一切要从实际出发,全面规划,精心设计和认真编写。

例如,生态环境脆弱地区、城镇居民饮用水源地等,部署大量槽井工程;与农业生产冲突的地段,开展耕地下面的砂矿勘查;大面积浅覆盖地区,使用以槽井探为主的勘查手段;在缺乏岩、矿磁性差异先决条件的地段开展磁性矿产物探磁法勘查;运用化探勘查玻璃用石英岩矿;建筑石材矿勘查,基本分析样使用大量的化学样;在矿产规划禁采禁勘地区,开展矿产勘查或边采边探,或勘查国家、地方禁勘矿种等,凡此种种，都表明总体工作部署和技术方法选择不科学、不合理，亦是工作部署和技术方法质量不高的表现。

3. 保障措施

保障措施是指为确保完成项目工作，必须要在机构组织和人员、经费、质量、安全、环保诸方面提供高质量的保障。“安全第一、预防为主”是国家安全生产的国策，矿产勘查设计时必须同时设计安全以及环境保护与治理措施。

9.2.2.2　经济层面

经费预算要合规，各种取费标准要符合现有行业标准及市场价格，要以最低勘查投入获取最大勘查成果为准则。

做好上述各项工作，编制一个高质量的设计，为矿产勘查工作提供高质量的设计支撑，是确保矿产勘查质量的前提和基础。

9.2.3　勘查研究程度质量

勘查研究程度的质量，指矿产勘查工作是否达到了规范要求的相关研究程度。如果没有满足规范要求，则勘查研究程度质量不高。

勘查研究程度包括地质研究、矿石质量、矿石选冶和加工技术、矿床开采技术条件、综合勘查综合评价等各项工作的研究程度。不同的勘查阶段，各项研究程度要求不一样。各单矿种地质勘查规范对不同矿种、不同勘查阶段提出了不同的勘查研究程度要求。

9.2.3.1　地质研究程度质量

不同矿种、不同勘查阶段地质研究程度要求不同，主要包括区域地质、矿区地质填图的比例尺、矿床(体)地质、夹石和顶底板、氧化带特征、控矿和破矿构造等方面的地质研究程度。如铜、多金属矿产的勘查地质研究程度的质量，“DZ/T 0214—2002”规范要求如表9.2

所示。

表9.2 铜、铅、锌、银、镍、钼矿地质研究程度

勘查阶段	地质研究程度	
	具体要求	比例尺
预查	收集地质、矿产、物探、化探、遥感地质资料,选择预查靶区;对预查区内有成矿条件的物化探异常、矿点、矿化点开展地质填图或踏勘及适当比例尺物化探(Ⅲ级、Ⅱ级)查证,初步评价区内已知物、化探异常,矿点,矿化点,大致了解矿体、矿石,为普查提供依据	地质填图比例尺 1:50000~1:25000
普查	了解区域地质及矿产信息和找矿远景;初步查明查区地层、构造、岩浆岩等地质情况,有所侧重地调研与成矿有关的主要地质因素;通过地质填图,开展物化探异常Ⅰ级查证,发现和评价物化探异常、矿(化)点,大致查明矿体、矿石质量;大致了解矿床氧化带发育情况,评价是否有要进一步工作的矿体,提供可供详查矿区	地质填图比例尺 1:50000~1:10000 (甚至1:2000)
详查	大致了解区域成矿地质背景;通过大比例尺地质填图、系统采样工程等,基本查明矿区地层、岩浆岩及其与成矿关系;基本查明主构造、构造与控矿、破矿关系;基本查明变质与蚀变、矿化的关系;基本查明矿体、夹石及顶底板、矿床氧化带特征及界线	地质填图比例尺 1:25000~1:2000 (甚至1:1000)
勘探	简要反映区域成矿地质条件和主要成矿因素和找矿前景;通过大比例尺地质填图、系统采样工程等,详细研究矿区地层、与成矿有关的岩浆岩,详细查明控矿、破矿构造。详细研究变质、蚀变变化规律;详细查明矿体特征、顶底板岩性、分布范围;详细查明工业矿体、无矿地段及夹石;详细查明并研究矿体氧化带及界线,研究次生富集现象和规律及其经济意义;系统控制露采矿体四周及采场底部矿体边界;控制地下开采主要矿体的两端、上下界线和延伸情况	地质填图比例尺 1:5000~1:1000 (甚至1:500)

9.2.3.2 矿石质量研究程度质量

矿石质量研究主要指矿石的矿物(化学)组分、赋存状态、结构构造诸方面,包括它们在空间及氧化带-原生带分布和变化特征等。不

同的矿种、不同的勘查阶段对矿石质量的研究内容和研究程度要求不同。矿石质量研究程度的质量以是否满足相应规范的相关要求为质量衡量标准。以《铜、铅、锌、银、镍、钼矿地质勘查规范》(DZ/T 0214—2002)为例,矿石质量研究程度要求如表9.3所示。

表9.3 铜、铅、锌、银、镍、钼矿矿石质量研究程度

勘查阶段	矿石质量研究程度
预查	初步了解矿石品位、矿物成分、化学成分、矿石结构构造、矿石自然类型
普查	大致查明矿物种类、矿石品位、物质成分、结构构造特征、矿石自然类型等情况,初步评价矿石的经济价值
详查	基本查明矿石矿物、脉石矿物种类、含量,共生组合及矿石结构构造特征,矿石有用、有害组分种类、含量、赋存状态和分布规律;初步划分矿石自然类型和工业类型
勘探	详细查明矿石组分及赋存状态,包括矿石矿物、脉石矿物种类及含量、共生组合、嵌布粒度特征及矿石结构构造特征;矿石有用及有害组分种类、含量、赋存状态和分布规律。综合评价共伴生矿产,划分工业类型,并研究其分布范围和所占比例。划分研究矿石类型:按有用组分种类、含量、组构特征、氧化程度及脉石矿物种类等因素划分自然类型,确定氧化带、混合带、原生带矿石界线。对多元素共伴生矿床,应以主元素氧化率为主圈定上述三带界线。通过矿石质量研究满足矿山开采设计和可行性研究的需求

9.2.3.3 矿石选冶和加工技术研究程度质量

主要从宏观角度评价矿石选冶和加工技术研究方面做了哪些试验,结论如何,是否满足规范对各勘查阶段相应的技术质量要求。符合规范对各勘查阶段的矿石选冶和加工技术研究程度要求,则质量合格,反之则质量不合格。另外,业主的要求只要符合规范和相关政策规定,勘查者应该尽力满足业主的合理要求,这也是衡量研究质量的标准。

矿石选冶和加工技术的研究是确定矿石是否有利用价值以及为

矿山设计提供依据的重要指标。对矿石选冶和加工技术研究的范围、目的、类别、程度、各勘查阶段的工作程度要求等，不同矿种要求不一样，请见第6章第6.3.4条。总的要求是：

预查阶段，一般只作类比研究。如果无可类比的或新类型矿石，为作出矿石是否可选的判断和预测，要作可选冶性试验。

普查、详查阶段，工业利用成熟、易加工矿石，或附近有生产矿山类比时，可作类比评价，不作选冶试验；一般矿石要作选冶试验或实验室流程试验。详查阶段对无可类比、难加工选冶、新类型矿石要作实验室流程试验或实验室扩大连续试验，特殊矿种(石)如饰面石材作试采试验。

勘探阶段，易选矿石进行实验室流程试验，难选矿石或新类型矿石进行半工业试验，大型矿山作工业试验。

9.2.3.4 矿床开采技术条件研究程度质量

主要从宏观角度对矿床开采技术条件总体勘查质量进行评价，包括区域和矿区水、工、环资料及气象资料搜集和综合研究程度，矿床开采技术条件的勘查类型划分、勘查工作满足规范对各勘查阶段的勘查程度要求，矿床水、工、环现状评价及开采后的预测，未来矿床开发水、工、环工作建议等方面的质量。

对矿床开采技术条件勘查类型划分合理，勘查程度满足(规范对)相应勘查阶段的要求，对矿区水、工、环地质现状分析和未来状况预测依据充分、结论可信，对矿床开发水、工、环工作建议依据充分、意见明确，则质量合格，反之则质量不合格。

“GB/T 13908—2002”所述固体矿产开采技术条件勘查总的要求是：

第Ⅰ类型矿床：以搜集资料为主，一般不投入专门工作，在综合分析研究基础上作类比评价。

第Ⅱ类型矿床:针对矿床开采条件(水文地质或工程地质或环境地质)的主要问题开展工作并作出评价,相应开展其他问题的勘查工作,并作出类比评价。

第Ⅲ类型矿床:针对主要问题系统开展勘查,求取可靠的参数,建立主要问题的地质模型,以实测资料为依据作出评价,对其他问题开展相应勘查工作,作出类比评价。

具体请参见本手册第6.3.6条中表6.5。

矿种不同,地质条件复杂程度不同,矿床各勘查阶段的开采技术条件勘查程度要求略有不同,各单矿种地质勘查规范对矿产开采技术条件勘查类型划分及各勘查阶段水、工、环地质工作程度,均有明确规定,工作中请参考相关规范。

"GB/T 13908—2002"对各勘查阶段矿床开采技术条件研究程度可归纳为表9.4。

表9.4 各勘查阶段矿床开采技术条件研究程度

勘查阶段	研究程度
预查	寻找的矿产与地表(下)水关系密切时,应收集、分析区域水文地质、工程地质资料,为开展下一步工作提供设计依据
普查	大致了解开采技术条件,包括区域和测区范围内的水文地质、工程地质、环境地质条件,为详查工作提供依据。 对开采条件简单的矿床,可依据与同类型矿山开采条件的对比,对矿床开采技术条件作出类比评价。 对水文地质条件复杂的矿床,应进行适当的水文地质工作,了解地下水埋藏深度、水质、水量以及近矿围岩强度等

续表

勘查阶段	研究程度
详查	对矿床开采可能影响的地区(矿山疏排水水位下降区、地面变形破坏区、矿山废弃物堆放场及其可能污染区)开展详细水文地质、工程地质、环境地质调查,基本查明矿床的开采技术条件。 选择代表性地段对矿床充水的主要含水层及矿体围岩的物理力学性质进行试验研究,初步确定矿床充水的土(次)要含水层及其水文地质参数、矿体围岩岩体质量及主要不良层位,估算矿坑涌水量,指出影响矿床开采的主要水文地质、工程地质、环境地质问题;对矿床开采技术条件的复杂性作出评价
勘探	对影响矿床开采的主要水文地质、工程地质、环境地质问题要详细查明。通过试验,获取计算参数,结合矿山工程计算首采区、第一开采水平的矿坑涌水量,预测下一开采水平的涌水量;预测不良工程地质和问题;对矿山排水、开采区的地面变形破坏、矿山废水排放与矿渣堆放可能引起的环境地质问题作出评价;未开发过的新区,应对原生地质环境作出评价;老矿区则应针对已出现的环境地质问题(如放射性、有害气体、各种不良自然地质现象的展布及危害性)进行调研,找出产生和形成条件,预测其发展趋势,提出治理措施

9.2.3.5 综合勘查研究程度质量

矿床有用组分的综合勘查程度是判别矿产勘查质量的又一指标。《矿产资源综合勘查评价规范》(GB/T 25283—2010)对共伴生矿产综合勘查评价的目标任务、基本原则及工作要求、资源/储量估算与分类作出了明确规定。达到该规范要求的,则综合勘查质量合格,反之则质量不合格。

对综合勘查的质量建议从如下方面进行评判:

(1) 是否完成了相应勘查阶段矿产综合勘查的目标、任务。

(2) 是否贯彻了综合勘查评价的基本原则。

(3) 是否满足了共生矿产勘查的工作要求。

(4) 矿石加工选冶试验研究是否达到了相应勘查阶段的试验要

求，共伴生组分综合回收利用的技术可行性和经济合理性是否得到了明确的试验论证。

(5) 共伴生矿产的品位指标选择依据是否充分，资源/储量估算方法是否合理。

(6) 利用“综合工业品位”估算资源/储量的，要评判制定综合工业品位的前提、方法和地质、技术、经济综合论证等研究工作程度是否达到规范要求。

(7) 共伴生矿产资源/储量类型的确定是否符合规范要求等。

(8) 对废石废渣综合利用的可行性是否进行了相应的勘查。

9.2.4　勘查控制程度质量

勘查控制程度质量是从矿床勘查类型、勘查网度、工程布置及对矿体的有效的控制和圈定等方面，评判其是否满足了规范对各勘查阶段控制程度的相应要求。满足规范要求的，则控制程度质量合格，反之则质量不合格。

对勘查控制程度的质量评判关注要点如下：

(1) 工程间距是否“控制住变化最大的地质因素”，是否“控制住了主矿体”为主要质量节点，即服从“主要矛盾和矛盾的主要方面”。

(2) 各单矿种勘查规范给出的各勘查类型工程间距是否达到“控制(详查)程度”的工程间距。一般地，勘查程度提高(或降低)一级，工程间距应减小到原先的1/2(或扩大至原先的一倍)。

(3) 工程间距不能死板硬套。当矿体沿走向(或倾向)的变化不一致时，矿床(体)不同地段可以有不同的勘查类型和工程间距；矿体出露地表及盲矿体的矿头地段，工程间距应适当加密。

工程间距通常是参考规范或采用与同类矿床类比的办法确定，并论证其合理性。也可根据已完工的勘查成果，运用地质统计学的方法或用SD法确定或论证(见“GB/T 13908—2002”附录C)。

(4) 控制程度总体是否科学合理，要评估下列情况：① 对勘查范围内矿体的总体分布范围、相互关系的控制；② 对主矿体(资源量占全矿 70% 者)的控制；③ 对出露地表的矿体边界的工程控制；④ 对基底起伏较大的矿体、无矿带、破坏矿体及影响开采的构造、岩脉、岩溶、盐溶、泥垄、泥柱、老窿、划分井田的构造等的产状和规模的控制；⑤ 对与主矿体能同时开采的周围小矿体的适当加密控制；⑥ 地下开采的矿床，要重点对主要矿体的两端、上下界面和延伸情况的控制；⑦ 拟露采矿床矿体四周的边界和采场底部矿体边界的控制；⑧ 对主要盲矿体顶部边界的控制等。

9.2.5　矿体圈定和资源/储量估算质量

资源/储量取决于合理的矿体圈定和正确的资源/储量估算与分类，它们是评价矿产勘查质量优劣的要点之一。

9.2.5.1　矿体圈定的质量评估

传统的矿体圈定方法是将矿体圈连成简单的几何体，矿体边界用直线相连，以便于资源/储量估算。合理的矿体圈定要遵循如下规则：

(1) 服从地质规律：即“先地质、后连矿”。在圈连矿体之前，要先连地层、构造、岩体界线，再圈连矿体，矿体界线圈连要服从地质规律。

(2) 严格执行工业指标，不得用“四舍五入”的方法圈矿。

(3) 统一思路、统一圈矿法则：圈矿体，先工程、后剖面、再平面；连矿，先宏观后微观，先圈连达到边界品位的矿体，再圈连工业矿体；在矿体外推，富矿带的圈定，无矿天窗圈定，低品位矿、工业矿的圈定等，矿区要统一思路、统一规则、统一操作。

9.2.5.2　资源/储量估算质量评估

资源/储量估算质量评估要重点把握如下方面：

(1) 工业指标的合理、合法:预查、普查阶段,可采用规范提供的一般工业参考指标;详查、勘探阶段,要根据矿区地质矿产特征,通过可行性研究,论证所采用的工业指标的合理性。

(2) 采用的资源/储量估算方法的合理性:主要根据矿床地质特征、矿体品位厚度变化程度和矿种的特点及预后可能的开采方式,选择合理的资源/储量估算方法。

(3) 储量计算参数获取方法和精度:要用精确的方法获取各项参数,平均品位要用加权法获得,不同品级的参数要分别计算,不建议采用塑料袋扎口排水方法测小体重,特高品位及大厚度的识别和处置方法要有理有据、符合规范要求及矿区实际;用软件在计算机上测量矿块面积,要放大界面、精心操作、准确测量等。

(4) 储量计算公式:储量计算公式选择要符合计算对象的实际,计算数据要精准。

(5) 共伴生组分资源/储量计算:要满足《矿产资源综合勘查评价规范》要求。

(6) 各类储量占比:执行"DZ/T 33444—2016"要求。普查:推断的储量占比≥30%,直接作矿山设计用时储量占比≥50%;详查:控制的储量占比≥30%,直接作矿山设计用时储量占比≥50%;勘探:探明的+控制的储量占比≥50%。总的原则是坚持"保证首期、准备中期、储备后期",满足投资者及矿山设计要求。

(7) 对储量计算精度,要用其他储量计算方法进行验证。当储量计算方法误差大于5%时要分析产生的原因。

(8) 数据计算正确无误。

9.2.6 矿床开发可行性评价的质量评估

9.2.6.1 可行性评价工作

对矿产勘查提交的资源/储量的可行性作出评价，是市场经济发展的需要。矿床开发可行性评价工作质量的好坏，直接影响矿产勘查工作及矿山建设的风险。

矿产勘查的普查、详查和勘探三个阶段，都要进行相应的矿床开发可行性评价工作。可行性评价的概略研究、预可行性研究和可行性研究三个工作阶段与普查、详查、勘探三个勘查阶段不是一一对应的关系，详见本手册第8章表8.1。

矿床开发可行性评价的基本必备条件、工作目的、内容、承担单位、主要评价指标及方法等见表8.1。

9.2.6.2 矿床开发可行性评价的质量评估要点

矿床开发可行性评价的质量评估，主要是对可行性评价的研究程度、所采用的评价参数、评价指标、评价结论进行评判。其质量评估要点如下：

(1) 矿床开发可行性评价承担单位是否具备相应的资质。

(2) 矿床开发的外部及内部建设条件资料是否翔实、是否符合矿产地实际。

(3) 可行性评价采用的评价指标计算公式是否合理，计算参数是否合理、可信，是否符合国内矿业生产水平现状；是否按规范要求进行了静态或动态评价：概略研究可用静态评价，预科研、可研评价用动态评价。

对于动态评价，企业内部收益率的设定规则是：应满足当前国家对矿业行业基准收益率的相关规定，其年度现金折现率(贴现率)一般

为当期银行5年期长期贷款利率加项目风险系数，现阶段一般建设项目风险系数可定为3%～5%，即

年度现金折现率＝当期5年期长期贷款年利率(%)＋(3～5)%

(4) 评价方法符合规范要求，经济效益计算数据正确，评价工作紧紧围绕矿区的资源条件和开采技术条件、国家的产业政策及环保要求。

(5) 项目建设的综合评价结论明确、客观、可信。

9.2.6.3 概略(研究)评价质量评判要点

(1) 已具备开展概略研究必备的基本条件。

(2) 对矿产地的自然地理、经济条件和建设条件的阐述符合客观实际。

(3) 矿产资源形势论证分析准确、客观，符合当前市场现状；矿区资源条件阐述符合矿区实际。

(4) 对未来矿山构想论证依据充分、方案可信度高。评价方法的选择及技术经济指标(如生产规模，终端矿产品类别、品质，生产效率，产量，生产成本，销售价格，销售收入，税率等)的设定依据充分，符合当前社会经济和生产水平实际，矿山开发可能产生的环境负面影响评述客观。

(5) 未来矿山规模的设置与矿区资源/储量规模匹配得当，矿山规模、矿产开发三率、矿产品方案等符合国家及地方的行业准入条件。

(6) 开采方式、开拓方式、采矿方法、选矿方法和选矿流程建议符合矿山和矿种实际，方案可行。

(7) 概略(研究)评价为静态评价，对评价指标(矿床开发总利润、投资利润率、投资收益率、投资回收期、经济效益等)计算数据正确，项目建设的综合评价结论明确、客观、可信。

9.2.7 勘查工程质量

勘查工程的各项(专业)工作的具体技术要求和质量指标,它们在各个分类规范、规定中都有相应规定,应认真执行,确保质量要求。

对勘查工程出现的所有质量问题都应该客观、详实地反映和评价,不允许用平均数来掩饰质量问题。比如不能用全孔(或分层)平均岩(矿)心采取率来评价具体矿(体)层段样品的矿心采取率。

固体矿产勘查主要涉及的各项(专业)勘查工作有地形及工程测量,地质填图,水文地质、工程地质、环境地质工作,物探、化探工作,探矿工程,采样及测试(含加工选冶试验样品),地质编录,综合整理等。

9.2.7.1 地形及工程测量质量

矿产地质勘查测量是指平面、高程控制测量、地形测量和地质勘探工程测量。其质量要求执行《地质矿产勘查测量规范》(GB/T 18341—2001)的相关规定,它是现行测量规范的最新版本。对于地质勘查测量成果质量的判别,主要从如下方面入手:

(1) 地形图比例尺:要大于或等于地质测量及矿区地质勘查(填图)比例尺。

(2) 坐标系统:要采用全国通用的坐标系统和最新的国家高程基准点。

(3) 基本等高距:与地形图比例尺匹配,且符合规范要求。

(4) 平面控制网的主要技术指标满足规范要求:包括平面控制点的精度及密度要求、E级GPS网、导线和导线网、GPS-RTK图根加密等技术指标(如测网的边长、测角中误差、最弱边边长相对中误差;导线网的每边测距相对中误差、导线全长相对闭合差、地质工程点位中误差等)。

(5) 高程控制测量(水准、光电测距高程)技术指标符合规范要求:包括闭(附)合路线长度、结点线长、支线长度、往返测高差、环线或附合路线闭合差等。

(6) 地形测量各项技术指标符合规范要求:包括图根点对基本控制点的平面位置中误差(不大于图上0.1 mm)、高程中误差(不大于1/10等高距)、图根点密度及平均点距、全站仪附合导线技术指标、图根点边长中误差、测角中误差,图根点高程技术指标。

(7) 地质勘探工程测量主要技术指标符合规范要求:包括图上平面位置中误差、高程中误差等。

(8) 成图精度满足规范要求。

"GB/T 18341—2001"规范规定:"平面坐标系统采用1980年西安坐标系,亦可采用1954年北京坐标系,高斯正形投影,统一3°分带""高程控制为1985年国家高程基准"。对于边远地区小矿,周围没有可供联测的全国坐标系统基准点时,可采用GPS提供的当地数据,建立独立坐标系统测图。但必须详细说明所采用定位仪器的型号以及定位的时间、程序、精度。测量的精度要求,应按有关规范执行。不同比例尺的勘查线剖面应当是实测剖面。

9.2.7.2 地质填图质量

矿种不同、勘查阶段不同,地质填图的质量要求也不同。本手册第2章有相对系统的阐述。地质填图质量主要涉及的内容有地质图比例尺选择、地形底图比例尺及精度要求、填图单元合理确定、地质观察点网对重要界线(矿体界线)控制程度和界线连接合理与否、成图质量等。矿区(床)地质填图质量检查要点见本手册第2章第2.7节。

不论是哪种比例尺的地质填图,都应以地质观察为基础,其精度要求应按同比例尺地质测量规范要求。大比例尺地质填图是为矿产勘查、矿山建设设计服务的,比例尺的选择应以矿床的矿体规模、形态复杂程度以及各勘查阶段的要求为依据。地质点要布设在界线上或有特殊意义的地方,用仪器法展绘到图上。对于薄矿体(层)、标志层及其他有特殊意义的地质现象,必要时应扩大表示。

9.2.7.3　水文地质、工程地质、环境地质工作质量

矿产开采技术条件勘探的各项具体要求,相关规范均有具体规定。现行规范主要有《矿区水文地质工程地质勘探规范》(GB/T 12719—91)、《区域水文地质工程地质环境地质综合勘查规范》(GB/T 14158—93,1:5000)、《供水水文地质勘察规范》(GB 50027—2001)、《水文测井工作规范》(DZ/T 0181—1997)、《固体矿产地质勘查规范总则》(GB/T 13908—2002)以及各矿种分类地质勘查规范等。

对矿区水、工、环等开采技术条件勘查各项具体工作的质量,包括:各种比例尺的水文地质,工程地质测量和环境地质调查要求,专门水文地质工作及岩矿石物理力学性质测定样的测试,野外水、工、环原始编录,水文观测、抽水试验,各类样品的采集及实验测试,水文地质工程地质岩组划分,水、工、环编录与地质矿产编录协调一致情况,野外原始编录资料三级质量检查验收及整改补充情况,公式的合理运用及正确的数据计算,资料综合整理研究深度,研究的具体成果是否客观,对未来的矿床开发水、工、环工作建议等等,都要进行质量评估。详细内容请见本手册第14章“矿床开采技术条件勘探”。

根据《安徽省省级地质工作项目成果报告评审暂行办法》(皖国土资〔2009〕98号文),对安徽省省级地质工作项目成果报告报告质量评定实行百分制,将成果报告质量等级划分为四级:优秀(≥90分)、良好(75～89分)、合格(60～74分)、不合格(<60分)。其具体的质量等级评分标准可供参考。

9.2.7.4　物探、化探工作质量

各种比例尺的地球物理测量、地球化学测量的质量,都应符合相

应比例尺规范的要求。各项测试数据应准确、可靠。

围绕固体矿产勘查的地球物理探矿方法手段主要有重力勘探、磁勘探法、电勘探法、地震勘探、测井、放射性物探及红外探测等。物探和化探各类方法的技术要求、质量标准均由系列规范给出。

评判物探和化探工作质量的要点主要有：

(1) 物、化探勘查先决条件：物探勘查的对象要有物性差异，即具备地球物理探矿的先决条件；对于化探勘查，勘查的矿种及具体环境要具备化探先决条件。

(2) 仪器设备：物化探仪器设备处于完好受控状态，并通过了标准化检验。

(3) 物、化探样点定位的方法及质量，要符合《物化探工程测量规范》(DZ/T 0153—2014)要求。

(4) 数据采集：野外数据采集准确、操作符合规范要求。

(5) 采样质量及样品处理：化探样品采样方法、质量及样品处理符合规范要求，化验测试方法规范，内外检质量合格。

(6) 数据转换及处理：数据转换及处理符合实际需要和规范要求，所使用的计算机软件经评审合格并获得了行业领导机关批准。

(7) 背景值及异常下限、异常分类：背景值与异常下限的确定科学合理，符合相关规范的要求；异常的分类、分级合理，与背景地质特征结合紧密；对异常特征的描述准确、评述重点突出。

(8) 异常解译：异常的地质背景明确，物、化探异常的解译，要紧紧结合地质背景且客观可信。

物化探工作技术要求和质量评判要点详见本手册第10章“地球物理勘查”、第11章“地球化学勘查”。

9.2.7.5 探矿工程质量

运用探矿工程，通过地质(水、工、环)编录和布采样品，实现了揭露和控制矿体及地质体的目的，这是矿产勘查基础性的工作，工程质量的好坏直接影响矿产勘查质量。相关规范对探矿工程质量有明确的要求。现行的规范主要有《地质勘查坑探规程》(DZ/T 0141—94)、《地质岩心钻探规程》(DZ/T 0227—2010)、《水文地质钻探规程》(DZ/T 0148—94)、《地质矿产钻探岩矿心管理通则》(DZ/T 0032—1992)。

各项探矿工程均为特定的地质目的服务，因此探矿工程的质量是围绕达到地质目的设置的。坑探工程的质量集中体现在对矿体(地质体)的揭露程度和可供地质编录、取样的环境质量，如工程中新鲜基岩揭露程度、工程断面规格；机械岩心钻探工程质量分为六大质量指标，某些矿种对矿心直径还有一定的要求；对于砂钻还要增加严禁超套管采样，岩矿心采取率控制范围(80%～130%)，开孔、穿矿、终孔钻头内径、控制钻头变形范围等要求。

钻探工程的质量除符合钻探规程的要求外，矿心及顶、底板3～5 m范围内的岩石及标志层和全孔岩心采取率不得低于规程规定或勘查设计的要求。当厚大矿体连续5 m矿心采取率低于要求时，应立即采取补救措施。钻孔(井)进出矿体时应测天顶角、方位角，丈量孔深，另外，根据矿床具体情况，还要符合钻孔实际出矿点偏离设计出矿点(垂直勘查线)距离的指标要求。

9.2.7.6 样品布采及测试(含加工选冶试验样品)质量

矿产勘查是通过对勘查对象的“抽样”用以估计勘查对象的总体，即用样本的期望值来表述地质体的真实值(物质组分、结构构造、形成时代、物理化学性质和矿体界线等)，它涉及布样方式、取样方法、取样数量(样本大小)、对样品测试结果可信度的评定等。对于样品的质量而言，代表性和可靠性是核心，它贯穿于样品的布采、加工、测试以及数据整理全过程。

样品的质量评述，可从资料齐全程度，样品布采控制程度，采样方法选用合理性,采样质量,技术加工样的设计、布采、试验种类是否合理,各个勘查阶段对样品种类、规格、测试项目等要求是否得到满足,样品加工质量、化验测试合格与否等方面进行。

建议从如下方面对样品进行质量评判:

(1) 样品布采的代表性:各个品级的矿石,是否实现了相对系统、连续、均匀地布采,有无混样、错号,有无选择性采样。

(2) 有无跨层和跨矿石类型、矿石品级布采样品,有无采取率相差很大的岩矿心混合成一个样。

(3) 矿层顶底板及夹石是否布采了有效的控制样。

(4) 样品的种类是否齐全,样品规格(包括矿心直径)是否适宜,是否符合规范要求和地质勘查实际要求。

(5) 超长(大于可采厚度和夹石剔除厚度)样品极少且没有影响矿体圈定。

(6) 样品的加工、试验测试方法、测试的准确度及精密度均满足相关规范要求:样品加工遵循切乔特公式,k值的确定符合规范要求和矿区实际,样品加工重量总损失率不大于5%(其中粗碎低于3%、中碎低于5%、细碎低于7%);内检合格率≥95%、外检合格率≥90%,内检抽检率≥10%、外检抽检率≥5%;实验室的不确定度质量评估(包括试样加工、不同分析方法、不同仪器、不同人、不同实验室等)均满足规范要求(见“DZ/T 0130.3—2006”中第4.4条)。

(7) 分析项目和试验种类符合规范要求和矿区实际需要。

(8) 样品分析、测试,应由国家认证的有资质的化验单位承担;内检样品必须由送样单位编密码,送原分析单位进行验证。外检样亦编码,附原分析方法的说明,送指定实验室进行外检。

(9) 矿石加工选冶试验样是矿床开采技术经济评价的基础资料,其质量可从下述三方面评判:

① 采样的代表性:不同矿石类型是否单独采样;混合试样是否按

照矿区各类型矿石所占储量比例、品位、数量分别按照比例组合而成，采样位置应大致均匀。主要组分含量应低于所代表的矿石类型的平均品位，样品组成要适当贫化：一般露采5%～10%，地下坑采10%～25%。

② 实验种类：要根据规范对相应勘查阶段实验要求、勘查任务及矿种和矿床实际情况而定。

③ 实验室流程试验样和扩大连续试验样在采样前应与试验单位共同编制采样设计，加工选冶试验的各环节都必须符合规范、规程的要求。

有关矿石加工选冶试验详情请参阅本手册第5章第5.5.6条。

9.2.7.7 原始地质编录和资料综合整理研究质量

原始地质编录和资料综合整理研究对相关工作的质量要求以规范要求为衡量标准。现行规范主要为《固体矿产原始地质编录规程》(DZ/T 0078—2015)、《固体矿产地质勘查地质资料综合整理综合研究技术要求》(DZ/T 0079—2015)、《区域地质图图例》(GB/T 958—2015)等。

建议从如下方面对原始地质地质编录和资料综合整理研究质量进行评判：

(1) 根据勘查要求，检查资料齐全程度、资料之间文字描述、数据协调一致情况，检查图式图例、数据修约、计量单位、汉字及数字的使用、公式代号等是否达到相关规范要求，即达到标准化程度的情况。

(2) 矿区(床)地质填图：从地质填图比例尺、地形底图比例尺及精度、填图单位的划分、地质观察点线密度、地质体的表示程度、地质点布置、地质图的精度(精测、简测、草测)、地质界线勾绘、实际材料图、地质填图工作小结等方面，检查和评价其是否满足相应勘查阶段及规范要求。

(3) 探矿工程原始编录,可从如下方面评判其质量:

① 探矿工程通过了验收,质量合格。

② 原始地质编录要在现场进行,应及时、准确、客观、齐全。野外地质编录内容真实,岩石分类与定名及编录精度符合规范要求,岩性描述重点突出。

③ 各类资料齐全:包括原始编录资料(地质编录资料,样品布采及送样资料,实验测试报告、品位、厚度、体重、面积计算资料)、技术经济资料(各类通知单、班报表、登记表、岩矿心入库验收单)、质量检查管理资料(钻孔质量验收报告、地质资料三级质量检查资料、野外验收资料)等。

④ 各类资料之间内容、数据协调一致,无矛盾、差错。

⑤ 数据计算正确,无差错。

⑥ 检查标准化程度,即统一岩石分类与定名,统一标志层和地层划分标准,统一编录方法和统一图式(包括展开方式、成图格式)、图例,统一各种图件比例尺以及素描图展开方法,统一图幅和测网,统一工程编号、样品编号原则。

⑦ 通过了三级质量检查、野外验收,原始地质资料定稿。

(4) 地质资料综合整理、综合研究质量:现行的规范有《地质工作质量检查验收规定》(地质部,1979)、《固体矿产勘查地质资料综合整理综合研究技术要求》(DZ/T 0079—2015)、《地质勘查单位质量管理规范》(DZ/T 0251—2012)等。主要评价资料成果的质量检查、审定并形成质检报告和验收报告情况。相关要求归纳如下:

① 野外工作形成的资料要执行自检、互检和抽检,要实行"综合资料定稿"管理。

② 对资料成果的质量检查的检查比例要满足规范要求(详见本手册第6章第6.5.1条):各项检查要对被检资料出具质检卡片(报告)。

③ 要对质检卡片(报告)的质检意见进行补充、订正、补课和逐条

整改。

④ 规范强调了“确认原始资料质量验收合格后,方可进行综合整理”。

⑤ 由矿业权人或其委托的单位对项目的综合整理、综合研究成果依据各个专业规范相关要求进行总体检查验收,出具验收报告。

⑥ 综合整理要运用新理论、新方法,全面、深入地分析研究。鼓励使用计算机辅助野外采集系统,凡能用计算机成图、成表的资料,都应按标准化表格内容的要求填写。

9.2.7.8 矿产勘查报告质量

矿产地质勘查报告的质量包括报告编制、评审、制印、出版、汇交等。

1. 报告编制质量

矿产地质勘查报告编制的质量优劣,建议从如下几个方面评价:

(1) 报告的核心成果:勘查的主矿种、勘查的范围(矿业权坐标)、勘查阶段、资源/储量估算等是否与设计要求一致,是否满足了设计和相关规范要求。

(2) 报告的章节结构安排是否符合规范《固体矿产勘查/矿山闭坑地质报告编写规范》(DZ/T 0033—2002)的要求,是否符合所勘查的矿床的实际。

(3) 编制报告所依据的原始地质资料、综合地质资料应全面、客观、真实、准确,并为通过了三级质量检查、野外验收、定稿验收的合格资料。

(4) 地质勘查报告内容齐全,包括地质勘查、开采条件勘查和可行性评价三大部分。可行性评价概略研究由勘查单位编制,对由专业单位完成的预可行性研究、可行性研究,在报告中要准确引述和评价其主要结论。

(5) 地质勘查报告的内容务求有针对性、实用性和科学性,原始数据资料准确无误,研究分析简明扼要,结论依据可靠。要力求做到图表化、数据化、标准化。资源/储量的估算采用计算机技术,估算方法符合勘查工作的实际和适用条件,为成熟的并经审定的方法,且经试验用其他方法验算误差不大。

(6) 报告资料齐全;正文,插图、插表,附图、附表等资料之间,其内容、数据协调一致;排版印制规范,达到出版水平。

2. 报告评审质量

报告评审包括项目内部预审、勘查单位(大队级)初审、出资者(上级)或其委托人(机构)评审验收三个级别及一个阶段(出版前的收官审查)。

(1) 项目内部预审:

这是一种带有检查性、校对性的全面基层评审。建议实行项目预审制度:对脱稿后的勘查报告初稿,以设计及设计评审意见书和相关勘查规范为依据,组织项目内部全体成员开展全面预审,并编制项目组预审意见书。

(2) 勘查单位(大队级)初审:

勘查单位评审验收由单位总工程师或其委托人主持,勘查单位初审是报告送审稿提交前的质量把关审查。评审依据和标准是:设计及设计评审意见书、三级质量检查意见书、野外验收意见书、相关的矿产地质勘查规范、上级的各项规定等。

(3) 出资者(上级)或其委托人(机构)评审验收

由出资人或上级机关委托授权组织的评审验收,是依据国家标准和行业标准代表国家对矿产地质勘查报告的最终评审验收。根据安徽省自然资源厅(原安徽省国土资源厅)皖国土资〔2009〕98号文,安徽省省级地质工作项目成果报告质量评定实行四级百分制:优秀(≥90分),良好(≥75分,<90分),合格(≥60分,<75分),不合格(<60

分)。评审围绕报告编写质量、资料成果质量及吻合程度、工作部署合理性和任务目标完成情况、资源/储量估算的合理性和准确性、矿床开发经济评价、综合研究水平、资料归档要求七方面进行评分,具体的评分标准和评审侧重点见本手册第16章第16.2节。

(4) 出版前审查:

出版前审查是指在报告通过上级(或业主)评审后,经过对报告的修改、订正、补充,在付诸出版、印刷及归档前对各项成果进行“收官”审查。审查主要围绕资料齐全程度,报告制印、出版格式标准化展开。质量依据是各项规范规程。此项工作由勘查单位承担。

涉及资源/储量的矿产勘查报告,要按照相关规范、规定要求,对资源/储量估算进行质量评审。

3. 报告制印、出版质量

矿产地质勘查报告的出版汇交,要执行如下规范:

《固体矿产勘查/矿山闭坑地质报告编写规范》(DZ/T 0033—2002);《区域地质及矿区地质图清绘规程》(DZ/T 0156—95)、《标准化工作导则》第1部分(GB/T 1.1—2009)、《固体矿产勘查报告格式规定》(DZ/T 0131—94)、《科学技术报告学位论文和学术论文的编写格式》(GB 7713—87)、《国土资源部关于加强地质资料管理的通知》(国土资规〔2017〕1号)。

上述诸规范中,《标准化工作导则》(GB/T 1.1—2009)是基础性系列国家标准,适用于各行各业,覆盖所有相关规范,版本较新,它对文档结构、正文、目次、前言、引言、插图插表格式编号、数学公式引用、汉字外文、符号代号、计量单位、数字修约及使用、文档编排格式等,都给出了规范性规则。固体矿产勘查报告格式和出版质量可以“DZ/T 0131—94”为基础,以“GB/T 1.1—2009”为标准来衡量。

4. 报告汇交质量

矿产地质勘查报告汇交是矿产勘查的最后一道工序,汇交质量不合格，就是项目任务没有完成，它将影响对报告的后续利用。

报告汇交，从类别来说，有成果地质资料、原始地质资料、实物地质资料三类，包括纸质文本、电子文本、实物资料三大方面；成果地质资料，包括报告正文、报告附图附表、报告附件、岩矿心标本实物等。所有汇交要以《国土资源部关于加强地质资料管理的通知》(国土资规〔2017〕1号)、《地质资料汇交规范》(DZ/T 0273—2015)、所在省级地质资料馆及相关规范的质量要求规定执行(请参见本手册第16章)。

9.3　质量保证

9.3.1　概述

矿产地质勘查工作质量，从整体考虑可分为产品质量和管理质量两个层面。前面所述即为产品质量，下面阐述管理质量。

管理质量是实现产品质量的保证，可分为质量目标、质量管理体系和机构、质量制度、质量管理、质量检查验收等方面，它贯穿于矿产勘查全过程。本手册以《地质工作质量检查验收规定》(地质部地矿司，地质出版社，1980)、《勘查单位质量管理规范》(DZ/T 0251—2012)规定为依据，阐述矿产勘查质量保证的相关要求。

勘查单位的质量管理可划分为技术、经济和行政三大方面。根据“DZ/T 0251—2012”，勘查单位、地勘活动质量管理的范围大致包括管理机构及其职责管理、人力资源管理、基础设施管理、工作环境管理、立项、投标及合同管理、实物采购管理、外包管理、项目设施过程管理、项目质量检查与验收、质量管理活动的评价与改进等。

9.3.2 质量目标

9.3.2.1 质量方针

质量方针包括勘查单位根据本单位经营管理方针制定的单位质量管理宗旨、方向(包括遵守法律法规、满足任务书/合同约定的质量要求)及追求质量管理改进、提高质量管理水平、增强顾客满意度的承诺。

9.3.2.2 质量目标

质量目标是根据本单位的质量方针制定的质量管理与勘查质量要达到的水平。地质勘查项目的质量目标体现在勘查成果的质量等级、可靠性、安全性、可实施性、经济性、时间性等。勘查单位接到矿产勘查任务后,可从如下方面制定质量目标:① 工作量考核,野外资料验收的合格率、优良率;② 地质勘查成果的合格率、优良率;③ 顾客满意度;④ 人才培养和培训目标;⑤ 设备仪器完好率;⑥ 每年创各级别奖项数量;⑦ 需要确定的其他目标。

9.3.3 质量管理体系和机构

根据《勘查单位质量管理规范》(DZ/T 0251—2012)规定,勘查单位应根据本单位质量管理现状,建立本单位的质量管理体系并实施和进行改进,确定质量管理活动及相互关系、活动顺序,设置质量管理组织机构并赋予相应职责权限,建立并完善质量管理制度,配置质量管理所需的资源,并将本单位的日常行政和技术管理工作纳入质量管理体系。

质量管理组织机构:勘查单位应根据质量管理的需要,在单位内部设置专职及兼职的质量管理部门和岗位，赋予相应的职责和权限开展相应的质量活动。

建议勘查单位（地质大队）设立质量管理委员会，下（常）设质量办公室，各个科室设立专职或兼职质量管理员，分队、项目大组设立专职或兼职质量员，地质（水、工、环）小组、机台、坑口设（轮值）质量员等，定期开展质量活动，发布质量活动成果，履行质量报告，行使质量监管职责等。

勘查单位质量管理机构职责和权限包括：① 组织制定质量管理方针和目标、制定质量管理制度；② 建立质量管理的组织机构；③ 培养和提高员工的质量意识；④ 建立质量管理体系并确保其有效实施；⑤ 确定和配备质量管理所需要的资源；⑥ 评价和改进质量管理体系。

9.3.4 质量制度

质量制度是质量管理的基础和保障，各勘查单位应制定、完善质量工作（管理）制度，包括质量活动制度、质量报告制度、质量检查验收制度、质量奖惩制度等。建议各勘查单位建立如下质量制度：

(1) 地质资料三级质量检查验收制度。

(2) 原始地质（水、工、环）资料质量野外验收制度。

(3) 原始地质（水、工、环）资料定稿制度。

(4) 综合整理、研究成果检查、验收、定稿制度。

(5) 地质勘查报告项目内部预审制度。

(6) 项目招投标、合同管理制度。

(7) 矿产勘查资料立档、归档制度。

(8) 开展质量日、质量月质量活动的制度，各专业技术小组、机台、坑口设质量员值日制度、质量报告制度等。

目前，勘查单位普遍实行了原始资料三级质量检查验收制度、原始地质（水、工、环）资料质量野外验收制度。其他质量制度尚待制定和完善。

9.3.5 质量检查要求

对质量检查的要求,大致可分为野外施工(原始地质资料)质量检查(见本手册4.5.2条)、综合整理与研究成果质量检查(见本手册6.5.1条)、地质矿产勘查项目质量检查。相关规范对各级检查比例有规定,它们分别是:

(1)《固体矿产勘查原始地质编录规程》(DZ/T 0078—2015)规定原始地质资料检查比例为:项目组为20%~50%,勘查单位为10%~20%。如表9.5所示。

表9.5 野外原始资料的质量检查比例

自检			作业组互检	项目组抽查	项目承担单位抽查
比例	野外实地	100%	100%	20%	10%
	室内	100%	100%	50%	20%
时限		随时	随时	完工三天内或随工作进展进行	以初期为重点,分阶段定期进行。发现问题随时抽查

资料来源:《固体矿产勘查原始地质编录规程》(DZ/T 0078—2015)。

(2) 综合资料成果质量检查比例,《固体矿产勘查地质资料综合整理综合研究技术要求》(DZ/T 0079—2015)规定:经常性检查(包括自检和互检),检查比例100%;阶段性检查,项目技术负责人室内抽检50%、实地抽检15%~30%,勘查单位负责人室内抽检5%~10%、实地抽检3%~5%;综合图件、综合成果要组织审定并履行责任签名。

(3)《地质勘查单位质量管理规范》(DZ/T 0251—2012)规定:野外施工执行三级质量检查制度,开展自检、互检和抽检;在项目质量检查中,勘查单位依据项目管理要求和标准、规范,对项目阶段成果和最终成果进行质量检查,在项目野外工作验收前对提交验收的资料进行系统全面的检查。

(4)《地质工作质量检查验收规定(试行)》(地质部地矿司,地质出版社,1980)规定:“自检100%,作业(专业)组长检查100%,分队技术负责人室内抽检30%~50%、实地抽检20%~30%,对综合图件要100%检查”,原稿作者据检查意见对原稿修改补充后,“作业组长对原始地质编录成果和分队技术负责人、大队各专业技术负责人、主任工程师对矿区(工作区)综合图件、地质报告、科研成果进行审查”。

综合上述各规范(规定),地质资料质量检查比例建议如表9.6所示。

表9.6 地质资料质量检查比例

类别		自检	作业组互检	项目组抽查	项目承担单位(大队)抽查
原始资料	野外实地	100%	100%	20%~30%	10%
	室内	100%	100%	50%	20%
综合图件 综合成果		100%	100%	检查100% 组内预审	抽检50% 组织队级审查验收

对项目(包括综合整理、综合成果)的质量检查、验收,勘查单位要先行组织勘查单位级别的评审验收,并形成“项目综合整理、综合成果内审意见书”,与项目成果一并提交,由项目出资人或其委托人或上级进行总体审查验收,并出具“项目成果总体验收意见书”,作为编写报告的资料质量依据及法规依据。

第10章　地球物理勘查

10.1　概论

10.1.1　定义

地球物理勘查简称“物探”，是利用物理学理论研究地质构造和解决找矿勘探中问题的方法。它以各种岩(矿)石物理性质(密度、磁性、电性、弹性、放射性等)差异为研究基础，用不同的方法和物探仪器，探测天然的或人工的地球物理场的时间与空间变化，通过分析、研究所获得的物探资料，结合地质理论，推断、解释地质构造和矿产分布情况。按工作空间分类，有航空物探(航空重力、航空磁法、航空电法、航空天然放射性等)、地面物探(重力、磁法、电法、人工地震、放射性等)、海洋物探(海洋重力、海洋磁测、海洋地震等)、地下物探(包括井中、巷道、坑道物探)等。其中井中物探又包括测井(密度测井、重力测井、磁测井、电测井、声波测井、放射性测井等)和“地－井”“井－地”“井－井”物探等。本手册重点通过地面物探和测井阐述主要的物探方法及应用技术。

10.1.2　技术流程

勘查技术流程主要是接受任务→方法选择→资料收集、整理、分析、踏勘→工作设计书编写、审查、批准→仪器准备、校验、检查→方法有效性试验、工作参数选择→基点(网)选择建立(针对重力、磁性)→测线、测网布设→野外物探数据采集、系统检查、异常检查、初验(穿插野外中间性检查)→资料整理(进行相关改正、校正等预处理;识别、剔除干扰大数据)、数据处理→编制物探异常图件→异常划分、分类→异常定性、半定量、定量解释→编制解释成果图件(任务下达方组织野外验收)→报告编写、审查→资料汇交。

10.1.3　常用术语概念及意义

1. 地球物理场

具有一定的地球物理效应的区域或空间,是物质之间存在的一种基本形式,如重力场、磁场、电场等。

2. 正常场

指可以衬托出异常场的背景场,其数值叫背景值。以不同的物探方法确定背景值都有具体要求。

3. 异常场

通常指由寻找的地质体产生的各种物理场。异常场相对正常场而言,衬托在正常场背景值上。它可以是局部异常,也可以是区域异常,是探测矿床和地质构造的重要依据。

4. 干扰场

指探测目标以外的因素引起的各种物理场对异常场的影响。

5. 异常

通常指由于被探测地质体与周围岩石有物性差异而引起的各种物理场的变化。可以是正异常,也可以是负异常。

6. 局部异常

由局部地质因素(多为埋藏较浅、分布范围较小的地质体)引起的物探异常。

7. 区域异常

由区域地质因素(多为分布范围较广、埋藏较深的地质体)引起的物探异常。

8. 梯度及梯度带

梯度是指地球物理场沿某方向的变化率,是场强和距离的比值,即单位距离上场强。梯度带是指物探异常图等值线平行排列的密集带和剖面图中曲线陡变带,主要反映构造断裂的升降或大规模的不同物性的接触带,如图10.1所示。

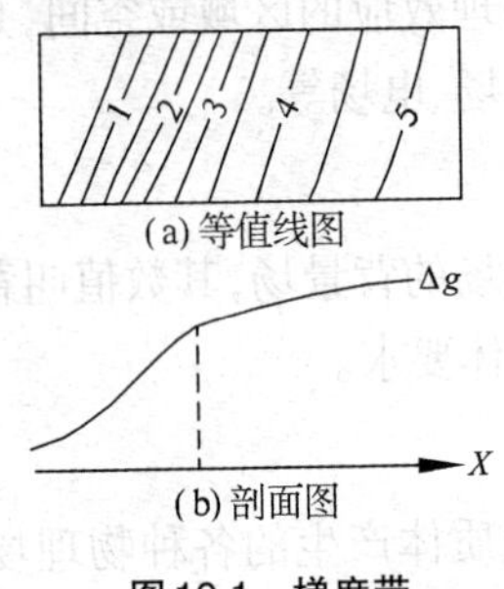

图10.1 梯度带

9. 测点、测线

测点是指按一定比例尺布置的供物探仪器或通过仪器的附属设备进行观测的点位。测线是指沿一条直线布置的测点组成的观测线。布置测线一般应当垂直被探测的地质体走向。测点、测线布置应根据地质背景、物探方法特点、工作比例尺等按规范要求布置。

10. 测网

物探测量中由一系列测线、测点所构成的普通网,称作物探测网。测网的大小和形状由勘探任务及探测对象的大小和形状来决定,普查时以不漏掉有意义的地质体为原则，详查时以查明地质体产生的物探异常的细节变化为原则。

11. 典型剖面

典型剖面主要是研究测区范围内物探异常与有关地质体（或现象）之间的关系，进而构建测区内主要地质体的地质——地球物理模型，为解释提供依据。其工作精度一般与面积性工作相同，或略高于面积性工作，这样的剖面称为典型剖面。

12. 精测剖面

在定性解释的基础上，为进行定量解释，选择在测区内重要且可靠物探异常上（最能反映异常特征、干扰小、最有利于定量计算地段），布设垂直异常走向测线，并进行更高精度与密集度物探测量和地形测量（满足要求时也可在平面图中截取），用于详细了解待研究异常的总体特征和细节，为定性和定量解释提供详细资料，这种剖面称为精测剖面。

13. 均方误差（ε）

物探测量精度的指标之一是测量误差平方和之半的均方根。计算公式如下：

$$\varepsilon = \pm\sqrt{\frac{1}{2n}\sum\delta_i^2} \tag{10.1}$$

式中，δ_i：测点观测值与检查观测值之差；n：检查点数量。

14. 均方相对误差（m）

物探测量精度的指标之一是相对误差平方和的平均值之一半的平方根。计算公式如下：

$$m = \pm\sqrt{\frac{1}{2n}\sum_{i=1}^{n}\left(\frac{\delta_i}{\bar{\delta}}\right)^2} \tag{10.2}$$

式中，δ_i：测点原始观测值与检查观测值之差；$\bar{\delta}$：原始观测值与检查观测的平均值;n:检查点数量。

测量精度应依据相应技术规范并根据项目实际需要确定,一般原则为普查时观测总误差应小于最弱有意义异常强度的1/3;详查时减少反演误差,以取较高精度为好。

10.1.4 工作布置原则

根据地质任务不同,物探可分为预查、普查、详查和细测四个阶段。不同阶段有不同的地质目标,预查是在空白区进行大面积小比例尺测量,以便快速获得大地构造轮廓;普查是在有进一步工作价值的地区开展的物探调查,以了解区域构造特征、圈定岩体范围和指示成矿远景区;详查是在成矿远景区进行测量,通过对异常规律和特点的详细研究,寻找局部构造或岩(矿)体;细测是在已发现的构造或成矿有利的岩体上进行的精细测量,目的在于确定地层、岩矿体的产状特征。

各阶段比例尺及测网应根据工作任务、探测对象的规模及异常特征而定,测线应垂直(或大致垂直)于探测对象的走向。网度要求是普查时应至少有2条测线,每条测线至少有2个测点通过异常;详查时应用3~5条测线,每条测线有5~10个测点通过异常;细测的点、线间距应能反映异常的细节特征。

10.1.5 基本图件及意义

(1) 实际材料图:以项目工作的实际材料为主要内容,包括各种比例尺工作的测区位置范围、基线、控制线、测线;剖面线位置、编号;测深点位置及编号;重力、磁性的基点位置及编号;质量检查点位及线段;标本采集点位及编号;地质工程位置及特殊点标注。

(2) 剖面图:表示物探异常沿某一测线的变化规律的图件,有剖面方向及比例尺标注。纵轴代表物探异常强度,其大小可根据观测精度和异常特征而定,横轴代表测点位置。

(3) 曲线类型图:表示测深(视电阻率、视极化率、瞬变电磁、大地电磁、复频激电、甚低频等)曲线类型的图件。

(4) 断面图:又称“等值线断面图”,是根据同一剖面上不同测深点和不同深度(或不同频率-电磁法频率测深、不同时间-瞬变电磁等)的视电阻率ρ_s、视极化率η_s、视频散率(P_s)、视电阻率振幅值(ρ_f)、视频散电导率(J_s)、视激电率(G_s)等勾绘的等值线图件。它是测深类电法定性解释的重要图件,主要用于综合分析剖面上不同深度的电性断面的特征和规律,从断面图上可以粗略地看出不同电性的岩层接触面、大致产状、厚度等。

(5) 剖面平面图:也称“平面剖面图”,是用物探系列剖面表示测区内物探异常平面分布规律的一种物探图件。该种图件有利于反映物探异常的局部特征和细节,从而有利于分析研究叠加异常、低缓异常、孤立异常的规律。

(6) 等值线平面图:指用物探测量参数(或计算参数)等值线表示物探异常在平面上的分布规律的一种物探图件。它由若干条等值线构成,等值线间距可根据工作精度和物探异常特征综合确定(物探方法不同,等值线间距要求略有不同,详见各方法规范),一般用实线表示正值,用虚线表示负值,用点划线表示零值。适用于反映物探异常的走向、连续性、分布规律等异常的整体特征。局部特征和细节常常反映不明显。

(7) 推断成果图:包括地质物探综合剖面图和地质物探综合平面图(含建议验证工程布置)。地质物探综合剖面图以地形剖面为垂向坐标的起始点绘制综合剖面图,并由物探测量参数、反演值剖面及断面、推断地质剖面等各图按点号由上至下对齐排列而成。地质物探综合推断平面图是以地质简图、物探测量参数等值线平面图为底图,有选择性地绘制其他物化探资料,着重反映物探解释成果(如地层、构造、岩体等)。

10.1.6 资料解释及意义

(1) 正演:在地球物理勘探的理论研究中,根据地质体的形状、产状和物性数据,通过理论计算、模拟计算或模型实验等方法,得到物探异常的理论数值或理论曲线,称为正演。

(2) 反演:在地球物理勘探理论研究和成果解释时,根据物探异常特征、大小、分布规律等,并结合地质、钻探及相关资料,求解目标地质体的形状、大小、产状及空间位置等,称为反演。

(3) 定性解释:物探成果地质解释的一部分,是物探成果解释的重要前提条件。它根据物探异常特征,结合工区的地层、构造、岩性、物性、钻探等资料,初步判断引起异常的原因。

(4) 半定量解释:根据物探异常特征和其他地质、物探资料,大致推断地质体的形状、产状、空间位置等,为定量解释提供选择方法的依据和初始参数。

(5) 定量解释:在定性解释的基础上,选择观测精度较高、有意义的剖面(通常称精测剖面),利用数学计算或其他方法求出地质体的埋深、产状、空间位置等。

10.2 物探技术方法及应用条件、野外施工及质量控制

以不同物性差异为研究基础,目前主要的地球物理勘探方法按原理分为重力勘探法、磁勘探法、电勘探法、地震勘探法、放射性勘探法等。各方法按测点空间变化又可分为航空物探法、海洋物探法、地面

物探法、地下物探法等。

10.2.1　重力勘探法

10.2.1.1　定义、分类及应用条件

重力勘探法是以研究对象和围岩之间密度差异为前提条件，利用物理学(万有引力定律)原理，通过观测与分析重力场的空间与时间分布规律，结合工区地质和其他物探资料，对重力异常进行解释，以达到查明地质构造和寻找矿产的一种地球物理方法。重力勘探法的物理基础是牛顿万有引力定律，研究对象是矿产资源和地质构造等。

分类：根据工作空间不同，重力勘探分为地面重力勘探、航空重力勘探、海洋重力勘探、井中重力勘探。航空、海洋、井中重力勘探使用的重力仪均为特制，工作时有其特定要求，本手册不作具体介绍。本手册中所涉及的重力勘探均指地面重力勘探。

应用条件：研究对象和围岩存在密度差异；研究对象相对于埋深具有一定规模，在地面能引起明显的重力异常。

10.2.1.2　技术流程

重力勘探法的技术流程如下：

接受任务→资料收集(包括密度参数)、整理、分析、踏勘→工作设计书编写、审查、批准→仪器准备、校验、检查→基点(网)选择建立→测线、测网布设→野外数据采集、初验→资料整理计算(纬度、高度、地形、中间层等各项改正)(穿插野外中间性检查)→编制布格重力异常图件→常规数据处理(异常分离、滤波、垂向导数、水平导数总梯度、延拓等)→编制布格重力异常处理图件→异常划分、分类→异常定性、半定量信息识别(地层、岩体、构造、矿产信息等)→定量解释→编制解

释成果图件(任务下达方组织野外验收)→报告编写、审查→资料汇交。

10.2.1.3 常用术语及其意义

1. 岩(矿)石密度特性及重力勘探成果图件

(1) 岩(矿)石密度一般特性。决定岩(矿)石密度大小的主要因素有组成岩(矿)石的各种矿物成分及含量、岩(矿)石孔隙度大小及充填物、岩(矿)石所承受的压力等。

① 火成岩密度:主要取决于矿物成分及含量,按照酸性→中性→基性→超基性岩的顺序密度逐渐增大。另外成岩过程中的冷凝、结晶分异作用也会造成不同岩相带岩石密度差异,不同成岩环境也会造成密度差异。

② 沉积岩密度:取决于岩石孔隙度大小、空隙充填物及成岩时代,成岩时代久远埋深大的岩石密度大。

③ 变质岩密度:变质性质和变质程度决定岩石矿物成分、矿物含量、孔隙度,影响变质岩密度。通常区域变质程度深的岩石密度大于变质程度浅的岩石。

(2) 重力勘探成果图件:主要有布格重力异常图(Δg剖面平面图、等值线平面图)、剩余重力异常图、各种数据处理位场转换异常图(包括延拓、水平导数、垂向导数等)、解释推断图(包括剖面图、平面图)等。

2. 重力勘探理论、方法、技术应用常用术语及其意义

1) 重力勘查基点及基点网

(1) 重力总基点:相对重力测量的起算零点,称为重力总基点。

(2) 重力基点及基点网:为了提高重力测量精度,便于在一定时间内检查重力仪的混合零点位移,合理地进行改正,在野外实际测量之前,要在工区内确定一定数量的重力控制点,称为重力基点;由一系

列基点所构成的控制网，称为重力基点网。各基点相对总基点的重力差是通过基点联测确定的，其精度比一般测点高2～3倍。

2）重力场、重力测量及改正方法

（1）重力场：重力作用的空间。

（2）重力位：又称“重力势”。在重力场中，单位质量质点所具有的能量称为此点的重力位。数值等于单位质量的质点从无穷远处移到此点时重力所作的功。常用符号 W 表示。

（3）重力测量：又称“重力加速度测量”，是指测定重力场强度（g）或重力场强度增量（Δg）的方法。前者称绝对重力测量，后者称相对重力测量。在法定计量单位制中，重力的单位是N（牛），重力加速度的单位是m/s^2。规定 10^{-6} m/s^{2}为国际通用重力单位（gravity unit，简写“g. u.”）。重力CGS单位制与SI制单位换算如表10.1所示。

1 mGal（毫伽）$=10^{-3}$ Gal（伽）$=10$ g.u.$=10^{-5}$ m/s^2$=10^3$ μGal（微伽）

表10.1　重力CGS单位制与SI制单位对照

物理量	CGS制	SI制	两者关系
重力加速度g（Δg）	1 Gal$=$1 cm/s^2 1 mGal$=10^{-3}$ Gal 1 μGal$=10^{-3}$ m Gal	m/s^2 1 g.u.$=10^{-6}$ m/s^2	1 Gal$=$104 g.u.$=10^{-2}$ m/s^2 1 mGal$=$10 g.u.$=10^{-5}$ m/s^2 1 μGal$=10^{-2}$ g.u.$=10^{-8}$ m/s^2
重力位二次导数 W_{xz}、W_{zz}（V_{xz}、V_{zz}）	1 E$=10^{-9}$ s^{-2}	E	相等
重力位三次导数 W_{zzz}（V_{zzz}）	CGS$=$1/(cm·s^2) pCGS$=10^{-12}$ CGS fCGS$=10^{-15}$ CGS	MKS$=$1/(m·s^2) nMKS$=10^{-9}$ MKS pMKS$=10^{-12}$ MKS	1 CGS$=$100 MKS 1 pCGS$=$0.1 nMKS 1 fCGS$=$0.1 pMKS
引力常数G	6.672×10^{-8} cm^3/(g·s^2)	6.672×10^{-11} m^3/(kg·s^2)	相等
密度σ	g/cm^3	kg/m^3 g/cm^3	1 g/cm^3 $=10^3$ kg/m^3

(4) 正常重力场:地球可以近似地看作表面光滑、内部质量分布均匀、赤道半径略大于两极半径,形状与大地水准面形状十分接近的正常旋转椭球体,其表面各点的重力场称为正常重力场。目前通用的是第十五届国际大地测量和地球物理联合会(IUGG)通过,由国际大地测量协会(IAG)推荐的1980年大地测量参考系统中的正常重力场公式计算大地水准面上的重力值。计算公式为:

$$g_0 = 9780327(1 + 0.0053024\sin 2\varphi - 0.0000059\sin 2\varphi) \tag{10.3}$$

式中,φ:计算点的地理纬度;g_0的单位为mGal。

(5) 纬度改正:又称正常重力改正。地球的正常重力场是纬度的函数,随纬度增加而增大。在重力观测结果中消除测点在不同纬度时由于正常重力场的变化所产生的影响,称为“纬度改正”。改正公式为:

$$\delta g_{纬} = \pm 0.000841\sin 2\varphi \cdot D \tag{10.4}$$

式中,φ:测点与总基点的平均纬度(测区面积较小,纬向差小);$\delta g_{纬}$的单位为mGal;D:测点与总基点的纬向距离,单位为m,当测点位于总基点以北时取负号,反之取正号。

纬度改正的精度主要取决于点位的测量精度。

(6) 地形改正:在每个测点上,为消除测点周围地形起伏对观测结果影响的改正,称为“地形改正”。分为近区改正、中区改正、远区改正。近区影响大,远区影响小(具体改正详见《重力调查技术规范1∶50000》(DZ/T 0004—2015)、《大比例尺重力勘查规范》(DZ/T 0171—1997))。

(7) 中间层改正:经过地形改正之后的测点所在的平面与总基点所在的平面之间,是一层厚度为Δh、密度为σ的物质。测点与总基点间的这层物质对重力测量成果的影响称为中间层影响。为消除中间层物质对重力测量结果影响的改正,称为“中间层改正”。改

正公式为

$$\delta g_{中} = -0.0419\sigma \cdot \Delta h \tag{10.5}$$

式中，σ：中间层物质密度，单位为g/cm^3；Δh：测点与总基点的高程差，单位为m，当测点高于总基点时，Δh取正号，反之取负号。

中间层改正的精度与中间层密度及高程测量的精度有关。单位为mGal。

(8) 高度改正：经过地形改正和中间层改正后，重力测点仍然位于距离总基点垂直高度为Δh的空间。为了消除测点距离地心远近的影响而进行的改正，称为“高度改正”或“自由空间改正”。常用近似改正公式为

$$\delta g_{高} = 0.3086 \cdot \Delta h \tag{10.6}$$

式中，Δh：测点与总基点的高程差，单位为m，测点高于总基点时，Δh取正值，反之取负值。

(9) 布格改正：重力观测结果的改正项中，高度改正和中间层改正均与测点相对总基点的高程差Δh有关。所以经常把这两项改正合起来进行，称为“布格改正”。改正公式为

$$\delta g_{布} = (0.3086 - 0.0419 \cdot \sigma) \cdot \Delta h \tag{10.7}$$

式中，$\delta g_{布}$：布格改正值，单位为mGal；σ：中间层的平均密度，单位为g/cm^3；Δh：测点与总基点的高程差，单位为m，测点高于总基点时，Δh取正值，反之取负值。

(10) 重力仪混合零点位移及改正：重力仪的零点位移、温度变化和重力日变等因素综合引起的重力仪读数随时间的变化，称为“重力仪混合零点位移”。为消除混合零点位移的影响，称为“重力仪混合零点位移改正”，简称“混合零点改正”。现代重力仪的性能普遍较好，在一定时间内零点位移、温度影响和重力日变都可看作和时间成线性比例变化，因此可混在一起进行一次改正。

3. 重力数据处理方法及概念

(1) 重力位二阶导数：指重力场强度(g)在空间单位距离的变化。如 Wzx 的物理意义表示重力场强度 g 在 z 方向的分量在 x 方向单位距离的变化。

(2) 重力位高阶导数：在重力勘探中重力位高阶导数一般是指重力位函数的垂向三阶导数。

又称“重力位高阶微商”，也称“重力垂向二阶导数”。和重力位一阶或二阶导数相比，高阶导数对浅而小的密度异常体具有较高的分辨能力，是重力异常数据处理重要方法之一。

(3) 剩余密度：被探测地质体密度和围岩密度的差值，称为剩余密度，是应用重力勘探方法的重要地球物理条件，也是重力勘探结果解释的主要参数。剩余密度是重力勘探必要前提条件。

(4) 剩余质量：地质体的剩余密度和其体积的乘积称为地质体的剩余质量。其大小是重力勘探方法应用的重要地球物理条件之一。

4. 重力测量精度概念

(1) 重力观测精度：重力勘查精度采用观测均方误差衡量。

(2) 重力异常精度：用总均方误差表示，是重力观测($\varepsilon_{观}$)、纬度改正($\varepsilon_{纬}$)、高度改正($\varepsilon_{高}$)、中间层改正($\varepsilon_{中}$)、地形改正($\varepsilon_{地}$)等均方误差平方和的平方根。计算公式为

$$\varepsilon_{异} = \pm\sqrt{\varepsilon_{观}^2 + \varepsilon_{纬}^2 + \varepsilon_{高}^2 + \varepsilon_{中}^2 + \varepsilon_{地}^2} \tag{10.8}$$

5. 重力异常相关概念

(1) 重力异常：指地球表面一点的实测重力值归算到大地水准面上与该点理论重力值存在偏差。它可以反映出地球的自然表面与大地水准面不符，也可以反映地球内部质量分布的不均匀。在地质勘探中把由地下物质密度分布不均匀引起的重力场变化称为重力异常。

(2) 布格重力异常:重力仪实测值经过零点校正后得到各测点重力值($\delta g_{测}$),再经过纬度改正($\delta g_{纬}$)、高度改正($\delta g_{高}$)、中间层改正($\delta g_{中}$)、地形改正($\delta g_{地}$)以后所得到的各测点相对总基点的重力差,称为"布格重力异常"。对于大比例尺重力测量,布格重力异常的计算公式为

$$\Delta g = \delta g_{测} + \delta g_{布} + \delta g_{纬} + \delta g_{地} \tag{10.9}$$

式中,$\delta g_{测}$:测点相对总基点的重力值。区域重力测量,布格重力异常计算公式为

$$\Delta g = g_{测} - g_0 + \delta g_{布} + \delta g_{地} \tag{10.10}$$

式中,$g_{测}$:测点重力值;g_0:正常重力值。

布格重力异常资料是重力勘探的基础资料。

(3) 重力高、重力低、重力异常梯度带:在重力异常图上出现相对的高重力异常值所构成的圈闭,称为"重力高"。其地质意义是异常区地下存在相对周围地层密度大的地质体(或说存在质量剩余)。而重力低与重力高相反,反映异常区地下存在相对周围密度小的地质体。重力异常梯度带是指重力异常图上等值线平行排列的密集带,主要反映构造断裂的升降或大规模的不同密度岩石的接触带,如图10.2、图10.3所示。

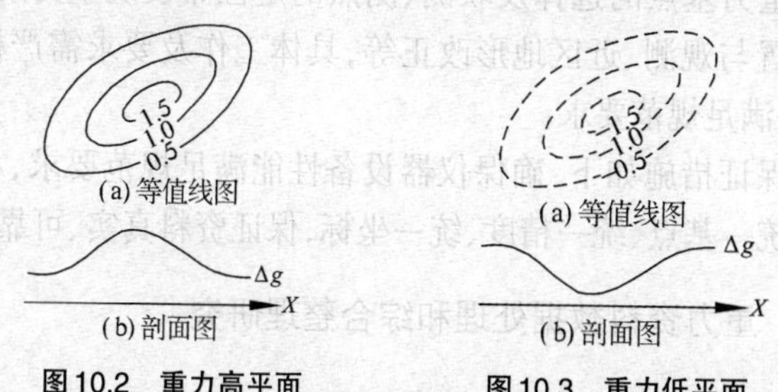

图10.2 重力高平面　　图10.3 重力低平面

(4) 剩余重力异常:从布格重力异常中去掉区域重力异常后的剩

余部分，称为“剩余重力异常”。主要反映局部地质构造或矿体剩余质量的影响，是研究局部地质构造和矿产勘探的重要资料，如图10.4所示。

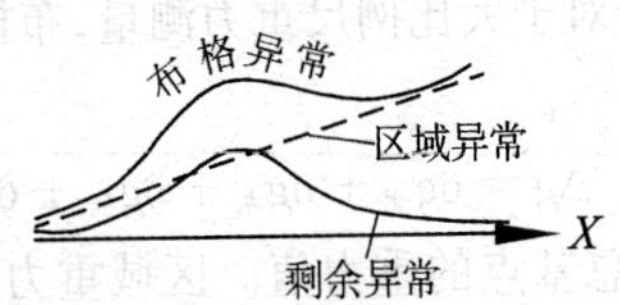

图10.4 布格异常与剩余异常对应关系

(5) 重力有效异常(可信异常)：高于异常均方差两倍以上的重力异常称为有效异常或可信异常。

10.2.1.4 野外施工及质量控制

1. 仪器准备

包括重力仪调节和校验、格值标定、性能试验(静态试验、动态试验)、多台重力仪的一致性试验、测地型仪器准备及效验等，各项工作必须满足相关规范要求后方可投入野外生产。

2. 野外工作

包括重力基点的选择及联测、测点的定位布设及重力观测、质量检查点布置与观测、近区地形改正等，具体工作及要求需严格执行相应规范，并满足规范要求。

质量保证措施如下：确保仪器设备性能满足规范要求，在同一地区应做到统一基点、统一精度、统一坐标，保证资料真实、可靠。

10.2.1.5 重力资料数据处理和综合整理研究

1. 重力数据处理方法及应用

重力数据处理的目的是要从不同场源引起的叠加异常中分离或

突出所研究和探查目标引起的异常,并使其信息形式(或信息结构)更易于识别、反演和解释。针对不同的目标,往往要选用不同的处理方法。选择处理方法时,要分析和确认待处理数据是否符合处理方法的应用前提,其网度和精度是否满足要求。数据处理的内容主要包括异常分离、解析延拓(上延和下延)、导数转换(水平和垂直导数)等方法。

(1) 异常分离。进行重力资料解释时,往往要将包含在总异常中的一些研究目标引起的局部小规模异常特征突出出来,以更加清晰地进行显示和解释,即将局部异常作为主要对象进行提取和解释,定量推断引起该异常的目标地质体的空间赋存信息。所以,必须对重力异常进行分离,以去除区域场,提取到局部的异常数据。常用的异常分离方法有滑动平均、正则化滤波、趋势分析、小波分析等。

(2) 解析延拓。

① 向上延拓:重力异常的向上延拓作用主要是突出区域性的或规模大的异常特征,而压制局部的、小规模的地质体的异常。有时可以用几个不同高度上的异常联合分析,为定性解释提供更多的异常特征,进而增加解释的可靠程度。具体延拓高度可视不同地区的地质特点而定,以达到突出目的异常为准。

② 向下延拓:重力资料处理中向下延拓的作用是突出局部异常,分解在水平方向叠加的异常。由于下延使得延拓面更接近场源,异常等值线圈闭的形状与场源体水平截面形状更为接近,因而可用来了解异常源的平面轮廓。

向下延拓是一个位场不适定问题,计算结果容易发散。一般向下延拓应逐步加深,以延拓后的异常特征不畸变为准,延拓深度应限制在场源区以上。

(3) 导数计算:水平导数(方向导数)主要用于突出走向垂直于求导方向的线性构造线及其大致位置,包括断裂、岩脉的位置、宽大地质体的边界线以及确定地质体的走向等；垂向导数主要用于突出小而浅的地质体引起的局部异常，有利于研究岩体、局部凸起、火山机构、小的断陷盆地、矿化蚀变带等局部地质体，其效果与剩余异常相当。

一般要求进行如下导数计算：四个方向的水平一阶导数（如0°、45°、90°、135°，一般应结合地质或异常体走向确定）；垂向一阶导数、垂向二阶导数；水平总梯度等。

对于特殊情况的构造信息突出解释研究，可沿垂直构造方向进行方向导数计算，或计算重力异常的最大总梯度，用于半定量解释。

① 垂向一阶导数：水平方向导数和垂向一阶导数可以采用一阶方向导数的极大值位置（或极小值）半定量地确定断裂带、接触带等线性界线的位置和地层岩体的边界线。

② 垂向二阶导数：用重力异常垂向二阶导数半定量地确定地下构造的边界和断裂带的大致位置。二阶导数的计算过程和一阶导数完全相同，可以在一阶导数的基础上再进行一阶导数计算，也可以直接进行二阶垂向导数计算。

③ 水平总梯度：水平总梯度反映的是水平方向导数的最大值。可用于半定量地确定断裂构造或地质界线位置，可以较为细致地刻画重力异常揭示的场源和断裂构造的平面分布和位置。

2. 数据处理注意事项

(1) 使用布格重力异常资料时，原则上都应进行区域异常与局部异常的分离。

(2) 分离场的方法主要有圆环法、窗口法、多次切割法、函数法、垂向导数法、趋势面法、延拓法、小波变换法、优选延拓法等。须依据研究区内场的特点选择，最好是通过试验选用（至今还没有通用的理想方法）。

(3) 为突出局部异常而进行的垂向求导,垂向一次导数效果较好。当区域场干扰严重时,可将垂向一导图或垂向二导图近似视作局部异常图。

(4) 当存在几组构造线时,水平方向导数应垂直每组构造线分别求导。

(5) 向上延拓较可靠,向下延拓要慎用:研究单个异常时,必要时可以进行向下延拓。区域研究中不宜进行向下延拓。

(6) 延拓高度与反映深度没有简单的对应关系,绝不是延拓高度越大,反映越深,近地表规模巨大的地质体的场,在各个高度的重力场上均有明显显示。

(7) 延拓上所反映的异常源的埋深与形态,只能通过定量反演的方法来推测。

(8) 合适的延拓高度要通过试验确定,没有判断合适延拓高度的客观标准,压制了想压制的信息、突出了想突出的信息即可。有时,想突出特点不同的几类信息,在这种情况下就需要几个高度的延拓资料分别突出不同的信息。

(9) 无论进行何种处理,都应根据数据点位网度和数据精度的实际情况,优选合理的处理方法与参数。对许多处理计算,还须掌握研究区内与处理解释有关的已知地质因素和岩石物性参数。这些因素和参数不准确,会导致换算结果出现大的误差,甚至错误。

3. 定量反演方法

(1) 界面反演:在研究地质构造问题中,需要进行密度界面反演,了解一个或多个密度界面的起伏情况。一般反演密度界面的主要参数有平均密度差(两个密度层之间的平均密度之差)、界面的平均深度、反演计算迭代次数(一般为5~10次)、异常滤波因子。

(2) 二维反演:在定性、半定量解释的基础上,重力剖面反演一般用软件中重力异常2.5D拟合反演功能,通过人机联作进行拟合计算。计算时首先利用软件的建模反演技术对剖面上的重力异常进行可视化建模,再通过正、反演拟合计算,最终得到剖面上引起该异常的地质体的空间几何形态和密度参数。剖面上基本地质模型为水平有限长度的棱柱体,截面为任意多边形,可以是单一地质体,也可以是若干地质体的组合,以模拟实际地下地质情况。剖面反演需要的主要参数有模型体断面的几何形态、模型的密度、模型的水平延伸长度。

(3) 三维物性自动反演:通过重磁反演软件对地下空间进行剖分,通过单元密度体的物性值进行自动反演,直接得到地下空间的密度分布,进而得出地下相关地质体的几何形态。

10.2.1.6 执行标准

重力勘探法的执行标准主要有《全球定位系统(GPS)测量规范》(GB/T 18314—2009)、《物化探工程测量规范》(DZ/T 0153—2014)、《地球物理勘查技术符号》(GB/T 14499—1993)、《地球物理勘查图示图例及用色标准》(DZ/T 0069—1993)、《大比例尺重力勘查规范》(DZ/T 0171—2017)、《重力调查技术规范(1:50000)》(DZ/T 0004—2015)。

10.2.2 磁勘探法

10.2.2.1 定义、分类及应用条件

磁勘探法是指通过观测和分析由岩(矿)石或其他探测对象磁性差异所引起的磁异常,进而进行地质填图、研究地质构造和矿产资源或其他探测对象分布规律的一种地球物理方法。它研究的磁异常是指磁性体产生的磁场叠加在地球磁场之上而引起的地磁场畸变,其中岩矿石磁性是内因,地球磁化场是外因,两者是磁勘探法的物理

基础。

分类：根据工作空间不同，磁勘探法可分为地面磁测、航空磁测、海洋地磁测量、井中磁测。

应用条件：研究对象和围岩存在磁性差异；研究对象相对于埋深具有一定规模，在地面能引起明显的磁异常。

10.2.2.2　技术流程

磁勘探法的技术流程如下：

接受任务→资料收集(包括岩矿石磁性参数)、整理、分析、踏勘→工作设计书编写、审查、批准→仪器准备、校验、检查→基点(网)选择建立→测线、测网布设→野外数据采集、初验→资料整理计算(日变、纬度、高度、地形等各项改正，穿插野外中间性检查)→编制磁法基本图件(实际材料图、剖面平面图、平面等值线图、剖面图)→常规化极数据处理→向上延拓、垂向导数处理、方向导数处理、剩余异常处理(可选择性作)→编制相对应成果图件→异常划分、分类研究、定性解释与致矿异常筛选→矿异常(切线法、特征点法、2.5D等)正反演计算→控矿构造(切线法、特征点法、2.5D)正反演计算→编制推断成果图件(任务下达方组织野外验收)→报告编写、审查→资料汇交。

10.2.2.3　常用术语及其意义

1. 物质磁性相关概念及磁勘探法成果图件

(1) 磁化率(κ)：物质在外磁场的作用下被磁化的难易程度，称为“磁化率”。物理意义是受单位强度的磁场磁化所产生的磁性，是无量纲的物理量，但实际工作中磁化率仍注以单位。SI单位制用SI(κ)表明，CGSM单位制用CGSM(κ)标明，两者的关系是1SI(κ)=

$\frac{1}{4\pi}$CGSM(κ)。其数值大小取决于岩(矿)石的矿物成分(特别是铁磁性矿物含量)、结构、矿物颗粒大小和形状等因素。物质按磁化率不同可分为铁磁性、顺磁性和逆磁性(反磁性)等种类。

在磁勘探法中,根据κ的大小大致将岩、矿石划分为不同类型,以$4\pi\times10^{-6}$SI为单位进行划分:$\kappa>5000$为强磁性;$1000<\kappa<5000$为中磁性;$50<\kappa<1000$为弱磁性;$\kappa<50$为无磁性。

(2) 感应磁化强度($\vec{J}_i$):简称感磁,表示岩(矿)石受当今地磁场($\vec{T}_0$)的磁化作业所产生的磁性。感磁是一个矢量,其大小等于岩矿石磁化率(κ)与磁化磁场($\vec{T}_0$)的乘积,即

$$\vec{J}_i=\kappa\cdot\vec{T}_0 \tag{10.11}$$

感磁方向一般与现代地磁场方向一致。

(3) 剩余磁化强度($\vec{J}_i$):简称剩磁。岩(矿)石在形成时受古地磁场的磁化所产生的磁性,在经历地质变动后仍保留下来的部分具有方向和大小保持不变的固定磁性称为剩余磁性。其大小和方向与现今地磁场无关,而取决于形成时的环境及所经历的地质变动。

(4) 总磁化强度($\vec{J}$):其大小等于感应磁化强度与剩余磁化强度的矢量和,即

$$\vec{J}=\vec{J}_i+\vec{J}_r \tag{10.12}$$

(5) 反磁化:岩矿石的剩磁的方向与现代磁场方向相反,且剩磁数值又大于感磁数值的现象称为反磁化。反磁化是产生负异常的原因之一。

(6) 磁勘探法成果图件。包括ΔZ或ΔT磁异常平面图(剖面平面、等值线平面)、化极磁异常平面图(剖面平面、等值线平面)、位场转换异常图(包括延拓、水平导数、垂向导数)、剩余磁异常图、推断成果图等。

2. 勘探理论、方法、技术应用常见术语及其意义

1) 地磁场、地磁要素等相关概念

(1) 地磁场:指地球周围空间分布的磁场。地球磁场近似于磁偶极子的磁场,其磁南极(S)大致指向地理北极附近,磁北极(N)大致指向地理南极附近。地表各处地磁场的方向和强度都是因地而异的,其磁力线分布特点是赤道附近磁场方向是水平的,两极附近则与地表垂直。赤道处磁场强度最小(30000~40000 nT),两极磁场强度最大(约为70000 nT)。地球表面的磁场受到各种因素的影响而随时间发生变化。地磁场强度是其位置的函数。

(2) 地磁极:地球表面上地磁场方向与地面垂直且磁场强度最大的地方,称为地磁极。地磁极有两个(磁北极和磁南极),其位置与地理两极接近,但不重合。地磁极的位置是随时间而变动的,不同地质历史时期其位置不同。

(3) 地磁要素:表示地球磁场方向和大小的物理量,包括磁偏角(D)、磁倾角(I)、总磁场强度(T)及其各个分量——水平分量(H分量)、北分量(X分量)、东分量(Y分量)、垂直分量(Z分量)。

(4) 磁偏角(D):地球上某点罗盘磁针指向与地理北极方向的夹角称为磁偏角。不同地点的磁偏角一般不同,同一地点的磁偏角也随时间而变动。磁子午线北端在真子午线以东为东偏、以西为西偏,东偏为正,西偏为负。

(5) 磁倾角(I):地球表面任何一点的地磁场总强度(T)矢量和水平面之间的夹角称为磁倾角。地磁场强度方向在水平面之下的磁倾角为正,反之为负。

(6) 地磁总场及分量:地磁场的总磁场强度(T)称为地磁总场,是垂直分量(Z)和水平分量(H)的矢量和,如图10.5所示。

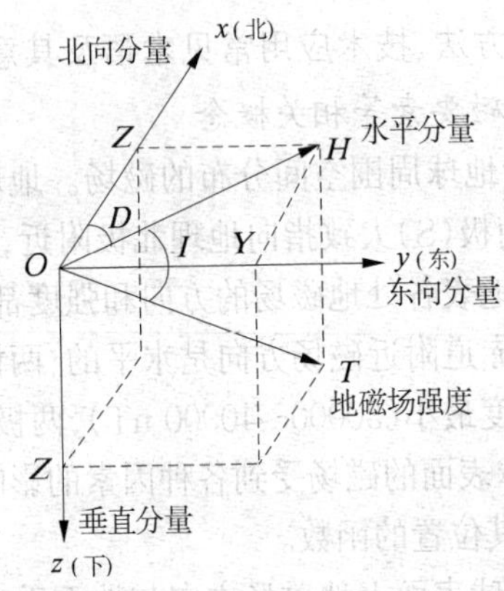

图10.5 地磁要素

① 地磁场垂直分量(Z):地磁场总磁场强度矢量(T)在参考坐标系Z轴(垂直向下指向地心)上的投影称为地磁场垂直分量。北半球Z值为正,南半球Z值为负。北半球总磁场强度向量由地表向下倾,Z值为正,赤道附近Z值为零。由赤道向两极Z的绝对值逐渐增大,两磁极处达±(60000~70000)nT。我国Z值从南到北逐渐增加,为9000~56000 nT。

② 地磁场水平分量(H):地磁场总磁场强度矢量(T)在参考坐标系的XOY水平面上的投影,称为地磁场水平分量。水平分量数值在赤道附近最大,为30000~40000 nT,由赤道向两极数值逐渐减小,两极为零。地球上除高纬度地区以外,大部分地区地磁场水平分量方向大致向北,这个方向通常称为磁北。我国由南到北水平分量逐渐减小,为41000nT→20000 nT。

地磁要素之间变换关系如下:

$X=H\cos D$; $Y=H\sin D$; $\tan I=Z/H$; $\tan D=Y/X$; $H^2=X^2+Y^2$; $T^2=H^2+Z^2$; $T=H\sec I$; $T=Z\csc I$。

(7) ΔT磁异常:指磁异常点上总磁场强度的模量与正常场总磁

场强度模量的差值。

(8) 地磁场正常梯度：地球表面正常分布的地磁场强度随距离(纬向距离)的变化率，称为地磁场的正常梯度。地磁场垂直分量的正常梯度值在低纬度地区较大，而水平分量则相反。我国由南到北垂直分量的正常梯度值的变化范围为13～6.5 nT/km。在进行大面积的小比例尺地面磁测、航磁测量、海洋磁测时，为了消除地磁场正常梯度的影响，均需对其进行正常梯度改正。

2) 地磁场测量及异常概念

(1) 基点和基点网：在磁勘探法中，为了计算磁异常值或进行磁测结果的各项改正，在平稳磁场中设置的特殊观测点，称为基点。众多基点经过联测，使磁场值相互联系起来，若干个基点组成网络，称为基点网。基点网中设置在正常磁场上作为整个测区磁异常的零值点称为总基点。基点网观测精度要高于测点观测精度。

(2) 日变改正：地磁场随时间作周期性变化，其中以一昼夜为周期的变化，称为日变。磁勘探法中为消除日变影响的改正称为日变改正。

(3) 正常场改正及高度改正：进行大面积磁测时，为了消除地磁场正常梯度的影响而进行的改正，称为正常场改正。而为了消除测点高程影响进行的改正称为高度改正。

(4) 地磁异常：简称“磁异常”，实测地球磁场强度和理论磁场强度的差异称为“磁异常”，正常场和磁异常是相对的。磁勘探法中把与地质构造和矿产有关的局部磁异常称为局部异常。

(5) 磁异常强度：指磁异常值的强弱，以磁异常最大值的nT数表示。其大小受地质体的形状、规模、埋深、产状及磁性大小和方向等因素控制。

(6) 磁异常梯度：指磁异常沿某一方向的变化率。常用的有水平梯度、垂直梯度等，单位为nT/m或nT/km。磁异常梯度主要取决于磁性体的形状、规模、产状、埋深及磁性等因素。梯度值与磁性体的埋深h^n成反比。

(7) 低缓磁异常:指磁异常强度和梯度都比较小、异常较宽阔、分布面积较大的磁异常。一般情况下,低缓磁异常都是由埋藏深、规模大的磁性体(岩体或矿体)引起的。

(8) 二度异常:具有一定走向,沿走向方向异常值变化不明显的磁异常,称为二度异常。它是两度空间坐标(X、Z)的函数。引起二度异常的磁性体称为二度体,如层状地质体、脉状地质体、向斜、背斜等。

(9) 三度异常:没有明显的走向,近似等轴状的磁异常,称为三度异常。它是三度空间坐标(X、Y、Z)的函数。引起三度异常的磁性体称为三度体,如囊状矿体、透镜状矿体、岩株、岩筒等。

(10) 垂直磁化和斜磁化:垂直磁化是指地质体的总磁化强度矢量铅锤向下,磁倾角为90°时,称为垂直磁化。磁倾角不为90°时,称为斜磁化。

3) 磁法数据处理相关概念及意义

(1) 化到地磁极:简称“化极”,是磁异常数据的转换处理重要方法之一,是一种将斜磁化ΔT或Za磁异常换算为垂直磁化磁异常的磁场换算方法。目的是消除斜磁化对异常中心位移的影响。低纬度地区也可作化赤处理,即化到赤道,以研究水平分量为主。

(2) 延拓:把原观测面的磁异常(或化极后)通过一定的数学方法换算到高于或低于原观测面的平面上的又一种重要磁异常转换处理方法,分为向上延拓(换算到高于原观测平面)和向下延拓(换算到低于原观测平面)。向上延拓后异常变得平缓光滑,可压制局部异常,反映深部或规模大的异常体特征;向下延拓后,由于局部干扰或误差增大,使延拓曲线发生跳动,往往在下延之前需对曲线进行圆滑处理,并且随延拓深度增加,往往圆滑和延拓配合使用。下延可分离水平叠加异常、评价低缓异常(“放大”异常特征)。

(3) 磁异常导数换算:磁异常数据处理的重要方法之一是利用各种磁性体磁异常(化极后)一阶和高阶导数、方向导数的不同特点而进行磁异常解释推断的方法。分为垂向导数和方向导数处理。垂向导数有利于分辨叠加磁异常,突出浅部磁性地质体引起的局部异常和压制区域干扰;方向导数处理是为了突出某一方向的线性异常特征,以便更有效地识别断裂构造,通常以主构造线或异常体走向为起始方向,按 45°角递增求四个方向导数(如 0°、45°、90°和 135°)。

10.2.2.4　野外施工及质量控制

1. 仪器准备

包括根据目的、任务而进行的磁力仪选择调配、多台仪器的一致性效验、测地型仪器准备及效验等,各项工作必须满足相关规范要求后方可投入野外生产。

2. 野外工作

包括基点的选择定位及联测、日变观测、校正点及测点的定位布设及观测、质量检查点的布设与观测等。

质量保证措施:确保仪器设备性能满足规范要求,野外施工严格执行相应规范,保证资料真实可靠。

10.2.2.5　磁测资料数据处理与综合整理研究

1. 磁测数据处理的目的及方法应用

磁法数据处理与重力数据处理相似,目的也是要从不同场源引起的叠加异常中分离或突出所研究和探查目标引起的异常,使其更易于识别、反演和解释。

数据处理的内容主要包括化极处理、向上延拓处理、垂向导数处理、水平方向导数处理、剩余异常处理等。这些处理方法作用大致如下:

(1) 化极处理:消除地磁场倾斜磁化对磁异常位移的影响。由于地磁场倾斜磁化的影响,可造成正磁异常中心不是正好对应在磁性地质体的正上方,而是沿倾斜磁化强度矢量水平投影的反方向上有不同程度的偏移错动,导致不便于判断磁性地质体的空间位置、形态及分布范围。

化极时所使用的地磁场强度、磁倾角、磁偏角为数据处理区域中心点的相应参数(可通过相关网站查询)。

(2) 向上延拓处理:在化极磁场的基础上,为压制浅而小的地质体异常,突出深部的或规模较大异常体的特征,常采用向上延拓处理。

上延也将使中浅部多个局部异常体的叠加场呈现一体化,增加解释的困难。延拓高度根据具体情况确定,一般可选择3~5个不同高度进行延拓。合适的延拓高度由试验确定,以能否达到压制和突出有关信息为准。

(3) 垂向导数处理:在原平面化极磁场的基础上,开展垂向导数数据处理主要为了突出浅部地质体引起的局部异常。

(4) 水平方向导数处理:在原平面化极磁场的基础上进行方向导数处理,目的是突出某一方向的线性异常特征,以便更有效地识别断裂构造。通常求0°、45°、90°、135°四个方向的水平导数,主要用于突出走向垂直于求导方向的线性构造线及其大致位置,包括断裂、基性岩脉的位置、宽大地质体的边界线以及确定地质体的走向等。

(5) 剩余异常处理:剩余异常处理通常是将一些局部和较微弱的短波异常从区域背景异常中分离提取出来,从而突出局部弱小异常。剩余异常处理要求在剖面数据上进行,通过采用非线性滤波方法,滤波窗口宽度为需要突出的最小异常的宽度的一半。

磁测资料数据处理的目的是突出某类场源体的异常信息,是为异常解释服务的。数据处理应有针对性,不能在没有明确具体的目的情况下就确定处理方法及方案。

2. 磁异常定量反演方法

在定性、半定量解释的基础上,对形态规整、曲线圆滑、引起异常原因较为单一的磁异常进行定量反演解释可采用切线法、特征点解析法等,而对多个地质体叠加异常等复杂条件下,则采用2.5D人机交互拟合法和3D物性自动反演等。

(1) 切线法:利用异常曲线上一些特征点(极值点、曲线两翼拐点、极小值点)的切线之交点的坐标关系来近似估算磁性体埋深。优点是简便、快速、受正常场选择影响小。缺点是误差大。

(2) 特征点解析法:利用异常曲线上的某些特征点(极值点、拐点、零值点等)的坐标位置以及它们之间的距离,估算磁性体埋深及产状。

(3) 2.5D人机交互拟合法:与重力反演一样,利用软件中磁异常拟合反演功能,以二维半多边形截面积水平棱柱体模型作为磁场源体的初始模型,并根据先验地质资料、物性资料和半定量解释结果,对所有参数估计初始值进行设置,然后采用人机交互修改、计算机自动迭代反演相结合方式求取地下磁性地质体埋深、空间形态、体积等,包括人机交互修改模型参数、磁异常正演计算、非线性优化求解等。磁异常剖面拟合计算需要输入的参数主要有:地磁场强度、磁倾角、磁偏角;剖面方向;模型断面几何形态、磁化强度、磁倾角、磁偏角、水平延伸长度。

(4) 3D物性自动反演法:通过重磁反演软件对地下空间进行剖分,通过单元磁性体的物性值进行自动反演,直接得到地下空间的磁性分布,进而得出地下相关地质体的几何形态。

10.2.2.6 执行标准

磁勘探法的执行标准如下:

《全球定位系统(GPS)测量规范》(GB/T 18314—2009)、《物化探工程测量规范》(DZ/T 0153—2014)、《地球物理勘查技术符号》(GB/T 14499—1993)、《地球物理勘查图示图例及用色标准》(DZ/T 0069—1993)、《航空磁测技术规范》(DZ/T 0142—2010)、《地面高精度磁测技术规程》(DZ/T 0071—1993)。

10.2.3 电勘探法

10.2.3.1 定义、分类及应用条件

1. 定义

电勘探法是指以岩(矿)石的电学(导电性、电化学性)、磁学(导电、导磁、介电性)性质的差异为基础,通过观测和研究天然的和人工的稳定电流场或交变电磁场时、空的分布规律,来达到找矿或解决其他地质问题目的的一组地球物理勘探方法。电勘探法是地球物理勘探的主要方法之一,也是最为复杂、变种最多的物理勘探方法。

2. 分类

电勘探法种类繁多,分类的方案也不统一。根据观测空间不同可分为地面电法、航空电法、海洋电法、井中电法四类;根据场源性质不同可分为天然场源法(天然电场——自然电场法;天然电磁场——大地电磁法)和人工场源法(人工建立场源电法和电磁法)。也可分为传导类电法(电阻率法、充电法、激发极化法、自然电场法)和感应类电法(电磁法)。按使用和观测电、磁场的时间特性、频率特性,可分为直流电法(电阻率法、直流激发极化法、充电法、自然电场法)、交流电法(交流激发极化法、电磁法)等。每一类中又包括许多分支方法,相互交叉,变种复杂多变。本手册主要按直流电法、交流电法阐述相关常用术语、物理意义、方法技术等,详见表10.2。

3. 应用条件

研究对象和围岩存在明显的电性差异;研究对象相对于埋深具有一定规模,在地面能引起明显的电异常;电性断面较简单等。

表10.2　电勘探法分类

<table>
<tr><th>类别</th><th>场源建立方式</th><th colspan="2">方法名称</th><th>方法主要变种(装置)</th><th>主要应用</th></tr>
<tr><td rowspan="9">直流电法</td><td>天然电场</td><td colspan="2">自然电场法</td><td></td><td></td></tr>
<tr><td rowspan="8">人工电场</td><td rowspan="3">电阻率法(ρ_s)</td><td>电剖面法</td><td>联合剖面
对称四极剖面偶极剖面
中间梯度</td><td></td></tr>
<tr><td>电测深</td><td>对称四极
三极测深
偶极测深</td><td></td></tr>
<tr><td>测井</td><td></td><td></td></tr>
<tr><td colspan="2">充电法</td><td></td><td></td></tr>
<tr><td rowspan="3">激发极化法(时间域η_s)</td><td>电剖面法</td><td>中间梯度
联合剖面
单极梯度剖面</td><td></td></tr>
<tr><td>电测深</td><td>对称四极
三极测深
偶极测深</td><td></td></tr>
<tr><td>测井</td><td>井地
地井
井井</td><td>井底、井旁盲矿</td></tr>
<tr><td rowspan="6">交流电法</td><td rowspan="2">天然电(磁)场</td><td colspan="2">大地电磁法(MT)</td><td rowspan="2"></td><td rowspan="2"></td></tr>
<tr><td colspan="2">音频大地电磁测深法(AMT)</td></tr>
<tr><td rowspan="4">人工电场</td><td rowspan="4">交流激发极化法(频率域法)</td><td rowspan="2">频谱激电(SIP)或复电阻率(CR)</td><td>测深</td><td></td></tr>
<tr><td>偶极—偶极</td><td></td></tr>
<tr><td rowspan="2">相位激发极化法</td><td>测深</td><td></td></tr>
<tr><td>偶极—偶极</td><td></td></tr>
</table>

续表

<table>
<tr><th>类别</th><th colspan="2">场源建立方式</th><th colspan="2">方法名称</th><th colspan="2">方法主要变种(装置)</th><th>主要应用</th></tr>
<tr><td rowspan="15">交流电法</td><td rowspan="15">人工电(磁)场</td><td rowspan="15">电磁法</td><td rowspan="3">低频</td><td>不接地回线法</td><td colspan="2"></td><td rowspan="15"></td></tr>
<tr><td rowspan="2">偶极剖面法</td><td>地面</td><td rowspan="2">各种装置</td></tr>
<tr><td>航空</td></tr>
<tr><td rowspan="2">高频</td><td rowspan="2">甚低频法(VLF)</td><td colspan="2">地面</td></tr>
<tr><td colspan="2">航空</td></tr>
<tr><td rowspan="2">脉冲</td><td rowspan="2">感应脉冲瞬变法(瞬变电磁法)</td><td colspan="2">地面</td></tr>
<tr><td colspan="2">航空</td></tr>
<tr><td rowspan="2">宽频</td><td rowspan="2">频率测深</td><td colspan="2">电偶极源</td></tr>
<tr><td colspan="2">磁偶极源</td></tr>
<tr><td rowspan="3">电磁波</td><td>井中无线电波透视法</td><td colspan="2"></td></tr>
<tr><td>探地雷达法(GPR)</td><td colspan="2"></td></tr>
<tr><td>侧视雷达</td><td colspan="2"></td></tr>
<tr><td colspan="2">可控源音频大地电磁测深法(CSAMT)</td><td colspan="2" rowspan="3"></td></tr>
<tr><td colspan="2">广域电磁法和伪随机信号电法</td></tr>
<tr><td colspan="2">时域电磁法(TFEM)</td></tr>
</table>

10.2.3.2 技术流程

电勘探法技术流程如下：

接受任务→资料收集(包括岩矿石电性参数)、整理、分析、踏勘、必要的方法试验→工作设计书编写、审查、批准→仪器准备、校验、检查→测线、测网布设→野外数据采集、初验→资料整理计算(穿插野外中间性检查)→编制电法基本图件(剖面平面图、断面图、平面等值线图等)→异常划分、分类研究、定性解释与致矿异常筛选→半定量、定量解释(根据采用方法不同,处理方法各异,主要包括一维电测深,二维电阻率、极化率正反演,二维MT、AMT、CSMAT,一维TEM正反演,电阻率地形改正等)→编制推断成果图件→报告编写、审查→资料汇交。

10.2.3.3　常用方法、术语及其意义

1. 直流电法相关术语、方法、技术应用及成果图件

1) 直流电法

直流电法是指以岩(矿)石导电性(电阻率)、电化学性(激发极化效应)差异为基础,通过观测和研究与地质体有关的直流电场的分布特点规律来达到找矿和解决地质问题目的的一类电法(主要研究参数为视电阻率ρ_s、视极化率η_s、电位差ΔV)。按场源可分为天然电场和人工电场。利用人工场源的直流电法有电阻率法、直流激发极化法、充电法等;利用天然场源的直流电法有自然电场法。

2) 电阻率法

电阻率(ρ)是指电流垂直通过单位体积的岩(矿)石时所受到的阻力。影响岩(矿)石电阻率的因素有岩(矿)石中良导矿物含量、岩(矿)石结构、岩(矿)石中水溶液含量及其盐离子浓度、温度等。电阻率法指以岩(矿)石导电性差异为物质基础,通过观测与研究人工电场的分布规律达到找矿和解决其他地质问题的一组常用方法。它用直流电源通过导线经供电电极(A、B)向地下供电建立电场,经测量电极(M、N)将该电场引起的电位差(ΔV_{MN})引入仪器进行测量。

M、N之间地下岩矿石视电阻率的计算公式

$$\rho_s = K\frac{\Delta V_{MN}}{I} \tag{10.13}$$

式中,ρ_s:视电阻率,单位为Ω·m;K:“装置系数”或“布极常数”;ΔV_{MN}:测量电极M、N之间电位差,单位为毫伏(mV);I:供电回路电流强度,

单位为毫安(mA)。

装置系数K的通用公式为：

$$K=\frac{2\pi}{AM^{-1}-AN^{-1}-BM^{-1}+BN^{-1}} \tag{10.14}$$

电阻率法又可分为电阻率剖面法、电阻率测深法(地面)，以及电阻率测井法(地下)。

(1) 电阻率剖面法：简称“电剖面法”，是指供电电极及测量电极之间距离保持不变，几个电极同时沿测线方向逐点移动观测视电阻率的变化，研究剖面方向地下一定深度和一定范围内岩(矿)石电性变化情况的一组电阻率方法。主要用于探测陡立产状的地质体(金属矿体、岩层界限、断裂带等)。根据电极排列方式不同，电剖面法有许多变种，目前常用的有对称四极剖面法、联合剖面法、中间梯度法、偶极装置、高密度电阻率法等(常用装置特点、应用范围及异常特征如表10.3所示)。

表10.3 常用电阻率剖面法装置及典型异常特征

名称	装置特点	应用范围	剖面异常特征	曲线示意图
对称四极	A、M、N、B四个电极对称于MN中点(O点)布置在一条测线上，并保持极距不变，整个装置沿剖面同时移动逐点观测	平缓低阻体	曲线呈“U”形	
		高阻基岩隆起或陡立高阻脉	基岩相对覆盖层具高阻特征时，曲线呈凸起状；反之呈凹陷状	
		岩层接触界限划分	接触界限处曲线跃变	

续表

名称	装置特点	应用范围	剖面异常特征	曲线示意图
联合剖面	由两个对称的三极装置 AMN 和 MNB 联合组成，公共用无穷远极 C（垂直于测线方向，距最近测线距离大于五倍电极距 AO）和测量电极 MN，观测时在各测点上分别由 AC 和 BC 供电，测算 ρ_s^A 和 ρ_s^B	陡倾层状，或脉状低阻体，或断裂破碎带	低阻体上方 ρ_s^A 和 ρ_s^B 曲线相交，交点左侧 $\rho_s^A > \rho_s^B$，右侧 $\rho_s^A < \rho_s^B$，呈"正交点"	ρ_s^B ρ_s^A
中间梯度	供电极 A、B 不动，测量电极 MN 距离不变在 AB 中部1/3范围内（还可在 AB 连线两侧 $\frac{1}{6}AB$ 范围内）沿测线逐点移动进行梯度测量	陡立的高阻脉	曲线呈"Λ"形凸起	
		水平低阻脉	曲线呈"U"形凹陷	
		直立的岩石接触面	接触界限处曲线跃变	
偶极-偶极	A、B、M、N 四极，$AB=MN=a$，$BM=na$	高阻脉	曲线呈"Λ"形凸起	
		低阻脉	曲线呈"U"形凹陷	
		直立的岩石接触面	接触界限处曲线跃变	

续表

名称	装置特点	应用范围	剖面异常特征	曲线示意图
高密度	多电极（一个排列60根），电极间相隔距离相等，一次性完成多种装置形式测量，高效，兼具电阻率剖面法所有装置功能，亦具有测深装置功能	兼具剖面测量、测深应用范围，适用范围更广		

成果图件有各种装置视电阻剖面图、剖面平面图和等值线平面图（面积性工作）、解释推断成果图（剖面、平面）等。

应用电剖面法解决地质问题的前提条件是：被勘探对象必须与围岩在水平方向上有明显电阻率差异；被探测对象相对于埋深应具有一定规模，在地表引起可测异常；干扰水平相对较低，即被勘探对象引起的异常能从干扰背景中区分出来；具备必要的地形条件和接地条件，沿测线方向地形起伏不大，若有起伏应注意识别或消除地形影响。

(2) 电阻率测深法：简称电测深法，是指在地面的一个测点上（MN中点），多次按一定比例逐渐加大供电极距，逐次测量视电阻率值，研究该点下电性不同岩（矿）层沿垂向分布情况的一种电阻率法。电测深法多采用对称四极排列，又称对称四极测深法。曲线是绘在以$AB/2$为横坐标、ρ_s为纵坐标的双对数坐标纸上。对电测深曲线解释时，首先要对测深曲线类型进行识别，对一个地区的地电断面进行充分定性解释，然后进行定量解释，以求出地电断面的各种参数。定量解释方法有量版法和计算机自动反演解释法等。

电阻率测深除了对称四极测深外，还可按装置分为偶极测深、三极测深、环形测深、五极纵轴测深、高密度电阻率测深等。

高密度电阻率测深为集中了电阻率剖面法和电阻率测深法的一种阵列勘探法，设置了高密度观测点，具有快速、高效、准确的特点。

应用电测深解决地质问题的有利条件是：沿垂向有足够大的电性差异；相对埋深而言，目的层应有一定厚度，存在比较稳定的标准层；需利用电测深进行定量解释时，地电断面为水平层状或倾角应小于20°。

成果图件有曲线类型图（测深曲线图册）、视电阻率断面图、反演电阻率断面图。

(3) 电阻率测井：是将电极（梯度电极系或电位电极系）放入钻井中，通过观测沿井轴方向视电阻率的变化，达到了解地下地质情况的一种测井方法。主要用于确定含矿层层位，划分不同岩层界线并确定各岩层电阻率，为电阻率测深解释提供各中间层参数。

成果图件有测井视电阻率ρ_s曲线图对应地层柱状图。

2）激发极化法（IP）

(1) 直流激发极化法：又称“时间域激发极化法”，是以岩（矿）石的电化学性质差异为基础，在一定的直流电流场作用下产生不同激发极化效应，通过观测研究随时间、空间变化的二次电场（激发极化场）的特点和规律得到视极化率等参数，用于找矿勘查和解决其他地质问题的一种勘探方法。根据装置和观测空间不同，分为激电剖面法、激电测深法、井中激法极化法等，其装置与电阻率法相同，常用的装置特点、应用范围及异常特征如表10.4所示。野外关键技术是装置、极距选择以及供电时间确定。

表10.4 常用激发极化法装置

<table>
<tr><th colspan="2">装置名称</th><th>装置特点</th><th>应用范围</th><th>异常特征</th></tr>
<tr><td rowspan="5">中间梯度装置</td><td rowspan="2">横向中梯</td><td rowspan="2">电场方向平行于矿体走向；
测线方向垂直于供电电极和测量电极方向</td><td>低阻高极化体</td><td rowspan="2">目的体在地面投影上方中部曲线呈宽幅“Λ”形凸起</td></tr>
<tr><td>有高阻屏蔽的良导高极化矿脉</td></tr>
<tr><td rowspan="3">纵向中梯</td><td rowspan="3">等同于电阻率中梯，但测量范围可扩大到AB中部2/3的范围内甚至全域（但在异常分析时应特别注意倾斜极化和垂直极化对异常形态的影响）</td><td>无明显电阻率差异的浸染型矿体</td><td rowspan="3">目的体在地面投影上方中部曲线呈宽幅“Λ”形凸起</td></tr>
<tr><td>高阻高极化体</td></tr>
<tr><td>面积性普查工作</td></tr>
<tr><td colspan="2">联合剖面装置</td><td>等同于电阻率联合剖面法</td><td>解剖高极化异常时判断矿体（地质体）产状</td><td>无论高阻还是低阻体上方η_s^A和η_s^B曲线相交，交点左侧$\eta_s^A<\eta_s^B$，右侧$\eta_s^A>\eta_s^B$，均呈“反交点”</td></tr>
<tr><td colspan="2">单极梯度法</td><td>供电A极固定在已发现的异常中心或附近，另一供电电极置于无穷远处，沿测线逐点进行梯度测量</td><td>解决异常中心埋深；
研究极化体倾向和导电性</td><td>极化体正上方，η_s值低，并趋于零值，两侧出现双峰异常</td></tr>
<tr><td colspan="2" rowspan="2">激电测深装置</td><td>等同于视电阻率对称四极装置</td><td rowspan="2">岩性分层；
研究极化体中心埋深</td><td>水平层状激电测深曲线受相邻层极化率相对大小和各层电阻率影响，类型多变复杂</td></tr>
<tr><td>温纳测深：
$\frac{MN}{AB}$为1/3或1/5不变</td><td>极化体不同部位、不同几何形态、不同产状，测深曲线不同，一般呈“G”形或“K”形</td></tr>
</table>

(2) 激发极化效应:在人工电流场——次场或激发场作用下具有不同电化学性质的岩(矿)石,由于电化学作用将产生随时间变化的二次电场(激发极化场)。这种物理化学作用称为激发极化效应。它包括电子导体的激发极化效应和离子导体的激发极化效应。影响激发极化效应的因素有岩矿石物质成分、金属矿物的含量和结构、供电电流强度、供电时间等。一般电子导电矿物的激发极化强度较大,在同结构条件下金属矿物含量越多,极化率越大,在金属矿物含量相等的情况下,浸染状结构矿石比致密状结构矿石的极化率大,供电电流越大、供电时间越长,激发极化效应越强。

(3) 极化率(η):是表征均匀介质激发极化效应的参数。

$$\eta=\frac{\Delta U_2}{\Delta U}\times 100\% \tag{10.15}$$

式中,ΔU_2:二次场电位差;ΔU:极化场或总长电位差。

(4) 视极化率(η_s):指在多种岩(矿)石存在的情况下(即所谓介质不均匀时)测得的极化率。它是表示直流激发极化法观测结果的一个参数,不仅和各种岩矿石的极化率大小、空间分布等因素有关,还与电极排列方式、极距大小有关。通常物探测量成果均为视极化率(η_s)。

(5) 直流激电极化法常用主要装置有中间梯度(剖面法)、联合剖面(剖面法)、单极梯度法(剖面法)、偶极-偶极(剖面、测深)、对称四极(剖面、测深)、温纳装置测深、三极测深、激发极化充电法(井下供电-测井)等(详见“DZ/T 0070—2016”附录A)。

(6) 直流激发极化法成果图件有各种装置η_s和ρ_s剖面图;η_s和ρ_s剖面平面图和等值线平面图(面积性工作);η_s和ρ_s测深曲线类型图;η_s和ρ_s测深断面图;反演η和ρ断面图;测井及井中激电剖面图;推断成果图等。

3）充电法

充电法是指将供电电源的一端接到良导矿体上，另一端接到无穷，通过观测研究其电场分布特征（主要观测电位或电位梯度）来进行找矿勘探的一种直流电法。主要用于良导体的勘查。

主要成果图件有电位剖面图、电位剖面平面图、电位等值线平面图、电位梯度剖面图、电位梯度剖面平面图等。

解释电位等值线平面图时，可由等电位线的形状和密集带推断导体在地面上投影的形状和走向，并初步圈定其边界。还可以从等位线分布的不对称性判断导体的倾向，等位线较稀的一侧为导体的倾向方向。对电位剖面曲线，可利用其极值点、拐点和对称性，大致推断充电导体在剖面上的中心位置、边界和倾斜方向。

解释电位梯度曲线时，电位梯度曲线零值点位置反映了充电导体的顶部位置，极值点位置大致是导体的边界。若梯度曲线不对称，则导体向两个极值中幅度较小且平缓的一方倾斜。对于电位梯度剖面平面图，可由零值点的连线判定导体走向，由各剖面的极值点位置圈定导体的大致位置。

4）自然电场法

利用岩（矿）石由于氧化还原作用、地下水渗透作用、扩散作用和岩石颗粒吸附作用等自然形成的电场进行找矿勘探的方法叫作自然电场法。主要用于埋藏较浅的金属硫化物矿床和部分金属氧化物矿床勘查。解释方法与充电法相似。

成果图件有自然电位ΔV剖面图、自然电位ΔV等值线平面图（面积性工作）、推断地质综合剖面图。

2. 交流电法相关术语、方法技术应用及成果图件

交流电法是指以岩（矿）石导电性（电阻率）、电化学性（激发极化效应）、导磁性以及介电性差异为基础，通过观测和研究与地质体有关的人工的或天然的交变电（磁）场的建立、分布、传播特点和规

律来找矿和解决地质问题的一类电勘探法方法。交流电法利用的场源有人工的也有天然的,根据利用场源的不同,可分为交流激发极化法和电磁法。利用人工交流电场的有交流激发极化法;利用人工交变电磁场音频连续波的有倾角法、振幅相位法等(频率域电磁法);利用人工交变电磁场脉冲波的有感应脉冲瞬变法(时间域瞬变地磁法);利用天然交变电磁场的有音频天然电场法、大地电磁法、音频大地电磁法等。

1) 交流激发极化法的定义及相关参数、术语

(1) 交流激发极化法:又称“频率域激发极化法”,其与直流激发极化法本质上相同,都是以岩(矿)石电化学性质的不同作为物理基础,通过观测在交变(超低频)电流激发下,电场随频率变化的特性来研究激发极化效应,达到找矿和解决其他地质问题的一种电勘探法方法。又可细分为振幅测量(观测测量电极MN间电位差随频率变化,计算高频电阻率振幅值ρ_f、频散率p_s)和相位测量(观测测量电极MN间电位差相对于供电电流的相位移ϕ_s和视电阻率ρ_s)。振幅测量参数主要有视频散率(p_s)、交流电阻率振幅值(ρ_f),以及演化其他参数视频散电导率(J_s)、视激电率(G_s);相位测量基本观测参数是视相位(ϕ_s)、视电阻率(ρ_s)。交流激发极化法装置与直流激电相同,但由于电磁耦合干扰问题,通常交流激电只采用偶极装置,偶尔使用中梯装置。关键技术是频率和极距选择。

(2) 视频散率(p_s):计算公式为

$$p_s=\frac{\Delta v_{f_1}-\Delta v_{f_2}}{\Delta v_{f_2}}\times 100\% \tag{10.16}$$

式中,Δv_{f_1}:低频时测量电极MN电位差值;Δv_{f_2}:高频时测量电极MN电位差值。

极限频率时,视频散率(p_s)相当于直流激电中的极化率η_s。

(3) 交流视电阻率振幅值(ρ_f):相当于直流激电中视电阻率,计算

公式为

$$\rho_f = k\frac{\Delta v_{f_2}}{I} \tag{10.17}$$

式中,Δv_{f_2}:高频电位差。

(4) 视频散电导率(J_s):又称“视金属因素”,计算公式为

$$J_s = \frac{P_s}{\rho_f} \tag{10.18}$$

式中,J_s:单位为S/m(西门子每米),突出反映低阻高极化致密块状金属矿异常,而压低高阻高极化浸染状矿化岩石异常。

(5) 视激电率(G_s):计算公式为

$$G_s = \rho_f \cdot P_s \tag{10.19}$$

突出反映高阻高极化异常特征。

(6) 成果图件有p_s、ρ_f、J_s、G_s等剖面图,剖面平面图,等值线平面图,p_s、ρ_f、J_s、G_s等拟断面图、测深曲线类型图、推断成果图等。

2) 电磁法的定义及相关参数、术语与方法技术

电磁法又称“电磁感应法”,指以岩(矿)石的导电性、导磁性以及介电性为基础,利用电磁感应原理,通过观测和研究人工的或天然的交变电磁场进行找矿和解决地质问题的一种地球物理勘探方法。主要用于寻找发现良导电体、良导磁体。电磁法是交流电法中应用最广泛、变种最多的一大类方法,目前没有统一的分类方法。按场源的形式可分为人工场源和天然场源两大类,前者包括回线法、偶极剖面法、地质雷达、瞬变电磁法、无线电透视法、可控源音频大地电磁测深法等,后者包括音频天然电场法、甚低频法、大地电磁测深法;按发射场性质不同又可分为频率域电磁法和时间域电磁法两类;按工作环境可分为地面、航空、井中电磁法三类,如表10.5所示。

表10.5 电磁法分类

<table>
<tr><th colspan="5">变种方法</th><th>工作环境</th></tr>
<tr><td rowspan="9">频率域电磁法</td><td rowspan="7">频率域电磁剖面法</td><td rowspan="2">天然场源</td><td colspan="2">音频天然电场法</td><td rowspan="2">地面、航空</td></tr>
<tr><td colspan="2">甚低频法</td></tr>
<tr><td rowspan="5">人工场源</td><td rowspan="2">大定源不接地回线法</td><td>实、虚分量法</td><td rowspan="5">地面、航空、井中</td></tr>
<tr><td>振幅比-相位差法</td></tr>
<tr><td rowspan="3">电磁偶极剖面法</td><td>虚分量-振幅法</td></tr>
<tr><td>水平线圈法</td></tr>
<tr><td>倾角法</td></tr>
<tr><td rowspan="2">频率域电磁测深法</td><td>天然场源</td><td colspan="2">大地电磁法(MT)
音频大地电磁法(AMT)</td><td rowspan="2">地面</td></tr>
<tr><td>人工场源</td><td colspan="2">可控源音频大地电磁测深法(CSAMT)</td></tr>
<tr><td rowspan="2">时间域电磁法</td><td colspan="4">瞬变电磁剖面法</td><td>地面、航空、井中</td></tr>
<tr><td colspan="4">瞬变电磁测深法(TEM)</td><td>地面</td></tr>
</table>

目前常用的地面电磁法有频率域电磁法(剖面法——不接地回线法、电磁偶极法;测深法——大地电磁法、可控源音频大地电磁法等)和时间域电磁法(瞬变电磁法剖面法、瞬变电磁测深法)。

(1) 频率域电磁法:指通过研究在不同频率的电磁场(人工场或天然场)作用下岩(矿)电阻率的变化来达到找矿和解决地质问题目的的一种电磁法。根据装置、场源、测量参数不同,频率域电磁法变种很多。

① 大定源不接地回线剖面法:利用向不接地电缆铺成矩形回线中通入低频交变电流而建立一次场的电磁法称为不接地回线法。布设矩形回线长边平行于目标体走向,测线垂直于长边,测量时电缆不动,在矩形回线内用接收线圈和仪器在测线上移动观测一次场和二次场。分虚、实分量法(观测垂直磁场H_z和水平磁场H_x、H_y的虚分量I_m

和实分量R_e)和振幅比-相位差法(测量沿测线相邻两点的振幅比和相位差)。适用于寻找良导体。

② 电磁偶极剖面法:用发射机将交变电流通入发射线圈产生一次场,用接收线圈和接收机观测二次场或总场的一种频率域电磁剖面法。包括多种装置形式,主要有虚分量-振幅法、水平线圈法、倾角法(观测总场向量倾角)。电磁偶极剖面法工作频率由装置类型和导体的导电性决定。

③ 大地电磁测深法(MT)、音频大地电磁法(AMT):MT是利用大地中分布的频率范围为$(n\times10^{-4})\sim(n\times10^{2})$Hz的超低频天然大地变化的电磁场,进行深部地质构造研究的一种频率域电磁测深法。大地电磁测深可同时测量电场强度分量E_x、E_y和磁场强度三分量H_x、H_y、H_z,计算视电阻率ρ_s、视纵向电导率S_t等。AMT工作方法、观测参数与MT相同,不同的是观测大地电磁场频率为音频,频率范围为$(n\times10^{-1})\sim(n\times10^{3})$Hz,但在音频段内天然地磁场强度较弱、人工干扰大、信噪比低、观测困难,须多次叠加。两者均属于天然场频率域电磁法。

④ 可控源音频大地电磁测深法(CSAMT):是由人工控制通过在有限接地导线供入地下不同频率音频交变电流[工作频率$(n\times10^{-1})\sim(n\times10^{3})$Hz],产生相应频率电磁场,在地面一定范围内测量各测点不同频率下不同方位的电、磁场振幅及相位数据,计算卡尼亚电阻率及阻抗相位,通过各种复杂的数据处理、反演手段反映出地下电阻率三维分布特征,达到了解地下电性结构、探测不同埋深地质目标体的一种频率域电磁测深法。

卡尼亚电阻率:

$$\rho^{E_x/H_y}=\frac{1}{\mu\omega}\left|E_x/H_y\right|^2=\frac{1}{5f}\left|E_x/H_y\right|^2 \tag{10.20}$$

阻抗相位:

$$\phi^{E_x/H_y}=\phi_{E_x}-\phi_{H_y} \tag{10.21}$$

式中，ρ^{E_x/H_y}：卡尼亚电阻率；E_x：电场强度分量(电场振幅)；H_y：磁场强度分量(磁场振幅)；μ：磁导率；ω：角频率，等于$2\pi f$；f：频率；ϕ：相位；ϕ^{E_x/H_y}：阻抗相位。

依据观测电磁场分量的平面覆盖范围和接收电极相对供电电极的不同位置，CSAMT工作有三种测量装置，即赤道(旁侧)装置——观测E_x/H_y，接收电极分布在供电电极中垂线两侧约45°角的扇形区域内；轴向装置——观测E_x/H_y，接收电极分布在供电电极中点轴向线两侧约30°角的扇形区域内；E_y/H_x装置——观测E_y/H_x，接收电极分布在交于供电电极中点的两条斜对称轴两侧约40°角的扇形区域内)，野外常用装置是赤道(旁侧)E_x/H_y装置。

根据供电、接收、测线布置方向相对于地质构造走向的关系，CSAMT有TM和TE两种测量模式(详见“DZ/T 0280—2015”)。

(2) 时间域电磁法：指用强大电流产生脉冲式一次场，在断电间隙通过接收回线和仪器测量地下导体感应产生的瞬变二次场的一种电磁法。

① 瞬变电磁剖面法(TEM)：指在发射回线内供入强大脉冲电流产生一次场，在断电间隙，通过接收回线和仪器，沿测线逐点观测地下介质感应的瞬变二次电磁场的一种时间域电磁法。分为重叠(发射与接收回线重合)、偶极(发射线圈和接收线圈在同一测线上保持一定间隔同步移动)和定源回线(发射回线不动，接收线圈沿测线移动观测)三种装置。瞬变电磁的主要参数有磁感应强度瞬变值$B(t)$、感应电压$V(t)$、磁感应强度关于时间的导数$\mathrm{d}B/\mathrm{d}t$、视电阻率ρ_s、视纵向电导率S_t等。

② 瞬变电磁测深法：与瞬变电磁剖面法相似，常用的近区瞬变电磁测深装置有电偶源、磁偶源、线源和中心回线四种，一般探测1 km以内目标层的最佳装置是中心回线装置(用探头或线圈放置在发射回线中心，发射回线和接收线圈沿剖面或相对不同测点同步移动测量)，

它与目标层有最佳耦合、受旁侧及层位倾斜影响小等特点，所确定的层参数较准确。

电磁法成果图件主要有各测量参数剖面图、剖面平面图、等值线平面图，典型测深曲线图、电阻率拟断面图、电阻率-深度断面图，推断成果图(地质断面图、地质平面图)等。

10.2.3.4 野外施工及质量控制

电勘探法根据目的、任务、方法及技术差异，其野外工作环节有所差异，但一般包括如下环节：

(1) 生产前准备：资料收集与踏勘、方法技术分析与试验、工作装置及参数选择、工作精度设计、测线方向及测网设计、仪器设备选配和仪器一致性试验等。

(2) 野外工作：包括测点的定位布设、导线或线圈敷设、电极布设、野外观测、质量检查点布置及观测等，质量控制是其具体工作及要求，须严格执行相应规范，并满足规范要求。

10.2.3.5 数据处理

电勘探法方法复杂，变种及测量参数众多，方法及参数不同，数据处理方法也不同，即使是同一个测区的同一种方法，往往也要根据地质体的特点和任务要求进行不同的数据处理，具体采用何种处理方法应通过试验选择，目的是突出或增强探测的目标地质体信息，以利于后续解释工作的开展。

电法数据处理共性有压制噪声(数据编辑、畸变点剔除或圆滑)、地形校正等。

电法数据处理包括电阻率、极化率数据处理，有一维电测深，二维电阻率、极化率正反演，一维TEM正反演，二维MT(CSAMT)，电阻率地形改正等。这些均可在专用软件系统下实现反演和人机交互拟合正反演。详细按相关规范要求和相关软件说明执行。

10.2.3.6 执行标准

电勘探法根据方法不同,执行标准也不同,目前执行的行业标准有:

《全球定位系统(GPS)测量规范》(GB/T 18314—2009)、《物化探工程测量规范》(DZ/T 0153—2014)、《地球物理勘查技术符号》(GB/T 14499—1993)、《地球物理勘查图示图例及用色标准》(DZ/T 0069—1993)、《电阻率剖面法技术规程》(DZ/T 0073—2016)、《电阻率测深法技术规程》(DZ/T 0072—1993)、《时间域激发极化法技术规程》(DZ/T 0070—2016)、《自然电场法技术规程》(DZ/T 0081—2017)、《地面甚低频电磁法技术规程》(DZ/T 0084—1993)、《相位激发极化法技术规程》(DZ/T 0281—2015)、《地面磁性源瞬变电磁法技术规程》(DZ/T 0187—2016)、《电偶源频率电磁电磁测深法技术规程》(DZ/T 0217—2006)、《天然场音频大地电磁法技术规程》(DZ/T 0305—2017)、《可控源音频大地电磁法技术规程》(DZ/T 0280—2015)等。

10.2.4 地震勘探法

10.2.4.1 定义、分类及应用条件

地震勘探是指利用人工激发(炸药震源;非炸药震源:机械撞击、气爆震源、电能震源)的地震波(弹性波)在弹性不同的地层内传播规律来探测地下地质情况(地质体结构和岩性信息)的一种地球物理勘查方法。在地面某处激发的地震波向地下传播时,遇到不同弹性的地层分界面就会产生反射波或折射波返回地面,用专门的仪器可记录这些波,分析所得记录的特点(波的传播时间、震动形状等),通过专门的

计算或仪器处理,能较准确地测定界面的深度和形态,判断地层的岩性、勘探构造、层状金属矿床等地质问题。

分类:主要有反射波法、折射波法、透射波法等。

应用条件:地震勘探法应用的前提条件是地下介质存在弹性和密度差异。

成果图件主要有地震波时间剖面图、推断成果图(剖面、平面)等。

10.2.4.2 常用术语

(1) 同相轴:在地震资料时间剖面图上,地震记录上波动的相同相位的连线叫作同相轴。同相轴直观反映界面产状(同相轴代表的界面深度单位为时间),与剖面图相似。

(2) 地震界面:在地下介质中能使人工地震波发生反射或折射的界面,称为地震界面。地震界面与地质界面不一定符合,只有当地震界面与地质界面一致或有密切关系时,地震勘探才能解决地质任务,所以在获得地震记录后需要仔细研究地震界面与地质剖面之间的关系。

(3) 地震标准层:凡是波形特征明显、稳定,并在区域内大多数地段可连续追踪的与勘探目的层相联系的地震界面均称为地震标准层。地震标准层的存在与否对地震勘探的质量和效果影响很大,根据地震标准层的变化、错动可推测地层产状、地质构造变化和发现断层。

(4) 地震层析成像:指利用地震波穿过地球内部的不同深度获取传播路径上介质的速度信息,在此基础上根据特定的数学方法反演地球内部的速度结构,并以图像的形式将它们显示出来的一种地震勘探方法。

10.2.4.3 野外施工及质量控制

(1) 生产前准备:资料收集与踏勘、试验、测线方向及测网设计、仪器设备选配等。

(2) 野外工作:包括测点的定位布设、炮眼成孔、传输导线及检波器敷设、爆破及野外观测记录等。质量控制须严格执行相应规范,并满足规范要求。

10.2.4.4 地震资料数字处理

地震资料数字处理主要包括:

(1) 常规水平叠加基本处理:获取水平叠加时间剖面。

(2) 数字滤波与反滤波:滤除或减少干扰信号。

(3) 速度分析:获取介质速度。

(4) 偏移归位:将水平叠加时间剖面上发生位置偏移了的反射层(同相轴)归位于其真实位置上,同时使干扰带自动得到分解,剖面面貌更清晰、更利于解释。

10.2.4.5 地震资料解释

1. 地震资料解释流程

地震资料解释一般按如下程序进行:速度参数研究→时间剖面对比→时间剖面地质解释→断层解释→特殊地质现象解释等。前两项是基础,后三项是地震工作须达到的成果。

2. 时间剖面的地质解释

1) 解释流程

(1) 时间剖面地质解释之前,应尽可能地搜集前人的地质、地球物理、钻井等资料,了解工区区域地层、构造、岩浆岩、构造发展史、断层类型及其在纵横方向上的分布规律等地质概况。

(2) 选择有代表性的区域地震剖面(复杂地区应选择垂直构造走向的并且经过偏移处理的剖面)进行地质综合解释。

(3) 确定标准层及其相当的地质层位,确定地质构造层,解释地层厚度变化和接触关系,可能时确定其沉积厚度。

(4) 解释构造形态及其基本特征。

(5) 解释断层性质、断距和断面产状等。

(6) 了解火山岩是否存在及其分布规律。

(7) 划分构造带。

2) 断层识别的主要标志及分析

(1) 反射波同相轴错断——反射标准层的错断和波组波系的错断,在其两侧波组关系稳定,波组特征清晰。一般为中、小断层的反映,其特点是断距不大、延伸较短、破碎带较窄。

(2) 反射波同相轴突然增减或消失,波组间隔突然变化——基底大断层反映。这种基底大断层多长期活动,上升盘的基底大幅度地抬起,遭受侵蚀,其上部沉积很少,甚至未接收沉积,造成地层变薄或缺失,因而在时间剖面上断层上升盘的同相轴减少,变浅甚至反射波缺失。相反,在下降盘由于大幅度地下降,往往形成沉降中心,沉积了较厚较全的地层,在时间剖面上反射波同相轴明显增多,反射波齐全。这类断层的特征是形成期早、活动时间长、断距大、延伸长、破碎带宽,对地层厚度起控制作用,一般是划分区域构造单元的分界线。

(3) 反射波同相轴产状突变,反射凌乱或出现空白带——由于断层错动引起两侧地层产状突变,相应在时间剖面上反射同相轴形状突变;由于断层的屏蔽作用,引起断面下反射波的射线畸变和反射波能量的减弱,造成断面以下反射层次不清,产状紊乱,出现资料空白带。一般断层越大,屏蔽作用越强,空白带也越宽。

(4) 标准反射波同相轴发生分叉、合并、扭曲、强相位转换等。一般为小断层的反映,但这类变化有时也可能由于地表条件变化或地层岩性变化以及波的干扰等引起,解释时要综合考虑上、下波组关系作具体分析。

(5) 出现异常波是识别断层的重要标志。在水平时间剖面上反射层次错动处往往伴随出现一些特殊波，如绕射波、断面反射波、回转波等。

10.2.4.6　执行标准

地震勘探法的执行标准如下：

《全球定位系统(GPS)测量规范》(GB/T 18314—2009)、《物化探工程测量规范》(DZ/T 0153—2014)、《地球物理勘查技术符号》(GB/T 14499—1993)、《地球物理勘查图示图例及用色标准》(DZ/T 0069—1993)、《浅层地震勘查技术规程》(DZ/T 0170—1997)、《煤田地震勘探规范》(DZ/T 0300—2017)、《石油、天然气地震勘查技术规范》(DZ/T 0180—1997)。

10.2.5　放射性勘探法

放射性物探又称"放射性测量"，是放射性地球物理勘探的简称。它是根据放射性射线的物理性质，利用专门的仪器(辐射仪、射气仪等)，通过测量放射性元素的射线强度或射气浓度来寻找放射性矿床的一种主要物探方法。同时也是寻找与放射性元素共生的稀有元素、稀土元素以及多金属元素矿床的辅助手段。其主要优点是可直接找矿。

放射性物探仪器有其特殊性，在固体矿产勘查中仅在发现矿床后，评价矿床开发利用价值、矿床辐射性时使用，其他情况很少使用，本手册不作详述。

10.2.6　物探测井法

10.2.6.1　测井、井中物探的定义及分类

测井又称"钻井地球物理勘查"，是在钻孔中通过电缆连接，放入

不同的特定探头，使用专门、特定仪器开展地球物理勘探的通称。它是常规地球物理勘查的一个空间勘查分支。根据所利用的岩(矿)石物理性质不同，可分为磁测井、重力测井、电测井、声波测井、放射性测井等。

井中物探：以岩(矿)石物性差异为基础，通过某种井中及地面装置的变化，追踪查证地面异常原因；了解井区岩(矿)层的连接关系及产状、埋深；寻找井旁、井间盲矿，确定其埋深及三维空间位置；预测井底盲矿，并估算见矿深度等。

10.2.6.2 测井方法技术及应用

1. 磁测井

磁测井分为磁化率测井和井中三分量测井。磁化率测井是在钻井中放入磁化率测井仪的探头直接测出钻井中沿井壁岩(矿)石磁化率的大小；井中三分量测井是在钻井中直接测得沿井壁方向磁场的三个分量(ΔZ、ΔX、ΔY)。磁测井主要用于划分磁性地层；寻找井底、井旁磁性盲矿体，并确定矿体的空间位置。

2. 重力测井

在钻孔内进行重力测量，求取相应岩层的平均密度，发现钻井附近的密度异常体，为地面重力异常和地震资料解释提供技术支持。

3. 电法测井

电法测井与地面常规电勘探法原理相同，通常可分为电阻率测井、激电测井、自然电位测井。电法测井主要用于划分岩性层、研究钻孔地质剖面、为电测深解释提供各中间层物性资料、寻找井底井旁盲矿体等。

井中激法极化法可以将供电或测量电极放在矿体上或近距离地放在矿体附近，提高激发极化效应，以加大勘探深度和范围，其有许多变种,可分为地面-井中方式、井中-地面方式、井中-井中方式,不同方式实现的地质目的不同,主要用于寻找井底、井旁盲矿,研究矿体走向、产状等。

4. 声波测井

声波在不同介质中传播时,速度、幅度及频率的变化等声学特性不相同。声波测井就是利用岩石的这些声学性质来研究钻井的地质剖面,判断固井质量的一种测井方法。声波测井主要分为两大类,即声速测井和声幅测井。声速测井(也称声波时差测井)是测量声波在地层中传播速度的测井方法,可为地震勘探提供必要的速度参数。声幅测井是研究声波在地层或套管内传播过程中幅度的变化,从而实现认识地层及了解固井水泥胶结情况的一种声波测井方法。

5. 放射性测井

放射性测井即在钻孔中测量放射性的方法,一般有两大类:中子测井与自然伽马测井。中子测井是用中子源向地层中发射连续的快中子流,这些中子与地层中的原子核碰撞将损失一部分能量,用深测器(计数器)测定损失的能量用以计算地层的孔隙度并辨别其中流体性质。自然伽马测井是测量地层和流体中不稳定元素的自然放射性发出的伽马射线,用以判断岩石性质,特别是泥质和黏土岩。

此外,根据所需解决的问题不同,还有温度测井;井下电视;井径、井斜测量等,此处不再赘述。

10.2.6.3　测井执行行业标准

测井执行行业标准如下:

《井中激发极化法技术规程》(DZ/T 0204—2016)、《井中磁测技术规程》(DZ/T 0293—2016)、《金属矿地球物理测井规范》(DZ/T 0297—2017)、《水文测井工作规范》(DZ/T 0181—1997)。

10.3 设计书编写

10.3.1 编写要求

地球物理勘查是一项系统而复杂的勘查流程，物探种类繁多，各方法变种复杂多变，既有综合物探设计，也有专项设计，设计书编写一般要满足如下要求：

(1) 根据目的、任务和相关规范，在有针对性地充分搜集分析资料的基础上，进行所需的现场踏勘，必要时开展方法有效性和可行性试验后编写设计书。

(2) 设计书应符合国家法律法规和相关规范技术标准的规定，文字通顺，条理清晰，图文并茂。

10.3.2 主要内容

物探设计书的内容，主要包括目的、任务、搜集资料(包括踏勘、以往资料研究整理、物探方法有效性试验等)、地质特征、地球物理特征、物探方法选择、工作部署和工作方法、技术质量要求、质量检查方法、实物工作量及工作安排、室内综合整理研究、物探图件编制要求、经费预算、质量安全及组织措施、预期成果等。设计编写提纲建议如下：

1 序言

1.1 目的、任务。

1.1.1 项目来源：简述项目来源。

1.1.2 目的、任务：概况性阐述项目目的、任务，必要时阐述方法的具体任务和勘查目标(有任务书的可抄录任务书全文)。

1.2 工作区范围和自然地理、交通位置。

1.2.1 测区范围:范围及坐标(列1980年坐标系和2000年坐标系坐标对比表)。

1.2.2 自然地理、交通位置:简述测区自然地理条件、人文环境、地形条件与交通位置(附交通位置插图)。

1.3 勘查登记情况:简述勘查区矿权登记情况及周边矿权分布状况。

1.4 以往工作程度、资料搜集和整理:根据目的、任务有针对性地全面搜集资料情况(包括新规范、新标准、物性、新近成果等),简述以往工作情况及取得的主要成果、认识和存在问题(附工作程度图),并评述资料利用情况。

1.5 野外踏勘及方法试验情况:展现野外有针对性的踏勘、方法、试验成果,分析方法可行性(文字小结、照片、插图等)。

2 地质、地球物理特征

2.1 地质特征。

2.1.1 区域地质特征:测区所处大地构造位置,区域地层、构造、岩浆岩特征等。

2.1.2 测区地质特征:测区地层、构造、岩浆岩、矿产特征等。对于矿产勘查目标,还应详述已知矿床、矿体特征(位置、埋深、大小、产状、蚀变等)和控矿因素;对于其他勘查目标,应详述勘查目标和其围岩的地质特征。

2.2 地球物理特征。

2.2.1 区域地球物理特征:区域重、磁、电特征及与区域地质对应关系等。

2.2.2 勘查区地球物理特征:简述勘查区以往物探工作认识、物探异常特征,并根据物性资料搜集、测量结果,列表详述测区、邻区或类似地质环境下各岩(矿)石的物性参数特征,结合地质特征分析测区内物性分布和结构特征,分析在各种地质构造和地质体上可能观测到的各种物理场特点、区内干扰情况(包括地质体、人文干扰),结合踏勘指出所选择方法勘查具体目标的可行性、不利条件以及完成工作任务的可能性。

3 工作布置

3.1 工作布置原则:阐述工作布置原则、指导思想和技术路线,明确面积性工作测区范围、网度、测线方向及依据和需要达到的目的,剖面性工作具体位置(或布设原则)及其依据,需解决的问题(附工作布置图)。

3.2 实物工作量:列表设计实物工作量。

3.3 工作流程和时间安排:明确各方法先后顺序、时间节点安排等。

4 工作方法与技术

4.1 测地工作方法与技术:明确测地方法、执行的规范标准、仪器设备、技术指标、质量检查及质量要求等。

4.2 物探工作方法与技术:根据对以往资料或试验结果的分析研究,选择合理、有效的物探方法及组合,详细阐述各种物探方法测网比例尺、使用仪器和技术要求、仪器检查校验要求、各方法所要解决的具体地质问题、分析合理性及有效性、执行规范标准、参数选择、质量检查方法与精度要求等(重力、磁法还包括基点及基点网建设、改正方法,电法还包括装置形式、极距、供电时间、延时时间、频率等)。

4.3 数据处理和成果解释:明确资料整理、数据处理的方法目的、方案及流程;解释推断的原则、方法及保证成果资料质量的措施。

5 项目组织管理、安全管理和质量管理

5.1 安全管理措施:组织措施、经费保证等。

5.2 质量管理:质量管理模式,设备、技术人员组织配备,质量保证措施(强调三级质量管理办法)。

6 经费预算

6.1 经费预算编制依据与说明。

6.2 经费预算及投资比例。

7 预期成果

7.1 预期完成的报告:报告名称、报告完成时间、报告提纲并简述主要内容。

7.2 预期提交主要图件:列出图名并简述成图方案。

附图与附表

根据工作任务、目的,须提供的附图及附表,主要有区域地质图、区域物化探图、工作布置图(含地质、地形内容)、踏勘及试验成果图等。

10.3.3 设计审查

(1) 设计书审查程序:由任务下达方组织审查,通过审查批准后方可执行。

(2) 设计审查依据:依据项目批文、合同、相关规范等。

(3) 设计审查内容及要点:设计编写是否符合规范及项目要求;采用方法手段及工作量是否合理、有效、经济;目标任务设定是否符合规范及是否可行等。

10.3.4 设计变更

项目设计在执行过程中如发现原设计执行不能达到目的、任务或因其他原因需变更设计的，则必须履行变更手续，经任务下达批准后方可实施，变更材料与原设计书均为正式资料。

10.4 野外工作检查及资料验收

10.4.1 检查及野外验收依据和标准

10.4.1.1 检查、验收依据

检查、验收主要依据为任务书、相关规范、质量管理体系、管理办法、项目设计书、项目勘查合同等。

10.4.1.2 检查、验收标准

包括项目任务书、设计书中规定的标准，“GB/T 19001—2008”质量管理和质量保证系列国家标准、行业技术标准，所采用的各种物探方法及相关规范。

10.4.2 检查验收内容

10.4.2.1 工作任务和工作量

检查野外工作是否全面完成，工作量是否达到任务书和设计书要求。

10.4.2.2　工作布置合理性

(1) 查看测区实际材料图、测网布设、实际点位和控制测量是否符合规范和设计书要求。

(2) 检查基点选择和联测是否符合设计或规范规定的技术要求；野外观测工作的完整性如何，是否随意甩点丢面；高精度地磁测量日变站的选择是否符合规范要求。

10.4.2.3　仪器检验

查看投入生产及备用的各类仪器调节、校验及标定记录是否齐全、准确，以及如下各项检验是否符合规范要求：仪器的检查与调节；仪器格值和一致性的标定；仪器性能试验；技术指标统计计算表；测量型高精度GPS仪须提供外检合格证书，手持GPS仪须提供在已知点(三角点、控制点等)的校核资料；仪器的保管与使用，并抽查1~2台仪器以检验记录内容的准确性。

10.4.2.4　野外验收资料类别和内容

项目野外验收申请前，项目实施单位应充分完备地整理好测地、仪器检测、基点联测、质量检查、物性参数测定等资料，野外工作基础图件等物探工作原始资料。

(1) 测网(或剖面)布置的测地资料。包括：

① 用于固定测网(或剖面)位置对角点(或端点)和逐日校验定点工具(目前绝大多数使用手持GPS仪)的坐标(X、Y、Z)控制基线(点)测设记录，磁、重基点(或基点网)测设记录及控制(基)点埋设固定标志的图表资料。

② 手持GPS仪或其他测量工具定点的手簿(内容包括在控制点校验的结果、无法正位定点或丢点的原因、特殊地形地貌情况等

记录)。

③ 应提供使用RTK或其他精度高于手持GPS仪独立进行的定点精度质量检查记录及定点精度统计计算报表。

④ 重力工作中等外水准网测设、测点水准观测、地改高程测定记录及高程精度统计计算报表。

(2) 投入生产及备用的仪器设备性能检测记录及技术指标统计计算报表。

(3) 凡设重、磁基点网的项目,应提供基点网设置、联测、平差的记录资料。

(4) 测点的原始观测和质量检查观测资料。包括:

① 野外工作手簿(或日志、班报)的记录,包括工作区段、仪器及编号、重磁基点号、测点附近干扰物、引起观测值畸变的原因、电法漏电检查情况、供电电流不能满足测取有效场值的原因等。

② 原始观测及异常值计算资料。鉴于现代重、磁仪器均自动观测存储记录,可不提供原始观测值的纸质记录资料,但其异常值计算成果表除提供电子资料外,还应提供打印的成果表;电法原始观测资料均应提供符合规范格式的记录本;CSAMT的原始观测除提供电子资料外,还应提供打印的测点电、磁分量-频率曲线图;TEM应提供归一化二次电位-时间曲线册。

③ 质量检查观测资料:一般提供“一同三不同”质检资料,当仅有一台套仪器工作时,可提供“二同二不同”质检资料,除提供电子资料外,还应提供打印记录及误差统计计算报表(应含有各项改正值误差及总误差)。

(5) 岩(矿)石物性参数测定、计算与采样记录、测井资料。

(6) 应提供野外工作形成的基本图件资料。包括:

① 编绘在地理底图或地质地理底图上的物探工作实际材料图重力异常图上要有地形底图。

② 磁场剖面平面及等值线平面图(未经预处理的和经滤波预处理的原位图)。

③ 重力布格异常等值线平面图。

④ 激电中梯η_s、ρ_s剖面平面图及等值线平面图。

⑤ 激电测深η_s、ρ_s曲线册及单对数坐标η_s、ρ_s等值线断面图。

⑥ CSAMT二维反演卡尼亚电阻率等值线断面图(应充分作近场和静态效应改正后,去除长条形畸变的图)、TEM多时间道归一化二次电位曲线剖面图和某时间归一化二次电位等值线平面图(面积性工作)、电偶源频率测深等值线断面图。

⑦ 单一剖面性工作的综合剖面图(必须附有地形地质剖面)或面积性工作中的典型综合剖面图。

⑧ 测井、物性、地质综合柱状图和物性参数统计图件。

⑨ 仪器性能检测曲线图及质量检查对比曲线、误差分布曲线图。

⑩ 方法技术选择试验对比图件及其他表述野外工作方法技术的图件。

(7) 工作期间收集到的其他各种有关资料。

(8) 物探野外工作总结报告,包括完成主要工作量、野外工作执行设计、规范情况、解释评价新取得成果及存在问题等内容。

对上述各项原始资料应整理装订成册,编写目录和编号,编制原始资料索引。

10.4.2.5　野外工作质量检查验收

(1) 除物探专项外,地质项目中凡有一定比例的物探工作,均应组织专门性验收。需要钻探验证物探异常的项目应适当进行物探工作查验。

(2) 查验测地工作的各种记录是否齐全、准确。

(3) 查验野外观测及质量检查记录是否齐全、准确,是否符合规范和设计书的要求。重点是测点观测的质量是否随着野外工作的展开经常进行;野外观测质量检查是否按“一同三不同”(同点位、不同时间、不同仪器、不同操作员)的方法及时进行;检查点在时间、地段上是否具有代表性;对解释推断、异常验证有关键意义的地段是否进行了检查;检查工作量是否达到了原始工作量的3%~5%;对测线上的畸变点和异常的突变点是否进行了100%的检查,是否进行了必要的补充工作,是否抽查了一定量的检查点和测点。

(4) 查验原始记录是否存在涂改,画改是否有备注说明,签字是否齐全;野外计算、整理的各种资料内容是否完整、真实、准确,字迹是否清晰、工整,页面是否整洁,规格是否统一。

(5) 查验物性标本采集和测定的各种记录是否齐全、准确,并确定标本采集、测定的方法、物性测定的质量检查是否符合规范和设计书的有关要求。

10.4.2.6 质量保证体系

查验质量保证体系是否合理健全,运行是否正常。验收查看班组初步验收、分队(院)中间验收、队(院)阶段检查记录及其文据,以及项目中的外协工作部分的外协合同及验收文据。

10.4.3 验收结果的处理

(1) 检查验收组应将所发现的各类技术、质量问题及建议与被验收单位交换意见,共同讨论、分析问题产生的原因,制定切实可行的补救方法和改进措施,及时组织补救,限期改进,最后形成验收意见,并及时发送受检单位;若项目中主要工作原始资料大部分不合格则不能通过验收,且作返工处理。返工任务完成后,重新组织验收。

(2) 野外工作未经验收合格,或者未经项目主管单位组织论证批准的物探异常不得施行钻探验证;未经野外验收或者野外验收不合格的项目,不得进行下一步工作,不得编制项目成果报告且不得进行项目成果验收。

10.5　成果报告编写

10.5.1　编写要求

(1) 地球物理勘查种类繁多,勘查项目有专项物探也有综合物探,根据目的、任务不同,报告编写侧重点和要求有所差异,但都应着重体现所承担任务的完成情况、取得的成果及其结论,且都须按相应规范要求提交物探报告或工作总结。

(2) 报告编写由项目负责人负责组织,与野外工作同时有计划地进行整理、研究,报告成稿前必须通过项目野外验收,报告须按合同和设计规定的时间完成。

(3) 报告要全面反映设计书规定的任务完成情况和所取得的成果,文字报告层次清楚、简明扼要、重点突出(突出成果解释和结论建议)、论述及推断逻辑严密并有理有据、文图呼应。

(4) 报告附图(插图)、附表(插表)、附件要规范、齐全、清晰、美观、醒目。

10.5.2　主要内容

地球物理勘查报告主要内容一般包括前言、地质及地球物理、化学场特征、工作方法及质量评述、资料处理与解释推断、结论与建议等。具体内容建议如下:

1　前言

1.1　项目概况

简述项目来源、工作性质、目的、任务等。

1.2 工作区范围和自然地理、交通位置

1.2.1 工作区范围:范围及坐标(列1980年坐标系和2000年坐标系坐标对比表)。

1.2.2 自然地理及交通:简述测区自然地理条件、人文环境、地形条件与交通位置(附交通位置插图)。

1.3 以往地质工作程度及评述

系统评述区域及工作区历年地质、物探等勘查工作、科研工作程度及取得的地质认识,异常验证情况及找矿效果、结论、存在问题等。

1.4 本次工作任务完成情况

完成各项工作过程、时间、工作量(各种物探方法、物性测定明细工作量;测量工作量;埋设永久性标志工作量等),工作程度及变更情况、原因等,质量控制措施及评述。

1.5 取得主要成果

投入方法的有效性及取得的主要地质成果(包括资料更新情况、图件编制情况、圈定各类异常数量、解释推断地质构造情况、确定成矿远景区和找矿靶区情况、找矿信息获得情况、物探异常验证情况等)、存在问题等。

1.6 参加人员情况

简述项目组织、管理、参加人员及主要工作分工等。

2 地质及地球物理、化学特征

2.1 地质特征

2.1.1 区域地质特征:工作区所处大地构造位置,区域地层、构造、岩浆岩、矿产等特征。

2.1.2 工作区地质特征:工作区地层、构造、岩浆岩、矿产等特征。已知矿床、矿体特征(位置、埋深、大小、产状、蚀变、矿石特征等)、产出部位和控矿因素;勘查目标和其围岩的地质特征等(附地质图)。

2.2　地球物理特征

2.2.1　区域地球物理特征:区域重、磁、电特征及与区域地质对应关系等。

2.2.2　工作区地球物理特征:详述工作区物探异常分布、特征,并根据物性资料搜集和本次物性测定结果,列表说明不同岩(矿)石物性参数、变化范围、常见值等,阐述采用各种地球物理方法的有效性及勘查目标地质体地球物理特征。

2.3　地球化学特征

2.3.1　区域地球化学场特征。

2.3.2　工作区地球化学特征。

2.4　野外工作方法技术与质量评价

2.4.1　测地工作方法与技术:测地工作方法、执行的规范标准、仪器设备、技术指标、质量检查情况及质量评定等。

2.4.2　物探工作方法与技术:详细阐述各种物探方法所使用的仪器的检查校验及精度情况;各种物探方法测网比例尺、技术参数选择、质量检查方法、精度评定等(重力、磁法还包括基点及基点网建设、改正方法,电法还包括装置形式、极距、供电时间、延时时间、频率等)。

2.5　资料处理与解释推断

2.5.1　资料处理:阐述各种物探方法所取得的物探资料改正、整理、数据处理方法及达到的效果。

2.5.2　解释推断:对全区域物探异常进行宏观评价,研究全区构造格架、地层分布规律、岩浆岩分布特点等。对物探异常进行整理、分类(可列表),定性分析研究各类物探异常,详细阐述每个物探异常特征(包括异常规模、形态、走向、峰值等。对激电异常还要叙述测区背景值确定、异常划分、异常下限等),依据异常特征结合地质规律、物性测定成果及其他地质工作成果,推断引起每个物探异常的地质原因(地层、构造、岩浆岩、矿体等)。优选矿致异常或有找矿意义的重点异常进行半定量到定量解释工作,并详细说明定量计算方法、步骤、依据等,推断异常体的埋深、产状、厚度、延深等空间展布等(编制解释推断成果图,含平面推断成果和综合地质剖面)。

2.6 结论与建议

2.6.1 结论:根据项目目标、任务及取得的物探成果,对各种物探工作方法的有效性进行评价,对物探成果给出明确的地质结论,总结各种物探方法直接和间接找矿作用,对未能解决或未肯定的地质问题及原因予以说明。

2.6.2 建议:具体提出工作区内进一步开展地质、物化探及异常验证工作建议,说明工作的意义、任务等。

附图与附表

附图

1 基础图件(适用于各种重、磁、电等方法)

(1) 实际材料图(测网、测线、测点、基点、检查点位置等实际工作情况详图)。

(2) 地质及物探工作程度图(根据情况一般采用中、小比例尺编图,标明历年来工作范围、测网、投入方法、异常分布情况、本次工作位置等)。

(3) 剖面图、断面图。

(4) 剖面平面图(仅限于面积性工作)。

(5) 等值线平面图(仅限于面积性工作)。

2　推断成果图

(1) 推断综合地质物探剖面图(含地质、物探剖面、断面等)。

(2) 推断地质物探综合平面图(含推断地层分布、构造、岩浆岩、矿产及建议验证工程布置等)。

3　个性及选择性图件

物探方法不同,除了须提交上述基础图和推断成果图外,还须编制基于不同方法的个性图件。

1) 重力

(1) 布格重力异常等值线平面图。

(2) 剩余重力异常平面图。

(3) 延拓(向上、下延拓)异常图(选择性使用)。

(4) 垂向导数(一次、二次、高阶)异常图(选择性使用)。

(5) 水平方向(0°、45°、90°、180°)导数异常图(选择性使用)。

(6) 定量解释推断成果剖面图。

2) 磁法

(1) 磁场化极异常等值线平面图。

(2) 各项处理得出的各种局部磁异常等值线平面图,如延拓、垂向一阶导数、水平方向导数、剩余异常等直线平面图(可选择性处理、编绘,目的是使解释更直观)。

(3) 定量解释推断成果剖面图。

3) 电法

(1) ρ_s、η_s(或ρ_f、P_s)剖面平面图。

(2) ρ_s、η_s(或ρ_f、P_s)等值线平面图。

(3) 测深曲线类型图册。

(4) ρ_s、η_s(或ρ_f、P_s)测深断面图。

(5) 各参数反演断面图。

(6) 解释推断成果综合剖面图。

4) 地震

(1) 地震时间剖面图。

(2) 地震推断成果图(含剖面图、平面图)。

附表

1 测地工作成果表。附有基线端点、异常埋桩、总基点、分基点、校正点、验证钻孔及测点(电极点)的实测X、Y、Z坐标值。

2 各类仪器检查、鉴定记录,统计计算表。

3 物性测量、统计计算成果表,测量误差统计计算表。

4 物探异常及推断成果表(包括异常编号、特征、引起异常原因、验证情况等)。

5 各种物探方法检查记录、测量精度计算统计表。

10.6 物探异常的地质解释

10.6.1 物探异常解释流程及地质解释内容

(1) 收集物性资料,补充测量岩矿石物性,整理、归纳、总结物性资料,为物探异常的定性、定量解释提供基础资料和依据。

(2) 数据处理与编图:根据采用物探方法的不同编制相关剖面图、剖面平面图(重、磁、电、放射性)、等值线平面图、等值线断面图、时间剖面图(地震)及根据需要进行各种处理后的图件。

(3) 物探异常解释:根据各种图件物探异常特征,解释区域场、局部异常平面形态,规模,走向,背景值,异常强度,梯度大小,正负伴生情况等(重磁异常而言)。结合地质工作成果、物性特征,推断引起物探异常的原因。

(4) 根据各种不同形态、不同性质地质体所采用不同物探方法异常正演特点,进行多次、多方法综合解释,再根据实测物探平面等值线图、剖面平面图特征,对全区物探异常进行宏观研究,在地质理论认识的指导下,遵循“从已知到未知,从简单到复杂”的基本技术要求,根据异常(进行必要数据处理,提高资料信噪比)形态、规模、数量、背景等,对异常分区、分类评价进行定性到半定量解释。主要解释引起异常原因(地层、构造、岩浆岩、矿体)、规模及形态。

(5) 对主要重点异常进行定量反演解释,研究地质体产状、埋深及空间形态等。

10.6.2　物探异常影响因素及一般规律

影响物探异常强度、形态的内因主要有地质体规模、埋深、产状、目标地质体与围岩物性差异大小、覆盖层岩性等,外因有测网布设方向、方法技术选择、干扰程度、测量精度等。

影响物探异常强度、形态的主要因素及一般规律如下:

(1) 同一地质体,埋藏浅时异常强度大、梯度陡,随着深度增大强度变小、梯度变缓。

(2) 同样规模的地质体,与围岩物性差异越大,异常绝对值越大。

(3) 埋深、物性差异大小相同的地质体,规模越大引起物探异常的绝对值越强、异常宽带越大。

(4) 平面和剖面梯度缓的方向为地质体倾斜方向。

(5) 当物探剖面方向垂直于目标地质体走向探测时,物探异常强度绝对值相对最大，曲线形态也最规整，解释精度也更高。

10.6.3 地质解释技术要求

(1) 物探异常地质解释的任务是在定性和定量解释的基础上，根据各种不同形态、不同性质地质体的地质-地球物理模型的特点，结合工作区的地质情况，应用地质学、地球物理学的基本原理将这些解释成果转变为推断的地质体，并对它们从空间上作出合乎地质学原理的地质解释和推断，编制推断地质图。

(2) 在进行地质解释时要尽量运用成熟的新理论、新观点，收集最新的地质资料。

10.6.4 典型地质体的物探异常特征及解释方法

10.6.4.1 岩浆岩带、岩体物探异常特征及解释方法

依据物探资料能否有效识别与定位推断岩体、岩浆岩带，首先要掌握侵入岩体的物性规律，一般规律是岩体岩石的密度、磁性由酸性到超基性逐渐增大(有例外)，电阻率均高(破碎含水除外)，极化率均低(黄铁矿化除外)，另外还取决于岩体与围岩之间的物性差异。同一种岩体侵入不同的围岩部位，有的有异常显示，有的没有。

一般岩体和岩浆岩带的识别、圈定、解释主要依据重力布格异常和剩余异常，并结合磁异常特征进行辅助解释。

1. 岩浆岩带、岩体物探异常特征

1) 岩浆岩带物探异常特征

一般岩浆岩带中以基性-超基性岩为主时，往往形成既宽又长的带状或串珠状的重力高、磁高异常带；以酸性岩为主时，常形成既宽又长的带状或串珠状重力低异常带，磁场为弱异常或无明显异常。

2）岩体物探异常特征

一般基性-超基性岩体多呈近等轴状或椭圆状重力高或局部重力正异常，磁场多呈强磁异常；酸性岩体多呈近等轴状或椭圆状重力低或局部重力负异常，磁场表现为弱磁异常或无明显异常；中性岩体的重力场介于基性-超基性和酸性岩体之间，磁场为中等强度异常。

对本身无磁性侵入岩体，但在岩体或构造周围，由于岩浆热液作用，常形成磁铁矿（化）蚀变带，磁场图上表现为带状正磁异常。

2. 岩浆岩带、岩体物探异常解释方法

1）利用重力异常解释方法

利用推断为岩体、岩浆岩带的局部异常的垂向一阶导数零值（或布格重力异常的垂向二阶导数值）位置、水平一阶导数极值位置、总梯度极值位置等圈定岩体、岩浆岩带边界。通过重力异常剖面反演确定岩体、岩浆岩带产状、顶面埋深及空间几何形态等。

2）利用磁异常解释方法

(1) 通常将推断为岩体、岩浆岩带化极磁异常的梯度陡变带确定为岩体、岩浆岩带边界。

(2) 对规模较小的磁性体，可采用化极磁异常一阶导数零值线圈定。

(3) 对规模较大的磁性体，可采用化极磁异常二阶导数零值线圈定。

(4) 对本身无磁性的岩体、岩浆岩带，但因接触带蚀变后磁性增强而引起磁异常时，通常用化极磁异常梯度带拐点或化极垂向一阶导数零值线圈定磁性蚀变带范围，以磁异常的走向作为磁性蚀变带的走向。通过磁异常反演确定岩体、岩浆岩带顶面埋深、空间展布形态及磁性强弱等。

10.6.4.2 火山机构物探异常特征及解释方法

火山机构的识别、圈定、解释以重、磁资料为主,并结合地质特征进行辅助解释。

1. 火山机构物探异常特征

火山岩的岩性和物性均复杂,引起物探异常特征也比较复杂。

(1) 酸性、碱性火山岩分布区和酸性、碱性火山洼地或盆地,重力场总体呈重力低或重力负异常,磁场表现为跳动弱磁或无磁性。

(2) 基性火山岩地区重力场呈重力正异常,磁场多呈强跳动异常。

(3) 火山机构表现为重磁同步异常,多呈环形、圆形、弧形,中心为重磁同低,周围为环形重磁同高。从环形异常的完整程度可以判断火山机构是否完整和是否受到后期破坏。

2. 火山机构物探异常解释方法

(1) 利用重力异常解释。利用布格重力异常的垂向一阶导数零值、水平总梯度模的极值位置等圈定火山机构边界。依据重力异常特征推断火山机构的形状、面积、半径等参数。

(2) 利用磁异常解释。① 利用化极磁异常带外部异常的外侧拐点圈定火山机构的范围;② 利用化极磁异常垂向一阶导数零值线圈定火山机构的范围,以磁异常的走向作为火山岩地层的走向。

10.6.4.3 断裂构造物探异常特征及解释方法

1. 断裂构造物探异常特征

一个完整的地质体,当其被断裂断开时,两盘不论是上、下错动还是水平错动,都会使其引起的物理场发生明显的变化,一些较大的断裂构造常伴有岩浆活动,有些断裂则成为控岩控矿构造,因此断裂构造在重、磁、电、地震等特征方面常表现出明显的物探场变化。

(1) 断裂构造在重力场中有如下表现形式(如图10.6至图10.12所示①):

① 重力梯级带;

② 线性分布的高低重力异常过渡带;

③ 不同特征重力异常区的分界线;

④ 线状(窄带状)重力异常带;

⑤ 重力异常(异常轴线)错动线;

⑥ 重力异常等值线规则扭曲带;

⑦ 重力异常等值线疏密突变带;

⑧ 串珠状重力异常分布带;

⑨ 重力异常宽度突变带。

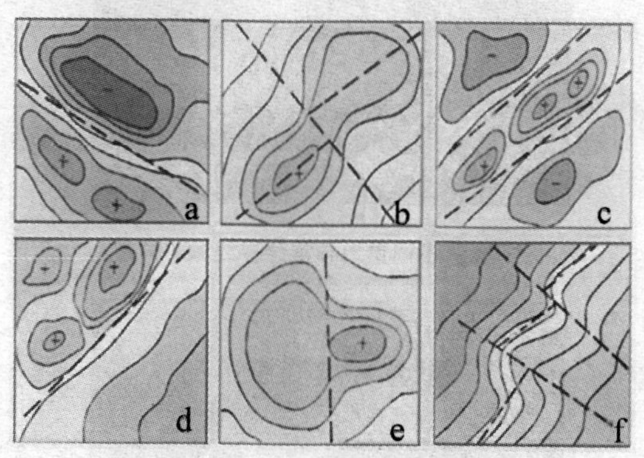

图10.6　断裂构造识别标志

a:线性重力高与重力低之间的过渡带;b:异常轴线明显错动的部位;c:串珠状异常的两侧或轴部所在位置;d:两侧异常特征明显不同的分界线;e:封闭异常等值线突然变宽、变窄的部位;f:等值线同形扭曲部位

---

① 图片来源:张明华《全国矿产资源潜力评价重力资料解释应用技术要求》(北京:地质出版社,2011)。

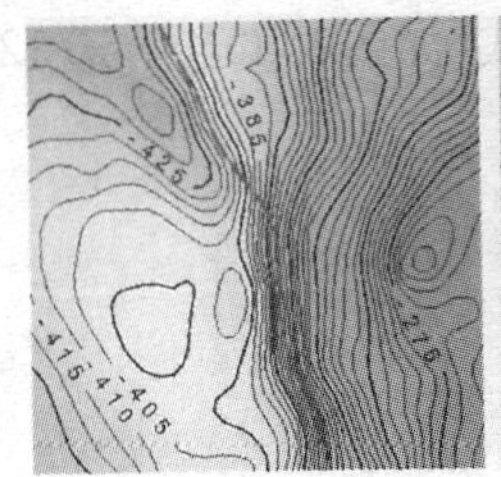
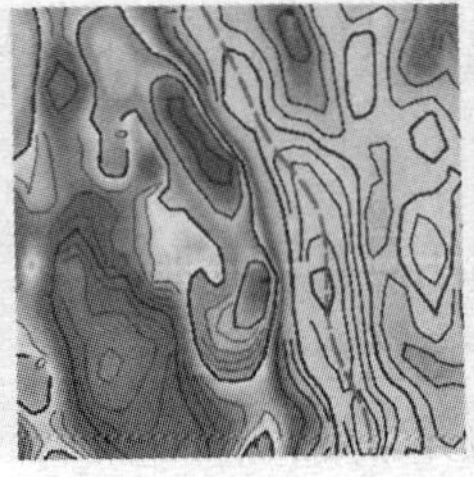
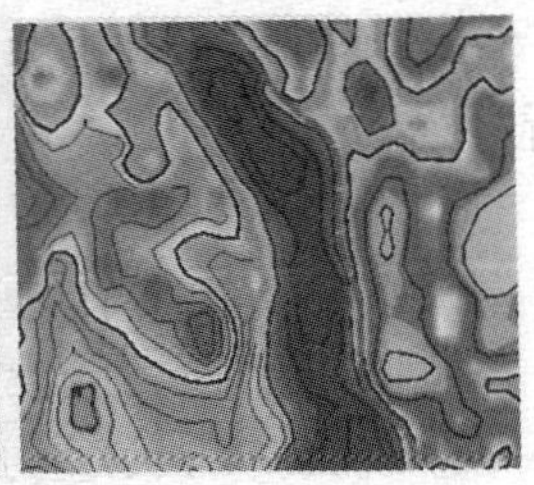
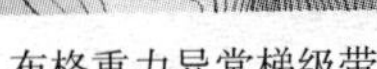

布格重力异常梯级带　　水平方向一阶导数　　垂向一阶导数

图 10.7　重力异常梯级带特征

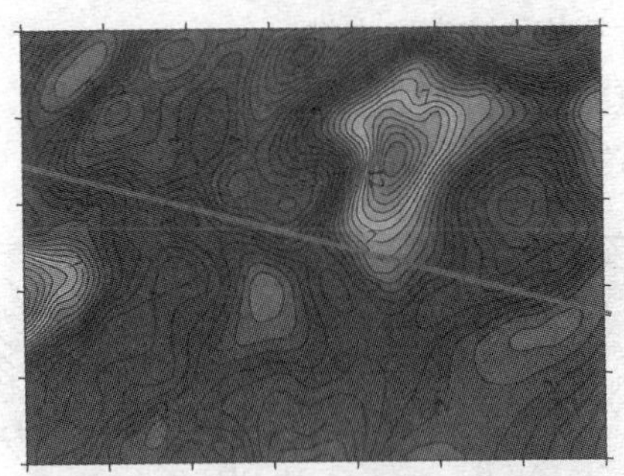

图 10.8　不同重力异常分界线重力异常

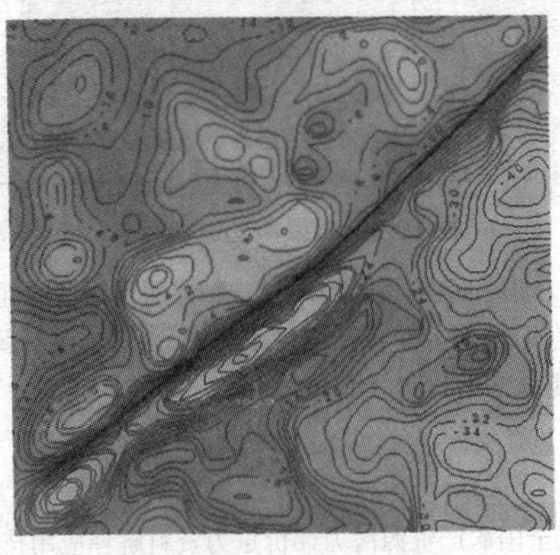

图 10.9　线状重力异常

(2) 断裂构造在磁场中常表现为如下形式：

① 磁异常梯度带；

② 不同特征磁场区的分界线；

③ 线性磁异常带；

④ 串珠状磁异常分布带；

⑤ 磁异常(异常轴线)错动线；

⑥ 磁异常突变带；

⑦ 雁行状磁异常带；

⑧ 放射状磁异常组带。

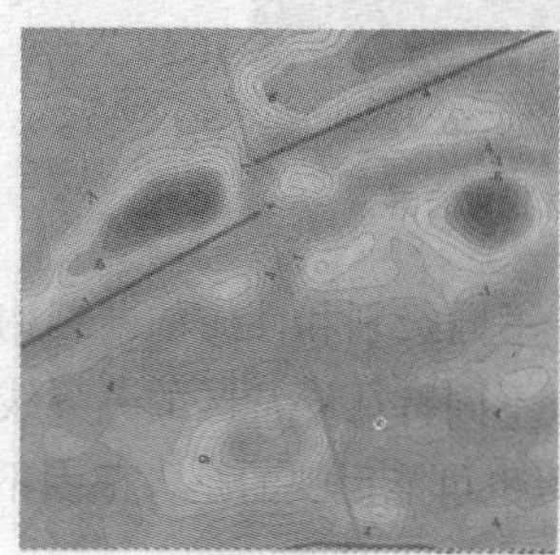

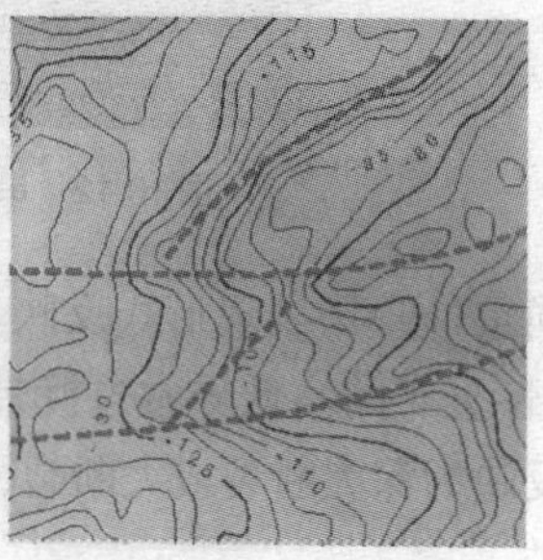

图10.10　重力异常的错动与扭曲

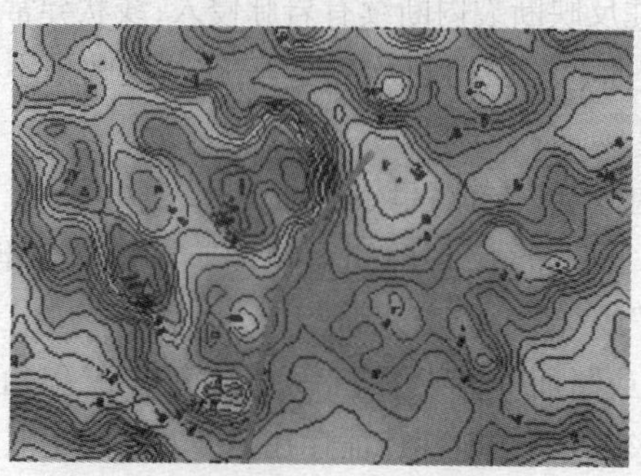

图10.11　重力异常突变带

图 10.12 串珠状重力异常

不同重(磁)场表现形式反映了不同级别和性质的断裂构造。梯级带、线性分布的高低异常过渡带、不同特征异常区的分界线三种标志往往反映为深大断裂或大断裂,但也可能反映的是大范围不同岩性的接触带。

具有明显走向和一定长度的线状异常带往往是断裂构造的反映;串珠状异常往往反映断裂内断续有岩脉侵入;线状异常和线性延展等值线的错动、扭曲、交叉、切割及突变等,往往反映了不同方向和期次构造的存在。

(3) 断裂构造电法异常区域:

① 电阻率低阻带(断裂两侧无物性差异),联合剖面低阻"正交点",断面呈"V"或"U"形突变处等。

② 在平面或断面等值线图上,等值线密集带、等值线明显畸变扭曲带、电性突变带或两侧电性特征存在显著差异的交汇处。

③ 测深曲线类型发生较大变化的地方。

④ 极化率高值带(断裂两侧无物性差异)、低阻带和高极化率带也可能是由地层引起的,解释时应注意断裂构造与地层引起异常的区别。

(4) 断裂(带)地震异常特征:

① 反射波同相轴错断;

② 反射波同相轴突然增减或消失,波组间隔突然变化;

③ 反射波同相轴产状突变,反射凌乱或出现空白带;

④ 标准反射波同相轴发生分叉、合并、扭曲、强相位转换;

⑤ 出现异常波。

2. 断裂构造物探异常解释方法

断裂构造位置及走向解释主要依据重(磁)异常平面特征、重(磁)剩余异常特征及各种异常转换处理、反演结果,再结合地质、电法资料综合研究确定。

(1) 依据重(磁)异常梯级带研判断裂构造:用布格重力异常或磁异常水平方向一阶导数极值点、垂向导数的零值点确定,其极值点、零值线连线方向为断裂构造走向方向。

(2) 依据重(磁)线性异常(不同场区分界线、串珠状异常带、线状异常带、异常突变带等)研判断裂构造:以线性异常平面总体延伸方向为断裂构造走向,以线性异常中间线、极值线、水平导数零值线为断裂位置。

(3) 依据重(磁)异常轴线错动、等值线扭曲研判断裂构造:以发生错动或扭曲的位置为断裂位置,以错动、扭曲总体延伸方向作为断裂构造走向。

(4) 依据重(磁)异常推断断裂构造:综合研究后从推断构造图上直接读取,断裂延伸、倾向或其他要素可通过重(磁)正反演拟合获得。隐伏断裂采用2.5D反演计算深度的方法计算。

(5) 依据电法研判断裂构造:以电阻率联合剖面“低阻正交点”位

置为断裂位置,以平面上“低阻正交点”连线方向为构造走向,以不同极距“正交点”位置不同判断构造倾向;断面低阻“V”或“U”形在地面投影位置为断裂构造位置。

(6) 依据地震勘探成果研判断裂构造:以反射波同相轴错断处;反射波同相轴突然增减或消失,波组间隔突然变化处;反射波同相轴产状突变,反射凌乱或出现空白带处;标准反射波同相轴发生分叉、合并、扭曲、强相位转换处;出现异常波处等位置为断裂(带)位置。结合地质、其他地震剖面、物探研判断裂构造走向。

10.6.4.4 盆地物探异常特征及解释方法

1. 盆地物探异常特征

不同时代的盆地显示的重(磁)场不同:

(1) 中、新生代盆地一般显示为较强的重力低或负重力异常,磁场一般也为负场区或负异常。

(2) 有浅覆盖的古生代盆地在重力场上显示出不同特点,多为强度不大的重力低,但当盆地下前古生代变质基底上隆时,古生代盆地也可能显示为重力高。

(3) 地堑显示为带状局部重力低或负异常。

2. 盆地物探异常解释方法

(1) 圈定盆地边界:先通过重力异常分离提取盆地剩余重力异常,再利用盆地剩余重力异常的垂向一阶导数的零值线、水平一阶导数极值位置或重力异常水平总梯度模的极值位置进行圈定。

(2) 盆地基底深度计算:

① 根据圈定的盆地边界和密度资料,针对盆地重力异常,通过2.5D剖面正反演拟合或3D界面反演等方法计算盆地基底或目的层深度;

② 利用地震时间剖面先研究确定盆地或目的层的反射波,再利

用标准层反射波时间和波速计算盆地深度。

10.6.4.5　背斜构造隆起带物探异常特征及解释方法

1. 背斜构造隆起带物探异常特征

覆盖区(沉积区)的背斜构造隆起带显示具有一定走向的重力高带或局部正异常,若是继承性构造,异常更明显,若系前震旦系老变质基底隆起,磁场可能呈现磁力高值带。

2. 背斜构造隆起带物探异常解释方法

利用推断为背斜构造隆起带的局部重力异常的垂向一阶导数零值(或布格重力异常的垂向二阶导数)、水平一阶导数极值位置、总梯度极值位置等圈定背斜构造隆起带边界。通过重力异常剖面反演确定背斜隆起带顶面埋深及空间几何形态等。

10.6.4.6　推覆构造物探异常特征及解释方法

1. 推覆构造物探异常特征

在新地层区有老地层出露,并伴随有走滑断裂或逆冲断裂发育而研判为推覆构造,其引起的重力异常表现为新老地层接触带上有明显的重力梯级带特征,且老地层之上为弱的重力高异常。在推覆距离较远的情况下,表现为弱的平台状重力高。

2. 推覆构造物探异常解释方法

利用重力异常垂向一阶导数零值或布格重力异常的垂向二阶导数、水平总梯度模等,结合地质和其他物探、钻探资料圈定推覆构造边界,通过重力异常剖面反演确定推覆构造宽度和长度。

10.6.4.7 矿床物探异常特征及解释方法

1. 磁铁矿床物探异常特征及解释方法

1）*磁铁矿床物探异常特征*

(1) 对于埋深浅且有一定规模的磁铁矿床，多表现为磁场强度大、峰值高的正磁异常，并且大多有负异常相伴。而对于埋藏深的磁铁矿床，多表现为强度低、宽度大的低缓磁异常特征。

(2) 对具有一定规模的磁铁矿床(剩余质量明显)表现为布格重力正异常、规整的剩余重力正异常。

(3) 电性表现为低阻特性，硫铁矿或多金属矿伴生的磁铁矿另具有高激电特性。

2）*磁铁矿床物探异常解释方法*

(1) 采用化极磁异常二阶导数零值线圈定磁铁矿边界，用2.5D人机交互拟合技术对磁异常进行拟合，求取磁铁矿体的埋深、体积、空间展布形态。

(2) 利用剩余重力异常或布格重力异常垂向二阶导数圈定磁铁矿边界。

2. 多金属矿床物探异常特征及解释方法

(1) 多金属矿床物探异常特征。就多金属矿床本身而言，多金属矿床多具有低阻高极化特征。

(2) 多金属矿床物探异常解释方法。利用电阻率、极化率平面特征、平剖面特征解释矿体走向、倾向，再利用测深解释矿体埋深(方法包括电阻率法、激发极化法、电磁法等，数据处理包括二维电阻率、极化率反演，二维MT反演等)。

10.7　典型矿床综合物探方法应用

10.7.1　综合物探方法应用依据

地球物理勘查方法众多,但每一种物探方法都只是以一种岩(矿)石物理性质差异为依据,具有其自身的局限性,使其对一个具体的勘探目标的解释存在"多解性",并且随着勘探目标深度的加大和地下构造复杂化,单一物探方法难以得到准确、合理的解释,因此充分利用目标体与围岩的不同物性差异,从多角度对同一目标体进行解释能使解释结果更接近于实际地质情况,减少多解性。

开展综合物探方法必须遵循以地质理论为指导,以物性差异为方法选择依据,以总勘查工程投入合理节约为原则。

10.7.2　综合物探方法应用

应用综合地球物理方法勘探金属矿床有两个途径:一个是在有利条件下直接寻找矿体;另一个是研究对金属矿床赋存具有制约作用的地层、岩体、构造,间接推断矿体位置,达到间接找矿的目的。

10.7.2.1　地质构造与矿床关系及综合物探应用

应根据地质构造与矿床类型的关系、间接找矿标志等确定有效的物探方法,如表10.6所示。

表10.6　成矿地质体综合物探方法建议

地质体	间接找矿标志	与矿床的关系	有效物探方法
断裂	走向、规模等	控矿、储矿	重力、磁法、电法、地震

续表

地质体	间接找矿标志	与矿床的关系	有效物探方法
火山构造	规模、相带等	控矿、储矿	重力、磁法
磁性地层	磁性变质岩、火山岩	沉积变质型矿床、火山岩型矿床	重力、磁法
侵入岩	超基性岩体	铬铁矿	重力、磁法
	基性杂岩体	铜镍矿	重力、磁法、电法
	基性-超基性岩体	铬铁矿、铜镍矿、金矿等	重力、磁法、电法
	中酸性侵入岩和碳酸盐类岩石的内外接触带	矽卡岩型铁矿、铜矿、铅锌矿等	重力、磁法、电法
	斑岩体及其周围岩层	斑岩型铜矿及金、银、铅锌矿等	重力、磁法、电法
	花岗岩体内及外接触带	热液型多金属矿、贵金属矿等	重力、磁法、电法
	酸性岩体	钨矿、铜矿、铅锌矿等	重力、磁法、电法
磁性蚀变带	磁性饰变带	多金属矿	重力、磁法、电法
盆地	标志层	石盐、石膏、煤等	重力、地震

所涉及的成矿地质体包括构造(断裂构造、火山构造)、磁性地层(火山岩地层、变质岩地层)、侵入岩(基性-超基性岩、中酸性侵入岩、酸性岩)、盆地等。

10.7.2.2 典型矿床综合物探应用

常见矿床类型综合物探应用如表10.7所示。

表10.7　常见矿床类型综合物探方法建议

矿床类型	概念	主要矿种	有效物探方法	物理场特征	找矿标志
沉积变质型	前寒武(中、新太古代～古、中元古代)地层经受区域变质作业而形成的矿床	铁	磁法、重力	重、磁同高	含铁变质建造;重、磁异常
		金、银	磁法、激电	高极化率	高激电效应
岩浆型	由基性-超基性岩浆侵入形成的矿床	铁	磁法、重力	重、磁同高	基性-超基性岩体;深大断裂;重、磁异常;激电异常
		铜、镍、金、钛、钒	磁法、重力、激电	高极化率	
火山岩型	产于火山岩地层或火山机构内,与火山作用有密切成因联系的矿床	铁	磁法、重力	重、磁同高	火山岩和火山机构;重、磁异常
		铜、铅、锌、金、银	磁法、重力、激电	高极化率	火山岩和火山机构;高激电异常
热液型	成矿流体充填构造裂隙或交代有利围岩而形成的矿床	铁	磁法、重力、激电	重、磁同高	重、磁异常
		铜、铅、锌、金、银、钨、钼	磁法、重力、激电	重、磁、激电同高	断裂构造、激电异常
斑岩性	与中酸性斑岩体有成因关系,多金属元素呈细脉浸染状赋存于斑岩体本身及其与围岩接触带中而形成的矿床	铜、铅、锌、金、银、钨、钼	磁法、重力、激电	剩余异常重、磁同高;低阻、高极化率	斑岩体、低阻高极化异常

续表

矿床类型	概念	主要矿种	有效物探方法	物理场特征	找矿标志
接触交代型（矽卡岩型）	中酸性岩体侵入碳酸盐地层，与碳酸盐岩围岩接触，经交代作业形成由钙硅质矿物组成的矽卡岩，矽卡岩被含矿热液交代而形成的多金属矿床	铁	磁法、重力	磁异常梯度带中的局部高磁异常；重力梯度带中局部重力高	矽卡岩，重、磁异常梯度带，磁异常
		铜、铅、锌、金、银、钨、钼、锡	磁法、重力、激电	磁异常梯度带；重力梯度带中局部重力高	矽卡岩，重、磁异常梯度带，激电异常

第11章　地球化学勘查

11.1　概述

本章阐述了地球化学勘查的基本概念、基础知识、基本术语，地球化学勘查的特点、种类及应用范围，扼要介绍了地球化学勘查的工作程序、设计编写及化探报告的编制等。本章以水系沉积物测量、土壤地球化学测量、岩石地球化学测量等常用方法为主线详细介绍了化探野外工作方法及技术要求，介绍了化探常用数据处理、异常下限的确定方法、化探主要图件的编制及化探异常的分类、判别、查证和解释评价。

化探数据处理中的“地球化学参数计算和统计分析”请查阅相关统计分析图书，化探图件编制详情请参阅相关规范、规程。

11.2　特点、种类及应用范围

11.2.1　特点

地球化学勘查有如下特点：

(1) 地球化学勘查以研究与成矿有关的物质成分作为找矿的基础，它所观测的不单是一些地质现象，或者是地质体(包括矿体)的若干物性参数。化探观测的是化学元素和其他地化参数，有些指示元素本身就是成矿元素或伴生元素，因此，可以说化探是一种直观的找矿方法。大量事实证明，化探在稀有金属、有色金属，特别是贵金属矿产勘查方面是一种颇有成效的技术和方法。

(2) 地球化学勘查可以通过揭露原(同)生、次生地球化学异常，来寻找岩石中埋藏不太深的盲矿和寻找第四纪覆盖层下面的隐伏矿体。目前正在发展的地气、地电化学等化探新技术在森林地带、草原覆盖地区的普查找矿中具有十分广泛的前景。

(3) 地球化学勘查工作的野外设备较为简单、轻便，采样速度快，相比于同比例尺地质填图、物探测量等勘查手段，成本较低。随着样品分析方法的改进(如直读光谱、中子活化、原子吸收光谱和现场分析的X射线荧光分析仪等)和计算机数据处理方法的采用，化探已成为一种多、快、好、省的找矿方法。

(4) 地球化学勘查借助现代分析技术将辨认矿化直接信息的能力从人类肉眼的万分之几提高到百万分之几(10^{-6})至十亿分之几(10^{-9})。由于地球化学方法辨认微弱矿化直接信息能力的大大提高，因此其在发现难识别矿种或难识别类型以及盲矿上成为了目前矿产勘查的主要方法。

11.2.2 种类及应用范围

地球化学勘查可分为岩石、土壤、水系沉积物、气体、稳定同位素、水化学、生物地球化学等方法，其特点及应用范围如表11.1所示。

表11.1　地球化学勘查的种类及应用范围

类别	适用勘查阶段	应用范围、研究内容	目的、任务
岩石地球化学勘查	矿调及预查、普查、详查各个阶段	研究区域岩石地化特点；地表和深部的地球化学填图、岩体含矿性评价、构造含矿性评价、矽卡岩含矿性评价；研究矿体(床)原(同)生地化异常的组合和分带特点，确定找矿指标；面积性分散露头岩石地化测量	评价次生地化异常以解决盲矿的找矿问题
土壤地球化学勘查	矿产预查、普查、详查和矿点检查及区域化探异常检查	应用于残-坡积层发育的覆盖-半覆盖区地球化学勘查与找矿。土壤地球化学找矿对各种金属矿产和不同矿床类型都很适用	确定矿床的位置，追索圈定隐伏矿体的范围，指导探矿工程，预测隐伏矿体的矿石类型和矿化的规模，推断隐伏岩石类型及分布情况，追索地质体界线，确定断裂构造的具体位置
水系沉积物地球化学勘查	区域地质矿产调查和矿产预查、普查阶段	应用于地形切割强烈、水系发育的山区找矿，效果较显著，对于低山丘陵区找矿有一定效果。可研究区内化学元素分布	寻找有色金属、稀有金属、贵金属、黑色金属及某些非金属矿床；为农业、畜牧业、地方病防治和环境保护提供基础资料
气体地球化学勘查	区域地质调查和矿产预查、普查阶段	通过研究并确定某些易挥发元素(Hg、Cl、Br、I等)或气体(如H_2S、CO_2)等与矿化的伴生关系，从而利用它作为找矿的标志	用于苔原覆盖层、森林地区的航空气体找矿和进行矿区构造填图，划定有利矿化富集的断裂交错点，寻找深部盲矿体和圈出已知矿化带的延伸地段

续表

类别	适用勘查阶段	应用范围、研究内容	目的、任务
稳定同位素地球化学勘查	尚处于初步实验阶段	应用稳定同位素比值作为化探手段的找矿实例(如应用Pb^{206}/Pb^{207}比值,圈定铅锌矿区的矿化范围,指出找矿方向)。利用稳定同位素S^{32}/S^{34}比值等研究多金属矿床的成因,追索圈定矿化可能位置,研究矿床的剥蚀深度等	研究多金属矿床的成因,追索圈定矿化可能位置,研究矿床的剥蚀深度等,圈定矿区的矿化范围,指出找矿方向
水地球化学勘查	找矿阶段。这是一种基础的找矿方法	主要应用于地形切割水系发育的地区,寻找多金属硫化矿床和某些稀有金属矿床等	研究成矿元素和伴生元素在矿床周围的土壤水、地下水及地表水中所形成的地化异常
生物地球化学勘查	该方法研究程度和找矿效果、找矿远景不甚明确,应用不普遍	在一定的条件下(如新的覆盖地区),可以利用生物地化异常来确定矿床分布的地段	对于寻找Fe、Mn、Cu、Pb、Zn、Co、Ni、Mo、W等矿床有一定的找矿效果

11.3 地球化学勘查技术及野外工作方法

11.3.1 工作程序

地球化学勘查基本程序是:设计前预备工作(搜集资料、踏勘、采样试验)→编制设计→组织实施并采样→样品加工、测试→数据处理及资料整理→确认和检查异常,如图11.1所示。

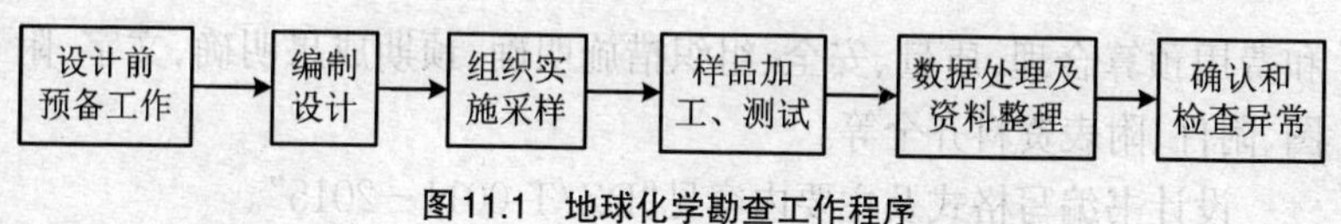

图11.1 地球化学勘查工作程序

11.3.2 设计

11.3.2.1 设计前预备工作

本阶段包括资料搜集和研究、踏勘、化探样品采样试验等。

资料搜集和研究:搜集内容主要为工作地段矿床地质特征,自然地理特征(气候、雨量、蒸发量、地貌、第四纪地质、植被发育特征和风化作用强度),前人工作程度、质量及经验教训等。对搜集的资料要进行整理和综合研究,从中分析成晕成流条件和特点,分析投入化探工作的先决条件和依据。

踏勘:通过现场踏勘和补充必要的试验工作(土壤样要作采样层位、采样深度、粒度试验),补充和更正上述分析判断,初步确定最优的方法和措施,如比例尺、取样点布设方法、采样对象、采样深度和层位、为采集代表性样品应采取的特殊措施、确定合理的分析方法、确定开展研究的技术课题和措施、确定本次工作需要解决的主题等。

在上述基础上编写立项建议书或设计书。

11.3.2.2 设计编写

地球化学勘查设计,要根据勘查的目的、任务,勘查区的地质特征、地球化学特征、自然地理条件等,按照现行规范、规程进行设计。重点是目的、任务明确,对以往工作存在的问题分析透彻,本期工作要解决的课题目标清晰,开展地球化学勘查的先决条件充分,工作部署和工作方法正确,试验方法合理,各项工作技术质量要求明确,工作量和费用预算合理,质量、安全、组织措施明确,预期成果明确,文字、附图、附件、附表资料齐全等。

设计书编写格式及主要内容见"DZ/T 0011—2015"。

11.3.3 野外工作方法

以水系沉积物测量、土壤地球化学测量、岩石地球化学测量等常用方法为主。

11.3.3.1 水系沉积物地球化学测量(以1:50000为例)

1. 基本概念

水系沉积物地球化学勘查,是沿地表水系,系统地采取水系沉积物样品(通常为细粒物质),测定其中微迹元素的含量或其他地球化学指标,以发现与矿化有关的水系沉积物异常,并向源头追索、寻找矿床和解决特定的地质问题的一种找矿方法。通常适用于面积性的区域找矿,常用比例尺为不大于1:25000,本文以1:50000水系沉积物测量(中国东部地区)为例展开。

2. 采样点布设

(1) 采样密度:基本采样密度为4~8点/km^2。在1:200000水系沉积物测量异常浓集中心和地质路线踏勘中发现的矿化有利地段,加密水系沉积物测量,采样密度为8~12点/km^2。

(2) 采样点布设原则:

① 根据水系分布形态、地理地貌特点布设,兼顾均匀性与合理性最大限度控制测区面积,使测区总控制面积≥75%;

② 采样点位均匀分布,1:50000地形图上按照1 km^2基本采样单元均匀布设采样点,不应出现连续3个以上空白小格;

③ 采样点主要布设在一级水系中,当一级水系长度大于500 m

时,应增加样品布设,在二级水系中布设控制点,一般汇水域最上游采样点控制面积为0.125～0.25 km^2范围内;

④ 采样点布设应避开厂矿、村镇、公路等可能产生污染的部位。

3. 野外采样

(1) 采样位置:应在现代活动性流水线上,采样部位尽量选择在水流变缓地段及水系沉积物各种粒级易于汇集处,使样品中各粒级比例处于自然混合状态,同时应避开在活动性流水线以外的河岸阶地、河漫滩采样,避开有机质、黏土及风积物等分布地段。

(2) 采样物质:采样介质应为代表汇水域基岩的物质成分,以淤泥和细砂为主,一般为－10～＋80目物质,可根据找矿目的、矿种,另行试验确定。

(3) 样品采集:要求沿活动性流水线,在20～30 m范围内3～5处多点采集组合样。在羽状水系发育地区,应在多条水系采集组合样。

(4) 样品重量:原始样品粗加工过筛后的重量≥300 g,以保证送分析样品和长期保存副样所要求的重量。

(5) 野外定点:采样时使用GPS结合地形图定点,定点误差＜50 m。在GPS中每录入一个采样点的坐标信息,布设的采样点应准确标绘在地形图上。GPS定点和航迹管理方法见《地球化学普查规范》(DZ/T 0011—2015)附录E。

(6) 样品编号:以1∶50000图幅为单元连续编号,以1 km^2为基本采样单元,自左到右、自上而下按顺序编号;在每个基本采样单元中划分面积为0.25 km^2的4个小格,自左到右、自上而下编为A、B、C、D;并在标号后标注阿拉伯数字,如A1、B2、C1、D2等。在图11.2中,3B2表示第3基本采样单元中B小格第2个样品,另外每50件样品编号内预留5个号码,其中4个号码为插入监控样,1个号码为插入重复样,插入号码应均匀分布。

(7) 注意事项:

① 采样物质要尽量保持一致性；

② 新旧样袋均要进行清洗后才能使用；

③ 湿样应挤干，并用塑料袋隔开。

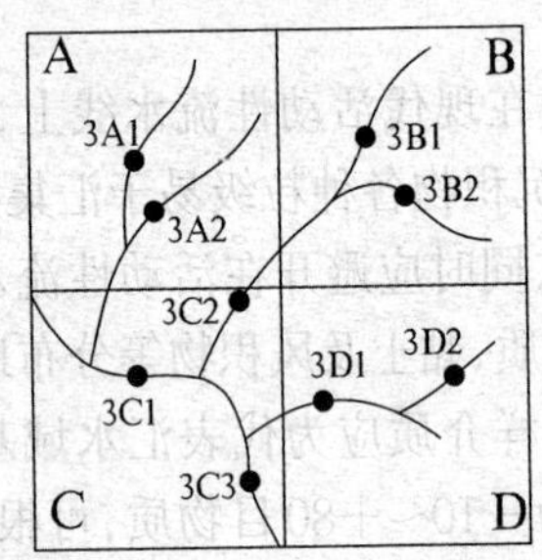

图 11.2 样品编号示意图

4. 样品记录

(1) 填写采样记录卡：野外采样应按规范要求填写采样记录卡(附录12中附表12.48)，记录样品号、样袋号、样品的各种特征以及地质、矿化和地貌、环境特征。

(2) 使用2H或3H铅笔在现场记录，应在野外记录的内容不应回驻地后填写。

(3) 记录卡填写内容应齐全、正确，字迹工整、清洁，不应有重抄、涂改，记录有误时可划掉原记录并在其上方填写正确文字。

(4) 样品变更登记：采样时，因地形地物及通行条件的限制，不能到达设计样点，或设计样点不合理时，应在专门设立的采样点变更登记表上进行采样点变更登记。

(5) 每个采样点均应留有明显标记，在无法留有标记时，应留有证明到此采样的痕迹和记录。

(6) 采集的样品应随袋装入样品标签，样签应随样品保留至样品加工全过程。

5. 重复样采集

重复样应由不同组人员或质量检查人员在同点不同时采集，重复采样数为总采样数的2%～3%，每个测区应不少于30件。重复样点应均匀分布在工作区内。以重复样两次采样分析结果，按相对双差RD允许限确定合格率，$RD\leqslant 33\%$为合格，重复样合格率$\geqslant 85\%$。

$$RD=\frac{|A_1-A_2|}{\frac{1}{2}(A_1+A_2)}\times 100\% \tag{11.1}$$

式中，A_1：样品第一次采样分析结果；A_2：重复采样分析结果。

6. 野外工作整理

每日野外工作结束后，都要对样品进行清点，要将采样点着墨在工作手图上，以直径2 mm的小圆圈标定采样点，注明采样点号。同时将GPS上的采样点坐标、时间及采样点组成的航迹由专人全部录入计算机。待全部工作结束时，将航迹图打印成册，作为原始资料装订存档。

7. 野外样品加工

野外样品加工包括样品保管与接交、样品干燥、过筛、填写标签、装袋或瓶、填写送样单等。

(1) 样品保管与接交：应对样品进行清点、核对样品袋号、样品编号、样品与记录卡的对应数等，核对无误后，进行交接登记，由送接双方人员签字。

(2) 样品干燥：在日光下自然干燥或于50 ℃环境下烘干。为防止结块，干燥过程中应及时揉搓样品，可用木槌适当敲打。

(3) 加工样品应使用不锈钢筛，使用的样筛孔径依工作区的具体情况及设计要求来确定。截取粒级样品过筛后，检查样品重新过筛时筛下重量应<5%。过筛后的样品重量≥300 g，加工后的样品用对角线折叠法混均缩分成两份：一份150 g入纸袋打包，填好送样单，送实

验室,另一份150 g装入聚乙烯塑料瓶保存。

(4) 注意事项:

① 不允许错样、少样、多样、乱样;

② 每加工一件样品,器具均须清理,以防污染;

③ 不允许火烤样品;

④ 化探样品与矿石样品须完全分开加工。

11.3.3.2 土壤地球化学测量

1. 基本概念

岩石长期受风化作用形成土壤,其主要由矿物质、有机质组成。它汇聚了极丰富的地球化学信息。土壤地球化学测量是系统采集土壤样品而获得地球化学信息或地球化学参数、地球化学指标的一种地球化学找矿方法。通常通过发现、圈定和查证次生晕异常实现找矿。

土壤地球化学勘查适用于区域矿产调查、预查、普查、详查等各个阶段的矿产勘查。

2. 土壤分层

土壤分层结构如表11.2、图11.3所示。

表11.2 土壤分层结构

<table>
<tr><th>土壤层名称</th><th>代号</th><th colspan="2">性质</th></tr>
<tr><td>森林残落物层</td><td>A_{00}</td><td colspan="2">疏松的枯枝落叶,植物残体</td></tr>
<tr><td rowspan="4">淋溶层</td><td>A_0</td><td colspan="2">暗色腐殖质层</td></tr>
<tr><td>A_1</td><td colspan="2">暗色土壤(富含有机质)</td></tr>
<tr><td>A_2</td><td colspan="2">灰白色淋溶层</td></tr>
<tr><td>A_3</td><td rowspan="2">由A向B层过渡</td><td>岩性主要似A层</td></tr>
<tr><td>淀积层</td><td>B_1</td><td>岩性主要似B层</td></tr>
</table>

续表

土壤层名称	代号	性质
	B_2	棕红至红棕色淀积层，淋溶轻微
	B_3	向C层过渡
母质层	C	未受淀积和淋溶作用影响
基岩层	D	

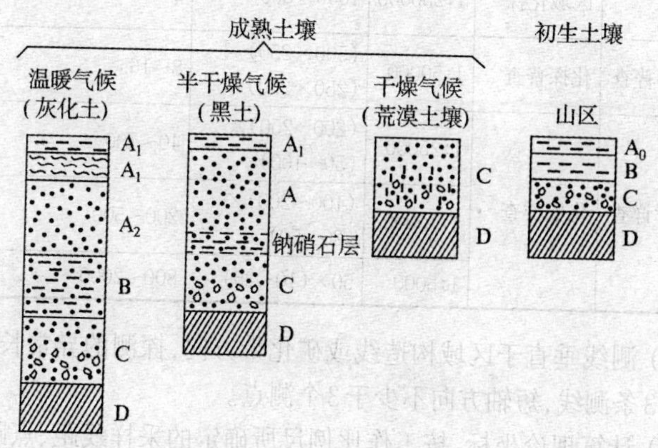

图11.3 土壤剖面示意图

3. 土壤地球化学异常的形成

(1) 出露地表矿(化)体：在风化作用下形成残积物，在重力、风力、水力、冰川等作用下形成坡积物、风积物、洪积物、冰积物。有用物质在其中扩散成晕，形成地球化学异常。

(2) 半隐伏或浅隐伏矿(化)体：在地下水或自然电场作用下形成后生异常。

4. 测线及采样点布设

(1) 一般以规则网进行样点布设，也可采用不规则网(网格化)进行样点布设,不规则网采样参照水系沉积物地球化学测量布设采样点。相关规范与工作比例尺与测网密度规定有所不同,如表11.3所示。

表11.3 土壤地球化学测量参考测网与采样密度

工作阶段	简称	比例尺	测量网(m×m)	采样密度(点/km²)	备注
区域地球化学勘查	区域化探	1:250000	1000×500	2	
地球化学普查	化探普查	1:50000	(500×250)~(250×250)	8~16	
地球化学详查	化探详查	1:25000	(200~250)×(50~100)	40~100	
		1:10000	(100~200)×(20~50)	200~500	
		1:5000	50×(10~25)	800~2000	

(2) 测线垂直于区域构造线或矿化带方向,探测的异常长轴方向不少于3条测线,短轴方向不少于3个测点。

(3) 计算理论坐标,按工作比例尺所确定的采样线距、点距,以基线、测线角度在Excel表中用三角函数计算出全部采样点理论坐标。按一定的间距对基线、测线系统编号。

5. 野外采样

(1) 采样位置:接近基岩上部的残坡积层。

(2) 采样物质:采样介质应为代表下伏基岩的残坡积物质,在第四系浅覆盖区,采用机动浅钻在基岩面上采集残坡积物,同一测(地)区采样粒级同水系沉积物地球化学测量,可根据找矿目的、矿种,另行试验确定。

(3) 样品采集:要求在采样点周围点线距的1/3范围内多点(3~5处)采集组合样。在成矿地质条件复杂地区,可增加采样密度。样品应尽量采自同一介质、同一层位，采样时应去除样品中的碎石、草根、树皮等杂质，避免各种人为污染。遇有废石堆、沼泽、崩积物、河床堆积物等不能取样时可沿线距1/3、点距1/2移点。当仍取不到样时可弃点，但要说明原因。

(4) 样品质(重)量：土壤测量样品过筛后，区域地球化学勘查样品不低于300 g；地球化学普查样品不低于150 g，测金样品不低于200 g；地球化学详查样品不低于100 g，测金样品不低于150 g。

(5) 样品编号：不规则网采集样品编号采用水系沉积物地球化学测量的方法，即从左至右、从上至下按顺序编号；规则网按一定的规则编号：工区拼音首字母+点号/线号表示，如HF100/102，点线号使用双编号，为插入采样点、线预留编号。

(6) 定点：野外采用GPS结合地形图方法定点，工作用地形图比例尺应大于或等于工作比例尺。具体的定点要求可分为两类：

① 区域地球化学勘查和地球化学普查工作阶段，选择手持式GPS结合地形图定点，定点偏差小于50 m。

② 地球化学详查工作阶段，应布设测网，测网执行"DZ/T 0153—2014"中有关测网布设与精度的相关要求。在同工作比例尺地形图上定点偏差小于1 mm，剖面性工作除对每个定样点定点外，应在起始点和每隔5个测点用木桩进行标注。

GPS野外使用要求，具体参见"DZ/T 0145—2017"中附录B。

重复样采集、野外工作整理、野外样品加工等技术方法及要求同水系沉积物地球化学测量。

土壤地球化学采样记录表式见附录12中附表49。

11.3.3.3　岩石地球化学测量

1. 基本概念

岩石地球化学测量是指系统地采集岩石样品，测定其中微迹元素的含量或其他地球化学指标,以发现与矿化有关的各类原生晕异常,进而寻找矿产资源、研究成矿规律的一种找矿方法。

岩石地球化学测量根据研究目标,可分为区域地球化学勘查、地球化学普查、地球化学详查中的岩石地球化学测量及岩石地球化学专项调查等,以剖面性测量为主,必要时进行面积性测量、典型地球化学剖面测量等。

岩石地球化学找矿最基本的条件是基岩出露,在有工程揭露基岩(如探槽、浅井、钻孔、坑道等)的情况下,也可开展岩石地球化学找矿。

岩石地球化学测量在普查阶段多用于评价岩浆岩、地层、构造的含矿性,指出找矿的远景区;在详查、勘探、开采阶段用于寻找盲矿体,以及寻找无宏观找矿标志,难以识别的矿体和验证物探异常。岩石地球化学找矿方法可广泛用于有色多金属矿产、贵金属、稀有金属找矿与评价。

2. 野外工作方法

1) 区域地球化学勘查中的岩石地球化学测量

(1) 地球化学背景的样品要求按地质建造、岩系、岩类等地质单元系统布设,划分地质单元时应考虑地球化学特征变化。原则上沉积岩按建造或系、岩浆岩按期、变质岩按群划分地质单元。沉积岩、副变质岩按剖面布设样点,侵入岩、正变质岩在同一采样单元岩体中均匀布设样点。每个采样单元一般采集30件以上样品,对出露面积较小的地质单元,可适当减少,但不应低于10件样品。背景样品要求采集未矿化蚀变的岩石。

(2) 样品采集应具有代表性,应在采样点20~30 m范围内采集同种岩石,3点以上组合成一个样品。样品应力求采集新鲜岩石。

(3) 布设的采样点应准确地标绘在1∶50000地形图上。采样时使用GPS结合地形图定点,定点误差≤50 m,并在采样部位留下标记。

(4) 背景样品和蚀变、矿化样品分开，按样品种类连续编号。样品重量应不少于300 g。

2) 地球化学普查中的岩石地球化学测量

(1) 一般以网格化进行样点布设，也可采用规则网进行样品布设，如表11.4所示。

表11.4 岩石地球化学普查参考测网

工作类型	比例尺	网度(点距)(m)	采样点(个/km²)	备注
岩石地球化学普查	1:50000	500×250 250×250	8～20	
	1:25000	250×100 200×100	20～50	

(2) 样品应在采样单元内均匀分布，原则上以1 km²为基本采样单元，采样单元内不同的岩石种类应单独采样。采集的样品应具代表性，要求在采样点30～50 m周围或点线距的1/3范围内多点(大于5个点)采样，均匀敲取同种或同类岩性的岩石碎块，组合成一个样品。样品重量应不少于300 g。

(3) 布设的采样点应准确地标绘在地形图上。采样时使用GPS结合地形图定点，定点误差≤20 m(1:50000)和≤10 m(1:25000)，在采样点或采样点附近部位留下易于查找的标记。在GPS上录入每一个采样点坐标信息，应将GPS定点和航迹录入计算机，并以纸介质和电子文档两种形式保存。

(4) 采集样品时，应注意观察样品周围地质与沿途地质情况，搜寻构造、矿化、蚀变地质体并采集相应样品，同时适当采集供光片、薄片鉴定的岩石标本。

3) 地表面积性岩石地球化学测量

(1) 一般以规则网进行样品布设，可分为1:5000、1:10000两种比例尺，如表11.5所示。根据地球化学普查异常分布、控矿因素分布特点,选择采样网形态。

表11.5 面积性地球化学测量参考测网

工作类型	比例尺	网度(点距)(m)	采样点(个/km²)	备注
面积性地球化学测量	1:10000	100×20 100×40	200~500	
	1:5000	50×10 50×20	1000~2000	

(2) 采集基岩、蚀变矿化岩石、构造裂隙物质、脉岩、铁帽等。如地表采不到岩石样品,可使用浅钻取样。岩石样品应采集新鲜基岩。样品由5~8块同一种类岩石近等重量组合而成;组合范围在1/3点线距范围内。当矿化极不均匀,或遇到构造带、矿化带、蚀变带等成矿有利地段时,应适当加密采样。样品重量应不少于300 g。

(3) 野外采样定点采用GPS结合地形图定点方法,地形图比例尺应等于或大于工作比例尺。在GPS信号不强地区,可采用罗盘仪定向,测绳量距定点。测线起始点应由高精度GPS仪或经纬仪视距布设。定点误差≤10 m(1:10000)和≤5 m(1:5000)。

4) 地表剖面性岩石地球化学测量

(1) 根据地球化学异常形态进行布设,测线(剖面)通常须穿越异常浓集中心或矿化带中心,剖面两端到达背景区。

(2) 根据地质复杂程度和矿化情况布设样品。采样间距一般为5~20 m,在地质背景区采样,点距以20 m为宜;在异常浓集中心、矿化带、构造破碎蚀变岩带、赋矿层位等地段,应加密采样,点距为2~5 m;对某些特殊的赋矿地质脉体、矿化体,应进一步加密采集特殊样品。样品由1/2点距范围内3~5块同类岩石子样组合而成。样品质量应不少于300 g。

5) 探槽岩石地球化学测量

(1) 探槽岩石地球化学测量通常是沿探槽的一壁或底板布设采

样点，探槽范围内均应采集岩石地球化学样品。

(2) 根据地质复杂程度和矿化情况布设采样点，采用连续拣块法进行采样。采样间距一般为5～10 m，在有矿脉、蚀变、构造带部位应加密单独采集样品。

(3) 采样点的布设应采用测绳量距的方式定点，并准确地标绘在探槽素描图上。

6) *坑道岩石地球化学测量*

(1) 坑道岩石地球化学测量通常是沿坑道的一壁布设采样点，主坑道范围内均应采集岩石地球化学样品。

(2) 根据地质复杂程度和矿化情况布设采样点，采用连续拣块法进行采样。采样间距一般为5～10 m，在有矿脉、蚀变、构造带部位应加密单独采集样品。

(3) 采用测绳量距的方式定点，布设的采样点应准确地标绘在坑道素描图上。

7) *钻孔岩石地球化学测量*

(1) 按地质特征划分的岩性段、矿化分布确定取样间距。采样点距一般为5 m。对无矿化、厚度大的岩层，采样点距可放稀至10 m。矿化层、脉型矿或断裂构造带等采样点间距可加密到1～2 m，并应采集1个以上单独样品。

(2) 采用连续拣块法在采样点距内均匀采集直径小于20 mm的5～8块子样组成样品，样品质量不小于300 g。当采不到矿化段岩心样品时，也可利用化学样副样代替。

(3) 采样点的布设采用回次记录的方式定点，并应准确地标绘在钻孔柱状图上。

为提取隐伏矿地球化学信息，岩石地球化学测量要求尽量采集裂隙充填物，如硅质细脉、断层泥或细粒物、褐铁矿化物质、岩脉等，详细记录采样点附近岩性、构造、矿化和蚀变等地质特征，样品的物质及风化程度等。

重复样采集技术方法及要求同水系沉积物地球化学测量。

11.3.4 野外工作质量监控

质量监控包括采样点布设、采样、野外记录、样品加工等全过程。

(1) 建立健全野外三级质量检查制度。即野外采样小组的自检和互检、项目组工区检查、项目承担单位检查。

(2) 采样小组自检:应对每天所采样品及数量、记录卡及与样品对应情况、GPS航迹图、点位(工作手图)进行100%自检。样品加工组应对每天所加工样品数量、每个样品重量、样品与送样单和标签及布袋号对应情况、不锈钢筛完好情况等进行全面检查,发现问题及时纠正。

(3) 大组或项目组工区检查:

① 方法技术检查:大组(工区或项目)负责人或质量检查员应随采样小组深入工作现场,检查野外采样工作全过程,重点检查点位偏差、采样部位选择、采样介质等是否符合设计要求。同时,应深入样品加工组,检查样品加工全过程,包括样品加工程序是否合理、样品有无玷污和编号有无混乱等。

② 工作质量检查:分为室内抽查和野外抽查。室内抽查主要包括核对采样点位图,GPS航迹图,记录卡,质检记录,样品加工、记录以及样品成分等。野外抽查部分采样点(包括重复样采样点),实地核对采样部位、定点误差、采样介质、记录内容和GPS航迹等。

(4) 项目承担单位检查:项目承担单位应在野外工作结束前进行全面质量检查,派质检组对小组、大组、项目组的质检工作以及全部原始资料进行检查、评价和验收,包括对野外工作的抽验和室内工作的检查,并写出验收文据。

(5) 质量检查工作量要求:大组或项目组工区检查和项目承担单

位检查总量要求为：室内抽查的工作量应占总工作量的10%，野外抽查的工作量应占总工作量的5%。

（6）各项野外工作质量技术检查要填写相应的检查记录表。参见《地球化学普查规范》《DZ/T 0011—2015》（1∶50000）中附录C。

11.4　样品分析测试及质量监控

11.4.1　地球化学勘查对样品分析的要求

由于化探工作中样品数量大、分析项目多、元素含量低而变化范围大，有一定的时间要求，因此对分析元素、分析方法检出限、准确度、精密度提出了一些特殊要求。

11.4.2　分析测试质量控制

11.4.2.1　实验室内部质量控制

实验室内部质量控制包括准确度控制、精密度控制、日常分析质量监控、报出率控制、重复性检验控制（内检分析）、突变点的重复性检验等。

11.4.2.2　实验室外部质量控制

实验室外部质量控制包括外部监控样制备、插入及各元素分析质量参数的计算等。

根据勘查对象不同，样品分析测试及质量监控详细内容请查阅并参照“DZ/T 0167—2006”“DZ/T 0011—2015”“DZ/T 0130.2—2006”“DZ/T 0130.4—2006”等规范及其他相关要求执行。

11.5 数据处理、资料整理及图件编制

11.5.1 数据处理

数据处理包括分析质量评估、建立数据文件、参数计算、统计分析等内容。

11.5.1.1 分析质量评估

接到分析报告后首先要进行分析质量评估，分析质量不合格，所得出的结论也是错误的，所以未作评估的数据无可靠性可言。通过分析数据质量的评估、评述数据的可信程度，说明哪些元素数据满足化探要求，哪些数据可作为参考或在哪些方面可以利用。

地球化学勘查样品试验测试质量，执行《地质矿产实验室测试质量管理规范》(DZ/T 0130.1—2006)、《地球化学普查规范(1∶50000)》(DZ/T 0011—2015)相关规定，分析质量评估指标包括：① 分析方法及检出限、报出率；② 分析方法准确度、精密度；③ 监控样分析准确度及精密度；④ 室验室内检样合格率；⑤ 异常点异常高含量或低含量样品检查(跳点样)；⑥ 重复样和密码样合格率。

11.5.1.2 建立数据文件

地球化学勘查，其样品多、信息量大，须建立数据库文件，以原始采样信息、基本图件和分析数据为数据源。目前常用软件有GeoMDIS、ArcInfo、MapGIS等，适用于资料汇交的数据库系统。

数据库的内容表现为野外调查资料(定位坐标资料、采样信息、异常登记、质量检查记录、数字照片及摄像资料等)、各类实验测试数据、各类图件的图形资料等。具体工作须注意如下方面：

(1) 采样点坐标数据(单点样直接下载GPS坐标数据,组合样要输入网格中心坐标):将地理坐标转换成方里网坐标,按照送样顺序排序。

(2) 分析数据:化验室提供的数据有基本样分析数据、重复样分析数据、标准样分析数据、内检样分析数据。按照样品性质进行分类整理,建议原始分析数据后面添加样品分类代码或分类名称。这样在Excel电子表格中能很方便地筛选出所需的样品数据。

(3) 野外调查数据(异常记录卡信息)。

(4) 地质数据,采样点岩石类型、矿化蚀变信息,成矿构造信息,成矿类型信息等。除了按照规定要求建立数据库外,将各种数据组合成工作数据文件,供数据处理和成图。

11.5.1.3　参数计算和统计分析

参数计算和统计分析须对大量的地球化学原始数据进行处理和计算统计参数,进而开展统计分析。

1. 数据转换

由于各个元素(变量)的单位量纲、量级和数值变化范围差异很大,如果用原始数据直接计算相关参数,则会因绝对值大、变量的影响突出而导致研究结果出现错误,故须对变量原始数据进行转换——将绝对值转换成相对值。常用的方法有标准化转换或正规化转换。

标准化转换公式如下:

$$x'_{ij}=\frac{x_{ij}-\bar{x}_j}{s_j} \tag{11.2}$$

$$\bar{x}_j=\frac{1}{n}\left(\sum_{i=1}^{n}x_{ij}\right) \tag{11.3}$$

$$s_j=\sqrt{\frac{1}{n-1}\left[\sum_{i=1}^{n}(x_{ij}-\bar{x}_j)^2\right]} \tag{11.4}$$

式(11.2)、式(11.3)、式(11.4)中,x'_{ij}:经变换后的数据;x_{ij}:原始数据,即第j个变量第i个样品测试数据;$\bar{x}_j$:第j个变量平均值;s_j:第j个变量标准差。

显然,经标准化转换后,每个变量都变为平均值为0、标准差为1的标准化变量。

正规化转换定义为

$$x_{ij}=\frac{x_{ij}-x_{j(\min)}}{x_{j(\max)}-x_{j(\min)}} \tag{11.5}$$

式中,$x_{j(\max)}$与$x_{j(\min)}$分别为第j个变量的最大值和最小值。因而经正规化转换的数据,其变化范围已经全部在0~1。

统计参数的计算,包括计算样本数(n)、最大值($x_{j(\max)}$)和最小值($x_{j(\min)}$)、峰度系数、相关系数、算术平均值($\bar{x}$)、标准偏差(均方差s)、变化系数(C_V)、几何平均值(g)、中位数(M_c)、逐步剔除含量值大于平均值加减3倍标准离差样品数据后剩余样本数算术平均值($\bar{x}_0$)、标准离差、变化系数等。

2. 数据分布检验

自然界元素数据的分布类型各异,有正态分布、对数正态分布、偏态分布(正偏和负偏)、峰态分布、指数分布、二项分布等。由单一地球化学过程所形成的单一地质体中化学元素的含量一般服从正态分布,由于工作区多种岩石组合、成矿作用叠加,化探数据会出现其他分布形式,就要选择不同的统计计算公式。因此,在统计计算之前要对处理前的地球化学数据进行分布形式的检验,选择适用的公式进行计算。

关于变量特征参数的计算请参见本手册第6章第6.7.2条表6.11,数据分布形式的统计检验请读者参阅相关统计图书。

3. 异常下限确定方法

地球化学数据统计计算,最终要获得合理的接近实际的背景值和异常下限等核心参数。背景平均值的计算,要排除高含量值(离群值)的影响,即按照国标“GB/T 4883—2008”正态样本离群值(异常值)的判别和处理规则,逐步剔除 $\bar{x}\pm3s$ 的“离群值”后计算获取(参见表6.11)。

异常下限的确定通常有统计计算法、剖面法及图解法。

1）统计计算法

异常下限理论公式为

$$T=\bar{x}+(1.65-3)S \tag{11.6}$$

式中,T:异常下限;$\bar{x}$:剔除离群值后的算术平均值;S:剔除离群值后的标准偏差。

通常采用

$$T=\bar{x}+2S \tag{11.7}$$

利用Excel表常用公式分别计算出:

自然数:平均值($\bar{x}$)、均方差(S)

自然数异常下限

$$T=\bar{x}+2S \tag{11.8}$$

对数:平均值($\bar{x}_L$)、对数均方差(λ)

对数异常下限

$$T_L=\bar{x}_L+2\lambda \tag{11.9}$$

异常下限不是固定值,应根据含量数据特征和地质成矿条件选择合理的异常下限。

计算机的普遍使用极大地提高了工作效率。上述各项参数和相关图件(如直方图、散点图等),均可通过软件在计算机上完成。

2）剖面法

剖面法建立在地质剖面观察基础之上,指在测制地质剖面的同时,按一定的间距采取岩石(或土壤)样品,分析所需几种指示元素的含量,编绘地球化学综合剖面图(包括地质剖面和元素含量变化曲线)。通过对比地质剖面和元素含量变化曲线来确定背景值和背景上限,如图11.4所示。

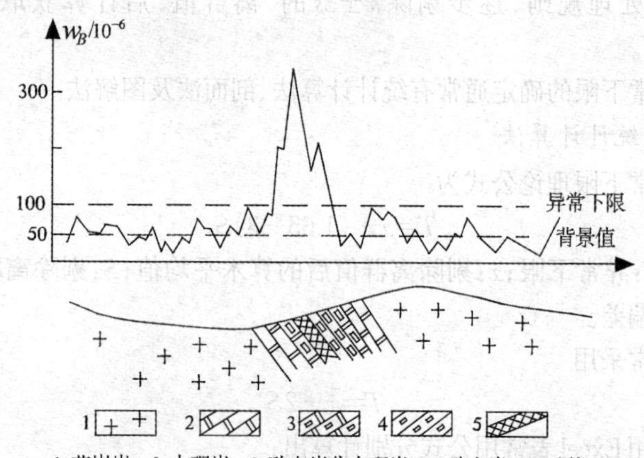

背景值50;异常下限值(背景上限)100

图11.4 剖面法确定背景值和异常下限

3) 图解法

用图解的方法确定背景值和异常下限,主要有:

(1) 概率格纸法。

(2) 直方图法。直方图法建立在"元素在地质体中一般是正态分布或对数正态分布"的理论基础之上,首先统计绘制元素含量的频率直方图,然后根据正态分布(或对数正态分布)特点,确定众数值M_0(连接SQ、PT线,其交点O的横坐标点即为M_0点),用其代表背景值;确定均方根差[直方图累积频率84.13%处($M_0+\sigma$)的横坐标点]和异常下限[直方图累积频率97.725%处($M_0+2\sigma$)的横坐标点],如图11.5所示。

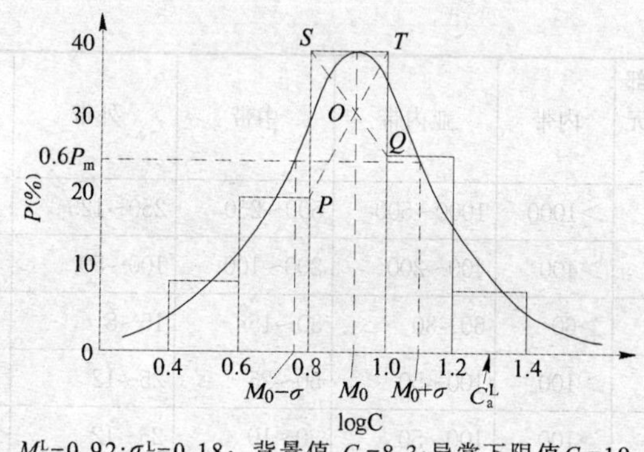

$M_0^L=0.92$;$\sigma^L=0.18$；背景值 $C_0=8.3$;异常下限值$C_a=19$

图11.5　众值和均方根差图解

4）经验法

岩石地球化学测量的异常浓度分级，一般以内、中、外带三级含量来划分和圈定异常，但对每个地区、每次工作，三个带的数值都定得不一样，经多年实践的经验，邵跃等提出以各元素的工业边界品位为基准，下推一个含量级次作为该元素的最高异常值，并以大于最高异常值者为内带含量，然后依次以其含量的1/2定位亚内带、中带和外带、亚外带4个级次(表11.6)，表中各元素的外带含量的下限相当于矿区化探的异常下限，亚外带含量一般可视为矿区背景。该方法也可应用于水系沉积物地球化学测量及土壤地球化学测量。

表11.6　矿床原生晕元素异常浓度分级($W_B/10^{-6}$)

元素	中国东部上地壳元素丰度	内带	亚内带	中带	外带	亚外带
Mn	600	>10000	10000~5000	5000~2500	2500~1250	
Cu	17	>400	400~200	200~100	100~50	50~25
Pb	18	>500	500~250	250~125	125~60	60~30

续表

元素	中国东部上地壳元素丰度	内带	亚内带	中带	外带	亚外带
Zn	63	>1000	1000～500	500～250	250～125	125～60
Ni	21	>400	400～200	200～100	100～50	
Co	12	>60	60～30	30～15	15～8	
W	0.7	>100	100～50	50～25	25～12	12～6
Sn	1.8	>100	100～50	20～10	25～12	12～6
Mo	0.6	>40	40～20	20～10	10～5	5～3
Bi	0.16	>100	100～50	50～25	25～12	12～6
Hg	0.009	>40	40～20	20～10	10～5	5～2.5
Sb	0.22	>400	400～200	200～100	100～50	50～25
Au	0.0008	>0.1	0.1～0.05	0.05～0.025	0.025～0.012	0.012～0.006
Ag	0.056	>5	5～2.5	2.5～1.2	1.2～0.6	0.6～0.3
Be	1.9	>50	50～25	25～12	12～6	6～3
P	600	>2000	2000～1000	1000～500	500～250	
As	2.8	>2000	2000～1000	1000～500	500～250	250～125
B	16	>1000	100～500	500～250	250～125	
Ba	640	>10000	10000～5000	5000～2500	2500～1250	1250～600
F	480	>4000	4000～2000	2000～1000	1000～500	

注：1. 表中有些元素，如Ni、Co在超基性岩中含量较高，异常评价要注意由地层引起的某些元素的高含量带，这种高含量带不是异常。As、Sb、Bi、Hg等作为伴生元素的异常，有时含量可能还会低一些，工作时可根据具体情况灵活掌握。

2. 资料来源：邵跃. 热液矿床岩石测量(原生晕法)找矿[M]. 北京：地质出版社，1997.

11.5.1.4　多元统计分析

自然界元素的迁移、富集不是单元素、单形式、单作用过程，而是多元素复因素多阶段作用形成，研究各个因素的相互关系，就涉及多元统计分析。如方差分析、回归分析、趋势分析、判别分析、聚类分析、族群分析、因子分析、对应分析、典型相关分析、马尔科夫链、逻辑信息法等，内容丰富、范围广阔，可使用相关软件，如Minitab、Sulfur、SPSS、GeoExpl 2005、GeoMPIS 2005等，由计算机完成计算和绘图，相关内容本书从略。读者如要深入研究，请参阅《地质找矿勘探中的概略统计方法》等地质统计图书。

11.5.1.5　异常登记

对发现和圈定的地球化学异常要用卡片进行系统登记，卡片格式(参考“DZ/T 0011—2015”中附录D)如表11.7所示。

表11.7　地球化学异常登记卡

卡序号　　工作区(图幅)　　工作区代码　　工作时间

异常编号	异常名称	纵坐标(起)	纵坐标(止)	横坐标(起)	横坐标(止)	异常区面积(km²)

异常组合(AEC)及异常元素参数指标(μg/g,Au:ng/g)							异常区元素分带(AEZ)		
元素	单元素异常面积(S)	平均强度	最高强度	异常衬度(CD)	规格化面金属量值(NAP)	元素浓度分带(k)	内带元素	中带元素	外带元素

续表

异常区地质构造背景描述					异常区成矿矿化特征描述				
构造带位置	地层	岩浆岩	断裂	交代蚀变	矿化规模	矿化形态	矿化类型	矿石结构构造	矿石矿物成分

异常区地球物理、遥感异常辅助标志						
航磁	地磁	重力	电法	遥感	其他	辅助异常指示意义评价

找矿价值简要评价						
找矿价值分类	地质成因分类	成矿条件评价	预测矿化强度	预测矿体埋藏深度	预测找矿潜力	今后工作建议

附图:1.

2.

3.

(所附图件或说明均放在本卡后面)

项目负责人: 制表人: 审核: 制表时间:

11.5.2 图件编制

11.5.2.1 图件种类

图件种类主要有原始数据图、地球化学图、地球化学异常图(包括单元素异常图、组合异常图、地球化学综合异常图)、地质化探综合剖面图、异常剖析图、推断解释图等。同时,还要编制异常检查实际材料图、地质矿产简图等。

11.5.2.2　原始数据图

原始数据图包括采样点位图、异常查证实际材料图等。

1. 采样点位图

主要包括水系、主要居民点、主要地物标志、交通道路、高斯方里网、经纬度坐标、采样点位置及采样信息和分析设计信息属性。重复样点、质量检查点以不同颜色和符号标注。

2. 异常查证实际材料图

异常查证实际材料图是完成异常查证后编制的实际材料图。一般应在地质矿产底图或综合异常图上投放完整的异常查证实际材料,包括面积性加密样点、异常查证地质-化探剖面、查证时随机采集的各类样品点位以及探矿工程位置等。

11.5.2.3　地球化学图编制

编制地球化学图的底图为数字化地理底图,以原始数据直接勾绘元素等量线成图。

(1) 合理确定含量分级(等量线间隔)。选取方法如下:

① 对数间隔:适用于对数正态分布元素,采用0.1 lg$C$(μg/g或ng/g)含量间隔的方法,如表11.8所示。当数据为异常含量时,可适当将等量线抽稀为0.2 lg$C$(μg/g或ng/g)或更大,使等量线在图面上的间距不小于0.7 mm。

表11.8 地球化学图等量线区间值

对数间隔（等量线值）lg$C$(μg/g、ng/g)	图上标注的真值 (μg/g、ng/g、mg/l、%)	对数间隔（等量线值）lg$C$(μg/g、ng/g)	图上标注的真值 (μg/g、ng/g、mg/l、%)
0.1	1.25	1.1	12.5
0.2	1.6	1.2	16
0.3	2	1.3	20
0.4	2.5	1.4	25
0.5	3.2	1.5	32
0.6	4	1.6	40
0.7	5	1.7	50
0.8	6.3	1.8	63
0.9	7.9	1.9	79
1	10	2	100

② 累积频率分级：优点在于地球化学图等值线均匀。分级参考《地球化学普查规范》(DZ/T 0011—2015)，分别以累积频率的0.5%、1.5%、4%、8%、15%、25%、40%、60%、75%、85%、92%、95%、98.5%、99.5%、100%间隔位置所对应的含量值进行等量线勾绘。它们的含义如表11.9所示。运用此法时为保证等量线的可靠性，要对元素测试精密度进行分析，并根据成图效果、等值线疏密情况适当调整分级间隔。

(2) 色区设置。分级色阶的选取方式为：以冷色调（蓝色）作为低值区，随着数据的增大，颜色变暖，即由蓝→黄→红，各色区内不同等量线间隔还可以用过渡色阶表示。色区划分可参见表11.9。

(3) 地球化学图角图、图式、图例和用色标准按“DZ/T 0075—93”执行。

表11.9 地球化学图色区划分

色区及区名	元素含量范围(μg/g或ng/g)	元素累计频率
深蓝(强低值图)	$<\bar{X}_0-2.5S_0$	≤1.5%
蓝(低值图)	$(\bar{X}_0-2.5S_0)\sim(\bar{X}_0-1.5S_0)$	>1.5%~15%
浅蓝(低背景区)	$(\bar{X}_0-1.5S_0)\sim(\bar{X}_0-0.5S_0)$	>15%~25%
浅黄(背景区)	$(\bar{X}_0-0.5S_0)\sim(\bar{X}_0+0.5S_0)$	>25%~75%
浅红(高背景区)	$(\bar{X}_0+0.5S_0)\sim(\bar{X}_0+1.5S_0)$	>75%~95%
红(高值区)	$(\bar{X}_0+1.5S_0)\sim(\bar{X}_0+2.5S_0)$	>95%~98.5%
深红(强高值区)	$>(\bar{X}_0+2.5S_0)$	>98.5%

注:资料来源于《地球化学普查规范(1:50000)》(DZ/T 0011—2015)。

11.5.2.4 地球化学异常图

包括单元素异常图、组合异常图、地球化学综合异常图等。

(1) 单元素异常图:直接用异常下限值勾绘异常。当工作区为单一地质单元或数据基本符合正态分布时,可全区确定异常下限;当工作区存在多个地质单元或数据存在多个母体分布时,可采用异常衬度值或分子区确定异常下限。一般按照异常下限值的1、2~4、3~8倍划分3个浓度带,勾绘异常外、中、内带。

(2) 组合异常图:在单元素异常的基础上,根据研究对象的元素组合特征,选择3~5个元素编绘。对元素组确定一个主要元素,选择高于异常下限的3个浓度带,用面色表示。其他元素按异常下限圈定,用线表示,并用不同颜色区分。

(3) 地球化学综合异常图:在组合异常图的基础上,研究几组元素的空间分布规律的综合性图件。将空间上密切相伴、同种成因的所有元素异常归并为一个综合异常。

11.5.2.5 地质化探综合剖面图

地质化探综合剖面图是指在实测地化剖面基础上,地质剖面与指示元素含量变化曲线相结合,反映岩性、地质构造及矿化蚀变特征与元素含量变化关系的图件。地球化学剖面图还可与勘探剖面图结合起来编制,反映钻孔中元素的含量变化。

11.5.2.6 异常剖析图

将工作区已知矿异常、已查证和推断的矿致异常及有特殊地质意义的综合异常按异常区范围内的地质矿产、元素异常的浓度分带情况等放在同一张图上制成剖析图,以供筛选评价异常使用。

11.5.2.7 解释推断图

解释推断图是指在分析研究各类地球化学图的基础上,按地质意义推断解释的图件,主要包括推断地质构造图、找矿预测图等。

11.6 综合研究:化探异常的分类、判别、查证和评价

11.6.1 异常分类

11.6.1.1 确定矿致异常与主成矿元素

根据化探异常特征推断可能的主要成矿元素及矿化类型的主要方法有:用成矿元素的面金属量(NAP)大小来识别主要成矿元素;用综合异常中单元素异常的成矿度(DOM)来判断主成矿元素;用元素

组合的比值法来识别异常所反映的矿化类型;用矿床学研究中常见的成矿元素组合来判断矿化类型;用异常元素组合及特征参数来判断主成矿元素和矿化类型等。

11.6.1.2 异常综合分类

通过分析研究引起异常的原因,结合元素地球化学图、组合异常图、综合异常图、异常检查结果对异常进行分类,如表11.10所示。

表11.10 异常分类

类	定义	亚类	定义
甲	已有矿存在的异常	甲$_1$	有进一步扩大矿床(点)找矿远景或发现新矿种前景的异常
		甲$_2$	发现的矿能很好地解释引起异常原因的异常
乙	推断的有找矿潜力的异常	乙$_1$	推断可能发现大、中型矿床的异常
		乙$_2$	推断可能发现中、小型矿床的异常
		乙$_3$	推断可能发现矿点及其以下矿的异常
丙	其他异常	丙$_1$	能为找矿以外的其他领域提供研究信息的异常
		丙$_2$	性质不明的异常
		丙$_3$	目前条件下无找矿意义的异常

11.6.3 异常判别

11.6.3.1 异常筛选

异常筛选的方法有异常参数筛选、异常模式筛选和异常综合筛选等。

异常参数筛选即以异常的特征为尺度进行筛选,如异常的参数(面积、强度、规模、元素组合、比值、分带特征等)、矿化迹象、地质构造特征等。要用数学方法描述、建立数学模型,用于异常评序与筛选。

异常模式筛选即将矿床成矿模式和地球化学勘查模型结合进行

异常筛选。将地球化学异常特征及矿床成矿模式和地球化学勘查模型进行对比研究,用于对异常评序与筛选。

异常综合筛选即用获取的矿产、物化探、遥感、重砂等资料综合判断地球化学异常与矿床的相关性,建立多元信息找矿模型,进行异常评序与筛选。

异常筛选主要是筛选与矿有关,特别是与有规模矿床或靶区有关的异常:

(1) 依据区域成矿地质背景对所有异常进行系统筛选。

(2) 通过异常解释、分类、排序等进行详细筛选。

(3) 对部分异常或一些不好确定与判断的异常单独筛选。

(4) 对不同地球化学景观区异常,要对区内的区域化探元素背景含量、地球化学特征、典型矿床异常特征等进行对比分析,然后进行异常筛选评价。

(5) 对不同地质背景异常,应将局部异常置于矿田成矿系列、成矿带的成矿系列及大区域的成矿系列中统一评价。

(6) 对异常元素组合与空间分带的研究是异常筛选与评价的核心问题,能帮助正确判断异常的矿化类型、可能存在的矿体的剥蚀程度,根据成矿规律中矿床缺位与元素分带特征预测盲矿体或掩埋矿体。

① 异常元素组合的确定:根据地质地球化学理论、空间套合、相关分析、成矿地质背景及主攻矿种类型的典型异常元素组合统一分析。

② 异常元素组合的空间分布类型:了解元素异常的重叠型、偏心型(分带型)及环心型。

③ 异常元素组合的空间分布与成矿系列的关系。

(7) 特殊异常筛选:

① 在异常规模、强度相似的情况下,注意优选与成矿地球化学省(区)区域异常套合的异常、与成矿系列有关的异常、分布在重要成矿区带中的异常。

② 注意中、弱异常筛选，它们很可能是由隐伏矿或浅表大矿引起的，注意成矿地质条件分析。

③ 判别主成矿元素和成矿类型，按成矿元素对异常进行分类排队和筛选。

④ 注意利用化探异常和元素分布特征判别重要地质体和重要成矿、控矿构造，提高异常的解释深度和预测靶区效果。

11.6.3.2　矿致异常与非矿致异常区别

(1) 矿致异常的特征：有希望的异常往往具有少数浓集中心，含量有规律地升高，在等量线图上表现为若干密集闭合圈。常表现为：

① 具有浓度分带。

② 空间上与一定地质构造有关(接触带、断裂、褶皱背斜)。

③ 有特定的元素组合。

④ 具有组分水平分带性。

矿致异常分带规律如下：

第一种：内带为成矿元素和主要成晕元素的主体异常，中带为成矿元素和主要成晕元素的分支异常和次要指示元素异常，成矿元素和指示元素的小异常群环带。

第二种：由成矿元素和主要成晕元素的主体异常和外围小异常群环带组成。

第三种：只有成矿元素和主要成晕元素的主体异常。

异常结构越复杂，说明成矿能量越大，成矿越复杂、规模也更大；异常结构简单、成矿组分单一，则规模较小。

⑤ 异常含量变化大，由背景区至矿田异常、矿床异常、矿体异常元素含量越高，含量起伏变化越剧烈。

⑥ 成矿元素与伴生指示元素之间具有很强的相关性。

(2) 非矿异常：

① 由岩石引起的,如基性岩地区的岩石和土壤内有铜异常;黑色页岩地区有钼、砷、银等多种异常。

② 由天然富集作用引起的,如铁锰含水氧化物及有机物质可以富集大量的金属元素。

③ 由玷污引起的,如老硐、废矿堆、选矿冶炼厂、公路碎石、某些农药、工业区的废水废物等。

④ 由采样不当引起的,如土壤的某些层位内可能有背景元素的富集而被误采。

⑤ 由分析上的误差或错误引起的。

11.6.4 异常查证

11.6.4.1 异常查证程度要求

原则上应对发现的甲$_1$、乙$_1$、乙$_2$类异常全部进行查证,并达到异常踏勘检查工作程度。对有发现大型、超大型矿床远景的重要异常应达到异常详细检查工作程度。

11.6.4.2 异常踏勘检查

主要工作是进一步缩小找矿靶区,追踪异常源,初步查明异常成因。常用的方法是1:10000地质物化探综合剖面测量、地质草测及少量轻型坑探工程。

11.6.4.3 异常详细检查

主要工作是进一步圈定异常,进行地表揭露和圈定矿(化)体并控制其规模,基本查明其成矿地质背景及控矿地质条件,为深部工程验证提供依据。选择的方法技术主要是面积性的1:10000物化探、地质测量及系统的轻型坑探工程。

11.6.4.4 异常查证现场分析测试

异常查证中尽可能使用样品现场分析测试方法技术,最大限度地缩短异常查证周期,提高异常查证效率。

11.6.4.5 异常查证简报

在异常编图、异常推断评价、异常分类、异常查证等项工作完成后,应逐一对圈定的异常区进行登记,编制地球化学异常登记卡,并储存于数据库中。每一异常的查证工作结束后,应编制单独的异常查证简报及系列图件,提出下一阶段工作建议书。

11.6.5 异常解释评价

11.6.5.1 基本概念

异常解释评价综合异常地段各种有关资料,以地质成矿理论为基础,查找异常与矿床的内在联系,从中提取找矿信息,对异常找矿前景作出评价,圈定找矿靶区。

异常解释评价没有固定模式,须综合工作区地球化学特征、异常特征、地质背景、成矿地质条件等作出评价。这里仅作简单介绍,以供借鉴。

11.6.5.2 资料准备

广泛收集工作区地层、构造、岩浆岩、区域矿产等地质、物化探、遥感资料,研究成矿地质背景、成矿规律、控矿构造,通过对工作区资料的分析研究,形成对成矿和区域地球化学分布特征的认识。

11.6.5.3 地球化学异常特征分析

(1) 异常含量、衬度、面积、规格化异常强度等。

(2) 通过多元统计分析和异常套合关系确定不同类型、不同矿种的元素组合特征,分析异常可能反映的矿化类型。

(3) 单元素异常的浓度分带、空间分布,组合异常的组分分带特征及区域性矿田异常与矿化分带一致性。

(4) 异常与地质体、构造空间上的关系。

11.6.5.4 评价步骤

(1) 对异常进行编号、登记。

(2) 区分矿异常与非矿异常。

(3) 按矿化类型对异常进行分类。

(4) 根据异常所在区地质特征、成矿地质条件及异常特征对异常进行排序。

(5) 对于优选矿异常进行重点评价。

11.6.5.5 评价内容

从异常区物探、遥感、地质特征、成矿条件、矿化蚀变信息等地质成矿背景入手,研究化探异常特征,异常与地质体、地质作用、地质构造、成矿作用关系,提取和评价异常所反映的成矿信息,结合物探、遥感信息评价异常找矿前景。

(1) 化探异常特征研究:

① 提取成矿地球化学信息:

a. 线状密集等值线反映成矿构造的存在。

b. 等值线由密变稀可能反映矿化带的倾向。

c. 与成矿有关岩体异常可作为间接找矿标志。

d. 矿带上部前缘元素与成矿元素相关性较弱,中部相关性最强。

e. 前缘元素与尾晕元素比值可以作为剥蚀程度的依据。

f. 主成矿元素异常浓度分带明显,次要指示元素分带不明显,用于判断矿化类型。

g. 根据异常形态判断可能成矿类型,斑岩型、夕卡岩型矿床多呈环状异常,脉状热液型矿床多为线形异常。

h. 根据异常所在地形条件,判断异常的迁移距离。

i. 异常元素含量特征基本反映矿体信息。

② 判断矿体与异常的关系,目前主要是从晕的分带性、剥蚀程度等方面研究晕与矿体的空间关系。

(2) 研究异常与地质体构造关系,提取异常所反映的成矿信息,结合物探、遥感信息评价找矿前景。

(3) 利用代表性异常评价成果,根据区域成矿地质条件圈定找矿地球化学远景区。

11.7　化探地质报告的编制

11.7.1　报告提纲

可参考《地球化学普查规范》(DZ/T 0011—2015)报告编制提纲及编写要求。

1　序言

主要说明项目来源及任务、目标,完成的工作量,主要成果概述等。

2　工作区地质、地球化学特征

主要介绍本地区自然地理、地质、矿产资源分布概况,地球化学特征;简述前人完成的地质、矿产、物探、化探、遥感地质工作。

3 工作方法技术及质量评述

主要包括以下内容:

(1) 野外工作方法技术及质量评述。主要包括采样方法选择及布局、采样密度、采样介质、采样层位、采样粒级,样品加工方法的选择与确定,野外施工各环节操作方法概述,野外质量监控措施及其质量评述。

(2) 样品分析测试方法及工作质量评述。包括样品测定元素的选择,各元素分析测试方法检出限、准确度、精密度;样品分析质量内部监控方法及其质量评述;样品分析测试外部监控方法及其质量评述。

(3) 数据处理及地球化学图件编制方法。背景值、异常下限以及重要地球化学参数的确定方法,多元素地球化学统计分析方法,地球化学图、异常图、综合异常图等编图方法。

(4) 异常查证与异常评价方法。包括异常分类方法、异常筛选方法、异常查证方法及资源潜力评价等。

4 地球化学特征及其分布规律

对区内各元素地球化学参数特征、地球化学元素分布规律、各元素之间的关系进行分析、总结;对区内地球化学异常分布规律及其与地质矿产特征的关系进行论述;对地球化学异常与构造、典型矿床、矿田、矿带之间的关系进行论述。

5 异常评价

对区内的异常登记、异常分类、排序成果进行总结;对重要异常查证成果进行评述;对区内资源潜力进行初步评价;对地球化学成果在基础地质等方面的应用进行分析;提出问题并讨论。

6 结论与建议

对通过地球化学普查获得的重要找矿信息、元素富集规律、重要异常的矿产资源潜力初步评价等取得的主要成果进行总结；对下一步工作的部署、工作方法、找矿方向等提出较具体的书面方案、意见、建议。

11.7.2 报告附件

11.7.2.1 附图

图件包括单元素地球化学图、地球化学组合异常图、地球化学综合异常图、地质化探综合剖面图、异常剖析图、地球化学推断解释图等。

11.7.2.1 附表

附表包括地球化学测量记录卡、地球化学测量质量检查登记表、地球化学测量野外工作方法质量检查验收登记表、地球化学测量原始资料质量检查汇总表、地球化学异常登记卡、手持GPS仪内部校准记录表、GPS定位数据结构表等。

第12章　重 砂 找 矿

12.1　概述

本章以《固体矿产勘查规范》(GB/T 33444—2016)、《砂矿(金属矿产)地质勘查规范》(DZ/T 0208—2002)为根据，参考《矿山地质手册》《野外地质工作实用手册》等著作，对重砂测量、砂矿取样相关技术进行了细化、延伸，并对砂矿取样的浅井中超前筒法、砂钻黄埔钻法、重砂成果整理等进行了补充。

重砂找矿法又叫重砂测量，主要是沿水系、山坡或滨海对疏松沉积物系统采集样品，通过重砂分析和综合整理，结合地质、地貌条件和其他找矿标志，发现和圈定矿产机械分散晕——有用矿物重砂异常，寻找砂矿和原生矿。

重砂找矿法可分为自然重砂法和人工重砂法。自然重砂法是以疏松沉积物中自然重砂为调查对象，人工重砂法是通过对地层岩体中的岩石、矿石、蚀变物质等进行破碎，人工提取其中的重矿物(砂)为研究对象。

自然重砂测量种类可分为河流重砂测量、阶地重砂测量、残坡积重砂测量。

河流重砂测量分为路线重砂测量、区域重砂测量、详细重砂测量。

砂矿取样指对砂矿床的勘查评价取样，是矿区工作，而重砂测量是面积性的找矿工作，两者目的、任务与工作方法均有区别。本章以重砂测量为主要阐述内容。

12.2 目的、任务

重砂测量是一种找矿方法,也是一种地质矿产研究手段,为地质矿产研究服务。在矿产普查、矿床勘探和矿床研究中都被广泛应用。

根据工作的目的、任务不同,选用的重砂方法不同。如果目的是寻找重砂异常和追索源头,应选用自然重砂法;如果为研究地层划分,对比岩体、研究矿床成因和成矿元素赋存状态,了解区域成矿特点,进行矿产预测等,应选用人工重砂法。

12.3 基本原则

重砂测量的基本原则是:

(1) 根据工作的目的、任务、性质,选择合适的工作方法。

(2) 重砂取样点的布置,决定于勘查对象的第四纪地质、地貌特征,要在最容易富集重砂的位置和能指示重砂来源的位置布样。

(3) 野外取样要把握好取样部位(层位):河流重砂样应取自距地表0.3～0.5 m砂(砾)层处,阶地断面取样应贯穿层位分段采取,风化基岩上部的松散堆积应单独布样。

(4) 样品的原始体积大小取决于拟寻找的原生矿与砂矿的种类,有用矿物含量、所占比重以及淘洗后重砂(精砂)的重量(一般不少于20 g),在普查找矿阶段一般取0.01～0.02 m^3。寻找某些稀缺矿种时(如铂与金刚石等),样品原始体积相应增大。

(5) 样品编号要统筹安排,当样品数量多且分组测量时,样品可按全区统一编号,也可用图幅代号及坐标编号。

(6) 应重视研究现场重砂(贵金属矿物、非金属矿物、稀有矿物)的特征变化,如精砂颜色、粒度大小、形态、数量变化等,或发现贵金属矿物与稀有矿物时应立即加密取样点。

12.4 基本程序

重砂找矿的基本程序为:

搜集资料→踏勘→编制设计→野外取样(包括现场淘洗)→送样、鉴定→资料整理、编制重砂成果图→编写重砂测量工作总结。

其中,编制设计要认真整理、研究搜集的资料和现场踏勘的信息,提出本次重砂勘查要解决的主要地质找矿问题,并根据本次目的、任务选择合适的勘查比例尺、重砂测量方法种类(河流、阶地或残坡积重砂测量)。如果是河流重砂测量,则要确定用何种勘查类型(路线重砂测量、区域重砂测量、详细重砂测量),要明确技术要求,填制第四纪地质草图,布置重砂取样路线图和设计取样点等。

12.5 基本工作内容

12.5.1 概述

鉴于由重砂形成的机械分散晕(流)以第四系松散堆积物为载体,在其中寻找和圈定重砂异常,均要以研究第四系松散堆积物特征及其地貌类型为依托,因此,重砂测量的基本工作内容除重砂观测与取样要求外,还应包括第四纪地质及地貌勘查工作。

12.5.2　第四纪地质工作要求

根据《固体矿产勘查工作规范》(GB/T 33444—2016),重砂测量第四纪地质工作要求是:

(1) 研究和确定第四纪的成因类型(残积层、坡积层、崩积层、冲积层、沼泽层等)。

(2) 调查各成因类型第四纪堆积物特征(厚度、物质成分、岩相变化及其分布情况等),查找与第四纪沉积有关的矿产,并研究其工业价值。

(3) 填制第四纪地质草图,如有条件应编制剖面图。

(4) 第四纪地质工作的精度要求及是否需要填制第四纪地质图,视区域找矿性质与砂矿远景而定。

如果进行砂矿矿床勘查评价,应根据《砂矿(金属矿产)地质勘查规范》(DZ/T 0208—2002)要求开展第四纪地质工作,要求是:

(1) 预查阶段:以搜集区域资料为主,有条件时编制1∶50000第四纪地质图。

(2) 普查阶段:要填制1∶50000～1∶25000的第四纪地质图,大致查明松散沉(堆)积物的特征(层序、时代、岩性、厚度、空间分布)、沉积环境及其与砂矿形成的关系。

(3) 详查阶段:基本查明松散沉(堆)积物的特征(层序、时代、岩性、厚度、空间分布)、沉积环境及其与砂矿形成的关系。

(4) 勘探阶段:详细查明区内松散沉(堆)积物的特征(层序、时代、岩性、厚度、空间分布)、沉积环境及其与砂矿形成的关系。

12.5.3　地貌工作要求

根据《固体矿产勘查工作规范》(GB/T 33444—2016),重砂测量

地貌工作要求主要是:

(1) 地貌形态观测,包括:

① 形态成因类型的观测与描述:如河谷、山地、堆积平原、剥蚀夷平面等。

② 单体形态的观测与描述:如阶地、斜坡、丘、坑、岗、冲沟等。

③ 形态的测量资料:包括每个形体的长、宽、高、深、界面的倾角、形态的水平距离与垂直距离等。

(2) 研究地貌的成因类型、地形演变,为查明砂矿富集条件和成矿规律提供依据。

(3) 在重砂测量中应着重观测河谷、阶地与古夷平面等特点,如:

① 河谷的观测与研究:区分河谷种类(如侵蚀河谷、构造河谷及侵蚀-构造河谷等),确定河谷类型,研究河谷的袭夺作用、河床倾角的变化、河床阶地级别、河谷横剖面的形状、纵剖面的变化特点等。

② 阶地观测:阶地形状的观测、阶地形态测量等。

③ 夷平面观测:观察与测量各级夷平面的高度、堆积物的物质成分及其特点,夷平面的分布范围及其特点等。

④ 编制地貌综合剖面图,以表明区域地貌发展特点,并根据需要和可能,决定是否填制地貌图。

如果是进行砂矿矿床勘查评价,应根据《砂矿(金属矿产)地质勘查规范》(DZ/T 0208—2002)要求开展地貌勘查工作,要求是:

(1) 预查阶段:调查区内新构造活动,大致划分区内地貌单元,有条件时编制1:50000地貌图。

(2) 普查阶段:要填制1:50000~1:25000的地貌图,大致查明新构造活动、地貌特征并划分地貌单元。

(3) 详查阶段:详细研究矿区地貌特征,划分地貌单元,基本查明地貌与砂矿形成的关系。

(4) 勘探阶段:要详细划分地貌单元(含微地貌)、详细研究地貌与形成砂矿的关系。

12.5.4 重砂观测与取样要求

12.5.4.1 观察点记录内容

重砂观测点记录内容应包括样品编号、取样地点、取样深度、取样方法、样品原始重量(体积)、沉积物类型、岩性、附近基岩地质特征、地貌特征及砂样精砂特征(矿物种类)、精砂重量等。

对样品(松散沉积物)的描述内容,一般为名称、颜色、物质成分、粒度、砾石的含量及滚圆情况、黏结物及黏结特征等。如阶地或自然断面取样,应描述沉积层的结构构造。

还应包括地貌写生图、照片或取样位置的素描图。

野外重砂取样记录卡如表12.1所示。

表12.1 野外重砂取样记录卡(式样及举例)

采样日期	采样点号	采样地点	采样沉积物的类型	被淘洗沉积物性质	采样点附近的地质情况	采样方法及深度规格	原始样品重量	重砂(灰砂)重量	有用矿物及其含量	其他矿物	采样层的砖石成分	采样点照片编号
1	2	3	4	5	6	7	8	9	10	11	12	13
8月6日	14	七里河	砂嘴冲积物	含砂砾石	五河群斜长角闪岩及角闪斜长变粒岩大面积分布	浅坑深0.3 m	25 kg	20 g	自然金1片、黄铜矿10粒	黄铁矿角闪石	斜长角闪岩、石英等	

12.5.4.2 取样点密度

应根据区域地质、地貌及第四纪地质条件、勘查目的、选用的比例尺及区域水系的复杂程度等确定重砂取样密度。若水系复杂，则取样点应相应加密。重砂观测点及取样密度要求如表12.2所示。

表12.2 重砂观测点及取样密度要求

地质图比例尺	重砂观测点(个/km²)	重砂样(个/km²)
1∶50000	2～4	3～5
1∶25000	4～8	8～16
1∶10000	10～20	20～30

注：资料来源于“GB/T 33444—2016”。

12.5.4.3 河流自然重砂取样

1. 河流重砂取样的目的

河流重砂取样的目的主要是：

(1) 寻找和追索原生矿床，主要是有色和稀有金属矿床，以及部分贵金属和特种非金属矿床。

(2) 寻找砂矿床，主要是有色、稀有和贵金属砂矿床。

(3) 根据重砂矿物的共生组合，利用指示性共生矿物寻找原生矿床的同时，还能推断原生矿石和岩石的种类，从而有利于研究矿床成因及区域成矿中的某些地质问题，进一步指导找矿工作。

2. 取样位置要求

1) 幼年期或复活期河谷取样

重砂取样点应布置在第四纪发育、地貌有利重砂富集的部位，如图12.1所示。比如：

（1）水流流速由急变缓，利于重砂富集，是重砂样品布样的首选之处。如河突然变宽处、河床转弯凸岸靠上游部位、砂嘴的外凸前缘、浅滩头部、巨大砾石等障碍物的后方、冲积堆下层、河床由陡变缓处、河床低洼处或河床斜坡的其他不平处。

（2）在支流汇入主流出口处的支流向上游部位。

（3）在冲积层中取样也应注意取样点的分布均匀程度，在河床、河谷的支流及冲沟都应采样，并在支流的下方作适当的控制。

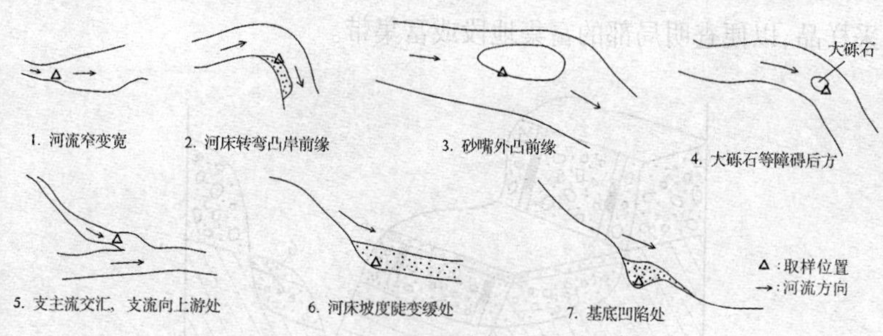

图12.1　幼年期河流重砂取样位置示意图

2）缓流期水系取样

缓流期水系（壮年或老年期河流）河流蜿蜒，流速缓慢，河谷中砂滩、河漫滩广泛发育，所搬运物质是经过多次分选的细砂和泥质。重砂样品应当在基岩之上或“假基底”（冲积层中的泥土夹层）中采取。一般是在河谷横断面急剧变宽处，较大支流与主流汇合处的上部用浅井或砂钻进行“深层采样”。

12.5.4.4　阶地取样

阶地和古老疏松层阶地发育地区，重砂矿物主要富集于松散沉积物底部及基岩上部，有时也富集于原生阶地脚下。因此，普查时一般在被河水冲刷的阶地边缘采样。详查时则垂直于重砂来源方向（横切河谷的剖面),或等距离布置采样线,或按一定间距的测网布置采样点。

河漫滩阶地或古老的阶地取样,应贯穿全层沿厚度方向连续分段用刻槽方法取样,样槽长度一般为50 cm(图12.2),如阶地堆积层层理清楚,应分层取样。

注意研究与古河床有关的松散层,因为它本身可能是砂矿,或者可能是现代河流砂矿物质来源,因此应横贯疏松沉积物的全部宽度布采样品,以便查明局部的富集地段或富集带。

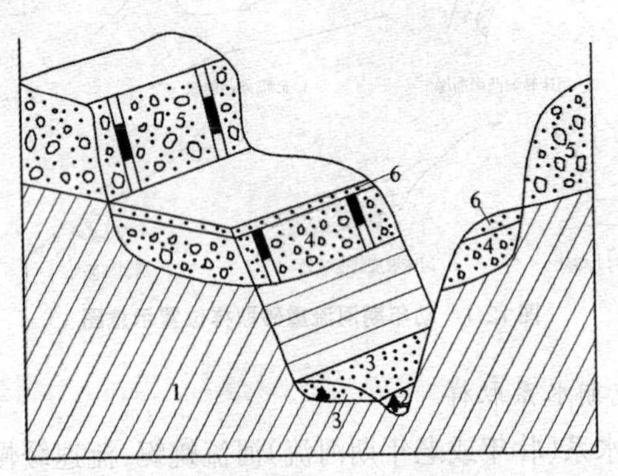

1.基岩;2.河床;3.河漫滩阶地及采样位置(▲);

4、5.古阶地疏松层及其刻槽采样位置;6.古阶地上部泥砂层

图12.2 阶地刻槽采样位置

12.5.4.5 残积、坡积和洪积层中取样

取样地点应根据找矿性质与地质、地貌条件而定。样品大多布置在浅井中,用刻槽法取样。坡积层取样多选择在干谷、洼地、谷口、谷底的坡积层中;残积层重砂取样一般按一定的测网布采,沿地形

坡度局部出现下凹的地方是布置采样点最好的部位，样品要布采到新鲜基岩。

洪积层采样，应在洪水流过的洼地中采取。

12.5.4.6　比例尺为1∶10000~1∶2000的重砂取样

在浮土掩盖地区为了寻找某些原生矿床（如金、锡或金刚石等），或是发现规模较大的稀有金属风化壳砂矿时，可采用1∶10000~1∶2000的重砂取样开展普查、详查或勘探的前期工作。在残积层、坡积层及风化壳中可用浅井分段取样，刻槽的规格应满足淘洗体积（0.01~0.05 m^3）的要求，浅井的布置应根据矿床地质构造、第四纪地质及地貌等特点采用方格网、矩形网或是沿等高线布置。重砂取样网度要求如表12.3所示。

表12.3　重砂取样网度要求

比例尺	线距（m）	点距（m）
1∶10000	200~500	80~40
1∶5000	100~80	40~20
1∶2000	50~40	20~10

注：资料来源于“GB/T 33444—2016”。

12.5.4.7　人工重砂取样

人工重砂取样的目的是查明砂矿或重砂异常中有用矿物的物质来源，研究侵入岩的副矿物、岩石中的重矿物、某些稀有元素与分散元素、同位素地质年龄，进行矿物刻蚀年龄测定等。

应根据研究目的确定人工重砂取样地点、取样对象、取样方法与取样数量。根据取样目的，可采用剥层、大规格刻槽、拣块法等取样方法。样品重量视需要而定,一般为10~20 kg,每个人工重砂应同时选出岩矿鉴定标本与有关测试样品。人工重砂应根据样品特征、目的、嵌布粒度等,用机械破碎,加工粒度一般为0.5~1 mm。

12.5.4.8　采样方法

大体上可分为浅坑法、一点多坑法、浅井法、砂钻法四种。

浅坑法是指以寻找原生矿床为目的的一种表层的重砂采样方法。浅坑深度一般不超过0.5 m。

一点多坑法是指在采样点附近,选择重砂矿物富集的有利部位,如砂嘴的头、腰、尾各个部位,以不同的深度分别挖几个坑,采取适量样品合并在一起作为一个样品。

浅井法是以评价勘探现代及古砂矿为目的的重砂采样法,常用刻槽法、剥层法和全巷法进行。

砂钻法主要在砂矿床普查和勘探中采用,是指将钻孔中所获得的砂柱或岩心收集起来作为原始样品,并准确测量其体积。

12.5.4.9　重砂样品的淘洗

原始重砂样品中含有大量的泥土砂砾,要在野外就地淘洗,目的是淘弃泥土、砾石和轻砂,从中获得以重砂矿物为主体的灰色精砂。淘洗质量的好坏,直接关系到重砂找矿的效果。样品淘洗方法中目前广泛应用的是水淘洗。水淘洗的主要工具是淘砂盘。淘砂盘有圆形的(图12.3)(适用于颗粒细而均匀的松散物的淘洗)和船形的(图12.4)(普遍采用的一种淘砂盘)。船形又可分为有棱的[重砂回收率高,如图12.4(a)所示]和无棱的[适用于含砾石较多的松散物的淘洗,如图12.4(b)所示]两种。还有一种方法是用套筛在水面上下震动(跳汰、快提缓放)使较粗的重矿物渐渐集中于套筛中心底部,翻转后即可攫取灰色重砂部分。

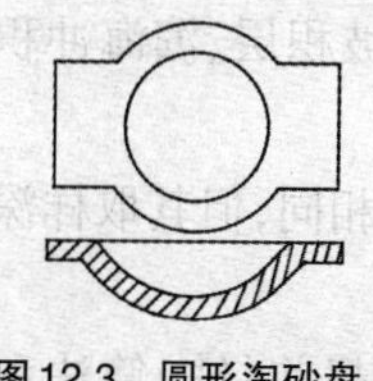

图12.3　圆形淘砂盘

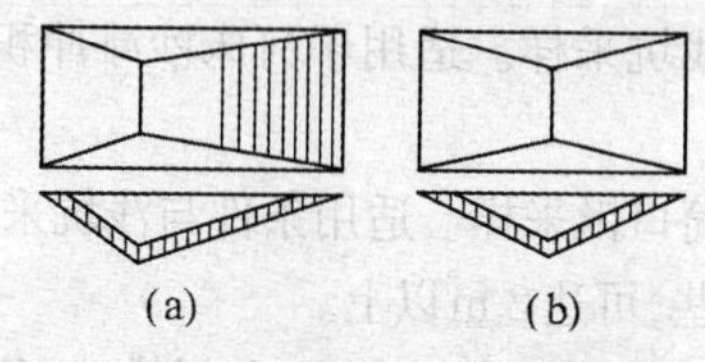

图12.4　船形淘砂盘

野外淘洗时每个重砂样品均应逐级连续淘洗(接尾砂再淘洗)3次以上,并将该样品各级次精砂(灰砂)合并装包成一个样品,进行重砂分析测试鉴定。

重砂样品淘至灰色即可,若淘至黑色,则容易使密度较小的一些重矿物如石榴石、辉石、黄玉、锆石、磷灰石等流失。淘洗后的重砂重量要能满足样品鉴定分析的要求,一般为20～30 g。

淘洗方法视工作目的和目标物的性质,有前后摆动淘洗(船形沙盘)、旋转淘洗(圆盘)和上下跳汰淘洗(筛型盘)等方式,它们的共性均为贴近水面淘洗。

12.6　砂矿取样

12.6.1　概念

砂矿取样是指砂矿矿床上的采样工作。目的是确定砂矿中的有用矿物含量、探索其变化规律、圈定矿体、估算资源/储量、确定矿石(砂)加工技术性能和开采技术条件、对砂矿矿床进行工业评价。

12.6.2　样品种类

砂矿取样的种类有:

(1) 浅坑采样。适用于河床沙滩冲积层、残坡积层、滨海冲积层取样。

(2) 筒口锹采样。适用条件与浅坑采样基本相同,但其取样深度相对深一些,可达2 m以上。

(3) 浅井中砂矿取样。有刻槽法、剥层法、超前(铁)筒法和全巷法等;超前(铁)筒法是超前浅井掘进将无底的铁桶利用冲击力打入砂矿层,在铁桶中攫取全部含矿砂砾作为样品的取样方法。铁桶直径视砾石大小而定,适用于含矿砂砾层、砾石层取样,或替代全巷法检查砂钻取样质量,多用于浅井中取样,适用于砂矿勘查评价取样。

(4) 砂钻取样。分为班加钻取样、黄埔钻取样。

① 班加钻是一种古老的砂钻,钻进方式是冲击加旋转,取样是在套管内用泵筒上下冲击获取砂样。提钻后需加水和撞碰泵筒,使样品完全倒出,并用量斗测量样品体积。由于很难保证套管超前于取样的泵筒,且所取出的砂样为已被泵筒搅动的混乱物质,只能大体代表本提钻回次的矿层,很难保证样品的代表性,误差较大。

② 黄埔钻是安徽省地质矿产勘查局311地质队于1963年至1964年勘查砂矿时创造的砂钻,钻进方式是冲击式,一次性打到基岩后提钻。当钻具提起后,卸下钻头,从岩心管内抽出瓣合管,样品从分开的瓣合管中采取,它基本保持砂矿层的原层状结构构造,分层清晰。瓣合管长度要小于岩心管长度、大于砂矿层厚度。黄埔钻适用于埋深5~15 m的含砾石不大(小于钻头内径)的含水砂矿取样。

12.6.3 注意事项

(1) 砂矿勘探,要根据砂矿层的埋深、含水性及砾石层中砾石大小等因素,选择合理、有效的勘查手段,确保提交合格的砂矿取样资料。

(2) 取样长度要根据工业指标,一般控制在最低可采厚度及夹石剔除厚度以内。

(3) 砂矿取样要连续布采,样品要取到风化基岩。

(4) 砂钻取样要注意钻头变形状况,钻头变形会较严重影响样品代表性。

12.7 工作成果

12.7.1 概述

重砂测量的主要成果是编制重砂取样成果图和重砂取样登记表,以及与其配套的第四纪地质地貌图、实际材料图等图件;对重砂取样地质工作进行文字总结:研究和分析勘查区内重砂矿物种类、来源,圈定各种重砂矿物异常,阐述其分布范围、规模大小、有用矿物组合,分析重砂矿物特征、形成过程及异常的找矿意义,总的来说是要对勘查区重砂异常进行评述,并提出进一步工作的意见。

砂矿取样是对砂矿进行勘查评价,与其他矿产勘查一样,应提交矿产勘查的系列资料、图件、表格,所不同的是要同时提交基岩地质图、第四纪地质地貌图等与第四纪砂矿相关的图件资料。

12.7.2 重砂成果图的编制

重砂成果图是重砂测量的综合图件,是重砂测量的最终成果。它反映有用矿物的种类、含量、分布和富集规律,指示寻找原生矿床和砂矿床的方向。它是在充分研究了工作地区的地质条件、地貌特征及在系统分析重砂资料的基础上编制的。

12.7.2.1 重砂成果图的主要内容

重砂成果图的主要内容为:

(1) 地形地貌特征。

(2) 主要地质资料:应有矿点和含矿的直接标志、间接标志,与成矿有关的地质体以及地层和构造特点等。

(3) 重砂测量的资料:重砂采样点位置(样号)、有用矿物种类、含量及某些特征性的鉴定资料,如重砂矿物磨圆度、标型特征等。

(4) 圈定异常区,推测矿体可能存在的位置,指出进一步找矿方向。

为了便于反映上述内容,重砂成果图最好用地形图或矿产图作底图。其比例尺与地质图相同,必要时可将图中内容进行适当归并和简化。此外,在水系简略图上补充一些影响分散晕(流)的地形和地貌资料(如溶洞、冲沟、阶地、陡坎等),也可作重砂成果图的底图。

12.7.2.2 重砂成果图的表示方法

1. 方法种类

重砂成果图的表示方法较多,常用的有圈式法、符号法、带式法、等值线法。

(1) 圈式法。圈式法是目前采用较普遍的一种图式方法。如图 12.5 所示,在每个采样点位置上按规定大小(一般圆圈直径为 5 mm)画一圆圈,再将圆圈等分为若干象限,每一象限固定代表一种矿物(象限数目依矿物数目而定)。以不同颜色分别表示不同矿物,以涂色部分的大小表示矿物含量。如采样点密集,圆圈适当向两侧外引。圈法的优点是作图简单、图面清晰,能同时表示多种有用矿物及其含量,并能通过圈定的异常区推断矿物的来源方向。

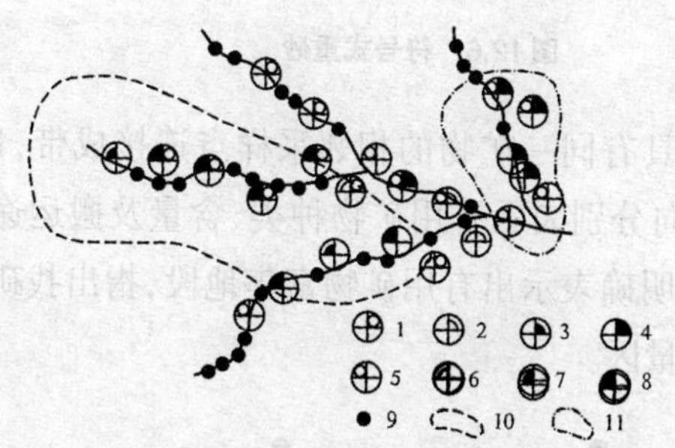

1. 锡石含量数粒; 2. 锡石含量数十粒; 3. 锡石含量1 ~ 10 g/cm³; 4. 锡石含量 > 10 g/cm³; 5. 钛铁矿含量 < 100 g/cm³; 6. 钛铁矿含量为100~500 g/cm³; 7. 钛铁矿含量为500~1000 g/cm³; 8. 钛铁矿含量 > 1000 g/cm³; 9. 采样位置; 10. 钛铁矿异常区; 11. 锡石异常区

图 12.5 圈式重砂

(2) 符号法。将有用矿物以化学元素符号或其他符号标在采样点旁,如图 12.6 所示。此法作图比较简单,多用于野外绘制草图。其缺点是,如果一个样点同时表示两种以上矿物,则会导致符号排列拥挤,图面不清晰,则不能表示含量。

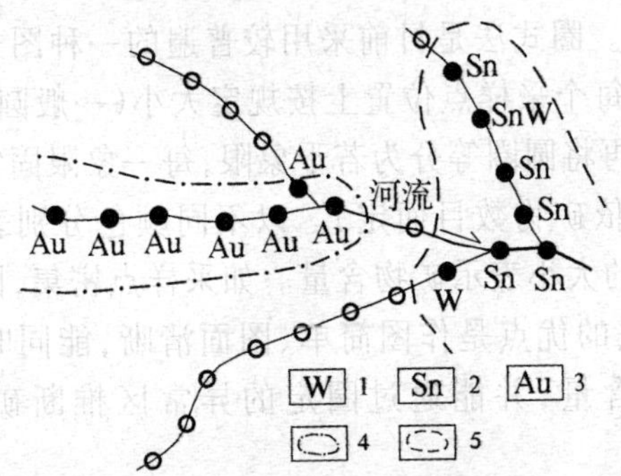

1. 黑钨矿；2. 锡石；3. 自然金；4. 自然金异常区；5. 锡石异常区

图12.6 符号式重砂

(3) 带法。将具有同一矿物的相邻采样点连接成带，以带的颜色、宽窄及长轴方向分别表示有用矿物种类、含量及搬运途径，如图12.7所示。此法能明确表示出有用矿物富集地段，指出找矿的方向，适用于重砂详细测量区。

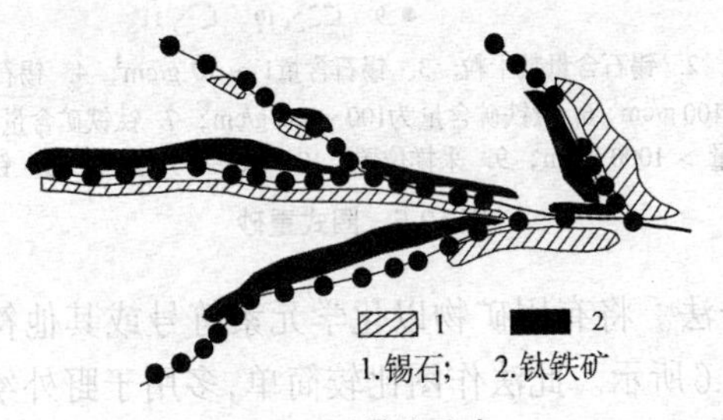

图12.7 带式重砂

(4) 等值线法。将有用矿物含量相等的各点连成圆滑曲线，构成分散晕等值线图，如图12.8所示。对1∶10000~1∶2000的大比例尺残、坡积重砂测量或砂矿，按密度较大的网格法取样时，常采用此种表示方法。一般按单矿物分别编制。

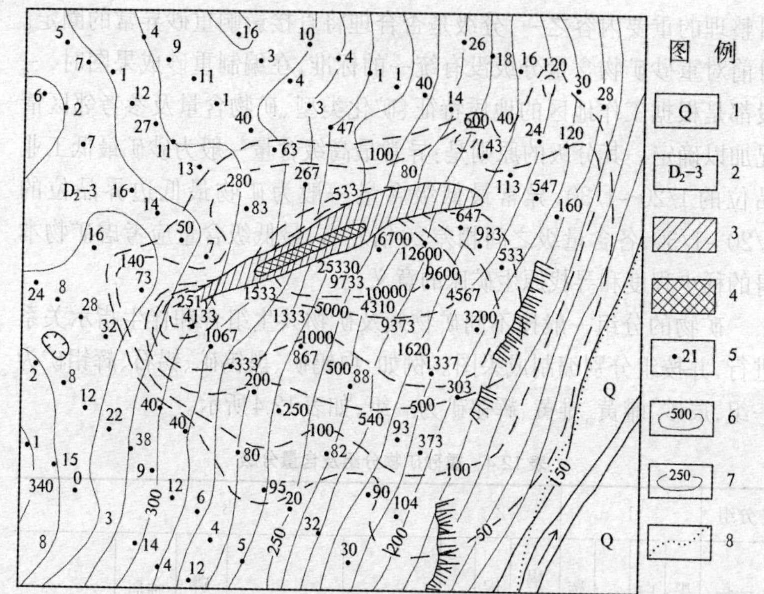

1. 第四系残、坡积层; 2. 中–上泥盆统; 3. 含矿带; 4. 矿体; 5. 取样点位置及辰砂含量的颗粒数; 6. 辰砂等含量线; 7. 等高线及高程; 8. 地质界线

图 12.8 某矿区辰砂含量等值线

2. 圈法重砂成果图编制步骤

圈法重砂成果图比较常用,编制步骤如下:

(1) 第一步——重砂分析资料的整理:

① 检查重砂鉴定资料。对鉴定的矿物种类、描述的详细程度和含量计算等进行检查,并按有关规定对检查结果进行处理。

② 有用矿物含量换算。重砂样品经系统分离后,应采用适当的方法确定有用矿物含量。重砂矿物的含量通常以原样中所含有用矿物的重量表示,常以克/立方米或克/吨值表示。

③ 有用矿物含量分级及矿物分组。矿物含量分级是重砂分析资

料整理的重要内容之一,分级是否合理将直接影响重砂异常的圈定。目前对重砂矿物含量分级没有统一的标准,在编制重砂成果图时,一般都是根据工作地区的地质特征、矿化类型、矿物含量及参考邻区情况加以确定。其分级的原则是:异常最高级含量一般为砂矿最低工业品位的1/20~1/30,异常最低级含量一般为矿物最低边界品位的1/20~1/30,各含量级之间相差20倍左右,最低级含量应考虑矿物本身的稀少程度和寻找原生矿床的意义。

矿物的分组一般按不同矿物族及矿物共生组合和伴生指示关系进行,并按组分别编制成果图。例如,白钨矿、黑钨矿、锡石、辉钼矿为一组,辰砂、雌黄、雄黄、辉铋矿为一组,如表12.4所示。

表12.4　重砂矿物分组及含量分级

<table>
<tr><td colspan="2">分组</td><td colspan="4">1</td><td colspan="3">2</td><td colspan="5">3</td></tr>
<tr><td colspan="2">矿物名称</td><td>黑钨矿</td><td>白钨矿</td><td>锡石</td><td>辉铋矿</td><td>褐钇铌矿</td><td>铌钽矿</td><td>钍石</td><td>锆石</td><td>金红石</td><td>磷钇矿</td><td>独居石</td><td>钛铁矿</td></tr>
<tr><td rowspan="4">含量级别</td><td>Ⅰ</td><td colspan="4">>1 g</td><td colspan="3">>0.5 g</td><td>>24 g</td><td>>12 g</td><td colspan="2">>2.4 g</td><td>>120 g</td></tr>
<tr><td>Ⅱ</td><td colspan="4">0.1~1 g</td><td colspan="3">0.1~0.5 g</td><td>10~24 g</td><td>2~12 g</td><td colspan="2">1~2.4 g</td><td>60~120 g</td></tr>
<tr><td>Ⅲ</td><td colspan="4">101颗/0.1 g</td><td colspan="3">0.01~0.1 g</td><td>2.5~10 g</td><td>0.2~2 g</td><td colspan="2">0.2~1 g</td><td>20~60 g</td></tr>
<tr><td>Ⅳ</td><td colspan="4">1~100颗</td><td colspan="3">1颗/0.01 g</td><td>1~2.5 g</td><td>0.01~0.2 g</td><td colspan="2">0.01~0.2 g</td><td>1~20 g</td></tr>
</table>

资料来源:侯德义.找矿勘探地质学[M].北京:地质出版社,1984.

第二步——编图工作:

(1) 当重砂鉴定成果经过整理、检查、分级分组研究完毕以后,检查重砂测量实际材料图上的点位及编号是否有遗漏或错误,然后以同比例尺简化地质图(或矿产图)为底图,将采样点位置编号转绘到底图上,先绘上空白圆圈,编制成圆圈底图,复制若干份,以备进一步分组编图之用。

(2) 分组编制重砂成果图。将图上所有圆圈等分为若干象限,等分象限的数目与一组矿物的数目相等。然后接图例要求,分别根据各矿物含量在各象限内绘上花纹或颜色,一组矿物绘制一张图。

(3) 圈定异常区。将透明图重叠在地质图(或矿产图)上,以便把重砂矿物的特点与地质、矿产、构造及地貌因素结合起来研究并进行圈定,在圈定时应考虑以下因素:

① 有用重砂矿物高含量点比较集中区的圈定和判别。某些矿物含量大面积内普遍很高时,可能是区域背景值高或异常下限过低,或样品取自砂矿矿床露头;如有用矿物含量达Ⅰ级、Ⅱ级的区域可能为有远景的地区,Ⅲ～Ⅳ级的区域多数为没有远景的区域,但应结合区域地质特点、矿物共生组合、有用矿物本身特征加以判别其是否具有直接或间接找矿意义。

② 注意有利的成矿地质条件。

③ 注意物、化探异常明显地段。

④ 关注地貌及水系的分布状态。

⑤ 研究重砂矿物搬运的可能途径及原生矿床可能的赋存部位等。

如果包含有用矿物的样品来自河流冲积层,而河流位于两面或多面山坡之间,则在圈定其范围时不仅包括河谷地段,还必须包括分水岭[图12.9(a)、(b)]。若其中个别样品中没有见到重矿物,则圈定时不能机械地把该点排除在外[图12.9(c)、(d)]。若重矿物来自某个岩体,则圈定时应把整个岩体包括到异常范围内[图12.9(e)、(f)]。

当有用矿物来自岩体的局部地段时,则应考虑岩体的岩相或构造等特点，不应把异常圈得过大，以免失去找矿意义[图 12.9 (g)、(h)]。

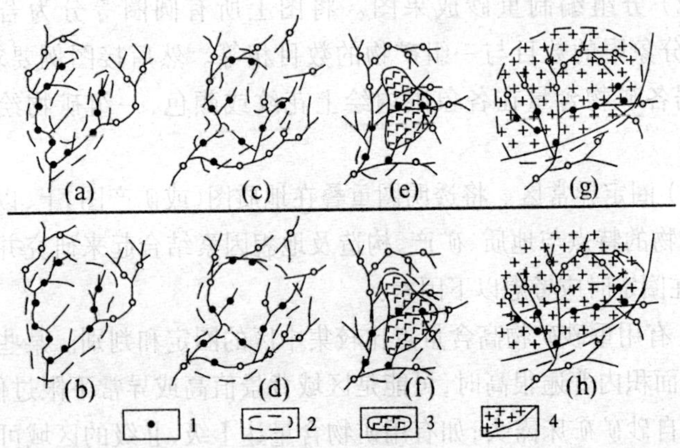

1. 金属矿物含量高的样品；2. 圈定的异常区边界线；3. 含矿侵入体；4. 含矿花岗岩
a、b 表示圈定异常区时考虑物质来源的因素；c、d 表示圈定异常区时考虑个别无矿样品的因素；e、f 表示圈定异常区时考虑地质因素的影响；g、h 表示圈定异常区时考虑岩相带的因素
a、c、e、g 为不正确圈定；b、d、f、h 为正确圈定

图 12.9 圈定重砂矿物异常区边界正确与不正确的对比

第13章　遥感地质调查

本章围绕遥感地质的目的、任务、基本要求、基本工作程序及成果的整理和运用等，阐述了固体矿产勘查遥感地质技术的基础知识及运用方法。

13.1　概述

13.1.1　概念

遥感地质调查以遥感资料为信息源，以地质体、地质构造和地质现象对电磁波谱响应的特征影像为依据，通过图像解译提取地质信息、测量地质参数、填绘地质图件和研究地质问题，是综合应用现代遥感技术来研究地质现象和规律、进行地质调查和资源勘查的一种方法。

13.1.2　目的、任务

在区域地质背景和成矿地质特征分析研究的基础上，通过遥感地质解译和提取信息的方法，最大限度地从遥感资料中提取有关岩石(沉积岩、岩浆岩、变质岩)、地层、构造、矿产等信息，研究各种地质体或地质现象的相对时空分布规律和相互关系，分析地质的作用过程及演化特点，并提取区域成矿、控矿要素，建立遥感找矿模型；通过适当的野外工作和多元地学信息的综合分析，进行遥感找矿预测，编制遥感地质图件，为后续的地质调查和矿产资源勘查工作提供基础数据。

13.2 基本要求

(1) 应尽可能选用多种类型、多种时相的航天、航空遥感图像、数据。一般应有地面分辨率优于30 m、10 m、2.5 m等多波段的航天遥感图像以及数据和比例尺大于1∶50000的航空摄影图像。

(2) 航天、航空遥感图像一般应无云覆盖、无云影、无感光处理缺陷，影像清晰、反差适中，相片内部及相邻相片间无显著偏光、偏色现象。

(3) 航天、航空遥感图像在填图开始前应参照区调解释，进行全区性图像和数据的处理；在遥感详细解译和填图过程中针对所研究的地质问题，还应进行局部性处理。

(4) 遥感解译应贯穿于遥感任务确立之后到最终资料整理之前的地质工作过程中。一般在任务确立之后进行区域解译和初步解译，在正式野外填图之前完成详细解译。

(5) 勘查区确定之后一般应进行踏勘性实况调查，在岩石、地层、构造地质剖面测制和重大地质问题研究过程中应进行解译标志专题研究性实况调查，在野外地质填图过程中进行检查及验证性实况调查。

(6) 遥感调查与编图一般在详细解译基础上进行，在正式进行野外填图之前初步完成，在野外地质填图过程中加以完善。

13.3 基本程序

遥感地质调查工作一般按照遥感资料收集与分析，图像、数据处理，遥感地质解译，遥感异常提取，野外调查，综合研究，图件编制与报告编写及成果提交的程序进行。

13.4　基本内容

13.4.1　资料收集与分析

13.4.1.1　遥感资料收集

(1) 遥感资料收集是指根据遥感地质调查的任务和研究内容来选择合适的航天或航空遥感数据。资料收集前应系统地了解各类遥感数据的波谱区间、空间分辨率、光谱分辨率、时间分辨率等技术参数和地学特征,以便最大限度地利用遥感数据提取地质要素信息,不同谱段遥感数据地学应用特点如表13.1、表13.2所示。

表13.1　成像光谱数据不同谱段地学适用性

序号	波长范围(nm)	可识别矿物
1	400～1200	Fe、Mn和Ni的氧化物和氢氧化物:赤铁矿、针铁矿、黄钾铁钒、稀土矿物
2	1300～2500	氢氧化物、层状硅酸盐、碳酸盐和水合硫酸盐类矿物
3	1470～1820	水合硫酸盐类:明矾石、石膏
4	2160～2240	含AL—OH基团矿物:白云母、高岭石、迪开石、叶腊石、蒙脱石、伊利石
5	2240～2300	含Fe—OH基团矿物:黄钾铁钒、锂皂石
6	2260～2320	碳酸盐类:方解石、白云石、菱镁矿
7	2030～2400	含Mg—OH基团矿物:绿泥石、滑石、绿帘石
8	8000～14000	氢氧化物、硅酸盐类、碳酸盐、硫酸盐、碳酸盐类矿物

表13.2 常见多光谱数据不同谱段地学适用性

序号	波长范围(nm)	地学应用目标
1	450~520	适用于浅水水下地物探测、浅水水深测量等
2	520~600	提取颜色较浅的岩石、现代松散沉积物等信息
3	630~690	提取含Fe^{3+}较多的岩石、含炭质较多的岩石或中酸性岩石等信息
4	760~900	提取植被、微地貌等信息
5	1550~1750	提取土壤和植被等的含水量信息,识别云与冰川雪线、蚀变带等
6	2145~2185	识别富含叶腊石、明矾石、高岭石等含铝羟基矿物的岩石
7	2185~2225	识别富含白云母、高岭石、伊利石等含铝羟基矿物的岩石
8	2235~2285	识别富含黄钾铁钒、滑石等含镁羟基矿物的岩石
9	2295~2365	识别富含蛇纹石、方解石、金云母等含镁羟基矿物的岩石
10	8475~8825	识别中酸性岩类,提取地表热异常信息
11	8925~9275	识别中基性岩类,提取地表热异常信息
12	10250~10950	识别超基性岩类,提取地表热异常信息
13	10950~12550	提取地表热异常、植物病害信息等

(2) 1:250000遥感地质解译,以空间分辨率优于15 m 的多光谱遥感数据为主;1:50000遥感地质解译,以空间分辨率优于5 m的多光谱遥感数据为主;有特殊要求的遥感地质解译,数据的空间分辨率按照相应的技术标准确定。

(3) 一般情况下,用于遥感地质解译数据的光谱区间在可见光至短波红外波段,提取热惯量大的地质体信息,还应收集热红外波段数据;植被覆盖区地质调查可补充雷达数据;遥感异常信息提取应使用合适的谱段数据,条件允许时收集高光谱数据。

(4) 遥感数据的时相应根据调查的内容和工作地区地理环境来确定,同一地区用于融合处理的多平台遥感数据的时相尽可能一致。一般情况下,南方无雪地区最佳数据时相为冬季,北方地区最佳数据时相为春季和秋季，终年积雪高山区最佳数据时相为夏季。

(5) 收集数据时应检查数据的质量，云、雪分布面积一般应小于图面的5%（特殊情况下可放宽到10%，但不能覆盖主要地物），图像中的斑点噪声、坏带等应尽可能少。

13.4.1.2　地形资料收集

(1) 收集测绘部门出版的地形图及地形数据资料。图像纠正或野外手图所用地形图的比例尺应比最终成果图件的比例尺大一次级。

(2) 制作遥感正射影像地图应收集数字高程模型(DEM)数据。

13.4.1.3　地质资料收集

(1) 根据工作需要收集各种资料（地质、物探和化探等），资料收集按照时间上从新到老、比例尺从大到小进行。

(2) 要特别注意与工作比例尺相当的地质资料的收集，以便与遥感影像进行对比分析。

13.4.2　资料分析与整理

(1) 纸介质图件资料应转换成栅格数据或矢量数据，具有不同量纲的数据应进行归一化处理，把各种资料配准到统一的坐标系上。

(2) 了解所收集遥感资料的技术参数，如成像时间、季节、波段、经纬度、太阳高度角等，供解译时参考使用。

(3) 对收集的地质、遥感成果资料进行分析，明确有待解决的地质问题，为合理选择遥感数据源及图像处理方案提供依据。

13.4.3　图像、数据处理

用于遥感地质调查的遥感数据必须进行预处理，通过遥感数据预处理，提高图像可识别性，并制作基础遥感影像图，用于遥感地质解译、遥感异常信息提取等。

13.4.3.1 影像图制作

（1）解译使用影像图的空间分辨率应满足工作的精度要求，在地形高差较大的山区，要对遥感影像图进行正射纠正。

（2）遥感影像图一般选取地质信息丰富的波段，经过预处理、几何纠正、图像增强、数字镶嵌等过程进行制作。具体制作方法参照《遥感影像地图制作规范》(DD 2011—01)。

13.4.3.2 图像增强

（1）以地质要素的光谱特征和空间结构特征为依据，对图像进行光谱信息或空间信息增强。

（2）常用的光谱信息增强处理方法有灰度变换、比值增强、主成分变换、IHS 变换等；常用的空间信息增强方法有数据融合和卷积增强等。

13.4.3.3 信息提取

（1）遥感信息提取包括目视解译、人机交互解译和计算机自动提取3种方法。

（2）目视解译和人机交互解译信息提取一般在经过特殊处理的图像上进行，根据以往在色调、纹理和地貌等方面建立的先验知识提取所需的信息。

（3）遥感信息计算机自动提取主要利用目标在特征谱段上产生的反射或吸收光谱特征，经特殊的数学运算提取所需的信息。

13.4.4　遥感地质解译

13.4.4.1　初步解译

(1) 以遥感影像为主要依据,根据任务要求对遥感地质要素进行初步解译,了解其区域发育特点,概略划分各类要素的类别,对照现有资料初步建立解译标志,对所需信息进行试提取,确定具有特征解译标志要素的属性,初步建立影像单元。遥感地质要素解译方法详见《遥感地质解译方法指南》(DD 2011—03)。

(2) 通过对收集的最新时相遥感图像的解译,对前期收集的水域、道路、居民点等地理资料进行更新。根据区域岩石、构造及其他要素的分布特点,选择合适的踏勘路线。

(3) 在消化吸收已有地质、遥感等资料,初步掌握测区基本地质特征和遥感影像特征的基础上,以遥感影像图为主信息源,以影像单元为单位,编制解译草图。

(4) 解译草图是过渡性图件,编图单位的属性分类和命名皆以影像为基础。踏勘工作内容、位置等均应标注在解译草图上,踏勘路线应部署在通行条件好、穿越的影像单元最多、露头较好的地段。

(5) 在初步解译和后期的详细解译过程中,应根据遥感地质要素的影像特征填写遥感地质要素解译卡片。卡片编录方法如表13.3所示。遥感地质要素的描述要点及用语如表13.4至表13.10所示。

表 13.3 遥感地质要素解译与野外验证卡片记录

<table>
<tr><td>卡片编号</td><td></td><td>图幅名称</td><td></td><td>图幅编号</td><td></td></tr>
<tr><td>遥感地质要素的地理位置</td><td colspan="3">左上：$X=$
右下：$X=$</td><td colspan="2">$Y=$
$Y=$</td></tr>
<tr><td>解译(推断)地质要素及代号</td><td></td><td>可解译程度</td><td></td><td>野外验证的地质要素及代号</td><td></td></tr>
<tr><td colspan="6">图像处理方法：</td></tr>
<tr><td colspan="6">遥感影像特征：

</td></tr>
<tr><td>野外观察点位置</td><td colspan="5">$X=$ $Y=$</td></tr>
<tr><td colspan="6">观察点描述：

</td></tr>
<tr><td>实地照片编号</td><td colspan="2"></td><td>镜头指向</td><td colspan="2"></td></tr>
<tr><td>解译者</td><td colspan="2"></td><td>解译日期</td><td colspan="2"></td></tr>
<tr><td>验证者</td><td colspan="2"></td><td>验证日期</td><td colspan="2"></td></tr>
</table>

表 13.4 岩石地层解译描述要点及用语

<table>
<tr><th colspan="2">观察项目</th><th>描述要点及用语</th></tr>
<tr><td rowspan="2">色调</td><td>黑白图像</td><td>黑、暗灰、深灰、灰、浅灰、灰白、白色</td></tr>
<tr><td>彩色图像</td><td>浅红、红、深红、浅黄、黄、深黄、浅绿、绿、深绿、浅青、青、深青、浅蓝、蓝、深蓝、浅品色、品色、深品色</td></tr>
<tr><td>图像结构</td><td></td><td>平滑、细腻、粗糙、粗犷</td></tr>
</table>

续表

观察项目		描述要点及用语
空间结构	点	稀点、密点、白点、黑点
	斑	稀斑、密斑、不规则斑点、白斑、黑斑、斑块
	线	平行线、斜交线、紊乱线
	格	方格、菱形格、不规则格块
	纹	粗纹、细纹、密纹、粗点纹、细点纹、粗斑纹、细斑纹、指状纹、平行纹、羽状纹、梳状纹、树枝纹、放射纹、环状纹、波状纹、曲线状纹、短线纹、紊乱纹
	环	单环、同心环、内切环、外切环、链环、复式环
地表状况	侵蚀切割	低等、中等、高等
	土壤	发育、中等发育、不发育
	植被发育	茂密、稀疏、无植被覆盖
	植被类型	针叶林、阔叶林、混杂林、草、农作物
	土地利用状况	耕地多、耕地中等、耕地少、城镇居民用地
地形地貌	地貌状况	高山、“中山”、低山、丘陵、盆地、平原、凹地
	地形形态	带状、板状、块状、爪状、垄岗状、丘包状、放射状、格状、不规则状、圆形、三角形、肾状、马蹄状等
	山脊形态	平顶、浑圆、半浑圆、尖棱、直线、折线、曲线
	山坡形态	平直坡、凹坡、凸坡、阶梯坡
水系特征	水系形态	树枝状、钳状、沟头树枝状、羽状、平行状、格状、放射状、网状、角状、环状、向心状、扇状、倒钩状、星状
	水系密度	密度大(紧密)、中等密度、密度小(稀疏)
	水系均匀性	均匀分布、一般、不均匀分布
	沟谷形态	“U”形谷、“V”形谷

表 13.5　侵入岩体解译描述要点及主要用语

观察项目	描述要点及用语
色调	浅红、红、深红、浅黄、黄、深黄、浅绿、绿、深绿、浅青、青、深青、浅蓝、蓝、深蓝、浅品色、品色、深品色、黑、暗灰、深灰、灰、浅灰、灰白、白等
形态	圆形、椭圆形、水滴形、透镜形、哑铃形和不规则形态等
地形地貌	团块状、带状、垄岗状、透镜状山体、圆形、椭圆形、哑铃形、不规则的平坦地形和丘陵地形等
影纹结构	网纹、条纹、斑点、斑块、其他

表 13.6　火山机构解译描述要点及主要用语

观察项目	描述要点及用语
形态	圆形、椭圆形、不规则形
地形地貌	环形洼地、锥形山体、不规则形台地
水系特征	放射状

表 13.7　褶皱构造解译描述要点及主要用语

观察项目	描述要点及用语
色调特征	相同或不同色调组合对称分布、圈闭
形态特征	同心圆状、椭圆状、长带状、对称状、链状、不规则状
地形特征	岩层三角面、猪背岭、单面山等对称重复出现
岩性地层	相同地层对称重复出现，岩层三角面的产状发生偏转构成马蹄形、弧形；转折端形态特征：宽缓、紧闭、尖棱

表 13.8　断裂构造解译描述要点及主要用语

观察项目	描述要点及用语
色调特征	不同色调的异常线、异常带
形态特征	直线、折线、弧线、波形、环线、放射线、单线、线带
影纹结构	影像标志层被错开和切断，破碎带的直线出露，影像标志层的缺失和重复，岩层产状的突然变化，侵入体、矿体、松散沉积物呈线(带)状分布，线性负地形，影纹结构体的不协调接触
岩性地层	岩性地层切割、错开、缺失、重复

续表

观察项目	描述要点及用语
地质构造	地质构造的不连续性，岩层走向斜交、断裂，褶皱沿走向被错移，褶皱沿走向突然变宽(窄)，界面两侧构造发育程度、褶皱格局明显不相同，构造破碎带的直接出露
地貌特征	断层三角面、断层崖、山脊线错动，线状延伸的沟槽、河谷或石棱，线状排列的负地形，河、湖、海岸线局部出现的直线或折线延伸的陡崖，海蚀崖延伸的岬角、石岛等
水系特征	对口河/对头河，倒钩状水系，格子状、角状水系，水系局部河段呈直线、折线河段，直角状急转弯河段，深直峡谷，深直宽谷，“之”字形河谷，河流汇流，多条河流同向转弯，水系河网整体错位，线性排列的河流、泉点，异常点

表13.9　环形地质体解译描述要点及主要用语

观察项目	描述要点及用语
形态	闭合(不闭合)、规则(不规则)的环状
空间关系	包容、相切、相交
色彩	环状色线(带)

表13.10　地质体界线解译描述要点

观察项目	描述要点
表观特征	不同地质体边界在图像色调上的变化(突变、渐变)，土壤及其含水性，风化程度及植被覆盖的分布是否有明显的差异
地形地貌	地形地貌形态的变化与地质体界线的关系，图像纹理特征的变化
水系特征	水系的形态、密度、均匀性，对称性变化与地质体界线的关系
植被特征及土地利用状况	植被的类型、植被发育程度的变化以及土地利用状况与地质界线的关系

室内解译编录内容包括卡片编号、图幅名称、遥感地质要素的地理位置、解译(推断)地质要素及代号、可解译程度、图像处理方法、影像特征等。野外验证编录内容包括野外观察点位置、野外观察点描

述、野外验证的地质要素及代号、实地照片编号、镜头指向、验证者及验证日期等。卡片编号用×××00××表示，其中×××为图幅编号；00××为卡片序码；图幅名称：编录点所属图幅名称；遥感地质要素的地理位置：用所解译遥感地质要素所在的矩形区域的左上角和右下角的大地坐标及××村旁等提示性语言表示；解译(推断)地质要素及代号：根据解译标志确定(推断)的地质要素及所赋予的代号；野外验证的地质要素及代号：填写野外验证的地质要素及代号；可解译程度：根据影像岩石单位的可识别性，从高到低用Ⅰ、Ⅱ、Ⅲ级表示；图像处理方法：描述形成解译所用图像的处理方法；遥感影像特征：描述所解译地质要素的影像特征；野外观察点位置：编录观察点的大地坐标；野外观察点描述：描述验证对象的地质、地貌特征；实地照片编号：可根据需要自行编录；镜头指向：照相机镜头所指地理方位；解译者及解译日期：编录解译者姓名和日期，日期精确到月；验证者及验证日期：编录验证者姓名和日期，日期精确到日。

13.4.4.2 详细解译

(1) 在详细解译阶段，应根据不同区域地质体可识别程度的高低，对工作区进行可解译程度划分，为后期野外验证路线的部署提供依据。可解译程度一般分为高、中、低三级。

(2) 根据野外踏勘建立的图像与地面的对应关系和波谱测试数据，对所需的遥感信息进行详细的提取和筛选。

(3) 以踏勘建立的解译标志为基础，对图像进行系统详细的解译，确定或推断各类地质要素的属性、产状、形态、接触关系、级别和序次。

(4) 针对重点地质问题，采用更高分辨率的遥感图像或借助专题图像处理、三维立体观察等技术手段进行深入解译。

(5) 根据详细解译结果，以具有地质属性的影像岩石单元作为编图单位,按照《区域地质图图例》(GB/T 958—2015)、《地质图地理底图编绘规范》(DZ/T 0157—95)、《地质图用色标准及用色原则》(DZ/T 0179—1997)、《遥感解译地质图制作规范》(DD 2011—02)及其他相关行业标准中规定的图式图例和符号,编制遥感初步解译地质图。

(6) 遥感初步解译地质图是阶段性成果图件,可以为野外地质调查(验证)路线和野外观察点的布置提供依据。

13.4.5 遥感异常提取

13.4.5.1 岩矿波谱测试

(1) 每个图幅(工作区域)内用于分层、分段甚至分组的典型岩石,用于划分蚀变带的典型蚀变岩石、矿化岩石以及具有标型意义的蚀变矿物、成矿矿物应详细采样,并进行岩矿波谱测试。

(2) 每个采样(或波谱测试)点应分别采集风化和新鲜两种岩石样本,并进行岩矿鉴定和岩矿分析工作。用于矿物波谱测试的样品,应根据相应岩石中蚀变矿物、成矿矿物的含量,采集足够的数量。

(3) 按每个工作区,完成岩矿波谱数据库建库工作。

(4) 测试方法分为野外波谱测量与室内波谱测量两种,相关要求见《矿产资源遥感调查技术要求》(DD 2011—05)。

13.4.5.2 遥感异常提取

1. 数据预处理

(1) 用于遥感异常提取的遥感数据应进行数据检查评价、辐射校正、日地距离校正、增益校正、太阳高度角校正、视反射率计算等遥感数据初始校正工作。

(2) 以相应的数学模型为基础,利用高端(或低端)切割、比值分析等方法，对环境因素[大气反射和散射、植被、水体(河、湖、湿地)、冰雪体、云雾等]、地质地貌因素[黄土、沙漠、坡积、洪积、冲积、湖积层、红层及地形起伏(阴影)等]进行掩膜处理，去除影响遥感异常提取的干扰信息。

2. 多光谱遥感异常提取

(1) 多光谱遥感异常一般采用ETM(或TM)、ASTER或Hyperion等数据。应根据工作区岩层、构造等的走向，遥感数据的太阳高度角、太阳方位角等参数，选择合适时相的遥感数据。

(2) 采用以主成分分析法为主，以光谱角法、比值法等为辅的方法，提取以Al—OH、Mg—OH为主的基团异常，Fe^{2+}、Fe^{3+}等变价元素异常，CO_3^{2-}异常，SiO_2异常等与成矿有关的信息，有条件时可提取蚀变(单)矿物。提取过程中，所有数据处理过程都必须以相应的数学模型为依据，严禁随意删除。

(3) 1∶250000遥感异常信息可利用整景数据直接提取；1∶50000遥感异常信息应通过分区提取获取。

(4) 必须参照调查区若干类型已知矿床、矿点的统计特征光谱，利用光谱角法对全区异常进行逐次分类，分别提取相应类型矿床的(波谱特征)遥感异常。

(5) 所有遥感异常区带均应根据异常特征、成矿地质条件等进行找矿远景分级，并进行3×3滤波处理。一级异常划分阈值使用典型矿床或矿区的遥感异常边界值，二级异常使用矿点或含矿围岩蚀变带的边界值，三级异常使用地层或岩体蚀变带、含矿地质体的边界值。调查区内至少80％的已知矿床、矿(化)点上出现提取后的遥感异常视为合格。

(6) 遥感异常图上应标明重点查证的异常区带号、异常号，为矿产检查提供依据。

3. 高光谱矿物信息提取

(1) 用于高光谱矿物信息提取的遥感数据,应利用直方图匹配法对图像噪声进行抑制,并根据不同地区的实际情况和任务要求,选取合适的方法进行单景、航带数据照度校正。

(2) 应根据调查区岩矿光谱测试及反演情况,选择合适的方法,开展数据大气校正与光谱重建工作。

(3) 以调查区已知矿床、矿(化)点统计光谱为参考,结合多光谱异常的处理结果,从影像数据中提取感兴趣的目标参考光谱,基于光谱相似性或光谱特征参数进行矿物填图工作,并根据相关技术标准与规范,将识别的矿物用一定比例尺以特定色标绘制形成矿物分布图。

(4) 通过野外调查和矿物测试鉴定,对矿物填图结果的误差进行评价。调查区内至少80%的填图结果与矿物测试鉴定结果一致或接近视为合格。

13.4.6 遥感异常筛选

(1) 在对区域典型矿床遥感找矿模型进行研究的基础上,应根据光谱特征、异常特征、成矿地质条件等对调查区所有遥感异常区(带)进行筛选与找矿意义分析,根据区域岩性的光谱特征及其与已知蚀变异常的区别,通过比值法、高端切割法、低端切割法等方法对干扰信息进行二次去除。

(2) 遥感异常的筛选具有如下优先级:

① 两种或两种以上方法提取出的遥感异常能够相互验证者,优先推荐。

② 以典型矿区或矿床为感兴趣区,以光谱角法筛选后得到验证的遥感异常优先推荐。

③ 与矿产地质遥感解译圈定的成矿有利地段吻合的遥感异常优

先推荐。

④ 遥感异常点点位高程较低，交通比较方便且容易到达，点附近异常相对较强，预期可以直接发现蚀变现象的优先推荐。

(3) 遥感异常筛选的方法包括不同方法遥感异常比选法、光谱角筛选法、光谱特征对比法、成矿地质背景筛选法等。研究程度较高的地区均应进行遥感异常的光谱角筛选。

(4) 筛选后的遥感异常应根据地质背景、成矿条件、找矿意义等，利用人工包络线将若干空间位置紧密相连、成矿地质条件相近的遥感异常圈定在一起，根据遥感异常的不同强度、不同类型的套合程度进行归类，并根据标准图幅号按照“从左至右、从上至下”的原则标明重点查证的异常区带号、异常号、经纬度坐标、找矿意义，为矿产检查提供依据。

13.4.7 野外调查

野外调查分为实地踏勘与野外验证两个阶段。

13.4.7.1 实地踏勘

(1) 通过踏勘，详细了解各类影像单元的岩性特征和边界属性，系统建立各类遥感地质要素的解译标志，为详细解译提供依据。踏勘路线根据地质体可解译程度进行部署，以能控制所有类型地质单元为宜，一般情况下至少安排一条贯穿全区的踏勘路线。

(2) 根据任务要求采集岩石的波谱数据，为后期的图像处理或遥感解译提供基础数据。波谱数据采集最好在野外进行，也可以采集样本在室内进行波谱测试。

(3) 踏勘工作结束之后，对踏勘资料进行整理分析，为详细地质解译作准备。

13.4.7.2 野外验证

(1) 野外验证的目的是进一步完善解译标志,对不能确定属性的遥感地质要素进行野外调查,对解译过程中遇到的地质问题进行实地观察,对遥感初步解译地质图进行系统检查和修改。

(2) 遥感地质解译验证的主要内容包括各类地质要素的属性、产状、形态、接触关系、级别和序次,如解译标志是否正确,编图单位定性、定位是否准确等。具体验证方法详见《区域地质调查中遥感技术规定》(DD 2011—04)。

(3) 遥感异常的查证是指实地核查各级遥感异常划分阈值的正确性,验证遥感异常的可靠性和准确性,现场调整遥感异常划分阈值,进行分区的异常筛选工作。具体验证方法详见《区域地质调查中遥感技术规定》(DD 2011—05)。

(4) 野外验证应涵盖所有的地物类型,验证比率依可解译程度的高低而不同。对于遥感专题调查项目,可解译程度高的地区,验证比率不小于其图斑总数的10%;可解译程度中等的地区,验证比率不小于其图斑总数的30%;可解译程度低的地区,验证比率不小于其图斑总数的60%。特殊地区或地质调查专题中的遥感地质工作,验证比率可适当降低。

(5) 野外验证应使用可以满足精度要求的 GPS 定位,对观察内容使用野外记录本进行记录,对重要地质现象绘制素描图并取得照相或摄像资料,填写遥感解译卡片的野外部分。

(6) 完成野外验证工作后,根据需要编制实际材料图。实际材料图包括野外踏勘和验证的路线、观测点的位置及编号、标本和样品采集的位置及编号。表达方式按实际属性分类编码表示,分类编码注记及图名、图例、比例尺、责任表制作参照有关标准执行。

13.4.8 综合研究

(1) 根据野外地质验证结果,对遥感资料作进一步的解译,修改完善遥感初步解译地质图,形成遥感解译地质图。

(2) 充分利用各种技术手段和多元地学信息进行深入研究,通过综合分析解决前期工作中遇到的疑难问题,提高解译工作质量。

(3) 遥感数据的深化研究应注意研究和处理一些典型问题:遥感找矿异常的空间结构与分带性问题;遥感找矿异常的空间展布与矿化蚀变带的关系;不同景观区遥感数据处理方法与遥感找矿异常阈值划分标准问题;不同地质背景的遥感找矿异常数据处理问题;遥感异常与其他矿化信息的综合应用问题等。

(4) 应在区域岩矿波谱综合研究的基础上,进一步对区内成矿有利地层、岩体和构造进行解译和推断,进一步确定区域成矿有利环境和遥感找矿标志。

(5) 不同的成矿类型具有不同的蚀变分带和蚀变矿物组合。应根据区域典型矿床成矿地质条件、遥感找矿异常和光谱角异常的详细研究,求取遥感找矿异常下限,确定异常划分标准,建立典型矿床遥感找矿模型,指导异常筛选和查证工作;要结合区域成矿特征,确定遥感找矿异常的找矿意义。

(6) 深化高光谱矿物填图成果综合研究,厘定区域成矿带的蚀变特征、蚀变矿物组合和蚀变分带,确定成矿流体的高、低温反应边及典型矿化类型的找矿标志层位,为工程验证提供部署依据。

(7) 应加强区域成矿规律、找矿标志的深化研究,确定区域主要成矿类型和找矿标志;进一步完善遥感找矿模型,通过对已验证具有成矿事实点的生、储、盖、藏、运等多因素的综合分析,根据其遥感特征,建立集矿源层、成矿-控矿构造、蚀变带、矿床储存条件、区域剥蚀深度于一体的典型矿床遥感找矿模型。根据地层、岩浆岩、变质岩、构造的基本规律研究其与成矿的关系，分析判断各种遥感异常和解译信息的成矿远景和意义，拓展遥感成果的深度和广度。合理确定成矿有利地段，进一步缩小和圈定遥感找矿靶区，为下一步的矿产调查工作提供部署建议。

(8) 将上述各阶段使用的各类遥感影像图、遥感解译图、野外验证实际材料图、遥感解译编录和野外验证记录等资料进行系统整理、归档。

13.4.9　图件编制与报告编写

13.4.9.1　图件编制

1. 编图原则

(1) 最终遥感调查成果图件的编制必须在经过野外验收，并按照验收意见完成有关补充作业的基础上进行。编制成果图的所用资料必须与各项原始资料和基础图件一致，并正确处理好与周围邻幅的接图问题。图件包括遥感地质解译图、遥感矿产地质图、遥感异常图、遥感找矿预测图等。

(2) 图件的数字化过程及相关要求须遵照“DZ/T 0179—1997”执行。

(3) 地理底图编制遵照“DZ/T 0191—1997”和“DZ/T 0157—95”执行，并视工作区情况，补充公路、铁路、库塘等现实性资料。

(4) 成果图的编制参照遥感地质解译图编制技术要求“GB/T 958—2015”和“DZ/T 0179—1997”规定的图式图例、符号等进行。

(5) 在1:50000遥感解译过程中，要求地质体解译最小上图精度为直径大于100 m的闭合地质体，宽度大于50 m、长度大于250 m的块状地质体，长度大于500 m的断层、褶皱轴。对于野外地质填图或地质问题研究有重要指示意义的特征影像，必要时可夸大表示。

2. 编制内容

(1) 遥感地质解译编图一般在详细解译基础上进行。充分利用前人地质调查、矿产勘查成果资料,结合遥感解译和实况调查、验证结果,采用以下编图原则和方法,进行成果图件的编制。

① 沉积岩、浅变质岩采用岩石地层方法填图,填图单位一般划分到组;侵入岩采用岩石谱系单位方法填图,侵入体为基本填图单位;火山岩采用地层-岩性(岩相)双重方法填图,填图单位一般划分到组;深变质岩采用构造-地(岩)层或构造-岩石方法填图,填图单位分别划分到组或岩套;第四纪堆积按成因类型填图。

② 对构造内容的编译应突出重点。在断裂构造复杂地区,填图重点以断层、断裂带为主;在断裂构造简单或不易发现断裂地区,填图重点以节理、裂隙带为主;对反映隐伏断层、断裂带的特征应详细加以表示;褶皱构造的填图重点在于表现褶皱形态特征、轴线分布、变形期次等;对有利于指示意义的标志层、纹层、节理、裂隙、劈理带影像应充分加以表示。

(2) 遥感矿产地质图编制:以经实地调查和综合研究后的矿产地质遥感解译图、构造岩性遥感解译图(遥感地质解译图)为基础,进行数字化工作。在同等比例尺的地理底图上,按"遥感地质解译图编制技术要求"的相关规定依次叠加相关图层,形成遥感矿产地质图。

(3) 遥感异常图的编制:以同等比例尺的遥感影像为底图,依次叠加经筛选后的三级、二级和一级遥感异常,遥感异常包号,异常编号,形成遥感异常图。羟基异常、铁染异常、单矿物异常分别成图。东图廓外放置"遥感异常筛选结果统计表",表头与北内图廓线持平;也可视图面内容适当更改位置。表格大小根据图面整饰情况决定,字体均用宋体,字高8 mm。

(4) 遥感找矿预测图的编制:在同等比例尺的地理底图上依次叠

加地层，侵入体，构造，经筛选后的三级、二级和一级遥感异常，矿(化)体、点，遥感异常包号，异常编号，遥感找矿有利地段/遥感找矿靶区等信息，形成遥感找矿预测图；与成矿无关的地质要素不上面色。东图廓外放置“遥感找矿靶区统计表”，表头与北内图廓线持平；也可视图面内容适当更改位置。表格大小根据图面整饰情况决定，均用宋体，字高8 mm。

13.4.9.2　报告编写

(1) 解译报告应根据任务要求以及翔实的室内解译和野外验证成果资料进行编制，通过对遥感图像中蕴藏的丰富地质信息的综合分析研究，对工作成果进行全面、系统的总结和阐述。

(2) 报告内容包括：所用遥感资料的种类、质量、比例尺、图像处理方法；编图单元的解译标志、划分依据、可解译程度；解译工作取得的成果、遗留的问题及今后工作注意事项等。

13.5　工作成果及成果提交

解译工作完成后应提交成果资料和实际材料。

(1) 成果资料包括遥感影像地图、遥感解译地质图、解译工作报告。

(2) 实际材料包括图像原始数据、遥感解译草图、遥感初步解译地质图、实际材料图、遥感解译卡片、野外照相或摄像资料等。

第14章 矿床开采技术条件勘查

14.1 矿区水、工、环勘查工作概论

14.1.1 依据和参考的主要规范与标准

矿区水、工、环勘查工作所依据和参考的主要规范与标准如下：

(1)《矿区水文地质工程地质勘探规范》(GB 12719—91)。

(2)《煤矿床水文地质、工程地质及环境地质勘查评价标准》(MT/T 1091—2008)。

(3)《矿山地质环境调查评价规范》(DD 2014—05)。

(4)《固体矿产地质勘查总则》(GB/T 13908—2002)。

(5)《固体矿产勘查地质工作规范》(GB/T 33444—2016)。

(6)《铁、锰、铬矿地质勘查规范》(DZ/T 0200—2002)及其他单矿种地质勘查规范。

(7)《地表水环境质量标准》(GB 3838—2002)。

(8)《地下水质量标准》(GB/T 14848—2017)。

(9)《生活饮用水卫生标准》(GB 5749—2006)。

(10)《水样采集与送检要求》(GWI-B1)。

本章主要编制依据为《矿区水文地质工程地质勘探规范》(GB 12719—91)，该规范颁布已近30年，不能完全满足现今固体矿产水、工、环勘查方面的要求，编制过程中适量引用了近年来颁布的相关规

范中有关矿区水、工、环勘查方面的内容,但矿区开采技术条件勘查过程中的设计、施工、质检、验收等仍以《矿区水文地质工程地质勘探规范》(GB 12719—91)为主要依据。

14.1.2 基本任务

(1) 查明矿区水文地质条件及矿床充水因素,预测矿坑涌水量,对矿区水资源综合利用进行评价,指出供水水源方向,并提出排供结合、综合利用的建议。

(2) 查明矿区的工程地质条件,评价露天采矿场岩体质量和边坡的稳定性,或井巷围岩的岩体质量和稳固性,预测可能发生的主要工程地质问题,为矿山开采设计提供依据。

(3) 评价矿区的环境地质质量,对居民、道路建筑设施、瓦斯、煤矿等进行调查,找出对人体有害的因素等。预测矿床开发可能引起的主要环境地质问题,并提出防治建议;提出防止矿坑水对地表水、地下水的污染和环境影响的意见。

14.1.3 勘查阶段划分和工作内容及要求

14.1.3.1 勘查阶段划分

矿区水文地质、工程地质勘查和环境地质调查评价应与地质勘查工作阶段相适应,分为普查、详查、勘探三个阶段,水文地质、工程地质简单的矿区勘查阶段可简化或合并,对只做到普查、详查就作为矿山建设设计依据的地质勘查报告,水、工、环工作均应达到勘探阶段的要求。

14.1.3.2 工作内容及要求

1. 普查阶段工作内容及要求

为减少矿产勘查过程中对矿区环境造成的破坏、扰动，在勘查开始前要制定“绿色勘查实施方案”，严格按实施方案开展勘查工作，把绿色发展理念贯穿于矿产勘查、开发的全过程中。

矿区水、工、环普查在矿产普查的基础上进行，对于已进行过区域水文地质、工程地质普查的地区，应充分收集区域水文地质、工程地质资料，其资料可直接利用或只进行有针对性的补充调查，可利用地质勘查钻孔进行简易水文地质观测，大致查明工作区的水文地质、工程地质和环境地质条件。

对开采技术条件简单的矿床，可依据与同类型矿山开采条件的对比，对矿床开采技术条件作出评价；对水文地质条件复杂的矿床，应进行适当的水、工、环地质工作，了解地表水的分布，了解地下水的埋藏深度、水质、水量以及近矿围岩强度，了解矿体(层)顶底板围岩和矿石的稳定性及环境地质条件，为进一步开展工作提供开采技术条件方面的依据。

调查了解矿区及周边各类保护区、规划区、风景名胜区等分布情况，了解当地环境保护政策是否允许进行采矿活动，为是否开展矿床详查工作提供环保政策方面的依据。

2. 详查阶段工作内容及要求

1) 要求

在收集当地水文、气象有关资料的基础上，开展详细的水文地质、工程地质及环境地质调查，基本查明矿区水文地质、工程地质和环境地质条件，初步划分水文地质和工程地质勘查类型，为矿床初步技术经济评价、矿山总体建设规划和勘探阶段确定水文地质、工程地质工作量提供依据。

2）工作内容

(1) 水文地质工作内容:开展区域水文地质测绘,进行钻孔简易水文地质观测,收集生产矿井、老窿的水文地质、工程地质资料,选择有代表性的泉、井、钻孔、生产矿井进行流量、水位、水温、排水量的动态观测,采取水样作水质分析。基本查明含水层和隔水层的岩性、厚度、分布、产状、埋藏条件,含水层的富水性,各含水层的水力联系,地下水的补给、径流、排泄条件,隔水层的稳定性和隔水程度;基本查明矿区内地表水体分布及其与主要充水含水层的水力联系;研究地下水的水位(水压)、水质、水温、水量、动态变化及补给、径流、排泄条件,初步确定矿坑充水因素,预计矿坑涌水量;初步划分矿床水文地质类型,确定水文地质条件复杂程度;提出矿山工业和生活用水的水源方向。

(2) 工程地质工作内容:测定矿区主要岩矿石的力学性质,研究其稳定性能,初步确定矿体及围岩的岩体质量;基本查明矿区内断层破碎带、节理、裂隙、风化带、泥化带、流沙层、软弱夹层的分布,评价其对矿体及其顶底板岩层稳固性的影响;对露天采场边坡的稳定性提出评价意见;初步划分矿床工程地质类型和确定工程地质条件复杂程度。

(3) 环境地质工作内容:对矿床开采可能影响的地区(矿山开采排水水位下降区、地面变形破坏区、矿山废弃物堆放场及其可能的污染区)开展详细环境地质调查,基本查明岩石、矿石和地下水(含热水)中对人体有害的元素、放射性及其他有害气体的成分、含量等情况,提出对人体有无危害的初步评价意见;收集地震、泥石流、滑坡、岩溶等自然地质灾害的有关资料,分析其对矿山生产的影响;预测矿山开采对本区环境、生态可能产生的影响。

3. 勘探阶段工作内容及要求

1）要求

详细查明矿区水文地质、工程地质条件以及矿床充水因素，预测矿坑涌水量，提出矿坑水的防治意见和排供结合、综合利用的建议，防止其对地表水和地下水产生污染及对环境造成影响，指出供水水源方向，预测因矿坑排水可能产生的地面塌陷范围及对矿床开采的影响。对露天采矿场边坡稳定性、坑道顶、底板稳固性及其他影响矿床开采的主要工程地质问题作出初步评价，并提出工作地质防治措施。确定矿床水文地质和工程地质勘查类型，为矿床的技术经济评价及矿山建设可行性研究和矿山开采设计提供依据。

2）工作内容

(1) 水文地质工作内容。研究区域水文地质条件，确定矿区所处水文地质单元的位置；进一步补充矿区水文地质、工程地质测绘的内容，进行钻孔简易水文地质观测，单孔或群孔抽水试验，地下水连通等试验，地表水和地下水动态观测，生产矿井及老窑(窿)水文地质、工程地质调查。详细查明矿床充水主要含水层的岩性、厚度、分布、产状、埋藏条件，裂隙或岩溶的发育程度、分布规律、充填程度以及水位、水质、富水性、导水性、渗透系数、地下水的补给、径流、排泄条件，地表水与地下水及各含水层之间的水力联系，主要隔水层的岩性、厚度、稳定性及隔水程度；划分矿床水文地质类型和确定水文地质条件复杂程度；根据矿床水文地质条件，结合矿床开拓方案，估算第一开采水平正常和最大的矿坑涌水量，预测下一开采水平或最低开采水平的涌水量；研究地下水和地表水的水质、水量，为矿山工业和生活用水提供方向。

(2) 工程地质工作内容。根据需要布置工程地质剖面和专门工程地质钻孔，系统采取岩(土)样。测定矿体及顶底板岩石的体积质量(体重)、硬度、湿度、块度、抗压强度、剪强度、松散系数、安息角等物理力学参数，研究其稳定性能；划分岩(土)体的工程地质岩组；详细查明矿区内断层破碎带、节理、裂隙、层理、片理、风化带、泥化带、流砂层、软弱夹层的分布、产状、规模及充填、充水情况，确定其对矿床开采的影响；详细查明第四系的岩性、厚度和分布范围；对露天采场边坡稳定性作出评价；调查并研究老窿或溶洞的分布、充填和积水情况；划分矿床工程地质类型和确定工程地质条件复杂程度，预测矿床开采时可能出现的主要工程地质问题并提出防治建议。

(3) 环境地质工作内容。详细调查矿区内有关的崩塌、滑坡、泥石流、岩溶等物理地质现象，地表水和地下水的质量，放射性和其他有害物质的含量、赋存状态及分布规律；收集有关地震、新构造活动资料，阐明矿区地震地质情况和矿区的稳定性；对矿床开采前的地质环境质量作出评价；预测在矿床开采中对矿区环境、生态可能造成的破坏和影响，并提出预防建议；对矿山排水、开采区的地面变形及遭到破坏、矿山废弃物排放可能引起的环境地质问题进行评价；未开发过的新区，应对原生地质环境作出评价；老矿区则应针对已出现的环境地质问题(如放射性、有害气体、各种不良自然地质现象的展布和危害性)进行调研，找出产生和形成条件，预测其发展趋势，提出整治措施。

14.1.4　勘查范围及技术路线

(1) 勘查范围宜包括一个完整的水文地质单元，当水文地质单元面积过大时，应包括疏干排水可能影响的范围。

(2) 矿区环境地质调查评价是在地质、水文地质、工程地质勘查工作的基础上，对矿区的地质环境作出评价。

(3) 矿区水文地质、工程地质勘查和环境地质调查评价，应与矿产地质勘查紧密结合，将地质、水文地质、工程地质、环境地质作为一个整体，运用先进和综合手段进行。

(4) 已确定具有工业利用价值的矿床，通过详查工作满足矿山总体建设规划需要,但矿区水文地质或工程地质条件直接影响矿山建设开发总体设计时,应超前进行水文地质、工程地质勘探。

(5) 扩大延深勘探的矿区,应充分利用已有勘探报告和矿山生产中的资料,对矿区水文地质、工程地质环境地质条件进行评价。当不能满足要求时,应根据实际需要,有针对性地进行补充勘查。

(6) 矿区水文地质、工程地质勘查,应从实现综合效益出发,既要研究保障矿山生产安全、连续生产,又要研究矿山排水的综合利用以及对近水源地和地质环境可能的影响。

14.2 矿区水文地质勘查

14.2.1 勘查类型划分

14.2.1.1 按矿床主要充水含水层的容水空间特征划分

(1) 第一类:以孔隙含水层充水为主的矿床,简称孔隙充水矿床。

(2) 第二类:以裂隙含水层充水为主的矿床,简称裂隙充水矿床。

(3) 第三类:以岩溶含水层充水为主的矿床,简称岩溶充水矿床。

其中第三类矿床又可划分为三个亚类:

① 第一亚类:以溶蚀裂隙为主的岩溶充水矿床。

② 第二亚类:以溶洞为主的岩溶充水矿床。

③ 第三亚类:以暗河为主的岩溶充水矿床。

14.2.1.2 按矿体与主要含水层的空间关系划分

1. 直接充水的矿床

矿床主要充水含水层(含冒落带和底板破坏厚度)与矿体直接接

触,地下水直接进入矿坑。

2. 顶板间接充水的矿床

矿床主要充水含水层位于矿层冒落带之上,矿层与主要充水含水层之间有隔水层(一般将钻孔单位涌水量小于0.001 L/s·m的岩层视为隔水层)或弱透水层,地下水通过构造破碎带、导水裂隙带或弱透水层进入矿坑。

3. 底板间接充水的矿床

矿床主要充水含水层位于矿层之下,矿层与主要充水含水层之间有隔水层或弱透水层。承压水通过底板薄弱地段、构造破碎带、弱透水层或导水的岩溶陷落柱进入矿坑。

14.2.1.3 按综合因素划分

依据主要矿体与当地侵蚀基准面的关系,地下水的补给条件,地表水与主要充水含水层水力联系密切程度,主要充水含水层和构造破碎带的富水性、导水性,第四系覆盖情况以及水文地质边界的复杂程度划分为如下三种类型:

1. 水文地质条件简单的矿床

主要矿体位于当地侵蚀基准面以上,地形有利于自然排水,矿床主要充水含水层和构造破碎带富水性弱至中等,或主要矿体虽位于当地侵蚀基准面以下,但附近无地表水体,矿床主要充水含水层和构造破碎带富水性弱,地下水补给条件差,很少或无第四系覆盖,水文地质边界简单。

2. 水文地质条件中等的矿床

主要矿体位于当地侵蚀基准面以上,地形有自然排水条件,主要充水含水层和构造破碎带富水性中等至强,地下水补给条件好;或主要矿体位于当地侵蚀基准面以下,但附近地表水不构成矿床的主要充水因素，主要充水含水层、构造破碎带富水性中等，地下水补给条件差，第四系覆盖面积小且薄，疏干排水可能产生少量塌陷，水文地质边界较复杂。

3. 水文地质条件复杂的矿床

主要矿体位于当地侵蚀基准面以下，主要充水含水层富水性强，补给条件好，并具较高水压；构造破碎带发育，导水性强且沟通区域强含水层或地表水体；第四系厚度大、分布广，疏干排水有产生大面积塌陷、沉降的可能，水文地质边界复杂。

14.2.1.4 矿床水文地质勘查类型的划分

按类(或亚类)、充水方式、水文地质条件复杂程度命名。例如：以裂隙含水层充水为主、顶板间接进水、水文地质条件复杂的矿床，即第二类第三型。以裂隙含水层充水为主、顶板间接进水、水文地质条件简单的矿床，即第二类第一型。

14.2.2 勘查工程量

(1) 各类型充水矿床勘查所需的基本工程量应结合矿区的具体情况确定，以满足相应的勘查程度要求为原则。可参照表14.1、表14.2执行。

(2) 表14.1、表14.2中的工作量指各勘查阶段的基本工作量，小型矿床可酌减。所列抽水试验和动态观测孔的数量，指控制矿区主要充水含水层的基本工程量，次要充水含水层及构造破碎带必须根据矿区的具体条件增加相应的工程量。

(3) 矿区附近有水文地质条件相似的生产矿井资料可利用时，可适当减少抽水试验或其他工作量。

表14.1　以孔隙、裂隙充水为主的矿床水文地质工作基本工程量

项目			类型					
			以孔隙充水为主的矿床			以裂隙充水为主的矿床		
			简单	中等	复杂	简单	中等	复杂
水文地质测绘比例尺		普查、详查	1:50000～1:10000					
		勘探	1:10000～1:2000					
钻孔简易水文地质观测与编录孔占地质孔的比例(%)		普查、详查	全部钻孔					
		勘探	10～20	30～40	50～60	30～40	50～60	70～80
水文地质剖面数(条)		详查	0～1	1～2	2～4	0～1	1～2	2～3
		勘查	1～2	2～3	4～6	1～2	2～3	3～5
加深揭露底板充水含水层钻孔(个)		详查、勘探					各水文地质剖面不少于3个	
分层静止水位观测孔数(个)		详查、勘探	全部水文地质孔				全部水文地质孔	
抽水试验	单孔(个)	详查		2～3	3～5		1～2	2～3
		勘查	0～2			0～2	1～2	2～3
	多孔(组)	详查			2～3			1～2
		勘查		1～2			1	
	群孔(组)	详查						
		勘查			1～2			1
水动态长期观测	地表水(处)	详查	根据查明水文地质条件、矿坑涌水量计算和水源地选择的需要，选代表性地段设站					
		勘查	根据实际需要对详查阶段各站取舍和补充					
	钻孔(个)	详查		3～5	5～7		3～5	7～10
		勘查		根据需要对详查阶段钻孔取舍和补充			根据需要对详查阶段钻孔取舍和补充	
	井泉(个)	详查、勘查	根据实际需要选择代表性点					

续表

项目			类型					
			以孔隙充水为主的矿床			以裂隙充水为主的矿床		
			简单	中等	复杂	简单	中等	复杂
	勘探坑槽道或生产矿井	详查、勘查	勘察坑道和主要生产矿井设排水量观测站，简单矿区可省略					
	水化学样、细菌样检验	详查、勘查	可作水源地的井、泉、地表水，按丰、枯季取样					
水化学分析样		普查、详查、勘查	代表性水点，以控制地表水、地下水、水化学类型为原则					
地面物探		普查、详查、勘查	根据需要布置					
钻孔水文物探测井		详查、勘查	水文地质孔应进行					
气象观测		详查、勘查	远离气象台站的矿区，气象变化大，应建立临时性的降水、气温观测站					

注：资料来源于《矿区水文地质工程勘探规范》(GB12719—91)。

表 14.2　以岩溶充水为主的矿床水文地质工作基本工程量

项目		类型						
		以溶蚀裂隙充水为主的岩溶充水矿床			以溶洞充水为主的岩溶充水矿床			以暗河充水为主的岩溶充水矿床
		简单	中等	复杂	简单	中等	复杂	复杂
水文地质测绘比例尺	普查、详查	1:50000～1:10000						
	勘探	1:10000～1:2000						

续表

项目			以溶蚀裂隙充水为主的岩溶充水矿床			以溶洞充水为主的岩溶充水矿床			以暗河充水为主的岩溶充水矿床
			简单	中等	复杂	简单	中等	复杂	复杂
钻孔简易水文地质观测与编录孔占地质孔的比例(%)		普查、详查	全部钻孔						
		勘探	50~60	60~70	80~90	60~70	70~80	80~90	80~90
水文地质剖面数(条)		详查	0~1	1~2	2~4	0~1	1~2	2~4	3~5
		勘探	1~2	2~3	3~5	1~2	2~3	3~5	5~7
加深揭露底板充水；含水层钻孔(个)		详查、勘探	各水文地质剖面不少于3个						
分层静止水位观测孔数(个)		详查、勘探	全部水文地质孔						
抽水试验	单孔(个)	详查		2~3	3~5		3~5	5~7	根据实际条件和需要确定
		勘探	0~2	1~2	2~3	0~2	2~3	2~3	
	多孔(组)	详查			1~2			1~2	
		勘探		1~2			1~2		
	群孔(组)	勘探			1~2			1~2	
连通试验		勘探							钻孔和暗河水系
水动态长期观测	地表水(处)	详查	根据查明水文地质条件、矿坑涌水量计算和水源地选择的需要，选代表性地段设站						
		勘探	根据需要对详查阶段的站取舍和补充						
	钻孔(个)	详查	0~1	3~5	5~7	0~2	3~7	5~9	根据需要确定
		勘探	根据需要对详查阶段钻孔取舍和补充						

续表

项目			类型						
			以溶蚀裂隙充水为主的岩溶充水矿床			以溶洞充水为主的岩溶充水矿床			以暗河充水为主的岩溶充水矿床
			简单	中等	复杂	简单	中等	复杂	复杂
	暗河	详查、勘探							出(入)口处设站
	井泉	详查、勘探	根据需要选择代表性点						
	生产矿井或勘探坑道	详查、勘探	勘探坑道及主要生产矿井设排水量观测站,简单矿区可省略						
	水化学样、细菌检验样	详查、勘探	可作为水源地的井、泉、地表水点,按丰、枯季取样						
水化学分析		普查、详查、勘探	代表性水点,以控制地表水、地下水水化学类型为原则						
地面物探		普查、详查、勘探	根据需要布置						
钻孔水文物探测井		详查、勘探	水文地质孔应进行						
气象观测		详查、勘探	远离气象台站的矿区,气象变化大时,应建立临时性的降水、气温观测站						

注:资料来源于《矿区水文地质工程勘探规范》(GB12719—91)。

14.2.3 勘查技术要求

14.2.3.1 水文地质测绘

1. 矿区水文地质测绘一般要求

(1) 水文地质测绘分为区域和矿区。区域水文地质测绘范围应包括一个完整的水文地质单元,以查明区域地下水的补给、径流、排泄条件为重点,水文地质条件简单的矿区可不进行区域水文地质测绘。矿区水文地质测绘应包括矿床疏干可能影响的范围及补给边界;调查矿山老窿的分布;对现有生产矿井或勘探坑道进行水文地质编录,系统收集生产矿井(或露天采矿场)的水文地质资料,以查明矿床充水因素及矿区水文地质边界条件为重点。

(2) 水文地质测绘比例尺,区域一般采用1:50000~1:10000,矿区一般采用1:10000~1:2000。

(3) 水文地质测绘一般在地质测绘的基础上进行,应全面搜集和充分利用航(卫)片解释、区域水文地质普查和相邻矿区的资料。

(4) 水文地质测绘应全面收集矿区及相邻地区历年的水文、气象资料;详细调查矿区地形地貌、地下水的天然和人工露头及其水化学特征、岩溶发育情况、第四系松散层的形成与分布、地下水的补给、径流、排泄条件,圈定矿区水文地质边界。

(5) 调查记录格式要求统一,点位准确,图文一致。各类观察点观察要仔细,描述要准确,记录内容尽可能详细,要有详细的照片或素描图。工作手图、清绘图、实际材料图应齐全,标绘内容及图式符合制图原则,标记准确,记录和图件相互一致。

2. 矿区水文地质测绘工作方法

1）观测路线和观测点的布置

(1) 观测路线的布置：

正确的观测路线应该以最短的路线观测最多的内容，为此，观测路线应沿着水文地质条件变化最大的方向布置，尽可能穿过井、泉等地下水露头。

具体还要结合较好的露头及水点分布等情况灵活掌握(即垂直地层走向、构造线；在平原区垂直河流、阶地；穿过湖河沼泽地段、井泉分布点及分水岭等)。

在露头较好的地段，还应该顺着构造线方向或河谷进行追索。总之应以看得多，见得全，较多地获得地质、地貌水文地质资料为原则。路线布置要有重点，还要考虑一般在地质、地貌条件复杂或地质、地貌具有典型意义的地区观测路线应适当加密。其点线密度可参考《煤矿床水文地质、工程地质及环境地勘查评价标准》(MT/T 1091—2008)，如表14.3所示。

表14.3 水文地质测绘的观测点数和观测路线长度

测绘比例尺	地质观测点数(个/km²)		水文地质观测点数(个/km²)	观测路线长度(km)
	孔隙充水矿床	裂隙、岩溶充水矿床		
1:50000	0.30~0.60	0.75~2.00	0.20~0.60	1.00~2.00
1:25000	0.60~1.80	1.50~3.00	1.00~2.50	2.50~4.00
1:10000	1.80~3.60	3.00~8.00	2.50~7.50	4.00~6.00
1:5000	3.60~7.20	6.00~16.00	5.00~15.00	6.00~12.00

注：1. 同时进行地质和水文地质测绘时，表中地质观测点数应乘以2.5；草测水文地质测绘时，观测点数为规定数的40%~50%。

2. 水文地质条件简单时采用小值，复杂时采用大值。

(2) 观测点的布置:

观测点应布置在观测路线上最有意义的地方,既要进行区域性的全面控制,又要照顾到特殊情况,可考虑在地层分界线、构造断裂带、破碎带、假整合面、褶皱轴线、岩浆岩与围岩接触带、变质岩分带区、阶地边缘、地表水体、井泉、钻孔、自然地质现象(滑坡)发育处及标志层、典型露头剖面、标志层及化石产地、岩相变化带等处。地质地貌观测点不能均匀布置,应视有无意义而定,不定可有可无的点。水文地质点的布置,除考虑不同地貌单元、不同含水层外,还需要考虑水点的均匀性。如果缺乏水点,则应考虑进行人工揭露,弥补水点的不足或水点的不均匀性。

2) 各类观测点的观察与描述

(1) 地层岩性点的观察与描述。地层、标志层、化石层的界线;不同岩性、岩相或内部相带的分界线;重要的或具有代表性的地层产状、裂隙、劈理、脉岩及样品采集地点等均适量布置观测点。

① 对基岩地层岩性的观察与描述。对各类岩层的观察与描述,一般包括岩石名称、颜色(新鲜、风化、干燥、湿润时的颜色)、成分(矿物成分、化学成分)、结构与构造、产状、岩相变化、成因类型、特征标志、厚度(单层厚度、分层厚度和总厚度)、地层年代和接触关系等。

② 对第四纪地层的观察与描述。在地质-水文地质调查中,对第四纪地层的露头应详细观察描述,内容包括地层的颜色、岩性、岩相、结构和构造特征、特殊夹层、各层间的接触关系、所含化石及露头点所处的地貌部位等。

a. 颜色。注意原生与次生、干与湿、水平与垂直方向的颜色变化及特殊色、色带、色斑的过渡和混染情况,特别是一个地区主要沉积物的主要色序。描述时,一般辅色在前,主色在后。特殊颜色最好用常见物品的颜色来形容,如栗色、砖红、瓦灰、藕荷色等。

b. 结构与构造。详细观察、描述地层剖面的结构特征(冲积层的二元结构、洪积层的相变和透镜体夹层、残积层与基岩的过渡关系等）及土的结构与均一程度，碎屑混入物的成分，砂的松散和胶结状况（胶结程度、胶结物种类及胶结类型）以及砾石的排列方向等。对层理或层面的类型、产状以及孔隙、生物构造特征等均应详细观察、描述。

c. 岩性。

砾石类：砾石的成分、粒径（最大、最小、一般）、分选性、磨圆度等的相对含量；测定砾石的长轴方向与长轴轴面产状，以供绘制砾石扁平面极点分布图或玫瑰花图，帮助判断物质来源、搬运动力与距离，为确定成因类型和地层的相对年代提供依据。

砾石、卵石等颗粒较为粗大的石头，土粒可以用尺直接测量，形状也明显可见。应取有代表性的样品，测量其最大和最小的土粒，分成粒组，估计其含量，并注意其形状是浑圆的还是棱角的，即可相当准确地确定出土的类型、名称，如表14.4所示。

表14.4 砾石分类

出土名称	颗粒形状	颗粒级配
漂石、块石	前者以圆形及次圆形为主，后者以棱角状为主	粒径大于20 mm的颗粒超过全重的50%
卵石、碎石	前者以圆形及次圆形为主，后者以棱角状为主	粒径大于2 mm的颗粒超过全重的50%
砾石、角砾	前者以圆形及次圆形为主，后者以棱角状为主	粒径大于2 mm的颗粒超过全重的50%

砂类：砂的矿物成分、颗粒形状、粒度、磨圆度、压密程度和湿度状况，次生矿物成分及胶结状况（胶结物成分与胶结性状），加酸起泡程度，重矿物含量及其富集部位等。

砂土干时为松散状，没有结块。砂粒的大小可以用放大镜在地质野外记录本的毫米方格纸上进行估计。一般毫米方格纸的线条本身宽约0.25 mm，方格的空白宽约0.75 mm，在放大镜下可以根据这些格准测定土粒的直径,并粗略估计各种大小砂粒的百分含量,据以进一步划分砂土的类型,如表14.5所示。砂土的野外肉眼鉴定如表14.6所示。

表14.5　砂土的分类

砂土名称	颗粒级配
砾砂	粒径大于2 mm的颗粒占全重的25%~50%
粗砂	粒径大于0.5 mm的颗粒超过全重的50%
中砂	粒径大于0.25 mm的颗粒超过全重的50%
细砂	粒径大于0.1 mm的颗粒超过全重的75%
粉砂	粒径大于0.1 mm的颗粒不超过全重的75%

表14.6　砂土的野外鉴别

鉴别特征	砾砂	粗砂	中砂	细砂	粉砂
颗粒粗细	约有1/4以上颗粒比荞麦或高粱粒(2 mm)大	约有一半以上颗粒比小米粒(0.5 m)大	约有一半以上颗粒与砂糖或白菜籽(>0.15 mm)近似	大部分颗粒与粗玉米粉(>0.1 mm)近似	大部分颗粒与小米粉(<0.1 mm)近似
干燥时的状态	颗粒完全分散	颗粒完全分散,个别胶结	颗粒基本分散,部分胶结,胶结部分一搓即散	颗粒大部分分散,少量胶结,交接部分稍加碰撞即散	颗粒少部分分散,大部分胶结(稍加压即能分散)
湿润时用手拍后的状态	表面无变化	表面无变化	表面偶有水印	表面有水印(翻浆)	表面有显著翻浆现象
黏着程度	无黏着感	无黏着感	无黏着感	偶有轻微黏着感	有轻微黏着感

土类：按塑性指数指标对土进行分类命名，如表14.7所示。黏性土、粉土的野外鉴别如表14.8所示。

表14.7 黏性土分类

土的名称	塑性指数I_p
粉土	$I_p \leqslant 10$
粉质(亚)黏土	$10 < I_p \leqslant 17$
黏土	$I_p > 17$

表14.8 黏性土、粉土的野外鉴别

鉴别方法	分类		
	黏土	粉质(亚)黏土	粉土
	塑性指数		
	$I_p > 17$	$10 < I_p \leqslant 17$	$I_p \leqslant 10$
用手捻摸时的感觉	湿土用手捻摸有滑腻感，当水分较大时极易黏手，感觉不到有颗粒存在	仔细捻摸感觉到有少量细颗粒，稍有滑腻感，有黏滞感	感觉有细颗粒存在或感觉粗糙，有轻微黏滞感或无黏滞感
黏着程度	湿土极易黏着物体(包括金属与玻璃)，干燥后不易剥去，用水反复洗才能去掉	能黏着物体，干燥后较易剥掉	一般不黏着物体，干燥后一碰就掉
湿土搓条情况	能搓成小于0.5 mm的土条(长度不短于手掌)，手持一端不易断裂	能搓成0.5~2 mm的土条	能搓成2~3 mm的土条
干土的性质	坚硬，类似陶器碎片，用锤击方可打碎，不易击成粉末	用锤易击碎，用手难捏碎	用手很容易捏碎

含钙质土(岩)类：淮北平原和沿淮地区新近系中常含钙质，部分

固结成岩，其分类命名和野外鉴别如表14.9所示。

表14.9　钙质土(岩)分类命名及野外鉴别

<table>
<tr><td rowspan="4">鉴别方法</td><td colspan="5">分类</td></tr>
<tr><td colspan="3">土类</td><td colspan="2">岩类</td></tr>
<tr><td colspan="3">钙质含量</td><td rowspan="3">泥灰岩</td><td rowspan="3">钙质胶结砂(砾)岩</td></tr>
<tr><td>10%～25%</td><td>25%～50%</td><td>>50%</td></tr>
<tr><td></td><td>含钙黏(砂)土</td><td>钙质黏(砂)土</td><td>钙土</td></tr>
<tr><td>固结程度</td><td colspan="3">未成岩</td><td colspan="2">半成岩至成岩</td></tr>
<tr><td>钙质产出状态</td><td colspan="3">钙质多呈结核状、集块状、粉末状、团块状，与土混杂</td><td>钙质、泥质固结成岩，隐晶质</td><td>基质为砂粒，胶结物为钙质</td></tr>
<tr><td>外观</td><td colspan="3">岩心呈密实土状，干时易碎，遇水软化</td><td>岩心呈柱状、块状，坚硬</td><td>岩心呈柱状、块状，坚硬</td></tr>
</table>

(2) 地质构造的观察与描述。

① 褶皱：褶皱的位置(包括空间位置和与其他构造相互间的位置)、规模、沿走向的变化规律和倾伏情况；褶皱的形态特征(两翼岩层和轴面的产状、枢纽起伏情况等)、类型、组成岩层的相变、时代和特征；两翼岩层的厚度变化及低次序构造特征以及其褶的组合形式等。

② 断裂：断裂的位置、规模、产状及在平面和剖面上的形态特征；构造破碎带的构造岩种类、特征(角砾的粒度、排列情况、胶结类型和程度、溶蚀现象和风化特征)及破碎带和破碎影响带的宽度；判定断层的两盘相对错动方向、力学性质、构造次序，并分析与地下水活动的关系。

③ 裂隙：裂隙统计点的位置和所处的构造部位；裂隙的分布、宽度、产状、延伸情况及充填物的成分和性质；裂隙面的形态特征、风化情况；各组裂隙的发育程度、切割关系、力学性质和性质转变情况；并注意裂隙的透水性。裂隙统计应力求在相互垂直的两个面上进行，其

面积不应小于$1\times1\ m^2$。观测内容填在记录表(表14.10)上。

④ 劈理和片理的空间位置及所处的构造部位、分布规模、产状、性质等。

表14.10　裂隙野外观测记录表

观测点号	岩石厚度、成分及岩层产状	裂隙的产状	单位长度内裂隙的平均条数	裂隙面的特征	裂隙的力学性质	所处的构造部位	裂隙的组数及其穿插关系	矿化、充填及含水现象	其他

(3) 地貌的观察与描述。地貌的观察与描述应与水文地质条件的分析研究紧密配合,着重观察研究与地下水富集有关或由地下水活动引起的地貌现象。

① 基本地貌单元(平原、丘陵、山地、盆地等)的分布情况和形态特征(海拔高程,水系平面分布特征,分水岭的高度及破坏情况,地形高差、切割程度及地表坡度等),并分析确定其成因类型。

② 河谷地貌的调查:谷底和河床纵向坡度变化情况,各地段横剖面的形态、切割深度,谷坡的形状(凸坡、凹坡、直坡、阶梯坡等)、坡度、高度和组成物质,谷底和河床宽度以及植被情况等。

③ 河流阶地的调查:阶地的级数及其高程,阶地的形态特征——长、宽、坡向、坡度(阶面的相对高度和起伏情况以及切割程度等),阶地的地质结构(组成物质,有无基座及基座的层位、岩性,堆积物的岩性、厚度及成因类型)及其在纵横方向上的变化情况,阶地的性质及其组合形式。

④ 冲沟的调查:位置(所在的地貌单元和地貌部位)、密度、分布情况、规模及形态特征,冲沟发育地段的岩性、构造、风化程度、沟壁情况及沟底堆积物的性质和厚度等,沟口堆积物特征,洪积扇的分布、形态特征(长、宽、坡向、坡度、起伏情况和切割程度等)及其组合情况。

⑤ 微地貌的调查:所处地貌部位和形态分布特征及其与地下水富集和地下水作用的关系。

(4) 水点的观察与描述。调查的水点包括地下水的天然露头及人工露头。前者有泉、沼泽和湿地;后者有水井、坎儿井及揭露的地下水的钻孔、矿井、坑道和试坑等。

① 水井、钻孔的调查:

井孔的位置及所处的地貌部位,井孔的深度、结构、形状及口径。

了解井孔所揭露的地层剖面,确定含水层的位置、厚度和含水性质。

测量水位、水温,选择有代表性的水井进行简易抽水试验,并取水样作化学分析。通过调查访问搜集水井的水位和涌水量的变化情况。

了解水的使用和引水设备情况。对自流井,应着重调查出水层位和隔水顶板的岩性、水头高度及流量变化情况。调查内容填在"民井调查记录表"上,如表14.11所示。

表14.11　民井调查记录表

<table>
<tr><td>野外编号</td><td></td><td>室内编号</td><td></td><td>井名</td><td></td><td>图幅名称</td><td></td></tr>
<tr><td>井口标高(m)</td><td></td><td>坐标</td><td colspan="5">X:　　Y:　　Z:</td></tr>
<tr><td>井的位置</td><td colspan="7"></td></tr>
<tr><td>井深(m)</td><td></td><td>井台高度(m)</td><td></td><td>井口直径(m)</td><td></td><td>井底直径(m)</td><td></td></tr>
<tr><td rowspan="2">距地表水(m)</td><td rowspan="2"></td><td rowspan="2">静水位埋深(m)</td><td rowspan="2"></td><td rowspan="2">出水量</td><td>L/s</td><td colspan="2"></td></tr>
<tr><td>m^3/d</td><td colspan="2"></td></tr>
<tr><td>气温(℃)</td><td>水温(℃)</td><td>色</td><td>气味</td><td>味道</td><td>透明度</td><td colspan="2">井的类型</td></tr>
</table>

续表

野外编号		室内编号		井名		图幅名称	
建井时间				井壁结构			
洗井记录				距污水坑(m)			
水位动态				开采时水位变化			
水样编号		水样采取深度(m)		井使用情况			
地貌特征： 地层结构： 含水层：				剖面图：			

调查负责人：　　　　　　　记录人：　　　　　　　年　月　日

调查单位：

② 泉的调查：

a. 泉水出露的地形地貌部位、高程(一般根据地形图查得,有特殊意义者实测)及与当地基准面的相对高差。

b. 泉水出露处的地质构造条件和涌出地面时的特点(是明显有一股或几股水涌出,还是呈片状向外渗出)及泉的类型。

c. 根据地质构造和泉的特点,判断补给泉水的含水层,绘制泉水出露处的素描图。

d. 观测泉水的物理性质,取水样作化学分析。测量泉水的水温和流量,并通过访问和观察泉眼附近的各种痕迹,了解流量的稳定性。

e. 泉眼附近有特殊的泉水沉淀物时,应进行肉眼鉴定,必要时采样进行化学分析。对人工挖泉，应了解其挖掘位置、深度，泉水出露的高程和地形条件，遇水层位和水量等。

f. 对流量较大的泉水及有重要水文地质意义和开采利用价值的大泉，应在初步调查的基础上及早开始动态观测。

泉水调查内容填在“泉水调查记录表”上，如表14.12所示。

表14.12　泉水调查记录表

<table>
<tr><td colspan="2">野外编号</td><td></td><td rowspan="2">泉名</td><td rowspan="2" colspan="2"></td><td rowspan="2">图幅名称</td><td rowspan="2"></td></tr>
<tr><td colspan="2">室内编号</td><td></td></tr>
<tr><td colspan="2" rowspan="2">出露标高(m)
位置</td><td rowspan="2"></td><td>座标</td><td colspan="2">X:</td><td colspan="2">Y:</td></tr>
<tr><td colspan="5"></td></tr>
<tr><td rowspan="4">含水层</td><td>时代</td><td></td><td>地层岩性</td><td colspan="2">时代</td><td>岩性</td><td>产状</td></tr>
<tr><td>岩性</td><td></td><td>顶板</td><td colspan="2"></td><td></td><td></td></tr>
<tr><td>厚度</td><td></td><td>底板</td><td colspan="2"></td><td></td><td></td></tr>
<tr><td>产状</td><td></td><td>泉的类型</td><td colspan="2"></td><td>水样编号</td><td></td></tr>
<tr><td colspan="2">泉的产出状态</td><td colspan="2"></td><td>附近地形</td><td colspan="3"></td></tr>
<tr><td colspan="2">天气(阴、晴、雨、雪、风)</td><td>气温(℃)</td><td>水温(℃)</td><td>色</td><td>气味</td><td>味道</td><td>透明度</td></tr>
<tr><td colspan="2"></td><td></td><td></td><td></td><td></td><td></td><td></td></tr>
<tr><td colspan="2" rowspan="2">泉水流量(L/s)</td><td>测定方法</td><td></td><td colspan="4" rowspan="7">平面及剖面示意图：</td></tr>
<tr><td>涌水量</td><td></td></tr>
<tr><td colspan="2">动态变化</td><td colspan="2"></td></tr>
<tr><td colspan="2">泉水用途</td><td colspan="2"></td></tr>
<tr><td colspan="2">沉淀物及气体成分</td><td colspan="2"></td></tr>
<tr><td colspan="2">工程地质特征</td><td colspan="2"></td></tr>
<tr><td colspan="2"></td><td colspan="2"></td></tr>
<tr><td colspan="2">备注</td><td colspan="2"></td><td>照相编号</td><td colspan="3"></td></tr>
</table>

③ 矿坑(井)的调查：

a. 矿井的位置及地形特点；矿井与河流距离，河水位(包括洪水位与平水位)标高与井口标高,河流最大流量与平均流量,汛期的延续时间及其泛滥淹没范围。

b. 矿井的修建年代、生产能力、开采方法、排水设备装置和效率,开采层位及其标高,生产工作面、线的长度,采空区的面积与深度。

c. 挖掘井巷和露天采矿场的涌水量随开采规模的加大含水层各项指标(指岩性、厚度、水头及富水性等)的变化情况;矿井排水时降落漏斗的形成和扩展情况。

d. 观测典型的涌水点;查明地下水进入坑道的状态和坑道充水的来源,并采集水样进行化学分析。

e. 查明接近构造破碎带、溶洞、老窑(窿)时矿井涌水量的变化情况。

f. 矿井淹没的原因、时间、天然涌水量、最大涌水量和疏干排水资料。

不同开采方法所引起的顶底板破坏、地表沉陷和裂隙发展情况;坑道顶底板和露天采矿场边坡的稳定性,岩石的工程地质特征,隔水层的厚度、作用及其上的静水压力,滑坡形成的原因和范围。

④ 老窑(窿)的调查。重点了解老窑(窿)开采和停采时的水文地质条件。在调查访问中,应尽可能地查明它的分布范围、开挖深度,窑(窿)内积水情况,并了解其所处的地形条件、地质剖面特征、开采方法、排水装置、涌水量大小及停采原因等。

⑤ 地表水体(河流、湖泊、水库)的调查:

a. 调查河流、湖泊、池塘、渠道、水库等地表水体的位置及周围的地形特征。

b. 观测地表水体的形态,包括河流的宽度、长度和深度,湖泊的面积及积水深度,湖泊、水库的容量。

c. 了解地表水体附近的地层岩性、地貌条件及其所处的构造部位。

d. 测定其水位、流量、流速、含砂量等。

e. 观察水的物理性质(水温、颜色、气味、味道、透明度),必要时取样进行化学分析。

f. 调查访问动态资料,了解水量、水位、水温一年四季的变化。

g. 测量和搜集河流上下游间流量的变化、支流的水量、河床沿途的变化情况,特别要重视枯水期地表河流流量的测定。

h. 调查地表水的利用情况。

14.2.3.2 水文地质钻探

(1) 水文地质钻探是指抽水试验孔、压(注)水孔、动态观测孔、分层测水位孔和底板加深孔的施工。矿区抽水试验孔可单独设计抽水孔,也可利用地质勘查孔,尽量做到一孔多用,避免一孔多层抽水,确实要分层抽水,同一钻孔最多只能分两层抽水,分层过多施工难度大,质量难以控制。

(2) 钻孔施工宜采用清水钻进,当地层破碎不能用清水钻进时,应在主要含水层或试验段(观测段)用清水钻进,当必须采用泥浆钻进时,应采取有效的洗井措施。

(3) 钻孔揭露多个含水层时,应测定分层稳定水位;分层抽水试验和分层测水位的钻孔,必须严格止水,并检查止水效果,不合格时应重新进行。

(4) 钻孔孔径视钻孔目的来确定,抽水试验孔试验段孔径以满足设计的抽水量和安装抽水设备为原则,一般不小于91 mm,水位观测孔观测段孔径应满足止水和水位观测的要求。

(5) 钻孔应取芯钻进。岩心采取率:岩石大于70%,破碎带大于60%,黏土大于70%,砂和砂砾层大于50%。当采用水文物探测井,能正确划分含(隔)水层位置和厚度时,可适当降低采取率。

(6) 钻孔的孔斜应满足选用抽水设备和水位观测仪器的工艺

要求。

(7) 钻孔控制深度以揭穿主要目的层为原则,重点控制第一期开拓水平,少数孔兼顾矿体主要储量分布标高。对底板直接或间接充水的矿床,应按勘探剖面加深控制,其深度以揭穿含水层的裂隙、岩溶发育带为原则。

(8) 应结合矿区的物性条件,选择有效的方法进行水文物探测井(含井中测流)。

(9) 钻孔除留作长期观测外,均应封孔,封孔方法宜结合水文地质条件和可能的开采方式研究确定。一般钻孔矿体顶、底板分别用水泥封闭5~10 m,矿体层数太多或小口径钻孔可全孔封闭。

14.2.3.3 钻孔简易水文地质观测

1. 钻孔简易水文地质观测主要内容及要求

内容一般包括地下水水位、水温、冲洗液消耗量、钻孔涌水(漏水)量和位置、钻进情况等。

具体要求:

(1) 观测和详细记录钻进中涌(漏)水、掉块、塌孔、缩(扩)径、逸气、涌砂、掉钻等现象发生的层位和深度。应测量涌(漏)水量,必要时进行简易放(注)水试验。

(2) 孔内动水位观测:每班应观测1~2次钻进中动水位,每次分别在提钻后、下钻前各测一次孔内水位,时间间隔不小于5 min。

(3) 冲洗液消耗量观测:冲洗液消耗量系指纯钻进时间内钻孔中消耗的冲洗液。在正常钻进时,每1 h观测一次。不足1 h的回次,每回次观测一次。发现冲洗液漏失时,应每10~30 min观测一次。冲洗液全部漏失时,应增大水泵出水量以测定其最大漏失量。对自然造浆的钻孔,每班必须测定一次泥浆的黏度。

冲洗液消耗量观测方法:钻具下运至孔底,待冲洗液正常循环后开始观测水源箱(池)内冲洗液的数量,观测结果称为原有量,然后每隔1 h观测一次,直至钻孔终了为止,每次观测结果称为现有量。钻进期间在水源箱(池)内加入的冲洗液数量称为新增量。计算公式如下:

$$消耗量=原有量+新增量-现有量 \tag{14.1}$$

必须注意冲洗液循环系统不可漏失,防止雨水及地表水的流入。

(4) 钻孔终孔后应测定终孔稳定水位(泥浆钻进的钻孔可不测),要求从停钻后开始观测,开始时可适当加密,逐渐放宽至每1 h测一次水位,当连续4 h水位变化不超过5 cm时,视为稳定,可以停测。

(5) 水温观测:一般在孔内水位和涌水量有很大变化时才进行观测,每个含水层最少测一次。涌水钻孔可在孔口观测水温。

2. 根据简易水文观测粗略判断含水层位置

(1) 孔内发生涌水现象或有泥浆涌出,被严重破坏的孔段。

(2) 冲洗液大量漏失,水位突升或突降的孔段。

(3) 岩心破碎、裂隙发育、采取率低、钻进中坍塌、掉块现象严重或钻具突然陷落、冲洗液消耗量大的孔段。

(4) 结合岩心观察有水蚀、氧化锈斑、溶蚀孔洞和次生矿物充填等现象判断含水层位置。

14.2.3.4　水文物探测井

1. 主要内容及要求

水文物探测井主要有视电阻率、自然电位、放射性、井径、井斜及井温测量。矿区勘查水文测井的主要目的是确定含(隔)水层位置和厚度,确定各涌、漏水部位及矿区地温场特征,应用较普遍的是视电阻率、自然电位及井温测量,具体技术要求见本手册物探部分及《水文测井工作规范》(DZ/T 0181—1997)。

2. 测井资料应用

1）用视电阻率梯度曲线确定含水砂层的方法

(1) 厚度大于电极距的高阻厚砂层。在视电阻率底部梯度曲线上呈现为形状不对称的高阻异常，底界面位于曲线的极大值附近，顶界面位于极小值附近（图 14.1），将极大值点和极小值点向下移动 $MN/2$ 的距离，以此确定砂层的深度和厚度。当采用顶部梯度电极系时，曲线与此相反，极大值点在砂层的顶界面附近，极小值点在底界面附近。可从极大（或极小）值点向上移动 $MN/2$ 的距离来确定砂层的深度和厚度（图 14.1）。

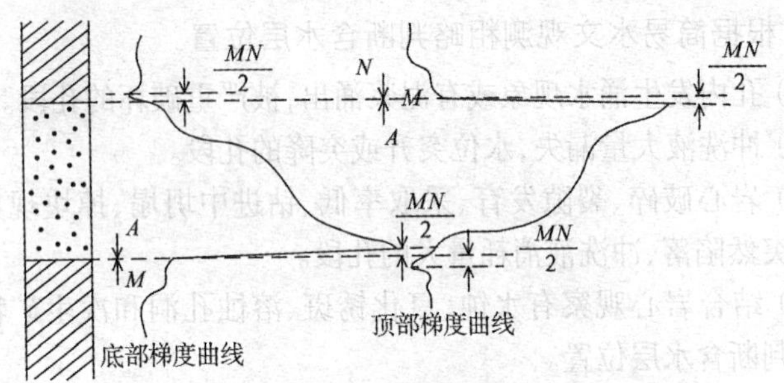

图 14.1　根据视电阻率梯度曲线确定砂层层位示意图

当梯度曲线极小值不明显时，可采用顶部和底部两条梯度曲线的极大值来确定砂层的顶底界面，也可参照电阻率电位曲线和自然电位曲线来划分砂层界面。

(2) 厚度小于电极距的高阻薄砂层。底部梯度和顶部梯度曲线是对称的，砂层的中心出现极大值，砂层界面位于曲线急剧上升的地方，通常取曲线极大值的 2/3 为界面位置（图 14.2）。

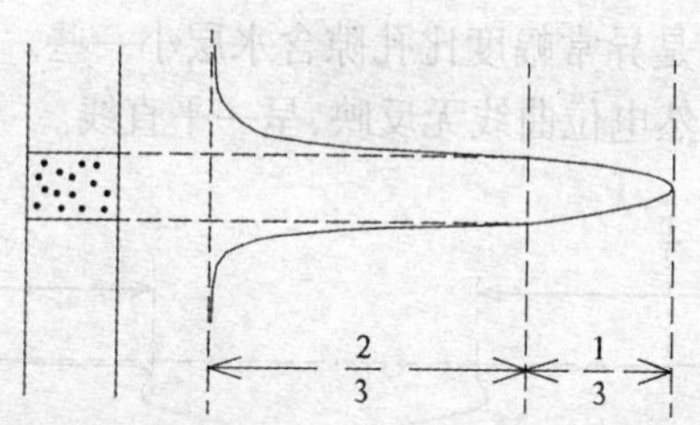

图14.2　根据视电阻率梯度曲线确定薄砂层层位示意图

2）用视电阻率电位曲线确定含水砂层的方法

高电阻率的砂层在视电阻率点位曲线上呈对称的高阻异常。对厚砂层($h>5AM$)，可根据曲线急剧上升的拐点划分界面，如图14.3(a)所示；对于中厚层砂($AM<h<5AM$)，可用异常的1/2幅值点确定砂层层位，如图14.3(b)所示；对于薄层砂($h<AM$)，可用异常的2/3幅值点确定砂层顶底界面，如图14.3(c)所示。

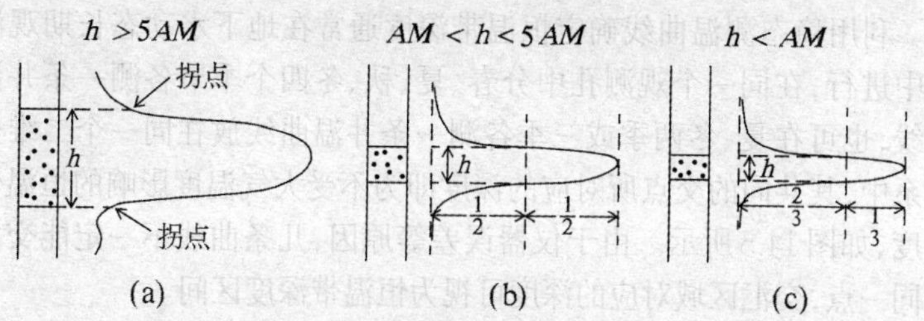

图14.3　根据视电阻率电位曲线确定砂层层位示意图

3）利用自然点位测井曲线划分含水层

在孔隙含水层中，当地下水矿化度高于井液矿化度时，含水砂层处产生正异常。当砂层厚度大于4倍井径时，可用1/2幅值点的深度来确定砂层的顶底界面；当砂层厚度小于4倍井径时，可用2/3幅值点的深度来确定砂层的顶底界面。厚度愈薄，相应的界面位置愈趋向异常的中部(图14.4)。裂隙和岩溶含水层的自然电位曲线特征与孔隙水含水层相同，只是异常幅度比孔隙含水层小一些。当地下水和井液矿化度一致时，自然电位曲线无反映，呈一平直线。

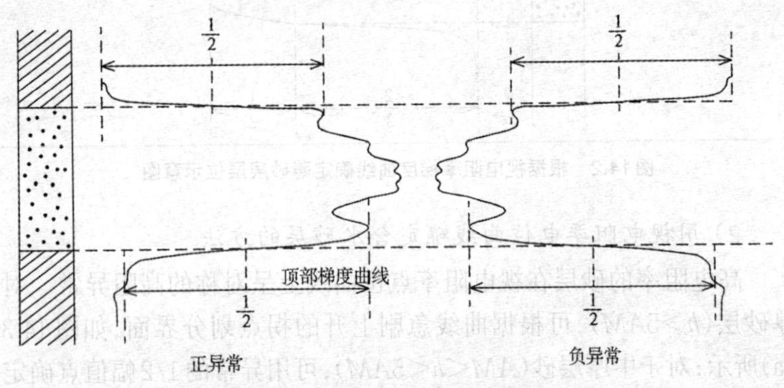

图 14.4 根据自然电位曲线确定含水砂层层位示意图

4）利用测温曲线确定恒温带深度

利用稳态测温曲线确定恒温带深度通常在地下水动态长期观测孔中进行，在同一个观测孔中分春、夏、秋、冬四个季节各测一条井温曲线，也可在夏、冬两季或三季各测一条井温曲线放在同一个二维坐标系中，其共同的交点所对应的深度即为不受大气温度影响的恒温带深度，如图 14.5 所示。由于仪器误差等原因，几条曲线不一定能交汇于同一点，交汇区域对应的深度可视为恒温带深度区间。

利用似稳态测温曲线确定恒温带深度一般在钻孔终孔 1～2 天后间隔 12 h 或 24 h 测量数条井温曲线，取同一深度不同时间测量温度平均值，然后计算出每 10 m 深度的差值，温度差值最小的区间即为恒温带区间。

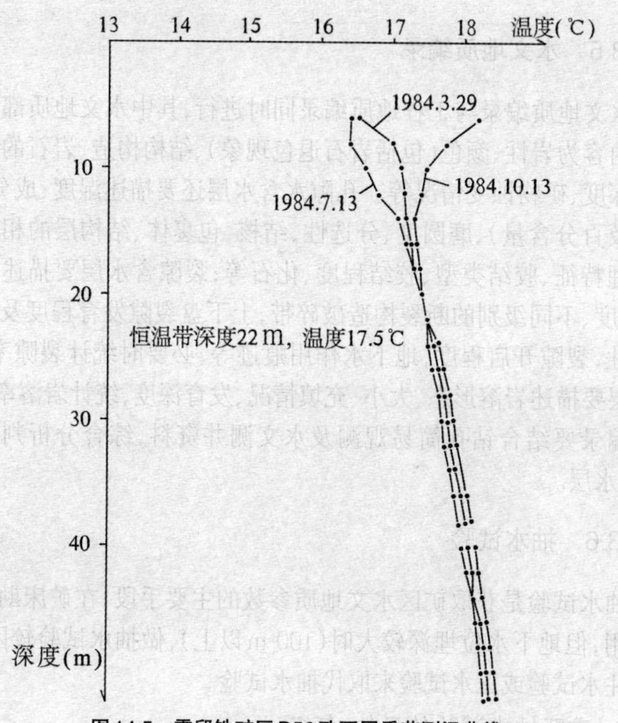

图14.5　霍邱铁矿区D56孔不同季节测温曲线

5）利用测温资料计算地温梯度

地温梯度是表示地球内部温度分布不均匀程度的一个参数，一般埋深越深，地温越高，深度每增加100 m地温所增高的度数即为地温梯度值。计算公式如下：

$$t=(T_1-T_0)/(H_1-H_0)\times 100 \tag{14.2}$$

式中：t：地温梯度（℃/100）；T_0：恒温带温度（℃）；T_1：孔底（层底）温度（℃）；H_0：恒温带下限深度（m）；H_1：孔底（层底）深度（m）。

14.2.3.5 水文地质编录

水文地质编录与工程地质编录同时进行，其中水文地质部分主要描述内容为岩性、颜色（包括岩石退色现象）、结构构造、岩石的风化程度和深度、矿物蚀变情况等。孔隙水含水层还要描述湿度、成分（粒度成分及百分含量）、磨圆度、分选性、结核、包裹体、结构层的相互关系及层理特征、胶结类型、胶结程度、化石等；裂隙含水层要描述裂隙性质、密度、不同级别的断裂构造破碎带，上下盘裂隙发育程度及结构面透水性，裂隙开启程度，地下水作用痕迹等，必要时统计裂隙率；岩溶含水层要描述岩溶形态、大小、充填情况、发育深度，统计岩溶率。

编录要结合钻孔简易观测及水文测井资料，综合分析判别含水层、隔水层。

14.2.3.6 抽水试验

抽水试验是获取矿区水文地质参数的主要手段，在矿床勘查中广泛应用，但地下水位埋深较大时（100 m以上），做抽水试验较困难，可选择注水试验或压水试验来取代抽水试验。

1. 矿区抽水试验的目的、任务

(1) 直接测定矿床充水岩层的富水程度。

(2) 抽水试验是确定含水层水文地质参数的主要方法。

(3) 抽水试验可为预测矿坑涌水量提供水文地质参数，为矿山开采设计提供依据。

(4) 可以通过抽水试验查明某些其他手段难以查明的矿床水文地质条件，如地表水、地下水之间及含水层之间的水力联系，以及地下水补给通道等。

2. 抽水试验的类型

1）按所依据的井流理论划分

（1）稳定流抽水试验：要求流量和水位降深都是相对稳定的，即不随时间而变。用稳定流理论和公式来分析计算，简便易行，但自然界大都是非稳定流，只有在补给水源充沛且相对稳定的地段抽水才能形成相对稳定的似稳定渗流场，所以它的应用受到限制。

（2）非稳定流抽水试验：只要求水位和流量其中一个稳定（另一个可以变化；一般是流量稳定，水位变化），用非稳定流理论和公式来分析计算。特点：① 较稳定流抽水更能接近实际和有更广泛的适用性；② 能研究更多的因素，如越流因素、弹性释水因素等；③ 能测定更多的参数，如贮水系数S、导水系数T、越流系数B等；④ 能判定简单条件下的边界；⑤ 能充分利用整个抽水过程所提供的全部信息；⑥ 解释计算较复杂，观测技术要求较高。

2）按抽水试验时所用井孔的数量划分

（1）单孔抽水试验：只有一个抽水井而无观测井。它方法简便，成本低廉，但所能担负的任务有限，成果精度较低，一般多用于稳定流抽水试验。目前野外勘查队还多数使用单孔稳定流抽水试验。

（2）多孔抽水试验：是指在抽水孔附近还配有若干水位观测孔的抽水试验。它能完成抽水试验的各项任务，所得成果精度也较高，若专门布置的观测孔多，深度也较大，则花费成本较大。其用于水文地质条件较复杂的矿床详查和勘探阶段。

（3）干扰井群抽水试验：是指在多个抽水孔中同时抽水，造成降落漏斗相互重叠干扰的抽水试验。除抽水孔外，还配有若干观测孔。

3）按抽水井的类型划分

抽水试验段穿过整个含水层为完整井抽水试验，反之，为非完整井抽水试验。由于完整井的井流理论较完善，故一般尽量用完整井做试验。只有当含水层厚度很大又是均质层时，为了节省费用才进行非完整井抽水。

4) 按试验段所包含的含水层情况划分

(1) 分层抽水试验:以含水层为单位进行,除不同性质含水层(如潜水、承压水或孔隙水与裂隙水层)应进行分层抽水外,对参数、水质差异大的同类含水层也应分层抽水。

(2) 混合抽水试验:在井中将不同含水层合为一个试验段进行抽水,它只能反映各层的混合平均状况。只有当各分层的参数已掌握,或只需了解各层总的平均参数,或难于分层抽水时才进行混合抽水试验。但由于混合抽水较简便,费用较低,所以也有一些用混合抽水试验资料计算出各分层参数的方法。

(3) 分段抽水试验:是指在透水性各不相同的多层含水层组中,或在不同深度内透水性有差异的厚层含水层中,对各岩段分别进行抽水的试验,用以了解各段的透水性。有时可只对其中主要含水岩段抽水,如对岩溶化强烈的岩段或主要取水岩段等。这时,段间应止水,止水处应位于透水性弱的单层或岩段中。

3. 稳定流单孔抽水试验主要技术要求

1) 对水位降深的要求

稳定流抽水试验水位降深应根据试验目的和含水层富水程度确定,应尽设备能力做一次最大降深,其值不宜小于10 m;当采用涌水量与降深相关方程预测矿坑涌水量时,应进行三次水位降低,以确定Q-s间的关系,当进行三次不同水位降深抽水试验时,其余两次试验的水位降深,应分别约等于最大水位降深值的1/3和1/2。

对于富水性较差的含水层(单位涌水量$q<0.01$ L/s·m),可只做一次最大降深的抽水试验。

对松散孔隙含水层,为有助于在抽水孔周围形成天然的反滤层,抽水水位降深的次序可由小到大地安排(正向抽水);对于裂隙含水层,为了使裂隙中充填的细粒物质(天然泥沙或钻进产生的岩粉)及早吸出，增加裂隙的导水性，抽水降深次序可由大到小地安排(反向抽水)。

潜水含水层：最大降深S_{max}=(1/3~1/2)M(M为潜水含水层厚度)。

承压含水层：最大降深S_{max}≤承压含水层顶板以上的水头高度。

当最大降深S_{max}值不太大时，相邻两次水位降深之间的水头差值也不应小于1 m。

2）对水位、流量观测精度及稳定后延续时间的要求

稳定时段延续时间宜根据含水层的特征、补给条件确定。单孔抽水试验最低不少于8 h，潜水层抽水、带有观测孔抽水和有越流以及潮汐影响的抽水，必须适当延长时间，一般卵石、圆砾和粗砂为8 h，中砂细砂和粉砂为16 h，基岩含水层为24 h，根据抽水试验目的不同可适当调整。当抽水试验带有专门的水位观测孔时，距主孔最远的水位观测孔的水位稳定延续时间应不少于2 h；稳定时段内钻孔水位、流量稳定程度应结合区域地下水动态变化确定。水位波动相对误差：抽水孔不大于降深的1%；观测孔水位变化不大于2 cm。涌水量波动相对误差：当单位涌水量大于0.1 L/s·m时，不大于其平均值的3%；当单位涌水量小于或等于0.1 L/s·m时，不大于其平均值的5%，波动相对误差按下式计算：

抽水试验过程中应取全区准水位下降、流量、水温和水位恢复的连续观测资料。

$$\text{波动相对误差}(\%)=\frac{\text{最大值或最小值}-\text{平均值}}{\text{平均值}}\times 100 \quad (14.3)$$

3）水位和流量观测时间的要求

抽水主孔的水位和流量与观测孔的水位都应同时进行观测，不同步的观测资料可能会给水文地质参数的计算带来较大误差。水位和流量的观测时间间隔应由密到疏，如开始时间隔1、3、5、10、20、30 min

观测一次，以后则每30 min观测一次。停抽后还应进行恢复水位的观测，恢复水位观测间隔1、3、5、10、20、30、60 min观测一次，以后每1 h观测一次，直到水位连续4 h波动不超过2 cm为止。

4. 非稳定流抽水试验的主要技术要求

非稳定流抽水试验按泰斯(Theis)井流公式原理可分为两种：① 定流量抽水(水位降深随时间变化)；② 定降深抽水(流量随时间变化)。由于在抽水过程中流量比水位容易固定(因水泵出水量一定)，因此在实际生产中一般多采用定流量的非稳定流抽水试验方法。

1) 对抽水流量值及降深值的选择

在定流量的非稳定流抽水中，水位降深是一个变量，水位降深应根据试验目的和含水层富水程度确定，应根据设备能力做一次最大降深，其值不宜小于10 m。

在确定抽水流量值时，应考虑：对于主要目的在于求得水文地质参数的抽水试验，选定抽水流量时只需考虑以该流量抽水到抽水试验结束时，抽水井中的水位降深不致超过所使用水泵的吸程；可参考勘查井洗井试抽时的水位降深和出水量来确定抽水流量。

2) 对抽水流量和水位的观测要求

当进行定流量的非稳定流抽水时，要求抽水量从始至终均应保持定值，而不只是在参数计算取值段的流量为定值。

流量与水位观测同时进行，观测精度同稳定流抽水试验。

观测的时间间隔应比稳定流抽水小，并由密到疏，要求在开泵的前10～20 min内尽可能准确记录较多的数据，一般观测频率为间隔1、2、3、4、6、8、10、15、20、25、30、40、50、60、80、100、120 min观测一次；以后每30 min观测一次。

停抽后恢复水位的观测，观测时间间距应按水位恢复速度确定，一般为间隔1、3、5、10、15、30 min观测一次，直至完全恢复。由于利用恢复水位资料计算的水文地质参数常比利用抽水观测资料求得的可靠，故非稳定流抽水恢复水位观测工作更具有重要意义。

3）抽水试验延续时间

抽水延续时间应根据试验目的参照水位降深-时间半对数曲线 S-lg t 形态确定，当曲线出现固定斜率的渐近线时，观测时间需向后延续一个对数周期；当有越流补给时，观测时间则需曲线经过拐点后趋于水平时为止；当有观测孔时，应以代表性观测孔的 S-lg t 曲线判定。一般抽水延续时间不超过24h。

当有越流补给时，如用拐点法计算参数，抽水至少应延续到能可靠判定拐点（即 S_{max}）为止。

当抽水试验目的主要在于判断边界性质和位置，如为定水头补给边界，抽水试验应延续到水位进入稳定状态后的一段时间为止；当有隔水边界时，S-lg t 曲线的斜率应出现明显增大段；当无限边界时，S-lg t 曲线应在抽水期内出现匀速的下降。

5. 大型多孔或群孔抽水试验

1）大型多孔或群孔抽水试验一般要求

大型抽水试验宜在勘探后期进行，必须建立在获得矿区水文地质条件和天然流场及其动态变化资料的基础上。

水位降深、降深次数和延续时间视矿区水文地质条件、试验目的和计算方法确定。抽水水量应对天然流场有较大的扰动，尽可能暴露储存量与径流量的转化关系和矿区的水文地质边界。宜正向抽水，以不断扩展主孔降落漏斗。

观测孔（点）应根据试验目的和计算方法确定。宜布在不同的富水区、参数区、边界水量交换地段以及地表水、“天窗”、断裂带等地段，必要时外围区亦应布少数孔。控制观测孔与主孔间距参见表14.13。

表14.13 观测孔布置距离

含水层的岩性	渗透系数 K(m/d)	地下水类型	主孔与观测孔的距离(m)			备注
			第一孔	第二孔	第三孔	
裂隙发育的岩层	≥70	承压水	15~20	30~40	60~80	当主孔水位下降大于8 m时，间距值应增加1.5~1.7倍
		潜水	10~15	20~30	40~60	
没有充填的砂层、卵石层、均匀的粗砂和中砂	>70	承压水	8~10	15~20	30~40	
		潜水	4~6	10~15	20~25	
稍有裂隙的岩层	20~70	承压水	6~8	10~15	20~30	
		潜水	5~7	8~12	15~20	
含大量细粒充填物的砾石层、卵石层	20~70	承压水	5~7	8~12	15~20	
		潜水	3~5	6~8	10~15	
不均匀的中粗混合砂及细砂	5~20	承压水	3~5	6~8	10~15	
		潜水	2~3	4~6	8~12	

2）大型多孔或群孔抽水试验技术要求

大型多孔或群孔抽水试验的抽水主孔一般宜采用大口径钻孔，各孔的过滤器规格和安装深度大致保持一致。

此类型抽水试验的主要目的在于求得矿井在设计疏干降深条件下的排水量。因此，大型群孔干扰抽水试验的抽水量应尽可能接近矿山开采设计水位降深的排水量。

对大型多孔或群孔抽水试验水位降深的要求，基本上同抽水量的要求，应尽可能地接近矿山疏干工程设计的水位降深，至少应使群孔抽水水位下降漏斗中心处达到设计水位降深的1/3。特别是当需要通过抽水对地下水流场分析(查明)某些水文地质条件时，更要有较大的水位降深要求。各抽水孔水位降深应尽量保持一致。

此类型抽水试验可以是稳定流的，也可以是非稳定流的。如进行稳定流的抽水试验，要求水位下降漏斗中心水位的稳定时间不应少于一个月，但根据试验任务的需要，可以更长(如2~3个月或以上)。

各抽水孔的抽水起、止时间应该是相同的，对抽水过程中水位和出水量的观测应该是同步的。在试抽时对各观测孔水位降深进行观测，要求各观测孔水位降深大于 20 cm，如达不到要求，则加大抽水孔降深。如发现观测孔堵塞，应设法疏通。

对停抽后恢复水位的观测延续时间的要求，与一般稳定或非稳定流抽水试验相同。

6. 抽水试验设备及用具

抽水试验设备主要指抽水设备。用具包括过滤器、流量计、水位计、水温计、计时器、通信用具等。除此之外有时还需构筑排水设施。

1）抽水设备

选择抽水设备时，不仅要考虑吸程、扬程、出水量、能否满足设计要求，还要考虑孔深、孔径是否满足水泵等设备下入的要求，以及搬迁难易程度和花费大小等。当前抽水试验中经常使用的有离心泵、深井泵、空压机和射流泵等，尤以深井泵应用最为普遍。

2）过滤器

过滤器是抽水井中能起过滤作用的管状物。合适的过滤器能防止疏松、破碎的岩石进入井中，从而保护井壁、防止井淤，以及防止井附近地面下沉或塌陷，以保证抽水的正常进行。过滤器应具有如下特点：① 较大的孔隙度和一定的直径，以减小过滤器的阻力；② 足够的强度，以保证起拔安装；③ 足够的抗腐蚀能力，耐用；④ 成本低廉。

在井壁完整的基岩孔中抽水，可不安装过滤器。

过滤器主要由过滤骨架和过滤层组成。过滤骨架起支撑作用。它有两种结构：一为带网眼的管子；二为用钢筋间隔排列而成的管状物。管子材料可以是钢的、铸铁的、水泥的或塑料的。勘查中多用钢管。其上的孔眼多为圆形及长条形，如图 14.6 所示。

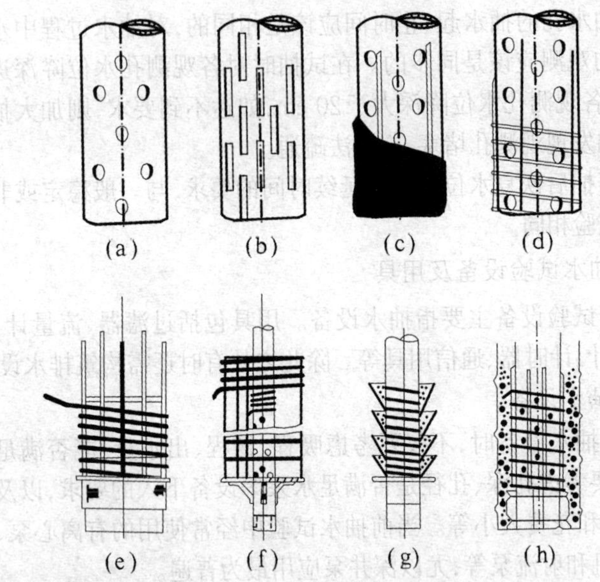

(a) 圆孔;(b) 缝隙;(c) 包网;(d) 缠丝;(e) 钢筋骨架;(f) 笼状;(g) 筐状;(h) 填砾

图 14.6 过滤器类型

过滤层起过滤的作用。分为骨架外密集缠丝的、带孔眼的、滤网的及有砾石充填层的等几种。不同骨架与不同过滤层可组合成各种过滤器。

3) 三次降深抽水试验流量控制

稳定流抽水试验一般均采用三次降深,在抽水过程中需对流量进行调节。用水泵抽水时在井上出水管加装三通管,分别安装两个阀门调节水量,如图 14.7 所示。正向抽水第一、二次降深通过回水管向孔内回水,反向抽水第二、三次降深向孔内返水。空压机抽水通过调节风管长度来控制三次降深。

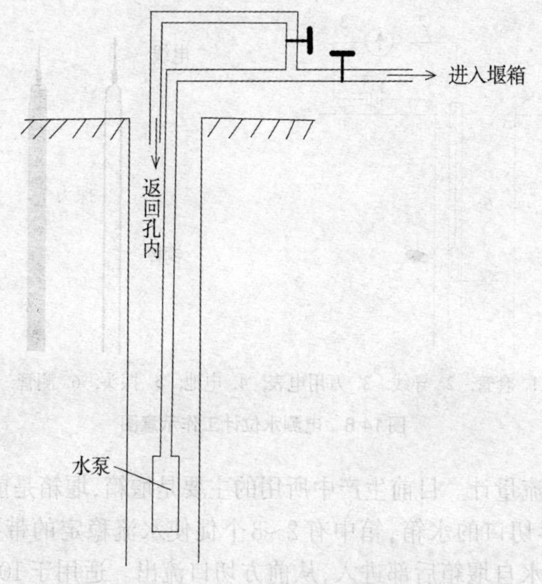

图14.7　三通调节流量示意图

4）测水用具

抽水时用的测水用具包括水位计及流量计。

(1) 水位计。在抽水试验中,常用的是电测水位计(万用表水位计)。使用时,当探头接触水面时,构成回路,电阻挡指针发出接通信号,如图14.8所示,根据此确定水位。探头需从测水管中下入,为避免因三次降深向孔内返水时产生干扰,测量深度可达100 m或更深。一般误差小于1 cm,但随深度增加,其误差会加大。

这类水位计目前应用最广。另外,水位自动观测记录仪器已开始较普遍使用,操作更为简单、方便,尤其适合于非稳定流抽水观测水位。

对自流水,若水位高出地表不多,可接套管测定水位,否则需安置压力计测定水位。

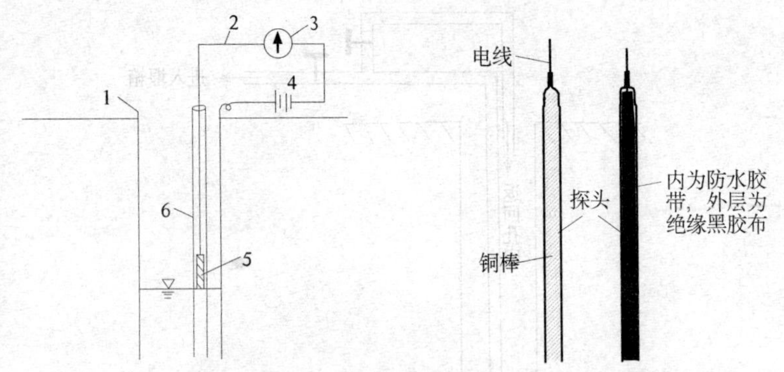

1. 套管; 2. 导线; 3. 万用电表; 4. 电池; 5. 探头; 6. 测管

图 14.8 电测水位计工作示意图

(2) 流量计。目前生产中所用的主要是堰箱，堰箱是前方为三角形或梯形切口的水箱，箱中有2~3个促使水流稳定的带孔隔板(图14.19)。水自堰箱后部进入，从前方切口流出。适用于100 L/s以内的流量的测定。堰口流量计算如图14.9所示。水中含砂量很低时，可用自来水表观测流量，精度较高。

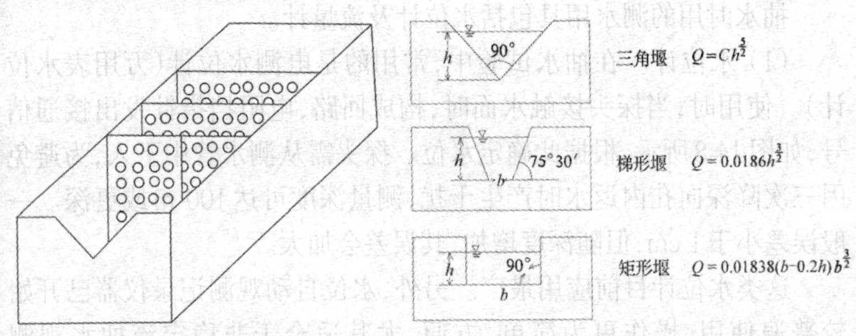

图 14.9 三角堰箱及堰口流量计算

图中，Q：流量(L/s)；h：过堰水位(cm)；b：堰切口底宽(cm)；C：随h而变化的系数。其值如下：

h:<5.0(cm) C=0.0142

h:5.0~10.0(cm) C=0.0141

h:10.1~15.0(cm) C=0.0140

h:15.1~20.0(cm) C=0.0139

h:20.1~25.0(cm) C=0.0138

h:25.0~30.0(cm) C=0.0137

测量过堰水位h时,应该在堰口上游$\geqslant 3h$处进行。过堰水流为自由流(下游水位低于堰口)。

7. 抽水试验资料的整理

在进行抽水试验的过程中,需要及时对抽水试验的基本观测数据——抽水流量(Q)、水位降深(s)及抽水延续时间(t)等进行现场检查与整理,并绘制出各种规定的关系曲线。

现场资料整理的主要目的是:① 及时掌握抽水试验是否按要求正常地进行,水位和流量的观测成果是否有异常;② 通过所绘制的各种水位、流量与时间的关系曲线及其与典型关系曲线的对比,判断实际抽水曲线是否达到水文地质参数计算取值的要求,并决定抽水试验是否需要缩短、延长或终止;③ 为水文地质参数计算提供可靠的原始资料。

1) 稳定流抽水试验现场资料整理的要求

对于稳定流抽水试验,除及时绘制出Q-t和s-t曲线外,尚需绘制出Q-s和q-s关系曲线(q为单位降深涌水量)(Q、s、q均为稳定时段内的平均值)。Q-t、s-t曲线可及时帮助我们了解抽水试验进行得是否正常;而Q-s和q-s曲线则可帮助我们了解曲线形态是否正确地反映了含水层的类型和边界性质,检验试验是否有人为错误。资料整理的要求如图14.10、图14.11所示。

(1) 绘制抽水试验过程曲线图。抽水试验过程曲线图即水位及流量历时曲线图(s-t及Q-t曲线图),是以水位降深(s)和流量(Q)为纵坐标，时间(t)为横坐标，按时间间隔将所对应的水位降深(s)和流量(Q)标在图上，连接各点而成。图中反映出抽水初期水位下降，涌水量增大，且极不稳定；当抽水进行一段时间后，水位、流量逐渐稳定，两个稳定的水位、流量区间是两条相互平行的曲线，如图14.10所示。

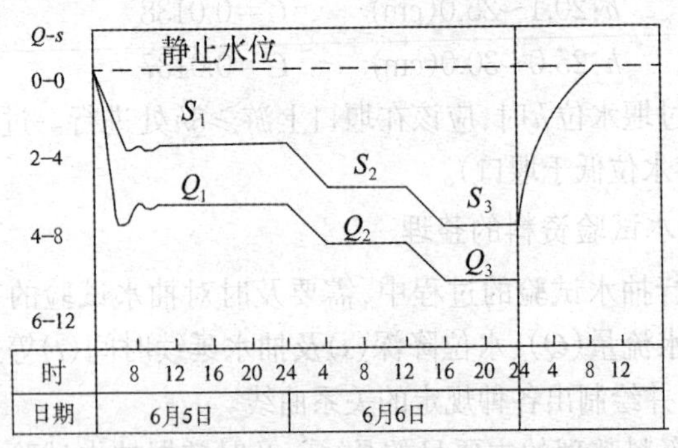

图14.10 稳定流抽水试验过程曲线

(2) 绘制Q-s关系曲线图。以水位降深(s)为纵坐标，涌水量(Q)为横坐标，将三次水位降深和涌水量稳定区间的平均值标于图上，通过原点连接各点(图14.11)。从图14.11中可以判断含水层的水力特征和单位涌水量，推算最大涌水量，检查抽水成果的正确性等。

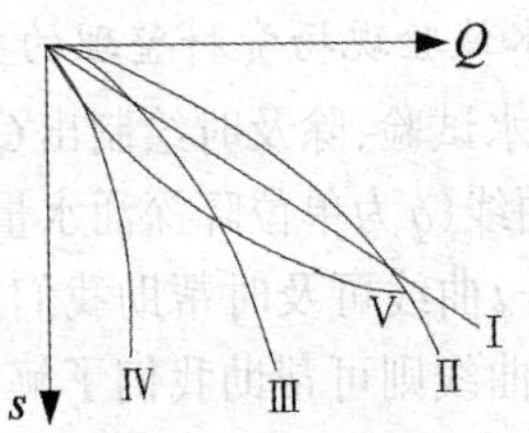

Ⅰ.承压水；Ⅱ.潜水；Ⅲ.水源不足；Ⅳ.补给衰竭或水流受阻；Ⅴ.试验有误

图14.11 Q-s关系曲线

图14.11中，直线Ⅰ表示承压水，当潜水含水层补给水源充沛、富

水性强、抽水孔水位降深又比较小时，也可能出现直线关系；抛物线Ⅱ表示潜水，当承压含水层补给条件差、富水性弱、抽水孔水位降深大时，往往也呈抛物线关系；曲线Ⅲ表示补给水源不足，或过水断面在抽水过程中受到阻塞，且水位降低顺序又是自上而下时的情形；曲线Ⅳ表示在某一水位降深值以下，随着水位降深增大，涌水量变化很小或不变，多数是由于水位降深过大所造成的；曲线Ⅴ表示抽水试验有错误，产生这种曲线的原因可能是因洗井不彻底，故在抽水过程中水位降深变化不大而涌水量逐渐增大所致，也可能是因抽水时吸水管口安置在滤水管的下部所致，因此当出现曲线Ⅴ时应查明原因，并进行处理，然后重做试验。

(3) 绘制 q-s 关系曲线图：以单位涌水量(q)为纵坐标，水位降深(s)为横坐标，将各稳定区的 q、s 资料平均值的各点标在图上，连接各点，如图14.12所示。

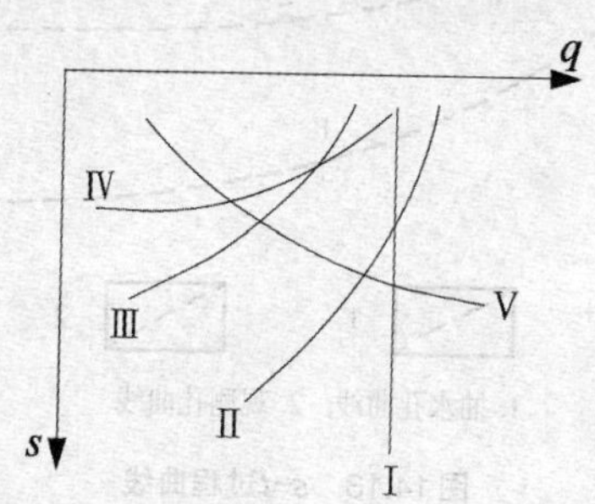

Ⅰ.承压水；Ⅱ.潜水；Ⅲ.水源不足；Ⅳ.补给衰竭或水流受阻；Ⅴ.试验有误

图14.12　q-s关系曲线

图14.12中，直线Ⅰ表示承压水；曲线Ⅱ表示潜水；曲线Ⅲ表示承压水消减型；曲线Ⅳ表示抽水降深过大或补给衰减或水流受阻；曲线Ⅴ表示抽水有错误，需重做试验。

在理论上，承压水的 Q-s 及 q-s 曲线形态是一条直线。在实际抽水试验中，不论是裂隙水、岩溶水还是孔隙承压水，它们大多数不是直线而是曲线。这是由于抽水试验曲线类型不仅取决于含水层水力特征，还与含水层的性质、水量、补给条件、井壁情况、降深大小、降深顺序、抽水延续时间等因素有密切关系。

2）非稳定流抽水试验资料整理

资料整理的要求如下：

（1）绘制 s-t 历时曲线图：以水位降深（s）为纵坐标，累计时间（t）为横坐标，按累计时间所对应的水位降深值投于图上，连接各点，如图14.13所示。抽水结束后的恢复水位，也应标在图上。

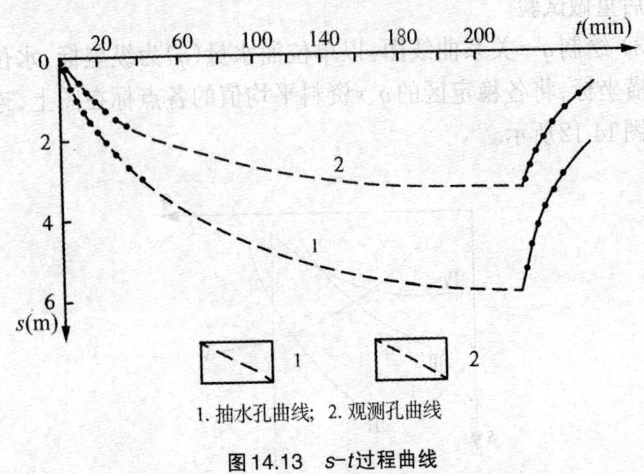

1. 抽水孔曲线；2. 观测孔曲线

图14.13　s-t过程曲线

（2）绘制 s-lg t 过程曲线图：在半对数坐标纸上以水位降深（s）为纵坐标，时间（t）为对数横坐标，将测得的水位降深值与对应的观测时间标在图上，然后连接各点，如图14.14所示。

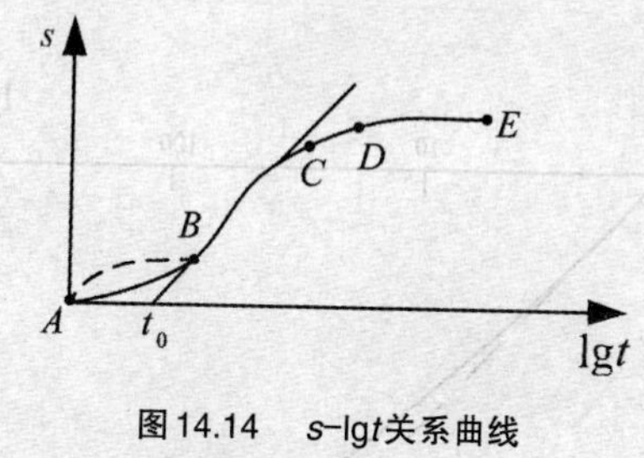

图14.14　s-lgt关系曲线

(3) 绘制lgs-lgr关系曲线图：在双对数坐标纸上，以水位降深(s)为纵坐标，观测孔与抽水孔之间的距离(r)为横坐标，将某一时间观测孔的水位降深标于图上，连接各点而成，如图14.15所示，可根据曲线斜率计算水文地质参数。

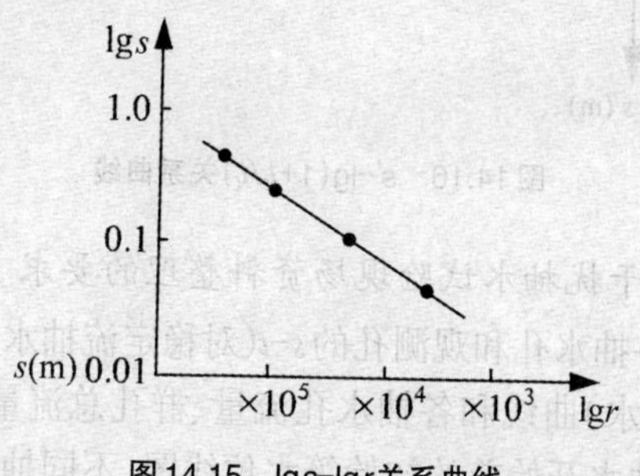

图14.15　lgs-lgr关系曲线

(4) 绘制s'-lg$(1+t_p/t_r)$关系曲线图：在半对数坐标纸上，以水位剩余下降值(s')为纵坐标，$(1+t_p/t_r)$(t_p为从抽水开始至停止的时间，t_r为从抽水停止算起的恢复水位时间)为对数横坐标，将$(1+t_p/t_r)$与其对应的(s')值标在图上，通过原点连接各点，如图14.16所示。由于恢复水位受人为因素干扰较少，能较好地反映含水层的自然水文地质条件，故用s'-lg$(1+t_p/t_r)$曲线的斜率来计算水文地质参数效果较好。

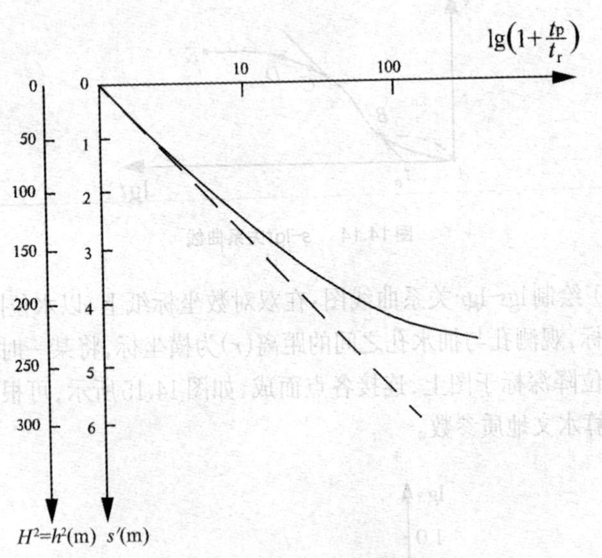

图14.16 $s'-\lg(1+t_p/t_r)$关系曲线

3）对群孔干扰抽水试验现场资料整理的要求

除编绘出各抽水孔和观测孔的$s-t$(对稳定流抽水)、$s-\lg t$或$\lg s-\lg r$(对非稳定流抽水)曲线和各抽水孔流量、群孔总流量过程曲线外，还需编绘试验区抽水开始前的初始等水位线图、不同抽水时刻的等水位线图、不同方向的水位下降漏斗剖面图及水位恢复阶段的等水位线图，有时还需编制某一时刻的等降深图等。

8. 抽水试验参数计算

(1) 稳定流抽水试验的主要目的是获取含水层的渗透系数K值和影响半径R值，不同条件下计算公式很多，以下仅介绍基本的公式。

单孔承压水完整井计算公式为

$$K=\frac{0.366Q(\lg R-\lg r)}{MS} \tag{14.4}$$

$$R=10S\sqrt{K} \tag{14.5}$$

单孔潜水完整井计算公式:

$$K=\frac{0.732Q(\lg R-\lg r)}{(2H-S)S} \tag{14.6}$$

$$R=2S\sqrt{HK} \tag{14.7}$$

上述式中,Q:涌水量(m^3/d);K:渗透系数(m/d);M:承压含水层厚度(m)(一般要钻穿含水层后,根据岩心编录确定);S:水位降低(m);R:影响半径(m);r:钻孔半径(m);H:水头高度(m)。

(2) 非稳定参数计算常用方法。

① 降深-时间(S-$\lg t$)配线法(一个观测孔即可做)。在双对数纸上作出曲线与标准曲线套合,查出配合点S、T、$W(u)$、$1/u$,代入公式计算T、S值:

$$u=\frac{r^2S}{4Tt} \tag{14.8}$$

$$S=\frac{0.08Q}{T}W(u) \tag{14.9}$$

② 直线图解法(一个观测孔即可做)。在单对数纸上于时间坐标轴上截出一个对数周期,使$\Delta\lg t=1$,作平行于纵轴的直线,该直线在纵轴上的投影就等于直线的斜率,代入公式计算出T,根据水位降深作出的直线在横轴上的截距t_0计算出S值:

$$T=0.183\frac{Q}{r} \tag{14.10}$$

$$S=\frac{2.25Tt_0}{r} \tag{14.11}$$

上述式中,u:地下水孔隙平均流速(m^3/d);r:研究点至主井中心的距离(离抽水孔距离)(m);S:定流量抽水时,离抽水孔距离r处任意时间(从抽水开始算起)的水位降深(m);Q:涌水量(m^3/d);$W(u)$:无越流含水层井函数(泰斯井函数);T:含水层的导水系数(m^2/d);t:抽水时间或水位恢复时间(s)。

14.2.3.7 地表水及地下水动态观测

1. 观测点的布设

详查阶段应选择有代表性的井、泉、钻孔、生产矿井、地表水等进行动态观测，勘探阶段应进一步充实和完善。地下水长期观测点(井、孔、泉)的布置，大致与水文地质勘查孔布置相似，其中不仅需要布置控制地下水动态一般变化规律的观测孔，还需要布置控制地下水动态特殊变化规律的观测孔。前者应当按水文地质变化最大的方向布置观测线。假如这种方向变化不明显，可按网格状布置观测孔。特别是水文地质条件复杂和极复杂的矿区，应当建立地下水动态观测网。观测点应布置在下列地段：对未来矿井建设有影响的主要含水层；影响矿井充水的地下水集中径流带(构造破碎带)；可能与地表水有水力联系的含水层；矿床先期开采的地段；人为因素可能对矿井开采有影响的地段；疏干边界或隔水边界处。地表水动态观测点应选择在流入和流出矿区地段、不同岩层出露地段、地表水与地下水联系密切地段。

在多层含水层分布区，为查明各含水层之间的水力联系，应布置分层观测孔组。

为查明污染对水源地水质的影响，观测孔应沿污染源至水源地方向布置，并使观测线贯穿水源地各个卫生防护带。

为查明地下水与地表水的关系，应垂直地表水岸边布置观测线，并对地表水体流量、水质、水温进行观测。

2. 观测内容

观测内容包括水位、水量、水温和水质。水位、水量、水温观测，一般每隔5～10天进行一次，雨季或急剧变化时段加密。日变幅大的地区，应选定一个时段进行微动态观测；水质一般按丰、枯季取样。连续观测时间不少于一个水文年，勘查周期不足一年的中、小型矿床或水文地质条件简单的矿区的连续观测时间可视矿区条件酌定。

3. 观测设施保护

地下水动态观测设施应采取有效措施予以保护，勘探工作结束后由生产部门继续观测。

4. 观测资料的综合整理

统计各观测点的观测资料，确定最大值、最小值、平均值，编制月报表、季报表、年报表；精确绘制各观测点动态历时曲线图及气象相关图；分析年动态变化特征及年际动态特征变化规律。

14.2.3.8　水样采集

1. 采样要求

水样的采取参考中国地质调查局《水样采集与送检技术要求》(2006)。

(1) 测定铁和亚铁水样的采取。指定要求测定二价铁和三价铁时，须用聚乙烯塑料瓶或硬质玻璃瓶取水样250 mL，加"1+1"硫酸溶液2.5 mL、硫酸铵0.5～1.0 g，用石蜡密封瓶口，送实验室检测。

(2) 侵蚀性二氧化碳水样的采取。测定水中侵蚀性二氧化碳的取样，应在采取简分析或全分析样品的同时，另取一瓶250 mL的水样，加入2 g大理石粉末，瓶内应留有10～20 mL容积的空间，密封送检。

(3) 测定硫化物水样的采取。在500 mL的玻璃瓶中，先加入10 mL 200 g/L醋酸锌溶液和1 mL 1 moL/L氢氧化钠溶液，然后将瓶装满水样，盖好瓶盖，反复振摇数次，再以石蜡密封瓶口，贴好标签，注明加入醋酸锌溶液的体积，送检。

(4) 测定溶解氧水样的采取。最好进行原位测试，对于不具备条件者，可用下述方法采取：应用碘量法测定水中溶解氧，水样需直接采集到样品瓶中。在采集水样时,要注意不使水样曝气或有气泡残存在采样瓶中。当样品不是用溶解氧瓶直接采集,而需要从采样器(或采样瓶)分装时,溶解氧样品必须最先采集,而且应在采样器从水中提出后立即进行。即用乳胶管一端连接采水器的放水嘴或用虹吸法与采样瓶连接,乳胶管的另一端插入溶解氧瓶底。注入水样时,先慢速注至小半瓶,然后迅速充满,在保持溢流状态下,缓慢地撤出管子,迅速塞好瓶塞。

在取样前先准备一个容积为200～300 mL 的磨口玻璃瓶,先用欲取水样洗涤2～3次,然后将虹吸管直接通入瓶底取样。待水样从瓶口溢出片刻,再慢慢将虹吸管从瓶中抽出,用移液管加入1 mL 碱性碘化钾溶液(如水的硬度大于7 mol/L,可再多加2 mL),然后加入3 mL 氯化锰溶液。应注意的是,加入碱性碘化钾和氯化锰溶液时,应将移液管插入瓶底后再放出溶液;然后迅速塞好瓶塞(不留空间),摇匀后密封,记下加入试剂的总体积及水温。

(5) 测定有机农药残留量的水样。取水样3～5 L于硬质玻璃瓶中(不能用塑料瓶),加酸酸化,使水样pH≤2,摇匀,密封,低温保存。

2. 水样类型

(1) 水质简分析(主要确定水化学类型)。分析项目宜包括颜色、透明度、气味、味道、沉淀、Ca^{2+}、Mg^{2+}、($Na^{+}+K^{+}$)、HCO^{3-}、Cl^{-}、SO_4^{2-}、pH、总矿化度、总硬度等。

取样标识:样品编号、地点,取样水体、深度,所加保护剂的种类、数量,取样日期。

(2) 水质全分析。除简分析项目外,增加氨离子、全铁(二价铁和三价铁离子)、亚硝酸根离子、硝酸根离子、氟离子、磷酸根、可溶性二氧化硅、游离态或侵蚀性二氧化碳及耗氧量等分析项目。试样要求现场加稳定剂。

(3) 特殊试验。评价矿区供水水质时要按《生活饮用水卫生标准》(GB 5749—2006)相关要求进行。测试细菌总数、大肠杆菌等试验,取样体积为100~200 mL,取样器皿要求消毒,且取样后应在4 h内送实验室。放射性试验取样要求数量在10 L以上,主要试验内容为总α、总β测量。

14.2.4 矿坑涌水量预测

14.2.4.1 水文地质比拟法

水文地质比拟法是用地质、水文地质条件相似,开采方法相同的生产井巷中积累的水文地质资料来预计设计井巷的涌水量。它是以定性分析为主的一种近似定量的预计方法,可分为富水系数法和单位涌水量法。

1. 富水系数法

富水系数K_P是指某一时期(通常为1年)内矿井(或采区)排水量Q与同一时期的开采量P之比:

$$K_P=\frac{Q}{P} \tag{14.12}$$

此法一般仅用于矿井涌水量的经济评价。

2. 单位涌水量法

一般矿井开采面积F和水位降深s对矿井涌水量Q的影响较大。在多数情况下,Q和F、s均呈直线关系,设生产矿井的涌水量为Q_0,开采面积为F_0,水位降深为s_0,则矿井单位涌水量q_0可采用式(14.13)计算:

$$q_0=\frac{Q_0}{F_0 s_0} \tag{14.13}$$

在水文地质条件相似的新矿井(新水平或新采区)中,把生产矿井的单位涌水量q_0乘以新矿井的设计开采面积F、水位降深s,便可得新矿井(新水平、新采区)的预计涌水量Q。

式(14.13)是单位涌水量法最基本的计算公式。该公式简单、应用方便。有时,涌水量随开采面积(或巷道长度)、水位降深的增加不具有线性关系,因而能用幂函数关系来比拟:

$$Q=q_0Fs=\frac{Q_0}{F_0s_0}Fs \quad \text{或} \quad Q=q_0\left(\frac{s}{s_0}\right)^{\frac{1}{a}}\left(\frac{F}{F_0}\right)^{\frac{1}{b}}$$

$$Q=Q_0\left(\frac{s}{s_0}\right)^{\frac{1}{a}}\left(\frac{L}{L_0}\right)^{\frac{1}{b}} \tag{14.14}$$

式中,a、b:待定系数,可用最小二乘法或其他方法求得;F、F_0:设计开采面积、生产开采面积(m^2);L、L_0:设计巷道、生产巷道的掘进长度(m);s、s_0:设计巷道、生产巷道的水位降深(m);Q、Q_0:设计采区、生产采区的涌水量(m^2/d)。

式(14.12)~式(14.14)都是人们根据各自矿区的特点分析总结得到的,不同矿井水文地质条件变化规律不同,开采条件(如开采方法、开采强度、机械化程度等)变化很大,应用时必须分析其相似性。只有矿井水文地质条件及矿井开采条件相似,才具有可比性,不可一律机械地照搬使用。应掌握比拟法的思维及工作方法,在工作中依本矿区特点选用合适的公式或分析影响涌水量的各因素,然后建立适合本矿区的比拟公式进行涌水量预计。

14.2.4.2 解析法

解析法是根据地下水动力学的原理,用数学分析的方法,针对具体的水文地质条件,选择理想化模式理论公式,预测矿坑涌水量,由于各种计算参数的选择也有很大的人为因素。其计算结果是否准确与公式及参数的选择是否合理有很大的关系。可分为大井法、水平廊道法等。

1. 大井法

在预测坑道系统涌水量时，把坑道系统所占面积理想化为一个圆形的大井，然后应用井流方程相关公式预测坑道系统的涌水量，因此又称此法为大井法。但是坑道系统所占面积比起井来要大得多，所遇到的水文地质条件也较复杂。因此应用大井法要注意以下几个问题：

(1) 坑道系统的长度与宽度的比值应小于10。

(2) 坑道系统的引用影响半径 R_0，在大井法计算中按式(14.15)计算：

$$R_0 = R + r_0 \tag{14.15}$$

式中，R_0：坑道系统的引用影响半径；R：坑道系统的工程影响半径；r_0：引用半径。

(3) 引用半径 r_0 的计算：按坑道系统所占范围加以固定，并使其等于一假想圆面积，此圆的半径即为引用半径，也称大井半径。

(4) 计算公式。在不同的边界条件下，矿井涌水量计算公式有很多。在稳定流条件下，常用的公式如下：

潜水完整井：

$$Q = 1.366K \frac{(2H - S)S}{\lg R_0 - \lg r_0} \tag{14.16}$$

承压水完整井：

$$Q = 2.73K \frac{MS}{\lg R_0 - \lg r_0} \tag{14.17}$$

承压转无压水完整井：

$$Q = 1.366K \frac{(2H - M)M - h^2}{\lg R_0 - \lg r_0} \tag{14.18}$$

式(14.15)～式(14.18)中，Q：矿井涌水量；K：渗透系数；H：水柱高度；S：水位降低；h：动水位至底板隔水层的水柱高度；M：含水层厚度；R：影响半径；r_0："大井"半径；R_0："大井"影响半径。

2. 水平廊道法

不同条件下的水平廊道法计算公式有很多，以下为几种基本的计算公式：

潜水完整井（两侧进水）：

$$Q = BK\frac{(2H-S)S}{R} \tag{14.19}$$

承压水完整井（两侧进水）：

$$Q = 2BK\frac{MS}{R} \tag{14.20}$$

承压转无压水完整井（两侧进水）：

$$Q = BK\frac{(2H-M)M-h^2}{R} \tag{14.21}$$

式(14.19)～式(14.21)中，Q：矿井涌水量；K：渗透系数；H：水柱高度；S：水位降低；B：巷道水平长度；h：动水位至底板隔水层的水柱高度；M：含水层厚度；R：影响半径。

14.2.4.3 相关分析法

相关分析法是一种数理统计方法，它通过矿区涌水量与主要影响因素之间的统计规律建立相应的回归方程，并进行矿坑涌水量预测。

相关分析法是一种简单的近似方法。其最大的优点是在计算过程中避开那些难以确定的充水岩层的水文地质参数以及一些长时间没有完全解决的机理问题（甚至有可能不存在严格的因果关系），这样也就克服了确定性模拟在机理没有基本弄清之前不能进行预测的弱点。只有从水文地质角度出发，在水文地质条件和机理基本清楚的前提下可作适当的外推。但也不宜用勘查阶段的低强度抽水试验降深值与抽水量作统计分析，来预测生产阶段疏干排水条件下的涌水量。由于低强度抽水试验的影响范围有限，水文地质条件没有充分显示，难以反映生产条件下的真实情况。因此采用统计方法预测矿坑涌水

量时,为保证方程的合理性和预测精度,一定要注意以下两点:

(1) 要有足够的数据和较长的数据系列,这是一种统计规律,若数据少,或者数据系列短,则可能计算不准确。例如,数据系列表现为一条直线,若此直线以很少的数据为基础,那么这一直线关系就很不可靠了;相反,尽管数据很多,但都集中在某一个很小的范围内,这一条直线仍然是不可靠的。

(2) 以定性的机理分析为基础,正确选择相关因子,统计方法所建立的方程必须正确地反映充水条件,忽视条件分析,单凭数学上的推导和检验,有时会得出完全错误的结论。对于不同的充水水源和充水条件可选取不同的变量。

当生产矿井涌水量与两个影响因素存在线性关系时,采用下述三元直线相关数学表达式预算新矿井涌水量(Q):

$$Q = B_0 + B_1X_1 + B_2X_2 \tag{14.22}$$

式中,X_1、X_2:影响矿井涌水量两因素变量;B_1、B_2:Q对X_1、X_2的回归系数。

在多元回归中,Q对某一自变量的回归系数表示当其他自变量都固定时,该自变量变化时Q平均改变的数值,B_0、B_1、B_2用最小二乘法确定。

$$B_0 = \bar{Q} - B_1\bar{X}_1 - B_2\bar{X}_2 \tag{14.23}$$

式中,$\bar{Q}$、$\bar{X}_1$、$\bar{X}_2$分别是Q、X_1、X_2观测平均数。

相关分析法实质上是半经验的近似方法,在实际应用中还有很大的局限性。

14.2.4.4　水均衡法

水均衡法是指在查明矿床开采条件的情况下,利用直接充水含水层的补给水量和支出水量之间的关系,根据水均衡原理,获得开采地段涌水量的方法。

在直接充水含水层的补给条件和补给量易于查清的情况下，均衡法往往可以获得满意的结果。

矿井充水含水层的收入项一般由下面几部分组成：

(1) Q_1:大气降水渗入补给含水层的水量。

(2) Q_2:从其他地区同一含水层中流入矿区含水层的水量。

(3) Q_3:从矿区内其他含水层流入充水含水层的水量。

(4) Q_4:地表水渗入补给充水含水层的水量。

(5) Q_5:灌溉水、废水、人工补给水、排水流入矿区含水层的水量。

矿井充水含水层的排泄量一般由下面几部分组成：

(1) Q'_1:从含水层中蒸发消耗的水量。

(2) Q'_2:从矿区含水层流出矿区外围同一层中的水量。

(3) Q'_3:从矿区含水层流向其他含水层的水量。

(4) Q'_4:矿区含水层排入地表水中的水量。

(5) Q'_5:矿区含水层的排水和供水量。

水均衡方程式的一般形式如下：

(1) 对于潜水含水层：

$$\pm\frac{\Delta s}{\Delta t}F\mu^{*}=Q_1+Q_2+Q_3+Q_4+Q_5-(Q'_1+Q'_2+Q'_3+Q'_4+Q'_5) \tag{14.24}$$

(2) 对于承压水含水层：

$$\pm\frac{\Delta s}{\Delta t}F\mu^{*}=Q_1+Q_2+Q_3+Q_4+Q_5-(Q'_1+Q'_2+Q'_3+Q'_4+Q'_5) \tag{14.25}$$

式(14.24)、式(14.25)中，F:均衡区面积；μ:潜水含水层给水度；μ^{*}:承压含水层贮水系数；

均衡计算时期，单位为天(d)；潜水级承压含水层水位升降，单位为米(m)。

14.2.4.5　数值法

数值法是随着电子计算机的出现而迅速发展起来的一种计算方法，分为有限单元法和有限差分法。数值法能灵活地适应各种非均质含水层和各种边界条件，并能与开拓方案结合起来进行运算，从而真实地描述勘查区水文地质模型的各种特征，较好地达到预测精度，但对工程控制程度的要求较高。

数值法计算一般可用来解决下列两个问题：一是利用地下水动态观测或者大流量抽水观测资料，反求水文地质参数，验证水文地质模型；二是模拟地下水的疏干过程，预报地下水位和矿坑疏排水量。

数值法预测矿坑涌水量步骤如下：

(1) 在计算工作前或计算过程中，应掌握以下资料：

① 1:5000矿井可行性方案开采图；② 含水层顶、底板埋深及等厚线图；③ 含水层等水位线图；④ 矿层底板等高线图；⑤ 受水威胁矿层顶、底板等水压线图；⑥ 地下水水化学图；⑦ 水文地质剖面图；⑧ 钻孔及群孔抽(放)水试验数据；⑨ 地下水长期动态观测数据；⑩ 历年气象、水文资料。

(2) 建立概念模型：概念模型是连接地下水实体系统与数值模型的桥梁。概念模型应包括对地下水流系统内部结构、边界条件、地下水运动状态及输入、输出条件的概化。模型概化合理与否直接影响计算的程度。

(3) 建立数学模型：数学模型是由概念模型来确定的，按含水层的埋藏条件分为潜水流或承压水流模型，根据地下水运动的时空变化特征又可分为稳定流或非稳定流、平面二维流或剖面二维流、似三维流或三维流模型。模型中的每个变量都必须给定相应的物理意义和量纲。确定模型的边界类型。

(4) 涌水量预测：常用的数值方法有有限单元法、有限差分法等，具体预测方法可参考相关文献。

(5) 对计算结果的分析与解释:为了便于生产、设计部门应用涌水量的预测结果,必须对计算结果作详细分析与解释。根据所采用资料的代表性和所建立数值模型的可靠性来论证最终预测结果的正确性,同时对预测涌水量在实际应用中可能存在的局限性作出说明。

14.2.4.6 矿坑涌水量预测结果评述

(1) 说明应用参数是实测参数、半实测参数还是经验参数,可靠程度如何。比如:影响半径多是经验公式计算的结果,大井或集水廊道的影响半径应属于经验参数,渗透系数属于半实测参数等。

(2) 说明矿坑涌水量计算公式是理论公式还是经验公式。

(3) 水文地质条件是否适合选用的涌水量计算公式。

(4) 矿井涌水量计算考虑了哪些充水因素。

(5) 计算结果可能偏大或偏小,理由是什么。

(6) 矿坑涌水量精度是否可以满足矿山设计的要求。

(7) 对多种计算方法的计算结果进行分析对比,推荐可供矿山开采设计利用的矿坑涌水量。

14.2.5 矿区水资源综合利用评价和矿区供水方向

矿床地下水作为一种资源,可用于工业、生活用水和农田灌溉,进行综合利用是很有前途的。矿床地下水绝大部分是淡水,如果不考虑综合利用是不合理的。矿区水资源利用评价中,结合矿山及周边实际需要就水压水量进行综合评价。矿坑水在未经污染的条件下可用作居民生活用水,一般采用专用供水洞室和涌水钻孔,用专门的泵站和管路排至地面泵站及水塔。矿坑水用作凿岩、压气、充填、选矿等工业用水已较普遍,用作农田灌溉要与水利工程配套,避免盲目性和出现无组织状态,防止灌溉时争水,非灌溉季节让水白白流走。开展人工回灌也是提高地下水位、合理利用地下水的措施之一。

14.2.5.1 矿区供水水源

矿区内有可供利用的供水水源时,应根据现有资料作出评价;矿区内无可供利用的供水水源时,应在区域上指出供水方向。地下开采的矿山,在地下水符合生活供水水质标准时,采用坑下揭露含水层作为供水水源使用,技术经济合理,服务年限长,稳定可靠。

查明揭露的含水层的水质水量是否符合供水要求,选择合理的标高和地点在井下打专门的供水孔,或利用疏干孔和人工控制的出水点作为供水水源,设置专门的泵站和供水管路排至地面供水系统。利用矿坑排水系统排至地面后,导入过滤设施,经过净化过滤处理、沉淀和化学处理,达到饮用水水质标准。

工业用水可以利用矿内排水系统排出的地下水作为供水水源,如选矿用水、冷却用水等。

14.2.5.2 不同用水水质评价

1. 矿区生活用水评价

矿区生活用水参照《生活饮用水卫生标准》(GB 5749—2006)进行评价,生活饮用水水质常规指标及限值见表14.14。

表14.14 饮用水水质常规指标及限值

指　标	限　值
1. 微生物指标	
总大肠菌群(MPN/100 mL或CFU/100 mL)	不得检出
耐热大肠菌群(MPN/100 mL或CFU/100 mL)	不得检出
大肠埃希氏菌(MPN/100 mL或CFU/100 mL)	不得检出
菌落总数(CFU/mL)	100

续表

指　标	限　值
2. 毒理指标	
砷(mg/L)	0.01
镉(mg/L)	0.005
铬(六价)/(mg/L)	0.05
铅(mg/L)	0.01
汞(mg/L)	0.001
硒(mg/L)	0.01
氰化物(mg/L)	0.05
氟化物(mg/L)	1.0
硝酸盐(以N计)(mg/L)	10 地下水源限制时为20
三氯甲烷(mg/L)	0.06
四氯化碳(mg/L)	0.002
溴酸盐(使用臭氧时)(mg/L)	0.01
甲醛(使用臭氧时)(mg/L)	0.9
亚氯酸盐(使用二氧化氯消毒时)(mg/L)	0.7
氯酸盐(使用复合二氧化氯消毒时)(mg/L)	0.7
3. 感官性状和一般化学指标	
色度(铂钴色度单位)	15
浑浊度(散射浑浊度单位,NTU)	1 水源与净水技术条件限值时为3
“嗅”和味	无异“嗅”、异味
肉眼可见物	无
pH	不小于6.5且不大于8.5
铝(mg/L)	0.2

续表

指　标	限　值
铁(mg/L)	0.3
锰(mg/L)	0.1
铜(mg/L)	1.0
锌(mg/L)	1.0
氯化物(mg/L)	250
硫酸盐(mg/L)	250
溶解性总固体(mg/L)	1000
总硬度(以$CaCO_3$计)(mg/L)	450
耗氧量(COD_{Mn}法,以O_2计)(mg/L)	3 水源限制,原水耗氧量>6 mg/L时为5
挥发酚类(以苯酚计)(mg/L)	0.02
阴离子合成洗涤剂(mg/L)	0.3
4. 放射性指标	指导值
总α放射性(Bq/L)	0.5
总β放射性(Bq/L)	1

注:1. MPN表示最可能数,CFU表示菌落形成单位。当水样检出总大肠菌群时,应进一步检验大肠埃希氏菌或耐热大肠菌群;当水样未检出总大肠菌群时,不必检验大肠埃希氏菌或耐热大肠菌群。

2. 放射性指标超过指导值时,应进行核素分析和评价,判定能否饮用。

2. 矿泉水评价

如水质分析资料显示矿区内存在矿泉水资源,应对其利用的可能性作出初步评价,评价方法按《饮用天然矿泉水标准》(GB 8537—2008)进行,提出进一步工作的建议。

3. 锅炉用水水质标准与水质评价

锅炉用水水质标准与水质评价如表14.15所示。

表14.15 一般锅炉用水水质评价指标

锅垢作用				气泡作用		腐蚀作用	
按锅垢总量(H_0)		按锅垢系数(K_n)		按气泡系数(F)		按腐蚀系数(K_n)	
指标	水质类型	指标	水质类型	指标	水质类型	指标	水质类型
<125	锅垢很少的水	<0.25	具有软沉淀物的水	<60	不起泡的水	>0	腐蚀性水
125～250	锅垢少的水	0.25～0.5	具有中等沉淀物的水	60～200	半起泡的水	<0,但 K_k+0.0503 Ca^{2+}>0	半腐蚀性水
250～500	锅垢多的水	>0.5	具有硬沉淀物的水	>200	起泡的水	<0,但 K_k+0.0503 Ca^{2+}<0	非腐蚀性水
>500	锅垢很多的水						
$H_0=S+C+36rFe^{2+}+17rAl^{3+}+20rMg^{2+}+59rCa^{2+}$ H_0:锅垢总重量(mg/L); S:水中悬浮物含量(mg/L); C:胶体($SiO_2+Fe_2O_3+Al_2O_3$)含量(mg/L)		$K_k=H_n/H_0$ $H_n=SiO_2+20rMg^{2+}+68(rCl^-+rSO^{2-}{}_4+rNa^+-rK^+)$(括号内若为负值可略去不计) H_n:硬锅垢含量(mg/L); SiO_2:硅酸的含量(mg/L)		$F=62rNa^++78rK^+$		酸性水: $K_k=1.008(rH^++rAl^{3+}+rFe^{2+}+rMg^{2+}-rCl^{-1}-rHCO_3{}^{-1})$ 碱性水: $K_k=1.008(rMg^{2+}-rHCO_3{}^-)$	

注:rFe^{2+}、rMg^{2+}、rCa^{2+}……为各种离子的含量(mol/L),Ca^{2+}为Ca离子含量(mg/L)。

14.3　矿区工程地质勘查

14.3.1　勘查类型及复杂程度划分

14.3.1.1　勘查类型

依据矿体及围岩工程地质特征、主要工程地质问题出现层位，将矿区工程地质勘查划分为如下四类：

第一类：松散、软弱岩类。指以第四系砂、砂砾石及黏性土，或第三系弱胶结的砂质、黏土质岩石为主的岩类。此类岩体稳定性取决于岩性、岩层结构和饱水情况，稳定性差。勘查中应着重查明岩(土)的岩性、结构及其物理力学特征，尤其是含水粉细砂层、粉土及淤泥质黏土层对土层的稳定性影响极大。

第二类：块状岩类。指以火成岩、结晶变质岩为主的岩类。块状结构，岩体稳定性取决于构造破碎带、蚀变带及风化带的发育程度，一般岩体稳定性好。勘查中应着重查明Ⅱ、Ⅲ级结构面(表14.16)的分布、产状、延伸情况、充填物、粗糙度及其组合关系，蚀变带的宽度、破碎程度、风化带深度及风化程度。

第三类：层状岩类。指以碎屑岩、沉积变质岩、火山沉积岩为主的岩类。层状结构，岩体各向异性、强度变化大。岩体稳定性主要取决于层间软弱面、软弱夹层、构造破碎及岩体风化程度。勘查中应着重查明岩层组合特征，软弱夹层分布位置、数量、黏土矿物成分、厚度及其水理、物理力学性质。

第四类：可溶盐岩类。指以碳酸盐岩为主，其次为硫酸盐岩、盐岩等岩类。工程地质条件一般较复杂。勘查中应着重查明岩溶和蚀变带在空间的分布和发育程度，可溶岩的溶解性，第四系松散层和软弱层的分布、厚度、岩性、结构和物理力学性质。

14.3.1.2 复杂程度

根据地形、地貌、地层岩性、地质构造、岩体风化及岩溶发育程度、第四系覆盖厚度、地下水静水压力等因素，将工程地质勘查的复杂程度划分为如下三类：

(1) 简单型：地形地貌条件简单，地形有利于自然排水，地层岩性单一，地质构造简单，岩溶不发育，岩体结构以整块或厚层状结构为主，岩石强度高，稳定性好，不易发生矿山工程地质问题。

(2) 中等型：地层岩性较复杂，地质构造发育程度中等，风化及岩溶作用中等或有软弱夹层及局部破碎带和饱水砂层影响岩体稳定，局部地段易发生矿山工程地质问题。

(3) 复杂型：地层岩性复杂，岩石风化、岩溶作用强，构造破碎带发育，岩石破碎，新构造活动强烈或松散软弱层厚，含水砂层多、分布广，地下水具有较大的静水压力，矿山工程地质问题发生比较普遍。

14.3.2 勘查程度要求

(1) 在研究矿区地层岩性、厚度及分布规律的基础上，划分岩(土)体的工程地质岩组，查明对矿床开采不利的软弱岩组的性质、产状与分布。

(2) 详细查明矿区所处构造部位，主要构造线方向，各级结构面的分布、产状、规模及充填、充水情况，确定结构面的级别(表14.16)及主要不良优势结构面，指出其对矿床开采的影响。

表14.16　结构面分级

分级	结构面形式	特征		
		规模		对岩体稳定性影响
		走向	倾向垂深	
Ⅰ	区域断裂带	延深达数千米以上	至少切穿一个构造层	控制区域稳定,应着重研究断裂力学机制、构造应力场方向及断裂带的活动性
Ⅱ	矿区内主要断裂或延深较稳定的原生较软弱层	数千米	数百米	控制山体稳定,应着重研究结构面的产状、形态、物理力学性质
Ⅲ	矿区内次一级断裂及不稳定的原生软弱层及层间错动带	数百米以内	数十米至数百米	影响岩体稳定,应着重研究可能出现的滑动面及滑动面的力学性质
Ⅳ	节理裂隙、层理、片理	延展有限	无明显深度及宽度	破坏岩体完整,影响岩体的力学性质及局部稳定性,研究其节理、裂隙发育组数、密度
Ⅴ	微小的节理劈理、不发育片理			降低岩石强度

(3) 详细查明矿体及围岩的岩体结构、岩体质量,参照表14.17～表14.19,对岩体质量及其稳定性作出评价。

表14.17　岩石质量等级

等级	岩石质量指标(%)	岩石质量描述	岩体完整性评价
Ⅰ	90～100	极好的	岩体完整
Ⅱ	75～90	好的	岩体较完整
Ⅲ	50～75	中等的	岩体中等完整
Ⅳ	25～50	劣的	岩体完整性差
Ⅴ	＜35	极劣的	岩体破碎

表 14.18　岩体 Z 值范围及其优劣分级

<table>
<tr><th>岩体结构类型</th><th>代号</th><th colspan="5">岩体质量系数 Z 值一般范围</th></tr>
<tr><td>整体结构</td><td>Ⅰ1</td><td colspan="5">2.5～20</td></tr>
<tr><td>块状结构</td><td>Ⅱ2</td><td colspan="5">0.3～10</td></tr>
<tr><td>层状结构</td><td>Ⅱ1</td><td colspan="5">0.2～5</td></tr>
<tr><td>薄层状结构</td><td>Ⅱ2</td><td colspan="5">0.08～3</td></tr>
<tr><td>镶嵌结构</td><td>Ⅲ1</td><td colspan="5">0.2～2.5</td></tr>
<tr><td>碎裂结构</td><td>Ⅲ2、Ⅲ3</td><td colspan="5">0.05～0.1</td></tr>
<tr><td>散体结构</td><td>Ⅳ</td><td colspan="5">0.002～0.1</td></tr>
<tr><td>岩体质量系数(Z)</td><td><0.1</td><td>0.1～0.3</td><td>0.3～2.5</td><td>2.5～4.5</td><td>>4.5</td></tr>
<tr><td>岩体质量等级</td><td>极坏</td><td>坏</td><td>一般</td><td>好</td><td>特好</td></tr>
</table>

表 14.19　岩体质量分级

岩体分类	Ⅰ	Ⅱ	Ⅲ	Ⅳ	Ⅴ
岩体质量指标(M)	>3	1.0～3.0	0.12～1.0	0.01～0.12	<0.01
岩体质量	优	良	中等	差	坏

(4) 对可溶岩类矿床，应详细查明岩溶发育主要层位、深度、发育程度和主要特征、充水、充填情况及表部覆盖层的厚度、岩性、结构特征。

(5) 详细查明岩体的风化程度、强弱风化带界面及标高、强风化带的物理力学性质。对强蚀变矿区，应确定主要蚀变作用，圈定蚀变范围。

(6) 系统、完整地测定露采和井采影响范围内各种岩石(土)的物理力学参数。矿层及其围岩含黏土的矿区，应查明黏土的成分、分布、厚度及其变化。多年冻土区还需查明冻土类型、分布范围、温度(地温)、含冰率，测定多年冻土最大融化深度，季融层及覆盖层剥离后多年冻土融化速度，冻土层的上、下限。

(7) 船采砂矿区,还应查明松散层砾卵石的粒级、含量及分布,底板纵向和横向坡度,岩石硬度,岸坡的岩石组成及坡度,测量砂层水上、水下安息角。

(8) 扩大延深勘查矿区,应详细调查矿床开采中已发生的各种工程地质问题,查明其产生的条件和原因,并针对扩大延深可能产生的工程地质问题进行相应的工作。

(9) 在构造活动强烈的高地应力地区,有条件时应专门进行地应力测量,确定最大主应力方向及大小。

14.3.3 勘查工程量

结合矿区实际情况参照表14.20确定。

表14.20 矿区工程地质勘查工程量

项　目	工程地质条件复杂程度		
	简单型	中等型	复杂型
工程地质测绘比例尺	1:10000～1:2000		
钻孔工程地质编录占地质孔数(%)	10～20	20～30	30～50
工程地质钻孔(个)	一般不布置		根据需要布置
工程地质剖面(条)	0～1	2～3	3～5
室内岩(土)样	对矿体围岩不同工程地质岩组分层取样,控制到坑道底板或露天采场坑底30～50 m。取样数:块状岩类及岩溶化岩类,每块岩石不少于3组;层状岩类每种岩石不少于3～5组,每组岩块数按试验目的确定;松散岩类按岩性、厚度取样,剥离物强度勘查不受此限		

注:每条勘查剖面由3～5个工程地质孔或具有工程地质编录的地质孔、水文地质孔组成。资料来源于《矿区水文地质工程勘探规范》(GB 12719—91)。

14.3.4 勘查技术要求

14.3.4.1 工程地质测绘

1. 测绘范围

测绘范围以达到采矿工程可能影响的边界外200~300 m,比例尺为1:10000~1:2000。

2. 测绘内容

(1) 划分工程地质岩组,详细调查软弱岩组的性质、产状、分布及其工程地质特征。

(2) 调查矿区内软弱夹层及各类结构面的分布、物质组成、胶结程度、结构面的特征及组合关系,按相关规范要求进行分级。

(3) 按岩组和不同构造部位进行节理裂隙统计,测量其产状、宽度及延伸长度,编制玫瑰花图或极射赤平投影图,确定优势节理裂隙发育方向。

(4) 对矿体主要围岩的风化特征进行研究。

(5) 对自然斜坡和人工边坡进行实地测定,研究边坡坡高、坡面形态与岩体结构的关系;调查各种物理地质现象。

(6) 对矿区工程地质条件有影响的地下水露头点、含水岩层与隔水层接触界面特征、构造破碎带的水理性质进行重点调查研究。

(7) 详细调查生产矿井及相邻矿山的各类工程地质问题;调查露采边坡变形特征、变形类型、形成条件和影响因素,井巷变形破坏特征、支护情况,变形破坏与软弱层、破碎带、节理裂隙发育带等结构面的关系。

3. 工程地质测绘方法

工程地质测绘方法与一般地质测绘相近,主要是沿一定观察路线作沿途观察，在关键地点(或露头点)上进行详细观察描述。选择的观察路线应当以最短的线路观测到最多的工程地质条件和现象为标准。在进行区域较大的中比例尺工程地质测绘时，一般穿越岩层走向或横穿地貌、自然地质现象单元来布置观测路线。大比例尺工程地质测绘路线以穿越构造走向为主布置，但须配以部分追索界线的路线，以圈定重要单元的边界。在用大比例尺详细测绘时，应追索走向和追索单元边界来布置路线。还应在路线测绘过程中将实际资料、各种界线反映在外业图上，并逐日清绘在室内底图上，及时整理，及时发现问题和进行必要的补充观测。工程地质测绘和调查的具体方法可归纳为以下几点：

(1) 工程地质测绘和调查的基本方法。

工程地质测绘和调查的基本方法如表14.21所示。

表14.21　工程地质测绘和调查的基本方法

基本方法	说　明
路线穿越法	垂直穿越地貌单元、岩层和地质构造线走向，能较迅速地了解测区内各种地质界限、地貌界线、构造线、岩层产状及各种不良地质作用等位置，常用于各类比例尺测绘
追索法	沿地层、构造和其他地质单元界线逐条追索并将界线绘于图上，地表可见部分用实线表示，推测部分用虚线表示，多用于中、小比例尺测绘
布点法	根据地质条件复杂程序和不同的比例尺，预先在图上布置一定数量的地质点，对第四系地层覆盖地段，必要时布置人工露头点，以保证测绘精度，适用于大、中比例尺测绘

(2) 观测记录、素描与采集标本。

观测记录在野外记录本上进行，应注明工作日期、天气、工作人员、工作路线、观测点编号与位置、类型。

对露头点的工程地质、水文地质条件、地貌和不良地质作用进行描述，对地层、构造产状及节理、裂隙进行测量与统计，对有代表性的地质现象进行素描或摄影，并标注有关说明。

采集各类岩、土样品、化石标本进行分类编号，注明产地、层位及有关说明，并妥善保管。

对天然露头不能满足观测要求而又对工程评价有重要意义的地段，应进行人工露头或必要的槽井探工作。

14.3.4.2 钻孔工程地质编录

1. 编录内容

钻孔工程地质编录内容包括：统计与描述岩心块度，绘制岩心块度柱状图；统计节理裂隙；确定钻孔中流砂层、破碎带、裂隙密集带、风化带与软弱夹层、岩溶发育带、蚀变带的位置和深度，并可按工程地质岩组用点荷载仪测定岩石力学指标。

2. 岩心块度分级

对岩心块度描述按岩心形状与长度（或块径）进行分级：

(1) 长柱状：岩心柱长度大于20 cm；

(2) 短柱状：岩心柱长度为10～20 cm；

(3) 扁柱状：岩心柱长度小于10 cm；

(4) 块状：岩心块径大于5 cm；

(5) 碎块状：岩心块径为2～5 cm；

(6) 碎屑状：岩心块径小于2 cm；

(7) 土状：岩心呈黏结土状。

3. 岩心完整程度分级

(1) 完整：采取率>90%，岩心多呈大于20 cm的长柱状，或*RQD*为90%～100%；

(2) 较完整：岩心多呈10～20 cm长柱状或短柱状，或*RQD*为50%～90%；

(3) 较破碎：岩心呈块状或短柱状，或*RQD*为25%～50%；

(4) 破碎:岩心呈块状或碎块状,或$RQD<25\%$。

4. 裂隙发育程度分级

(1) 裂隙不发育:1 m岩心中裂隙少于2条;

(2) 裂隙较发育:1 m岩心中裂隙为2～8条;

(3) 裂隙发育:1 m岩心中裂隙多于8条。

5. *RQD*值统计

工程地质编录资料要完成工程地质岩组或分层*RQD*值的统计工作,按钻进回次测定岩石质量指标,确定不同岩组(层)*RQD*值的范围和平均值。*RQD*值一般按式(14.26)计算确定:

$$RQD(\%)=\frac{L_p}{L_t}\times 100\% \tag{14.26}$$

式中,L_p:某岩组(层)大于10 cm完整岩心长度之和(m);L_t:某岩组(层)钻探总进尺(m)。

小于10 cm岩心若为钻进过程中机构破碎,则应上、下对接,其长度大于10 cm时应参与计算;当钻头内径小于54.1 mm时,*RQD*值适当降低,根据经验降低20%～50%。

根据*RQD*值,按表14.17划分工程地质岩组(层)的岩石质量等级。

14.3.4.3　坑探工程地质编录

对矿区的勘查坑道应全部进行工程地质编录,工程地质条件简单的矿区可适当减少,有生产坑道时可选择典型坑道进行。

坑探工程地质编录内容包括:对坑道所揭示的岩层划分岩组,重点观察描述软弱夹层、风化带、构造破碎带、蚀变带、岩溶发育带的特征、分布、产状、溶蚀现象;系统采取岩(矿)石物理力学试验样;统计节理裂隙;详细描述地下水活动对井巷围岩稳固性的影响及发生工程地质问题的位置,不稳定地段掘进与支护方法。坑道变形地段必要时设置工程地质观测点,进行长期观测。

14.3.4.4 岩土样品采集

岩土样品测试的目的是了解岩土成分、结构及物理力学性质,为矿床工程地质评价和确定矿山开采设计指标提供依据。勘查矿区应选取代表性岩、土室内试样,测定其物理力学性质。工程地质条件中等及复杂的矿区,除选取代表性室内试样外,还可应用点荷载仪、携带式剪切仪进行钻孔及野外现场测试。

(1) 岩(土)样一般应按不同岩性分层取样,坚硬、半坚硬岩层可按岩性适当并层采样。松散软弱岩层岩性较均一、厚度大于10 m时,每10 m取一组试样;岩性不均一时,应根据岩性结构特征进行分层采样。

(2) 一般矿体及顶底板均需采样。坑采矿区还应对主要井巷通过的岩层采样,样品应主要集中于第一开采水平或首期开采地段内。露采矿区应着重在边坡地段自上而下进行系统分层采样。

(3) 坚硬、半坚硬岩层可直接从岩心采样;松散软弱岩层除尽可能利用坑探工程采样外,钻孔采样要采取适当的钻进措施和专门的取样钻具。砂砾卵石扰动样尽可能保持原级配。

(4) 要求:采样位置定准,样品规格应先与实验室商定,通常抗压试样每组3块,抗拉和抗剪试样每组4~6块。

一般情况下,岩心样长度必须大于直径;其他岩样必须以确保可以加工成5 cm×5 cm×10 cm试样为原则。

14.3.4.5 矿区工程地质评价

矿区工程地质评价应在查明矿区工程地质条件的基础上结合开采方式,对边坡稳定性或井巷围岩岩体质量给予定性和半定量的预测评价。

1. 露采边坡稳定性评价

(1) 坚硬、半坚硬岩类边坡稳定性评价：根据边坡与各类结构面的组合关系、软弱夹层情况，分别判断并预测边坡可能滑动变形的地段、范围，变形的性质，滑动面、切割面的可能位置，根据需要以类比法、经验数据法建议最终边坡角(按岩石单轴极限抗压强度R将岩石强度分为：坚硬的$R>60$ MPa；半坚硬的60 MPa$\geqslant R\geqslant$30 hPa；软弱的$R<30$ MPa)。

(2) 松散软岩类边坡稳定性评价：一般将拟建采场划分为不同的工程地质区，并分区进行稳定性评价，建议最终边坡角；对具有饱水砂层的边坡，应根据需要进行专门性的预先疏干试验及饱水抗剪试验，在试验的基础上建议边坡角。

2. 井巷围岩岩体质量评价

宜采用两种方法对比评价，常用的方法为岩体质量系数法和岩体质量指标法。

(1) 岩体质量系数：依据式(14.27)求得岩体质量系数Z，按表14.18确定岩体质量优劣。

$$Z=I\cdot f\cdot S \tag{14.27}$$

$$S=\frac{R_c}{100} \tag{14.28}$$

式中，Z：岩体质量系数；I：岩体完整系数(无资料时可用RQD值代替)；f：结构面摩擦系数(影响稳定的主要结构面)；S：岩块坚硬系数；R_c：岩块饱和轴向抗压强度。

(2) 岩体质量指标(M)法，可按近似公式粗略估算：

$$M=\frac{R_c}{300}\times RQD \tag{14.29}$$

参照表14.19评价岩体质量的优劣。

3. 地下水溶开采的矿床评价

根据顶、底板岩(矿)石、夹层的物理力学性质、溶解性、膨胀性和液柱压力大小,结合开采方案综合分析,初步评价溶腔的稳固性。

14.4 矿区环境地质勘查

14.4.1 矿区地质环境保护

固体矿产勘查会对矿区土壤、含水层、景观等造成一定程度破坏,勘查过程中须采取有效措施最大限度地降低对矿区环境的不利影响,做到以生态环境保护促进矿产资源勘查开发,以矿产资源勘查开发实现更高水平的生态环境保护,实现矿产资源勘查开发与生态环境保护的协调发展。

14.4.1.1 科学部署,推进绿色勘查

在勘查初期要制定“绿色勘查实施方案”,建立并完善制度,坚决贯彻落实生态文明建设新要求,按照“生态优先、保护优先”的原则,调整优化勘查开发总体布局,调整对生态环境影响较大的勘查技术方法,大力推进绿色勘查。

14.4.1.2 机台建设标准化

在平整机台时,应将表土收集存放,用于复垦;要求泥浆池、沉淀池、循环槽、废浆池必须用水泥或防水材料作防渗处理;施工现场使用防滑防渗布铺垫,防止油污、泥浆渗入土中;机台周边需挖排水沟;油料摆放远离火源,油桶底部垫防渗布;生活废料及废弃物按指定位置集中放置等。

14.4.1.3 优化勘查手段

在山区矿产勘查,槽、井探等坑探工程是常用的勘查手段,对生态环境、地貌景观破坏很大,可采用浅孔锤钻机或便携式浅钻代替传统的山地工程,使扰动面积由过去的一条大沟变成若干个钻孔,不但能达到覆盖较厚地段的预期找矿目的,而且能最大限度地降低对生态环境的扰动。

14.4.1.4 采用新技术新方法

技术创新是绿色勘查之本,应不断推广“一基多孔、一孔多枝”定向钻探技术,无公害泥浆排放及净化、固化处置技术等勘查新技术和新方法,以有效减少对生态环境的扰动。

14.4.2 环境地质调查

环境地质调查是指在水文地质、工程地质调查的基础上,进行补充调查。

14.4.2.1 区域环境地质调查

区域稳定性调查,收集矿区附近历史地震资料,调查新构造活动情况,分析其是否有活动性断裂存在。调查矿区所处社会环境(建筑物的类型、密度)和自然地理环境(旅游区、文物保护区、自然保护区等)。

14.4.2.2 勘查矿区环境地质调查内容

(1) 调查、收集地表水、地下水的环境背景值(污染起始值)或对照值。

(2) 对矿区开发影响范围的滑坡、崩塌、山洪泥石流等物理地质现象进行野外调查。

(3) 调查地质体中可能成为污染源的物质的赋存状态、含量及分布规律。

(4) 当调查区有热(气)水时,应查明其分布、控制因素、水温、流量,水中气体及化学组分,了解热(气)水补给、径流、排泄条件。

(5) 当矿体埋深较大(垂深大于500 m)时,应在不同构造部位选择代表性钻孔进行地温测量,确定恒温带深度、温度及地温梯度。

(6) 当矿区放射性调查矿区发现有放射性元素,但确认无工业价值时,应对其影响安全生产和环境污染作出评价。在铀矿区应对有水钻孔和地下水露头取样,测试水中放射性元素含量、同位素比值和化学组分、水文地球化学指标,研究其在水平与垂直方向的分布规律。

14.4.2.3 扩大延深勘查矿区环境地质调查内容

(1) 调查由于矿坑排水而引起的区域地下水位下降,井、泉枯竭对当地用水的影响和地下水补给、径流、排泄条件的变化。

(2) 地表水污染调查,包括污染位置及废水、废渣中排出的主要污染物的浓度、年排放量、排放方式、排放途径和去向、处理和综合利用状况。

(3) 矿坑水污染调查,着重调查硫化矿床(如黄铁矿、黄铜矿、闪锌矿等)、高硫煤矿床、放射性、汞、砷等矿床中对人体有害有毒元素的矿坑排水及废弃的尾矿和废石堆在降水淋滤作用下对水体的污染。调查矿坑排放的高悬浮物(大于400 mg/L)和高矿化水的排放浓度、分布范围以及对环境的危害程度。

(4) 调查矿山开采中引起的岩溶塌陷、山体失稳、崩落、地裂、沉降等对地质环境的破坏范围、破坏程度。

(5) 收集矿山不同开采中段(水平)的井巷温度,确定其地温梯度。

(6) 调查尾矿和废石堆放场的稳定性,根据地形、地貌、水文、气象等因素,分析形成山洪泥石流的可能性以及复垦还田的情况。

14.4.2.4　环境地质野外一般调查方法

(1) 野外调查工作手图应采用1:50000~1:10000或更大比例尺的地形图;矿山地质环境问题集中发育区、危害较严重以上程度的区域,宜采用不小于1:10000比例尺的地形图。

(2) 地面调查应采用路线穿越与追踪法相结合的方法。对于重要的调查对象,宜采用路线追踪法调查,圈定其范围。

(3) 调查路线间距及控制点密度应依据调查区地质环境条件复杂程度、矿山地质环境问题类型确定。调查路线间距一般为300~500 m,控制性调查点布置数量不少于2点/km^2,不得漏查重要的矿山地质环境问题。

(4) 野外调查应进行填表,并采用野外记录本补充描述。对于同一地点存在多种类型的矿山地质环境问题,应围绕主要矿山地质环境问题调查填表,同时做好对其他类型矿山地质环境问题的记录。

(5) 野外调查表应按规定格式填写,不得遗漏主要调查要素,并附必要的示意性平面图、剖面图或素描图,标记现场照片和录像编号。

(6) 野外调查时,工作手图上现场标定调查对象时应符合下列要求:野外定点采用GPS和显著地物标志相结合的方式进行,图面定位误差应小于1 mm。在工作手图上标记调查对象的位置,现场勾绘出形态及范围。崩塌、滑坡、泥石流等地质灾害调查点的标绘参照《崩塌滑坡泥石流灾害调查规范(1:50000)》(DD 2008—02)。

14.4.2.5　矿区主要环境地质问题调查方法

1. 滑坡调查

勘查矿区主要调查已有滑坡发生的时间、地点、规模、致灾程度、形成原因、处置情况等。扩大延深勘查矿区需调查高陡的矿山工业场地边坡、山区道路边坡、露天采矿场边坡、采空区山体边部、高陡废渣石堆及排土场等可能产生滑坡的斜坡体特征、致灾范围、威胁对象、潜在危害程度及防治措施等。

野外调查要点:

(1) 调查的范围应包括滑坡区及其附近地段,一般包括滑坡后壁外一定距离,滑坡体两侧自然沟谷和滑坡舌前缘一定距离或江、河、湖边。

(2) 注意查明滑坡的发生与地层结构、岩性、断裂构造(岩体滑坡尤为重要)、地貌及其演变情况、水文地质条件、地震和人为活动因素的关系,找出引起滑坡或滑坡复活的主导因素。

(3) 调查滑坡体上各种裂缝的分布,发生的先后顺序、切割关系,分清裂缝的力学属性,如拉张、剪切、鼓胀裂缝等,借以作为滑坡体平面上分块、分条和纵剖面分段的依据。

(4) 通过裂缝的调查,借以分析判断滑动的深度和倾角的大小。滑坡体上裂缝纵横往往是滑动面埋藏不深的反映;裂缝单一或仅见边界裂缝,则滑动埋深可能较大;如果基础不大的挡土墙开裂,则滑动面往往不会很深;如果斜坡已有明显位移,而挡土墙等依然完好,则滑动面埋深较深;滑坡壁上平缓擦痕的倾角与该处滑动面倾角接近一致;滑坡体的差速造成裂缝两壁也会出现缓倾角擦痕,这同样是下部滑动面倾角的反映。

(5) 对岩体滑坡应注意调查缓倾角的层理面、层间错动面、不整合面、断层面、节理面和片理面等,若这些结构面的倾向与坡向一致,且其倾角小于斜坡前缘临空面倾角,则很可能发展成为滑动面。对土体滑坡,则首先应注意土层与岩层的接触面,其次应注意土体内部岩性差界面。

(6) 应注意调查滑动体上或其邻近的建、构筑物(包括支挡和排水构筑物)的裂缝,但应注意区分滑坡引起的裂缝与施工裂缝、不均匀沉降裂缝、自重与非自重黄土湿陷裂缝、膨胀土裂缝、温度裂缝和冻涨裂缝的差异,避免误判。

(7) 调查滑带水和地下水情况,泉水出露地点及流量,地表水自然排泄沟渠的分布和变迁情况等。

(8) 所有调查内容的填写参照《崩塌滑坡泥石流调查规范》(DD 2008—02)中的“滑坡调查表”。

2. 崩塌调查

勘查矿区主要调查已有的崩塌发生的时间、地点、规模、致灾程度、形成原因、处置情况等。扩大延深勘查矿区需调查高陡的矿山工业场地边坡、山区道路边坡、露天采矿场边坡、采空区山体边部等可能产生崩塌的危岩体特征、致灾范围、威胁对象、潜在危害及防治措施等。

崩塌调查要点基本与滑坡调查要点相同,所有调查内容填写在《崩塌滑坡泥石流灾害调查规范》(DD 2008—02)中的“崩塌调查表”上。

3. 泥石流调查

调查矿区潜在泥石流物源的类型、规模、形态特征及占据行洪通道程度等,泥石流沟的沟谷形态特征、可能的致灾范围、威胁对象、潜在危害程度及防治措施等。矿业活动导致的泥石流的发生时间、地点、规模、致灾程度、触发因素、处置情况等。

泥石流调查要点如下:

(1) 地层岩性、地质构造、不良地质现象,松散堆积物的物质组成、分布和储量。

(2) 沟谷的地形地貌特征,包括沟谷的发育程度、切割情况、坡度、弯曲、粗糙程度。划分泥石流的形成区、流通区和堆积区,圈绘整个沟谷的汇水面积。

(3) 形成区的水源类型、水量、汇水条件、山坡坡度、岩层性质及风化程度，断裂、滑坡、崩塌、岩堆等不良地质现象的发育情况及可能形成泥石流固体物质的分布范围、储量。

(4) 流通区的沟床纵横坡度、跌水、急弯等特征，沟床两侧山坡坡度、稳定程度，沟床的冲淤变化和泥石流的痕迹。

(5) 堆积区的堆积扇分布范围、表面形态、纵坡、植被、沟道变迁和冲淤情况；堆积物的性质、层次、厚度、一般和最大粒径及分布规律。判定堆积区的形成历史、堆积速度，估算一次最大堆积量。

(6) 泥石流沟谷的历史。历次泥石流发生的时间、频数、规模、形成过程、爆发前的降水情况和爆发后产生的灾害情况。区分正常沟谷与低频率泥石流沟谷。

(7) 开矿弃渣、修路切坡、砍伐森林、陡坡开荒及过度放牧等人类活动情况。

(8) 当地防治泥石流的措施和建筑经验。

(9) 所有调查内容填写在《崩塌滑坡泥石流调查规范》(DD 2008—02)中的“泥石流调查表”上。

4. 地面塌陷(地裂缝)调查

调查矿区地面塌陷(地裂缝)的发生时间、地点、规模、形态特征、影响范围、危害对象、致灾程度、处置情况等。扩大延深勘查的矿区应调查采空区的形成时间、地点、形态、范围、可能的影响范围、威胁对象、防治措施等。所有调查内容填写在《矿山地质环境调查评价规范》(DD 2014—05)中的“矿山地面塌陷、地裂缝调查表”上。

5. 含水层破坏调查

扩大延深勘查的矿区应对含水层破坏情况进行调查，主要调查矿山开采对主要含水层影响的范围、方式、程度等；含水层破坏范围内地下水位、泉水流量、水源地供水变化情况等；矿坑排水量、疏排水去向及综合利用量等；地下水中矿业活动特征污染物的种类、污染程度、污染范围及污染途径等。所有调查内容填写在《矿山地质环境调查评价规范》(DD 2014—05)中的“矿山地下含水层影响破坏调查表”上。

6. 矿区自然社会环境调查

调查内容包括地表植被、人口、建筑物类型、密度与分布情况,已有的工业对环境的污染情况,有无旅游区、文物保护区、自然保护区等。

14.4.3 矿区环境地质评价

14.4.3.1 区域稳定性评价

在全国地震烈度分区的基础上,根据矿区周边历史地震发生情况、断裂的活动性及工程地质条件,初步阐明区域稳定性及对工程建筑物的影响。

14.4.3.2 矿区水环境质量评价

1. 含水层结构破坏评价

扩大延深勘查矿区,依据调查区主要含水层的疏干程度、地下水位下降、泉水流量变化、地下水污染程度及对水源地供水的影响,综合评价含水层破坏的程度。其影响破坏程度分级如表14.22所示。

评价方法参照《矿山地质环境调查评价规范》(DD 2014—05)。

依据采矿方式、矿区含水层分布特征,分析采矿对含水层结构破坏的范围,预测含水层破坏的影响程度。依据评价结果,提出含水层结构破坏的预防、治理及监测的对策与建议。

2. 水质评价

(1) 地表水质量评价。在查明矿区地表水的物理性质、化学成分的基础上按《地表水环境质量标准》(GB 3838—2002)进行评价,其主要指标评价如表14.23所示。

表14.22 采矿活动对含水层破坏影响程度分级

严重	较严重	较轻
1. 矿床充水主要含水层结构破坏,产生导水通道; 2. 矿井正常涌水量大于10000 m^3/d; 3. 区域地下水水位下降; 4. 矿区周围主要含水层(带)水位大幅下降,或呈疏干状态,地表水体漏失严重; 5. 不同含水层(组)串通水质恶化; 6. 影响集中水源地供水,矿区及周围生产、生活供水困难	1. 矿井正常涌水量为3000~10000 m^3/d; 2. 区域地下水水位下降; 3. 矿区及周围主要含水层(带)水位下降幅度较大,地下水呈半疏干状态; 4. 矿区及周围地表水体漏失较严重; 5. 影响矿区及周围部分生产生活供水	1. 矿井正常涌水量小于3000 m^3/d; 2. 矿区及周围主要含水层水位下降幅度小; 3. 矿区及周围地表水体未漏失; 4. 未影响到矿区及周围生产生活供水

注:分级确定采取上一级别优先原则,只要有一条符合者即为该级别。

表14.23 地表水环境质量标准基本项目标准限值

单位:mg/L

项目	Ⅰ类	Ⅱ类	Ⅲ类	Ⅳ类	Ⅴ类
pH	6~9				
Hg≤	0.00005	0.00005	0.0001	0.001	0.001
Pb≤	0.01	0.01	0.05	0.05	0.1
Cd≤	0.001	0.005	0.005	0.005	0.01
Cr^{6+}≤	0.01	0.05	0.05	0.05	0.1
As≤	0.05	0.05	0.05	0.1	0.1
Cu≤	0.01	1.0	1.0	1.0	1.0
Zn≤	0.05	1.0	1.0	2.0	2.0

注:资料来源于《地表水环境质量标准》(GB 3838—2002)。

(2) 地下水污染评价。依据矿业活动的特征污染物,结合矿区地下水功能分区,依据《地下水质量标准》(GB/T 14848—1993)主要的污染物限值标准(表14.24),评价矿业活动对地下水水质的污染程度;

或以矿业开发前或对照区地下水相应污染物的平均值，对比评价矿业活动对地下水的影响程度。

表14.24　地下水质量分类指标

单位：mg/L

项目	Ⅰ类	Ⅱ类	Ⅲ类	Ⅳ类	Ⅴ类
pH	6.5～8.5			5.5～6.5，8.5～9	<5.5，>9
Hg	≤0.00005	≤0.0005	≤0.001	≤0.001	>0.001
Pb	≤0.005	≤0.01	≤0.05	≤0.1	>0.1
Cd	≤0.0001	≤0.001	≤0.01	≤0.01	>0.01
Cr^{6+}	≤0.005	≤0.01	≤0.05	≤0.1	>0.1
As	≤0.005	≤0.01	≤0.05	≤0.05	>0.05
Cu	≤0.01	≤0.05	≤1.0	≤1.5	>1.5
Zn	≤0.05	≤0.5	≤1.0	≤5.0	>5.0
Ni	≤0.005	≤0.05	≤0.05	≤0.1	>0.1

注：资料来源于《地下水质量标准》(GB/T 14848—1993)。

(3) 地表水、地下水污染等级评价。采用单项污染因子及综合污染评价方法，评价地下水污染的种类、范围及程度。评价方法参照《地下水污染地质调查评价规范》(DD 2008—01)，如表14.25所示。

表14.25　地表水、地下水、土壤综合污染评价分级

等级划定	综合污染指数	污染等级	污染水平
Ⅰ	$P_z \leqslant 0.7$	安全	清洁
Ⅱ	$0.7 < P_z \leqslant 1.0$	警戒线	尚清洁
Ⅲ	$1.0 < P_z \leqslant 2.0$	轻污染	轻度污染
Ⅳ	$2.0 < P_z \leqslant 3.0$	中污染	受到中度污染
Ⅴ	$P_z > 3.0$	重污染	污染相当严重

单项污染指数：

$$P = C_i / C_O \tag{14.30}$$

式中，P：单项污染指数；C_i：地表水、地下水某点样品中某污染物的实测含量（地下水单位为mg/L，土壤单位为mg/kg）；C_O：地表水、地下水或土壤国家标准中某污染物的限值（地下水单位为mg/L，土壤单位为mg/kg）。单项污染指数大于1，表明该污染物超过了国家地下水或土壤中相应的污染物限值，其值愈大表明超标愈严重。

综合污染指数：

$$P_z=\sqrt{\frac{(\max P_i)^2+(\overline{P_t})^2}{2}} \tag{14.31}$$

式中，P_z：地表水或地下水中综合污染指数；$\max P_i$：同一样品中多种污染物中最大的单项污染指数；$\bar{P}_i$：同一样品中多种污染物单项污染指数的平均值。

综合污染指数分级如表14.25所示。

14.4.3.3 矿山地质灾害评价

评价方法参照《矿山地质环境调查评价规范》(DD 2014—05)。

(1) 地质灾害规模等级划分如表14.26所示。

表14.26 地质灾害规模等级

地质灾害规模	巨型（$\times10^4$ m^3）	大型（$\times10^4$ m^3）	中型（$\times10^4$ m^3）	小型（$\times10^4$ m^3）
崩塌体积	≥100	10～100	1～10	<1
滑坡体积	≥1000	10～1000	10～100	<10
泥石流体积	≥50	20～50	2～20	<2
地面塌陷面积(km^2)	≥10	1～10	0.1～1	<0.1
地裂缝长(km)或影响宽度(m)	地裂缝长>1 km，地面影响宽度≥20 m	地裂缝长>1 km，地面影响宽度为10～20 m	地裂缝长>1 km，地面影响宽度为3～10 m；或地裂缝长≤1 km，地面影响宽度为10～20 m	地裂缝长>1 km，地面影响宽度<3 m；或地裂缝长≤1 km，地面影响宽度<10 m

(2) 评估地质灾害造成的人员死亡或直接经济损失,评价灾情等级;以地质灾害隐患威胁的人数或直接经济损失,评价其危害程度的等级。地质灾害灾情与危害程度评价如表14.27所示。

表14.27 地质灾害灾情与危害程度评价

灾情和危害等级	特大级(特重)	重大级(重)	较大级(中)	一般级(轻)
死亡人数(人)	>30	10~30	3~10	<3
受威胁人数(人)	>1000	100~1000	10~100	<10
直接经济损失(万元)	>1000	500~1000	100~500	<100

注:1. 灾情分级,即对已发生的地质灾害进行分级,采用"死亡人数"或"直接经济损失"栏指标评价。分级采用特大级、重大级、较大级和一般级,取两者最大指标为该等级。

2. 危害程度,即对可能发生的地质灾害危害程度的预测分级,采用"受威胁人数"或预评估的"直接经济损失"栏指标评价,分级名称采用特重级、重级、中级和轻级,取两者最大指标为该等级。

(3) 依据地质灾害的危险性及危害等级等,提出预防、治理及监测的对策建议。

14.4.3.4 地热及放射性异常评价

(1) 埋深较大的矿床或有地温异常的矿床,根据钻孔测温结果确定恒温带深度、地温梯度等,绘制不同中段等温线图,圈定热害范围。热水有开发利用价值时,应根据《地热资源地质勘查规范》(GB/T 11615—2010)进行评价。

(2) 有放射性异常时按《辐射防护规定》(GB 8703—88)和《铀矿地质勘查辐射防护和环境保护规定》(GB 15848—2009)进行评价。

14.4.3.5 矿区总体环境质量评价

根据地质环境现状及矿床开采引起的变化分为三类:

第一类:矿区地质环境质量良好,矿区附近无污染源,地表、地下水水质良好(Ⅰ、Ⅱ类),矿石和废石不易分解出有害组分。

第二类:矿区地质环境质量中等,采矿可产生局部地表变形,但对地质环境破坏不大;区内无重大的污染源,无热害,地表水、地下水水质较好(不低于Ⅲ类),矿坑排水对附近水体有一定污染;矿石和废石化学成分基本稳定,无其他环境地质隐患。

第三类:矿区地质环境质量不良,矿区水文地质、工程地质条件复杂,因采矿可带来严重的环境地质问题,如地面塌陷、山体开裂失稳、井泉干涸,有热害或矿坑排水以及矿石、废石有害组分的分解易造成对附近水体的污染,水体水质超过Ⅲ类标准。

14.5 矿床开采技术条件勘查类型及原始资料质量检查

14.5.1 矿床开采技术条件勘查类型

《固体矿产地质勘查规范总则》(GB/T 13908—2002)把固体矿产开采技术条件勘查类型划分为三类:

(1) 开采技术条件简单的矿床(Ⅰ)。

(2) 开采技术条件中等的矿床(Ⅱ)。

(3) 开采技术条件复杂的矿床(Ⅲ)。

Ⅱ类可进一步分为4个亚类:

① 以水文地质问题为主的矿床(Ⅱ-1)。

② 以工程地质问题为主的矿床(Ⅱ-2)。

③ 以环境地质问题为主的矿床(Ⅱ-3)。

④ 存在复合问题的矿床(Ⅱ-4)。

Ⅲ类可进一步分为4个亚类:

① 以水文地质问题为主的矿床(Ⅲ-1)。

② 以工程地质问题为主的矿床(Ⅲ-2)。

③ 以环境地质问题为主的矿床(Ⅲ-3)。

④ 存在复合问题的矿床(Ⅲ-4)。

14.5.1.1　开采技术条件简单矿床(Ⅰ)

主要矿体位于当地侵蚀基准面以上,地形有利于自然排水,或矿体虽位于侵蚀基准面以下,但含水层富水性弱,附近无地表水体,无水害;矿体围岩单一,力学强度高,结构面不发育,稳定性好,或矿床虽处于多年冻土区,但因长年冻结,工程地质问题不突出,无原生环境地质问题,矿石及废弃物不易分解出有害组分,采矿活动不形成对附近环境和水体的污染。

14.5.1.2　开采技术条件中等矿床(Ⅱ)

1. 以水文地质问题为主的矿床(Ⅱ-1)

主要矿体虽位于当地侵蚀基准面以上,地形有利于自然排水,但因矿体顶板有富水的含水层或断裂带对矿山生产造成危害;或主要矿体位于侵蚀基准面以下,主要充水含水层富水性中等,但地下水补给条件差,地表水体不构成矿床充水的主要因素,矿山排水可引起局部地面变形破坏,水体轻度污染,矿床工程地质、环境地质问题较简单。

2. 以工程地质问题为主的矿床(Ⅱ-2)

矿体围岩多为坚硬、半坚硬岩组,岩组结构较复杂,有局部软弱夹层或透镜体分布,各类结构面较发育,露采边坡可沿软弱夹层或不利结构面产生局部滑移,井采可在风化带、构造破碎带产生局部变形破坏,矿床水文地质、环境地质问题一般较简单。

3. 以环境地质问题为主的矿床(Ⅱ-3)

有热害、气害、放射性危害或不良地质作用危害等原生环境地质问题，矿床开采中需采取相应措施处理和预防，矿床水文地质、工程地质问题较简单。

4. 存在复合问题的矿床（Ⅱ－4）

矿床水文地质、工程地质、环境地质条件3种问题中含两种以上的矿床。

14.5.1.3 开采技术条件复杂的矿床（Ⅲ）

1. 以水文地质问题为主的矿床（Ⅲ－1）

主要矿体位于当地侵蚀基准面以下，主要充水含水层富水性强，地下水补给条件好，与地表水或相邻强含水层有密切的水力联系，存在富水性强的构造破碎带或岩溶发育带，矿坑涌水量大；矿床开采须采取强排水或专门防、治水措施，疏干排水可引起巷道变形破坏和地面沉降、开裂、塌陷、水体污染等工程地质和环境地质问题。

2. 以工程地质问题为主的矿床（Ⅲ－2）

矿体围岩破碎，各级结构面发育，构造破碎带、接触破碎带比较发育，地应力大，或矿体围岩主要为松散软弱岩层，或冻融层厚度大。矿床开采露采边坡滑移、巷道变形破坏普遍，并可诱发突水、突泥（沙）、地面变形破坏等环境地质问题，矿床水文地质、环境地质条件不复杂。

3. 以环境地质问题为主的矿床（Ⅲ－3）

矿床处于热、气、放射性异常区或区域稳定性较差的地区，或矿体围岩含有毒有害气体或易分解有毒有害元素和组分，或具有严重的自燃发火势。矿床开采可产生严重的热害、气害、放射性危害、环境污染或山体失稳等问题，需采取专门防治措施，矿床水文地质、工程地质问题不复杂。

4. 复合问题的矿床(Ⅲ－4)

矿床水文地质、工程地质、环境地质条件3种问题中含2种以上的矿床。

14.5.2　原始资料质量检查

为保证水、工、环原始资料真实、可靠，提高成果报告的质量，应建立定期检查、及时汇报的地质工作质量管理制度，建立项目组(包括作业班组和个人)、项目实施单位(分队)、勘查单位管理体系。对各项目实行逐级质量监控，明确职责，明确任务。

14.5.2.1　项目组(人)日常检查

1. 工程施工单位提供原始资料

1) 简易水文观测

简易水文观测原始资料包括钻进中孔内水位测量记录、冲洗液消耗量测量记录、孔内情况记录。这些工作均要求钻机上的工作人员承担，现在钻机上的工作人员多数为进城务工人员，没经过正规培训，责任心不强，随意编造简易水文观测资料较为常见，矿区水文地质人员必须不定期、不定时地对其进行检查。检查内容包括观测数据是否真实、观测方法是否正确、观测工具是否齐全等。

2) 抽水孔施工检查

抽水孔施工质量是抽水试验能否取得符合实际的水文地质参数的关键，水文地质技术人员要全过程跟踪检查，检查所使用的冲洗液种类是否符合要求，滤水管下入位置与设计书是否吻合，滤料及填砾是否符合要求，重点检查止水效果是否符合要求，常用的方法为压力差检查法和食盐扩散检查法。

3）抽水试验现场检查

检查试验方法是否正确，观测工具是否符合要求，水位及水量观测是否满足要求，检查观测数据是否满足稳定流的稳定时段要求等。

4）野外调查检查

检查野外调查方法是否正确、合理，现场检查定点点位与手图是否吻合，描述内容是否齐全、准确等。

2. 项目组对原始资料自检、互检

水、工、环项目组及作业人员应对所获取资料的客观性、真实性和准确性负责，对工程质量的合格性负责。

对所获得资料进行经常性和阶段性自检、互检工作，自检、互检率要达到100%。检查内容主要为第一手资料认识上的一致性，原始水、工、环地质编录的及时性，文字记录和素描的准确性，野外与室内认识的转承以及过渡性或综合性图件连图的合理性，文、图、表之间的相符性。检查和修改应有记录，如表14.28所示，检查者对修改情况应予以确认，并予以保存。

表14.28 矿区水、工、环地质勘查项目质量检查记录

矿区名称： 资料类别：

资料名称	存在问题	修改意见	修改情况	确认修改情况

水文地质员： 检查人： 校验人： 检查日期： 年 月 日

14.5.2.2 项目实施单位（分队）检查

项目实施单位（分队）应对设计的执行情况负责，对所获资料的系统性及其完备程度负责。质量检查分为不定期检查、定期检查和阶段

性检查。质量检查内容主要包括原始资料的管理是否规范,原始资料的日常整理是否及时,原始资料的收集是否真实可靠、是否符合规范要求和野外实际情况,各类样品的布置、采集及其原始编录质量情况,项目组的自检和互检情况等。

具体检查资料包括钻孔简易水文观测资料、岩心水文与工程地质编录资料、抽水试验资料。如安排有面积性的水、工、环调查工作,应有水、工、环调查手图,实际材料图及成果图件,野外调查相关记录,水样登记表、送样单与分析结果,并有水、工、环地质调查总结等。

对于所获资料,室内抽查20%~30%,野外实地抽查5%~10%。检查和修改应有记录(表14.28),检查者对修改情况应予以确认,并予以保存。

14.5.2.3　勘查单位职能管理部门(总工办)检查

应对工作部署和工作量使用的合理性、工作手段的有效性负责。对项目质量一般实行阶段性检查和野外验收。

质量检查内容包括:

执行设计情况,工作量完成情况,执行规范情况,质量活动的开展情况,综合整理和综合研究情况,实现预期成果的可行性,现有成果的可靠性以及水文钻探工程的质量。

对于所获资料,室内抽查10%~15%,野外实地抽查2%。检查和修改应有记录(表14.28),检查者对修改情况应予以确认,并予以保存。

对检查情况进行阶段性评议,野外验收提交勘查单位验收报告。

14.6 水、工、环勘查工程质量评估及报告编写

14.6.1 水、工、环勘查工作程度的质量评估

14.6.1.1 普查阶段

普查阶段水、工、环勘查结合地质勘查工作来做,不需要设计专门的水文地质工作,主要评述钻孔简易水文观测工作、完成比例、水文地质、工程地质编录情况。评价能否大致了解开采技术条件,包括区域和矿区范围内的水文地质、工程地质、环境地质条件。

14.6.1.2 详查阶段

评述水文地质测绘、工程地质测绘、环境地质调查工作范围、比例尺是否符合规范要求,能否基本查明矿区地下水补、径、排条件和边界条件;地下水动态长期监测能否初步掌握地下水动态规律;根据矿床充水类型和复杂程度判定水文地质钻孔数量是否达到规范要求;能否控制主要充水含水层和大的充水构造破碎带;工作量布置是否满足设计要求,评估总体能否基本查明矿区水文地质、工程地质和环境地质条件。

14.6.1.3 勘探阶段

勘探阶段工作是对详查阶段的补充,评估水、工、环调查能否查明矿区地下水补、径、排条件和边界条件;地下水动态长期监测点能否控制矿区地下水补、径、排区及不同类型含水层,能否达到查明地下水动态年内变化规律;根据水文地质勘查类型和矿床水文地质条件的复杂程度评述水文孔数量是否达到规范要求,能否查明充水岩层的富水性

和充水通道；完成的各项勘查工作能否详细查明矿区水文地质、工程地质条件，评价地质环境，为矿床的技术经济评及矿山建设可行性研究和设计提供依据。

14.6.2　勘查工程质量评述

14.6.2.1　水文地质试验工作

简述矿区哪些钻孔进行了水文地质试验(抽水试验、分层观测)及试验层位、目的等。

14.6.2.2　水文地质钻探

1. 钻孔口径和冲洗液的选择

评述试验段口径和冲洗液的选择是否与含水层的富水性和水文地质条件的复杂程度相适应，根据规范要求抽水试段口径不得小于91 mm，评述其是否满足要求。评述使用的冲洗液种类对抽水试验是否有不利影响。

2. 止水工作

为了使分层分段抽水试验(或分层观测)取得可靠的水文地质参数，严格封闭试验段顶底板地下水的人为通道。简述止水方法、止水材料，以及止水效果检查方法、程序、结果等。

3. 洗孔

采用活塞与压风机自下而上交替拉洗与试抽，经过多次往返洗孔，直到孔内出水达到水清砂净时，才转为正式抽水试验。

经过较长时间的试验过程，各试验段未发现水位与流量有系统增大现象，或曲线不正常等弊病，才能说明洗孔质量较好，能满足试验要求，否则质量较差，不符合要求。

14.6.2.3 抽水试验

1. 使用工具、试验方法

说明出水管、风管、测水管规格，水位、流量、水温观测采用的工具；采用稳定流还是非稳定流；观测频次是否符合要求。

2. 水位降低

凡矿区抽水试验钻孔，均按机械最大能力作大降深的抽水试验。稳定流抽水一般采取三次降深，当水量不满足三次降深时只进行一次最大降深，降深值不得小于10 m。评述矿床勘查抽水试验降深次数和降深值是否满足矿区水文地质、工程地质勘探规范要求。

3. 抽水延续、稳定时间与水位、流量的变幅

列表统计矿床各孔抽水试验延续时间、稳定时间、水位恢复时间及水位、水量在稳定时间段内的变幅，评述稳定时间和水位、水量变幅是否满足规范要求。评述涌水量与水位降低的关系曲线、单位涌水量与水位降低的关系曲线是否正常。

14.6.2.4 地下水、地表水动态长期观测

简述地下水、地表水观测方法、观测工具、观测频次，评述观测精度能否达到要求，统计漏测次数、漏测率。

14.6.2.5 样品采集

评述地表水样、地下水样、土壤样(颗粒分析、化学分析)、岩石物理力学样等样品采集方法、取样工具、样品规格、添加保护剂情况，样品测试承担单位资质情况，分析误差等。

14.6.2.6 简易水文观测

简述钻孔简易水文观测方法、频次、使用工具，钻进过程中的漏

水、坍塌、掉块、落钻等现象记录完整程度,说明未进行简易水文观钻孔的原因。列表统计钻进中水位观测率,如表14.29所示。

表14.29 钻进中水位观测率统计

观测率(%)	未观测	<60	60~80	≥80	合计
孔数(个)					
百分比					

14.6.2.7 封孔

简述封孔要求、封孔方法、封孔材料等,了解矿区是否存在未封钻孔或封孔质量差的钻孔,如存在,评价其未来矿坑充水的影响。评述封孔质量、取样验证情况(取样孔段百分比、验证合格率)。

14.6.3 报告编写

矿区水文地质、工程地质勘查报告一般应作为矿产地质勘查报告中的一章,当矿区水文地质、工程地质内容多,或进行了专门性勘查时,可根据具体情况单独编写,与矿产地质报告同时提交。

14.6.3.1 文字报告编写要求

1. 工作概况

简述矿区水文地质、工程地质勘查和环境地质调查评价的目的、任务、工作时间、完成的工作量和采用的工作方法以及其他必须说明的问题。

2. 水文地质

1) 区域水文地质

简述区域地形、地貌、水文、气象特征;含(隔)水层的岩性、厚度、产状与分布;含水层的富水性及地下水的补给、径流、排泄条件。

2)矿区水文地质

矿区在水文地质单元的位置,矿区地形地貌,最低侵蚀基准面标高和矿坑水自然排泄面标高,首采地段或开拓水平和储量计算底界的标高;矿区的水文地质边界。

含水层的岩性、厚度、产状、分布、埋藏条件、单位涌水量、渗透系数或导水系数、给水度或弹性释水系数,裂隙、岩溶发育程度、分布规律,控制裂隙及岩溶发育的因素;地下水的水位(水压)、水温、水质以及补给、径流、排泄条件;隔水层的岩性、分布、产状、稳定性及隔水性;确定矿床充水主要含水层的依据及其与矿层之间的关系。

主要构造破碎带对矿床充水的影响:构造破碎带的位置、性质、规模、产状、埋藏条件及其在平面和剖面上的形态特征,充填物的成分、胶结程度、溶蚀和风化特征,构造破碎带的导水性、富水性及其变化规律,与其他构造破碎带的组合关系以及沟通各含水层和地表水的情况。

地表水对矿床充水的影响:地表水的汇水范围,河水的流量、水位及其变化,历年最高洪水位的标高、洪峰流量及淹没的最大范围,地表水与地下水的水力联系情况及其对矿床开采的影响。对船采砂矿床,还应阐明河流枯、平、丰水期的河床宽度、深度、流速及河水位标高,采矿船过河地段的最小、一般和最大流速。

老窿水和生产井对矿床充水的影响:矿区内生产井的位置,开采的最大深度和最低标高,开采面积、产量、排水量和充水来源,历年来发生突水事故的次数、突水量和原因;老窿的分布范围、坑口标高、开采的最大深度及最低标高、积水情况及对矿床开采的影响。

3)矿坑涌水量预测

论证并确定矿区水文地质边界,建立水文地质模型、数学模型并论证其合理性;阐明各计算参数的来源,并论证其可靠性和代表性;对各种计算方法计算的结果进行分析对比，推荐可供矿山建设设计利用的矿坑涌水量，并分析涌水量可能偏大、偏小的原因。

4）矿区水资源综合利用评价

对矿坑水的供排结合及矿区作为供水水源的地下水、地表水、矿泉水和地下热水的水质、水量及其利用条件进行初步评价，如矿区内无可作供水的水源，则应指出供水方向，并提出进一步工作的意见。对盐类矿床上、下可能存在的卤水资源也应进行评价。

3. 矿区工程地质

1）矿区工程地质特征

论述矿体(层)围岩的岩性特征、结构类型、风化蚀变程度、物理力学性质，着重阐明较弱层的分布、岩性、厚度、水理和物理力学性质及其对矿床开采的影响。

阐明矿区所在地的构造部位、主要构造线方向，划分各级结构面并阐述各级结构面的特征、分布、产状、规模、充填情况、组合关系及优势结构面对矿床开采的影响。论述风化带深度和岩溶发育带的发育深度，蚀变带的性质、结构类型和分布范围，矿区内各类不良自然现象及工程地质问题。

2）矿区工程地质评价

(1) 露天边坡的稳定性评价。根据构成边坡岩体的岩性、物理力学性质和结构面发育程度、组合关系确定边坡类型；阐明软弱夹层的分布、产状、岩性、厚度、水理性质、物理力学性质及其对边坡稳定性的影响；着重说明首期开采地段中的长久性边坡地段的边坡特征；提出建议的最终边坡角，对各边坡的稳定性作出评价，并对评价方法的合理性进行论证；根据边坡和结构面的组合关系，预测可能出现滑动变形的地段，当有不稳定滑动块体存在时，根据需要进行边坡稳定性计算，并提出建议的最终边坡角。

(2) 井巷围岩稳固性评价。根据矿体及井巷围岩的工程地质特征,评述岩(矿)体的质量,对其稳固性作出评价,指出不稳定的因素、可能产生的工程地质问题及其部位,提出建议。

4. 矿区环境地质

(1) 评述矿区及其附近地区的地震历史,了解历年来地震的次数、位置及烈度,指出历史上出现的最高烈度,对区域稳定性作出评价。评述矿区目前存在的崩塌、滑坡、泥石流等地质灾害和环境污染问题。

(2) 预测矿坑水和其他污染源可能对地下水、地表水的水质造成污染的情况,提出保护地下水、地表水的建议;论述地表变形(地裂、塌陷、露采坑、废石堆)对地质环境的影响,论述矿山环保和复垦情况。

评述地下水、地表水的环境质量,确定水环境质量等级。

预测因矿山长期排水所产生的地下水位下降的深度、疏干漏斗的扩展范围及邻海矿区引起海水倒灌的情况,评述对当地居民生活用水、工农业用水的影响程度和影响范围。

(3) 预测疏干排水后可能引起的地面塌陷、沉降、开裂的范围和深度,对位于旅游风景点、著名热矿水点附近的矿区,还应评述其影响程度;对位于高山、陡崖、深谷的矿区,应预测矿床开采可能引起的山体开裂、危岩崩落、滑坡复活的范围和影响程度,提出防治地质灾害的建议。

(4) 对矿体(层)埋藏深度大于500 m的矿区,应阐明矿区内不同深度和各构造部位的地温变化和地温梯度,指出高温区的分布范围,并分析其产生的原因。

(5) 放射性本底值较高的矿床,应对放射性背景值及其变化规律进行论述,画出对人体有危害的高背景值区。

5. 结论

论述矿区水文地质、工程地质和地质环境的类型,论述勘查成果能否满足规范的要求,能否作为矿山建设的依据;简述矿区主要水文地质、工程地质环境地质问题的结论；指出勘查工作中存在的主要问题和开采过程中可能出现的问题，提出下一步工作的意见及防治的建议。

14.6.3.2　附图

1. 基本图件

(1) 区域水文地质图(含水文地质剖面图及柱状图)。

(2) 矿区水文地质图(含柱状图)及水文地质剖面图。

(3) 矿区工程地质图(含柱状图)及工程地质剖面图。

(4) 井巷水文地质工程地质图。

(5) 钻孔抽水试验综合成果图。

(6) 矿床主要充水含水层地下水等水位(水压)线图。

(7) 地下水、地表水、矿坑水动态与降水量关系曲线图。

(8) 矿坑涌水量计算图(附剖面图)。

(9) 钻孔工程地质综合柱状图(或典型钻孔工程地质编录柱状图)。

(10) 代表性照片。

2. 根据实际需要编制的图件

(1) 直接顶板(或直接底板)隔水层厚度等值线图。

(2) 底板含水层地下水等压线图。

(3) 地貌和第四纪地质图。

(4) 中段岩体稳固性预测图。

(5) 露天采矿场边坡稳定性预测图。

(6) 岩石强风化带厚度等值线图。

(7) 地热异常区等温线图。

(8) 矿区地质环境现状评价及发展趋势预测图。

(9) 岩溶发育程度图。

3. 矿区勘查主要水、工、环图件的编制

1）区域水文地质图

裂隙充水矿床的水文地质单元不大，一般不需要提供区域水文地质图；孔隙充水矿床和岩溶充水矿床的水文地质单元较大，一般需要提供区域水文地质图。

区域水文地质图在区域地质图的基础上编制，所采用的区域地质图比例尺、范围和图上表示的地质内容与区域地质图相同，可适当简化。通过表示在区域水文地质图上的地质构造、含（隔）水层情况，来了解区域内有关地下水的综合情况。

图上表示的内容有：

(1) 专门性的水文地质工程或与水文地质有关的探矿工程的位置和水文地质试验、观测、分析结果等。

(2) 各种天然地下水露头和水文地质观测的实际材料。

(3) 各含水层和隔水层的分布和埋藏条件。

(4) 水文地质单元分区。

(5) 代表性的水文地质剖面应能反映区域内含水层的分布与产状、地下水的埋藏、补给及排泄条件、地表水与地下水的关系等。

(6) 在复杂的水文地质条件下，可分别编制区域岩层含水性图、地下水的埋藏深度图（或地下水等水位线图、等水压线图）等。

2）矿区水文地质图（含柱状图）及水文地质剖面图

矿区水文地质图包括水文地质平面图、水文地质柱状图、水文地质剖面图。水文地质柱状图放在水文地质平面图左侧，主要反映含水层、隔水层的上、下关系，并用文字表述各含水层和隔水层的岩性、厚度、导水性、水位、水质等。图例放在水文地质平面图的右侧。剖面图一般单独编制。

矿区水文地质图是在相应的矿区地质图上编制的，应指出当地侵蚀基准面、洪水位的标高和位置。说明含水层和隔水层的分布、岩石含水性及其变化、供水边界、补给条件、地表水对开采的影响及矿床充水的主要控制因素。图上主要内容有：

(1) 矿体(层)的露头范围，隐伏矿体(层)的界线。

(2) 含水层和隔水层的分布及其有关地质、水文地质特征。

(3) 矿坑充水有关因素，如地表水体、老窿积水分布范围、岩溶发育带、地表岩溶塌陷区、地下水等水位线、等水压线、矿体(层)主要隔水层的等厚线、水文地质分区、底板突水危险性分区等。

(4) 视勘查程度增附工程地质、环境地质相应内容。

矿区水文地质剖面图比例尺一般与地质剖面比例尺相同，图上主要内容有：

(1) 各含水层和隔水层的地质时代、岩性、埋藏深度、厚度。

(2) 含水层的构造裂隙、破碎带、溶洞及岩溶发育带、流砂层等位置。

(3) 含水层的水位标高、水头压力、地表水体位置、泉水出露位置及标高。

(4) 各探矿工程(钻孔及坑道)位置、标高、深度，水文地质观测(钻孔涌水、漏水)及试验资料(包括抽水试验和水质资料)。

用黄、棕、蓝、红4种颜色分别表示4种不同类型的含水层，图面颜色总体色调应清淡。黄色表示松散岩类孔隙含水层，如砂层、砂砾石层等；棕色表示碎屑岩类孔隙裂隙含水层，如砂岩、砂砾岩等；蓝色表示碳酸盐岩类岩溶裂隙含水层，如石灰岩、白云岩等；红色表示结晶岩类裂隙含水层，如花岗岩、片麻岩等。有颜色的层位表示有地下水，颜色的深浅反映富水程度，富水程度较低的含水层颜色较浅；没有颜色的层位表示没有地下水，隔水层和第一层潜水水位以上不着色。

水文地质平面图和水文地质柱状图保持一致。

3) 矿区工程地质图(含柱状图)及工程地质剖面图

矿区工程地质图是综合反映矿区工程地质条件并给予综合评价

的图面资料。矿区工程地质图的编绘内容、形式、原则、方法等目前还不统一。

图上内容通常有地形地貌、地层岩性、地质构造、水文地质、物理地质现象等,并提出工作地质条件总体评价:

(1) 地形地貌:图上反映出地貌单元和地貌形态等级,大比例尺图上应对小型地貌形态甚至微地貌单元进行划分。

(2) 岩土类型:岩土类型单元划分及其工程地质特征、厚度变化的表示,先划分基岩和松散层。基岩按时代、岩相、岩性等划分,大比例尺图上可按岩体结构类型划分。松散土层按成因类型和工程地质类型划分。

(3) 地质构造:应把地层产状、褶曲和断层分别用产状符号、褶曲轴线、断层线表示,尤其是活动性断层应特别表示。小比例尺图上应划出构造单元,大比例尺图上应标明实际位置和延伸长度,典型地点裂隙率、裂隙玫瑰花图等。

(4) 物理地质现象:标明地震烈度、特殊岩土、岩溶发育带,以及坍塌、滑坡、塌陷、泥石流等不良地质作用的位置和范围。

(5) 工程地质分区:有条件的矿区可按工程地质条件及其对矿山工程的适宜性,划分为不同的区段,表示在图上。

(6) 工程地质柱状图:工程地质图是由一套图组成的,除以上主图外,还有工程地质柱状图,放在工程地质图左侧,该图与地质图上综合柱状图基本相同,不同之处是不按地层划分,而是按工程地质单元划分,各单元的物理力学性质指标应在图边列表说明。

(7) 工程地质剖面图:工程地质条件中等和复杂的矿床,应编制工程地质剖面图。工程地质剖面图应表示工程地质勘查线上的工程地质孔,必要时可进行投影表示。图上要表示地层时代及其代号、岩性、地层产状、断层、陷落柱、岩浆岩、矿层及采空区等。岩性用黑色花纹表示在地质孔和工程地质孔的左侧。

地质孔岩心采取率、工程地质孔和地质孔RQD值、岩石物理力学指标、波速测井曲线、地下水水位等要素放在地质孔和工程地质孔的右侧。

用黄、棕、蓝、红4种颜色表示4种不同的工程地质岩类(组)。黄色表示松散软弱工程地质岩类,如冲积层、黄土、泥岩等;棕色表示层状碎屑岩工程地质岩类,如砂岩、页岩等;蓝色表示可溶性碳酸盐岩工程地质岩类,如石灰岩、泥灰岩等;红色表示块状结晶岩工程地质岩类,如花岗岩、片麻岩等。颜色由深至浅反映岩石的强度——坚硬岩石、半坚硬岩石、软弱岩石3级。在断层破碎带、风化破碎带发育的矿区,则应利用颜色由深至浅的变化反映岩体质量分级——优、良、中、差、坏5级。图面颜色总体色调应清淡。厚大矿体用黑色方格花纹表示,其工程地质岩类、岩体强度或岩体的质量按工程地质图的着色原则进行着色。

4) 井巷水文地质、工程地质图

一般在井巷地质图基础上编制,标明构造破碎带、岩溶发育带、围岩蚀变带范围,滴水区、渗水区范围,以及出水点位置、长期观测点位置、水量、水温和水化学资料,绘制裂隙统计玫瑰花图等。

各种类型的出(突)水点应统一编号,并标明出水日期、涌水量,水位(水压)、水温及涌水特征。标明古井、废弃井巷、采空区老硐等积水范围和积水量。标注井下防水闸门、放水孔、防隔水岩(矿)层、泵房、水仓等。

5) 矿床主要充水含水层地下水等水位(水压)线图

矿床主要充水含水层地下水等水位(水压)线图是根据同一含水层中一定数量的井、孔在同一时间内测得的静止水位数据绘制而成的。

矿床主要充水含水层地下水等水位(水压)线图主要反映地下水流场特征,主要内容有:含水层、矿层露头线、断层线,水文地质孔、观测孔、井、泉的地面标高和地下水位(水压)标高。河、渠、塘、水库、塌陷积水区等地表水体观测点位置、地面标高和同期水面标高,地下水位(压)等值线各地下水流向。井下涌(突)水点位置及涌水量。一般在图中附有地形等高线和含水层顶板等高线,并利用它们了解承压水流向及其补给、排泄条件,以及计算地下水埋深和水头值。

6) 钻孔抽水试验综合成果图

抽水试验综合图表应包括水文地质钻孔柱状图、基本数据和计算成果表,不同条件下的抽水试验水位、水量历时曲线,还要选用以下图表:

(1) 抽水试验平面图。

(2) 抽水孔与观测施工技术剖面图。

(3) 多孔抽水试验稳定或相对稳定时段的地下水等水位线图。

(4) Q-S关系曲线和S-$\lg t$关系曲线图。

(5) 绘制导水系数分区图。

群孔抽水试验和试验性开采抽水试验还应提交抽水孔和观测孔的平面位置图、勘查区初始水位等水位线图、水位下降漏斗发展趋势图、水位下降漏斗剖面图、水位恢复后的等水位线图。

7) 地下水、地表水、矿坑水动态与降水量关系曲线图

编图资料要求:地表水监测频率为每月不少于3次,地下水位监测频率为每月不少于6次,泉水流量监测频率为每月不少于6次,矿坑水排水量统计频率为每月不少于6次。

曲线图要求:横轴表示时间,纵轴表示监测要素,比例尺应能反映监测内容的动态变化。

8) 矿坑涌水量计算图

矿坑涌水量计算图在矿区水文地质图的基础上编制,一般应标明先期开采地段范围,预测矿坑涌水量不同开采水平的范围,注明其标高。在水文地质条件简单的矿区,评价全矿区的正常涌水量和最大涌

水量,应标明计算边界。

14.6.3.3 附表

附表种类主要有:

(1) 钻孔静水位一览表。

(2) 钻孔(井)抽水试验成果汇总表。

(3) 钻孔简易水文地质工程地质综合编录一览表。

(4) 地下水、地表水、矿坑水动态观测成果表。

(5) 气象要素统计表。

(6) 风化带、构造破碎带及含水层厚度统计表。

(7) 矿坑涌水量计算表。

(8) 井(泉)、生产矿井和老窿调查资料综合表。

(9) 水质分析成果表。

(10) 岩(土)样试验成果汇总表。

(11) 工程地质动态观测资料汇总表。

(12) 矿区环境地质调查资料汇总表。

上述文字报告的编写内容和附图、附表适用于大中型矿床及水文地质、工程地质条件中等至复杂的矿区;水文地质、工程地质条件简单的矿区以及小型矿床可根据实际情况进行精简或合并。

第15章　地质矿产勘查测量

15.1　概述

地质勘查各个阶段都需要进行相应的测地测量，即“地质矿产勘查测量”。它可分为基础测量与工程测量两部分。基础测量主要是指对整个矿区的控制测量，以及大比例尺地形图的测绘。工程测量主要是根据矿产勘查需要所进行的各项工程（地质点、探矿工程点、剖面端点等）测量，包括设计、测设、定测及各种专题图纸的编绘等工作。

地质矿产勘查测量一般过程如下：

(1) 在矿区建立测量控制网。它是矿区地形图测绘及矿区各项勘探工程测量的基础，又是今后矿山建设及矿产开采的控制基础。

(2) 矿区地形测量。为地质勘探工程的设计、地质填图等提供地形底图。地形底图比例尺应依据矿种、勘查阶段任务、储量计算精度等要求确定，即执行相关规范的要求。

(3) 根据地质设计对各勘探工程点位置进行测设。

(4) 对地质点及探矿工程点的平面位置与高程进行定测。

上述各项工作应根据设计任务、相关规范要求、矿区地形地貌条件，充分收集、分析矿区有关测量资料，进行必要的现场踏勘，制定经济合理的测量工作方案，编写“××矿区地质勘探工程测量技术设计书”，呈报主管部门审批后，作为测量工作的依据。施测过程及外业结束后，应按规范要求对外业及内业进行核对、质检、整理，编写“××矿区地质勘探工程测量技术总结报告”，与“××矿区地质勘探工程测量技术设计书”等一并上交存档。

15.2　地形图图件分幅、坐标系统和高程基准

15.2.1　地形图图件分幅

地形图的分幅方法有两种:一种是经纬网梯形分幅法或国际分幅法;另一种是坐标格网正方形或矩形分幅法。前者用于国家基本比例尺地形图,后者用于大比例尺地形图。

我国颁布了《国家基本比例尺地形图分幅和编号》(GB/T 13989—2012)新标准,2012年10月开始实施。新的分幅与编号方法如下:

1. 分幅

1:1000000地形图的分幅标准仍按国际分幅法进行。其余比例尺的分幅均以1:1000000地形图为基础,按照横行数、纵列数的多少划分图幅。

2. 编号

1:1000000图幅的编号,由图幅所在的“行号—列号”组成。1:500000到1:5000图幅的编号由图幅所在的1:1000000图行号(字符码)1位、列号(数字码)2位、比例尺代码(字符码)1位、该图幅行号(数字码)3位、列号(数字码)3位共10位代码组成,如J50B001001。不同比例尺赋予不同的代码,如表15.1所示。

表15.1　比例尺代码

比例尺	1:500000	1:250000	1:100000	1:50000	1:25000	1:10000	1:5000
代码	B	C	D	E	F	G	H

某点的经纬度坐标确定之后,可以根据一定的公式计算其所在相

应比例尺的图幅号，具体计算方法可以参考《国家基本比例尺地形图分幅和编号》(GB/T 13989—2012)标准。

为了适应各种工程设计和施工的需要，对于大比例尺地形图，大多按纵横坐标格网线进行等间距分幅，即采用正方形分幅与编号方法。

地形图按40 cm×50 cm或50 cm×50 cm的矩形或正方形分幅，特殊地区可以自由分幅。

图幅的编号一般采用坐标编号法。由图幅西南角纵坐标x和横坐标y组成编号，1∶5000坐标值取至千米，1∶5000比例尺测图面积大于50 km^{2}时，其图幅的分幅和编号按《国家基本比例尺地形图分幅和编号》(GB/T 13989—2012)的规定执行。

1∶2000、1∶1000取至0.1 km，1∶500取至0.01 km。例如，某幅1∶1000地形图的西南角坐标为x=6230 km，y=10 km，则其编号为6230.0-10.0。带状或小面积测区可按测区统一顺序进行流水编号。

15.2.2 坐标系统

传统做法是平面坐标系统采用1980年西安坐标系或1954年北京坐标系。2017年5月，安徽省自然资源厅(原安徽省国土资源厅)转发国土资源部国土资发〔2017〕30号文，要求2018年7月1日前全区使用2000年国家大地坐标系，采用3°或6°带高斯正形投影。

当投影长度变形值大于2.5 cm/km时，可依次采用：

(1) 投影于高斯平面上的任意带的平面直角坐标系统。

(2) 投影于测区平均高程面或任意高程面上的任意带的平面直角坐标系统。

当测区面积小于50 km^{2}且无发展远景时，可直接在平面上计算。

1980年国家大地坐标系采用的地球椭球基本参数为1975年国际大地测量与地球物理联合会第十六届大会推荐的数据。该坐标系的大地原点设在我国中部的陕西省泾阳县永乐镇，位于西安市西北方向约60 km，故称1980年西安坐标系，又简称西安大地原点。基准面采用青岛大港验潮站1952年至1979年确定的黄海平均海水面（即1985年国家高程基准）。

2000年国家大地坐标系是全球地心坐标系在我国的具体体现，其原点为包括海洋和大气的整个地球的质量中心。Z轴指向BIH1984.0定义的协议极地方向（BIH国际时间局），X轴指向BIH1984.0定义的零子午面与协议赤道的交点，Y轴按右手坐标系确定。2000年国家大地坐标系采用的地球椭球参数如下：

长半轴：$a=6378137$ m

扁率：$f=1/298.257222101$

地心引力常数：$GM=3.986004418\times1014\ \mathrm{m^3\cdot s^{-2}}$

自转角速度 $\omega=7.292115\times10^{-5}\ \mathrm{rad\cdot s^{-1}}$

根据国家测绘地理信息局的要求，为更好地服务安徽的经济建设，安徽省测绘地理信息局建立了安徽省连续运行卫星定位服务系统（简称AHCORS），属于CGCS2000坐标系统，大地水准面精化精度较高，现已普遍在测绘工作中使用。

15.2.3　高程系统

高程控制采用1985年国家高程基准，使用该基准有困难的地区可采用1956年黄海高程系统或暂用独立高程系统。当采用独立高程系统时，应尽量与国家高程基准联测。

1956年黄海高程系统是根据青岛验潮站1950年至1956年验潮资料确定的黄海平均海水面作为高程起算面，测定位于青岛市观象山的中华人民共和国水准原点作为其原点而建立的国家高程系统。其水准原点的高程为72.289 m。

新的国家高程基准面是根据青岛验潮站1952年至1979年这27年

间的验潮资料计算确定的，将这个高程基准面作为全国高程的统一起算面，称为“1985年国家高程基准”。我国目前采用的“1985年国家高程基准”，其水准原点的高程为72.260 m。

15.3 各勘查阶段对测量的总体要求

“GB/T 33444—2016”第12.25条规定：普查、详查、勘探阶段与资源/储量估算相关的各种地质剖面、探矿工程、矿体等均应进行定位测量。当比例尺大于或等于1:2000时，应采用全站仪或全球卫星定位系统进行解析法定位测量。当比例尺小于1:2000时，除重点工程、特殊地质点或矿体标志外，其他定位测量可采用手持全球卫星定位系统接收机进行米级精度定位。地质点测量、剖面测量及探矿工程测量技术要求参见“GB/T 33444—2016”中附录D。

矿产勘查对测量的总体要求是：预查阶段为搜集测量资料；普查、详查、勘探阶段要开展矿区定位测量。其中，普查阶段一般不进行正规的地形测量；详查阶段要进行正规测量工作，如控制测量、地形测量、地质工程测量等；勘探阶段是对详查时的测量工作进行补充和新设计地质工作测量的完善，主要是地质工程测量。

15.4 测量主要技术要求和质量指标

15.4.1 平面控制测量

平面控制点是地形测量及地质勘探工程测量的基础。平面控制网可采用GPS测量、三角测量、边角组合测量和导线测量。测量方法的选择应根据测区面积、测图比例尺及矿区发展远景等因地制宜，做到技术先进、经济合理、确保质量、长期适用。

平面控制网的布设应遵循从整体到局部、分级布网的原则。其等级的划分,一般依次为三、四等和一、二级。各级平面控制网均可作为矿区测量的首级网。加密网视具体情况而定,可以越级布网。

15.4.2　平面控制点的精度及技术要求

三、四等平面控制网中最弱相邻点的相对点位中误差不大于0.1 m;一、二级平面控制网中最弱点相对于起算点的点位中误差不大于0.1 m。

平面控制点的密度一般应保持在图上500 ~1000 mm的间隔内有一个点,且应能全面控制测区的范围。

(1) GPS网按相邻点的距离和点位精度要求划分为三、四等和一、二级。

① 各等级GPS网的主要技术指标要求参见"GB/T 18341—2001"中的表13。

② 各等级GPS测量作业的主要技术要求参见"GB/T 18341—2001"中的表14。

③ 同步时段中任一三边同步环全长相对闭合差要求参见"GB/T 18341—2001"中的表15。

④ 异步(独立)观测环全长相对闭合差参见"GB/T 18341—2001"中的表15。

⑤ 复测基线的长度较差的限差d_s按式(15.1)计算:

$$d_s \leqslant \sqrt{2}\,\sigma \tag{15.1}$$

式中,σ:相应等级规定的精度(按基线长度计算)。

(2) 三角网按相邻点的距离和点位精度要求划分为三、四等和一、二级。

① 各等级三角网的主要技术指标参见"GB/T 18341—2001"中

的表4。

② 各等级三角网水平观测技术要求及方向法观测的各项限差参见“GB/T 18341—2001”中的表7。

③ 各等级光电测距导线(网)的主要技术指标参见“GB/T 18341—2001”中的表5。

④ 各等级测边网或边角组合网主要技术指标参见“GB/T 18341—2001”中的表6。

⑤ 各等级导线水平角观测的技术要求参见“GB/T 18341—2001”中的表8。

⑥ 各等级三角、导线水平方向观测记录及计算的取位技术要求参见“GB/T 18341—2001”中的表9。

15.4.3 距离测量的精度及技术要求

各等级平面控制网的起始边和边长均应采用相应精度的光电测距仪测定。

(1) 各等级边长测量的主要技术要求参见“GB/T 18341—2001”中的表10。

(2) 各级测距仪观测结果的各项较差限值参见“GB/T 18341—2001”中的表11。

15.4.4 高程控制测量

(1) 一般规定,测区的高程基本控制应为三、四等水准或四等光电测距高程导线。小面积测区且无发展远景时,亦可布设等外水准。当利用GPS进行高程测量时,经计算分析符合四等或等外水准测量精度要求的,可代替相应等级的水准测量。

各等级水准网(光电测距高程导线、GPS高程测量)最弱点高程中误差对起始点不大于0.05 m。

各等级三角点(导线点)、GPS点的高程,采用水准、光电测距高程导线、GPS高程测定或三角高程测定,其高程中误差不大于1/20等高距;当采用0.5 m等高距时,不大于1/10等高距。

(2) 各等级水准、光电测距高程导线的技术指标参见“GB/T 18341—2001”中的表17、表18。

(3) 各等级水准观测视线长度和高度指标参见“GB/T 18341—2001”中的表19。

(4) 各等级水准观测的技术指标参见“GB/T 18341—2001”中的表20。

(5) 水准观测、计算取位要求参见“GB/T 18341—2001”中的表23。

(6) GPS高程测量一般伴随平面控制测量进行,其观测技术要求同平面控制测量。GPS高程测量的外业观测与记录,应符合“GB/T 18341—2001”中第4.6.4条的有关规定。

15.4.5　地形测量的技术规定

15.4.5.1　一般规定

1∶1000、1∶2000、1∶5000比例尺地形图应清晰、易读,地物地貌表示和符号运用正确,各项元素测绘齐全,综合取舍恰当,并着重显示与地质勘查及规划设计有关的地物、地貌特征。

图根点是测制地形图和进行地质勘探工程测量的依据。布设图根点时,应兼顾地质勘探工程测量使用。

图根点对最近的基本控制点(三角点、导线点、GPS点)的平面位置中误差应不大于图上0.1 mm,对邻近水准点、基本控制点的高程中误差应不大于1/10等高距。

有条件的地区可以直接利用GPS点、AHCORS进行图根点的布设或者直接进行碎部测量成图。

15.4.5.2　成图方法

可以采用航空摄影测量、数字测图的方法成图，具体方法参见“GB/T 18341—2001”。基本要求是：

(1) 地形图的基本等高距：执行“GB/T 18341—2001”中表2的规定，1:1000为0.5～2.0 m，1:2000为1.0～2.0 m，1:5000为1.0～5.0 m。

(2) 地形图的精度：图上地物点对邻近野外控制点的平面位置中误差，平地、丘陵地不超过图上0.6 mm，山地、高山地不超过图上0.8 mm。

图上等高线插求高程点对邻近野外控制点的高程中误差不超过“GB/T 18341—2001”中表3的规定，一般为1/3～1 m等高距。当采用0.5 m等高距时，高程中误差不应大于0.25 m。

施测困难地区(大面积的森林、沙漠、戈壁、沼泽等)地物点的平面位置中误差、高程中误差均可放宽0.5倍。施测特别困难地区，无法按本标准规定的正常方法施测时，其成图精度及施测方法可结合测区具体情况拟定技术规定，报上级主管部门批准后实施。

15.4.6　地质勘探工程测量

地质勘探工程测量要求是：

(1) 地质勘探工程测量主要依据地形测量的成果成图进行，其平面及高程系统应保持一致。当尚未进行地形图测量时，地质勘探工程测量应布设相应精度的控制网(线)，以便于施测地形图时连测。

(2) 规范规定的地质勘探工程测量的标准，是指详查、勘探阶段的要求。普查阶段的勘探工程测量可根据矿区的具体情况、工作程度及地质工作发展远景，另定技术要求。

(3) 勘查线端点、工程点、剖面点由其附近的控制点用GPS测量、光电测距极坐标法、经纬仪视距极坐标法布设于实地。布设的精度要求按“GB/T 18341—2001”中的表56、表57、表58规定中误差的两倍执行。

(4) 勘查线剖面测量的技术要求按“GB/T 18341—2001”中的表56执行,一般图上平面位置误差为0.1~0.8 mm,高程中误差为等高距的1/8~1/3。

(5) 勘探工程点定位测量的技术指标要求参照“GB/T 18341—2001”中的表57。

(6) 勘探坑道测量的技术指标要求按“GB/T 18341—2001”中的表58执行。

勘查坑道导线测量终点的平面位置中误差,对导线起始点不大于0.3 m,高程中误差不大于0.1 m。当导线全长为400~1000 m时,平面及高程中误差可放宽0.5倍。

15.5 成图要求

15.5.1 地形图测绘内容及表示

地形图应表示各类控制点、地质工程点、居民地、独立地物、工矿企业建筑物和公共设施、道路及其附属设施、管线和垣栅、水系及其附属设施、境界、地貌和土质、植被、注记等。

在地形地质图上必须清楚反映其坐标系统、高程系统、测制日期、使用的图式、比例尺等。基本要求是:

(1) 控制点:地形图上控制点以相应符号表示,非埋石图根点根据需要表示,测站点图上不表示。如遇其复杂情况,按图式规定进行注记。

(2) 地质工程:各类地质工程(如钻孔、探井、探槽、坑口等)应准确测绘并按相应符号表示,坑口以小矿井符号表示,并加注“探”字。

与地质工作有关的矿井井口、废弃的井口、峒口、采掘场等应注意表示。

(3) 居民地:准确地测绘居民地的外轮廓,房屋外轮廓以墙基为准。散列式居民地或行列式居民地的测绘应反映房屋的疏密程度和特征,不得综合成一片。

1:2000、1:5000比例尺测图不区分房屋的建筑材料及层数。

(4) 工矿企业建筑物和公共设施:工矿企业建筑物和公共设施的测绘应能反映建筑物和设施的内容、性质、分布情况,其位置应准确测绘,并按规定的符号表示。

(5) 独立地物:各类独立地物是标定方向、确定位置的重要标志,应准确测绘。

(6) 道路及其附属设施:测绘道路应位置准确、等级分明、取舍恰当、线段曲直和交叉位置反映真实。道路及其附属设施按测图比例尺的不同,使用相应的图式符号表示。

(7) 管线和垣栅:用1:1000、1:2000比例尺测图时,固定的电力线、通信线均须表示,电杆、铁塔位置实测。电力线分为输电线、配电线,并以相应的符号表示。

1:5000比例尺地形图上一般只表示6.6 kV以上的高压线。通信线在地物密集地区一般只表示县级以上的线路,地物稀少地区固定线路亦应表示,只准确测绘线路的转折点。

(8) 水系及其附属设施:水系的测绘应主次分明、构成系统,主要建筑物如水闸、水坝、输水槽、溢洪道等均应表示并测注高程。

(9) 境界:在图上须绘出县和县以上行政区划界线,乡、镇、国营农、牧、林场以及自然保护区界线按需要测绘。如无特殊需要,乡镇以下的界线可以不测绘。

(10) 地貌和土质:各种自然形成的地貌形态,用等高线配合地貌符号和高程注记点表示。应注意与地质专业有关的露岩地、独立石、石块地、石垄、山洞、溶洞、石灰岩溶斗、崩崖、滑坡、陡崖、冲沟、岩墙等地貌的表示。一般应测注土堆、坑穴、冲沟、地裂缝的高度或深度,注至0.1 m。

(11) 植被:植被是地形图的要素之一,在综合取舍时应反映其基本比例与分布情况。测定其范围,配以相应符号表示。对有方位意义的植被应表示,如独立树等。

(12) 注记:居民地名称、各种说明注记、数字注记,以及山名、水系名称注记等是地形图的主要内容之一,是判读地形图的直接依据,必须准确注记。

15.5.2 地形简测图测绘

地形简测图是为了满足暂无相应比例尺地形图的普查区地质填图的需要而进行的简易地形图的测绘,其基本精度可较地形图精度的规定放宽0.5倍。

地形简测图的比例尺,根据普查区的大小及找矿远景,一般取用1:2000或1:5000。小于1:5000的地形图,应充分利用已有资料,一般不专门进行地形图测绘。

地形简测图采用的坐标系统和高程基准、图幅的分幅和编号以及基本等高距等一般应符合《地质矿产勘查测量规范》(GB/T 18341—2001)第3.2节和3.3节的有关规定,困难地区可采用独立坐标系。

15.6 测量成果质量要点

15.6.1 地质工程测量技术常见的问题

有的测量项目无方案设计，在工作中还有一些小型工程测量项目不进行方案设计就开展测量工作，有些往往存在以下具体技术问题：

(1) 在控制测量与碎部测量中可能难以对后期工作的需求进行认真考虑，造成后期工作的被动，增加整体测量方面的工作量。

(2) 在控制测量布网中可能使测区精度要求布局不合理。

(3) 可能使测区有的地方控制布网漏布，后期补充布网不仅会增加控制测量的工作量，还会使原有的统一性受到损害。

(4) 在片面追求节省经费、缩短工期的前提下，抛弃分级布网的基本原则，采用缺乏校核条件的一次性布网形式，其结果是缺乏误差控制方法，造成误差的过大积累，精度难以满足工程要求。

15.6.2 地质工程测量技术设计的方法

15.6.2.1 技术设计的依据

(1) 上级下达任务的文件或合同书。

(2) 有关的法规和技术标准。

(3) 有关地质工程测量产品的生产定额、成本定额和装备标准等。

15.6.2.2　技术设计的基本原则

(1) 技术设计方案应先考虑整体而后局部,且顾及发展;要满足用户的要求,重视社会效益和经济效益。

(2) 要从作业区实际情况出发,考虑作业单位的实力,挖掘潜力,选择最佳方案。

(3) 广泛收集、认真分析和充分利用已有的地质工程测量产品和资料。

(4) 积极采用适用的新技术、新方法和新工艺。

15.6.2.3　编写技术设计书的要求

(1) 内容要明确,文字要简练,标准已有明确规定的,一般不再重复,对作业中容易混淆和忽视的问题应重点叙述。

(2) 采用新技术、新方法和新工艺时,要说明可行性研究或试生产的结果以及达到的精度,必要时附上鉴定证书或试验报告。

(3) 名词、术语、公式、符号、代号和计量单位等应与有关法规和标准一致。

(4) 以工程项目的实际需要与工程特点为基础,以测量规范为准绳,以分级布网控制测量误差,确保校核条件控制测量质量,最大限度地保证测量成果的可靠性,实现测量工作的多、快、好、省。

15.6.3　地质工程测量质量管控的要点

地质工程测量质量管控的要点为:

(1) 地质工程测量技术设计对指导地质工程测量生产、提高地质工程测量产品的质量具有重要意义。要充分利用先进的控制测量技术、地形图测绘技术、全站仪野外数字测图、RTK测量技术等,提高地质工程测量的产品质量。

(2) 加强单位质量管理体系的运行力度,对地质工程测量的成果进行全过程控制,实行三级检查一级验收制(自查互查、过程检查、最终检查,委托单位验收),并保持记录,不断总结经验,提高地质工程测量的产品质量。

15.6.4 地质工程测量质量检查的重点

地质工程测量质量检查的重点为:

(1) 控制测量:控制点布设是否恰当,观测方法是否正确,已知数据是否满足起算要求,原始记录、记录计算有无错误,精度是否可靠,输出资料是否完整,精度统计是否齐全等。

(2) 地形地质图:地形地质图图廓格网坐标是否正确,分幅是否符合要求,图廓整饰内容是否完整,绘制地物地貌定位是否准确,地形要素表示是否齐全,综合取舍是否合理,高程注记点及数量能否符合要求,地物间间距、地物与图根点间距中误差是否符合规范要求等。

(3) 地质工程测量:勘查线端点、工程点、剖控点、钻孔放样、钻孔定测的方法是否正确,使用起算数据是否准确,检测数据能否满足规范要求等。

15.6.5 地质工程测量提交资料目录

测绘产品经检查验收后,应按工序或类别整理装订成册,并编制目录,测绘项目应提交技术设计书、技术总结和检查报告。除此之外,不同测绘工序(项目)还应按下列规定提交资料。

15.6.5.1 平面控制测量

(1) 控制点展点图。

(2) 控制点点之记。

(3) 外业观测记录,包括水平方向观测手簿、天顶距(垂直角)观测手簿、光电测距观测手簿、GPS观测手簿等。

(4) 仪器检验资料。

(5) 平差计算资料。

(6) 成果表。

15.6.5.2 高程控制测量

(1) 水准路线图。

(2) 水准点点之记。

(3) 水准仪、水准标尺检验资料。

(4) 水准观测手簿。

(5) 平差计算资料。

(6) 高程点成果表。

15.6.5.3 地形测量

(1) 图根点展点图。

(2) 外业观测手簿(若以RTK直接采集数据,可不提供)。

(3) 图根点计算资料(若以RTK直接采集数据,可不提供)。

(4) 图根点成果表。

(5) 数字测图的数据采集文件及数字地形图(DLG)。

15.6.5.4 地质工程测量定测

(1) 地质勘探工程分布图。

(2) 测线端点、工程点、钻孔定测等坐标成果表。

(3) 仪器检验资料。

第16章　固体矿产勘查、矿山闭坑报告的编制、评审、出版、汇交

16.1　固体矿产勘查报告编制

16.1.1　概述

固体矿产勘查报告,包括固体矿产勘查报告、矿山闭坑报告、资源/储量核实报告等,以下简称《报告》。

16.1.1.1　《报告》的结构与编写标准

建议以国标《标准化工作导则第1部分:标准的结构和编写》(GB/T 1.1—2009)为标准,部标《固体矿产勘查报告格式规定》(DZ/T 0131—94)为基础,将部标的"章、节、条、款"改为国标的"部分、章、条、段、列项",并以此作为《报告》的编写基础。

16.1.1.2　《报告》的性质和用途

《报告》是综合描述矿产资源/储量的空间分布、质量、数量,论述其控制程度和可靠程度,并评价其经济意义的说明文字和图表资料,是对勘查对象调查研究的成果总结。地质勘查报告可作为矿山建设设计或对矿区进一步勘查的依据,也可作为以矿产勘查开发项目公开发行股票及以其他方式筹资或融资,以及探矿权或采矿权转让时对有

关资源/储量评审认定的依据。

16.1.2　《报告》编写基本准则

16.1.2.1　依据规范编制《报告》

《报告》的编制务求达到"标准化"的水平。所谓"标准化",是指符合国家、行业的规范、规程、规定、要求等相关法规的要求。这些规范性的文件主要有:

1. 国标系列规范

(1)《固体矿产资源/储量分类》(GB/T 17766—1999)。

(2)《固体矿产地质勘查规范总则》(GB/T 13908—2002)。

(3)《矿产资源综合勘查评价规范》(GB/T 25283—2010)。

(4)《标准化工作导则》(GB/T 1.1—2009)。

(5)《科学技术报告、学位论文和学术论文的编写格式》(GB 7713—87)。

(6)《国家基本比例尺地图图式第1部分　1:500　1:1000　1:2000地形图图式》(GB/T 20257.1—2007)。

(7)《区域地质图图例》(GB/T 958—2015)。

(8)《矿区水文地质工程地质勘探规范》(GB/T 12719—91)。

2. 部标系列规范

(1)《固体矿产勘查/矿山闭坑地质报告编写规范》(DZ/T 0033—2002)。

(2)《固体矿产勘查原始地质编录规程》(DZ/T 0078—2015)。

(3)《固体矿产勘查地质资料综合整理研究技术要求》(DZ/T 0079—2015)。

(4) DZ/T系列18个相应单矿种的矿产地质勘查规范。

(5)《固体矿产勘查报告格式规定》(DZ/T 0131—94)。

(6)《地质资料汇交规范》(DZ/T 0273—2015)。

(7)《地质图用色标准及用色原则(1:500000)》(DZ/T 0179—1997)。

(8) 测量,实验测试,水、工、环相关规范。

(9) 国家和地方政府及上级的其他有关要求、指令和规定等。

16.1.2.2 按相应勘查阶段编写《报告》

固体矿产勘查每一阶段(预查、普查、详查、勘探)工作结束后,均应编写相应阶段的《报告》。也可根据勘查投资人要求,在该勘查项目结束时以全部勘查资料编写《报告》。勘查期间所放弃的勘查区块,应以放弃区块内已取得的资料为基础编写该放弃区块的《报告》。因项目中途撤销而停止地质勘查工作的,应在已取得资料的基础上编写《报告》。

16.1.2.3 《报告》务必客观、真实、准确

地质勘查报告务必客观、真实、准确地反映勘查工作所取得的各项资料和成果。

16.1.2.4 待编《报告》有坚实的基础

编写报告基础应满足相关规范的要求,它们是:

(1) 已经完成了设计的各项勘查工作和实物工作量。

(2) 勘查工作研究程度符合相关规范的技术要求和地勘研究程度,如有不足,应立即采取补救措施。

(3) 取准、取全第一性资料,并经过了综合研究,数据修约符合国标要求。

(4) 在项目野外验收合格、原始地质资料及综合整理研究成果通过了验收的基础上编写报告,报告提纲符合相关规范要求。

16.1.2.5 已进行了矿床开发经济意义可行性评价

在矿产勘查的普查、详查、勘探各勘查阶段，都应进行相应的矿产开发可行性评价工作。可行性评价的三个阶段中，一般矿种的矿产普查阶段只需开展概略研究；详查或勘探阶段要进行预可行性研究或可行性研究，如条件不具备，也可只作概略研究。

16.1.2.6 报告内容要有针对性、实用性和科学性

原始数据资料准确无误，综合研究分析简明扼要，结论依据可靠。要力求做到图表化、数据化。资源/储量的估算应采用计算机技术，提倡针对勘查工作的实际和适用条件，采用成熟的并经审定的新资源/储量估算方法，提倡采用计算机技术编写《报告》。

16.1.3 《报告》编写基本要求

16.1.3.1 野外验收合格

地质勘查野外工作结束前，应按照有关规范和勘查设计的要求，由勘查投资人或勘查单位上级主管部门组织，对勘查工作区的工作程度和第一性资料的质量进行野外检查验收。检查验收中发现的重大问题，应责成勘查单位在报告编写前解决。未经野外验收的，不应进行报告编写。

16.1.3.2 综合成果审定验收合格

地质勘查项目综合研究成果，包括综合图件等，须由勘查单位统一审定验收。验收合格后，由勘查投资人或其委托人对项目的综合整理研究成果进行总体验收，并出具“固体矿产勘查地质资料综合整理研究质量验收评定表”；国家出资的勘查项目综合成果，由勘查单位上

级主管部门组织验收。

16.1.3.3 《报告》提纲切合实际、符合规范要求

在编写《报告》前，报告编写技术负责人应结合矿种特点、勘查工作区实际情况以及勘查投资人的具体要求(供矿山建设设计使用的《报告》还应听取矿山设计单位意见)，根据规范要求，拟定切合实际的报告编写提纲。"DZ/T 0033—2002"附录A《固体矿产地质勘查报告编写提纲》，是勘探报告的编写提纲，可供参照。报告编写人应根据本项目勘查阶段、矿种特点、勘查工作区实际情况以及勘查投资人的具体要求，拟定切合实际的报告编写提纲，送勘查投资人批准。批准后的报告提纲在使用中如需作重大变动，应将变动后的提纲送勘查投资人审核同意。

16.1.3.4 制订高效能的报告编制作业计划

报告编写技术负责人根据批准的报告编写提纲组织编写工作，应制订作业计划，并在执行过程中随时检查，发现问题及时解决，保证报告编写按时完成。报告编写过程中，应定期进行质量检查，对需研究的各类问题，应及时组织讨论，统一认识，将结果准确客观地反映在报告中，但属于学术上的不同观点不需要在报告中论述。

16.1.3.5 报告应由报告正文、附图、附表、附件组成

矿业权人为保守商业秘密或适应政府的地质资料汇交管理的需要，可酌情将正文内容合理分册编写，每册单独装订。

16.1.3.6 报告名称规范化

统一为××省(市、自治区)××县(市、旗或矿田、煤田)××矿区

(矿段、井田)××矿(指矿种名称)××(勘查阶段名称)报告。"DZ/T 0131—94"规定,《报告》题名不得超过30个汉字。报告附图的图式、图例、比例尺等按照有关技术标准执行。

16.1.3.7　勘查资料要按规范要求立卷归档

勘查工作中形成的原始资料、报告编写中形成的综合资料(包括统计计算资料、图表),由报告编写技术负责人组织,按照有关技术标准的要求立卷归档。地质勘查报告按照政府有关矿产资源/储量评审认定的规定,经初审后送交评审认定,并由报告编写技术负责人按照评审中提出的修改意见对报告进行修改。评审认定后复制的报告,按照政府有关地质资料汇交的规定进行汇交。

16.1.3.8　评审认定文件附于报告中

评审认定文件要作为附件附于报告中。

16.1.3.9　地质勘查报告力求标准化

地质勘查报告的章节结构、编写和印制版式要力求标准化。

16.1.4　《报告》的结构和编写标准化

16.1.4.1　标准化依据

《报告》的结构和编写标准化依据的规范主要是"DZ/T 0033—2002""GB/T 1.1—2009""DZ/T 0131—94""GB 7713—87""DZ/T 0273—2015"等。

16.1.4.2 结构标准化

1. 概述

传统的地质勘查报告结构层次是:章、节,在节之下设一、二……,再下设(一)、(二)……,1、2……,(1)、(2)……等。

部标“DZ/T 0131—94”中,报告的结构层次是“章、节、条、款”,即章——1、2……,节——1.1、1.2……,条——1.1.1、1.1.2……,款——1.1.1.1、1.1.1.2……。它们不能满足国标要求。

国标“GB/T 1.1—2009”规定标准的结构层次是:部分——第1部分、第2部分……,章——1、2……,条——1.1、1.2……(进一步可细分为五个层次的条),段——不设编号,列项——a)、b)……,附录等。

本手册建议地质报告章节结构以部标“DZ/T 0131—94”为基础、以国标“GB/T 1.1—2009”为标准分为部分、章、条、段、列项等,如表16.1所示。

2. 部分

“部分”相当于地质勘查报告的各个独立分册,如地质部分、矿产部分、特种矿产部分等。

应使用阿拉伯数字从1开始对部分编号。可以连续编号,也可以分组编号。部分不能再分成部分。编号后的部分称为第1部分:××××,第2部分:××××,……。部分的名称的主体要素应与报告名称一致,而补充要素应不同,以便区分各个部分。

3. 章

“章”是报告内容划分的基本单元,相当于传统固体矿产勘查地质报告的章。

应使用阿拉伯数字从1开始编号。编号从绪论一章开始,一直连续编到结论。每一章都要有章的标题,放在编号之后。如:1　绪论,

2　区域地质……章的编号与标题之间空开一个汉字位置，之间不设标点符号。

表16.1　地质勘查报告结构层次

传统报告	部标：固体矿产报告格式“DZ/T 0131—94”				国标：标准化工作导则第一部分：标准的结构和编写“GB/T 1.1—2009”					
						条编号				
章、节、段	章编号	节编号	条编号	款编号	章编号	条	次条二	次条三	次条四	次条五
章 节 一、 (一) (二) … 1 2 … (1) (2) … 二、 …	正文 1 2 3 4 5 6 …	2.1 2.2 2.3	2.2.1 2.2.2 2.2.3 2.2.4	2.2.3.1 2.2.3.2 2.2.3.3	正文	1 2 3 4 5 6 …	2.1 2.2 2.3	2.2.1 2.2.2 2.2.3 2.2.4	2.2.3.1 2.2.3.2 2.2.3.3	2.2.3.3.1 2.2.3.3.1.1 2.2.3.3.1.2 2.2.3.3.1.3 2.2.3.3.1.4 2.2.3.3.2 2.2.3.3.3

4. 条

“条”是章的细分。它相当于传统报告的节以及“部标”中的节、条、款。应使用阿拉伯数字对条编号。如“4.2.1　矿石的矿物组分，4.2.2　矿石结构构造，4.2.3　矿石的化学成分……”。“条”进一步可以分多个层级的次级条，但最多只能分五个层次。

一个层次中有两个或两个以上的条时才可设条,如第10章中如果没有10.2,就不设10.1。

第一层次的条应设标题,并置于编号之后且空开一个汉字位置。第二层次(次条二)及以下层次的条,可设标题或不设标题,但要统一处置,在同一层次中,不能有的设标题有的又不设标题。可将无标题首句中的关键词或短语标为黑体,但不能列入目录。

5. 段

"段"是章或条的细分,段不编号。在章标题或条标题下,应避免与其下一层次条之间设段(称为悬置段)。

示例 1:

2.3　岩浆岩

区域岩浆活动比较频繁,岩石类型多种多样,有侵入岩、火山岩、次火山岩、呈岩体、岩墙和脉岩产出。主要岩浆活动时代有太古宙(蚌埠期)、古元古宙(中岳期)、中元古宙(凤阳期)、中生代(燕山期)等。

2.3.1　侵入岩

××××××××××××××

2.3.2　火山岩

××××××××××××××

本例中,在条"2.3　岩浆岩"与其下的次级条"2.3.1　侵入岩"之间设了一段总述性描述的段,这就是"悬置段",应避免这种设置。对此,可作如下技术处理:

2.3　岩浆岩

2.3.1　概述

区域岩浆活动比较频繁,岩石类型多种多样,有侵入岩、火山岩、次火山岩、呈岩体、岩墙和脉岩产出。主要岩浆活动时代有太古宙(蚌埠期)、早元古宙(中岳期)、中元古宙(凤阳期)、中生代(燕山期)等。

2.3.2 侵入岩

××××××××××××

2.3.3 火山岩

××××××××××××

6. 列项

列项应由一段后跟冒号的文字引出(报告中并列句也属此类,见以下示例)。在列项的各项之前应使用类型符号(“破折号”或“圆点”),见示例。在报告同一层次的列项中,使用破折号或圆点应统一。列项中的项如果需要识别,应使用后带半圆括号的拉丁字母编号,并在各个列项之前标示。如果还在带字母编号的列项之下进一步细分,则应使用带后半圆括号的阿拉伯数字编号,并在各分项之前标示。

示例2:

下列各类仪器不需要开关:

——在正常操作条件下,功耗不超过10 W的仪器;

——在任何故障条件下使用2 min、测得功耗不超过50 W的仪器;

——用于连续运转的仪器。

示例3:

仪器中的振动可能产生于:

·转动部件的不平衡;

·机座的轻微变形;

·滚动轴承;

·气动负载。

示例4:

本矿山地质环境保护与综合治理方案的编制,依据的法律、法规、技术资料主要有:

a) 法律、法规

1）中华人民共和国矿产资源法；

2）中华人民共和国环境保护法；

3）土地复垦规定；

4）安徽省矿山地质环境保护条例；

5）安徽省地质灾害防治管理办法。

b）工作执行标准

1）《安徽省矿山地质环境保护与综合治理方案编制技术要求(试行)》,安徽省自然资源厅(原安徽省国土资源厅),2008年；

2）《土地复垦技术标准(试行)》(UDC—TD)；

3）《土地开发整理项目预算定额标准》(财建字〔2005〕169号)。

c）基础资料:安徽省××市××区××矿区砖瓦用黏土矿资源/储量核实报告。

d）委托书:安徽省××市××区××砖瓦用黏土矿区矿山地质环境保护与综合治理方案编制委托书。

16.1.4.3 编写内容标准化

《报告》内容标准化,是指《报告》总体内容及各章、条内容的论述要按规范“DZ/T 0033—2002”附录A“固体矿产地质勘查/矿山闭坑地质报告编写提纲”(下称“报告提纲”)的要求编写。该报告提纲内容为10章,共若干条(节)：

1 绪论

2 区域地质

3 矿区(床)地质

4 矿体(层)地质

5 矿石加工技术性能

6 矿床开采技术条件

7　勘查工作及质量评述

8　资源/储量估算

9　矿床开发经济意义研究

10　结论

这是一个固体矿产地质勘探报告提纲，具有规范性质，报告编写人应以此为基础，从实际出发进行增减、取舍。本书根据“DZ/T 0033—2002”附录A拟出固体矿产勘查报告详细提纲，参见附录16中的附表16.6。

16.1.5　矿山闭坑报告编制

16.1.5.1　概述

矿山闭坑是指坑口、井区或露天采场，按照开采设计采空后或因意外原因而终止开采。一般来说，开采活动结束前一年，矿山企业应向原批准开办矿山的主管部门提出关闭矿山的申请(闭坑申请书)，提交闭坑地质报告。闭坑报告既是一个终止生产的请示报告，又是矿山生产建设历史经验教训的总结报告，编写时要坚持实事求是的科学态度，对资源远景的结论和资源回收利用程度的论述要有充分的科学依据，使闭坑工作不遗留问题。闭坑报告主要内容一般分为地质、测量与采矿、选矿生产诸部分。编写基本准则和编写要求可参见《固体矿产勘查/矿山闭坑地质报告编写规范》(DZ/T 0033—2002)附录C。

矿山闭坑工作按特定程序，需要向主管机关提交如下资料：① 闭坑申请书；② 矿山闭坑地质报告及审查意见；③ 已按规定缴费及复垦复绿等证明；④ 采矿许可证正、副本；⑤ 登记管理机关的其他资料等。

登记管理机关的其他资料有：① 关于要求采矿权注销的申请报

告;② 采矿权注销申请登记书;③ 采矿权使用费、出让金、矿产资源补偿费缴纳完毕凭证;④ 矿山地质生态环境治理履行情况,治理复绿备用金缴纳完毕凭证;⑤ 采矿权人义务履行情况证明材料;⑥ 矿山闭坑验收意见表复印件等。

16.1.5.2 矿山闭坑报告编写把握要点

固体矿产的矿山闭坑报告编制,与地质勘查报告相比,要重点阐明和评述矿山开采和资源利用情况、探采对比情况以及矿山开发对环境的影响等。

1. 矿山开采和资源利用

围绕矿产开采和资源利用阐述和评述如下内容:

(1) 评述矿山资源/储量的开采情况,包括设计利用量、历年采出矿量、开采方式、开拓系统、采矿方法、历年采掘工作量、选矿流程;矿产开发三率(采矿回收率、选矿回收率、综合利用率)实际达到情况,评述本企业与国家标准产生差距的原因。

(2) 对因开采形成的损失矿量(包括正常和非正常损失)、损失率、贫化率,批准非正常损失矿量的机构、批准理由等情况的评述。

(3) 工业指标实际运用情况及合理性评述。

(4) 资源/储量注销概况,剩余资源/储量及剩余原因的评述。

(5) 对共生、伴生矿产的综合开采、利用情况及矿石加工工艺的评述。

(6) 对地质情况的新认识、新发现,影响矿山开采的主要地质问题的总结。

2. 探采对比

(1) 对比探采的矿体形态、厚度、品位、顶板及底板位移、资源/储量(对比条件、绝对误差和相对误差)、构造变化等,以及对比开采技术条件的变化。

(2) 对勘查方法、手段、勘查工程间距、勘探类型及其确定的合理性的评述。

(3) 对资源/储量估算方法的评述。

3. 环境影响评估

侧重于评述因矿产开发造成的生态环境负面影响。包括:

(1) 地下水疏干范围、水位及其回复程度等情况的评述。

(2) 采区地质环境变化,包括采空区矿层顶板冒裂带高度、地面开裂、沉降、山体滑坡、坍塌等变形破坏范围及程度,露天采场及其边坡崩落范围等情况的评述。

(3) 水体污染及其自净情况的评述。

(4) 废弃物的堆放情况、综合利用与处理。

4. 其他

(1) 简要评述矿山生产的经济、社会、资源效益。

(2) 矿山闭坑资源/储量的核销结论及能否作为闭坑的依据。

(3) 剩余资源/储量的处理建议、废矿坑利用建议、环境及地质灾害治理建议。

16.1.6 固体矿产资源/储量核实报告编制

16.1.6.1 概述

固体矿产凡因资源/储量进行分割、合并[因矿业权设置、变更、(出)转让或矿山企业分立、合并、改制等],改变矿床工业指标及矿产工业用途,工程建设项目压覆等,致使矿区资源/储量发生变化,均需重新估算查明的或结算保有的(剩余、残留、压覆的)资源/储量,进行矿产资源/储量核实,编制矿产资源/储量核实报告。

编制矿产资源/储量核实报告的规范依据是:国土资源部《关于印

发〈固体矿产资源/储量核实报告编写规定〉的通知》(国土资发〔2007〕26号),《关于征求〈固体矿产勘查采样规范〉(征求意见稿)等三个新制定规范意见的函》(国土资矿评函〔2012〕70号)(三个新规范分别为《固体矿产勘查采样规范》《勘探矿产勘查设计编写规范》《固体矿产资源/储量核实报告编写规范》)等。

上述"征求意见稿"将固体矿产核实报告划分为查明、占用和压覆资源/储量核实报告三类。

固体矿产查明资源/储量核实报告是指勘查阶段提交尚未开采的、已经过主管部门备案、登记的固体矿产资源/储量,因矿业权范围、矿产工业指标发生变化,或者开展可行性评价的原因等,致使登记的矿产资源量可能发生变化,为核清矿产资源/储量现状而编写的固体矿产资源/储量核实报告。

固体矿产占用资源/储量核实报告是指矿山占用的固体矿产资源/储量。因采矿权范围发生变化、矿产工业指标发生变化、矿山开采动用、矿产地质勘查等,致使登记的矿产资源量可能发生变化,为核清矿产资源/储量现状而编写的固体矿产资源/储量核实报告。

固体矿产压覆资源/储量核实报告是指已建或拟建铁路、公路、工厂、水库、输油(气)管道、输电线路、通信设施及各种大型建筑物或建筑群等建设项目,以及河流、湖泊、名胜古迹、依法设立的自然风景区和自然保护区等压覆矿产资源,需对压覆的矿产资源量进行核实而编写的固体矿产资源/储量核实报告,包括拟建项目和事实压覆。

核实报告必须进行评审。核实报告评审时需要提交的文件有:① 矿产资源/储量评审申报表;② 有效的勘查许可证或采矿许可证副本(复印件),或者划定矿区范围的批文;③ 矿产资源/储量报告编写单位的勘查资格证、探矿权人或采矿权人对提交资料真实性的书面承诺书;④ 勘查许可范围或采矿许可范围或划定矿区范围与矿产资源/储量计算范围的叠合图;⑤ 以往批准矿产资源/储量所依据的勘查报告以及相关批文;⑥（预)可行性研究报告或项目初步设计以及相关批文;⑦ 核实报告矿产资源/储量变化情况表。

经过评审的核实报告需要备案并进行资料汇交。

16.1.6.2　资源/储量核实报告编写把握要点

资源/储量核实的核心是:查清资源/储量、开采技术条件等的变化情况,总结新资料、新认识。报告重点是突出说明各种变化。应把握如下要点:

(1) 核实报告适用范围。凡矿区资源/储量发生变化,需重新估算查明的或结算保有的资源/储量,须进行矿产资源/储量核实,编制矿产资源/储量核实报告。包括:

① 矿业权设置、变更、(出)转让。

② 矿山企业分立、合并、改制等须对资源/储量进行分割、合并。

③ 改变矿产工业用途或矿床工业指标。

④ 工程建设项目压覆。

(2) 核实依据:最近一次经过评审备案的勘查报告或者核实报告。

(3) 具体要求:除收集整理矿区原有的探、采资料外,主要利用矿山现有探、采工程,核查矿区地质构造、矿体特征、矿石特征及开采技术条件的变化,重点补充矿层厚度、矿石质量、开采技术条件等方面资料,圈定采空区范围,核实矿区资源/储量。

(4) 核实范围:核实报告的核查范围(边界、面积、标高、深度等)原则上应与原勘查范围(矿权范围)保持一致。若因矿业权设置被分割,或范围发生变化,须详细叙述变化范围、变化原因、批准变化的单位,并与原报告对应范围的资源/储量进行对比。附矿业权范围(开采许可范围)、核实范围、资源/储量估算范围(拐点坐标)叠合图。

(5) 资源/储量估算。

① 工业指标:说明工业指标确定依据、指标内容和要求。一般采用原报告的工业指标。如有变更,要说明变更依据、变更内容、设计单位的工业指标推荐书或论证报告和批准单位。

② 资源/储量估算:采空区边界应为本次实测所得。资源/储量计算参数,如矿层厚度、面积、平均品位、特高品位、平均体重、矿体边界、消费的资源/储量等资料的测定(获取)必须真实可靠。资源/储量估算方法一般与原报告相同,应说明其合理性。

③ 在原报告基础上,按许可证范围对压覆矿产资源、采空区以及保有矿块范围等进行块段划分,并分块段进行资源/储量估算。

④ 核实报告估算的消耗(开采、损失)、保有资源/储量,应与原报告计算或统计(或分算)的资源/储量进行对比,并陈述变化因素。核实的资源/储量应注明截止时间,并分别按矿体(层)对消耗、保有、累计查明的资源/储量进行统计。设置矿业权的还应按许可证范围内、外分别统计,不得直接用原报告资源/储量减消耗量求保有量。矿区中各种压矿、资源/储量估算应有压覆矿产资源批准文件为依据,未曾批准的事实压覆应在本次核实工作中一并核清,以专门章节叙述。

(6) 参与资源/储量核实的各项勘查工程、采样测试质量、测量数据必须符合相关技术标准、规范、规程、规定的要求,质量达到合格以上,报告应对质量予以述评。

(7) 核实的主要结论、建议应清晰、明确。

16.2 《报告》评审

16.2.1 概述

16.2.1.1 题引

本条阐述了《报告》的评审意义、目的、任务、评审级别、评审的性质和特点、评审的依据、评审侧重点，对关注要点作了点评。在如下方面进行了归纳、总结和建议：

(1) 将固体矿产勘查地质报告评审归纳为四个层级，阐述了各个层级评审的性质、工作内容、基本条件、评审依据及标准、评审机构等。

(2) 提出了勘查单位要设置报告送审稿内审质量等级门槛。

(3) 总结了各勘查阶段矿产勘查报告评审侧重点；对固体矿产地质勘查报告评审关注要点进行了点评，阐述了矿产勘查报告常见缺陷及其校正建议。

16.2.1.2 《报告》种类

地质报告是勘查单位勘查成果的集中表述，它涵盖了地质及矿产调查、矿产勘查和勘查技术服务、地矿社会服务诸方面的勘查成果。地质报告种类繁多，有区域地质调查报告，区域矿产调查报告，区域水、工、环地质调查报告，矿产资源勘查报告，各类地矿科研报告，资源/储量压覆、核实、分割报告，矿山动态检测报告，矿山资源/储量年报，矿山闭坑报告，水、工、环勘察报告，地质矿产勘查设计(实施方案)，其他地矿服务(勘查技术服务)的专项地质报告等。本书重点阐述固体矿产地质勘查报告评审。

16.2.1.3 《报告》评审的目的意义

由于固体矿产地质勘查报告(以下简称“地质勘查报告”)是作为矿山建设设计的依据或对矿区进一步勘查的依据,是矿产勘查及开发项目筹资、融资以及矿业权转让的依据,也是政府部门开展矿产资源管理工作和有关单位开展科研、教学的重要技术资料,因此,以国家现行标准对地质勘查报告进行评审,对矿产勘查及其成果报告的客观真实、正确可靠、质量合格给予确认,将对矿山未来开采的经济性,对矿区进一步勘查、规避风险,以及政府部门对矿产资源进行有效、合法、合规、合理管理等产生重大影响。

16.2.1.4 《报告》评审的任务

主要依据矿产勘查项目任务书、设计书、设计审批意见、合同书、野外工作验收意见书及有关规范、规程、规定等,对勘查项目完成情况及成果质量进行检查验收和评审,包括对勘查报告资料齐全程度,报告编写质量,资料与成果吻合程度及质量,勘查工作部署、方法手段合理性和勘查任务完成情况,工业指标、矿体圈定、资源/储量估算的合理性和准确性,矿石加工技术研究,综合研究水平,矿床开采条件勘查,矿床开发经济评估等方面进行全面、规范、客观、准确的评审,为以后矿产勘查、矿山设计、矿业权管理、筹资、融资等提供可靠的地质、资源/储量、开采技术条件和技术经济依据。

出版前审查的主要任务是:从成果报告是否符合出版制印标准化要求的角度审查。

16.2.2 《报告》评审的依据

固体矿产勘查地质报告评审的依据主要有政策、法规依据,文档依据,技术依据,业主合理要求等。

16.2.2.1　政策、法规依据

主要是国家和地方对矿产勘查现行的相关政策、法规、规定，包括省及地方的矿产规划、勘查深度、安全距离、三边三线、矿种及矿山规模准入规定等。

16.2.2.2　文档依据

主要是矿产勘查项目任务书、设计书、设计审查意见书、设计批复意见书、设计调整批复意见、勘查合同书等，上级下达的各类指令、野外验收意见书、原始地质资料和综合成果（定稿）评审书文件等。

16.2.2.3　技术依据

主要指矿产勘查必须遵循的各项规范，包括各个相关专业的矿产勘查规范。

16.2.2.4　业主合理要求

指业主根据其企业实际需要对矿产勘查提出的一些超出规范的合理要求，它们在勘查设计、设计批复、勘查合同中将得到体现和批准，如环境保护三线三边规定、高速公路可视点范围等。

16.2.3　《报告》评审级别

16.2.3.1　评审层级

《报告》评审可分为项目内部预审、勘查单位初审、上级（投资者或其委托人）评审验收三个级别和出版前的检查，如表16.2所示。

表16.2 《报告》评审层级

报告评审：
- 项目内部预审:检查性、校对性的全面评审
- 勘查单位初审:报告送审稿质量把关评审
- 上级(投资者或其委托人)评审验收:用户验收评审
- 出版前报告检查:成果报告出版检查

16.2.3.2 项目内部预审

1. 性质

这是检查性、校对性的全面评审,是由项目组组织的内部预审。要编制项目组预审意见书。

2. 工作内容

对脱稿后的报告初稿,以设计及设计评审意见书、任务书、合同、投资者的要求和相关勘查规范为依据,对项目的执行情况、取得的成果、三级质量检查及野外验收意见整改情况、资料齐全程度等进行全面的检查、核对和总体预审。主要有:

(1) 勘查范围与设计范围、矿业权法定范围协调一致,勘查的矿种符合设计要求,勘查工作紧紧围绕项目总体目标、任务,且达到了预期效果。

(2) 设计的总体目标、任务及计划工作量已经完成;工作部署、工作方法合理、有效、合规。

(3) 三级质量检查验收合格,原始地质资料验收合格,三级质量检查意见和野外验收意见得到了充分整改、落实,补课工作已按要求完成;原始地质资料和综合图件资料已定稿且定稿手续齐全,责任签名齐全。

(4) 报告的图、文、表资料齐全、完善,相互吻合;报告章节安排符合矿区实际且满足规范要求;资料成果质量合规,各项资料得到充分

恰当利用，报告各项结论依据充分。

(5) 勘查控制程度满足设计和规范对所勘查矿种相应勘查阶段的要求。

(6) 勘查工作、探矿工程、样品布采等质量较好，原始编录及综合编录质量合格，样品加工技术合规，储量计算参数获取及储量计算公式选择正确，数据计算准确，开采技术条件的勘探符合规范要求，矿床开发经济评估客观、正确。

(7) 工业指标的确定合理合规，适用于所勘查矿产的实际。

(8) 矿体圈定地质依据充分，资源/储量估算参数获取和储量计算公式的选择正确，数据计算准确；各级储量的块段划分和查明储量占比合理、恰当。

(9) 地质研究程度和综合研究水平满足规范对该矿种相应勘查阶段的要求。查明了矿体特征、矿石物质组分赋存特征、空间变化规律，查明了矿石类型及采选冶性能，查明了矿床开采技术条件，矿床成因及找矿方向等论证依据充分、结论准确。

(10) 对矿区开采条件勘探满足规范要求；矿山地质环境现状和未来矿山开发水、工、环工作建议及地质环境保护建议依据充分，意见客观、正确。

(11) 矿床开发经济评估客观、恰当，符合我国当前技术经济水平：对矿床开发的内、外部条件，技术加工条件，经济条件，环境许可条件等的勘查和结论性的论述客观、合理，概略研究及可研、预可研所采用的各项基础参数(如未来企业规模、企业内部收益率、现金折旧率、劳动生产率、产品生产成本、销售价格、负税率等)合理，计算公式选用正确，结论明确、客观、准确。

(12) 报告格式符合标准化要求，报告章节结构规范，综合图件表格资料齐全、美观，综合成果及各资料间相互吻合，汉字、数字、计量单位、符号的使用规范，版式、图式图例、责任签及报告文、图、表的格式达到规范要求。

(13) 项目组全体成员进行了会审,发扬了技术民主,不同的学术观点得到了充分表现,实现了报告学术观点主线鲜明、贯穿始终,论点依据充分,且留有不同学术观点的表述空间(可以专题研究或综合研究报告附件的形式附于报告后)。

(14) 报告资料分门别类整理装袋,初步达到立档要求。

3. 必备条件

(1) 项目各项勘查工作已经完成;项目已经通过野外验收,原始地质资料三级质量检查合格并已定稿,综合整理研究成果质量检查合格及通过验收并已定稿。

(2) 各项质量检查意见已经得到了落实,野外验收要求的补课工作已经完成。

(3) 对矿床成因、找矿方向等重大问题开展了充分研讨,相关认识得到了初步统一,报告学术主线鲜明、贯穿始终,论点依据充分。

(4) 完成了报告编制,提交了文、图、表、实物等全套资料。

(5) 各项资料已经登记造册、系统整理,大致达到立档水平。

4. 评审组织机构

以项目组为主体,自行组织,项目组全体人员参加。

16.2.3.3 勘查单位(地质大队)初审

1. 性质及工作内容

勘查单位报告评审是对送审稿的质量进行把关,是报告的初审。工作内容侧重于评审报告内容齐全和符合勘查设计及勘查规范的程度,评审报告结构格式规范化和标准化程度,把关报告的质量和通过报告评审培养人才等。

(1) 评审内容方面:勘查单位的报告评审,除要评审报告资料齐全程度、内容规范化程度、论述准确程度之外，还要对上级所要求的（包括野外验收及报告评审两个阶段）地勘补课的任务完成情况、报告内容的补充修改情况、对勘查合同及业主合理要求满足程度、综合研究水平提高程度、数据计算准确性、原始地质资料与综合成果吻合程度、资源/储量估算（合规、合理、精度、各级储量占比）等方面有所侧重。

(2) 报告结构格式规范化、标准化：要以“DZ/T 0033—2002”“DZ/T 0131—94”及“GB/T 1.1—2009”等规范为主要根据，对报告的章节结构格式，报告文字、图件、表格中文字和数字表述、计量单位、公式符号、标点符号等的使用，报告名称和图件名称、表格种类及格式、图件内容、图式图例等规范化程度，报告的排版、制印、出版（装订）标准化符合度等重点关注。

(3) 质量把关：勘查单位的报告评审，包括对报告送审稿初审阶段的质量把关，上级评审后报告修改、补充的中间阶段质量把关以及报告提交、出版、印刷前的最终把关。这几个环节均不可缺失。

(4) 资源/储量评审：资源/储量计算的合规、合理和准确性，包括级别和块段划分符合相关标准，工业指标、计算方法、技术参数、计算公式选用正确，计算准确，矿体圈定合理准确，地质研究充分，储量占比、储量精度合规等。

2. 须具备的基本条件

勘查单位评审验收是勘查单位向上级（或投资者）提交报告送审稿之前的质量把关审查。勘查单位初审时勘查项目须具备如下条件：

(1) 通过了野外工作验收并按野外验收意见完成补课工作，按设计和任务书完成了各项勘查工作，按规范完成了报告编制，提交了报告全部资料。

(2) 报告的原始地质资料和综合成果资料达到了定稿水平并已定稿。

(3) 报告通过了项目组预审,并按预审意见完成了修改补充。

(4) 报告技术资料齐全,包括项目任务书,设计及设计审查、批复意见,设计调整及批复意见,三级质量检查意见书,野外工作验收意见书和补充工作的报告,文字报告(初稿)及附图、附表、附件,物化探等专题报告及审查、验收意见书,相关的实物资料等。

3. 评审依据和标准

设计及其评审意见书、矿产勘查合同、三级质量检查意见书、上级野外验收意见书、相关的矿产地质勘查规范、上级的各项规定等。

4. 评审组织机构

勘查单位初审(内审)由单位技术负责人主持,由单位技术负责人或其委托人组织评审小组开展评审。可参照《安徽省省级地质工作项目成果报告评审暂行办法》(皖国土资〔2009〕98号)的办法及附件"质量等级评分表"。对成果报告质量进行内审评定的等级,不合格或勉强达到合格的报告(75分以下),要责成项目组采取提高报告质量的措施,直至达到良好级(75分以上)时,才算完成报告送审稿的编制,才可向上级报请评审。

5. 送审稿的内审质量等级门槛

建议勘查单位设置送审稿达到的内审质量等级门槛,内审送审稿的质量等级不低于良好级。

勘查单位评审要形成勘查单位初审意见书,且与报告送审稿一并报审。

16.2.3.4 上级(出资者)或其委托人(机构)评审验收

1. 性质

由上级机关或出资人委托授权有资格的人对勘查报告进行评审验收,这是依据国家标准和行业标准、代表国家和行业对矿产地质勘查报告的最终评审验收,属于用户评审验收性质。

2. 评审内容

据皖国土资〔2009〕98号文件,矿产资源成果报告评审的主要内容为:

(1) 报告编写质量,包括文、图、表齐全完善,制印质量合格,内容客观真实,全面反映工作成果,章节安排齐全合理,层次清晰,结论明确等。

(2) 资料与成果质量及吻合程度,包括报告各项论述的资料依据充分,结论可靠,资料整理质量合格,各项资料得到充分恰当利用,各项勘查工程、地质工作、物化探工作、样品采集和测试质量合格等。

(3) 工作部署合理性和任务目标完成情况,包括实现了预期成果,工程布置合理,完成目标任务,工作部署合理,技术方法有效等。

(4) 资源量计算的合理性和准确性,包括级别和块段划分符合相关标准,工业指标、计算方法、技术参数、计算公式选用正确,计算准确,矿体圈定合理准确,地质研究充分等。

(5) 矿床技术经济概略评价水平,包括技术经济评价参数合理、计算公式正确、技术经济综合评价客观、正确,对矿床开发利用的自然条件、技术条件、经济条件及对环境的影响论述客观、正确等。

(6) 综合研究水平,包括全面、系统、客观、准确地对区域资源潜力进行总体评价,基本阐明矿体特征、矿石物质组分、赋存状态和采选冶性能,基本阐明矿床成因、控矿因素、找矿标志,全面、系统、准确地论述区域及矿区地质矿产特征等。

(7) 原始资料归档要求,包括各类资料(原始及综合资料)整理达到立档水平。

3. 须具备的基本条件

(1) 已经完成了设计书、设计批复、任务合同等规定的各项勘查任务。

(2) 完成了原始地质资料、综合成果资料的各级质量检查和项目野外验收及资料的定稿工作,并在质量合格的基础上完成了报告编制,提供的各项资料齐全。

(3) 通过了勘查单位的内审,内审质量达到良好级及以上水平。

(4) 资料齐全,资料整理基本达到立档水平。

4. 主要依据

(1) 项目任务书、合同书、设计书、设计审查意见书、设计批复意见、设计调整批复意见、野外工作验收意见书、综合成果检查验收报告等。

(2)《固体矿产地质勘查规范总则》(GB/T 13908—2002)。

(3)《固体矿产资源/储量分类》(GB/T 17766—1999)。

(4)《固体矿产勘查工作规范》(GB/T 33444—2016)。

(5)《矿产资源综合勘查评价规范》(GB/T 25283—2010)。

(6)《固体矿产勘查/矿山闭坑地质报告编写规范》(DZ/T 0033—2002)。

(7) 所勘查矿种的单矿种矿产地质勘查规范。

5. 评审组织机构

由上级或出资者委托相应机构组成专家评审组进行评审。

6. 质量等级

按照省一级国土资源部门的相关规定,对《报告》质量进行等级评定。安徽省自然资源厅(原安徽省国土资源厅)的相关规定是四级评定制:优秀、良好、合格、不合格,具体评定标准参见皖国土资〔2009〕98号文件。

本阶段的评审要出具评审意见书并附于成果报告中。

16.2.3.5 出版前报告质量检查

1. 性质

这是对矿产勘查报告的"收官"检查。指报告经上级评审通过后，根据上级评审意见对报告进行了修改、订正、补充，对将要付诸出版、印刷及归档的各项成果进行复核、检查、统稿、编辑、排版、核对等标准化处理。

2. 审查内容

对成果报告是否符合出版、制印标准化要求和关键数据是否有错讹进行检查。

(1) 上级评审意见得到了贯彻落实，实现了上级评审意见所要求的内容，对报告进行修改、补充，最终定稿。

(2) 清点和校核所有成果地质资料及附件资料齐全程度和吻合程度：包括报告评审意见书、资源/储量备案证明、地质资料汇交凭证、地质档案文件目录、实物地质资料目录、相关电子文档等。

(3) 按相关要求对所有资料进行格式、排版标准化处理及校核、纠错，包括对报告文本、图件、表格的标准化排版、清绘，对矿区(矿体)拐点坐标、资源/储量、平均品位等一些关键数据的校核等。

(4) 制作源电子文件和存档电子文件，达到可汇交、立档、归档的水平。

3. 必备条件

出版前报告评审须具备如下条件：

(1) 报告通过了上级评审和验收。

(2) 根据上级评审意见对报告进行了修改、订正、补充。

(3) 各项资料齐全、规范，包括文字、图件、表格、附件等。

4. 评审主要依据的规范

评审主要依据的规范为：

(1)《标准化工作导则　第1部分》(GB/T 1.1—2009)。

(2)《固体矿产勘查报告格式规定》(DZ/T 0131—94)。

(3)《区域地质图图例》(GB/T 958—2015)。

(4)《区域地质及矿区地质图清绘规程》(DZ/T 0156—95)。

(5)《成果地质资料电子文件汇交格式要求》(国土资发〔2006〕210号)。

(6)《地质资料管理条例》(国务院令第349号)。

(7)《地质资料管理条例实施办法》(国土资源部令第16号)。

(8)《国土资源部办公厅关于进一步加强原始地质资料管理的通知》(国土资厅发〔2012〕57号)。

(9) 省国土资源厅、省地质资料馆及上级的其他有关规定。

5. 审查组织机构

为勘查单位组织的报告出版、制印前的终审审查，由项目组或报告出版组承担。

16.2.4 《报告》评审侧重点

矿产勘查的预查、普查、详查、勘探四类报告，其目的、任务不同，突出的重点不一样，评审的侧重点不同，如表16.3所示。

表16.3　各勘查阶段矿产勘查报告评审侧重点

报告类型	勘查阶段的目的、任务	评审侧重点
预查报告	提出找矿靶区，初步圈定矿(化)体，估算预测的(334类)资源量	对涉及圈定找矿靶区的各种成果要重点评审：如区域矿产特征：查区成矿规律和找矿靶区矿化特征等成果归纳总结的可信程度，所提交的找矿靶区地质依据是否充分等

续表

报告类型	勘查阶段的目的、任务	评审侧重点
普查报告	发现矿产，对已知矿化区(找矿靶区)作出初步评价，圈定已发现的矿体，估算推断的(333类)资源/储量，圈定可供进一步工作(详查)地段	是否大致查明了地质背景、控矿条件、找矿标志、矿床规模，是否初步查明了矿石质量，是否收集了矿石加工技术性能以及水、工、环地质资料，对已知矿化区(找矿靶区)的评价结论是否恰当，所提交的可供详查的矿产地是否可信等
详查报告	评价矿产工业价值，达到基本控制矿体的程度，估算控制的(如122、122b、2M22、2S22、332类)资源/储量，圈定勘探的范围，部分矿产详查还要达到可以作为矿山设计依据的勘查程度	对矿体及矿石质量基本控制情况，矿石加工技术研究情况，水、工、环等开采条件基本查明情况，勘探地段圈定，矿床工业价值评价，矿山建设资料的可靠性等，评审其合理性、可信性、准确性；评审储量占比和储量估算精度等。
勘探报告	详细查明矿床地质特征及矿体特征，详细查明矿石质量和加工技术性能，详细查明矿体开采技术条件，全面评价矿床开发的经济意义，为矿山建设提供设计依据，圈定首采地段等	对矿床及矿体特征、控矿条件、赋存规律、矿石特征、共伴生组分、矿床控制程度、矿石加工选冶技术性能和开采技术条件，以及矿床开发的经济意义等详细探明程度予以重点评审；首采地段的探明资源/储量占比要以能满足矿山返本付息的需求及“GB/T 33444—2016”要求为标准来评审

续表

报告类型	勘查阶段的目的、任务	评审侧重点
资源/储量核实报告	对资源/储量现状进行核查，即对矿体的空间分布、质量、数量、开采技术条件、动用量、保有量、资源/储量分割现状进行核实	矿山采坑等有关开采现状数据必须是本次从现场实测获得的，且数据质量可靠。 品位、体重等资源/储量估算参数，如有新的探矿工程和采样测试资料，要使用新的资料；如没有新的探矿工程和采样测试资料，可引用最近一次已经过评审的报告的数据，但应该附原报告有关资料，如分析测试报告、测量成果汇总表等。 工业指标不能随意更改。如使用新指标，要提供上级的工业指标批复函、新指标论证报告及资源/储量估算结果对比资料等。 对于原报告的关键数据，如矿权范围（或矿体）拐点坐标、矿体规模、平均品位、体重等数据，要进行复核。如发现错误，要予以纠错
矿山闭坑报告	总结矿山开采、资源利用情况、探采对比情况以及矿山开发对环境的影响等	闭坑依据充分、手续完善、程序合法、资料齐全。矿产开采、储量注销、共伴生矿产综合开采利用、探采对比、地质新知等总结。剩余资源/储量的处理建议、废矿坑利用建议、环境及地质灾害治理建议

16.2.5 《报告》常见缺陷点评

在《报告》的编写中，如下几点常存在缺陷：

16.2.5.1 技术资料的齐全程度

技术资料的齐全程度至关重要，它直接影响到对报告成果可靠性和对报告可利用程度的评估；特别是附件齐全与否尤为重要，它表述了任务来源、矿产勘查的合法性、工业指标的合理性和合法性、勘查质量和报告资料可利用程度等。常见缺陷是资料不齐全。

检查资料齐全程度是勘查单位级评审的第一道工序。检查内容包括报告的目录所列资料名称与报告实际资料(正文、附图、附表、附件)名称是否对应,数量是否齐全;并根据勘查阶段及矿种和矿床特征,检查报告应该附的图件、表格及附件是否齐全。

报告附件内容应该包括从项目设计(或实施方案)的审批开始,到报告编写、报告评审、汇交全过程所形成的所有相关文件和重要成果审文。不同的勘查程度、不同的报告,附件内容有所侧重。

以某铁矿勘探报告为例,报告附件有探(采)矿权证书、勘查资质证书、设计批文、项目任务书、勘查合同书及勘查委托书、工业指标批文、工业指标论证报告、测量技术总结、物探成果报告、测井报告、矿石加工选冶试验成果评审文件(选矿试验采样设计评审意见书、选矿试验采样说明书、选矿工艺研究报告、物质组分研究报告、物质组分研究报告验收意见书)、矿床开发可行性(或预可行性)研究报告、地质资料(三级)质量检查意见书、原始资料野外验收意见书、综合成果验收意见书、探矿权及资源量估算范围拐点坐标成果表、报告资料真实性承诺书(保证报告资料、化验分析及实验结果真实、客观、可靠,无编造、篡改等虚假内容)等。

完成报告的上级评审后,还应该有报告评审意见书、资源/储量备案证明、地质资料汇交凭证、地质档案文件目录、实物地质资料目录等文件作为附件,一并列入报告归档。

16.2.5.2　资料验收定稿、成果审定情况

原始地质资料和综合研究成果是否进行了规范性的定稿、审定和验收,资料之间是否对应一致,各项资料是否得到了充分、恰当的利用等,报告是否在合格资料的基础上编制等是报告评审的要点之一。常见缺陷是资料验收定稿程序不完善。

16.2.5.3 检查报告名称是否规范

常见问题有报告名称不规范。因此,应该对报告名称(及其名称的组成)进行审查。

关于矿产地质勘查报告名称,规范“DZ/T 0033—2002”中有对“格式、结构、内容”的强制性要求:固体矿产地质勘查报告名称统一为××省××县(市、旗或矿田、煤田)××矿区(矿段、井田)××矿(指矿种名称)××(勘查阶段名称)报告。固体矿产矿山闭坑地质报告名称统一为××省××县(市、旗或矿田、煤田)××矿区(矿段、井田)××矿(指闭坑的具体中段、坑口、采场等名称)闭坑地质报告。

国土资源部2013年下发的《固体矿产资源/储量核实报告编写规范》(征求意见稿)第6.2节规定:资源/储量核实报告名称统一为××省××县(市、旗或矿田、煤田)××矿区(矿段、井田)××矿(指矿种名称)占用(查明、压覆)资源/储量核实报告。

注意:① 新的《资源/储量核实报告编写规范》(征求意见稿),要求在报告名称中明确写明查明、占用或压覆属性。② 报告名称一般不能超过30个字。

16.2.5.4 检查报告章节是否符合规范及本矿的实际

以《固体矿产勘查/矿山闭坑地质报告编写规范》(DZ/T 0033—2002)附录A“固体矿产地质勘查报告编写提纲”为标准,评审报告章节的设置是否符合规范要求。

“固体矿产地质勘查报告编写提纲”是一个规范性的勘探报告提纲。报告编写者应根据本矿床的特征和勘查阶段进行取舍。对报告章节安排,适度调整、有所侧重,目标是要符合本矿床的特征和本勘查阶段的要求。

常见问题有报告章节不规范或报告章节与矿床勘查阶段、矿床实际不匹配、不协调。

16.2.5.5　地勘任务完成情况

地质勘查任务的完成情况，是要检查是否满足了设计和规范对本勘查阶段的要求，是否完成了设计的实物工作量，是否完成了野外验收意见书及上级在报告评审时确定的补课工作等情况。常见缺陷是未满足上述要求。

16.2.5.6　检查矿区位置交通是否正确

要检查矿区中心经纬度坐标数据是否落在探矿权范围内，检查矿区位置在交通位置图中标注是否正确。常见问题有勘查矿区标注错误或矿区中心坐标不在勘查区块范围内。

16.2.5.7　核对探矿业权和储量计算范围的坐标值和面积值

对矿床勘查范围拐点坐标数据和资源/储量计算范围要进行核查。可从如下三方面进行：

(1) 核对探矿权证与报告文字及附图中所列的矿权范围或矿体估算范围的坐标数据是否一致(包括经纬度与直角坐标数据)。

(2) 检查用坐标数据计算(用相关软件)的面积与报告文字所列面积是否一致。

(3) 检查用坐标数据计算的面积与图上测量的面积是否一致；常见的缺陷是：勘查拐点或矿体储量计算拐点坐标数据及区块面积，报告文字中与图件中的拐点坐标位置及图测面积不吻合、不一致，拐点坐标文字中前后不一致。

16.2.5.8　审核区域地质的论述是否恰当

对区域地质的论述，是勘查报告特别是预查报告和普查报告的重点章节。应通过矿区所在的大地构造位置、区域地层、构造、岩浆岩、地球物理和化学特征、已知矿产展布规律等的论述,阐明所勘查矿产在勘查区的赋矿特征、成矿规律、找矿方向和找矿前景。

矿区所在大地构造位置、地层划分及其他地质资料,应该引用正式出版的最新典籍资料,如1:250000~1:50000区调地质报告、中国区域年代地层(地质年代)表说明书(全国地层委员会,2002)、最新版的正式出版的全省地质图、地质构造图岩浆岩图等,并根据新资料修正区域地质图、区域地层表。

各类矿产勘查报告的区域矿产内容,应以最新的省级矿产储量表的矿产为依据。引用尚未上表的或尚未查明的矿产及矿化信息,要单立段落叙述,并说明是尚未上表或仅为找矿信息。

常见问题有:预查报告和普查报告区域地质内容过于简略,引用的区域地质、地层资料、矿产资料过于陈旧且引用不规范,区域矿产找矿信息缺位等。

16.2.5.9 矿区(床)地质特征阐述是否到位

矿区(床)地质特征阐述,是矿产勘查对矿床地质特征查明情况的总体论述,包括矿区地层、构造、岩浆活动、变质作用、围岩蚀变等对矿床赋存、产出有控制(影响)的各种地质因素空间和时间两大系列的阐述。它是矿产勘查报告核心章节之一。

常见的缺陷是:矿区(床)地质阐述不到位,对矿床地质特征查明情况不清,特别是矿床的制约因素、矿床在地质空间和地质时代的演化情况模糊不清。

16.2.5.10 矿体地质特征阐述是否确切

矿体地质特征阐述是矿产勘查(详查、勘探)报告的核心部分,大致包括矿体和矿石两大部分。矿体包括规模、产状、形态、空间赋存

(层位、埋深)特征、顶底板及夹石特征等。矿石包括矿石的岩石学特征、矿物学特征、化学组分特征,矿石质量、类型品级、氧化带特征等。评审时,要对所涉及的数据进行抽查、核对。矿体规模要对数据和绘图的实际进行校核。要对矿体厚度、品位变化系数的计算方法是否正确进行检查。

某矿产勘查报告对矿区或矿体的品位及厚度的变化系数采用错误的计算方法:用算术平均法逐级平均迭代计算矿区“平均变化系数”,即错误地用各工程的变化系数“求和”,再算术平均计算勘查线变化系数;用各勘查线变化系数求和,算术平均计算矿体的变化系数;用各矿体变化系数求和,算术平均求矿区变化系数,这是对变化系数的错误理解。它产生的后果是:因为对品位或厚度变化系数进行了各个工程平均、勘查线平均、矿体再平均,使品位或厚度的变化系数进行了二次、三次的平差,大幅度地压低了品位或厚度变化幅度,歪曲了真实的矿区或矿体变化程度,它直接影响到勘查类型及工程网度的正确选择。

正确的做法是各层级的变化系数要依照数理统计变化系数公式,使用该层级所有样品数据(品位或厚度)的全体集合进行计算,所谓“平均变化系数”的表述及逐级计算“平均变化系数”是错误的。

16.2.5.11 勘查研究程度是否满足规范要求

“勘查研究程度”是报告评审的基本内容,对不同勘查阶段地质研究的内容和研究深度要求不同。要根据不同勘查阶段要求的研究程度,对照规范逐项评审报告勘查工作的研究程度。

研究内容包括地质研究(区域地质、矿区地质、赋矿特征、矿体圈定及连接等)、矿石质量研究、矿石选冶和加工技术研究、矿床开采技术条件研究、综合勘查评价、成矿规律研究(控矿因素、矿床成因、找矿标志等)、勘查控制程度等。

报告综合研究，要克服无资料依据和无数据基础的主观臆测推断，克服用“现象罗列”或“数据堆积”来替代综合研究成果。

16.2.5.12 矿体圈定的合理性

矿体圈定、连接与对比，不能违背地质规律。因此，要先连地质剖面，再圈连矿体。评审要点是要对矿体圈定、连接与对比的地质依据的充分性、合理性、准确性，圈矿连矿原则及其遵守情况等进行评审。常见问题是不考虑地质规律，不先连地质剖面，就矿连矿，矿体连接违反地质规律等。

16.2.5.13 储量计算合理正确

资源/储量计算是矿产勘查报告评审的核心内容之一，主要包括矿产工业指标是否合理、合法；资源/储量计算参数的确定、计算方法选择、计算公式的选用等是否合理、正确，数据计算是否准确；矿石品级及资源/储量块段划分是否符合相关标准。

对数据计算的检查，项目组及分队一级的复检率应为100%，勘查单位评审抽检率应不低于30%。当勘查单位抽检发现数据计算差错率达到3%～5%时，应组织人员对报告中所有数据全部进行复检、重新计算。

16.2.5.14 资料间吻合一致

报告的文字、图件、表册所表述的“相关资料”要吻合。所谓“相关资料”，包括数据资料和论述性资料两方面。数据资料，例如矿体规模，赋存空间，矿石品位、厚度及品位的变化特征和变化程度，资源/储量数据，勘查区拐点及资源/储量计算拐点坐标、面积等，要做到文稿、图件、表格等资料间对应一致；论述性资料主要反映在文稿各个章节之间及图表之间，即地质体、矿体连接是否对应一致，文稿观点与图件中的观点是否协调一致等。

16.2.5.15 综合研究成果

综合研究成果的水平,是决定地质勘查报告质量档次的基础。预查普查报告中区域成矿规律研究,详查和勘探报告中矿体产出规律、工业指标合理合法性、共伴生矿产及矿床开发经济效益、成矿模式及找矿模型、找矿方向等综合研究成果,是体现报告水平的主体。

一些报告常见的缺陷有:用现象罗列、数据堆集来替代综合成果,对规律性的特征缺乏有效的总结归纳,综合研究水平低下。

16.2.5.16 矿石加工技术研究程度

矿石加工技术研究成果是确定所勘查的矿产资源在现阶段能否被开发利用的基础。矿石加工技术研究程度是报告评审要点之一。勘查程度越高,对矿石加工技术研究程度要求就越高。应根据勘查程度对照规范检查矿石加工技术研究情况,评审其是否达到规范要求。

矿石加工技术研究程度可分为类比研究试验、可选性试验、实验室流程试验、实验室扩大连续试验、半工业试验、试采试验等。

在各个勘查阶段矿石加工技术研究程度有明显区别:对于一般矿石及易选矿石,预查、普查阶段只需作类比研究试验,详查阶段要作可选性试验或实验室流程试验,勘探阶段要作实验室流程试验或实验室扩大连续试验;对于新的矿种以及难选矿石,从普查阶段开始,就要考虑可选性试验,详查阶段要作实验室扩大连续试验,勘探阶段要作半工业试验;对于特殊矿种(如饰面石材),在详查阶段就要作试采试验。要对照规范,检查报告中矿石加工技术研究程度的要求是否匹配。特别是详查和勘探阶段,以及新矿种、特殊矿种,对矿石加工技术研究程度(种类)要求相对较高。

16.2.5.17 矿床开采技术条件研究

矿床是否有经济价值,除矿石加工技术性能外,矿床的开采技术条件是核心要素。报告评审应根据矿床勘查阶段及水、工、环相关规范,评价报告是否满足了规范相应勘查阶段对水、工、环工作的要求,矿床水、工、环条件是否查明,结论是否恰当等。

16.2.5.18 矿床开发经济意义研究

对矿床开发经济意义的阐述至关重要。矿床的经济评价部分,基础是矿床开发经济意义的研究程度。无论何种研究程度,评审的要点是:矿床开发外部、内部建设条件的阐述是否清晰,矿产开发对环境的影响如何,未来矿山采选方案是否可行(包括矿山生产规模与矿床资源/储量规模的匹配程度),设定的(未来矿山企业所采用)技术经济指标(包括生产效率、成本、产品销售价格、税率、资本折旧率等)和经济效果计算是否合理,技术经济综合评价是否客观、正确等。

矿床开发经济意义的研究程度不同,资源/储量级别不一样。概略研究由勘查单位进行,可适用于各个勘查阶段,但其报告所提交的资源/储量级别只能是内蕴经济的;可行性研究、预可行性研究适用于勘探阶段,详查阶段适用于预可行性研究,所提交的资源/储量级别为经济的、边际经济的、次边经济的。

16.2.5.19 报告资料整理、立档满足归档、出版、印刷要求

报告资料的整理、立档、归档、出版、印刷、资源/储量备案等,是地质队队级报告评审的收官工作,也是对上级评审的互补,它在保证报告质量方面是非常重要的环节。地质大队应将此列为重要工作予以部署。

报告各项原本资料(包括标本、岩矿心等原始实物资料、成果地质资料)的整理、立档,要达到满足归档要求的程度。

报告的排版、制印之前校核纠错,要满足标准化要求,包括错别字,数据错误,资料间不吻合、不协调等的纠错;目录、索引内容及格式,文稿的排版格式,字体字号,图件的图名,表格的表题,公式符号,计量单位,图式、图例等的标准化。对于报告评审意见书、资源/储量备案证明等附件,也要认真校核,发现错讹及时纠正。

不规范地使用计量单位是地质报告中常见的问题,如表16.4所示。

表16.4　地质报告常见的不规范计量单位举例

类别		不规范表述	规范表述	备注
组分含量	一般组分含量	ppm、ppb	$\omega\times10^{-6}$、$\omega\times10^{-9}$或μg/g、ng/g	
		5~10%	5%~10%	
	金、银品位	%	克/吨或g/t	
	Cu、Pb、Zn品位	克/吨	%	
长度		公里、KM MM	千米或km 毫米或mm	为文字表格中常见的错误
体积		米3、米^{3}或M^3	立方米或m^3	
质量		T	吨或t	
千克		KG	kg	
时间		时(H)、天(日D)	时(h)、天(日d)	
体积质量(体重)		G/CM^3或克/厘米^3	g/cm^3或克/立方厘米	

要对报告的排版、制印是否符合出版标准化要求作出评估。

报告的排版、装订、制印格式依据的规范主要有《标准化工作导则　第1部分:标准的结构和编写》(GB/T 1.1—2009)、《科学技术报告、学位论文和学术论文的编写格式》(GB 7713—87)、《固体矿产勘查报告格式规定》(DZ/T 0131—94)、《有关量、单位符号的一般原则》(GB 3101—93)、《物理科学和技术中使用的数学符号》(GB 3102.11—93)等。

当省地质资料馆对报告的排版、装订、制印格式另有统一规定时，要按其规定执行。

报告汇交要满足"地质资料汇交规范"要求，满足"地质数据库建设规范"要求。

当前有些勘查单位对报告综合成果的检查、校对及成果验收定稿环节方面相对薄弱，到队级报告评审时，要付出很大的精力去发现和消除各类差错，包括报告文字差错、数据的错讹、文图表之间的不一致，文字、数字、符号、公式使用不规范，排版制印不规范等。鉴于此，项目组要加强此项工作，重点把好这一关。曾经有个别已经出版、印刷、汇交的矿产勘查报告出现较多文字错讹、数据差错及计算方法错误，甚至出现矿区范围拐点坐标、矿体厚度错讹等重大错误，严重影响了报告的质量和对报告资料的利用。

16.2.5.20 各类报告附图

对各类图件的审查，主要要求是：内容齐全、联系紧密、图件规范、数据正确、格式标准化。内容主要为：图名，图式，图例，比例尺，坐标网及注记，地层符号与层序，地层界线与构造线及V字形法则，矿体圈连、矿体规模，矿体块段划分及块段面积和相关参数，资源/储量估算参数、方法及公式，各图间及图文之间内容、数据对应等。

16.3　《报告》出版

16.3.1　地质勘查报告编排格式

16.3.1.1　概述

1. 题引

本条阐述了以部标“DZ/T 0131—94”为基础，以国标“GB/T 1.1—2009”为标准，对报告的编排和制印格式标准化的相关技术要求，如表16.5所示。

2. 执行标准

地质勘查报告编排格式，包括报告正文、附图、附表、附件等内容，部标《固体矿产勘查报告格式规定》(DZ/T 0131—94)作出了全面的规定。由于它发布于1994年，其格式要求有部分内容与2009年发布的国标《标准化工作导则　第1部分：标准的结构和编写》(GB/T 1.1—2009)要求矛盾，因此本手册给出的地质勘查报告编排格式是“以部标为基础，以国标为标准”的修正格式。

根据“DZ/T 0131—94”及“GB/T 1.1—2009”要求，报告正文包括前置部分的封面、内容提要、目次；主体部分的章、条(次条)、段、列项；后置部分的参考文献、图版、制印签、封三、封四以及附图、附表、附件等。

表 16.5　固体矿产勘查报告编排次序格式

- 报告
  - 报告正文
    - 前置部分
      - 封面
      - 封二
      - 题名页
      - 摘要
      - 主题词
      - 报告审文(审批决议书或审查意见书)
      - 正文目次页
      - 附图目次页
      - 附表目次页
      - 附件目次页
    - 主体部分
      - 序言或绪论
      - 正文
      - 结论
    - 后置部分
      - 参考文献表
      - 报告图版(必要时)
      - 制印签(必要时)
      - 封三、封四
  - 报告附图
    - 附图目次
    - 统一图例(必要时)
    - 附图
  - 报告附表
    - 封面
    - 题名页
    - 附表目次页
    - 附表
  - 报告附件
    - 封面
    - 题名页
    - 附件目次页
    - 附件

16.3.1.2 报告正文编排格式

1. 前置部分编排

1）封面

报告封面格式内容，包括分类号、部门编号、密级、题名、提交报告单位名称和报告审查批准日期等项。

(1) 分类号：在封面左上角标注。地质勘查报告分类号由引用中国档案分类法地质勘查业档案分类表中矿产地质勘查类代码(NA13)、矿种代码和地质勘查阶段代码组成。例如，矿产勘查类铜矿勘探报告为：

NA13 · 13611 · 3

矿产地质勘查类　铜矿　勘探阶段

(2) 部门编号：由提交报告单位行政区代码和勘查单位代码组成，标注在分类号之下。部门编号按地质矿产行业有关规定执行。

(3) 密级：保密等级划分，保密等级代码和报告密级的确定按国家标准《文献保密等级代码》(GB 7156)的有关规定，报告密级标在封面右上角，标明报告密级及保密期限，如"机密★1年"。

(4) 题名：用大号字体居中标注于封面上方明显位置。报告题名应按《固体矿产勘查/矿山闭坑地质报告编写规范》(DZ/T 0033—2002)中第5.5条规定统一命名为××省(市、自治区)××县(市、旗或矿田、煤田)××矿区(矿段、井田)××矿(指矿种名称)××(勘查阶段名称)报告。"DZ/T 0131—94"规定：题名的字数不得超过30字。若有两种以上的共生矿产，则应将主要者置于前，次要者置于后，但报告题名矿种最多不能超过3个。或以某多金属矿表示。报告题名可有副题名(必要时，如首采区勘探报告、第二期勘探报告等)。

(5) 提交报告单位名称:将承担勘查任务的法律责任单位名称标注于封面下方正中位置。若有多个单位共同承担勘查者,按主次依次由上至下标注勘查单位名称,但最多不超过3 个勘查单位。协作单位可在正文序言中加以说明。

(6) 报告审查批准日期:指报告审查批准的年、月、日的日期。常见在报告封面所标注报告日期为送审日期或编写日期,这不符合本条规定。

2) 封二(必要时)

一般为空白衬页。报告精装本应有封二,平装本可省略。

3) 题名页

题名页是对报告进行著录的依据,置于封二衬页之后。报告如为上、下册或两册以上,每一分册均应各有其题名页,并注明分册名称和序号。题名页除应有规定的封面内容(去掉分类号、部门编号及保密期限)和相同格式外,还应包括下列各项:① 表示野外工作起止日期的副题名(必要时);② 编写单位(必要时);③ 主要编写人(一般为1~3人);④ 技术负责人或总工程师;⑤ 法人代表;⑥ 协作单位;⑦ 提交报告单位;⑧ 报告审查批准日期。

如为法人单位下属单位(分队)独立承担的勘查报告,必要时可在题名页中注明下属单位的单位名称、技术负责人和单位负责人。题名页背面可列报告主要编写人员责任表(必要时),样式如表16.6所示。

表16.6 报告主要编写人员责任表

姓名	职称	承担报告编写内容

4) 报告摘要

报告摘要不用图表,中文摘要不超过400字,外文摘要不超过300个英文实词。摘要标注要点如表16.7所示。

表16.7　报告摘要标注要点

摘要项	标注项目要点
报告题名	标出按“DZ/T 0033—2002”中第4.7条规定命名的报告题名
勘查工作目的	按勘查任务书、合同书或有关规划明确的勘查目的摘录
勘查工作	提交报告单位，矿区野外勘查起止年限，完成主要(钻、坑)工作量，地勘费总投入(万元)
矿床工业类型或成因类型	报告结论章中的主要矿床工业类型或成因类型及勘探类型
矿体(层)规模	矿段、矿体(层)数量，主矿体(层)的编号及长、宽、深、厚(米)，主矿体储量(主矿)占矿区总储量比例(%)，主要开采技术条件结论
矿石类型及选冶性能	按报告计算内容划分矿石类型，标注主要矿石类型及各主要矿石类型选矿试验结论(易选、可选、难选、极难选)
主要有益、有害组分及含量	主矿产名称(矿区平均品位%)、共生矿产名称(矿区平均品位%)、伴生矿产种数，影响矿区矿石利用(超标者)的有害组分及平均含量(%)
其他需特殊说明事项	
报告审查、审批单位、结论	按报告审批决议书或审查意见书，标注审批单位名称、审批勘查阶段结论(三级划分)、审批的主矿、共生矿各级资源/储量及工业资源/储量。勘探报告能否满足矿山设计工作需要的结论
报告资料组成	报告组成的文(本)、图(张)、表(册)、件(册)总数量

报告摘要样式举例如下：

报 告 摘 要

××省××县××铅锌矿勘探报告。由××省地矿局第×地质大队提交,勘探目的是为××××水电—有色金属工业基地骨干矿山提供设计储量。野外勘探年限为××××至××××年,完成钻探进尺××.××万 m、坑道进尺×××× m,地勘费总投入××××万元。矿区属热卤水成矿的层控矿床,勘探类型以Ⅰ、Ⅱ类为主。共分××山(首采区)、××山、××山3个主矿段,计有矿体×××个,Ⅰ1号主矿体长1450 m,宽750 m,平均厚度35.66 m。矿区水文地质条件简单,露采为主。矿石类型按主次分为四类,即灰岩型氧化矿(可选矿石)、砂岩型硫化矿(易选矿石)、砂岩型氧化矿(可选矿石)、高铁型氧化矿(难选矿石)。主矿产为锌,平均品位7.99%。共生矿产有铅,平均品位1.64%;天青石($SrSO_4$)平均品位8.43%;异体共生石膏。伴生矿产有银、镉等5种。×××(评审机构)委审批结论为:勘探程度、质量符合规范要求,基本满足矿山设计需要,批准基础储量为:铅254.8万吨,其中工业储量172.5万吨;锌1189.3万吨,其中工业储量857.6万吨;天青石储量223.0万吨。报告提交资料含正文2册、附图157张、附表156册、附件28册。

主题词:锌、铅矿+勘探+××省××县

5) **主题词**

根据分类号规定,从中选取勘查矿种(共生矿产最多标注3个矿种,并将主要者置前,次要者放后)、勘查阶段及矿产地行政区(跨行政区者,取主矿体所在市、县)3个代码相对应的汉字名组成报告主题词,并以符号“+”间隔(样式如下),其中矿产地行政区代码参照国家标准《中华人民共和国行政区代码》(GB 2260—2016),主题词以黑体字另起一行标注在摘要左下方。

主题词： 铁铜矿 ＋ 勘探 ＋ ××省××县
对应代码： 1351·13611 ＋ 3 ＋ 532428

6) 报告审批决议书或审查意见书

根据《固体矿产勘查报告格式规定》(DZ/T 0131—94)第5.6条规定："有关法定单位对报告审批的决议书或意见书制印应置于报告正文之前(可不加盖印章)，有两种及以上审批审查意见书者，将主要者放在前面，均用另页表示。"

有的单位在进行纸质报告汇交时，对报告审文(审批决议书或审查意见书等)装订较为混乱，装订于报告前面、后面或单独装订或与附件装订在一起的均有，建议统一执行"DZ/T 0131—94"的规定：置于报告正文目次页之前，或执行全省地质资料管理部门统一规定。

7) 目次页

报告正文目次页从另页右页开始，标注内容含报告正文的章、条、次级条(必须时)编号、标题名称和页号、报告附图、附表、附件的目次页，依次排在报告正文目次页之后。附图目次应有图号、图件顺序号、图名和比例尺；附表目次应有册号(必要时)、序号、附表题名和页号；附件目次应有册号(必要时)、序号、附件题名和页号。

报告正文分篇、分册装订时，第一册应有报告全部内容目录，各分册应有本册内容的目次页。

在目次中所列的前言、引言、章、附录、参考文献、索引等各占一行半。图或表的目次与其前面的内容均空一行编排。目次中所列的前言、引言、章、附录、参考文献、索引、图、表等均顶格起排，第一层次的条以及附录的章均空一个汉字起排，第二层次的条以及附录的第一层次的图均空两个汉字起排，依此类推。

8) 页号

报告前置部分单独编号，页号由印刷的首页作第一页。封面、封二、题名页、封四(封底衬页)、封底不编页号。报告主体部分页号以绪论首页作第一页。页号用阿拉伯数字标注在页脚中心或非装订线一边的版心左(或右)下角相同处。报告正文、附表、附件各自独立编页号,同一类分上、下册或多册装订者页号连续顺序编号。

2. 正文主体部分编排

报告正文主体部分包括绪论、正文和结论。报告正文主体部分编排格式,部标《固体矿产勘查报告格式规定》(DZ/T 0131—94)与国标"GB/T 1.1—2009"及"GB 7713—87"要求不一样,主要是在层次结构、占行、字体及字体大小等方面。归纳上述三个规范,由于部标"DZ/T 0131—94"在前,国标"GB/T 1.1—2009"在后,编者建议以部标为基础,以国标为标准,用国标修正部标,格式如下:

1) 标题级次

报告正文标题一般可分为3~4级:第一级为"章",是报告内容的基本划分单元;以下分别为条、次级条、再次级条,标题除编号外应有标题名称;但凡列入目次的标题均应有标题名称,4级及以下的次级条可以不设标题,但要统一。报告每一章、条、次条、再次条的格式和版式要求统一,层次清楚。

2) 标题编号

报告各级标题编号采用组合编号。全部用阿拉伯数字连续编号。章号全报告自始至终连续编号;章之下设条(相当于节),条号之前要有章号,用圆点隔开,圆点加在数字右下角;条之下设次条,次条号之前有章号、条号,它们之间同样用圆点间隔,如2.3.1,表示第2章第3条(节)第1次条。列项的编号为:a)、b)……,其下次级列项的编号为1)、2)……等。

3) 插图、插表、公式、示例、注、脚注编排

(1) 插图、插表。报告主体部分中的插图、插表、公式、算式等的编排序号,要按国标"GB/T 1.1—2009""DZ/T 0131—94"等规定:表或图一律用阿拉伯数字,从引言开始到附录之前分别依次连续编号,

即独立依顺序连续编号，且与章条编号无关。如图1、图2……；表1、表2……；注1、注2……；文献[1]、文献[2]……；式(1)、式(2)……等，在编号前面标注"表""图"字。对于长篇报告，也可以分章依次编号，如图2.1、图2.2、表2.1、表2.2等。插图的图例及说明，放在图编号及图题(图名)之上。

(2) 条文的示例、注、脚注。正文中条文的示例、注和脚注，均属资料性质。

(3) 条文的示例。置于所涉及的章、条或段的下方，每个"示例"应另起一行空开两个汉字起排，"示例"或"示例×"单独占一行，回行时顶格编排；以条(或不分条的章)为单位，如果只有一个示例，就不编号，只在具体内容之前标明"示例"，如果有几个示例，应标明"示例1""示例2"等。如：

示例×：

××××××××××××××××××××××××××××××××××××××。

(4) 条文的注。置于所涉及的章、条或段的下方，用小号(六号)字在页面左侧起排；以条(或不分条的章)为单位，如果只有一个注，就不编号，只在具体内容之前标明"注"，如果有几个注，应标明"注1""注2"。

(5) 条文的脚注。放在该页下边，脚注与条文之间用一条长度为版心宽度1/4长的细实线分开，置于页面左侧；脚注编号要另起一行且空开两个汉字起排，其后的脚注内容及文字回行空开3个汉字位置起排，从前言开始连续编号。脚注编号方式为1)、2)……，在条文中须注释的词或句子之后使用与脚注编号相同的上标数字"1)""2)"标明脚注。

4) 排版格式

"GB/T 1.1—2009"对标准文档的排版格式给出的统一规则

如下：

(1) 章、条的编号排版。要顶格编排，在其编号和其后的标题之间或文字间空开一个汉字间隙。章的编号和标题应占三行，条占两行。段的文字空开两个汉字起排，回行时顶格编排。

(2) 列项排版。其字母编号要空开两个汉字起排，其后的文字及文字回行要距版心左边5个汉字位置；在带字母编号的列项之下进一步细分时，其数字编号要空开四个汉字起排，其后的文字及文字回行要距版心左边7个汉字位置编排。

(3) 公式排版。公式应另起一行居中编排，较长的公式宜在等号后或加号、减号等运算符号后回行。公式中的分数线长横线和短横线应明确区分，主要的横线要与等号齐平。公式的编号右端对齐，用“……”连接。公式之下的“式中”空开两个汉字起排，单占一行。公式中需要解释的符号应按先左后右、先上后下的顺序分行说明，每行空两个汉字起排，并用破折号与译文连接，回行时与上一行译文的文字位置左对齐，各行的破折号对齐。

(4) 图、表排版。每幅图与其前面的条文、每个表与其后面的条文均宜空一行。图题与表题均应置于编号之后，与编号间空开一个汉字的间隙。图的编号与图题放于图的下方，占两行居中；表的编号和表题置于表的上方，占两行居中。表的外框线、表注和表内的段的上框线均为粗实线。仅有表的脚注时其上框线也为粗实线。

(5) 表头。每个表都要有表头，表头栏中计量单位代号放在计量单位汉字名下正中，如果表头栏中计量单位相同，则可在表的右上方(表外)统一标注，格式如下：

表×　表题

类型	线密度(kg/m)	内圆直径(mm)	外圆直径(mm)

现行报告常见问题有：章条列项的排版不规范；插图、插表、公式、

示例、注、脚注的编号、排版不规范；表或图的编号混乱，编号放在表题或图题后面等，如×××图的图2、×××表的表3等；图号、图题放在了图的上方，表号、表题放在表的下方，它们与条文文字间空格安排不妥等。

3. 后置部分编排

1）参考文献编排

报告中引用的参考文献（含专著、连续出版物等）的著录项目、著录顺序、著录用符号应符合国家标准《信息与文献　参考文献著录规则》（GB/T 7714—2015）的有关要求，附于报告正文之后并连续编页号，样式如表16.8所示。

表16.8　参考文献标注样式

类　别	著录格式	示　例
专　著	主要责任者.题名[文献类型标识/文献载体标识].其他责任者.版本项.出版地：出版者，出版年：引文页码[引用日期].获取和访问路径.数字对象唯一标识符.	施琳，陈吉琛，吴尚龙，等.滇西锡矿带成矿规律[M].北京：地质出版社，1989.
连续出版物	主要责任者.题名：其他题名信息[文献类型标识/文献载体标识].年，卷（期）—年，卷（期）.出版地：出版者，出版年[引用日期].获取和访问路径.数字对象唯一标识符.	中国地质学会.地质论评[J].1936，1（1）—.北京：地质出版社，1936—.
连续出版物中析出的文献	析出文献主要责任者.析出文献题名[文献类型标识/文献载体标识].连续出版物题名：其他题名信息，年，卷（期）：页码[引用日期].获取和访问路径.数字对象唯一标识符.	李四光.地壳构造与地壳运动[J].中国科学，1973（4）：400-429.

2）报告制印签编排

报告制印签内容包含报告名称、编写单位、编写者(必要时)、印制单位、开本(含纸张尺寸)、印张、字数(单位千字),制印年、月,印数(1—×××册)、准印证号(必要时)。报告制印签署于封底衬页(精装本)或成书最后一页内封背面下方正中。制印签底边距版心底线35 mm。报告制印签样式如下:

××省××县××矿区××矿勘探报告

××省地质矿产局×××地质队

×××等　编著

××省地质矿产局×××地质大队编辑

××省地质矿产局测绘队制印

开本:880×1230　1/16　字数:×××千字　印张:××

印数:精装1-30　××××年×月第一次印刷

准印证号:××××字(××××)第××××号

(内部出版)

3）封三、封四

封三下方正中标注报告制印签,背面为空白衬页,封四为封底(如精装本应为空白衬页)。

16.3.1.3　报告附图编排格式

1. 附图格式构成

附图格式含图名、图幅号、比例尺、图廓线、图面内容、接图表(分幅时)、图例、剖面图(必要时)、柱状图(必要时)、图签等内容。

2. 图名

地质图件的图名，由三部分组成：工作地区＋矿区名称及编号＋图的类别。"DZ/T 0131—94"中第6.1.1条规定：图名字数不得超过20个字。"DZ/T 0156—95"规定：图名用横列注记在图幅上方中间，长度为图廓边长的3/4为宜，最长不得超过图廓边长。如图内上方有较大空白时，也可将图名放在上半部空白处。图名跨幅时，一个字不能分两半。图名宜用变宋体、等线体，矿区同一类图选用同一字体。

区域、全矿区综合图件的图名组成为工作地区（省、市、县、矿区）＋附图范围（如矿体、矿段及编号）＋图的类别名称（如区域地质图、地质研究程度图、矿床地形地质图等），如安徽省凤阳县江山金矿区地形地质图。

勘查线剖面图、中段平面图、水平投影储量计算图以及相应种类图件图名可省去工作地区行政区划名称，径名为××铁矿区××号勘查线剖面图等。

探矿工程素描图图名的组成为附图范围（如矿体、矿段）＋图类别名称（如探矿工程代号＋编号＋图类别名称），如××铁矿区TC002探槽素描图、××铁矿区ZK1002钻孔柱状图等。

《固体矿产勘查/矿山闭坑地质报告编写规范》(DZ/T 0033—2002)附录A中给出的报告附图的图件类别名称如表16.9所示。

表16.9　报告附图类别名称

序号	图名	序号	图名
1	勘查工作区交通位置图（也可作报告正文绪论部分的插图）	4	矿区地形地质图（包括图切地质剖面图、地层综合柱状图、探矿工程分布位置）
2	矿区勘查工作程度图（绘出前人历次区调、勘查的范围并注明工作年限和勘查阶段）	5	矿区实际材料图
3	区域地质图	6	矿区测量控制点分布图

续表

7	物探、化探数据图、成果图	22	矿区工程地质图
8	采样平面图	23	矿区环境地质图
9	含矿地层及矿层对比图	24	井巷水文地质工程地质图
10	矿体(层)纵剖面图	25	钻孔抽水试验综合成果图
11	勘查线剖面图(有时可与资源/储量估算剖面图合并)	26	水文地质工程地质剖面图
12	砂矿和缓倾斜矿体(层)顶底板等高线和矿层等厚线图	27	地下水、地表水、矿坑水动态与降水量关系曲线图
13	矿体(层)水平断面图或中段平面图	28	矿床主要充水含水层地下水等水位(水压)图
14	构造控制程度图(附主要矿层底板等高线图)	29	矿坑涌水量计算图
15	资源/储量估算水平投影或垂直纵投影图	30	矿体直接顶(底)板隔水层等厚线图
16	钻孔柱状图(全部钻孔)	31	工程地质钻孔综合柱状图
17	槽探、浅井、坑探工程素描图(全部工程)	32	岩石强风化带厚度等值线图
18	老硐(窿)分布图和新老坑道联系图	33	中段岩体稳定性预测图
19	地貌和第四纪地质图	34	露天采场边坡稳定性分区图
20	区域水文地质图	35	外剥离量计算及剥离比等值线图
21	矿区水文地质图	36	等温线图

3. 图例

(1) 中、小比例尺地质图图例执行国家标准《区域地质图图例》(GB/T 958—2015)规定。

(2) 大比例尺地质图图例可参考“GB/T 958—2015”图例格式，有关部门也可制定地方或部门标准，但须分别报省、区、市标准化主管行政部门或国务院有关行政主管部门备案后执行。地方性图例标准，应考虑图例、代码的规格化，以适合对图件进行计算机存储管理。

(3) 图例框的大小按"DZ/T 0156—95"中第8.11.2条规定："图例框的大小及长宽比例应视图面大小、内容多少而定。其长宽比例一般为12∶8，大比例尺为15∶8。图例中各种符号、代号、文字注记的规格要视图例大小而定，以使图例与整幅图协调、美观。"

4. 图签

报告附图应绘制统一图签。关于其格式内容，部标"DZ/T 0131—94"《固体矿产勘查报告格式规定》中有明确规定：图签规格为90 mm×50 mm，简易图签为90 mm×15 mm，分图签为60 mm×30 mm。

多幅拼接附图及槽、井、坑等原始资料附图必要时，可使用分图签或简易图签。部标"DZ/T 0131—94"图签格式及规格，如图16.3所示。

图签内容为：

(1) 报告提交单位：承担勘查任务的法律责任单位。

(2) 图名：要求按符合规范的名称命名。

(3) 拟编：直接或主要制图人。

(4) 审核：图件直接审核人。

(5) 清绘：送印清绘图件绘图人。

(6) 报告主编：报告编写的主要负责人。

(7) 技术负责人：编写报告单位的技术负责人(或总工程师)。

(8) 图号：附图以"图种"为单位，一种图一个号，用阿拉伯数字连续编号。

(9) 顺序号：图件以"张"为单位，一张一号，用阿拉伯数字连续顺序编号。

(10) 比例尺：用1∶××××表示，有水平和垂直比例尺者应分上、下两行表示，并在数字比例尺前注明"水平"和"垂直"字样。

(11) 制图日期：指附图编制定稿时间，用8位阿拉伯数字表示，并以间隔号"·"间隔年、月、日,如2012·09·03。

(12)资料来源:简要说明编图的资料是"实测"或"据××单位"或"引用××资料修编"。

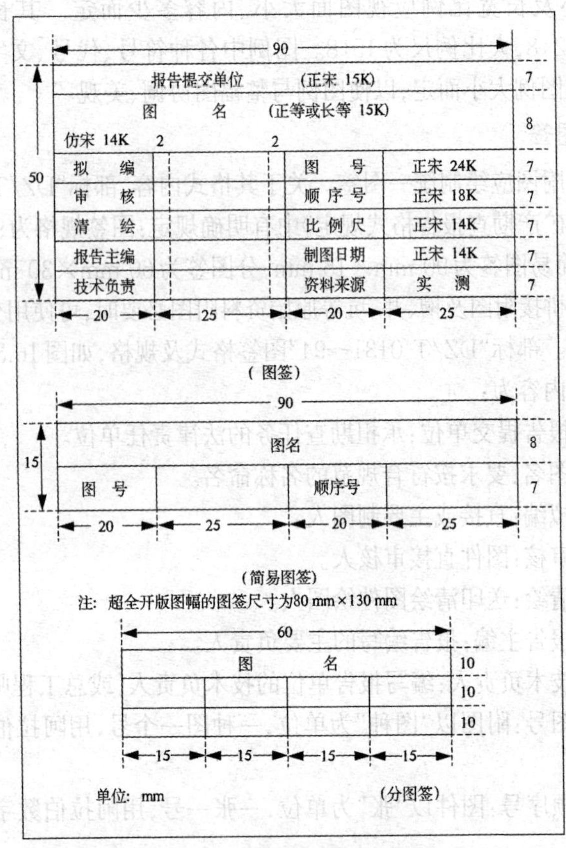

图16.1 报告附图图签样式

目前较多勘查单位使用的图签普遍不符合部标"DZ/T 0131—94"的规定,如图签大小规格参差不齐;"报告主编"栏改成了"队长"

栏;对于他人的资料在未作任何补充修编的情况下将"拟编"随意改成了自己,"资料来源"填写成"实测",以致闹出了20世纪90年代后出生的人实测了六七十年代地质图件的笑话等。"资料来源"栏建议按照"实测""据××资料修测""据××资料修编""据××报告附图""据本队资料编制"等明确注记。

5. 图件清绘标准

矿产勘查地质报告附图的图件清绘,要严格执行地矿行业《区域地质及矿区地质图件清绘规程》(DZ/T 0156—95)的要求。

图件的清绘包括内容、格式、图面的配置,各要素相互关系(衔接、重叠、相邻)的处理,地质图件地理底图制图精度,各类地质图件清绘格式,图例图签格式,图外整饰(包括图名、比例尺、图廓间注记、接图表等)等内容。

以往地质图件的制图先由技术人员在纸质材料上作图,绘图员手工清绘。图件的标准化制图由绘图员在清绘过程中把关完成。现在普遍使用作图软件,由不熟悉清绘规范的(地质,水、工、环,物、化探)技术人员在计算机机上作图和整饰完成,计算机打印出来,因此出现了较多不符合标准化要求的地质报告图件。计算机的普遍使用对"DZ/T 0156—95"的地质图件清绘基本要求也提出了新的要求。在地质图件制图清绘方面,建议关注如下基本要点:

(1) 制图人员要熟悉并掌握制图软件操作技术,目前常用的制图软件主要有MapGIS、Section、CAD、Ai(illustrator)等。制图人员在利用这些软件的过程中要根据各个软件的特点取长补短,在满足清绘规范基本要求的前提下,首先确保图件中各个元素的精度,避免误差过大影响图件的质量,其次尽量做到图件美观、协调。

(2) 制图人员要熟悉和掌握《区域地质及矿区地质图件清绘规程》(DZ/T 0156—95)、《区域地质图图例》(GB/T 958—2015)等规范、规程的各项要求,提高标准化制图水平。

(3) 图式图例:各要素严格按照相应图种的标准化图式、图例制图;如需新增图例符号,要履行报批手续。制图时必须正确处理图内各要素之间的相互关系,精细操作,确保图中各要素的点位和几何精度。

(4) 同类图件中相同的地质体、要素要使用相同的代号、花纹、色调;同一张图,图例和图内要协调一致:图内有的图例中必须有,图例中有的图内也必须有,且线条粗细、花纹式样、规格大小、用色色标等图内和图例的表述要完全一致。

(5) 计算机制图时要放大界面后精心操作,成图后数学精度要求是:图廓边长误差不得超过±0.2 mm,对角线长度误差不得超过±0.3 mm,直角坐标网、控制的误差不得超过±0.1 mm,工程点、地物点、各种线划误差不得超过±0.2 mm。

(6) 图内的中文注记、描述,必须采用国务院正式公布实施的简化汉字,有特殊要求时,可统一使用繁体字。

(7) 规范使用标点符号,一个标点符号占一个字格,连接号占两个字格,阿拉伯数字中的小数点及分节号占半个字格。按规范要求使用计量单位及其代号。坐标注记以千米为单位:1:500比例尺图注记到小数点后2位,1:5000~1:1000比例尺图注记到小数点后1位;≤1:10000比例尺图注记到整千米数。

(8) 分版清绘图件,各要素的避让关系要正确,图的分版(及分幅)符合规范要求,各版间套合误差不得超过±0.1 mm。

(9) 图幅的版面设计(配置)要求匀称,不留大的空白,合理美观。要根据纸张规格、图内内容、图外整饰、印刷机械的有效印刷面积及留边的需要,确定图纸幅面大小。建议按照全开、对开、4开、8开、16开等规格设计幅面大小,超过全开幅面的图应该考虑分版,避免随意设计。常用的开版版面规格为对开(50 cm×70 cm)、大对开(60 cm×80 cm)、全开(70 cm×100 cm)等。

6. 比例尺的表述

比例尺≤1:50000的各类地质平面图,要同时绘制数字比例尺和直线(线条)比例尺,1:25000及更大比例尺平面图只注数字比例尺,其他地质图件一般只注数字比例尺和垂直(水平)标尺(如剖面图、浅井素描图、坑道素描图、探槽素描图等)。国际分幅的地质平面图、数字比例尺和直线比例尺绘于图廓下方正中位置,任意分幅的地质图件比例尺绘于图名下方正中位置。

16.3.1.4 报告附表编排格式

1. 附表编排

附表由编号、表题、表头、表栏、表注、表的脚注等组成。表栏中的数据一般由左至右横读,依序竖排。表中栏目根据需要可以横排,也可以竖排。如表格数量过多应分册装订,但每册厚度不得超过2 cm(160~180页)。

附表编号和表题置于表头上方正中,占据两行。表的外框线、表头的下框线、表注和表内的段的上框线均为粗实线,仅有表的脚注时其上框线也为粗实线。

2. 附表题名

报告附表应有简单、确切的表题名。按“DZ/T 0033—2002”附录A、附录B、附录C中所列的附表种类名称冠以附表内容所表示的单位范围(如矿区、矿段、矿体、勘查工程编号等)组成。

3. 表头

每个表应有表头。表栏中使用的单位一般应置于相应栏的表头中量的名称之下。如果表中所有单位均相同,只需在表的右上方予以标注。

表头中不准许使用斜线。错误格式如下:

表　题

类型 尺寸	A	B	C

要改成如下方式：

表　题

尺寸	类型		
	A	B	C

4. 附表册号

报告附表册号用罗马数字“Ⅰ”作附表类号(便于与附件册号区分),用阿拉伯数字依次编册号,两者用“-”连接。如附表第一册为附表Ⅰ-1册,附表第二册为附表Ⅰ-2册……附表分册装订时,页号应连续编号。

5. 表的接排

如某表需转页接排,则接排的表各页应重复表的编号、表题,并加上“续”,即表×(续)。续表应重复表头和单位的陈述。

6. 附表表注与表的脚注

(1) 表注:在附表中文字栏、符号、标记、代码如有需要说明事项可用表注。表注应以最简练文字排置于表内的下方,内容过多时应另页放于附表封面之后。表注序号用六号阿拉伯数字并加圆括号置于被标注对象的右上角,如××①,禁用非标准符号表示,如“*”“※”等。表内只有一个注时应在注的第一行文字前面标明“注”字,表中有多个注时,应标明“注1”“注2”等,每个表的表注应单独编号。

(2) 表的脚注:表的脚注不同于条文的脚注,应置于表中最下部并紧跟表注,用小写拉丁文字母从a开始;表中需要加注的位置要以上标形式六号小写拉丁文字母标明脚注,如××[a]、××[b]。每个表的脚注应单独编号。示例见表16.10。

表16.10 表注与表的脚注格式示意

单位:mm

类型	长度	内圆直径(1)	外圆直径
	$l_1^{(2)}$	d_1	
	l_2	d_2^{a}	
	l_3	$d_2^{b,c}$	

注(1):表注的内容
注(2):表注的内容
a 表的脚注的内容
b 表的脚注的内容
c 表的脚注的内容

7. 表中数字标写与间隔

表中同一栏数字的数位、小数点号、数字间隔必须上下对齐。表内不用"同上""同左""〃"等类似词语及符号,一律填出具体数字和文字。表中"空白"代表未测或无此项,"—"和"…"代表未发现,"0"代表实测结果为零。

常见问题有:小数点位置不对齐;小数点后面尾数不统一;数字的个、十、百、千位置排列混乱;表中数字栏中未测、未发现、0表达混乱或随意空白等。

8. 附表封面

除上述规定封面应有内容格式外(去掉分类号、部门编号及密级号),还应在报告标题之下增加"附表Ⅰ-×"的副题名,如报告附表只有一册,副标题中只写"附表"。

9. 附表题名页

附表各册均应各有其题名页，题名页格式内容含下列各项：报告题名、副题名、责任者(含制表人、审查人、技术负责人)、单位名称、制表日期。

10. 附表目次页

置于附表题名页之后，格式内容含册号、序号、附表名称及页号各项。附表序号无论册数多少，均应一表一号，并用阿拉伯数字统一顺序编号，附表页号一页一号用阿拉伯数字顺序编号。两册以上附表应标注“册”号，并连续编页号，同类附表页数过多而需分册装订者，应有全部目次，并注明分册号。

16.3.1.5 报告附件编排格式

1. 附件封面

报告附件不论是单册或多册，均应有与报告正文一致的统一封面(去掉分类号、部门编号及密级号)，并标注报告附件册号的副标题。

2. 附件题名页

本单位形成编制的附件应有题名页(置于封面后另页右页)，格式内容含报告题名、副题名、责任者(编制人、审查人、技术负责人)、单位名称(含合作单位)、报告审查批准日期。

3. 附件目次页

置于题名页衬页之后，以另页右页开始。附件目次页含附件册号(必要时)、附件序号、附件名称、页号各项。其中附件册号用罗马数字“Ⅱ”作附件类号(便于与附表册号区分)，用阿拉伯数字依次编号，两者之间用“-”连接，如附件第一册为附件Ⅱ-1册，附件第二册为附件Ⅱ-2册……页号以实际页数为基础，一页一号，用阿拉伯数字统一顺序编号。两册及以上附件页号应连续统一编页号。

4. 独立附件

报告附件可由一个或多个独立附件组成,每个独立附件应各有自己的封面、题名页、目次页。属外单位提交的附件,在不改变原有内容的前提下,封面、题名页及页号各项编排可按本标准格式统一。

16.3.2 报告制印基本版式

16.3.2.1 报告开本幅面

报告正文、附表、附件开本和报告附图幅面尺寸原则上按我国《图书杂志开本及幅面尺寸》(GB/T 788—1999)标准中A系列和B系列的开本尺寸,允许偏差±1~2 mm。

部标“DZ/T 0131—94”规定:国内矿产勘查报告制印采用B组系列(报告正文为16开,188 mm×260 mm);国际通用标准(适用于国外或中外合资、合作项目矿产勘查报告)的制印采用A组系列(报告正文相当于A组系列16开,212 mm×294 mm)。

国标“GB/T 1.1-2009”第9.1条规定,“出版标准的纸张应采用ISO 216标准,其A4型幅面为210 mm×297 mm,允许偏差±1 mm”。现在实际通用的是已与国际接轨的A4幅面系列,因此“部标”的上述B组16开(188 mm×260 mm)规定已不适用于矿产勘查报告,应修正为A组系列开本、开版。其规格及使用范围如表16.11所示。

表16.11 报告基本开本、开版规格

单位:mm

开本开版	A组		B组		适用报告制印范围
	切本尺寸	版心尺寸	切本尺寸	版心尺寸	
原纸尺寸	880×1230		787×1092		
全开	870×1220	780×1160	770×1070	717×1010	报告附图

续表

开本 开版	A组		B组		适用报告制印范围
	切本尺寸	版心尺寸	切本尺寸	版心尺寸	
对开	605×860	520×810	530×766	448×716	报告附图
4开	424×605	364×515	383×527	323×443	报告附图
8开	294×424	244×364	264×380	214×320	报告附图、附表附件
16开	212×294	170×244	188×260	145×214	报告正文、附表附件
32开	147×208		130×184		一般不用
64开	104×143		92×126		一般不用

注:资料来源于“DZ/T 0131—94”。

16.3.2.2 报告字体和字号(级)

报告常用印刷文字有汉字、阿拉伯数字、罗马字母、汉语拼音字母(英文、拉丁文字母相同)、希腊字母等各类,每类又按字形分为若干种。

报告采用的排版系统有三种:照排、铅排、科印。

报告印刷字体的照排植字级数用“K”表示,每级之差为0.25 mm;铅字字号以“点”表示,每点约为0.35146 mm;计算机科印排版系统计量单位采用“磅”,每磅近似0.35146 mm,目前勘查单位普遍采用计算机科印排版。三种字体字大小对照及报告字体号(级)规定见表16.12、表16.13。

16.3.2.3 计量标准

地质勘查报告计量单位执行中华人民共和国国家标准《有关量、单位和符号的一般原则》(GB 3101—93)。它贯彻了中华人民共和国

《计量法》《标准化法》《法定计量单位》《法定计量单位使用方法》等规范文件。单位和符号书写方式一律采用国际通用符号。

16.3.2.4　报告封装

报告正文一律用锁线装订(报告附表、附件和普查报告也可用穿线、缝纫形式平装),禁止使用铁丝订装。报告正文、附表、附件、图册的封面可用软皮包封,重要的或根据用户需要也可用烫金包封和硬壳精装。报告正文厚度大于1 cm者应在书脊上印制报告名称、册别(必要时)和提交报告单位名称。报告正文、附件应分别装订,但每册厚度不得超过2 cm。报告附图一律不得与报告正文、附表、附件合并装订。

16.3.2.5　报告成书规格

成书规格参考国标“GB/T 1.1—2009”及《图书杂志开本及其幅面尺寸》(GB/T 788—1999)中A组系列A4幅面尺寸。

部标“DZ/T 0131—94”所列两个组的规格为:

“A组”16开本:报告成书规格212 mm×294 mm,允许误差±1 mm。版心规格为170 mm×244 mm,每版排35~38行(不含页号),每行排38~46字。

“B组”16开本:报告成书规格为188 mm×260 mm,版心规格为145 mm×214 mm,每版排33~37行(不含页号),每行排35~40字。

目前成书规格已与国际接轨,按“GB/T 1.1—2009”规定,应采用A4幅面,即A组系列16开本尺寸,成书规格为210 mm×297 mm,版心到装订线一侧边部及版心顶、底边到边部留空均为25 mm,非装订线一侧版心到边部留空20 mm。

目前常用的三种排版系统,其字体、字级、字号、磅数对照如表16.12所示。

表16.12 三种排版系统字体字级、字号、磅数对照[1]

照排机级数		铅排字号(近似)			科印磅数		适用范围举例
K	毫米	铅字号	点数	mm	磅[2]	mm	
62	15.00	初号	42	14.76	42.00	15.00	报告附图图名、报告正文封面、报告名页中的报告名称
50	12.50	小初号	36	2.65	36.00	12.50	8开图图名、报告附表封面名称、8开图册封面名称
38	9.00	一号	27	9.49	27.50	9.80	报告正文目次、章节标题、报告插图图名表头图例等
32	8.00	二号	21	7.38	21.00	7.35	
24	6.00	三号	16	5.60	16.00	5.60	题名页责任签、报告篇的标题
20	5.00	四号	14	4.92	13.75	4.90	普遍用于报告附图注记,报告正文文字,附图中的图签、比例尺、图例说明、文字描述等
18	4.50	小四号	12	4.22	12.00	4.20	
15	3.75	五号	10.5	3.675	10.50	3.68	
13	3.25	小五号	9	3.16	9.00	3.15	报告小插图中的注记、页码、图注、脚注(必要时)
11	2.75	六号	8	2.80	8.00	2.80	
8	2.00	七号	5.25	1.85	5.25	1.84	

注:(1) 本表资料来源于“DZ/T 0131—94”。
(2) 1英寸=72磅(点),1磅(点)≈0.35146 mm,1 mm=2.846磅(点);
1 K=0.25 mm≈1.406磅(点)。

据地矿行业标准“DZ/T 0131—94”固体矿产报告格式规定,报告字体、字号(级)规定如表16.13所示。

表16.13 报告字体、字号(级)规定

序号	页别	位置	文字内容	铅字字号和字体(照排植字K数)
1	封面	左1~2行	分类号、部门编号	五号黑体(15 K)
2	封面	右第1行	密级	四号黑体(20 K)

续表

序号	页别	位置	文字内容	铅字字号和字体（照排植字K数）
3	封面	第1行	题名（省市县、矿区名称）	二号宋体(32 K)
4	封面	第2行	题名（矿种、勘查报告名称）	初号宋体(50～62 K)
5	封面	第3行	单位名称	三号宋体(24 K)
6	封面	第4行	报告审批日期	小四号宋体(18 K)
7	题名页		题名	与封面同
8	题名页	第3～10行	实施日期至报告审批日期	四号仿宋体(20 K)
9	摘要页	第1行	摘要标题	四号黑体(20 K)
10	摘要页	正文	摘要正文	五号宋体(15 K)
11	摘要页	摘要左下角	主题词	小四号黑体(18 K)
12	目次	第1行	目次	三号黑体或宋体(24 K)
13	目次	正文	目次正文	五号宋体(15 K)
14	各页	正文	报告正文	五号或小四号宋体(15～18 K)
15	各页	正文	章的编号及标题	三号黑体或宋体(24 K)
16	各页	正文	节的编号及标题	四号黑体(20 K)
17	各页	正文	条的编号及标题	五号黑体(15 K)
18	各页	正文	条文中注、脚注、图注、标注说明	小五号仿宋(13 K)
19	各页	正文	表格中的文字	小五号仿宋(13 K)
20	各页	正文	图中的数字和文字	六号仿宋体(11 K)
21	各页	正文	公式、方程式、物理量符号等	五号(15 K)

续表

序号	页别	位置	文字内容	铅字字号和字体（照排植字K数）
22	双单数页码	版心左右下行		小五号仿宋(13K)
23	参考文献	第1行	表头	小四号黑体(20 K)
24	参考文献	正方	文献名称	小五号宋体(13 K)
25	封三制印签	正中下方	报告名称、编著者、提交单位	五号黑体(15 K) 提交单位用五号宋体
26	封三制印签		编辑、制印单位	小五号宋体(13 K)
27			开本、字数、印数、准印证	六号宋体(11 K)

注:宋体含正体、仿宋和书宋等体,可根据需要选择。

表16.13为部标"DZ/T 0131—94"地矿行业标准(1994年版),其中部分规定不能满足2009版国标"GB/T 1.1—2009"的要求,由于国标较新,建议采用国标规则。不同点主要有:

(1) 国标的规定是文稿中不用仿宋体,主要是黑体、宋体;部标规定8、18、19、20、22各项均用仿宋体。

(2) 章、条(节)编号及标题,国标中规定字体大小一样,均用五号黑体;而部标表中所列字体大小不一样,分别为三、四、五号黑体。

(3) 插图的编号、图名,表的编号、表名,国标中要求用五号黑体,部标中未提及。

16.3.2.6 报告插照

报告中选编的照片必须物像清晰,反差适当。照片文字说明应简练并与照片相互对应,必要时应用简短文字说明插照中的符号、代码、标记。插照文字说明一般置于图片之下。若插照较多,可集中成A4开版,图版附于报告正文参考文献表之后,也可另装一册作为报告附件。

16.3.2.7 报告插图

1. 报告中单页插图幅面尺寸

不应超过或小于A4尺寸,特殊需要超版编排时可作超A4开版插页处理(最大幅面不超过A3开,即两个A4开),但每本书超版一般不得超过4版(含插表)。小于A4开本插图随文编排,但不能单独编页号和进行插页装订。报告插图的名称、图号均居中排在图的下方,图注和图例放在插图内空白处(或适当位置)。插图图名、图注字体应全书统一(见表16.13)。

2. 报告插图比例尺

用线型比例尺(或数字比例尺)表示,比例尺应为图上1 cm代表的实际长度,并标注在图中适当位置。

16.3.2.8 报告插表

1. 插表表题、表头

表题即表的名称,每表均应有名称,放在表的上方、编号之后,如:

表× ×××××××(表题)

每表均应有表头。表栏中计量单位应置于表栏文字之下,也可只用计量单位代号表示。如果表中所有计量单位相同,可在表的右上方统一标注。

表头中不准用斜线,见16.3.1.4条(3)。

2. 插表的接排

如果某个表需要转页接排,则随后该表的各页上应重复表的编号、表题和续,如下所示:

表×　(续)×××表

续表应重复表头和关于计量单位的陈述。

根据插表内容,为节省版面可分别采用转行:

(1) 单页左右接排直表:在左、右分段表间用细双线排在一个表中。

(2) 单页上下接排横表:在上、下分段表间用细双线接排在一个表中。

(3) 双页左右排横表:要从左页双号开始,排成双号跨单号(右页),使表面在同一视面上。单号页左边用细线接排。

(4) 多页上下接排直表:插表单页号、双页号均可接排,如以双页号作头表,则单页号上可省去表头;如以单页号作头表,则单页号、双页号上插表都必须写表头。

3. 插表编排形式

表题采用五号黑体,标于表上方正中,表号链接于表题左方,计量单位用小五号宋体置于表的右上方(表题右侧)。表内线与字间至少应留半个字格空位。表的上部和下部用粗实线闭合。

16.3.2.9　报告页号

从目次页到正文首页前用正体大写罗马数字从Ⅰ开始编页码;报告正文、附表、附件用阿拉伯数字等线体编页号,正文开始为1,页码单数页排在右下侧,双数页排在左下侧。凡另页起、另面起排的篇、章名、超版插图正页及背面空白页均编暗码(即留页号不印页码),扉页、版权页不排页号,报告正文附有照片等图版者与报告正文连续编页号。

16.3.2.10　汉字和标点符号

报告中使用规范汉字。简化字的使用要以国务院正式公布、实施的《简化字总表》为依据，不得自撰。

标点符号的使用应符合国标《标点符号用法》(GB/T 15834—2011)的规定。常用的16种标点符号一般占一个字格，其中破折号、省略号占两个字格。

16.3.3　纸质报告装盒(袋)规格、标识

16.3.3.1　装盒(袋)规格

根据报告正文、附表、附件开本尺寸的报告附图折叠尺寸，常用有A、B两组系列全封闭式盒(袋)。A组系列盒(袋)适用于装放A4开标准开本的矿产勘查报告；B组系列盒(袋)适用于装放传统的16开通用标准开本的矿产勘查报告。规格如表16.14所示。

表16.14　报告盒(袋)规格

单位：mm

系列	切本尺寸	折图尺寸	盒(袋)尺寸(宽×高×厚)
A组	212×294	220×300	240×320×(30～80)
B组	188×260	190×270	220×300×(30～80)

注：如果省级地质资料管理部门有统一规定，折图尺寸要执行其规定，但原则上略小于A4尺寸。

16.3.3.2　装盒(袋)质量

装盒(袋)制作材料、造型及封装，应既利于防尘、防光、防湿、防虫及对档案资料的保护，又便于库房保管和利用。

16.3.3.3 装盒(袋)标识

装盒(袋)正面标识内容包括编号、盒(袋)号、密级、保管期限、报告文件(含审批决议书、报告正文、附图、附表、附件)数量、报告提交单位(编著者)、报告审批日期等项栏目。装盒(袋)侧脊标识内容包括：编号、密级、本盒(袋)内所装报告正文(本)、附图(张)、附表(册)、附件(册)数量及盒(袋)号四项栏目。

报告盒(袋)正面、侧脊标识可采用盒(装)印刷式或插卡式(可用计算机打印)两种格式表示。样式详见第16.3.4条相关内容。

16.3.3.4 装盒(袋)顺序及编号

固体矿产勘查报告全部科技文件材料按审批决议书、报告正文、附图、附表、附件及其他顺序排列装盒(袋)。当需分装两个以上的盒(袋)时,应在盒(袋)正面及侧脊标识的盒(袋)号栏用分数表示盒(袋)总数(分母)及各盒(袋)的顺序号(分子)。

16.3.4 其他要求

固体矿产勘查报告的制印质量应符合《全国地质资料汇交管理办法》的有关规定。

报告正文封面、题名页、报告附表、附件封面、报告插图、报告表册封面板式、报告盒袋正面标识、报告盒袋侧脊标识、报告摘要式样等,参见图16.2至图16.10。

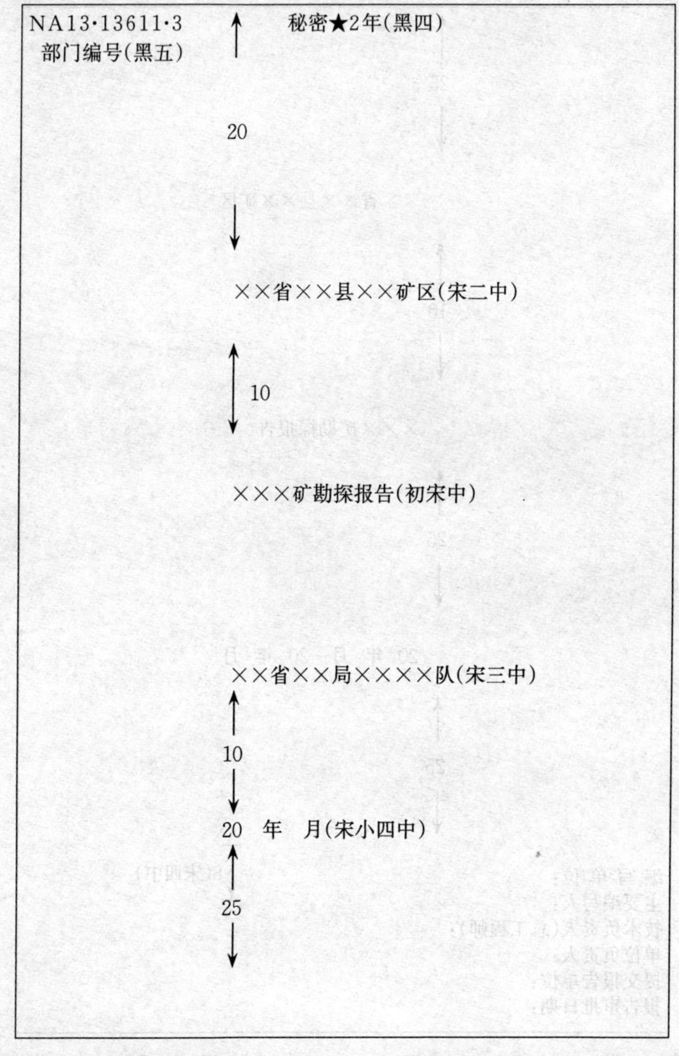

A组16开;切本规格210 mm×297 mm,版心框线170 mm×244 mm;单位:mm

图16.2　报告正文封面排版

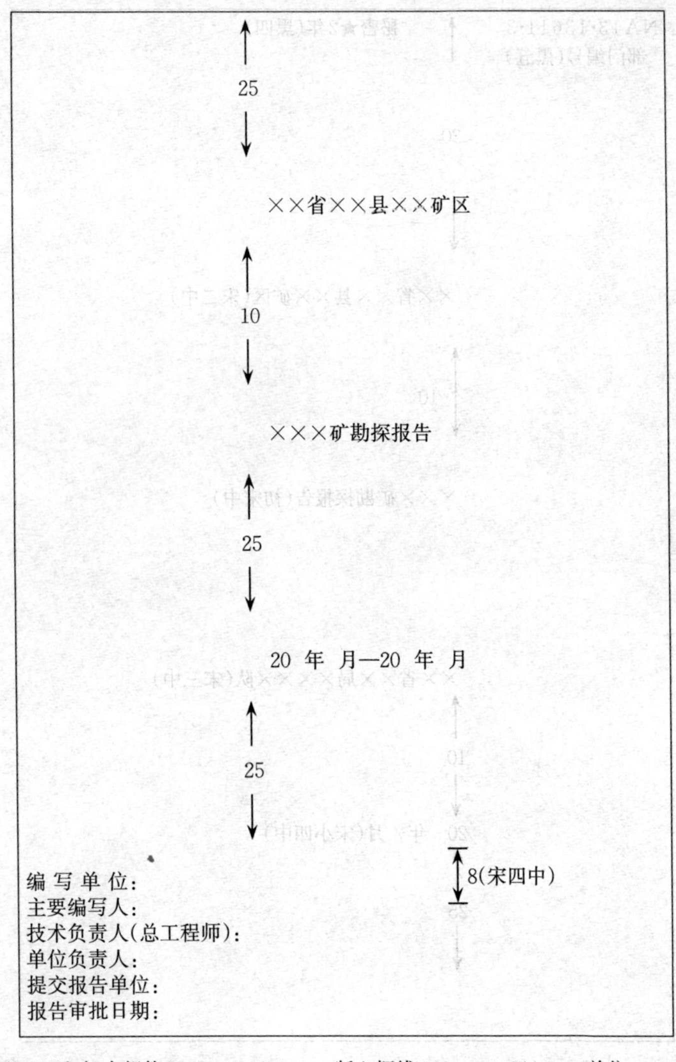

A组16开;切本规格210 mm×297 mm,版心框线170 mm×244 mm;单位:mm

图16.3 报告正文题名页排版样式

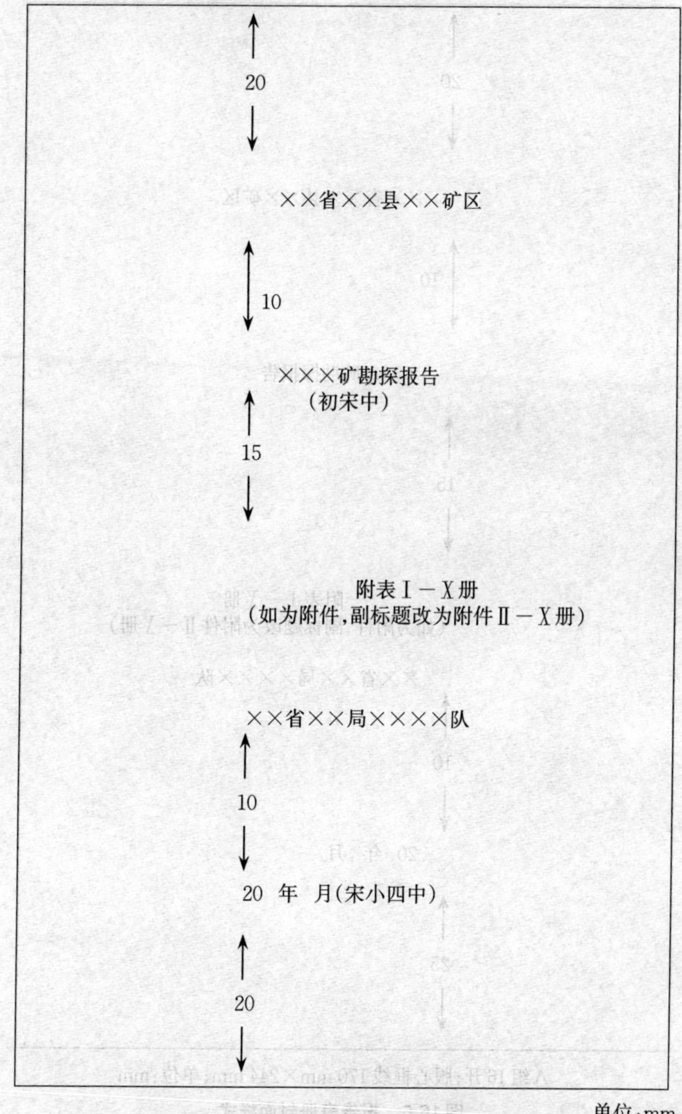

单位:mm

图16.4　报告附表、附件封面排版样式

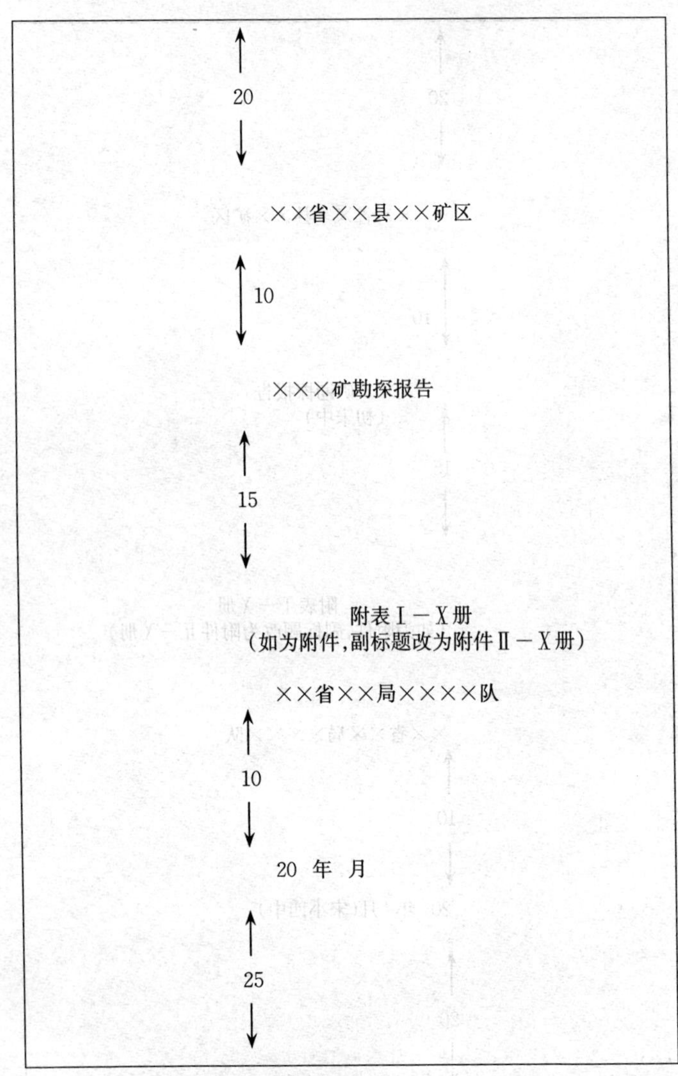

A组16开；版心框线170 mm×244 mm；单位：mm

图16.5　报告表册封面样式

单页左右接排表直表

表号　×××××表

表头栏目	A	B	C	D
1	—	—	—	—
2	—	—	—	—
3	—	—	—	—

表头栏目	A	B	C	D
4	—	—	—	—
5	—	—	—	—
6	—	—	—	—

单页上下接排表横表

表号　×××××表

表头栏目	A	B	C	D	E	F	G	H
1	–	–	–	–	–	–	–	–
2	–	–	–	–	–	–	–	–
3	–	–	–	–	–	–	–	–
表头栏目	I	J	K	L	M	N	O	P
1	–	–	–	–	–	–	–	–
2	–	–	–	–	–	–	–	–
3	–	–	–	–	–	–	–	–

双页左右接排表横表

表号(双页号)×××××表　　(单页号)

表头栏目	A	B	C	D
1	–	–	–	–
2	–	–	–	–
3	–	–	–	–

E	F	G	H	I	J
–	–	–	–	–	–
–	–	–	–	–	–
–	–	–	–	–	–

多页上下接排表直表

表号　×××××表

表头栏目	A	B	C	D
1	–	–	–	–
2	–	–	–	–
3	–	–	–	–
4	–	–	–	–

表号(续)　×××××表

表头栏目	A	B	C	D
5	–	–	–	–
6	–	–	–	–
7	–	–	–	–
8	–	–	–	–

图16.6　报告正文插表样式

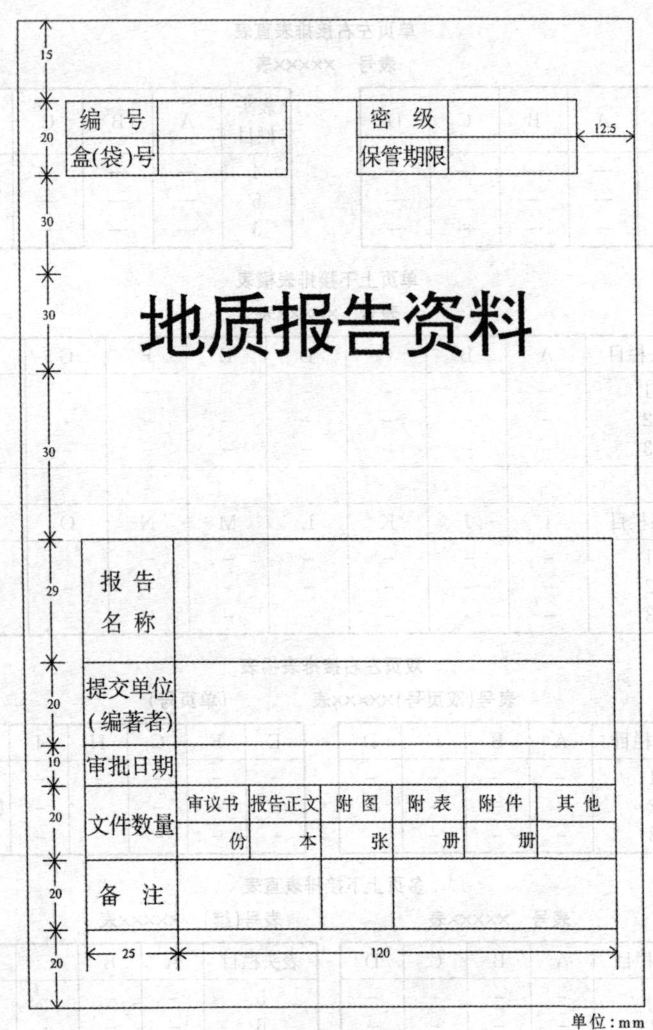

图 16.7 报告盒(袋)正面标识

(适用于盒袋封面制印)

图框规格60 × 105

编号:			密级:		
报告编号					
提交单位（编著者）					
审批日期					
报告文件数量					
审 议 书	报告正文	附　图	附　表	附　件	其　他
份	本	张	册	册	
盒(袋)号					

尺寸：高60（6、12、12、6、6、6、6、6）；宽17.5、35、17.5、35

单位：mm

图 16.8　报告盒（袋）正面标识标签

（适用于插卡式盒袋）

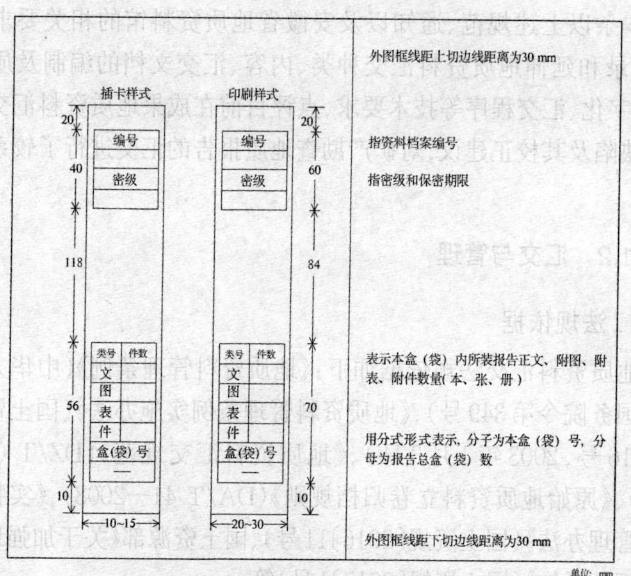

图 16.9　报告盒（袋）侧脊标识

16.4 地质资料汇交

16.4.1 概述

16.4.1.1 题引

部标《地质资料汇交规范》(DZ/T 0273—2015)对地质资料汇交的目的、任务、类别、基本原则、工作内容、基本要求、汇交程序和方法作出了详细规定,《国土资源部关于加强地质资料管理的通知》(国土资规〔2017〕1号)对相关内容又进行了完善和补充。

本条以上述规范、通知以及安徽省地质资料馆的相关要求为标准,节录和延伸地质资料汇交种类、内容、汇交文档的编制及质量要求、数字化、汇交程序等技术要求,点评目前在成果地质资料汇交中常见的缺陷及其校正建议,对矿产勘查地质报告的汇交进行了较系统的阐述。

16.4.1.2 汇交与管理

1. 法规依据

地质资料汇交法规依据如下:《地质资料管理条例》(中华人民共和国国务院令第349号)、《地质资料管理条例实施办法》(国土资源部令第16号,2003年1月3日)、《地质资料汇交规范》(DZ/T 0273—2015)、《原始地质资料立卷归档规则》(DA/T 41—2008)、《实物地质资料管理办法》(国土资规〔2016〕11号)、国土资源部《关于加强地质资料管理的通知》(国土资规〔2017〕1号)等。

汇交地质工作形成的地质资料是汇交人应尽的法定义务,汇交人对汇交的存档文件、源电子文件的真实性、完整性、有效性负责。

2. 汇交渠道

按照出资人类别及工作地域，分别向国家、省级国土资源行政主管部门或其委托的地质资料馆藏机构汇交地质资料。详细要求请按照国土资规〔2017〕1号文相关规定执行。

3. 汇交人及接收人

汇交人：在中华人民共和国领域及由中华人民共和国管辖的其他海域从事矿产资源勘查开发或者采矿的其他地质工作项目的出资人，由国家出资的地质工作项目其承担单位为地质资料汇交人；中外合作开展地质工作的，参与合作项目的中方为地质资料汇交人，外方承担汇交地质资料的连带责任。

接收人：国家或省级国土资源行政主管部门或其委托的地质资料馆藏机构为汇交地质资料的接收人。

其中，石油、天然气、煤层气、放射性矿产的地质资料、海洋地质资料、中央财政（全额）出资形成的原始和成果地质资料向自然资源部（原国土资源部）汇交；中央财政出资，且由中国地质调查局组织实施和评审验收的项目形成的成果资料和原始资料，向受全国地质资料馆委托的中国地质调查局六大区中心项目管理办公室汇交（国土资厅发〔2012〕57号）；地方财政出资或其他资本项目形成的原始和成果地质资料，直接向项目所在地的省地质资料馆汇交。

4. 汇交份数

关于地质资料汇交份数，《地质资料管理条例实施办法》（中华人民共和国国土资源部令第16号）第十五条规定：需要向自然资源部（原国土资源部）转送的成果地质资料，汇交纸质资料及电子文档各2份；其他地质资料汇交纸质资料和电子文档各1份。

工作区跨两个或者两个以上省、自治区、直辖市的地质项目，汇交纸质资料和电子文档的份数与所跨省、自治区、直辖市的数量相同。

中外合作项目如果形成不同文本的地质资料，除了汇交中文文本的地质资料外，还应当汇交其他文本的纸质地质资料、电子文档各1份。

安徽省地质资料馆关于地质资料的汇交要求如下：

(1) 直接向全国地质资料馆汇交时，汇交成果地质资料纸质、电子文档各1套，原始地质资料电子版1套。

(2) 向中国地质调查局六大区中心汇交时，汇交成果资料的份数是工作区跨省份的个数加2，汇交原始地质资料配套的电子版1套。

(3) 向省馆汇交的A类资料，汇交纸质、电子文档各2套；B类资料，汇交纸质1套、电子文档2套。同时汇交原始地质资料纸质、电子文档各1套。

(4) 中外合作项目如果形成不同文本的地质资料，除了汇交中文文本的地质资料外，还应当汇交其他语言的纸质地质资料、电子文档各1份。

一般地，可执行省级地质资料馆的规定，如表16.15所示。

表16.15 地质资料汇交数量

接收资料部门	成果地质资料	原始地质资料	项目类别
向全国地质资料馆汇交	纸质、电子文档各1套	电子文档1套	非大地调的中央财政(全额)项目
向所在区大地调中心汇交	工作区跨省份的个数加2	电子文档1套	大地调项目
向项目所在地的省地质资料馆汇交	A类纸质、电子文档各2套，B类纸质1套、电子文档各2套	纸质、电子文档各1套	其他资金项目

需要向国土资源部转送的成果地质资料，汇交纸质资料及电子文档各2份；其他地质资料汇交纸质资料和电子文档各1份。

工作区跨两个或者两个以上省、自治区、直辖市的地质项目，汇交纸质资料和电子文档的份数与所跨省、自治区、直辖市的数量相同。

5. 汇交时限

地质资料汇交人应当按国务院令第349号和国土资源部令第16号规定的期限汇交地质资料(表16.16)。对不按期履行地质资料汇交义务的，通过监管平台公开，并依法催缴和处罚。

表16.16 地质资料汇交时限

资料类别	汇交人性质	汇交时限要求
成果地质资料及原始地质资料	探矿权人	探矿证有效期届满的30日前汇交
	采矿权人	在采矿许可证有效期届满的90日前汇交； 属于阶段性关闭矿井的，自关闭之日起180日内汇交； 采矿权人开采时，发现新矿体、新矿种或者矿产资源/储量发生重大变化的，自开发勘探工作结束之日起180日内汇交
	被吊销探矿证或采矿证的	自处罚决定生效之日起15日内汇交
	工程建设项目	自该项目竣工验收之日起180日内汇交
	其他地质资料	自地质工作项目结束之日起180日内汇交
	国家财政出资的地质工作项目	工作期限长且开展工作已满3年的，项目承担单位应将经项目组织实施单位审查的阶段性成果，按有关要求进行汇交
实物地质资料		应在野外地质工作验收结束后10个工作日内，无野外工作的在成果评审后10个工作日内汇交“实物地质资料目录清单”

相关保管机构15个工作日内完成实物地质资料的筛选。无需汇交实物地质资料的,向汇交人下发“实物地质资料目录清单回执”;需要汇交实物地质资料的,向汇交人下发“实物地质资料汇交通知书”。

6. 汇交程序与方法

1) 汇交总体程序

地质资料汇交总体程序大致是:资料报送—资料接收—汇交凭证发放。

(1) 资料报送。汇交人应按照《成果地质资料电子文件汇交格式要求》《原始地质资料立卷归档规则》《实物地质资料管理办法》等相关规范,编制并向负责接收资料的全国馆或省级馆藏机构报送“地质资料汇交报送单”“地质资料汇交汇总表”“地质资料涉密情况报告表”等目录清单,编制和汇交地质资料电子文档。

(2) 资料接收。负责接收地质资料的地质资料馆藏机构,对地质资料的纸质和电子文档进行检查、验收。验收合格的,在全国地质资料汇交监管平台(以下简称监管平台)上确认,并纳入地质资料汇交汇总表等;验收不合格的,汇交人应在收到“地质资料补充、修改通知书”后,补充、修改地质资料并重新汇交。

(3) 汇交凭证发放。汇交人按规定完成成果地质资料、原始地质资料和实物地质资料汇交后,负责接收地质资料的地质资料馆藏机构应通过监管平台发放“地质资料汇交凭证”。

2) 汇交具体流程

地质资料汇交具体流程是:

(1) 成果地质资料汇交:成果评审—编制地质档案文件目录—专家提出汇交建议,提出成果地质资料汇交的认定意见—成果资料电子文档汇交格式化制作—成果地质资料汇交。

(2) 原始地质资料汇交:成果评审—编制地质档案文件目录—专家提出汇交建议—提出原始地质资料汇交的认定意见—整理纸质原

始资料、原始资料数字化(编制电子复制件)—原始地质资料汇交。

(3) 实物地质资料汇交(野外验收之后至汇交成果地质资料之前):编制、报送实物地质资料目录清单—部、省两级筛选,下通知书—根据通知书进行实物整理—实物地质资料汇交。

具体流程如图16.10所示。

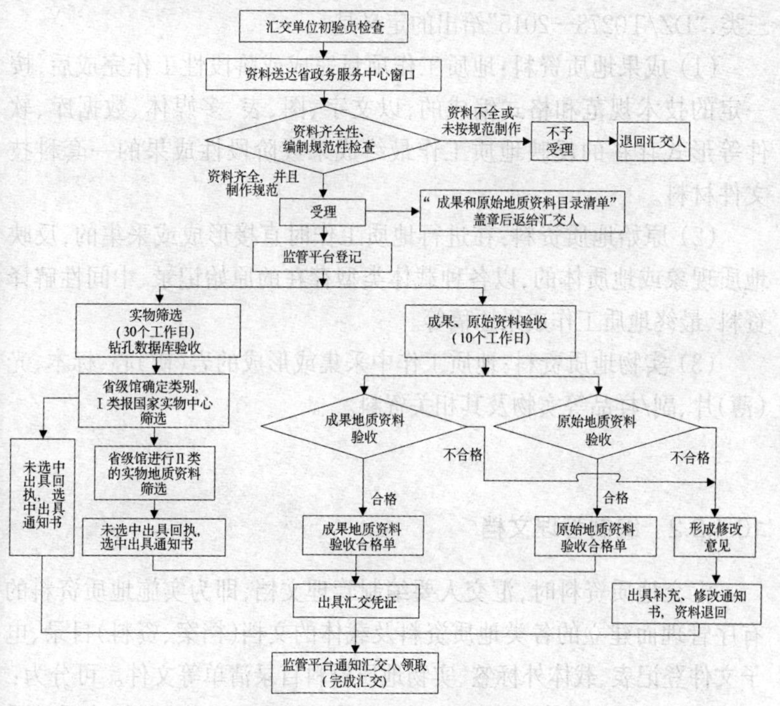

图16.10　地质资料汇交流程

16.4.2 地质资料分类与汇交文档目录认定

16.4.2.1 地质资料分类

地质资料可划分为成果地质资料、原始地质资料、实物地质资料三类，“DZ/T0273—2015”给出的定义是：

(1) 成果地质资料：地质工作项目完成或阶段性工作完成后，按一定的技术规范和格式编成的，以文字、图、表、多媒体、数据库、软件等形式存在的反映地质工作最终成果或阶段性成果的一套科技文件材料。

(2) 原始地质资料：在进行地质工作时直接形成或采集的，反映地质现象或地质体的，以各种载体类型存在的原始记录、中间性解译资料、最终地质工作成果原稿等。

(3) 实物地质资料：地质工作中采集或形成的岩(矿)心、标本、光(薄)片、副/样品等实物及其相关资料。

16.4.2.2 编制管理文档

汇交地质资料时，汇交人要编制管理文档，即为实施地质资料的有序管理而建立的各类地质资料及载体的文档(档案、资料)目录、电子文件登记表、载体外标签、实物地质资料目录清单等文件。可分为：

(1) 成果地质资料管理文档：地质资料汇交总表，包括成果地质资料目录清单、电子文件登记表、载体外标签等。

(2) 原始地质资料管理文档：地质档案文件目录、应汇交的原始地质资料目录等。

(3) 实物地质资料管理文档：实物地质资料目录清单等。

16.4.2.3　地质资料汇交文档目录的认定

汇交人应根据“DZ/T 0273—2015”规范及省地质资料馆的要求，编制拟汇交的地质资料管理文档，包括地质资料汇交总表、地质档案文件目录、实物地质资料目录清单等地质资料汇交目录，报请省级地质资料馆审批认定，获得其批准并盖章。

地质资料汇交细目主要类别如表16.17所示。

表16.17　地质资料汇交细目主要类别

资料分类	汇交细目主要类别	汇交细目详细清单
成果地质资料	区域地质调查资料，矿产地质资料，石油、天然气、煤层气地质资料，海洋地质资料，水文地质资料，工程地质资料，环境地质、灾害地质资料，地震地质资料，物、化探地质资料，地质矿产科研及综合分析资料，其他地质资料等	请参阅“DZ/T 0273—2015”附录A.1
原始地质资料	区域地质调查资料，矿产勘查资料，石油、天然气、煤层气地质资料，海洋地质资料，水文地质资料，工程地质资料，环境地质、灾害地质资料，地质科研等其他地质资料，物、化探地质资料等	请参阅“DZ/T 0273—2015”附录A.2
实物地质资料	区域地质调查资料，矿产地质资料，海洋地质资料，水文地质、工程地质、环境地质资料，地质科学研究资料等	请参阅“DZ/T 0273—2015”附录A.3

地质资料汇交类别如表16.18所示。

表16.18 地质资料汇交类别

序号	名称	内容	汇交条件	备注
1	成果地质资料	“DZ/T0273—2015”第6.1条要求的内容	必须	
2	原始地质资料及相关信息	地质档案文件目录	必须	所有项目都必须汇交
		“DZ/T0273—2015”第7.1条要求的内容	非委托保管,必须	
3	实物地质资料信息	“DZ/T0273—2015”第8.1条要求的内容	必须,由省馆筛选并提交国土资源实物地质资料中心	
4	地质工作开展的依据文件	合同书	如果有,则必须	
		任务书	如果有,则必须	
		授权及委托文件	如果有,则必须	
		工作内容变更相关证明文件	如果有,则必须	
		勘查许可证、采矿许可证	必须	
5	审批文件	成果评审意见书	如果有,则必须	提交对最终成果的审批
		成果审查意见书	如果有,则必须	
		矿产资源/储量评审意见书	如果有,则必须	
		矿产资源/储量评审备案证明	如果有,则必须	
6	地质资料管理需要的清单	电子文件登记表	必须	
		地质资料涉密情况登记表	必须	
		地质资料报送单		必须直接汇交全国地质资料馆

续表

序号	名称	内容	汇交条件	备注
		地质资料保护申请表	申请保护的资料，必须	必须是国土资源行政主管部门审批后的
		成果和原始地质资料清单	必须	
7	任务书、合同书、评审意见等文件中“提交的技术文件目录”中明确的其他内容			

注：载体外标签纸张贴在载体装具上。

16.4.3　成果地质资料汇交

16.4.3.1　汇交内容

汇交的成果地质资料应包括成果地质资料汇交细目（参见“DZ/T 0273—2015”附录A1）和国土资源行政主管部门规定的应向国家汇交的全部文件材料以及保证其使用的相关文件材料。汇交文档内容由地质资料汇交总表表述，包括成果地质资料类别、电子文件登记表、载体外标签等。具体包括：

（1）各类地质工作按照行业、专业技术规范形成的全部成果。

（2）探矿权人、采矿权人的勘查许可证、采矿许可证复印件以及地质工作任务书、合同书等依据性文件。

（3）地质工作管理单位或受其委托的单位下发的地质资料评审、鉴定、验收等审批类文件的正式文件或复印件。

（4）依法需要汇交的原始地质资料和实物地质资料的目录清单以及无需汇交的原始地质资料和实物地质资料的目录清单。

（5）经过审批的成果地质资料保护登记表、地质资料保护申请表等管理性文件。

（6）保证电子文件正常使用的所有相关文件（如二次开发软件、

系统库、外部链接文件、字库等)及软硬件的加密狗。

(7) 数据库建设工作最终形成的库文件(包括所有表文件、数据间的关联关系、存储过程以及后备文件或导出文件等)、管理或浏览数据库的软件系统及使用说明,以及使用数据库所必需的系统库、字库、外部链接文件等相关文件和技术文档。

(8) 软件研发工作最终形成的安装文件、源代码以及软件使用说明等相关文件、技术文档及测试数据,非独立使用的软件应提供相应的支持软件或控件或提供获取的方式和途径及其版本、生产商等相关信息。

(9) 其他应汇交的文件材料。

成果地质资料汇交文档,包括纸质文档和电子文档,分为正文、审文、附图、附表、附件、数据库、软件、多媒体、其他等九大类。其代号如表16.19所示。

表16.19 成果地质资料类别代号

分类	正文	审文	附图	附表	附件	其他	数据库	软件	多媒体
类别位	Z	S	T	B	J	Q	K	R	M

16.4.3.2 汇交文档的编制要求

1. 基本要求

汇交的地质资料应符合下列基本要求:

(1) 资料应齐全完整,满足长期保管和利用的需要,纸质载体应印刷清晰,着墨牢固,电子文件应安全可靠,能正常读取和复制。

(2) 纸质资料的正文扉页应加盖单位公章,单位行政、技术负责人和编写人应签章。

(3) 成果地质资料电子文件应是安全的,其格式组织方式和命名应符合要求。

(4) 不同文件之间、不同载体之间应保持内容信息的一致性。

(5) 地质资料载体应利于长期保管。

(6) 要按正文、审文、附图、附表、附件、数据库、软件、多媒体、其他等九大类汇交。

2. 正文(Z)

依据标准：成果地质资料报告(正文)的内容、章节编排以《固体矿产勘查/矿山闭坑地质报告编写规范》(DZ/T 0033—2002)附录A、附录B、附录C的“报告编写提纲”为标准；报告章节结构及编排格式(如字体、字号等)以国标《标准化工作导则第一部分：标准的结构和编写》(GB/T 1.1—2009)为标准，以部标《固体矿产勘查报告格式规定》(DZ/T 0131—94)为基础，汇交文档以《地质资料汇交规范》为标准进行编写。

正文汇交文档的编制应注意以下10条规则：

(1) 标题命令定义。文件的题名、副题名、章名、节名、内容摘要等均应用标题命令定义，标题阶次遵循从大到小依次降低(如1~4级标题)、中间不跳级、同一层次的标题阶次应相同的原则(可从视图的文档结构图查看是否正确)。

(2) 目录自动生成。要通过字处理软件的命令自动生成，应具有超链接，不能手工录入(可用“引用”的“插入目录”功能)。

(3) 页码自成体系。

① 连续页码，位于页面底端，对齐方式为“居中”或“外侧”(奇数页在右侧，偶数页在左侧)。

② 封面、扉页不得有页码，文件的目录、前言等部分与正文文字部分应分别使用各自的一套页码。

(4) 字号大小适当。正文内容采用4号或小4号字，标题字号应不小于正文内容的字号，文中插表采用5号或小5号字。行距最小不得低于单倍行距。

(5) 方向显示向上。所有图片、照片、插表、图版等在电子文件中显示方向应向上。

(6) 摘要言简意赅。报告的内容摘要建议附在正文的扉页(题名页)之后,不宜超过400个汉字。

(7) 公章加盖清晰。纸质文本封面、题名页要加盖提交单位公章,题名页还要加盖形成单位公章。

(8) 页面不得空白。除封二页(衬页)外,页面不得空白,电子档文件正文不许有空白页。

(9) 文章双面打印。封面、题名页、目录、正文、内容摘要自成页面体系,目录、正文的双面打印各自独立。

(10) 规范格式提交。封面、题名页的格式要按规范格式要求提交,对另有格式要求的要按照规定的格式提交,如大地调项目报告的正文封面、题名页都有固定格式。

3. 审文(S)

审文采用扫描、在Word中插入栅格图形文件的方法来形成,要求:按原色扫描、300dpi、整饰。

审文目录排列顺序:从高到低、从新到老编排。

审文可装订在题名页后、目录前,也可独立装订(需加封面)。

盖章件应扫描盖章的纸质件,不允许插入公章。

当有多个审批验收文件时,应按照审批级次由高到低依次进行编排。对同级的认定书、决议书、审查意见书、评审意见书,以认定书、决议书在前,审查意见书、评审意见书在后进行编排;同级、同类的审批文件,按时间先后顺序由新到老进行编排。

4. 附图(T)

附图类电子文件的内容、幅面大小、用色标准、图例符号等按照地矿行业的标准及相关制图标准执行。例如:《区域地质及矿区地质图清绘规程》(DZ/T 0156—95)、中小比例尺的采用《区域地质图图例(1∶50000)》(GB/T 958—2015)、《区域地质矿产调查工作图式图例(1∶50000)》、《地质图用色标准及用色原则(1∶50000)》(DZ/T 0179—1997)。基本要求是:

(1) 图面内容与图例一致。

(2) 图面用色规范,符合地质图用色要求。

(3) 注记避免压盖,包括字压线、线压字、字压符号、图层区的压盖等。

(4) 地质体的压盖关系准确。

(5) 每张图都要有图签。

(6) 线段比例尺的基本单位必须是10 mm。

(7) 图册编制要规范。

(8) 统一符号库、字库。

(9) 图纸边距为30~50 mm。

(10) 图号与顺序号不要混淆。

(11) 图层文件命名应简单易懂或符合规范。

(12) 没有临时文件与过渡性文件。

单张图件编制。按照一张图一个顺序号的原则统一编号。图号与顺序号不要混淆。对超A0幅面图件的电子文件原则上不进行分割。当影响浏览使用时可切割成多张图,切割后的各电子文件应能独立使用。对分成多个文件的同一幅柱状图,每个文件中均应有图头。对于分幅印制的同一幅图件,用数字化方法形成电子文件后,如果在计算机上浏览不便,应进行加工处理(拼接),形成一个电子文件。

图册编制。图册要有封面、题名页(扉页)、目录。目录要按照“图号、顺序号、图名、比例尺、页码”来编排。每页附图最下面要做一个图签。图签内容包含制图、审核、图号、顺序号、页码等,形式可以是在图框下面一字排开。图册可每页都做图例,也可集中只做一个图例页。

5. 附表(B)

操作基本要求如下:

(1) 内容不同、类别不同的表格应分册制作。

(2) 每一个附表均应有表编号、表题名和表栏头;附表的尺寸应以版心的尺寸为界限,如果横向或纵向超出版心,可转页接排续表。在接排该表的各页上要重复该表的编号、表题名和"续"字、表栏头。续表可以省略表题名,但要统一处置。例如:"表×(续)××××表"或"表×(续)"。

(3) 表格的形成不能以超链接的形式超链接其他软件制作的表格,同一软件制作的不同表格也不能以超链接的形式合并。

(4) A3版表格以较短的一边为装订边。

(5) Word编制的附表类文件的表名要使用标题命令进行定义,标题样式不作具体规定,以美观实用为原则,标题命令完成后应使用软件自动生成目录,其制作方法与正文类相同。

(6) Excel编制表格不需对表名进行标题命令定义,但文件中每一个表均要有简要表名。用Excel等软件来制作附表类电子文件,原则上不对表格做切割。不同册的附表不能放在同一个Excel文件中。同一册附表中的每张表要使用工作簿中的一个工作表来表示,工作表的标签用表名的简称来命名。

(7) 文中插表除表名不使用标题命令进行定义外,其他要求和编制方法同附表类一致。

6. 附件(J)

附件类编制要求与正文相同。当附件类文件中又含有一套附图、附表等文件时,应将它们合并到相应的类别中,在正文目录的相应类别中也应表示,并加以注明。

7. 数据库(K)

原则上保持各类文件原来的组织方式和目录结构不变。数据库用到的各种工具软件的系统库、字库等相关文件要以独立文件夹的形式存放。数据库的工作成果、总结报告要作为独立的正文编制。

数据库内容齐全,数据库资料中应包含:

(1) 数据库验收报告或者意见。

(2) 数据库文件或数据库的完整备份文件(包含所有表文件、数据间的关联关系、存储过程以及后备文件或导出文件等)。

(3) 管理或浏览数据库的软件系统及其使用说明。

(4) 数据库相关文档,包括(但不限于)建库指南或者技术要求、数据库使用说明、数据库质量检查报告和质量检查结果记录等。

(5) 辅助信息库,包括(但不限于)元数据库、字典库、代码库、符号库、字库等。

(6) 基于数据库数据所衍生的图件及相关报告。

如果数据库或其管理软件需要密钥或加密狗才可加载读取,应将密钥、密码、加密狗等一并汇交,并在管理性文件中进行详细说明。

8. 软件(R)

原则上保持各类文件原来的组织方式和目录结构不变。在编制时按照“安装程序”“源代码”“技术文档”“测试数据”“辅助文件”“使用说明”等类别分类建立文件夹存放相应的电子文件。软件所用到的各种工具软件的系统库、字库等相关文件要以独立文件夹的形式与其他与之相关的电子文件存放在一起。大型基础性数据库项目应有单独的数据库评审意见书和技术资料。

系统研发的软件应制作安装盘、完整的软件源代码。

软件、信息系统项目应有信息化相关文档资料。

软件、信息系统项目应有信息项目须提交的技术文档资料,主要有可行性分析、系统需求分析、系统概要设计、系统详细设计、系统数据库设计、系统功能设计、系统测试分析、系统用户手册等,可归为附件类。

9. 多媒体(M)

原则上不作限制,应采用通用存储格式及编码器进行存储;当汇交非通用存储格式的文件时,应将查看或编辑用的相关软件及其说明文件一并汇交、存放于软件类电子文件中。

多媒体图像文件像素的选择以保证图像清晰为原则,声音文件应清楚、音质良好。有特殊情况的,应在管理性文件中进行说明。

多媒体文件不可以用压缩软件进行处理,当超过载体容量时应分成多个电子文件。

10. 其他(Q)

对所附的各种证件采用扫描、插入栅格图形文件的方法来形成。内容包括(但不限于)项目任务书、勘查许可证、采矿许可证、勘查资质证书、委托书、合同书等。

16.4.3.3 成果地质资料汇交要求

1. 纸质成果地质资料

(1) 纸张要求:

文本——A4开本(210 mm×297 mm),70 g以上;

彩页——80 g以上;

附图——95 g以上胶版纸;

照片、图版——专用纸张。

(2) 印刷要求。文双面打印,图不得缩放,应清晰、着墨牢固、不褪色、不染色。

(3) 装订要求。文本胶装或线装,装订线离文字不小于10 mm;单独册需加封面;厚度不超过2 cm;审批类按级别由高到低、任务书按时间先后顺序装订;附图边距不小于3 cm,折叠尺寸按省级地质资料管理部门的统一规定,折成略小于A4开本尺寸的20 cm×29 cm手风琴状,图签折在外面。

(4) 责任要求。

盖章要求:正文中的题名页、各种评审意见或相关文件、附件、附表以及其他类各种表格均须盖有相关单位、审查或审批机关的印章。

纸质成果地质资料盖章要求如表16.20所示。

表16.20 纸质成果地质资料盖章要求

盖章的位置	章信息	说明
正文(附件)扉页	汇交人、项目承担单位	有多个形成单位时,需要每个单位的章
任务书	签发单位的章(或复印件)	章的信息要清晰
审批类文件	签发单位的章(或复印件)	章的信息要清晰
地质档案文件目录	项目承担单位、汇交人	
实物地质资料目录清单	汇交人	
地质资料汇交报送单	汇交人	
地质资料汇交汇总表	汇交人、项目承担单位	
地质资料涉密情况报告表	汇交人	
地质资料保护备案表	汇交人	
延期汇交地质资料不可抗力事实书面告知单	汇交人	

资料保护:对于需要保护的地质资料,汇交人须在提交的资料中进行申请,保护期不得超过《地质资料管理条例》规定期限。未作申请的资料均视为公开。

根据国土资规〔2017〕1号文,矿权有效期内的地质资料均予以保护,不需申请。但社会资金参与中央和地方财政开展的矿产勘查需要保护的及矿权人在缩小矿权范围前汇交的难以分割的区域性地质资料(如物、化探地质资料)的,汇交人须在提交资料时提交“地质资料保护备案表”,保护期不得超过5年。

资料定密:汇交人对汇交的资料提出定密建议,填写“地质资料涉密情况登记表”,负责接收的地质资料馆藏机构负责审定密级。

2. 电子成果地质资料汇交要求

(1) 文件命名。根据国土资源部《关于加强地质资料管理的通知》(国土资规〔2017〕1号)附件“按成果地质资料电子文件汇交格式要求”进行文件命名。

电子成果地质资料文件命名规则如图16.11所示。

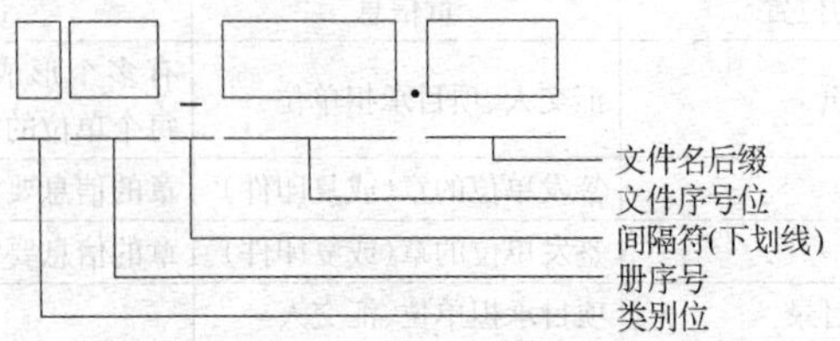

图16.11 成果地质资料电子文件命名规则

注意:图中第一位置为文件类别位,第四位置为间隔符,以下划线表示,第八位置后面为文件名后缀,之间以下部的圆点隔开。

示例:Z01_0001.doc,表示正文第一册0001号。

电子原始地质资料文件命名规则为类别号+流水号(四位数字)。

示例:Y0002表示采样鉴定测试类第0002册。

(2) 格式要求。成果地质资料汇交格式编制要求,执行《国土资源部关于加强地质资料管理的通知》(国土资规〔2017〕1号)附件2和省地质资料馆的相关规定。

① 源电子文件格式。建议文本用Word编制,表格用Excel编制,附图常用软件MapGIS、AutoCAD编制,数据库和软件、多媒体格式原则上不作限制。

审批类、其他类、管理性文件无需汇交源电子文件。

附图、附件、数据库类如采用非通用存储式文件的,要将查看或编辑用的相关软件及其说明文件作为软件类一并汇交。

插图目录附属在正文目录之下,每个插图文件夹以"图号_图名简称"命名。

② 存档电子文件格式:

文本类:pdf。

附图类:pdf、jpg。

数据库:以结构化数据为主的数据库类电子文件如采用非通用存储格式的,应将数据库中的各数据表输出为通用存储格式的表文件,包括各类字典表及下属词表等,作为存档电子文件进行汇交。以图形或以光栅图像为主的数据库类电子文件的存档电子文件应汇交所有图幅的图形图像文件,文件格式参照附图类电子文件的存档电子文件格式要求。

软件、多媒体、插图、附属文件夹没有存档格式。

③ 管理性文件格式。编制成pdf文档。

④ 汇交光盘中文档的组织结构:

根据《国土资源部关于加强地质资料管理的通知》(国土资规〔2017〕1号)附件2附录"按成果地质资料电子文件汇交格式要求",成果地质资料电子文件的组织示例如图16.12所示。

在实际工作中,常以地质档案文件目录、地质资料目录数据库著录表、地质资料涉密情况登记表、实物地质资料目录清单、地质资料汇交总表、载体外标签等格式制作管理性文件。

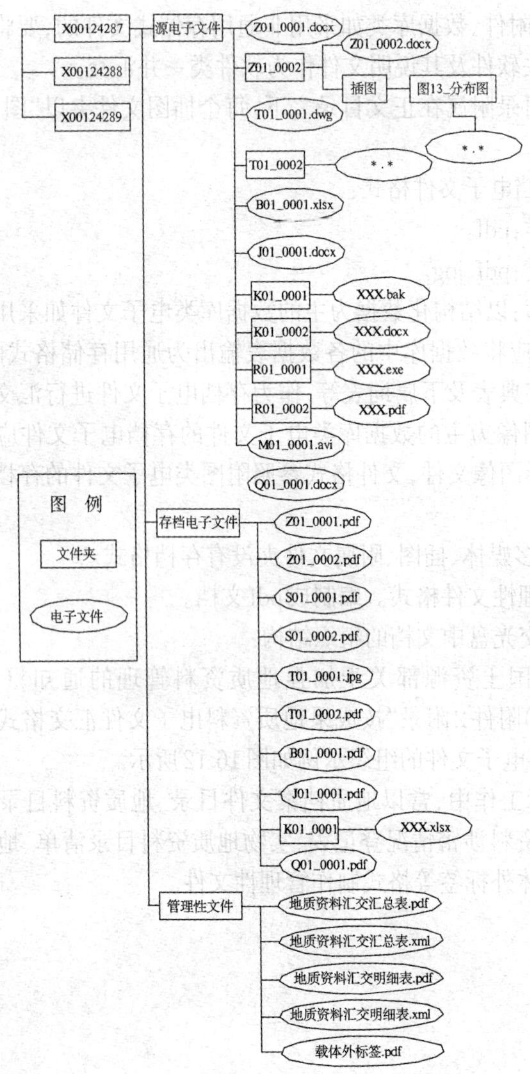

图 16.12 成果地质资料电子文件的组织示例

16.4.4　原始地质资料汇交

16.4.4.1　原始地质资料的立卷归档

原始地质资料汇交包括原始地质资料立卷归档、电子文档编制（数字化）、原始资料汇交三个步骤。

按照行业标准“DZ/T 0273—2015”“DA/T 41—2008”，汇交人应进行原始地质资料立卷归档，编制“地质档案文件目录”“应汇交的原始地质资料目录”等。原始地质资料共分10类，其类别代码如表16.21所示。

表16.21　电子原始地质资料类别代码

类　别	类别码	类　别	类别码
成果底稿、底图类	D	试油、试采、采油类	S
测绘资料类	C	仪器记录及动态资料类	L
野外地质观察类	G	航遥影像类	X
勘探工程及现场试验类	T	中间性综合资料类	Z
采样测试鉴定类	Y	技术管理文件类	W

在地质工作结束（包括中止）后3个月内应完成原始地质资料的立卷工作，并向资料部门移交。

立卷归档的基本要求是：资料内容齐全（如题名、责任人、完成时间、必要的说明等应补充完整），幅面、装订规范，字迹材料书写工整，符号清晰，着墨规范牢固。电子数据应按规定目录整理，同时补充说明性文档，存贮时一般不允许加密。

16.4.4.2 原始地质资料汇交内容

原始地质资料通过数字化工作，将扫描形成的图片按件形成PDF电子文件。

汇交人应按照"地质资料管理条例实施办法"附件2汇交相应的原始地质资料；纸质、电子同步汇交，纸质为复制件；与成果地质资料一同汇交。

管理性文件：地质资料汇交汇总表。

原始地质资料汇交细目参见"DZ/T 0273—2015"的相关规定。

《国土资源部关于加强地质资料管理的通知》(国土资规〔2017〕1号)对原始地质资料汇交细目规定如表16.22、表16.23所示。

表16.22 原始地质资料汇交细目

种类	汇交细目
路线地质填图与调查	实际材料图，路线地质小结，各种调查表、照片和录像
地质剖面测制	实测地质剖面记录表，实测剖面图，综合地质柱状图，剖面地质小结、照片和录像
遥感解译	遥感原始数据，遥感影像图，遥感解译图，遥感异常图，遥感地质解译文字材料，典型影像图册，野外验证材料和相关照片、录像资料
测量(地形测绘)	控制网分布图、控制点成果表、地质勘探工程测量成果表、矿区地形图、控制点(网)观测记录、测量观测数据与计算表
钻探工程	钻孔柱状图、孔深及弯曲度测量记录、钻孔地质记录表、钻孔工作小结、岩矿心音像记录、钻孔封孔设计和封孔记录表； 其中水文地质钻探还应提交简易水文观测记录、成井记录、抽水试验原始记录、固井与封孔记录； 其中油气地质钻探还应提交参数井、区域探井、发现井、评价井的录井、测井、分析化验原始数据汇总表
坑探工程	槽、井、硐(坑道)探地质编录记录(表、簿)，工程编录中的影像资料，工程素描图，采样平面图

续表

种类	汇交细目
监测	观测点分布图、各类观测点的记录及动态曲线
物探测量	物探测量包含重力、磁法、电法、地震、测井、放射性6种具体工作手段，其汇交细目为总体和每种具体手段的汇交细目之和。具体见物探测量汇交细目表
化探测量（岩石测量、土壤测量、水系沉积物测量、水化学测量和多目标测量）	实际材料图、数据汇总表（含点号、线号、图幅号、送样号、检验编号、平面坐标及各元素分析值），样品分析报告及质量评估报告； 其他气体测量、地电化学、地气化学测量、活动态测量、浅钻化探、井中取样等参考化探测量汇交范围
实验测试	各类样品（试验场）分析、测试、鉴定结果报告（含数据、照片、图版、计算图表）
地质综合及数据库建设	各类地质要素属性采集表或采集记录、地理底图编绘方案、说明书文字底稿
其他	未包含在上述列表中的工作手段按如下细目汇交： 野外观测仪器记录数据、野外工作人员记录的数据和图片、野外工作使用的基准参考、相关的数据记录表、数据处理报告、野外验收文据、野外工作总结等

说明：

（1）汇交细目按照工作手段确定，一个地质工作中涉及多种工作手段的，须按照每种工作手段的细目汇交。

（2）细目中的内容如果已经在成果资料里以文、图、表、数据库的形式体现，可不再汇交。

（3）开展样品采集的地质工作，须汇交样品采集登记表，可按照项目整体汇总汇交。

（4）采用野外数字化采集方法形成的原始资料应全部汇交。

表16.23 物探测量汇交细目

物探		汇交细目
物探总体		标本采集与测定、统计记录,异常踏勘及异常验证原始记录,各工作的质量检查和精度评价记录,原始资料验收文据,野外工作总结。野外工作总结应包含所有仪器类型及仪器调节、性能试验结果、数据整理项及所用公式、畸变数据(点)处理情况、数据质量检查方式与统计结果、统计时甩点情况、数据单位、数据改算参数等
物探手段具体类别	重力测量	测量控制网平差报告、重力基点网平差报告、重力基点档案、布格重力异常成果(含测点平面坐标、高程、重力值、近中远区地改值及布格异常值)
	地面磁法测量	基点选择及基点T_0值测定记录、磁异常成果(含测点平面坐标、高程、总场值及磁异常值等)
	航空磁法测量	航磁测量成果数据文件(含点测量成果、飞行高度、总场值、航磁异常值等)、说明航磁导航定位、测高、磁补偿、飞行高度等精度或者灵敏度的记录、数据处理报告; 其他的航空物探工作参照航空磁法测量的汇交细目
	电法测量	1. 测深类电法(大地电磁测深、地面瞬变电磁法、可控源声频大地电磁法、电阻率测深法技术规程、电偶源频率电磁测深法)。测点测量成果表、原始观测数据及对应原始曲线图集、资料(数据)整理(处理)过程中形成的记录与图表。 2. 直流电法(时间域激发极化法、直流充电法)。测点测量成果表、原始观测数据、整理后的观测结果(含视电阻率计算结果)
	地震测量	物理点测量成果表、观测系统图、原始观测数据及相关图件、常规处理项目及情况表与特殊处理项目内容表
	地球物理测井	测井通知书、单孔原始测井数据及原始曲线图
	放射性测量	放射性本底测量记录、观测数据及统计整理结果(含图表)、异常登记和验证相关记录

16.4.4.3 原始地质资料的数字化

1. 数字化工作

汇交人对原始地质资料进行数字化,从报告评审阶段开始。对于纸质原件,须按照数字化要求进行数字化和整理;如原件是电子的,则只对文件名称进行规范,不对格式作任何改变。

2. 数字化原则

信息准确、方便利用;信息完整、不遗漏或重复;信息清晰、可读;有日志记录,有处理操作记录。

3. 数字化操作要求

使用扫描仪进行扫描数字化;不得使用相机拍摄或者“易拍得”拍照;保持原来文件的颜色配置(彩色、黑白);扫描分辨率不小于300 dpi。

4. 数字化文件格式要求

Acrobat Portal File格式(.PDF);

8位或24位JPEG格式(.JPG);

CCITT Tiff Group 4 fax 格式(.TIF);

如果原来是电子文件,则保留原来的格式。

5. 数字化质量要求

数字化质量要求主要为:

(1) 文字部分以能读懂为准,各种字符特别是重要的数字和符号应正确无误。

(2) 图形部分,在1:1显示下的主要信息应清楚,重要的线段应连续可读。

(3) 分页印制的图、表按要求不进行拼接时,应保证其上图名、图例或表(栏)头的完整性,不全的部分应补齐。

(4) 扫描件的图文地质信息应是垂直向上的正片图像,其显示方向应从上到下。

(5) 扫描件的图像应端正,倾斜度不得大于0.3°。

(6) 栅格文件上的小污迹不应影响阅读。

(7) 拼接后的扫描件不能缺失有用信息和产生多余信息。

(8) 有精度要求的图件,拼接后其拼接线与原件相比,中心误差不得超过0.5 mm。

(9) 对于少部分原件本身就不清楚且又无法考证的信息,原则上不做整饰。

(10) 原始地质资料通过以上数字化工作,将扫描形成的图片按件形成Word或PDF电子文件。

16.4.4.4 原始地质资料汇交

汇交人应按照《地质资料管理条例实施办法》附件2的相关规定汇交相应的原始地质资料。

原始地质资料通过上述数字化工作,将扫描形成的图片按件形成PDF电子文件;对于管理性文件,提交地质资料汇交汇总表。

1. 纸质原始地质资料汇交要求

(1) 复制件(不收复印件)与成果地质资料一同汇交。

(2) 纸张、装订要求与成果地质资料一致。

2. 电子原始地质资料汇交格式要求

(1) 文件命名。基本格式:类别码+流水号(按阿拉伯数字4位编号)。例如Y0001,表示采样测试鉴定类第0001号。

(2) 编制要求按件将扫描图片编制成PDF文档,为方便对照验收,文件名可填在“地质档案文件目录”“备注”一栏中。

(3) 电子原始地质资料类别代码如表16.21所示。原始地质资料电子文件组织示例如图16.13所示。

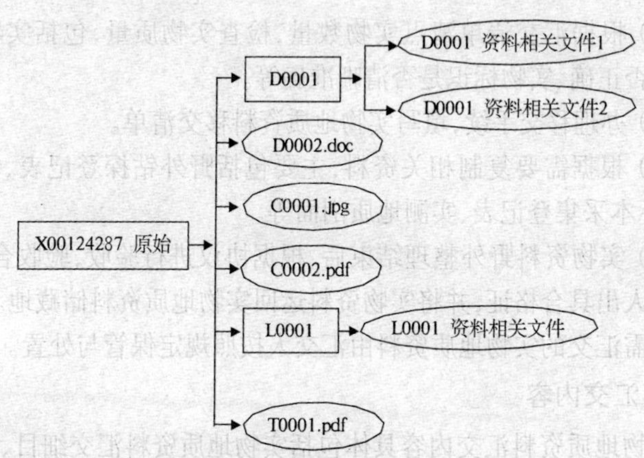

图16.13　原始地质资料电子文件组织示例

16.4.4.5　实物地质资料汇交

1. 汇交文件、文档的编制

汇交实物地质资料时，汇交人要编制“实物地质资料目录清单”，报请馆藏机构按照筛选要求对“实物地质资料目录清单”进行筛选，并对选中的下发“实物地质资料汇交通知书”，确定汇交清单，委托汇交单位进行实物整理。

2. 汇交程序

实物地质资料汇交程序如下：

(1) 馆藏机构按照筛选要求对“实物地质资料目录清单”进行筛选，并对选中的下发“实物地质资料汇交通知书”。

(2) 馆藏机构工作人员到实地查看，选择要汇交的勘查线或剖面，落实需要汇交的实物，确定汇交清单。

(3) 馆藏机构与汇交单位签订协议，委托汇交单位进行实物整理。

(4) 根据汇交清单清点实物数量，检查实物质量，包括实物排列顺序是否正确、实物标识是否清晰准确等。

(5) 办理移交手续，填写实物地质资料移交清单。

(6) 根据需要复制相关资料，主要包括野外钻探登记表、钻孔柱状图、标本采集登记表、实测地质剖面等。

(7) 实物资料野外整理结束后，根据协议进行验收，验收合格后，向汇交人出具合格证，并将实物资料运回实物地质资料储藏地。

不需汇交的实物地质资料由汇交人按照规定保管与处置。

3. 汇交内容

实物地质资料汇交内容具体包括实物地质资料汇交细目、汇交的实物以及保证其使用的相关文件材料，具体包括实物，如岩心、标本、光(薄)片、样品、副样等(由省级地质资料馆藏机构筛选确定)，以及与汇交实物密切相关的说明资料、实物地质资料移交清单。

16.4.5　汇交中常见缺陷

16.4.5.1　成果地质资料

1. 纸电不一致

(1) 多版本原因造成。

(2) 软件转换时出现信息丢失。

2. 编制不规范

(1) 因不规范而导致错误，如地质图用色随意，线段比例尺扫描后进行了缩放等。

(2) 不符合汇交要求，如正文标题未定义或未按要求定义，字号太小，插图、插表等没有名称或编号，插图压盖正文等。附表中未对表进行简单命名，附图的图面内容与图例不一致。

(3) 扫描件变形(放大、缩小、扭曲)、不清楚或未进行整理,如未去除扫描阴影、未摆正等。

3. 汇交不全

(1) 成果资料中子图库、特殊字库、插图源文件、数据库的评审意见、系统研发的系列文档及安装盘容易遗忘。

(2) 对于原始地质资料,不知道哪些是要交的,哪些是不要交的。

16.4.5.2 原始地质资料

原始地质资料汇交常见缺陷有:

原始地质资料不全:包括资料种类不全和具体资料的内容不全。资料随意擦改,字迹潦草、着墨不牢固、审定程序(责任签名等)缺失等。

扫描的电子文档部分内容不清晰、页面歪斜。

资料内容不全表现在资料名称随意、混乱,责任签名缺失,制作日期混乱,地层及岩性花纹代号不规范,图件字体字号线条粗细使用和选择随意,图件的内容与图例不一致,图式、图例格式不规范,表格中数字标写与间隔不规范等。

16.4.6 安徽省地质资料馆有关汇交规定

16.4.6.1 地质资料汇交流程

安徽省地质资料馆地质资料汇交流程如图16.14所示。

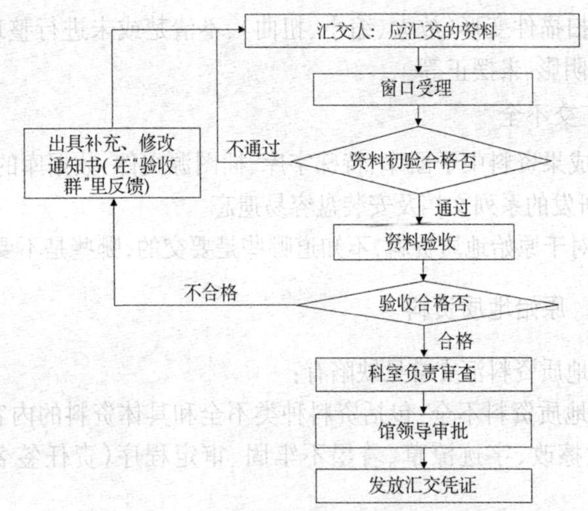

图16.14 安徽省地质资料馆地质资料汇交流程

16.4.6.2 无需汇交地质资料的申请

对无需汇交的地质资料应按规定办理申请报批手续。

申请无需汇交地质资料应报送的材料如下：

(1) 按相关规定编制总结报告，并按汇交格式制作光盘，各类管理表格均须按要求编制。

(2) 本阶段勘查实施方案与上一阶段勘查实施方案均须附工程布置图。

(3) 向安徽省地质资料馆报送承诺书，承诺在项目完成后按规定汇交地质资料。申请流程如图16.15所示。

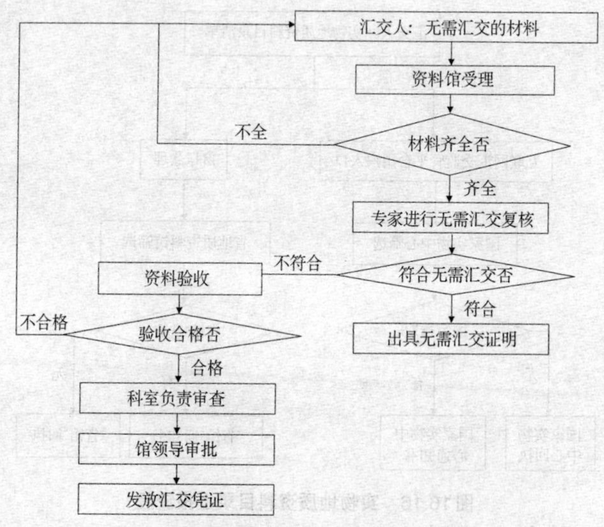

图16.15 无需汇交地质资料的申请流程

16.4.6.3 实物地质资料目录上报流程

实物地质资料根据内容的重要性、典型性和代表性可分为Ⅰ、Ⅱ、Ⅲ三类，其中Ⅰ类由国土资源部委托国土资源实物地质资料中心接收、保管，Ⅱ类由省级地质资料馆藏机构接收保管，Ⅲ类由矿业权人或项目承担单位保管。

实物地质资料汇交人应在汇交成果地质资料之前填写实物地质资料目录清单，报请项目所在地省级地质资料馆（简称“省馆”）藏机构筛选确定拟汇交的Ⅰ、Ⅱ类实物地质资料清单，下达“汇交通知书”，或下发“无Ⅰ、Ⅱ类实物地质资料回执”。

实物地质资料目录上报流程如图16.16所示。

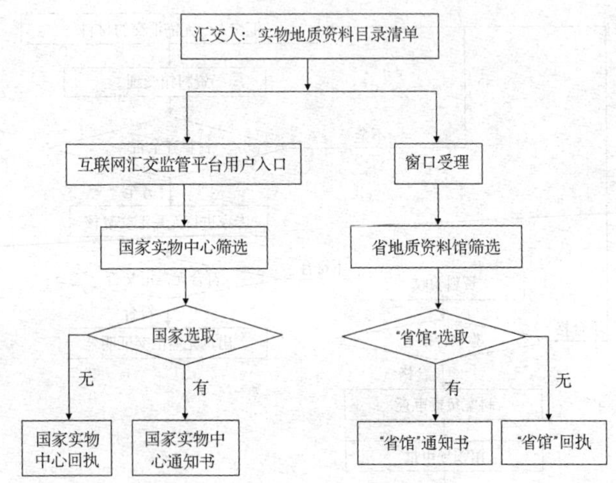

图16.16　实物地质资料目录上报流程

综上所述，地质资料管理的重点为如下三个方面：一是全面，资料要齐全，各阶段该形成的资料要及时形成，及时编录、编制、登记、入账、归档，才不至于到需要的时候找不到，而去临时、主观编造；二是规范，资料在编制的时候就应该按照有关规范编制，这样就保持了资料的一致性，送审的资料、备案的资料、存档的资料、汇交的资料都是同出一个版本同一个系列的，既有利于管理，也有利于利用；三是准确，形成的资料、管理文档（实物地质资料清单、地质档案文件目录、涉密情况登记表）要正确编制，这样不仅管理起来方便，也极大地减轻了本单位在汇交制作上的工作量，这是缩短汇交时间最有效的办法。总之，如果能在项目开展过程中做到上述三个方面，即资料的齐全性、资料的规范性、资料的正确性，那么我们的资料管理将是一项轻松的工作，而资料汇交也将变得十分简单、快捷。

现在也有很多单位在使用ED-Maker软件进行汇交格式的整理，省地质资料馆也能接受。这个软件能自动形成地质资料汇交的管理类表格，检查文件命名等方面的错误，一定程度上减轻了汇交格式整理的工作量。但前提还是要把好报告编制关，按规范编制，这样使用软件才会事半功倍。

16.4.7 地质资料涉密管理

16.4.7.1 涉密概念

由于地质资料影响国家安全、国家利益、社会稳定、国计民生，因此要根据《中华人民共和国保守国家秘密法》对地质资料进行密级确定。

16.4.7.2 定密程序

根据国土资源部、国家保密局联合下发的《关于印发〈涉密地质资料管理细则〉的通知》(国土资发〔2008〕69号)规定：

(1) 新汇交的地质资料由汇交人根据《涉密地质资料管理细则》的规定，对所汇交的地质资料提出定密建议，由负责接收地质资料的保管单位对汇交人提出的定密建议进行复核，并确定密级。

(2) 对以往形成的地质资料密级，按已部署的全国涉密地质资料清理工作中规定的程序进行审批。

16.4.7.3 密级确定

定密种类主要分为国土资源、测绘、环境保护、核工业、海洋等五大类，如表16.24所示。

密级分级：国家秘密——秘密、机密、绝密三级；非国家秘密——公开、受控两级。

表16.24 地质资料涉密等级

定密种类		涉密等级
国土资源	主要是区域性绝对重力资料、物探重力测量资料	一般定为机密
测绘	比例尺大于1∶500000(含)、面积超过6 km^{2}的图件,有直角坐标系、地理要素、地形要素时要考虑涉密	比例尺不同密级不同
环境保护	重大环境事故及有关数据	机密
	环境污染类监测数据	秘密
核工业	按规模、储量从大到小	绝密到秘密
海洋	军事、尖端科技试验、我国专属区的研究成果、海洋资源、专项调查等	绝密到秘密

公开:指内容不涉及国家秘密,可以直接对国内外公开发布。公开级文件及信息可通过互联网或公众媒体进行发布。

受控:指内容不涉及国家秘密,但不宜对社会公开,只在本系统或本单位内部使用。受控级文件及信息不主动向社会提供服务,不在互联网发布,但可通过基于互联网的、受控的网络系统进行点对点数据传递,或在受控私有云进行交换;经主管部门批准,在确认身份真实性和明确使用用途后,可依申请向社会提供服务。

详情参见《涉密地质资料管理细则》(国土资发〔2008〕69号)。

16.4.7.4 涉密情况登记表的填写

对于涉密地质资料,要按照《涉密地质资料管理细则》(国土资发〔2008〕69号)的要求填写“汇交地质资料涉密情况登记表”。

附　录

附录1　安徽省小型以下矿产资源/储量规模划分标准

附表1.1　安徽省小型以下矿产资源/储量规模划分标准

序号	矿种名称		储量单位	矿床规模		
				小型	小矿	零星资源
1	煤	北型	原煤(亿吨)	0.5~0.02	0.02~0.002	<0.002
		南型	原煤(亿吨)	0.1~0.01	0.01~0.001	<0.001
2	石煤		万吨	1000~100	100~20	<20
3	地热		电(热)能(兆瓦)	<10		
4	铁	贫矿	矿石(亿吨)	0.1~0.02	0.02~0.002	<0.002
		富矿		0.05~0.005	0.005~0.0005	<0.0005
5	锰	氧化锰	矿石(万吨)	20~2	2~0.2	<0.2
		碳酸锰	矿石(万吨)	200~20	20~2	<2
6	钒		V_2O_5(万吨)	10~1	1~0.1	<0.1
7	钛	金红石原生矿	TiO_2(万吨)	5~0.8	0.8~0.08	<0.08
		金红石砂矿	矿物(万吨)	2~0.4	0.4~0.04	<0.04
8	铜		金属(万吨)	10~2	2~0.4	<0.4
9	铅		金属(万吨)	10~2	2~0.4	<0.4
10	锌		金属(万吨)	10~2	2~0.4	<0.4
11	镍		金属(万吨)	2~0.4	0.4~0.08	<0.08

续表

序号	矿种名称		储量单位	矿床规模		
				小型	小矿	零星资源
12	钴		金属(万吨)	0.2～0.02	0.02～0.002	<0.002
13	钨		WO_3(万吨)	1～0.1	0.1～0.01	<0.01
14	锡		金属(万吨)	0.5～0.05	0.05～0.005	<0.005
15	铋		金属(万吨)	1～0.2	0.2～0.04	<0.04
16	钼		金属(万吨)	1～0.1	0.1～0.01	<0.01
17	汞		金属(吨)	500～100	100～20	<20
18	锑		金属(万吨)	1～0.1	0.1～0.01	<0.01
19	镁(冶镁白云岩)		矿石(万吨)	1000～200	200～40	<40
20	金	岩金	金属(吨)	5～0.5	0.5～0.05	<0.05
		砂金	金属(吨)	2～0.2	0.2～0.02	<0.02
21	银		金属(吨)	200～20	20～2	<2
22	锆(锆英石)		矿物(万吨)	5～0.8	0.8～0.1	<0.1
23	锶(天青石)		$SrSo_4$(万吨)	5～0.8	0.8～0.1	<0.1
24	铊		Tl(吨)	100～20	20～4	<4
25	硒		Se(吨)	100～20	20～4	<4
26	碲		Te(吨)	100～20	20～4	<4
27	石墨	晶质	矿物(万吨)	20～2	2～0.2	<0.2
		隐晶质	矿石(万吨)	100～10	10～1	<1
28	磷矿		矿石(万吨)	500～100	100～10	<10
29	硫铁矿		矿石(万吨)	200～50	50～5	<5
30	水晶	压电水晶	单晶(吨)	0.2～0.04	0.04～0.004	<0.004
		熔炼水晶				
		光学水晶	矿物(吨)	10～2	2～0.4	<0.4
		工艺水晶		0.05～0.005	0.005～0.0005	<0.0005
31	蓝晶石		矿物(万吨)	50～10	10～2	<2
32	硅灰石		矿物(万吨)	20～4	4～0.4	<0.4

续表

序号	矿种名称		储量单位	矿床规模		
				小型	小矿	零星资源
33	滑石		矿物(万吨)	100~10	10~1	<1
34	石棉	超基性岩型	矿物(万吨)	50~5	5~0.5	<0.5
		镁质碳酸盐型		10~2	2~0.4	<0.4
35	云母	片云母	工业原料云母吨	200~40	40~4	<4
		碎云母				
36	钾长石		矿物(万吨)	10~2	2~0.2	<0.2
37	石榴子石		矿物(万吨)	50~5	5~0.5	<0.5
38	叶蜡石		矿石(万吨)	50~5	5~0.5	<0.5
39	蛭石		矿石(万吨)	20~4	4~0.4	<0.4
40	沸石		矿石(万吨)	500~50	50~5	<5
41	明矾石		矿物(万吨)	200~40	40~4	<4
42	石膏		矿石(万吨)	1000~100	100~10	<10
43	重晶石		矿石(万吨)	200~40	40~4	<4
44	菱镁矿		矿石(亿吨)	0.1~0.02	0.02~0.004	<0.004
45	萤石	普通萤石	CaF_2(万吨)	20~10	10~1	<1
		光学萤石	矿物(吨)	0.1~0.01	0.01~0.001	<0.001
46	石灰岩	电石用	矿石(亿吨)	0.1~0.02	0.02~0.004	<0.004
		制碱用				
		化肥用				
		熔剂用				
		玻璃用	矿石(亿吨)	0.02~0.004	0.004~0.0008	<0.0008
		制灰用				
		水泥用	矿石(亿吨)	0.15~0.02	0.02~0.004	<0.004
47	泥灰岩		矿石(亿吨)	0.1~0.02	0.02~0.004	<0.004
48	含钾岩石(包括含钾砂页岩)		矿石(亿吨)	0.2~0.04	0.04~0.008	<0.008

续表

序号	矿种名称		储量单位	矿床规模		
				小型	小矿	零星资源
49	白云岩	冶金用	矿石(亿吨)	0.1～0.02	0.02～0.004	<0.004
		化肥用				
		玻璃用				
50	硅质原料	冶金用	矿石(万吨)	200～20	20～2	<2
		水泥配料用				
		水泥标准砂				
		玻璃用	矿石(万吨)	200～40	40～8	<8
		铸型用		100～10	10～1	<1
		砖瓦用	矿石(万立方米)	500～100	100～20	<20
		建筑用		1000～200	200～40	<40
		化肥用	矿石(万吨)	2000～400	400～80	<80
		陶瓷用		20～4	4～0.8	<0.8
51	天然油石		矿石(万吨)	10～1	1～0.1	<0.1
52	页岩	砖瓦用	矿石(万立方米)	200～20	20～2	<2
		水泥配料用	矿石(万吨)	500～50	50～5	<5
53	高岭土、陶瓷土		矿石(万吨)	100～20	20～2	<2
54	耐火黏土		矿石(万吨)	200～40	40～5	<5
55	凹凸棒石		矿石(万吨)	100～20	20～2	<2
56	黏土	海泡石	矿石(万吨)	100～20	20～4	<4
		伊利石				
		累托石				
57	麦饭石		矿石(万吨)	100～20	20～4	<4
58	膨润土		矿石(万吨)	500～20	20～4	<4
59	其他黏土	铸型用	矿石(万吨)	200～40	40～8	<8
		砖瓦用				
		水泥配料用黏土		500～100	100～20	<20

续表

序号	矿种名称		储量单位	矿床规模		
				小型	小矿	零星资源
		水泥配料用红土				
		水泥配料用黄土				
		水泥配料用泥岩				
		保温材料用黏土		50~10	10~2	<2
60	蛇纹岩	化肥用	矿石(亿吨)	0.1~0.005	0.005~0.0005	<0.0005
		熔剂用		0.1~0.02	0.02~0.004	<0.004
61	玄武岩	铸石用	矿石(万吨)	200~40	40~8	<8
		高速公路用		500~50	50~8	<8
62	珍珠岩		矿石(万吨)	500~100	100~10	<10
63	硅线石		矿物(万吨)	50~10	10~2	<2
64	铁路道砟用花岗岩		矿石(万吨)	500~50	50~5	<5
65	饰面石材		矿石(万立方米)	200~40	40~8	<8
66	凝灰岩	玻璃用	矿石(万吨)	200~40	40~8	<8
		水泥用		200~20	20~2	<2
67	大理岩	水泥用	矿石(万吨)	200~20	20~2	<2
		玻璃用		1000~200	200~20	<20
68	板岩(水泥配料用)		矿石(万吨)	200~20	20~2	<2
69	普通建筑用石材		矿石(万立方米)	1000~200	200~40	<40
70	泥炭		矿石(万吨)	100~10	10~1	<1
71	矿盐		NaCl(亿吨)	1~0.01	0.01~0.001	<0.001
72	方解石		矿石(万吨)	200~20	20~2	<2
73	绿松石		矿石(吨)	500~20	20~2	<2

续表

序号	矿种名称	储量单位	矿床规模		
			小型	小矿	零星资源
74	地下水	允许开采量（立方米/日）	10000～1000	<1000	
75	矿泉水	允许开采量（立方米/日）	500～20		
76	二氧化碳气	气量（亿立方米）	<50		

资料来源：安徽省自然资源厅（原安徽省国土资源厅），《关于印发〈安徽省小型以下矿产资源/储量规模划分标准〉的通知》（皖国土资〔2003〕135号，2003年7月22日）。

附录2　安徽省铁矿等14个矿种采选行业准入标准

附表2.1　安徽省铁矿等14个矿种采选行业准入标准

矿种类别		单位	新建矿山开采规模	生产或在建矿山开采规模	服务年限（年、新建）	选矿加工（万吨/年新建）
铁	露天	矿石（万吨）	40	6	10	30
	井下	矿石（万吨）	20	3		
铜		矿石（万吨）	10	2	10	30
铅		矿石（万吨）	10	1	10	30
锌		矿石（万吨）	10	1	10	30
钨		矿石（万吨）	5	5	5	1000（吨/日）
钼	露天	矿石（万吨）	750	2	10	
	井下	矿石（万吨）	300			
锑		矿石（万吨）	3	1	5	1000（吨/日）
金矿	岩金	矿石（万吨）	露天20	1	5	

续表

矿种类别		单位	新建矿山开采规模	生产或在建矿山开采规模	服务年限（年、新建）	选矿加工(万吨/年新建)
		矿石(万吨)	井下5	1		
白云岩	露天	矿石(万吨)	50	5	10	
	井下	矿石(万吨)	30			
方解石	露天	矿石(万吨)	50	5	10	
	井下	矿石(万吨)	30			
萤石(普通)		矿石(万吨)	5	2	10	
石灰岩	水泥用	矿石(万吨)	100	30	10	
硅质原料	玻璃用	矿石(万吨)	30	10, 5(优质)	10	
建筑石料		矿石(万吨)	100～50	10, 5(偏远)	10	
磷矿	露天	矿石(万吨)	50			30

注:磷矿的数据录自云南省政府办公厅云政办发〔2005〕130号文。

资料来源:安徽省经济和信息化委员会办公室,《安徽省铁矿等十四个矿种采选行业准入标准》(皖经信非煤〔2018〕32号,2018年3月2日)。

附录3 地层分类的单位术语和等级节要

附表3.1 地层分类的单位术语和等级

<table>
<tr><th>类别</th><th colspan="2">主要单位术语</th></tr>
<tr><td>岩石地层单位</td><td colspan="2">群
组
段
层</td></tr>
<tr><td>生物地层单位</td><td colspan="2">生物带
组合带
延续时限带(各种)
顶峰带
间隔带
其他类生物带</td></tr>
<tr><td>年代地层单位</td><td>宇
界
系
统
阶
……
时代</td><td>等列的时间术语(地质年代)
宙
代
纪
世
期
……
时(年代)</td></tr>
<tr><td>其他类地层(矿物的、沉积环境的、地震波的、地磁的等)</td><td colspan="2"></td></tr>
</table>

岩石地层单位为以岩石体岩性、岩相特征为主要依据划分的地层单位,包括群、组、段、层的等级。可分为正式岩石地层单位、非正式岩

石地层单位和特殊岩石地层单位。

正式岩石地层单位是指符合《中国地层指南》地层划分原则给予恰当定义和命名的地层单位，它是地方性的地层单位，通常表述为地名＋岩石地层单位。

非正式岩石地层单位是为某些特殊需要划分的岩石体，不属于已明确定义的地层单位，不必给予地层专名。

特殊岩石地层单位是指原始岩石体被后期地质作用强烈影响和改造的一套岩石体（地层），难以用正常岩石地层的分类方法进行划分与对比，如岩群、岩组、杂岩、混杂岩、蛇绿岩、滑塌岩、构造岩等（前三种为正式地层单位，后四种为非正式地层单位）。

如果需要增加级别，单位术语可以冠“亚”和冠“超”，如“亚阶”等。

带是许多不同类型的地层分类所采用的一个地层单位。为明确起见，可以加词冠指明带的类别（岩石带、生物带、年代带、矿物带、延续时限带等）。各种标志面可以表示为岩石面、生物面、年代面等。

附表3.2　地层分类的单位术语含义

类　别	术　语	解　释
岩石地层单位	群	群是比组高一级的岩性地层单位或地方性地层单位，是具有明显一致的相同岩石特征的两个以上紧挨在一起的地层序列。群是最大的地方性地层单位，包括很厚的、复杂的岩层，其范围大致相当于一个统（或小于统，或大于统，或一个系），但与时间地层单位统之间没有对应关系
	组	组是岩石地层的基本单位。一个组具有岩性、岩相和变质程度的一致性，是以岩性为基础划分各地地层柱的唯一正式单位。它可以由一种岩石组成，也可以由几种岩石互层组成。组名一律用“地名＋组”命名
	段	段是比组低一级、比层高一级的岩石地层单位，代表组内具有明显岩性特征的一段地层，为矿区大比例尺填图常用的填图单元。段名用“地名＋段”和“岩石名＋段”命名。一般不能脱离组独立存在

续表

类别	术语	解释
	层	层是比段低一级的最小岩石地层单位,指一层特殊的岩层、矿层或化石层。层在一个层状岩石序列内是能看见的,或物理上与其他上、下层分开的一个单位层
生物地层单位	生物地层带	某一个层或层组(或伴生岩石体)和相邻地层具有关系一致的化石内容和生物特征。生物地层带是指含有一个(或若干个)种或属化石特征的一段地层
	组合带	组合带是属于一个生物群落或生物共生体的地层体,即含有一定特征的化石组合的一段地层
	延限带(延伸带)	延伸带是代表从一个地层序列的全部化石中任意选出的成员出现的总延续时限的一段地层
	顶峰带(极盛带)	顶峰带是代表某一种、属或其他分类单位极盛发育的一段地层
	间隔带	间隔带是代表两个明显的生物地层界面之间的间隔
年代地层单位	宇	宇指在“宙”的时间内形成的地层,是比界高一级的国际性的最大地层单位
	界	界指在一个“代”的时间内形成的地层,是比“宇”低、比“系”高的国际性时间地层单位。界大体上假定为地球生命发展的重要阶段,具体可分为太古(最古老的)界、古生(古老的)界、中生(居中的)界和新生(新近的)界
	系	系指在一个“纪”的时间内形成的地层,是比“界”低、比“统”高的国际性时间地层单位,是世界性的年代地层单位的一个主要级别
	统	统指在一个“世”的时间内形成的地层,是比“系”低、比“阶”高的国际性时间地层单位。统总是附属于系,但它并不总分为阶。一个系可划分为2～6个统,大多数系划分为3个统
	阶	阶指在一个“期”的时间内形成的地层,是比“统”低一级的国际性时间地层单位。阶是世界性最小的年代地层单位。阶的上、下界限是等时的,而阶的内部是连续的

附录4 国际地层表

附表4.1 国际地层表

宇(宙)	界(代)	系(纪)	亚系(亚纪) 统(世)	阶(期)		年龄(G.S.Odin) Ma	+/–	代号 阶	统	系
显生宇(宙) PH	新生界(代) Cz	第四系(纪)	全新统(世)						Q_2	Q
			更新统(世)						Q_1	
		新近系(纪)	上新统(世)	格拉斯阶(期)	•	1.75	0.05	n_9	N_2	N
				皮亚琴察阶(期)	•			n_8		
				赞克尔阶(期)	•	3.4		n_7		
			中新统(世)	墨西拿阶(期)	•	5.30	0.15	n_6	N_1	
				托尔托纳阶(期)	•	7.30	0.15	n_5		
				塞拉瓦勒阶(期)		11.0	0.3	n_4		
				兰海阶(期)		14.3	0.5	n_3		
				布尔迪加尔阶(期)		15.8	0.2	n_2		
				阿基坦阶(期)		20.3	0.4	n_1		
		古近系(纪)	渐新统(世)	夏特阶(期)	•	23.5	1.0	e_9	E_3	E
				吕珀尔阶(期)		28	1	e_8		
			始新统(世)	普利亚本阶(期)	•	33.7	0.5	e_7	E_2	
				巴顿阶(期)		37.0	1/0.5	e_6		
				路特阶(期)		40	1	e_5		
				伊普尔阶(期)		46.0	1/0.5	e_4		
			古新统(世)	塔内特阶(期)		53	1	e_3	E_1	
				塞兰特阶(期)				e_2		
				丹尼阶(期)				e_1		
	中生界(代) Mz	白垩系(纪)	上白垩统(晚白垩世)	马斯特里赫特阶(期)	•	65.0	0.5	k_6	K_2	K
				坎潘阶(期)		72.0	0.5	k_5		
				桑顿阶(期)		83	1	k_4		
				科尼亚克阶(期)		87	1	k_3		
				土伦阶(期)		88	1	k_2		
				塞诺曼阶(期)		92	2	k_1		
			下白垩统(早白垩世)	阿尔必阶(期)		96	2	b_6	K_1	
				阿普特阶(期)		108	3/1	b_5		
				巴列姆阶(期)		113	3	b_4		
				欧特里沃阶(期)		117	5/2	b_3		
				凡兰吟阶(期)		123	6/2	b_2		
				贝里阿斯阶(期)		131	4	b_1		
		侏罗系(纪)	上侏罗统(晚侏罗世)	提塘阶(期)		135	5/5	j_7	J_3	J
				基默里奇阶(期)		141	? /5	j_6		
				牛津阶(期)		146		j_5		
						154	5			

续表

宇(宙)	界(代)	系(纪)	亚系(亚纪) 统(世)	阶(期)		年龄 (G.S.Odin) Ma	+/-	代号 阶	代号 统	代号 系
显生宇(宙) PH	中生界(代) Mz	侏罗系(纪)	中侏罗统(世)	卡洛维阶(期)		160	2	j_4	J_2	J
				巴通阶(期)		164	2	j_3		
				巴柔阶(期)	•	170	4/3	j_2		
				阿伦阶(期)	•	175	3	j_1		
			下侏罗统(早侏罗世)	图阿尔阶(期)		184	3	l_4	J_1	
				普林斯巴赫阶(期)		191		l_3		
				西涅缪尔阶(期)		200	4/7	l_2		
				赫唐阶(期)		203	3	l_1		
		三叠系(纪)	上三叠统(晚三叠世)	瑞替阶(期)				t_7	T_3	T
				诺利阶(期)		220		t_6		
				卡尼阶(期)		230	6	t_5		
			中三叠统(世)	拉丁阶(期)		233	5	t_4	T_2	
				安妮阶(期)		240	5	t_3		
			下三叠统(早三叠世)	奥利尼克阶(期)				t_2	T_1	
				印度阶(期)	•	250	3	t_1		
	古生界(代) Pz	二叠系(纪)	乐平统(世)	长兴阶(期)				P_9	P_3	P
				吴家坪阶(期)				P_8		
			瓜德鲁普统(世)	卡匹敦阶(期)				P_7	P_2	
				沃德阶(期)				P_6		
				罗德阶(期)				P_5		
			乌拉尔统(世)	空谷阶(期)				P_4	P_1	
				亚丁斯克阶(期)				P_3		
				萨克马尔阶(期)				P_2		
				阿瑟尔阶(期)	•	295	5	P_1		
		石炭系(纪)	宾夕法尼亚亚系(亚纪)	格舍尔阶(期)				c_7	C_2	C
				卡西莫夫阶(期)				c_6		
				莫斯科阶(期)				c_5		
				巴什基尔阶(期)				c_4		
			密西西比亚系(亚纪)	谢尔普霍夫阶(期)		325	5	c_3	C_1	
				维宪阶(期)		345		c_2		
				杜内阶(期)	•	355	5	c_1		
		泥盆系(纪)	上泥盆统(晚泥盆世)	法门阶(期)	•	370	5	d_7	D_3	D
				弗拉斯阶(期)	•	375	5	d_6		
			中泥盆统(世)	吉维阶(期)	•	380		d_5	D_2	
				艾费尔阶(期)	•	390	5	d_4		

续表

宇(宙)	界(代)	系(纪)	亚系(亚纪)	统(世)	阶(期)		年龄(G.S.Odin) Ma	+/−	代号 阶	代号 统	代号 系
显生宇(宙) PH	古生界(代) Pz	泥盆系(纪)		下泥盆统(早泥盆世)	埃姆斯阶(期)				d_3	D_1	D
					布拉格阶(期)	•	400	5	d_2		
					洛赫科夫阶(期)	•			d_1		
		志留系(纪)		普里多利统(世)		•	410	8/5	S_8	S_4	S
				拉德洛统(世)	卢德福德阶(期)	•	415		S_7	S_3	
					戈斯特阶(期)	•			S_6		
				艾洛克统(世)	侯默阶(期)	•	425	5	S_5	S_2	
					申伍德阶(期)	•			S_4		
				兰多弗里统(世)	特列奇阶(期)	•	430	6	S_3	S_1	
					埃隆阶(期)	•			S_2		
					鲁丹阶(期)	•			S_1		
		奥陶系(纪)		上奥陶统(晚奥陶世)		•	435	6/4		O_3	O
				中奥陶统(世)	达瑞威尔阶(期)		455	5		O_2	
						•					
				下奥陶统(早奥陶世)			465	5		O_1	
					特里马道可阶(期)	•	500				
		寒武系(纪)		上寒武统(晚寒武世)						$∈_1$	∈
				中寒武统(世)						$∈_2$	
				下寒武统(早寒武世)						$∈_3$	
						•	540	5			

	宇(宙)	界(代)	系(纪)		年龄(分会) Ma	代号 系	代号 界
前寒武系 P∈	元古宇(宙) PR	新元古界(代)	新元古Ⅲ系(纪)(末元古系)	•	540	NP_3	NP
			成冰系(纪)	▲	650	NP_2	
			拉伸系(纪)	▲	850	NP_1	
		中元古界(代)	狭带系(纪)	▲	1000	MP_3	MP
			延展系(纪)	▲	1200	MP_2	
			盖层系(纪)	▲	1400	MP_1	
		古元古界(代)	固结系(纪)	▲	1600	PP_4	PP
			造山系(纪)	▲	1800	PP_3	
			层侵系(纪)	▲	2050	PP_2	
			成铁系(纪)	▲	2300	PP_1	
	太古宇(宙) AR	新太古界(代)	未再分系	▲	2500		NA
		中太古界(代)			2800		MA
		古太古界(代)			3200		PA
		始太古界			3600		EA

注：引自2000年第31届国际地质大会上国际地质科学联合会公布的《国际地层表》。

附录5 中国区域年代地层(地质年代 海相区域)表

现附2002年版和2014年版地层表。2014年版地层表根据第四届全国地层会议期间专家提出的意见稍作修改，仍存在待修改的地方，仅供参考。

附表5.1 中国区域年代地层(地质年代 海相区域表)(Ⅰ)(2002年版)

宇(宙)	界(代)	系(纪)	统(世)	阶(期)		Ma
显生宇(宙) PH	新生界(代) Cz	第四系(纪) Q	全新统(世) Qh			0.01
			更新统(世) Qp			2.60
		新近系(纪) N	上新统(世) N_2			5.3
			中新统(世) N_1			23.3
		古近系(纪) E	渐新统(世) E_3			32
			始新统(世) E_2			56.5
			古新统(世) E_1			65
	中生界(代) Mz	白垩系(纪) K	上(晚)白垩统(世) K_2			96
			下(早)白垩统(世) K_1			137
		侏罗系(纪) J	上(晚)侏罗统(世) J_3			
			中侏罗统(世) J_2			
			下(早)侏罗统(世) J_1			205
		三叠系(纪) T	上(晚)三叠统(世) T_3	土隆阶(期) T_3^2		
				亚智梁阶(期) T_3^1		227
			中三叠统(世) T_2	待建		
				青岩阶(期) T_2^1		241
			下(早)三叠统(世) T_1	巢湖阶(期) T_1^2		
				殷坑阶(期) T_1^1		•250
	古生界(代) Pz	二叠系(纪) P	上(晚)二叠统(世) P_3	长兴阶(期) P_3^2	煤山亚阶(亚期)	
					葆青亚阶(亚期)	
				吴家坪阶(期) P_3^1	老山亚阶(亚期)	
					来宾亚阶(亚期)	257
			中二叠统(世) P_2	冷坞阶(期) P_2^4		
				茅口阶(期) P_2^3		
				样播阶(期) P_2^2		
				栖霞阶(期) P_2^1		277
			下(早)二叠统(世) P_1	隆林阶(期) P_1^2		
				紫松阶(期) P_1^1		295
		石炭系(纪) C	上(晚)石炭统(世) C_2	逍遥阶(期) C_2^4		
				达拉阶(期) C_2^3		
				滑石板阶(期) C_2^2		
				罗苏阶(期) C_2^1		320
			下(早)石炭统(世) C_1	德坞阶(期) C_1^3		
				大塘阶(期) C_1^2		
				岩关阶(期) C_1^1		354

宇(宙)	界(代)	系(纪)	统(世)	阶(期)		Ma
显生宇(宙) PH	古生界(代) Pz	泥盆系(纪) D	上(晚)泥盆统(世) D_3	邵东阶(期) D_4^3		
				待建		
				锡矿山阶(期) D_3^2		
				佘田乔阶(期) D_3^1		372
			中泥盆统(世) D_2	东岗岭阶(期) D_2^2		
				应堂阶(期) D_2^1		386
			下(早)泥盆统(世) D_1	四排阶(期) D_1^4		
				郁江阶(期) D_1^3		
				那高岭阶(期) D_1^2		
				待建		410
		志留系(纪) S	顶(末)志留统(世) S_4			
			上(晚)志留统(世) S_3			
			中志留统(世) S_2			
				安康阶(期) S_2^1		
			下(早)志留统(世) S_1	紫阳阶(期) S_1^3	南塔梁亚阶(亚期)	
					马蹄湾亚阶(亚期)	
				大中坝阶(期) S_1^2		
				龙马溪阶(期) S_1^1		438
		奥陶系(纪) O	上(晚)奥陶统(世) O_3	钱塘江阶(期) O_3^2		
				艾家山阶(期) O_3^1		
			中奥陶统(世) O_2	达瑞威尔阶(期) O_2^2		•
				大湾阶(期) O_2^1		
			下(早)奥陶统(世) O_1	道保湾阶(期) O_1^2		
				新厂阶(期) O_1^1		490
		寒武系(纪) $\in$	上(晚)寒武统(世) $\in_3$	凤山阶(期) $\in_3^3$		
				长山阶(期) $\in_3^2$		
				崮山阶(期) $\in_3^1$		500
			中寒武统(世) $\in_2$	张夏阶(期) $\in_2^3$		
				徐庄阶(期) $\in_2^2$		
				毛庄阶(期) $\in_2^1$		513
			下(早)寒武统(世) $\in_1$	龙王庙阶(期) $\in_1^4$		
				沧浪铺阶(期) $\in_1^3$		
				筇竹寺阶(期) $\in_1^2$		
				梅树村阶(期) $\in_1^1$		543

续表

宇(宙)	界(代)	系(纪)	统(世)	阶(期)	Ma
元古宇(宙)PT	新元古界(代)Pt_3	震旦系(纪)Z	上(晚)震旦统(世)Z_2	灯影峡阶(期)Z_2^1	630
元古宇(宙)PT	新元古界(代)Pt_3	震旦系(纪)Z	下(早)震旦统(世)Z_1	陡山沱阶(期)Z_1^1	680
元古宇(宙)PT	新元古界(代)Pt_3	南华系(纪)Nh	上(晚)南华统(世)Nh_2		
元古宇(宙)PT	新元古界(代)Pt_3	南华系(纪)Nh	下(早)南华统(世)Nh_1		800
元古宇(宙)PT	新元古界(代)Pt_3	青白口系(纪)Qb	上(晚)青白口统(世)Qb_2		900
元古宇(宙)PT	新元古界(代)Pt_3	青白口系(纪)Qb	下(早)青白口统(世)Qb_1		1000
元古宇(宙)PT	中元古界(代)Pt_2	蓟县系(纪)J_x	上(晚)蓟县统(世)Jx_2		1200
元古宇(宙)PT	中元古界(代)Pt_2	蓟县系(纪)J_x	下(早)蓟县统(世)Jx_1		1400
元古宇(宙)PT	中元古界(代)Pt_2	长城系(纪)Ch	上(晚)长城统(世)Ch_2		1600
元古宇(宙)PT	中元古界(代)Pt_2	长城系(纪)Ch	下(早)长城统(世)Ch_1		1800

宇(宙)	界(代)	系(纪)	统(世)	阶(期)	Ma
元古宇(宙)PT	古元古界(代)Pt_1	滹沱系(纪)Ht			2300
元古宇(宙)PT	古元古界(代)Pt_1				2500
太古宇(宙)AR	新太古界(代)Ar_3				2800
太古宇(宙)AR	中太古界(代)Ar_2				3200
太古宇(宙)AR	古太古界(代)Ar_1				3600
太古宇(宙)AR	始太古界(代)Ar_0				

附表5.2 中国区域年代地层(地质年代 海相区域表)(Ⅱ)(2002年版)

宇(宙)	界(代)	系(纪)	统(世)	阶(期)	Ma
显生宇(宙)PH	新生界(代)Cz	第四系(纪)Q	全新统(世)Qh	未建	0.01
			更新统(世)Qp	萨拉乌苏阶(期)[马兰阶(期)] Q_p^3	
				周口店阶(期)[离石阶(期)] Q_p^2	
				泥河湾阶(期)[午城阶(期)] Q_p^1	2.60
		新近系(纪)N	上新统(世)N_2	麻则沟阶(期)N_2^2	
				高庄阶(期)N_2^1	5.30
			中新统(世)N_1	保德阶(期)N_1^4	
				通古尔阶(期)N_1^3	
				山旺阶(期)N_1^2	
				谢家阶(期)N_1^1	23.3
		古近系(纪)E	渐新统(世)E_3	塔本布鲁克阶(期)E_3^2	
				乌兰布拉格阶(期)E_3^1	32
			始新统(世)E_2	蔡家冲阶(期)E_2^4	
				垣曲阶(期)E_2^3	
				卢氏阶(期)E_2^2	
				岭茶阶(期)E_2^1	56.5
			古新统(世)E_1	池江阶(期)E_1^2	
				上湖阶(期)E_1^1	65
	中生界(代)Mz	白垩系(纪)K	上(晚)白垩统(世)K_2	富饶阶(期)K_2^6	
				明水阶(期)K_2^5	
				四方台阶(期)K_2^4	
				嫩江阶(期)K_2^3	
				姚家阶(期)K_2^2	
				青山口阶(期)K_2^1	96
			下(早)白垩统(世)K_1	泉头阶(期)K_1^6	
				孙家湾阶(期)K_1^5	
				阜新阶(期)K_1^4	
				沙海阶(期)K_1^3	

宇(宙)	界(代)	系(纪)	统(世)	阶(期)	Ma
显生宇(宙)PH	中生界(代)Mz	白垩系(纪)K	下(早)白垩统(世)K_1	九佛堂阶(期)K_1^2	
				义县阶(期)K_1^1	? 137
		侏罗系(纪)J	上(晚)侏罗统(世)J_3	大北沟阶(期)J_3^3	
				待建	
				土城子阶(期)J_3^1	
			中侏罗统(世)J_2	头屯河阶(期)J_2^2	
				西山窑阶(期)J_2^1	
			下(早)侏罗统(世)J_1	三工河阶(期)J_1^2	
				八道湾阶(期)J_1^1	205
		三叠系(纪)T	上(晚)三叠统(世)T_3	瓦窑堡阶(期)T_3^3	
				永坪阶(期)T_3^2	
				胡家村阶(期)T_3^1	227
			中三叠统(世)T_2	铜川阶(期)T_2^2	
				二马营阶(期)T_2^1	241
			下(早)三叠统(世)T_1	和尚沟阶(期)T_1^2	
				大龙口阶(期)T_1^1	250
	古生界(代)Pz	二叠系(纪)P	上(晚)二叠统(世)P_3	孙家沟阶(期)	
				待建	
			中二叠统(世)P_2	下石盒子阶(期)	
			下(早)二叠统(世)P_1	待建	
				太原阶(期)	295
		石炭系(纪)C	上(晚)石炭统(世)C_2	晋祠阶(期)C_2^4	
				本溪阶(期)C_2^3	
				羊虎沟阶(期)C_2^2	
				红土坳阶(期)C_2^1	320
			下(早)石炭统(世)C_1	榆树梁阶(期)C_1^3	
				臭牛沟阶(期)C_1^2	
				前黑山沟阶(期)C_1^1	354

附表5.3 中国地层表简表(2014年版)

宇	界	系	统	阶	地质年龄(Ma)
显生宇PH	新生界Cz	第四系Q	全新统Qh	未建阶	0.0117
			更新统Qp	萨拉乌苏阶 Qp^3	0.126
				周口店阶 Qp^2	0.781
				泥河湾阶 Qp^1	2.588
		新近系N	上新统 N_2	麻则沟阶 N_2^2	3.6
				高庄阶 N_2^1	5.3
			中新统 N_1	保德阶 N_1^5	7.25
				灞河阶 N_1^4	11.6
				通古尔阶 N_1^3	15.0
				山旺阶 N_1^2	
				谢家阶 N_1^1	23.03
		古近系E	渐新统 E_3	塔本布鲁克阶 E_3^2	28.39
				乌兰布拉格阶 E_3^1	33.8
			始新统 E_2	蔡家冲阶 E_2^5	38.87
				垣曲阶 E_2^4	42.67
				伊尔丁曼哈阶 E_2^3	48.48
				阿山头阶 E_2^2	
				岭茶阶 E_2^1	55.8±0.2
			古新统 E_1	池江阶 E_1^2	61.7±0.2
				上湖阶 E_1^1	65.5±0.3
	中生界Mz	白垩系K	上白垩统 K_2	绥化阶 K_2^3	79.1
				松花江阶 K_2^2	86.1
				农安阶 K_2^1	99.6
			下白垩统 K_1	辽西阶 K_1^3	119
				热河阶 K_1^2	130
				冀北阶 K_1^1	145
		侏罗系J	上侏罗统 J_3	未建阶	
			中侏罗统 J_2	玛纳斯阶 J_2^2	
				石河子阶 J_2^1	
			下侏罗统 J_1	硫磺沟阶 J_1^2	180±4
				永丰阶 J_1^1	195±4 199.6
		三叠系T	上三叠统 T_3	佩枯错阶 T_3^2	
				亚智梁阶 T_3^1	
			中三叠统 T_2	新铺阶 T_2^2	
				关刀阶 T_2^1	247.2
			下三叠统 T_1	巢湖阶 T_1^2	251.1
				印度阶(殷坑阶) T_1^1	252.17
	古生界Pz	二叠系P	乐平统 P_3	长兴阶 P_3^2	254.14
				吴家坪阶 P_3^1	260.4
			阳新统 P_2	冷坞阶 P_2^4	
				孤峰阶 P_2^3	
				祥播阶 P_2^2	
				罗甸阶 P_2^1	
			船山统 P_1	隆林阶 P_1^2	
				紫松阶 P_1^1	299
		石炭系C	上石炭统 C_2	逍遥阶 C_2^4	
				达拉阶 C_2^3	
				滑石板阶 C_2^2	
				罗苏阶 C_2^1	318.13
			下石炭统 C_1	德坞阶 C_1^3	
				维宪阶 C_1^2	
				杜内阶 C_1^1	359.58
		泥盆系D	上泥盆统 D_3	邵东阶 D_3^4	
				阳朔阶 D_3^3	
				锡矿山阶 D_3^2	
				佘田桥阶 D_3^1	385.3
			中泥盆统 D_2	东岗岭阶 D_2^2	
				应堂阶 D_2^1	397.5
			下泥盆统 D_1	四排阶 D_1^4	
				郁江阶 D_1^3	
				那高岭阶 D_1^2	
				莲花山阶 D_1^1	416.0

资料来源：国土资〔2014〕374号文件。

宇	界	系	统	阶	地质年龄(Ma)
显生宇PH	古生界Pz	志留系S	普里多利统 S_4	未建阶	418.7
			拉德洛统 S_3	卢德福德阶 S_3^2	
				戈斯特阶 S_3^1	422.9
			文洛克统 S_2	侯默阶 S_2^2	
				申伍德阶(安康阶) S_2^1	428.2
			兰多弗里统 S_1	南塔梁阶 S_1^4	
				马蹄湾阶 S_1^3	
				埃隆阶(大中坝阶) S_1^2	
				鲁丹阶(龙马溪阶) S_1^1	443.8
		奥陶系O	上奥陶统 O_3	赫南特阶 O_3^3	445.6
				钱塘江阶 O_3^2	
				艾家山阶 O_3^1	458.4
			中奥陶统 O_2	达瑞威尔阶 O_2^2	467.3
				大坪阶 O_2^1	470.0
			下奥陶统 O_1	益阳阶 O_1^2	477.7
				新厂阶 O_1^1	485.4
		寒武系 $\in$	芙蓉统 $\in_4$	牛车河阶 $\in_4^3$	
				江山阶 $\in_4^2$	
				排壁阶 $\in_4^1$	497
			第三统 $\in_3$	古丈阶 $\in_3^3$	
				王村阶 $\in_3^2$	
				台江阶 $\in_3^1$	507
			第二统 $\in_2$	都匀阶 $\in_2^2$	
				南皋阶 $\in_2^1$	521
			纽芬兰统 $\in_1$	梅树村阶 $\in_1^2$	
				晋宁阶 $\in_1^1$	
元古宇PT	新元古界 Pt_3	震旦系Z	上震旦统 Z_2	灯影峡阶 Z_2^2	550
				吊崖坡阶 Z_2^1	580
			下震旦统 Z_1	陈家园子阶 Z_1^2	610
				九龙湾阶 Z_1^1	635
		南华系Nh	上南华统 Nh_3		660
			中南华统 Nh_2		725
			下南华统 Nh_1		780
		青白口系Qb			1000
	中元古界 Pt_2	待建系			1400
		蓟县系Jx			1600
		长城系Ch			1800
	古元古界 Pt_1	滹沱系Ht			2300
		?			2500
太古宇AR	新太古界 Ar_4				2800
	中太古界 Ar_3				3200
	古太古界 Ar_2				3600
	始太古界 Ar_1				4000
冥古界					4600

附录6 安徽省岩石地层(年代地层)单位简表

附表6.1 安徽岩石地层(年代)地层单位简表

地质年代				华北地层大区			华南地层大区			
				晋冀鲁豫地层区			南秦岭—大别山地层区	扬子地层区		
代	纪	世	年龄(Ma)	徐淮地层分区	六安地层分区	北淮阳地层分区	大别山地层分区	下扬子地层分区	江南地层分区	浙西地层分区
新生代	第四纪	全新世	0.01	怀远组 Qhh	丰乐镇组 Qhf				芜湖组 Qhw	
		晚更新世		茆塘组 Qp_3m	戚咀组 Qp_3q			铜山镇组 Qp_3t	下蜀组 Qp_3x	
		中更新世		潘集组 Qp_2p	泊岗组 Qp_2p			陶店组 Qp_2t	戚家矶组 Qp_2q	
		早更新世	2.6	蒙城组 Qp_1m	豆冲组 Qp_1d			银山村组 Qp_1y	朱冲组 Qp_1zh	
	新近纪	上新世	5.3	明化镇组 N_2m	正阳关组 N_2zh			桂五组 N_2g；安庆组 N_2a		
		中新世	23.3	馆陶组 N_1g	石门山组 N_1sh	下草湾组 N_1x		花果山组 N_1h；洞玄观组 N_1d		
	古近纪	渐新世	32		明光组 E_3m			吴雪岭组 E_3w		
		始新世	56.5	界首组 E_2j	土金山组 E_2t			张山集组 E_2zh；照明山组 E_2zm；狗头山组 E_2g；双塔寺组 E_2sh		
		古新世	65	双浮组 E_1sh	定远组 E_1d			舜山集组 E_1sh；痘姆组 E_1d；望虎墩组 E_1w		
中生代	白垩纪	晚世		? 张桥组 K_2zh		戚家桥组 K_2qj		赤山组 K_2ch	小岩组 K_2x	
			96	邱庄组 K_2q		下符桥组 K_2xf		七房村组 K_2qf	齐云山组 K_2qy	
		早世		新庄组 K_1x		黑石渡组 K_1h；晓天组 K_1xt		杨湾组 K_1y	徽州组 K_1hz	
						响洪甸组 K_1xh		浮山组 K_1f；娘娘山组 K_1n；广德组 K_1g	新潭组 K_1xt	
				青山群 K_1Q		毛坦厂组 K_1m		汪公庙组 K_1w；双庙组 K_1s；姑山组 K_1gs；蝌蚪山组 K_1k	岩塘组 K_1y	
								黄石坝组 K_1hs；江镇组 K_1j；砖桥组 K_1z；大王山组 K_1d；赤沙组 K_1ch	石岭组 K_1sh	黄尖组 K_1hj
			137	?				红花桥组 K_1hh；彭家口组 K_1p；龙门院组 K_1l；龙王山组 K_1lw；中分村组 K_1zh	炳丘组 K_1b	劳村组 K_1lc
	侏罗纪	晚世			周公山组 J_3zh	凤凰台组 J_3f		罗岭组 $J_{2-3}l$	洪琴组 $J_{2-3}h$	
		中世			圆筒山组 J_2y	三尖铺组 $J_{1-2}s$				
		早世	205		防虎山组 J_1f			磨山组 J_1m	月潭组 J_1y	
	三叠纪	晚世	227					范家塘组 T_3f	安源组 T_3a	
		中世	241					黄马青组 T_2h；周冲村组 T_2zh		
		早世	250	和尚沟组 T_1h；刘家沟组 T_1l				青龙群 T_1Q	南陵湖组 T_1n；和龙山组 T_1h；殷坑组 T_1y	
晚古生代	二叠纪	晚世	257	孙家沟组 P_3sn；上石盒子组 P_3sh				大隆组 P_3d；龙潭组 $P_{2-3}l$（吴家坪组 P_3w）	长兴组 P_3ch；龙潭组 $P_{2-3}l$	
		中世	277	下石盒子组 P_2x；山西组 P_2s				武穴组 P_2w；孤峰组 P_2g；栖霞组 P_2q		
		早世	295	太原组 C_2P_1t				船山组 C_2P_1ch		
	石炭纪	晚世	320	本溪组 C_2b		梅山群 C_2ms		黄龙组 C_2h；老虎洞组 $C_{1-2}l$		
		早世	354					和州组 C_1h；高骊山组 C_1g；金陵组 C_1j；王胡村组 C_1w		

续表

代	纪	世	年龄(Ma)	华北地层大区·晋冀鲁豫地层区·徐淮地层分区	华北地层大区·晋冀鲁豫地层区·六安地层分区	华北地层大区·北淮阳地层分区	南秦岭—大别地层区·大别山地层分区	华南地层大区·扬子地层区·下扬子地层分区	华南地层大区·扬子地层区·江南地层分区	华南地层大区·扬子地层区·浙西地层分区
晚古生代	泥盆纪	晚世	372			佛子岭岩群 QbDf：潘家岭岩组 QbDp		五通组 D_3w		
		中世	386							
		早世	410							
早古生代	志留纪	末世								
		晚世								
		中世								
		早世	438			八道尖岩组 QbDb		茅山组 $S_{1-2}m$；坟头组 S_1f；高家边组 S_1g	唐家坞组 $S_{1-2}t$；康山组 S_1k；河沥溪组 S_1h；霞乡组 S_1x	
	奥陶纪	晚世						五峰组 O_3w；汤头组 O_3t；宝塔组 O_3b	长坞组 O_3ch；黄泥岗组 O_3h；砚瓦山组 O_3y	
		中世		老虎山组 O_2l；马家沟组 O_2m				庙坡组 $O_{2-3}m$；大田坝组 $O_{2-3}d$；牯牛潭组 O_2g；大湾组 $O_{1-2}d$；东至组 $O_{1-2}dh$；里山圩组 $O_{1-2}l$	胡乐组 $O_{2-3}h$；宁国组 $O_{1-2}n$	
		早世	490	萧县组 O_1x；贾汪组 O_1j；三山子组 $\in_3O_1s$	韩家段 $\in_3O_1s^h$			红花园组 O_1h；分乡组 O_1f；上欧冲组 O_1sh；仑山组 O_1l；大坞圩组 O_1d	印渚埠组 O_1y	
	寒武纪	晚世	500	炒米店组 $\in_3ch$；崮山组 $\in_3g$	土坝段 $\in_3O_1s^t$			琅琊山组 $\in_3l$；观音台组 $\in_3O_1g$；青坑组 $\in_3q$；团山组 $\in_3t$	西阳山组 $\in_3O_1x$；华严寺组 $\in_3h$	
		中世	513	张夏组 $\in_2zh$；徐庄组 $\in_2x$；毛庄组 $\in_2m$		诸佛庵岩组 QbDzh		杨柳岗组 $\in_2y$；炮台山组 $\in_2p$；杨柳岗组 $\in_2y$	杨柳岗组 $\in_2y$	
		早世	543	馒头组 $\in_1m$；昌平组 $\in_1c$；猴家山组 $\in_1h$；凤台组 $\in_1f$				大陈岭组 $\in_1d$；黄柏岭组 $\in_1hn$；荷塘组 $\in_1ht$；幕府山组 $\in_1mf$；大陈岭组 $\in_1d$；黄柏岭组 $\in_1hn$；荷塘组 $\in_1ht$；皮园村组 $Z_2\in_1p$	大陈岭组 $\in_1d$；荷塘组 $\in_1ht$	
新元古代	震旦纪	晚世	630	栏杆群 NhZL：沟后组 NhZg；金山寨组 NhZj		黄龙岗岩组 QbDh		皮园村组 $Z_2\in_1p$；灯影组 Z_2d	皮园村组 $Z_2\in_1p$	
		早世	680	望山组 Z_1w			港河岩组 NhZg	黄墟组 Z_1h	蓝田组 Z_1l	
	南华纪	晚世		宿县群 Nh_1Z_1S：史家组 Nh_2Z_1s；魏集组 Nh_2w				苏家湾组 Nh_2s	雷公坞组 Nh_2l	
		早世	800	张渠组 $Nh_{1-2}zh$；九顶山组 Nh_1j；倪园组 Nh_1n；赵圩组 Nh_1z；贾园组 Nh_1jy；四十里长山组 Nh_1s	栏杆群 NhZL：四顶山组 Nh_1sd；九里桥组 Nh_1j；四十里长山组 Nh_1s			周岗组 Nh_1zh ?	休宁组 Nh_1x	
	青白口纪		1000	八公山群 QbB：刘老碑组 Qbl；伍山组 Qbw；曹店组 Qbc		祥云寨岩组 Qbx	?	张八岭岩群 QbZ：西冷岩组 Qbx；北将军岩组 Qbb	历口群 QbL：小安里组 Qbxn；铺岭组 Qbp；邓家组 Qbd；葛公镇组 Qbg；镇头组 Qbzh	昱岭关群 QbY：井潭组 Qbj；周家村组 Qbzj
中元古代	蓟县纪		1400	凤阳群 Pt_2F：宋集组 Pt_2s		卢镇关岩群 Pt_2L：仙人冲岩组 Pt_2xn	宿松岩群 Pt_2S：蒲河岩组 Pt_2p；虎踏石岩组 Pt_2h；柳坪岩组 Pt_2l；大新屋岩组 Pt_2d；肥东岩群 Pt_2F：桥头集岩组 Pt_2ql；双山岩组 Pt_2sh		溪口岩群 $Pt_{1-2}X$：牛屋岩组 Pt_2n；木坑岩组 Pt_2m	歙县岩群 Pt_2S：昌前岩组 Pt_2ch
	长城纪		1800	青石山组 Pt_2q；白云山组 Pt_2b					板桥岩组 Pt_2b；樟前岩组 Pt_2zh	西村岩组 Pt_2xc
古元古代—新太古代				五河岩群 Ar_3Pt_1W：殷家涧岩组 Ar_3Pt_1y；小张庄岩组 Ar_3Pt_1xz；峰山李岩组 Ar_3Pt_1f；庄子里岩组 Ar_3Pt_1zh；西堌堆岩组 Ar_3Pt_1x	霍邱岩群 Ar_3H：周集岩组 Ar_3Pt_1zh；吴集岩组 Ar_3Pt_1w；花园岩组 Ar_3Pt_1h	小溪河岩组 Pt_2x；?	大别岩群 Ar_3D；阚集岩群 Ar_3Pt_1K：大横山岩组 Ar_3Pt_1d；浮槎岩组 Ar_3Pt_1fc	董岭岩群 $Pt_{1-2}D$?	?	

说明：—— 整合接触；------- 平行不整合接触；〰〰 不整合接触；⋀⋀⋀ 喷发不整合接触；…?… 接触关系不明；====== 韧性剪切接触；地质年代划分参照全国地层委员会《中国区域年代地层(地质年代)表说明书》(地质出版社，2002)。"北淮阳"在省内系指大别山北麓金寨—舒城地区。

资料来源：《安徽省志·地质矿产志(1986~2015)》。

附录7 安徽省构造单元(构造相)划分简表及主要构造单位划分方案

附表7.1 安徽省构造单元(构造相)划分简表

一级构造单元	二级构造单元(大相)	三级构造单元(相)	四级构造单元(亚相)	五级构造单元(建造组合)
华北陆块区(Ⅱ)	豫皖陆块(Ⅱ-6)豫皖陆块大相	华北南缘陆缘盆地(皖北地块)(Ⅱ-6-3)华北南缘基底杂岩相+陆内盆地相	皖北褶断带(Ⅱ-6-3-1)皖北变质基底杂岩亚相+断、坳陷盆地亚相	淮北断褶亚带(Ⅱ-6-3-1-1)淮北台地相碳酸盐岩建造-海陆交互相-陆相陆屑式建造组合
				蚌埠隆起(Ⅱ-6-3-1-2)蚌埠变质复理石建造-超基性-基性岩、中酸性火山岩和硅铁质建造组合
				淮南褶断亚带(Ⅱ-6-3-1-3)台地相碳酸盐岩建造-海陆交互相-陆相陆屑式建造组合
			六安后陆盆地(Ⅱ-6-3-2)六安弧后前陆盆地亚相	华北南缘中、新生代盆地(Ⅱ-6-3-2-1)杂色河湖相复陆屑建造-大陆中性火山岩-湖相杂色凝灰质复陆屑建造和湖泊相杂色复陆屑建造组合

续表

一级构造单元	二级构造单元(大相)	三级构造单元(相)	四级构造单元(亚相)	五级构造单元(建造组合)
秦祁昆造山系(Ⅳ)	大别-苏鲁地块(Ⅳ-11)大别-苏鲁结合带-弧盆系大相	大别造山带(Ⅳ-11-1)北淮阳陆缘裂陷槽盆相大别俯冲增生杂岩相+高压-超高压变质岩相	北淮阳构造带(Ⅳ-11-1-1)北淮阳弧间裂谷盆地亚相	佛子岭加里东构造亚带(Ⅳ-11-1-1-1)佛子岭类复理石浊积岩建造组合
				庐镇关加里东构造亚带(Ⅳ-11-1-1-2)庐镇关变质火山-沉积岩建造组合
			大别构造带(Ⅳ-11-1-2)大别变质基底残块亚相大别高压-超高压变质亚相大别深成同碰撞岩浆岩相	岳西-阚集构造亚带(Ⅳ-11-1-2-1)变质火山-沉积杂岩建造,变质镁铁质岩、片麻状花岗岩建造组合
				太湖高压-超高压构造亚带(Ⅳ-11-1-2-2)高压-超高压变质建造组合
				宿松-肥东构造亚带(Ⅳ-11-1-2-3)宿松-肥东变质火山-沉积含磷建造+高压变质建造组合
				张八岭构造亚带(Ⅳ-11-1-2-4)张八岭变质海相碎屑岩、火山-细碧岩建造+高压变质建造组合
扬子陆块区(Ⅵ)	下扬子陆块(Ⅵ-1)陆块大相	下扬子地块(Ⅵ-1-1)下扬子前陆盆地相	下扬子前陆盆地(Ⅵ-1-1-1)陆表海盆地亚相台地亚相陆源盆地亚相	滁州褶断带(Ⅵ-1-1-1-1)滁州台地相泥质碳酸盐岩建造、单陆屑建造组合
				沿江隆凹褶断带(Ⅵ-1-1-1-2)沿江台地相浅海-滨海碳酸盐岩建造、单陆屑砂质沉积建造组合

续表

一级构造单元	二级构造单元(大相)	三级构造单元(相)	四级构造单元(亚相)	五级构造单元(建造组合)
				东至-石台褶断带(Ⅵ-1-1-1-3) 过渡带台地斜坡相碳酸盐岩建造、陆源砂质碎屑岩建造组合
		江南地块(Ⅵ-1-2) 江南被动陆源、陆表海盆地相	皖南褶冲带(Ⅵ-1-2-1) 皖南陆源裂谷亚相 陆棚碎屑岩、碳酸盐盆地亚相	黟县-宣城褶断带(Ⅵ-1-2-1-1) 黟县-宣城陆源单陆屑碳酸盐岩建造组合
				休宁-绩溪褶断带(Ⅵ-1-2-1-2) 休宁-绩溪远源杂陆屑硅泥质碳酸盐岩建造组合
			江南古岛弧带(Ⅵ-1-2-2) 中低级变质基底杂岩亚相+后碰撞 岩浆杂岩亚相 伏船蛇绿岩亚相	鄣公山隆起(Ⅵ-1-2-1-3) 鄣公山变质复理石建造、火山碎屑岩、细碧角斑岩建造、片麻状花岗岩建造组合
		浙西地块(Ⅵ-1-3) 浙西被动陆源、陆表海盆地相		白际岭隆起(Ⅵ-1-2-1-4) 白际岭岛弧型火山-火山碎屑岩建造、片麻岩状花岗岩建造组合 伏川蛇绿混杂岩建造
			天目山褶冲带(Ⅵ-1-3-1) 陆棚碎屑岩、碳酸盐盆地亚相	昌化褶断带(Ⅵ-1-3-1-1) 昌化陆棚斜坡碎屑岩、碳酸盐岩建造组合

注:Ⅰ、Ⅱ、Ⅲ级构造单元按全国总项目划分编号。

安徽省主要构造单元划分方案参见:周存亭,杜建国所编写的《安徽省大地构造相与成矿地质背景研究》,由中国地质大学出版社于2017年出版。

附录8 中国主要类型岩石、疏松沉积物、大陆地壳的化学组成和元素丰度

附表8.1 中国主要类型岩石、疏松沉积物、大陆地壳的化学组成和元素丰度

区域	中国				中国东部								中国	中国东部	中国		中国东部
岩石	酸性岩	中性岩	基性岩	超镁铁质岩	砂岩	泥(页)岩	碳酸盐岩	片麻岩	变粒岩	斜长角闪岩	变泥岩	大理岩	土壤	平原土壤	水系沉积物	浅海沉积物	大陆地壳
N	1249 (693)	198 (130)	184 (128)	91 (73)	425	210	207	201	82	77	149	38	154	517	44422	286	2718
t	10458 (6665)	1523 (1287)	1756 (1060)	503 (387)	5720	2027	2708	1786	901	628	1571	400	—	—	—	—	28253
SiO_2	70.85	57.79	48.68	45.11	72.63	60.63	6.49	65.63	66.89	49.72	63.22	8.09	65.0	66.00	64.74	62.23	60.62
TiO_2	0.295	0.868	1.578	0.385	0.485	0.761	0.053	0.510	0.507	1.238	0.688	0.044	0.72	0.72	0.74	0.58	0.667
Al_2O_3	14.20	16.42	15.54	4.69	10.91	16.35	1.14	14.84	14.47	13.72	16.11	0.96	12.6	13.51	12.73	10.67	14.83
Fe_2O_3	1.22	2.98	4.18	3.85	2.46	4.33	0.35	2.03	2.23	4.38	3.06	0.26	4.7(T)	3.89	4.73(T)	4.35(T)	2.45
FeO	1.60	4.18	6.44	5.96	1.09	1.42	0.32	2.73	2.12	7.60	2.75	0.33	1.2	0.74	—	—	3.71
MnO	0.049	0.124	0.167	0.119	0.057	0.059	0.044	0.075	0.068	0.207	0.067	0.045	0.08	0.09	0.09	0.07	0.105
MgO	0.94	3.60	7.50	26.98	1.26	1.86	6.53	2.15	1.94	7.35	2.08	10.56	1.8	1.57	1.56	1.81	3.16
CaO	1.83	5.81	9.02	7.40	2.52	2.66	42.84	3.26	2.70	9.11	1.59	39.14	3.2	2.91	2.87	5.19	5.41
Na_2O	3.52	3.77	2.80	0.62	1.41	0.80	0.10	3.64	3.19	2.48	1.30	0.11	1.6	1.63	1.37	2.18	3.45
K_2O	4.00	2.09	1.18	0.26	2.40	3.45	0.34	2.87	2.88	1.00	3.90	0.23	2.5	2.47	2.40	2.23	2.31
P_2O_5	0.099	0.275	0.343	0.069	0.094	0.124	0.037	0.163	0.124	0.190	0.110	0.034	0.12	0.10	0.15	0.12	0.172
H_2O^+	1.07	1.49	1.70	3.25	2.56	4.56	0.74	1.34	1.88	2.10	3.26	1.02	4.2	3.9	—	—	1.50
CO_2	0.32	0.38	0.45	0.55	1.72	2.15	40.45	0.31	0.38	0.40	1.02	38.72	2.7	2.0	—	4.00	1.15

续表

区域	中国				中国东部								中国	中国东部	中国		中国东部
岩石	酸性岩	中性岩	基性岩	超镁铁质岩	砂岩	泥(页)岩	碳酸盐岩	片麻岩	变粒岩	斜长角闪岩	变泥岩	大理岩	土壤	平原土壤	水系沉积物	浅海沉积物	大陆地壳
C_{org}	—	—	—	—	(0.20)	0.38	0.20	—	—	—	0.38	—	(0.35)	0.34	—	0.62	—
Ag	0.060	0.053	0.056	0.046	0.052	0.050	0.056	0.057	0.060	0.053	0.054	0.042	0.080	0.072	0.094	0.063	0.055
As	1.7	1.7	1.8	1.1	5.0	7.8	3.2	1.3	1.8	1.6	7.2	2.5	10	10	13.3	7.7	2.4
Au	0.53	0.85	0.80	0.80	1.0	1.4	0.47	0.65	0.88	1.2	1.1	0.42	1.4	1.6	2.0	1.1	0.90
B	6.2	5.7	7.5	7.0	38	76	13	5.5	15	10	72	6	40	48	51	58	11
Ba	700	775	460	90	525	590	63	850	740	260	665	155	500	565	520	410	620
Be	2.7	0.91	0.50	0.15	1.6	2.3	0.60	1.4	1.9	0.4	2.3	0.54	1.8	2.3	2.3	2.0	1.4
Bi	0.24	0.090	0.085	0.090	0.18	0.34	0.070	0.090	0.14	0.11	0.29	0.064	0.30	0.31	0.50	0.33	0.15
Br	(0.2)	(0.3)	(0.4)	(0.4)	(0.3)	(0.4)	(0.5)	(0.2)	(0.2)	—	(0.3)	(1.0)	(3.5)	2.6	—	15	(0.25)
Cd	0.060	0.092	0.10	0.080	0.081	0.11	0.13	0.070	0.090	0.12	0.080	0.096	0.090	0.118	0.26	0.065	0.082
Cl	58	140	110	120	51	52	125	105	80	165	54	68	68	135	—	3400	112
Co	4.8	22	46	88	8.0	14	1.5	13	11	49	13	1.6	13	13	13	12	19
Cr	12	83	190	1630	39	72	7.5	53	48	240	70	5.5	65	65	68	60	76
Cs	3.5	1.9	1.4	0.45	4.3	8.2	0.5	1.8	3.0	1.0	7.2	0.46	7.0	7.5	—	6.3	2
Cu	8.0	30	55	27	15	29	4.0	22	22	58	26	4.0	24	23	26	15	26
F	490	650	485	385	405	775	275	570	510	740	705	310	480	510	530	480	540
Ga	18.0	20.0	19.9	8.9	13.6	20.5	1.7	18.7	18.4	18.7	21.2	1.6	17.0	15.7	—	14	19
Ge	1.2	1.1	1.1	0.90	1.4	1.6	0.35	1.0	1.2	1.4	1.7	0.3	1.3	1.4	—	—	1.2
Hf	5.0	4.6	3.5	1.0	5.5	5.8	0.34	4.8	5.2	2.6	5.6	0.29	7.4	8.5	—	6.0	4.5
Hg	6.6	6.9	7.8	6.0	15	27	18	6.0	6.7	8.5	11	9.0	40	25	69	25	7.0

续表

区域	中国				中国东部								中国	中国东部	中国		中国东部
岩石	酸性岩	中性岩	基性岩	超镁铁质岩	砂岩	泥(页)岩	碳酸盐岩	片麻岩	变粒岩	斜长角闪岩	变泥岩	大理岩	土壤	平原土壤	水系沉积物	浅海沉积物	大陆地壳
I	(0.05)	(0.13)	(0.1)	(0.15)	(0.1)	(0.4)	(0.2)	(0.05)	(0.05)	—	(0.1)	(0.14)	(2.2)	2.2	—	18	(0.1)
In	(0.05)	(0.06)	(0.07)	(0.03)	(0.035)	(0.07)	(0.02)	(0.05)	(0.045)	(0.07)	(0.07)	—	(0.055)	0.054	—	0.09	(0.045)
Ir	(3)	(17)	40	(1350)	18	20	7	(30)	22	(85)	(28)	(6)	22	—	—	—	(20)
Li	19	13	11	4	25	38	9	14	19	11	34	9	30	36	34	38	17
Mn	380	960	1310	920	440	460	340	580	530	1600	520	350	600	705	730	530	810
Mo	0.70	0.58	0.63	0.21	0.54	0.93	0.57	0.49	0.50	0.28	0.52	0.36	0.80	0.57	1.1	0.50	0.50
N	28	72	80	(50)	170	460	120	37	55	20	222	55	640	440	—	620	60
Nb	15	10.4	19	5.2	12	18	(2)	10	12	9	15	(3.4)	16	15.5	17	14	10
Ni	7.7	34	100	960	17	34	4.8	24	20	96	29	3.8	26	30	29	24	31
Os	(15)	(36)	60	(1300)	32	140	50	35	34	(140)	(50)	27	40	—	—	—	(40)
P	430	1200	1570	310	410	540	160	710	540	830	480	150	520	475	655	500	750
Pb	24	15.5	13	8	18	23	8	16	18	12.3	19	8.6	23	23	29	20	15
Pd	(0.08)	0.42	0.63	2.6	0.30	0.78	(0.16)	0.42	0.50	2.2	0.58	(0.16)	0.65	0.52	—	—	0.75
Pt	(0.06)	0.42	0.72	5.2	0.26	0.50	(0.12)	0.44	0.50	2.6	0.44	(0.15)	0.50	0.48	—	—	0.80
Rb	140	58	31	7	78	130	9	82	95	29	140	7	100	105	—	96	70
Re	(0.25)	—	—	—	—	(1.4)	—	(0.4)	—	—	—	—	(0.1)	—	—	—	(0.1)
Rh	(4)	(45)	60	(800)	12	25	4	28	26	150	25	(4)	17	—	—	—	(40)
Ru	(7)	(12)	65	(3500)	28	58	15	30	27	(230)	45	(15)	60	—	—	—	(35)
S	120	180	280	210	220	300	240	200	150	270	210	160	150	160	—	510	250
Sb	0.16	0.17	0.18	0.14	0.43	0.58	0.24	0.12	0.22	0.14	0.45	0.23	0.80	0.79	1.42	0.5	0.18

续表

区域	中国				中国东部								中国	中国东部	中国		中国东部
岩石	酸性岩	中性岩	基性岩	超镁铁质岩	砂岩	泥(页)岩	碳酸盐岩	片麻岩	变粒岩	斜长角闪岩	变泥岩	大理岩	土壤	平原土壤	水系沉积物	浅海沉积物	大陆地壳
Sc	5.3	19	29	24	8.3	15	1.3	11	9.7	39	16	1.1	11	11	—	10	17
Se	0.033	0.058	0.085	0.050	0.073	0.17	0.070	0.060	0.065	0.11	0.12	0.040	0.20	0.10	—	0.15	0.070
Sn	2.0	1.3	(1.0)	(0.5)	1.6	3.0	0.5	1.2	1.9	1.1	3.1	0.5	2.5	3.1	4.1	3.0	1.4
Sr	250	565	510	115	120	110	320	390	265	240	95	225	170	175	165	230	350
Ta	1.2	0.56	1.1	0.26	0.76	1.2	(0.1)	0.54	0.7	0.47	1.0	0.080	1.1	1.17	—	1.0	0.65
Te	(5)	(15)	(10)	—	(10)	(15)	(5)	(10)	—	—	(15)	—	40	—	—	40	(6)
Th	14.5	4.9	2.8	0.70	9.2	14	1.1	7.0	8.6	1.5	12.5	0.90	12.5	12	13.5	11.5	6.0
Ti	1770	5200	9470	2650	2910	4560	320	3060	3040	7420	4125	265	4300	4175	4460	3500	4000
Tl	0.73	0.36	0.24	0.15	0.51	0.68	0.14	0.47	0.54	0.23	0.76	0.16	0.60	0.66	—	0.30	0.42
U	2.5	1.15	0.70	0.35	2.1	3.1	1.2	1.05	1.45	0.50	2.5	0.77	2.7	2.3	3.1	1.9	1.3
V	33	135	210	110	60	115	13	70	71	260	105	12	82	87	87	70	112
W	0.85	0.47	0.50	0.3	1.1	1.7	0.27	0.41	0.72	0.44	1.8	0.56	1.8	1.7	2.7	1.5	0.6
Zn	45	90	110	78	51	80	18	65	65	120	88	18	68	64	77	65	76
Zr	160	180	150	50	195	210	16	175	185	110	200	13	250	250	295	210	160
Y	22	18	17	7.0	18	27	4.8	16.5	20	17	26	3.1	23	26	26	22	17
La	40	35	24	6.7	34	50	5.5	38.5	37	14	43	5.4	38	37	41	33	29
Ce	75	68	47	15.0	63	88	10.3	75	68	28	78	10	72	58	—	67	57
Pr	7.8	7.8	5.3	2.0	6.9	9.8	1.2	8.2	7.6	3.7	8.7	1.2	8.2	7.0	—	—	6.5
Nd	30	34	24	7.2	28	40	4.6	32	31	16	37	4.5	32	27	—	29	26
Sm	5.3	6.1	5.1	2.0	5.0	7.2	0.95	5.3	5.4	3.9	6.8	0.80	5.8	5.2	—	5.6	4.9

续表

区域	中国				中国东部								中国	中国东部	中国		中国东部
岩石	酸性岩	中性岩	基性岩	超镁铁质岩	砂岩	泥(页)岩	碳酸盐岩	片麻岩	变粒岩	斜长角闪岩	变泥岩	大理岩	土壤	平原土壤	水系沉积物	浅海沉积物	大陆地壳
Eu	0.90	1.7	1.8	0.67	1.05	1.4	0.21	1.3	1.2	1.4	1.4	0.20	1.2	1.1	—	1.0	1.3
Gd	4.9	5.4	4.7	1.7	4.5	6.2	0.88	4.4	4.6	4.3	6.0	0.70	5.1	4.5	—	—	4.3
Tb	0.72	0.82	0.80	0.39	0.72	1.0	0.13	0.67	0.70	0.71	0.96	0.11	0.80	0.73	—	0.73	0.69
Dy	4.4	4.5	4.3	1.8	3.9	5.8	0.69	3.7	3.7	4.4	5.4	0.55	4.7	3.9	—	—	3.7
Ho	0.90	0.90	0.85	0.35	0.77	1.2	0.15	0.77	0.77	0.85	1.1	0.11	1.0	0.92	—	—	0.77
Er	2.6	2.4	2.2	1.0	2.2	3.2	0.42	2.1	2.3	2.6	3.2	0.28	2.8	2.4	—	—	2.2
Tm	0.39	0.35	0.32	0.16	0.35	0.49	0.065	0.31	0.34	0.90	0.50	0.038	0.42	0.42	—	—	0.34
Yb	2.4	2.2	1.9	0.99	2.1	3.0	0.42	1.9	2.1	2.4	3.1	0.25	2.6	2.4	—	2.2	2.2
Lu	0.38	0.34	0.31	0.16	0.33	0.47	0.065	0.30	0.33	0.37	0.48	0.035	0.40	0.39	—	0.34	0.33

注：1. 含量单位：主成分，%；Au、Hg、Pd、Pt、Re、Te，10^{-9}；Ir、Os、Rh、Ru，10^{-12}；其他元素，10^{-6}。

2. 中国中性岩的化学组成与元素丰度为闪长岩类和安山岩类的加权平均值；中国东部变泥岩的化学组成与元素丰度为板岩、千枚岩和云母片岩的加权平均值。中国酸性岩、基性岩、超镁铁质岩与中国东部砂岩、泥(页)岩、碳酸盐岩、片麻岩、变粒岩、斜长角闪岩、大理岩、中国土壤，以及中国东部大陆地壳化学组成与元素丰度引自鄢明才和迟清华(1997)、YanandChi(2005)相关著作；中国东部平原土壤基准值引自朱立新等(2006)相关著作；中国水系沉积物背景值引自任天祥等(1998)相关著作；中国浅海沉积物化学组成引自赵一阳和鄢明才(1994)相关著作。

3. 数据表中，N为被分析的组合样数，t为采集的样品数；组合样数(N)中不带圆括号的为主成分的数据数，带圆括号的为微量元素的数据数，均未加括号时表示两者数据数相同；带圆括号的元素含量为参考值，带“—”的是未给值。

资料来源：迟清华，鄢明才．应用地球化学元素丰度数据手册[M]. 北京：地质出版社，2007.

附录9 矿石主要构造类型

附表9.1 矿石主要构造类型

类型	主要特点及可选性能
块状构造	致密块状,成分单纯时易于分选,成分复杂时难以分选,只能得到混合精矿
浸染状构造	有用矿物与脉石互相嵌布,如果嵌布均匀,粒度粗,易于分选;如果细微嵌布,比较难分选
斑状构造	斑状浸染,从可选性能看,可分为四种情况: 1. 有用矿物粗而纯,不包裹其他矿物包体,脉石矿物也不包裹有用矿物; 2. 有用矿物部分呈粒状,少部分呈细粒状含于脉石中; 3. 脉石矿物不包裹有用矿物,而粗粒有用矿物包裹其他有用矿物,这三种类型均需再磨再选,得出合格精矿,尚属已选类型; 4. 粗粒有用矿物及脉石都有包裹体,这种类型是难选类型构造矿石
角砾状构造	1. 有用矿物为角砾碎屑状,为脉石矿物所胶结,可粗磨先选出废弃尾砂,将低品位精矿再磨再选; 2. 脉石呈角砾碎屑状被有用矿物所胶结,应先得合格精矿,将复尾矿再磨再选
鲕状构造	有用矿物呈鲕状为脉石矿物所胶结,如果鲕状大部分由均匀的有用矿物组成的为易选类型;如果鲕粒呈同心环带状,夹有其他矿物的为难选类型
胶状构造	胶结而成的复杂集合体,如果有用矿物为胶体沉积,与其他脉石沉积时间不同,有可能分选;如果全部呈统一的胶状沉淀物,用机械选矿方法无法分选
结核状构造	有用矿物常呈结合体分散于疏松土状物中,可用洗矿、筛选等方法进行分选;如果结核体有连生体,可再磨再选。有时不能用机械选矿方法取得合格精矿
条带状构造	包括似层状、皱纹状、片状构造,其各种选矿情况与斑状构造相似

资料来源:周瑞华,刘传正.野外地质工作实用手册[M].长沙:中南大学出版社,2013.

附录10 气成-热液蚀变类型、主要金属矿床氧化带中常见的矿物及其特征

附表10.1 气成-热液蚀变类型

蚀变类型	原岩性质或蚀变围岩性质	常见新生矿物组合	成矿关系
蛇纹石化	超基性岩及部分白云岩、基性岩	各种蛇纹石，其次是滑石、碳酸盐矿物、水镁石、磁铁矿、斜绿泥石、阳起石等	石棉、滑石、镍矿、菱镁矿
皂白化	超基性岩及含橄榄石的基性岩	包林皂石为主	没有明显的成矿关系
伊丁石化	含铁橄榄石的基性、中型喷出岩	伊丁石为主	同上
滑石碳酸盐化	超基性岩、蛇纹岩	滑石、菱镁矿、白云母、石英，其次是铁菱镁矿、铬云母、黄铁矿、叶腊石	滑石、菱镁矿、金、钴
滑石化(块滑石化)	超基性岩、蛇纹岩	几乎全是滑石	滑石
次闪石化(假象纤石化)	中基性岩、部分超基性岩	纤闪石、透闪石、阳起石，其次是钠长石、绿帘石类、方解石、绿泥石	磷灰石、磁铁矿
钠黝帘石化	中基性岩、部分中酸性岩	钠长石、绿帘石类，其次是葡萄石绢云母、次闪石、绿泥石、方解石	铜矿、铁矿

续表

蚀变类型	原岩性质或蚀变围岩性质	常见新生矿物组合	成矿关系
绿帘石化、黝帘石化	基性、中性及弱酸性岩浆岩、片麻岩，其次是酸性岩、泥质岩、矽卡岩、钙硅酸岩盐	绿帘石或黝帘石，其次是碳酸盐矿物、绿泥石	铁矿、铜矿、铅锌矿、黄铁矿
葡萄石化	同上，还见于偏碱性的火山岩	葡萄石，其次是方解石、沸石、绢云母	铜矿
方柱石化	中基性岩、石灰岩、钙硅酸盐岩	方柱石，其次是次闪石、磷灰石、磁铁矿、方解石、石英、硅灰石	磷灰石、铁矿、铜矿
青盘岩化（变安山岩化）	中基性火山岩（有时可能是中酸性火山岩）	钠长石、冰长石、绿帘石、透闪石、阳起石、碳酸盐、绢云母、黄铁矿，其次是葡萄石、沸石、绿泥石	金矿、铜矿、铜铁矿、锌矿、黄铁矿、金银矿
蚀变类型	原岩性质或蚀变围岩性质	常见新生矿物组合	成矿关系
细碧岩化	基性喷出岩	钠长石，其次是绿泥石、方解石、次闪石、绿帘石	黄铜矿、黄铁矿、铅锌
绿泥石化	中基性岩最为发育，酸性岩中少见，个别见超基性岩中	绿泥石、石英、绢云母，其次是方解石、电气石、钠长石、阳起石，有时还含有黑云母	铅锌、锡、金、银、含铜黄铁矿、铜矿
黑云母化	各种基性、中性、弱酸性岩浆岩，相同化学性质的变质岩及含铁镁质较高的砂页岩	黑云母，其次是绿帘石、黄铁矿、白云母、绢云母、碳酸盐、绿泥石、石英、黄玉、电气石、次闪石	钨、锡、钼、铜、含金石英脉

续表

蚀变类型		原岩性质或蚀变围岩性质	常见新生矿物组合	成矿关系
云英岩化		酸性成分的侵入岩、沉积岩、变质岩及部分喷出岩	石英、白云母，其次是绢云母、铁云母、黄玉、电气石、萤石、绿柱石	钨、锡、钼、铋、铍等
电气石化		中酸性岩，特别是伟晶岩、云英岩，相同化学性质的沉积岩、变质岩	电气石，其次是黄玉、萤石、白云石、石英	钨、锡、钼、黄铁矿、钴、金
黄玉化		酸性侵入岩，特别是云英岩、伟晶岩、部分酸性火山岩，以及同化学性的沉积岩、变质岩	黄玉，其次是白云母、石英、电气石，有时与黑云母伴生	钨、锡、钼、砷
萤石化		酸性岩、碱性岩、火山岩、碳酸盐岩	萤石，其次是石英、白云母、黄玉、钾长石	钨、锡、钼、铋、砷、铁、稀土等（与气成高温萤石化有关）
钠长石化		酸性岩、碱性岩，特别是云英岩、伟晶岩	钠长石，其次是石英、绿柱石、细晶石、铌铁矿、褐钇铌矿、天河石、白云母、电气石、锂云母	铍、锂、铌、钽等稀有金属矿床及铁矿
绢云母化		酸性及中性岩浆岩、片麻岩、火山岩	绢云母、石英，其次是绿泥石、硫化物、绿帘石	铜、钼、铅、锌、金、黄铁矿
黄铁绢英岩化		酸性、弱酸性浅成侵入岩	绢云母、石英、黄铁矿，其次是碳酸盐、金红石、绿泥石	铜、钼、金、硫化矿多金属矿
钾化	天河石化（含铷的微斜长石化）	花岗岩、伟晶岩	天河石、钠长石，其次是黑磷云母、铌铁矿绿柱石	稀有元素矿床

续表

蚀变类型		原岩性质或蚀变围岩性质	常见新生矿物组合	成矿关系
	钾化	中酸性岩浆岩、片麻岩	钾长石(正长石),其次是钠长石、萤石(高温)、绿帘石、阳起石(中—高温)、石英、绢云母、绿泥石、黑云母(中温)	高温:钨、锡、钼、铍,中温:铜、钼
	铁白云石正长石化	酸性、弱酸性浅成侵入岩	正长石、铁白云石,其次是金云母、滑石	白钨矿
	冰长石化	中性、弱酸性火山岩,亦可在基性和酸性火山岩中发生	冰长石为主,其次是绢云母、石英	铅、锌、金、银、黄铁矿
次生石英岩化		中酸性火山岩及其侵入体中	石英为主,其次是刚玉、红柱石、一水铝石、明矾石、高岭石、叶腊石、绢云母	酸性岩:红柱石、刚玉、一水铝石,中性岩:铜、铅、锌、钼、金、银
硅化	石英岩化	中酸性岩浆岩、片麻岩以及各种碳酸盐岩、钙质页岩	石英,其次是白云母、绢云母	铜、钼、铅、锌、金、锑、萤石、黄铁矿、重晶石、压电石英
	蛋白石化		蛋白石、石髓,其次是黏土、明矾石	
矽卡岩化	钙质矽卡岩	中酸性侵入岩与灰岩、凝灰岩的接触带	石榴石、透辉石、符山石、硅灰石、绿帘石、阳起石、透闪石	铁、铜、铅、锌、钨、锡、钼
	镁质矽卡岩	中酸性侵入岩与白云岩接触带	镁橄榄石、透辉石、硅镁石、蛇纹石、金云母	铁、硼、铜

续表

蚀变类型		原岩性质或蚀变围岩性质	常见新生矿物组合	成矿关系
碱性硅酸盐化		石灰石、角闪岩、辉长岩、辉岩等基性组分较高的岩石	霓辉石、钠闪石、蓝闪石、霞石以及萤石、碳酸盐矿物	磁铁矿、稀土、锆、铌、锂、铀等稀有元素矿床
钙霞石化		含霞石的碱性岩	钙霞石为主	
白霞石化			白霞石(去母集合体)为主	
方钠石化		含霞石的碱性岩	方钠石为主	
沸石化	泡沸石化	基性火山岩	纤维泡沸石、绿纤石、片沸石、葡萄石、硅硼钙石、方解石、石英及绿泥石、绿帘石	自然铜、银、砷、金、锑
	方沸石化	含霞石的碱性岩	方沸石为主	
	微晶钠沸石化	含霞石的碱性岩	钠沸石、云母	
碳酸盐化	方解石	中基性岩	方解石，其次是绿泥石、钠长石、绿帘石类	铜、铅、锌、铁
	白云石化	石灰岩和含少量泥质、砂质的灰岩	白云石，其次是铁白云石	铅、锌、铜、铁
重晶石化		碳酸盐岩、铝硅酸盐岩	重晶石，其次是萤石、方解石、石英、白云母、石膏、天青石	中温：多金属矿低温：铅、锌、锑、汞
明矾石化		多孔的酸性、中酸性火山岩，粗面岩及其凝灰岩中	明矾石，其次是石膏、硬石膏、萤石、一水铝石、石髓、蛋白石	明矾石、金、铜、黄铁矿、铅、锌

资料来源：周瑞华，刘传正．野外地质工作实用手册[M]．长沙：中南大学出版社，2013.

附表10.2 主要金属矿床氧化带中常见的矿物及其特征

金属	原生矿物	常见的氧化矿物	氧化带矿物的特征	其他
铜	黄铜矿 斑铜矿 砷硫铜矿 黝铜矿 砷黝铜矿 铜蓝矿	自然铜 孔雀石(和部分石膏) 硅孔雀石 赤铜矿 土黑铜矿 蓝铜矿	常见的氧化矿物多呈分散在赤铜矿中的细粒,在褐铁矿空洞中常见自然铜。孔雀石呈绿色胶状体充填于空洞内,切开大的肾状体,则具同心层状构造(石青则呈蓝色)。红色至浅灰色胶体状矿物混合物存在土状黑色,呈细鳞片状或土状集合体,出现蓝色薄膜	常有次生富集带,其中的矿物有辉铜矿、铜蓝(成盖皮)和自然铜
银		角银矿	在炎热干燥气候区矿床中产出,微带浅蓝至浅绿或浅褐的色彩,呈细小集合体、皮壳、被膜、解理裂隙的充填物等形状。新鲜标本呈白色,露光久则呈紫灰至黑色	次生富集带中的矿物有自然银、浓红银矿、淡红银矿、斜方辉银矿、硫锑铜银矿、砷硫银矿
金	自然金 碲化金	自然金		次生富集带中的矿物有自然金
锌	闪锌矿	菱锌矿	菱锌矿分为两种:含铁的和不含铁的,前者新鲜的呈灰色或浅灰至褐色,粒状结构,氧化后则为黄棕色,此时要注意其与菱铁矿和铁白云石的区别;不含铁的菱锌矿为浅色至白色、浅蓝色、浅绿色,有时亦无色,胶体构造、细胞状构造和多孔状构造为其特征	次生富集带中的矿物有闪锌矿
		异极矿	异极矿常呈各种集合体完整晶体存在,特别在氧化的菱锌矿石的空隙中,异极矿常呈黄褐色或无色,有时微带浅红或浅绿色(有MnO混入)	
		水锌矿		

续表

金属	原生矿物	常见的氧化矿物	氧化带矿物的特征	其他
铁	黄铁矿 白铁矿 磁黄铁 磁铁矿 菱铁矿	褐铁矿 黄钾铁矾 硫酸铁类		次生富集带中的矿物有白铁矿
锰	菱锰矿 蔷薇辉石 水锰矿 硫锰矿	硬锰矿 软锰矿 褐锰矿		
镍	针镍矿 镍黄铁矿 红砷镍矿	镍华 硅酸镍华	苹果绿色	次生富集带中的矿物有粒状辉镍矿
砷	毒砂	臭葱石	常呈细粒的土状堆积体，通常为浅色(苹果绿色)、葱绿色以及纯白色，在褐铁矿区变为褐色	雄黄和雌黄为十分次要的砷硫化物，是氧化带中较稳定的矿物，有时变成砷华
锑	辉锑矿	锑华 锑赭石 黄锑华		
钴	辉钴矿 砷钴矿 硫钴矿	钴华		
铋	辉铋矿 自然铋	自然铋 铋华 泡铋矿	铋华常呈其他内生铋矿物的假象，以致密状和土状集合体出现	

续表

金属	原生矿物	常见的氧化矿物	氧化带矿物的特征	其他
铅	方铅矿	白铅矿	通常为白色、浅灰、浅褐色，而在氧化带中常受铁的作用变为褐色，常与褐铁矿紧密混生在一起，因此常被忽略	
		硫酸铅矿	纯者透明如水，一般在氧化带呈浅黄或褐色，少呈白色及灰色，常为附在方铅矿上晶亮细小的晶簇，呈致密柱状或土状。 呈深浅不一的绿色、黄色和褐色，少数含铬的变种为鲜红或橘黄色，常呈肾状或球	
		磷酸氯铅矿	体充填于空隙空洞壁上，有的呈小桶状或平行连生而存在的单个晶体	
		砷铅矿 菱铅矿		砷铅矿、菱铅矿常与白铅矿磷酸氯铅矿相似

资料来源：周瑞华，刘传正．野外地质工作实用手册[M]．长沙：中南大学出版社，2013.

附录11 岩石花纹设计原则及组合方法

岩石花纹设计原则及组合方法

一、岩石花纹设计原则

1. 岩石花纹由各类主要岩石基本花纹和根据岩石命名原则所规定的岩石特征矿物成分、结构、构造等附加花纹按一定规律组合而成。

2. 未成岩的松散堆积物花纹以纵向表示;沉积岩的花纹以横向表示;变质岩花纹以横向波状表示(大理岩例外)。

3. 按松散堆积、沉积岩、岩浆岩、变质岩等基本岩石类型分别设计各类主要岩石基本花纹。

4. 可由两个(或两个以上)基本花纹组成的岩石花纹,不设计专用花纹,按1:1的规律组合,如砂砾岩、花岗闪长岩、安山玄武岩等。

5. 沉积岩分类中其他沉积岩类——铝质岩、铁质岩、锰质岩、磷质岩、蒸发岩、铜质岩、沸石质岩、海绿石质岩等按沉积矿层的形式表示,未专门设计基本花纹。

6. 岩浆岩进一步细分时,以组成岩石的主要矿物符号为基础,有规律地组合,即组成其岩石花纹,如橄榄岩与纯橄榄岩、辉石岩与二辉岩等。

7. 变质岩按板理、片理、片麻理,混合岩根据混合岩化程度规定不同类型的线条表示各类主要岩石基本花纹(动力变质岩、围岩蚀变例外),如板岩、千枚岩、片岩、片麻岩、混合岩、内外矽卡岩等。

8. 各花纹要素应平行于层理、片理、片麻理或区域构造走向;岩浆岩花纹一般应平行于南北图边排列。

9. 通用图例中，岩石花纹规格，沉积岩以中层、中粒表示，岩浆岩以中粒表示。

10. 若按各岩类分别设色表示，应在图例上说明这种表示方法。

二、岩石花纹的组合方法

1. 以特征结构加命名的岩石，按规定的不同粒级的花纹表示。

2. 以特殊构造参加命名的岩石、构造附加花纹与基本花纹按1:1的比例组合。

3. 以特征碎屑成分、矿物成分参加命名的岩石：

附加花纹与基本花纹的比例按其在岩石中的比例确定：

为主要者时用1:1表示；为×质者时用1:2表示。

含有用矿物、元素的岩石，在基本花纹中用有用矿物花纹稀疏表示，沉积岩中用有用元素符号(如Fe、S、P)稀疏表示。

有两种以上碎屑成分和矿物成分的岩石花纹，用各碎屑或矿物花纹与两个基本花纹相间排列表示。

由两个主要岩石基本花纹组成的岩石，两个基本花纹按1:1相间表示。

附录12　固体矿产勘查原始地质编录表式、图式

固体矿产勘查原始地质编录附表格式修订说明

部颁固体矿产勘查原始地质编录的附表格式，前后经历了四个阶段：

最早由中华人民共和国地质部地矿司编撰，于1980年5月地质出版社出版，以《固体矿产勘查原始地质编录规范》附表格式发布，单独成册，共38种，以下简称"80版"规范；

1993年12月，中华人民共和国地质矿产部以《固体矿产勘查原始地质编录规定》(DZ/T 0078—93)附录形式发布附表格式，附表格式共20种，以下简称"0078—93版"规定。

2015年4月，中华人民共和国国土资源部以《固体矿产勘查原始地质编录规程》(DZ/T 0078—2015)附录B形式发布附表格式，附表格式计19种，以下简称"0078—15版"规程。

2017年1月，中华人民共和国国家质量监督检验检疫总局、国家标准化管理委员会发布《固体矿产勘查工作规范》(GB/T 33444—2016)，以附录B、附录F、附录G形式发布附表格式，附表格式共13种，以下简称"33444—16版"规范。

上述各种版本的原始地质编录附表格式，均作为地勘行业标准，在地质矿产勘查中，发挥着标准化的范本作用，引领、支撑地质矿产勘查事业的健康发展，受到广大一线地质工作者欢迎。

由于上述四次发布的各种表格式样，部分内容出现缺失，或相互间局部出现矛盾，个别表格不能适应野外工作需要；"0078—93版"规定和"0078—15版"规程的表格缺失探矿工程开工、施工变更、终止等

生产管理表格；“GB/T 33444—2016”缺失钻探班报表、岩心牌、地质编录表格和采样表格等，各野外队在执行过程中，为了矿产勘查需要，需新拟(补充)、修正和完善某些表格，造成了各单位的固体矿产勘查原始地质编录表格不够统一，亟须重新厘定和统一修订。

鉴于“80版”规范的表式相对较全，本手册以“80版”规范《固体矿产勘查原始地质编录规范》附表格式为基础，结合安徽省公益性地质调查管理中心监制的钻探生产、编录表格，“0078—93版”规定和“0078—15版”规程的表式，并根据各勘查单位的现行表格式样，对固体矿产勘查原始地质编录所需表格进行厘定和修订，形成本手册的附录12的49种附表(附表12.2至附表12.50)，供参考使用。为了让非钻探原始编录人员能读懂钻孔编录分层分样原始数据，本手册对安徽省公益性地质调查管理中心监制的钻探编录表格增加了填表说明，个别部位进行了修改。

修订情况如附表12.1所示。

附表12.1 原始地质编录表格修订记录

表号	名称	修订情况记录	备注
附表12.2	实测地质剖面记录表	改“80版”表1的17栏“岩层名称”为“地质描述”	
附表12.3	剖面数据计算表	采用“80版”表2，增加填表说明(计算公式使用)	
附表12.4	标本签	采用“80版”表3	
附表12.5	地质观察点记录表	采用“0078—15版”表B2	
附表12.6	野外照相登记表	采用“80版”表5	
附表12.7	音像记录表	采用“0078—15版”表B19	
附表12.8	探矿工程定位和机械安装通知书	采用“80版”表6	
附表12.9	探矿工程施工通知书	采用“80版”表7	
附表12.10	ZK××地质技术设计书	采用“80版”表8	

续表

表号	名称	修订情况记录	备注
附表12.11	探矿工程变更任务通知书	采用“80版”表9	
附表12.12	补采矿心通知书	采用“80版”表10	
附表12.13	探矿工程终止通知书	采用“80版”表11	
附表12.14	ZK××封孔登记表	采用“80版”表12	
附表12.15	钻孔质量验收报告	采用“80版”表13	
附表12.16	探矿工程登记表	采用“80版”表14	
附表12.17	坑探工程地质记录表	采用“80版”表15	
附表12.18	岩心牌	采用“80版”表16	
附表12.19	地质岩心钻探原始班报记录表	采用安徽省公益性地质调查管理中心监制的表式	
附表12.20.1	钻孔原始综合记录表(封面)	采用安徽省公益性地质调查管理中心监制的表式	
附表12.20.2	钻孔原始综合记录表(内页)	采用安徽省公益性地质调查管理中心监制的表式，增加填表说明，补充岩心分层位置表述方式	
附表12.20.3	钻孔原始综合记录表(封底)	采用安徽省公益性地质调查管理中心监制的表式	
附表12.21	钻孔岩性原始记录表	采用安徽省公益性地质调查管理中心监制的表式，补充岩心分层位置表述方式：修改前面3列(岩心编号、长度、孔深)为分层位置(岩心回次位置)、岩心编号、上段长度/下段长度、相当孔深，增加填表说明	
附表12.22	钻孔采样登记表	采用安徽省公益性地质调查管理中心监制的表式，增加填表说明，补充岩心分样位置表述方式	

续表

表号	名称	修订情况记录	备注
附表12.23	简易水文地质记录表	采用安徽省公益性地质调查管理中心监制的表式	
附表12.24	钻孔岩矿心分层签、样品签	采用“0078—15版”B11、表B12	
附表12.25	标本登记表	采用“80版”表20	
附表12.26	光谱分析结果登记表	采用“80版”表21	
附表12.27	自然重砂采样登记表	采用“80版”表22	
附表12.28	化石(孢粉)鉴定结果登记表	采用“80版”表23	
附表12.29	坑探工程采样记录表	采用修改的“80版”表24:改坑探工程采样登记表为坑探工程采样记录表,改3、4、5、6、7、8、10栏内容	野外用记录表
附表12.30	矿区样品登记表	新拟表格,将“80版”表24、25及“0078—15版”表B13的样品登记部分单独列表为矿区样品登记表	室内用登记表
附表12.31	物相分析样品登记表	采用“80版”表27	
附表12.32	单矿物分析样品登记表	采用“80版”表28	
附表12.33	组合样品分析结果登记表	采用“80版”表29	
附表12.34	矿石体重、湿度测定记录表	采用326队表式(删去封蜡样品水中重量栏)。 “15版”表B17为“塑封”方法表格,不采用	
附表12.35	大体重样品测定结果登记表	采用“80版”表32。“0078—15版”表B18为塑封法,不采用	
附表12.36	矿石体重、湿度采样登记表	采用“80版”表30	

续表

表号	名称	修订情况记录	备注
附表12.37	岩矿石力学性能试验采样登记表	采用“80版”表33	
附表12.38	岩矿石物理性能测定条件记录表	采用“80版”表34	
附表12.39	岩矿石物理性能测定成果登记表	采用“80版”表35	
附表12.40	岩矿鉴定送样单	采用“80版”表36	
附表12.41	送样单	采用“80版”表37	
附表12.42	矿心封蜡登记表	采用“80版”表38	
附表12.43	坑道、钻孔概况表	采用“0078—15版”表B3	
附表12.44	坑探工程基点基线记录表	采用“0078—15版”表B4	
附表12.45	地质资料质量检查卡片（三级质量检查卡片）		新拟
附表12.46	岩矿心入库验收单		新拟
附表12.47	GPS校对表		新拟
附表12.48	地球化学水系沉积物采样记录卡		新拟
附表12.49	土壤地球化学采样记录卡		新拟
附表12.50	土壤测量质量记录表		新拟

一、固体矿产勘查原始地质编录附表格式

附表 12.2　实测地质剖面记录表

实测地质剖面记录表　　第____页/共____页

第　页 / 共　页

矿区：　　剖面编号：　　剖面位置或起点坐标：

地质观测点号	导线号	导线方位角(°)	导线距(m)			坡度角(β) +－	高差(h)(m)	累计高差(m)	岩层产状及位置			导线方向与岩层走向的夹角(γ)(°)	分层代号	分层厚度(m)	累计厚度(m)	地质描述	标本编号	样品编号	备注
			斜距(L)	平距(M)	累计平距				倾向(°)	倾角(α)(°)	距地质点距离(m)								
1	2	3	4	5	6	7	8	9	10	11	12	13	14	15	16	17	18	19	20

参加人：________　　记录人：________　　年　月　日

填表说明(附在封面的背后)：

1. 应在所测量的产状上方标注“层”“片”“接”“节”“断”等简称，以表示“层理”“片理或片麻理”“接触”“节理”“断裂”等的产状(以下有关表同)，填入第10、11栏。

2. 应在标本、样品编号前冠以相应的代号，以表示其种类，填入第18、19栏。

附表 12.3　剖面数据计算表

剖面数据计算表

矿区：　　　　　　剖面编号：　　　　　　第　　页／共　　页

导线方向	导线编号	斜距(m)(L)	岩层倾角(α)	坡度角(β)	岩层走向与剖面线夹角(γ)	$Y=\sin\alpha\cdot\cos\beta\cdot\sin\gamma\pm\cos\alpha\cdot\sin\beta$								地形高差(m) $h=L\cdot\sin\beta$	平距(m) $M=L\cdot\cos\beta$	真厚度(m) $D=L\cdot y$	分层代号	分层累计厚度(m)	备注
						$\sin\alpha$	$\cos\beta$	$\cos\gamma$	积	$+$ $-$	$\cos\alpha$	$\sin\beta$	积						
1	2	3	4	5	6	7	8	9	10	11	12	13	14	15	16	17	18	19	20

组长：______　年　月　日　计算：______　年　月　日　检查：______　年　月　日

填表说明：计算公式$D=L\cdot y=L\cdot\sin\alpha\cdot\cos\beta\cdot\sin\gamma\pm\cos\alpha\cdot\sin\beta$中：

1. 如导线方向与岩层走向斜交，当岩层倾向与地形坡向相反时，则$D=L\cdot(\sin\alpha\cdot\cos\beta\cdot\sin\gamma+\cos\alpha\cdot\sin\beta)$；相同时，则$D=L\cdot(\sin\alpha\cdot\cos\beta\cdot\sin\gamma-\cos\alpha\cdot\sin\beta)$。

2. 如导线方向与岩层走向垂直，当岩层倾向与地面坡向相反时，则用$D=L\cdot\sin(\alpha+\beta)$；相同时，地形坡度角大于岩层倾角时，则$D=L\cdot\sin(\beta-\alpha)$，地形坡度角小于岩层倾角时，则$D=L\cdot\sin(\alpha-\beta)$。

3. 当地面水平，导线方向与岩层走向斜交时，则$D=L\cdot\sin\alpha\cdot\sin\gamma$；导线方向与岩层走向垂直时，则用$D=L\cdot\sin\alpha$。

4. 如果γ为岩层倾向与剖面线夹角，则y计算公式中的$\sin\gamma$变为$\cos\gamma$，即$y=\sin\alpha\cdot\cos\beta\cdot\cos\gamma+\cos\alpha\cdot\sin\beta$

附表12.4　标本签

标　本　签

勘查单位：

编号		野外		室内	
产地					
名称	野外				
	室内				
层位			时代		
产状					
采集人			日期	年　月　日	
备注					

注：1. 产地一格，若为大比例尺地质填图中采集，应注明图幅号、地质观察点号；若于探矿工程中采集，应注明工程编号及采集位置。

2. 重要标本应在备注中作简要地质描述，对矿石标本还应注明矿石类型和品级。

附表12.5　地质观测点记录表

地质观测点卡片

（封面）

勘查单位：____________________

地(矿)区：____________________

组　　别：____________________

编　　号：____第____册____共____册

地质观测点号：____________________

露头情况：____________________

记 录 人：____________________

日　　期：自____年____月____日至____年____月____日

检 查 人：________

日　　期：____年____月____日

地质观测点卡片

第____页/共____页

1. 矿区名称:______________ 2. 点号:______________

3. 位置:______________ 4. 观测点性质:______________

5. 路线地质:______________

6. 地质描述:______________

7. 接触关系及产状:______________

8. 矿化现象:______________

9. 标本及拍照登记:______________

10. 地貌及水文地质:______________

素描图、照片:

记录人:______________ 日期:______年______月______日

附表 12.6 野外照相登记表

野外照相登记表

第　　页
共　　页

矿区：______________

照片编号	拍照地点	拍照对象	光圈/速度	天气/时间	胶卷型号/感光度	距离	地质(地貌)意义说明	备注
1	2	3	4	5	6	7	8	9

登记人：________ ______年____月____日　拍照人：________ ______年____月____日

附表 12.7 音像记录表

音像记录表

项目(矿区)名称：______________　第____页/共____页

记录形式	记录编号	记录地点	记录对象	实物大小、范围	数码图像文件	距离	地质意义

记录人：____________　______年____月____日

注：记录形式指摄像、照片。

附表 12.8 探矿工程定位和机械安装通知书

勘查单位：________________

矿　　区：________________

探矿工程定位和机械安装通知书

No：________

批准：(项目负责、技术负责签名)

按照地质设计于勘查线(工程具体位置)(或其坐标 X、Y、H)布置了(工程号)，设计深(长)度______米，方位角______，倾角______(坡度角)。

其他要求：________________

项目负责：________　探矿组长：________　水文地质组长(员)：________

测量组长：________

______年______月______日

注：本通知书一式三份，地质组存档并通知测量组和安装队。

附表12.9 探矿工程施工通知书

勘查单位：________________________________

矿　　区：________________________________

探矿工程施工通知书

No：________

批准：(技术负责、分队长签名)

按照地质设计于__________勘查线（工程具体位置）布置了__________，现已安装(准备)完毕。设计深度(长度)__________米，开孔直径______毫米、终孔直径______毫米(掘进断面______平方米)，方位角______，倾角______(坡度角)。

其他要求：________________________________

____

____

____

____

____

____

____

____

以上各项经检查符合要求，同意即行施工。

项目负责：____________　　探矿组长：____________

水文地质组长(员)：____________　　测量组长：____________

______年______月______日

注：本通知书一式两份，地质组存档并通知探矿组。

附表 12.10　ZK××地质技术设计书

勘查单位：________________

矿　　区：________________

ZK××地质技术设计书

设计孔深：__________　　钻孔类别：__________

设计方位角：__________　　施工机号：__________

设计倾角：__________　　钻机类型：__________

孔深(m)	理想柱状图	实际柱状图	岩矿石名称及地质简述	质量要求	钻进技术措施	备注
1	2	3	4	5	6	7

地　质　员：__________　　钻探技术员：__________

项 目 负 责：__________　　技 术 负 责：__________

水文地质组长(员)：__________　　分　队　长：__________

______年______月______日　　______年______月______日

附表12.11　探矿工程变更任务通知书

勘查单位：________________

矿　　区：________________

探矿工程变更任务通知书

No：________

于_____年____月____日施工的________（工程名称及编号）原设计____米，现需增加（减少）____米。

变更原因：________________

____

____

____

____

____

____

____

____

____

____

地　质　员：__________　　探 矿 组 长：__________

项 目 负 责：__________　　技 术 负 责：__________

水文地质组长（员）：__________　　机　　　长：__________

______年____月____日

注：本通知书一式两份，地质组存档并通知探矿部门。

附表 12.12　补采矿心通知书

勘查单位：____________________________

矿　　区：____________________________

补采矿心通知书

No：________

于____年____月____日施工的钻孔，需____从____至____米采取补采(岩)矿心措施，立即(终孔后)进行。

补采(岩)矿心原因：____________________________

注意事项：____________________________

补采具体要求：____________________________

地　质　员：__________　　探 矿 组 长：__________

项 目 负 责：__________　　技 术 负 责：__________

机　　　长：__________

______年____月____日

注：本通知书一式两份，地质组存档并通知机台。

附表12.13 探矿工程终止通知书

勘查单位：________________________________

矿　　区：________________________________

探矿工程终止通知书

No：________________

批准：(技术负责、分队长签名)

钻机(坑道)施工的工程，设计深(长)度____米，经研究决定于深(长)度____米处停止钻(掘)进。

终止原因：________________________________

____

____

____

____

终止后的要求(存在问题及处理意见)：________________

____

____

____

____

____

____

地　质　员：__________　　探矿组长：__________

项目负责：__________　　水文地质组长(员)：__________

机　　长：__________

______年____月____日

注：本通知一式两份，地质组存档并通知探矿部门。

附表12.14　ZK××封孔登记表

ZK××封孔登记表

矿区：　　　　　　　　　　　　　　　　　　勘查单位：

封孔设计				封孔结果				
孔深(m)	柱状图	封闭位置	地质简述及封孔要求	封闭位置	木塞位置、直径及长度	洗孔方法	封孔方法	备注
1	2	3	4	5	6	7	8	9

地　质　员：________　　　　机　　长：________

水文地质组长(员)：________　　　　钻探技术员：________

项 目 负 责：________

____年____月____日　　　　____年____月____日

填表说明(附在封面的背面)：

1. 封闭的钻孔均须登记本表。
2. 封孔设计人员填写1、2、3、4栏。
3. 封孔当班记录员将封孔结果填入5、6、7、8栏。
4. 将封孔检查、透孔检查、树桩等情况填入备注栏。

附表 12.15 钻孔质量验收报告

钻孔质量验收报告
（封面）

________________地质矿产勘查局

勘 查 单 位:______________________________

矿　　　区:______________________________

钻　　　孔:______________________________

分　队　长:______________________________

分队技术负责:______________________________

项 目 负 责:______________________________

水文地质组长:______________________________

探 矿 组 长:______________________________

机　　　长:______________________________

地　质　员:______________________________

水 文 地 质 员:______________________________

____年____月____日

钻孔质量验收报告(1)

<table>
<tr><td colspan="2">设计孔深</td><td>m</td><td>实际孔深</td><td colspan="2">m</td><td>设计方位角</td><td colspan="2"></td><td>设计倾角</td><td colspan="2"></td></tr>
<tr><td colspan="2">施工目的</td><td colspan="4"></td><td>施工结果</td><td colspan="5"></td></tr>
<tr><td colspan="2">机号</td><td></td><td>开孔日期</td><td colspan="3">年 月 日</td><td>终孔日期</td><td colspan="4">年 月 日</td></tr>
<tr><td rowspan="10">岩矿心采取率</td><td rowspan="2">矿层</td><td colspan="3">矿体顶板采取率</td><td colspan="3">矿心采取率</td><td colspan="3">矿体底板采取率</td><td rowspan="2">质量评定</td></tr>
<tr><td>顶板厚(m)</td><td>岩心长(m)</td><td>采取率(%)</td><td>矿体厚(m)</td><td>矿心长(m)</td><td>采取率(%)</td><td>底板厚(m)</td><td>岩心长(m)</td><td>采取率(%)</td></tr>
<tr><td>1</td><td></td><td></td><td></td><td></td><td></td><td></td><td></td><td></td><td></td><td rowspan="8"></td></tr>
<tr><td>2</td><td></td><td></td><td></td><td></td><td></td><td></td><td></td><td></td><td></td></tr>
<tr><td>3</td><td></td><td></td><td></td><td></td><td></td><td></td><td></td><td></td><td></td></tr>
<tr><td>4</td><td></td><td></td><td></td><td></td><td></td><td></td><td></td><td></td><td></td></tr>
<tr><td>5</td><td></td><td></td><td></td><td></td><td></td><td></td><td></td><td></td><td></td></tr>
<tr><td>6</td><td></td><td></td><td></td><td></td><td></td><td></td><td></td><td></td><td></td></tr>
<tr><td>矿体总厚度(m)</td><td colspan="2"></td><td>矿心总长度(m)</td><td colspan="2"></td><td>采取率(%)</td><td colspan="3"></td></tr>
<tr><td>岩石总厚度(m)</td><td colspan="2"></td><td>岩心总长度(m)</td><td colspan="2"></td><td>采取率(%)</td><td colspan="3"></td></tr>
<tr><td rowspan="5">孔深校正</td><td>次数</td><td>1</td><td>2</td><td>3</td><td>4</td><td>5</td><td>6</td><td>7</td><td>8</td><td>9</td><td>10</td><td>质量评定</td></tr>
<tr><td>记录孔深(m)</td><td></td><td></td><td></td><td></td><td></td><td></td><td></td><td></td><td></td><td></td><td rowspan="4"></td></tr>
<tr><td>丈量孔深(m)</td><td></td><td></td><td></td><td></td><td></td><td></td><td></td><td></td><td></td><td></td></tr>
<tr><td>误差(m)</td><td></td><td></td><td></td><td></td><td></td><td></td><td></td><td></td><td></td><td></td></tr>
<tr><td>应丈量次数</td><td colspan="2"></td><td colspan="2">实际丈量次数</td><td colspan="2"></td><td colspan="2">超差次数</td><td colspan="2"></td></tr>
</table>

续表

	次数	1	2	3	4	5	6	7	8	9	10	质量评定
弯曲度测量	测量孔深（m）											
	天顶角											
	方位角											
	应测次数			实测次数				超差次数				
简易水文观测	孔内水位	应测次数			实测次数				合格率（%）			质量评定
	冲洗液消耗量	应测次数			实测次数				合格率（%）			
	其他											

钻孔质量验收报告(2)

原始记录	班报表	应记次数		实记合格次数		合格率(%)		质量评定
	岩心牌	应填次数		实填合格次数		合格率(%)		
	残留岩心	应测次数		实测次数		合格率(%)		
	其他							
封孔	层数	1	2	3	4	5	6	质量评定
	应封闭位置							
	封孔位置							
	木塞位置长度							
	材料用量							
	封孔方法							
	树桩情况							
	其他							
钻孔结构	孔径(mm)							
	孔深(m)							
	套管长度(m)							

续表

	名称	规格	数量(m)	孔径(mm)	长度(m)	
孔内遗留物件						
分队验收意见						
大队验收意见						

附表12.16　探矿工程登记表

探矿工程登记表

矿区：＿＿＿＿＿＿＿＿　　　　第　页
　　　　　　　　　　　　　　共　页

<table>
<tr><td rowspan="2">工程编号</td><td rowspan="2">施工目的</td><td>施工日期</td><td colspan="2">地质编录</td><td rowspan="2">施工结果</td><td>深(长)度(m)</td><td>断面</td><td>方位角(度)</td><td>倾角(坡度)(度)</td><td colspan="3">起点坐标</td><td rowspan="2">备注</td></tr>
<tr><td>开工
完工</td><td>编录日期
开始
结束</td><td>编录人</td><td>设计
实际</td><td>设计
实际</td><td>设计
实际</td><td>设计
实际</td><td>X</td><td>Y</td><td>H</td></tr>
<tr><td>1</td><td>2</td><td>3</td><td>4</td><td>5</td><td>6</td><td>7</td><td>8</td><td>9</td><td>10</td><td>11</td><td>12</td><td>13</td><td>14</td></tr>
<tr><td></td><td></td><td></td><td></td><td></td><td></td><td></td><td></td><td></td><td></td><td></td><td></td><td></td><td></td></tr>
<tr><td></td><td></td><td></td><td></td><td></td><td></td><td></td><td></td><td></td><td></td><td></td><td></td><td></td><td></td></tr>
<tr><td></td><td></td><td></td><td></td><td></td><td></td><td></td><td></td><td></td><td></td><td></td><td></td><td></td><td></td></tr>
<tr><td></td><td></td><td></td><td></td><td></td><td></td><td></td><td></td><td></td><td></td><td></td><td></td><td></td><td></td></tr>
<tr><td></td><td></td><td></td><td></td><td></td><td></td><td></td><td></td><td></td><td></td><td></td><td></td><td></td><td></td></tr>
<tr><td></td><td></td><td></td><td></td><td></td><td></td><td></td><td></td><td></td><td></td><td></td><td></td><td></td><td></td></tr>
<tr><td></td><td></td><td></td><td></td><td></td><td></td><td></td><td></td><td></td><td></td><td></td><td></td><td></td><td></td></tr>
</table>

登记人：＿＿＿＿　＿＿年＿＿月＿＿日　　检查人：＿＿＿＿　＿＿年＿＿月＿＿日

注：各类探矿工程应分类登记入表，切勿混杂在一起。

附表12.17　坑探工程地质记录表

坑探工程地质记录表

第　页
共　页

矿区：________________

层位	分层顺序号	距工程起点的距离(m)		地质描述	产状	样品位置及编	备注
		自	至				
1	2	3	4	5	6	7	8

编录人:________　____年___月___日　　检查人:________　____年___月___日

填表说明(附在封面的背面):

1. 本表用于各种坑探工程的地质记录。每个坑探工程应有单独的一本地质记录表。

2. 各项坑探工程应在地质描述前记录工程长度、方位角、坡度等填于5栏。若该工程沿长方向、方位角和坡度有改变时,应将其分为若干地段,并注明各段在中线(坑探)、底与素描壁(槽探)交线上的长度及方位角和坡度。

附表12.18　岩心牌

岩心牌	
矿区________________	孔号________________
孔深_____米至_____米	进尺________________米
岩心长度__________米	残留岩心____________米
回次编号____________	块数________________
____年____月____日	记录员______________

附表 12.19 地质岩心钻探原始班报记录表

地质岩心钻探原始班报记录表

勘查区：	钻机类型：		钻具总长：　m　钻　头：　m
机　号：	泥浆泵类型：	勘查单位：________	钻杆总长：　m　岩心管：　m
孔　号：	动力类型：		机上钻杆：　m　机上余尺：　m
钻孔顶角：	钻孔方位角：		立根　根　m　机　高：　m
设计孔深：	钻塔高度：	20　年　月　日自　时至　时	单根　根　m　交班孔深：　m

工作时间			工作内容简述	机上余尺(m)	进尺(m)			岩矿心			钻头		钻进技术参数		
自	至	计			自	至	计	取心长度(m)	编号次/块	孔内残留(m)	类型	直径(mm)	钻压(kg)	钻进转数(转/min)	泵量(L/min)
1	2	3	4	5	6	7	8	9	10	11	12	13	14	15	16

续表

工作时间			工作内容简述	机上余尺(m)	进尺(m)			岩矿心			钻头		钻进技术参数		
自	至	计			自	至	计	取心长度(m)	编号次/块	孔内残留(m)	类型	直径(mm)	钻压(kg)	钻进转数(转/min)	泵量(L/min)
1	2	3	4	5	6	7	8	9	10	11	12	13	14	15	16

续表

孔内水位观测					
测量孔深(m)	提钻后		下钻前		间隔时间
	时间	水位	时间	水位	
校正孔深(m)		测孔斜			
记录孔深		孔深(m)			
实测孔深		顶角(°)			
误差		方位角(°)			
测量人		使用仪器			
处理方法		监测人			

冲洗液消耗量观测								
孔深(m)		时间		池内水位(m^3)				单位消耗量(m^3/时)
起	止	起	止	原有	增加	剩余	消耗	

冲洗液主要性能指标				
比重	黏度(秒)	失水量(mL、30 min)	酸碱度(pH)	含砂量(%)

水文地质情况							
空洞深度(m)		漏(涌)水时间		漏(涌)水孔段(m)		最大消耗量(m^3)	单位消耗量(m^3)
起	止	起	止	起	止		
人员名单							
岗位							

交(接)班意见或孔内情况说明：

交(接)班记录员：

记录人：________　机长：________　班长：________　安徽省公益性地质调查管理中心监制

附表 12.20.1　钻孔综合记录表(封面)

勘查单位:＿＿＿＿＿＿＿＿

＿＿＿＿勘查区＿＿＿＿线钻孔综合记录表

开孔日期:＿＿＿＿年＿＿＿＿月＿＿＿＿日　　钻孔方位角:＿＿＿＿钻机类型:＿＿＿＿

终孔日期:＿＿＿＿年＿＿＿＿月＿＿＿＿日　　孔 口 坐 标:X:＿＿＿Y:＿＿＿H:＿＿＿

终孔深度:＿＿＿＿米　　倾角:＿＿＿＿机号:＿＿＿＿

六项质量指标

1. 全孔岩心采取率＿＿＿%,矿心采取率＿＿＿%。
2. 全孔应测斜＿＿＿次,实测＿＿＿次,合乎要求者＿＿＿次。
3. 全孔应校正孔深＿＿＿次,实测＿＿＿次,合乎要求者＿＿＿次。
4. 全孔简易水文观测应测＿＿＿次,实测＿＿＿次;消耗量应测＿＿＿次,实测＿＿＿次;终孔(稳定)水位在＿＿＿m。
5. 原始记录合乎地质要求。
6. 封孔到地质要求。

已于＿＿＿年＿＿＿月＿＿＿日测定坐标

钻孔弯曲度测量			
钻孔弯曲度测量	深度(m)	顶角(°)	方位角(°)

孔深测量检查			
钻进记录孔深(m)	检查测量孔深(m)	±误差(m)	校正后孔深(m)

钻孔实际结构			
钻头直径(mm)	钻进深度(m)	套管直径(mm)	套管下入深度(m)

安徽省公益性地质调查管理中心监制

附表 12.20.2　钻孔综合记录表(内页)

钻孔原始综合记录表

勘查区:______________　勘查线号:______________钻孔编号:______________　　　第______页　共______页

年		班别	钻进(m)		岩矿心			残留岩心			分层						采集标本		轴夹角	岩性描述	备注
月	日		孔深	进尺	编号	长度(m)	采取率(%)	长度(m)	相当(m)		分层号	深度(m)	回次及长度(m)	厚度(m)	岩心全长(m)	采取率(%)	编号	深度(m)			
									孔深	进尺											

每页岩矿心累计:_____米　记录者:_______　检查者:_______　记录日期:____年____月____日至____年____月____日

安徽省公益性地质调查管理中心监制

填表说明:分层栏中的回次及长度,是指分层在回次岩心的位置。如$25\frac{0.25}{2.20}$或$25\frac{0.25}{\quad}$或$25\frac{\quad}{2.20}$表示第25回次岩心由上向下0.25 m处或由下向上2.20 m处分层。

附表 12.20.3　钻孔综合记录表(封底)

分层记录表岩性箱登记表

起止深度(m)	岩性	进尺(米)	岩心长度(m)	采取率(%)	箱号	岩心起止编号	箱号	岩心起止编号	箱号	岩心起止编号	箱号	岩心起止编号	箱号	岩心起止编号
					1		27		53		79		105	
					2		28		54		80		106	
					3		29		55		81		107	
					4		30		56		82		108	
					5		31		57		83		109	
					6		32		58		84		110	
					7		33		59		85		111	
					8		34		60		86		112	
					9		35		61		87		113	
					10		36		62		88		114	
					11		37		63		89		115	
					12		38		64		90		116	
					13		39		65		91		117	
					14		40		66		92		118	
					15		41		67		93		119	
					16		42		68		94		120	

续表

起止深度（m）	岩性	进尺（米）	岩心长度（m）	采取率（%）	箱号	岩心起止编号	箱号	岩心起止编号	箱号	岩心起止编号	箱号	岩心起止编号	箱号	岩心起止编号
					17		43		69		95		121	
					18		44		70		96		122	
					19		45		71		97		123	
					20		46		72		98		124	
					21		47		73		99		125	
					22		48		74		100		126	
					23		49		75		101		127	
全孔	矿心				24		50		76		102		128	
	岩心				25		51		77		103		129	
	岩矿心				26		52		78		104		130	

安徽省公益性地质调查管理中心监制

附表 12.21　钻孔岩性原始记录表

钻孔岩性原始记录表

勘查区：＿＿＿＿　孔号：＿＿＿＿　＿＿＿＿年＿＿月＿＿日　第＿＿页　共＿＿页

<table>
<tr><td colspan="2">分层位置
（岩心回次位置）</td><td rowspan="2">相当孔深（m）</td><td rowspan="2">岩性描述</td><td rowspan="2">素描图</td></tr>
<tr><td>岩心回次编号</td><td>上部长度/下部长度</td></tr>
<tr><td></td><td></td><td></td><td></td><td></td></tr>
<tr><td></td><td></td><td></td><td></td><td></td></tr>
</table>

记录者：＿＿＿＿＿＿　审查者：＿＿＿＿＿＿　安徽省公益性地质调查管理中心监制

填表说明：分层位置（岩心位置），是指分层在回次岩心的位置。如 $25\frac{0.25}{2.20}$ 表示第 25 回次岩心由上向下 0.25 m 处或由下向上 2.20 m 处分层。

附表 12.22　钻孔采样登记表

钻孔采样登记表

项目(勘查区)名称:______　勘查线剖面:______　工程编号:______　第____页

样品编号	采样位置(m)			岩矿心				重量(kg)	岩矿石名称	采样			分析结果					
					岩矿心													
	自	至	样长	编号	长度(m)	直径(mm)	采取率(%)			采样人	采样方法	日期						

记录人:______　日期:______　检查人:______　日期:______　安徽省公益性地质调查管理中心监制

填表说明:采样位置是指分样界线在回次岩心的位置。如 $25\frac{0.25}{2.20}$ 表示分样位置在第 25 回次岩心由上向下 0.25 m 处或由下向上 2.20 m 处。

附表12.23 简易水文地质记录表

地质队简易水文地质记录表

项目(勘查区):______ 工程编号:______ 钻进自____年____月____日至____年____月____日 第____页

时间				孔深(m)	岩石名称	水位观测(m)				消耗用水量(cm)			RQD值测量(%)		孔内水文地质情况记录(如有漏水、坍塌、掉块等必须详细记录)	记录人
月	日	时	分			初见水位	提钻后水位	下钻前水位	终孔后稳定水位	水箱水位高	增加水位高	单位时间耗水量(cm/s)	回次	分层		

安徽省公益性地质调查管理中心监制

附表 12.24　钻孔岩矿心分层签、样品签

钻孔岩矿心分层签、样品签

钻孔岩矿心分层签

矿区名称______________　孔号______________

层　　号______________　层位______________

岩矿石名称____________　分层厚____________

起____回次岩心长____m　孔深______________m

止____回次岩心长____m　孔深______________m

编录日期____年____月____日

钻孔岩矿心样品签

矿区名称______________　孔号______________

样品编号______________　样长______________

岩矿石名称________________________________

起____回次岩心长____m　孔深______________m

止____回次岩心长____m　孔深______________m

编录日期____年____月____日

附表12.25　标本登记表

标本登记表

第____页

矿区:____________________　　鉴定报告编号:____________________

共____页

野外编号	室内编号	采集地点	层位及产状	野外名称	鉴定名称	鉴定、分析、照片编号					采集人	日期	备注
						薄片	光片	光谱	化学	照片			
1	2	3	4	5	6	7	8	9	10	11	12	13	14

登记人:________　______年______月______日　　检查人:________　______年______月______日

填表说明(附在封面背面):

1. 若为大比例尺填图采样,应在3栏注明图幅号、地质观察点号;若为工程中采样,应注明工程编号及采样位置。

2. 重要标本的地质意义注明在14栏。

附表 12.26 光谱分析样品登记表

光谱分析样品登记表

矿区：________ 分析报告批号：________ 第____页

共____页

光谱样号	化学分析样号	采样位置	采样方法	采样深度(m)与层位	岩矿石名称或样品简述	采样点附近地质地貌简况	样品重量(kg)	分析编号	分析结果(10^{-6}、10^{-8})											备注
1	2	3	4	5	6	7	8	9	10	11	12	13	14	15	16	17	18	19	20	21

采样人：____ ____年____月____日 登记人：____ ____年____月____日 检查人：____ ____年____月____日

填表说明(附在封面的背面)：

1. 岩石化学测量、土壤化学测量以及化学分析样品所作的光谱分析均登记入本表。
2. 登记时应根据样品的种类和来源的不同选择本表的确切栏目名称。

附表 12.27 自然重砂样品登记表

自然重砂样品登记表

第____页

共____页

矿区:________________

样品编号	采样位置	采样深度（m）	采样点沉积物类型	采样点地质地貌特征	原始重量或体积（kg、m^3）	灰砂重量（g）	目估主要有用矿物粒度及含量	检查淘洗情况	鉴定分析编号	鉴定分析结果					备注
1	2	3	4	5	6	7	8	9	10	11	12	13	14	15	16

采样人:______ ___年___月___日 登记人:______ ___年___月___日 检查人:______ ___年___月___日

附表 12.28 化石(孢粉)鉴定结果登记表

化石(孢粉)鉴定结果登记表

矿区鉴定报告批号：______________________　　　　第___页

　　　　共___页

样品编号	鉴定编号	采样地点	化石(孢粉)产出处地质简况	定名		时代、层位	采集人	日期	鉴定单位及鉴定人	备注
				野外	室内					
1	2	3	4	5	6	7	8	9	10	11

采样人：________ ___年___月___日　登记人：________ ___年___月___日　检查人：________ ___年___月___日

附表 12.29 坑探工程采样记录表

坑探工程采样记录表

顺序号	样品编号	采样位置(m)					样槽方向/坡度(×/×)	样槽方向与矿体倾向的关系	矿体倾向∠倾角(×∠×)	采样方法	采样规格(cm)	原始重量(kg)	袋数	岩矿石名称及目测类型、品位(10^{-2})	备注
		基线号	自	至	斜长(m)	水平长(m)									
1	2	3	4	5	6	7	8	9	10	11	12	13	14	15	16

采样人:______ ____年____月____日 登记人:______ ____年____月____日 检查人:______ ____年____月____日

附表 12.30　矿区样品登记表

矿区样品登记表

矿区：________　　　　第____页　共____页

勘查线号	工程编号	样品编号	分析编号	采样位置(m)		样品长度(m)	矿心长度(m)	采取率(%)	品位(%)				矿石类型	矿体编号	矿体厚度(m) 平均品位(%)
				自	至										
1	2	3	4	5	6	7	8	9	10	11	12	13	14	15	16

登记人：________　　检查人：________　　____年____月____日

附表12.31　物相分析样品登记表

物相分析样品登记表

第___页

共___页

矿区：________　　分析报告批号：________

样品编号	矿体编号	工程编号	采样位置(m)		样品描述	分析编号	分析结果(10^{-2})										氧化率(%)	矿石类型	备注
			自	至							累计					累计			
1	2	3	4	5	6	7	8	9	10	11	12	13	14	15	16	17	18	19	20

采样人：______　___年___月___日　登记人：______　___年___月___日　检查人：______　___年___月___日

附表 12.32　单矿物分析样品登记表

单矿物分析样品登记表

矿区:________　分析单位:________　分析报告:________　批号:________　第___页　共___页

样品编号	矿体编号	采样位置	工程编号	地质简况	矿物简况					样品重量(g)	分析编号	分析结果										备注
					名称	期次	阶段	世代	其他													
1	2	3	4	5	6	7	8	9	10	11	12	13	14	15	16	17	18	19	20	21	22	23

采样人:______　___年___月___日　登记人:______　___年___月___日　检查人:______　___年___月___日

附表12.33 组合分析样品登记表

组合分析样品登记表

第____页

矿区：____________ 分析报告批号：____________ 共____页

组合样号	矿体编号	勘查线号	矿石类型、品级	工程号	基本分析样号	样长(m)	组合样品总长(m)	单样分配重量(g)	组合样品总重量(g)	分析编号	分析结果(10^{-2})										备注
1	2	3	4	5	6	7	8	9	10	11	12	13	14	15	16	17	18	19	20	21	22

采样人：______ ____年____月____日 登记人：______ ____年____月____日 检查人：______ ____年____月____日

填表说明(附在封面的背面)：

1. 本表用于组合分析、全分析和多项分析样品的登记。
2. 参加组合的基本分析样品的抽样数量，依据组合样品重量采用单个样长加以计算求得。

附表 12.34 矿石体重、湿度测定记录表

矿石体重、湿度测定记录表

矿区：__________　　分析报告批号：__________　　第____页　共____页

				矿石体重测定							矿石湿度测量								分析结果				
顺序号	样品编号	采样地点	矿石类型、品级	原矿石重量(g) W_1	封蜡后的重量(g) W_2	蜡的重量(g) W_2-W_1	矿石封蜡后的体积(cm^3) V_c	蜡的体积(cm^3) $V_p=\frac{(W_2-W_1)}{d_l}$	矿石的体积(cm^3) $V=V_c-V_p$	体重(g/cm^3) $D=\frac{W_1}{V}$	常湿下矿石重量(g) P_1	恒温(105℃)下矿石重量(g)P_2			湿度$B=\frac{P_1-P_2}{P_2}\times 100\%$	采样日期	采样人	分析编号					填表说明
												第一次	第二次	平均									
1	2	3	4	5	6	7	8	9	10	11	12	13	14	15	16	17	18	19	20	21	22	23	24
								d_l—蜡的体重															

测定人：______ ____年____月____日　　检查人：______ ____年____月____日

说明：有的勘查单位对小体重的测定，是通过测定封蜡后标本在水中失去的重量来计算封蜡标本的体积，进而计算标本小体重。这种方法的先决条件是：

1. 水中称重操作时必须保证封蜡标本在水中呈悬浮状态，不能沉底。

2. 封蜡标本重量在水中测定，要确保精确称重。实际工作中常常难以确保操作的精确度，因此本表格式仍然采用《固体勘查普查勘探原始地质编录规范》(中华人民共和国地质部，1980)格式。

附表 12.35 大体重样品测定结果登记表

大体重样品测定结果登记表

第____页

矿区:____________________ 分析报告批号:____________________

共____页

样品编号	矿体编号	矿石类型、品级	采样位置		重量测定结果(t)			体积测定结果(m^3)				体重测定结果(t/m^3)	分析编号	分析结果				备注
			工程号	位置	第一次	第二次	平均	测定方法	第一次	第二次	平均							
1	2	3	4	5	6	7	8	9	10	11	12	13	14	15	16	17	18	19

测定人:________ ______年____月____日 登记人:________ ______年____月____日

检查人:________ ______年____月____日

附表 12.36 矿石体重、湿度采样登记表

矿石体重、湿度采样登记表

第____页

矿区:__________ 测定单位:__________ 分析、实验报告批号:__________

共____页

顺序号	样品编号	矿体编号	采样地点		采样时间	矿石类型、品级	化学分析结果(10^{-2})					体重测定结果(g/cm^3)	湿度测定结果(10^{-2})	测定方法	备注
			工程号	位置			分析编号								
1	2	3	4	5	6	7	8	9	10	11	12	13	14	15	16

测定人:________ ______年____月____日 登记人:________ ______年____月____日

检查人:________ ______年____月____日

附表 12.37　岩矿石力学性能试验采样登记表

岩矿石力学性能试验采样登记表

矿区:________　测定单位:________　试验报告批号:______________　第___页

共___页

顺序号	样品编号	采样位置		岩矿石名称及样品名称	抗压强度(kg/cm²)			抗拉强度(kg/cm²)			抗剪强度(kg/cm²)			硬度		备注
		工程号	位置		层状		块状	层状		块状	层状		块状	硬度系数	岩矿石等级	
					平行	垂直		平行	垂直		平行	垂直				
1	2	3	4	5	6	7	8	9	10	11	12	13	14	15	16	17

测定人:________　_____年____月____日　登记人:________　_____年____月____日

检查人:________　_____年____月____日

附表 12.38　岩矿石物理性能测定条件记录表

岩矿石物理性能测定条件记录表

矿区测定单位:____________________　第___页

共___页

日期			测定位置		测定次数	岩矿石名称及等级	炮眼位置、方向、倾角	凿岩时间	炮眼(m)			炸药		雷管		备注
年	月	日	工程号	位置(m)					总长	平均长	间距	种类	数量	种类	数量	
1	2	3	4	5	6	7	8	9	10	11	12	13	14	15	16	17

测定人:________　_____年____月____日　登记人:________　_____年____月____日

检查人:________　_____年____月____日

附表12.39　岩矿石物理性能测定成果登记表

岩矿石物理性能测定成果登记表

第___页

矿区:____________　测定单位:____________　共___页

测定次数	块度							松散系数						爆破性能			可钻性			自然坡度角(°)	备注
	各级块度重量与总重量之比(cm、kg、%)							矿石体积				松散体积(m³)	松散系数(%)	炸药数量(kg)	矿石重量(kg)	每公斤炸药爆破之矿石量(kg)	炮眼总长(m)	凿眼时间	单位小时进尺(m/h)		
	<1	1～5	5～10	10～25	25～50	50～100	>100	长(m)	宽(m)	高(m)	体积(m³)										
1	2	3	4	5	6	7	8	9	10	11	12	13	14	15	16	17	18	19	20	21	22

测定人:________　_____年____月____日　登记人:________　_____年____月____日

检查人:________　_____年____月____日

附表12.40　岩矿鉴定送样单

岩矿鉴定送样单

第___页

送样单位:________　矿区:________　第___批　样品数量:________　共___页

样品编号	鉴定编号	野外定名	采集地点	地质简述	鉴定目的及要求	备注
1	2	3	4	5	6	7

测定人:________　_____年____月____日　登记人:________　_____年____月____日

检查人:________　_____年____月____日

附表12.41　送样单

送样单

送样单位:________　矿区:________　第____批　样品数量:______　K=____

样品编号	采样地点	岩矿石名称	样品重量(kg)	袋数	分析项目										备注
1	2	3	4	5	6	7	8	9	10	11	12	13	14	15	16

测定人:________　____年____月____日　登记人:________　____年____月____日

检查人:________　____年____月____日

附表12.42　矿心封蜡登记表

矿心封蜡登记表

第____页

矿区:________________　共____页

钻孔编号	样品编号	矿石名称及类型、品级	采样位置(m)		样品长度(m)	矿心编号		矿心重量(kg)	相当品位				备注
			自	至		自	至						
1	2	3	4	5	6	7	8	9	10	11	12	13	14

封蜡人:________　____年____月____日　登记人:________　____年____月____日

附表12.43 坑道、钻孔概况表

坑道、钻孔概况表

<table>
<tr><td colspan="3">工程类型</td><td></td><td>统一编号</td><td colspan="2"></td></tr>
<tr><td colspan="3" rowspan="2">矿区名称</td><td colspan="2" rowspan="2"></td><td colspan="2">工程号</td></tr>
<tr><td colspan="2"></td></tr>
<tr><td rowspan="6">坐标</td><td rowspan="2">X</td><td>坑口、孔口</td><td colspan="4"></td></tr>
<tr><td>坑口、孔底</td><td colspan="4"></td></tr>
<tr><td rowspan="2">Y</td><td>坑口、孔口</td><td colspan="4"></td></tr>
<tr><td>坑口、孔底</td><td colspan="4"></td></tr>
<tr><td rowspan="2">H</td><td>坑口、孔口</td><td colspan="4"></td></tr>
<tr><td>坑口、孔底</td><td colspan="4"></td></tr>
<tr><td colspan="2">规格</td><td>长(深)度</td><td colspan="2">断面(终孔孔径)</td><td>方位角</td><td>坡度(天顶角)</td></tr>
<tr><td colspan="2">设计</td><td></td><td colspan="2"></td><td></td><td></td></tr>
<tr><td colspan="2">实际</td><td></td><td colspan="2"></td><td></td><td></td></tr>
<tr><td colspan="2">施工日期</td><td colspan="5">年 月 日 ～ 年 月 日</td></tr>
<tr><td colspan="2">编录日期</td><td colspan="5">年 月 日 ～ 年 月 日</td></tr>
<tr><td colspan="2">质量等级</td><td></td><td>施工质量</td><td></td><td>编录质量</td><td></td></tr>
<tr><td colspan="2">施工单位</td><td colspan="5"></td></tr>
<tr><td colspan="2">编录单位</td><td colspan="5"></td></tr>
<tr><td colspan="2">设计目的</td><td colspan="5"></td></tr>
<tr><td colspan="2">施工结果</td><td colspan="5"></td></tr>
<tr><td colspan="2">工程施工管理人</td><td colspan="3"></td><td rowspan="2">质检</td><td rowspan="2"></td></tr>
<tr><td colspan="2">地质编录人</td><td colspan="3"></td></tr>
</table>

注：长度单位：(m)，方位及坡度：(°)。

附表 12.44　坑探工程基点基线记录表

坑探工程基点基线记录表

项目(矿区)名称:＿＿＿＿＿＿＿＿　　工程号:＿＿＿＿＿＿/＿＿页

基点				基线				
编号	坐标(m)			编号	长度(m)	方位角(°)	坡度(°)	平距(m)
	X	Y	H					

记录人:＿＿＿＿＿　日期:＿＿＿＿＿　检查人:＿＿＿＿＿　日期:＿＿＿＿＿

附表 12.45　地质资料质量检查卡片

地质资料质量检查卡片

项目名称:________________　　检查级别:____________

资料类别		资料名称	
作者		编制日期	年　月　日
检查意见	检查者:________　日期:________		
整改情况	修改者:________　日期:________		
部门负责人意见	姓名:______　职务:______　日期:______		

注:1. 检查级别指项目组检、分队(项目)检、大队检;

2. 资料类别指原始编录资料、综合整理表格、综合图件、其他综合资料、报告文稿等;

3. 如检查意见内容较多,请在后面加入附页。

附表 12.46　岩矿心入库验收单

岩矿心入库验收单

兹收到________号机送交________________矿区______号孔岩矿心箱(岩心箱编号自______至______),该孔总进尺_____m,共______(回)次。岩矿心总长____m(其中矿心长____m)。经验收合格,同意入库。

验收意见:

交接双方签字

交接人:__________

接收人:__________

附表 12.47　GPS 校准登记表

GPS 校准登记表

<table>
<tr><td>项目名称</td><td colspan="7"></td></tr>
<tr><td>GPS 编号</td><td colspan="2"></td><td>检测人</td><td></td><td>日期</td><td></td><td>天气</td></tr>
<tr><td>GPS 设置</td><td colspan="7"></td></tr>
<tr><td>基点编号</td><td colspan="3"></td><td rowspan="2">理论坐标</td><td>横坐标</td><td colspan="2"></td></tr>
<tr><td>基点名称</td><td colspan="3"></td><td>纵坐标</td><td colspan="2"></td></tr>
<tr><td>基点位置</td><td colspan="7"></td></tr>
<tr><td rowspan="3">观测值</td><td>观测次数</td><td>1</td><td>2</td><td>3</td><td>4</td><td>5</td><td>6</td></tr>
<tr><td>横坐标</td><td></td><td></td><td></td><td></td><td></td><td></td></tr>
<tr><td>纵坐标</td><td></td><td></td><td></td><td></td><td></td><td></td></tr>
<tr><td rowspan="2">偏差</td><td>横坐标</td><td></td><td></td><td></td><td></td><td></td><td></td></tr>
<tr><td>纵坐标</td><td></td><td></td><td></td><td></td><td></td><td></td></tr>
<tr><td rowspan="2">平均偏差
(m)</td><td>横坐标</td><td colspan="2"></td><td rowspan="2">最大偏差
(m)</td><td>横坐标</td><td colspan="2"></td></tr>
<tr><td>纵坐标</td><td colspan="2"></td><td>纵坐标</td><td colspan="2"></td></tr>
<tr><td>仪器性能
评价结论</td><td colspan="7"></td></tr>
</table>

附表 12.48 地球化学水系沉积物采样记录卡

地球化学水系沉积物采样记录卡

图幅名称:__________ 工作地区:__________ 第____页

水系号	采样点号	样品袋号	采样位置	样品成分	地质地貌特征描述	pH	备注

工作单位:__________

采 样 者:__________ 日期:____年____月____日

送 检 者:__________ 日期:____年____月____日

附表 12.49 土壤地球化学采样记录卡

土壤地球化学采样记录卡

工作区名称:__________ 气候:__________ 第____页

顺序号	点位号	点坐标		样袋号	采样位置	采样层位	采样深度(m)	土壤层性质	样品颜色	覆盖层厚度及植被特点	地质简况	备注
		X	*Y*									

采样者:__________ 日期:____年____月____日

检查者:__________ 日期:____年____月____日

附表 12.50　土壤测量质量记录表

土壤测量质量记录表

测(矿)区名称				采样单位			采样者		日期	
比例尺				检查单位			检查者		日期	
检查点号	样品袋号	定点误差	采样位置	采样层位	样品深度(m)	样品成分	标记	地质地貌描述	采样点坐标	
									X	Y
存在问题:				修改情况:				质量评述:		
检查人:				修改人:				评审人:		
日期:				日期:				日期:		

二、固体矿产勘查原始地质编录图件式样

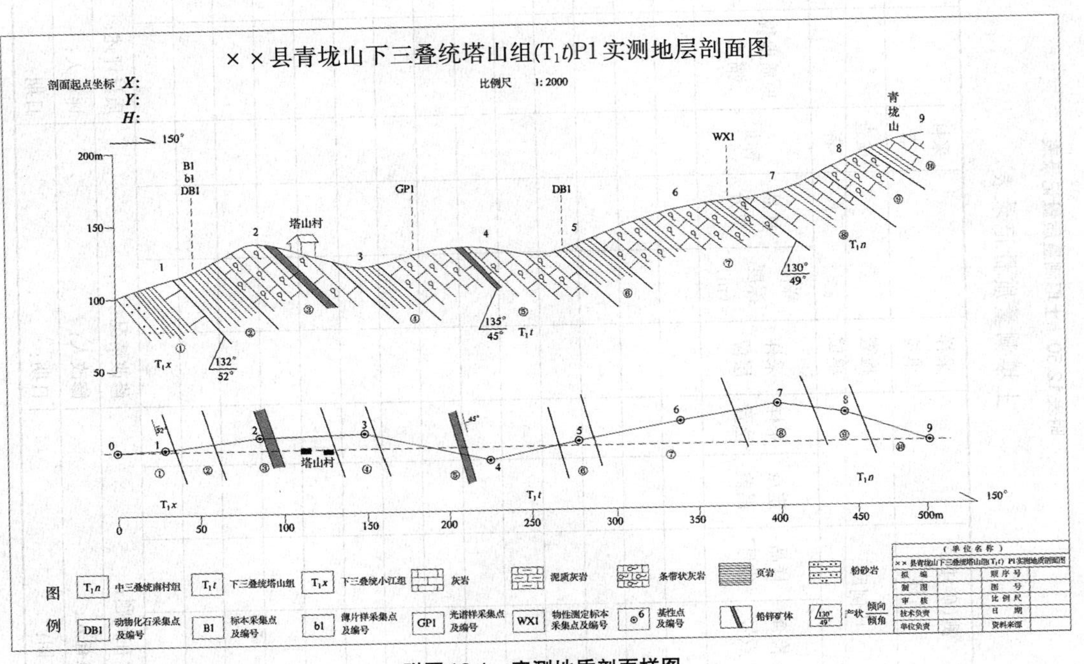

附图 12.1　实测地质剖面样图

××县××地区实测剖面柱状图

比例尺：1：5000

系	统	阶	地层名称	符号	分层号	柱状图	分层厚度(m)	厚度(m)	岩性描述及化石	矿产
三叠系	中三叠统		南村组	T_2n	11		>50	>50	中厚层状细晶灰岩……	
	下三叠统		塔山组	T_1t	10		50	545	中厚层条带状灰岩……	
					9		45		中厚层状细晶灰岩，顶部薄层灰岩……	
					8		126		中厚层条带状灰岩夹薄层状细晶灰岩……	
					7		40		薄层状泥质灰岩……	
					6		70		中厚层条带状灰岩……	
					5		60		中厚层条带状灰岩…… 铅锌矿体……	铅锌矿
					4		30		薄层状泥质灰岩……	
					3		35		薄层状泥质灰岩…… 铅锌矿体…… 薄层状泥质灰岩……	铅锌矿
					2		40		薄层状泥质灰岩……	
			小江组	T_1x	1		20	50	中厚层状细晶灰岩……	

图例：中厚层状细晶灰岩；薄层状泥质灰岩；条带状灰岩；铅锌矿体；泥质灰岩

（单位名称）			
××县××地区实测剖面柱状图			
拟　编		顺序号	
审　核		图　号	
制　图		比例尺	
技术负责		日　期	
单位负责		资料来源	

附图 12.2　实测剖面柱状图样图

××矿区TC1392素描图

1: 50

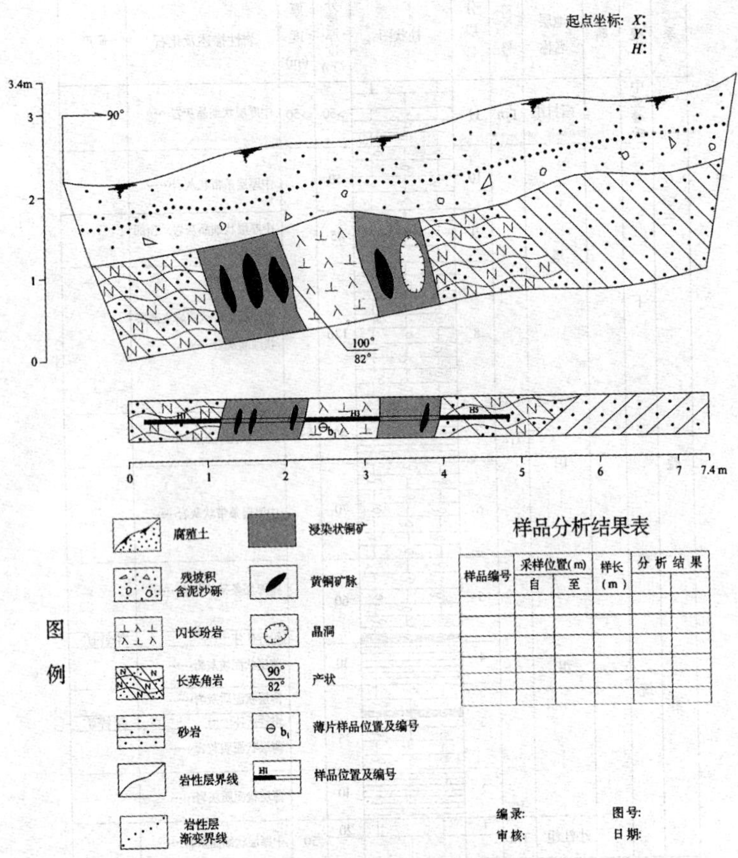

样品分析结果表

样品编号	采样位置(m)		样长(m)	分析结果	
	自	至			

附图12.3 探槽素描图样图

××铝土矿区 QJ1601 素描图

1: 50

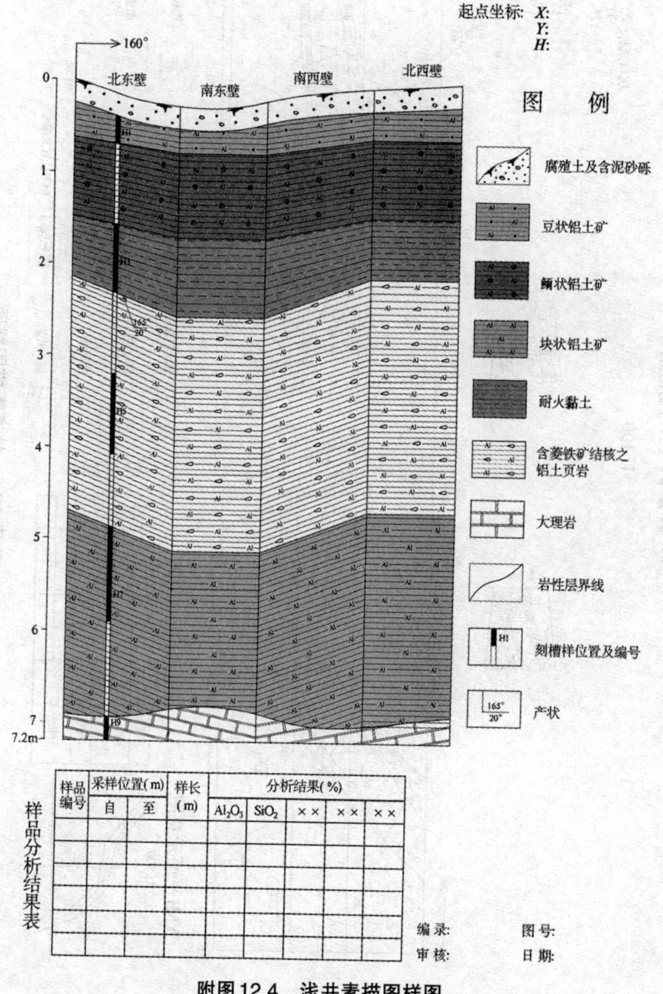

样品分析结果表

样品编号	采样位置(m)		样长(m)	分析结果(%)				
	自	至		Al_2O_3	SiO_2	××	××	××

附图 12.4　浅井素描图样图

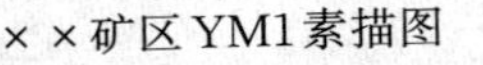

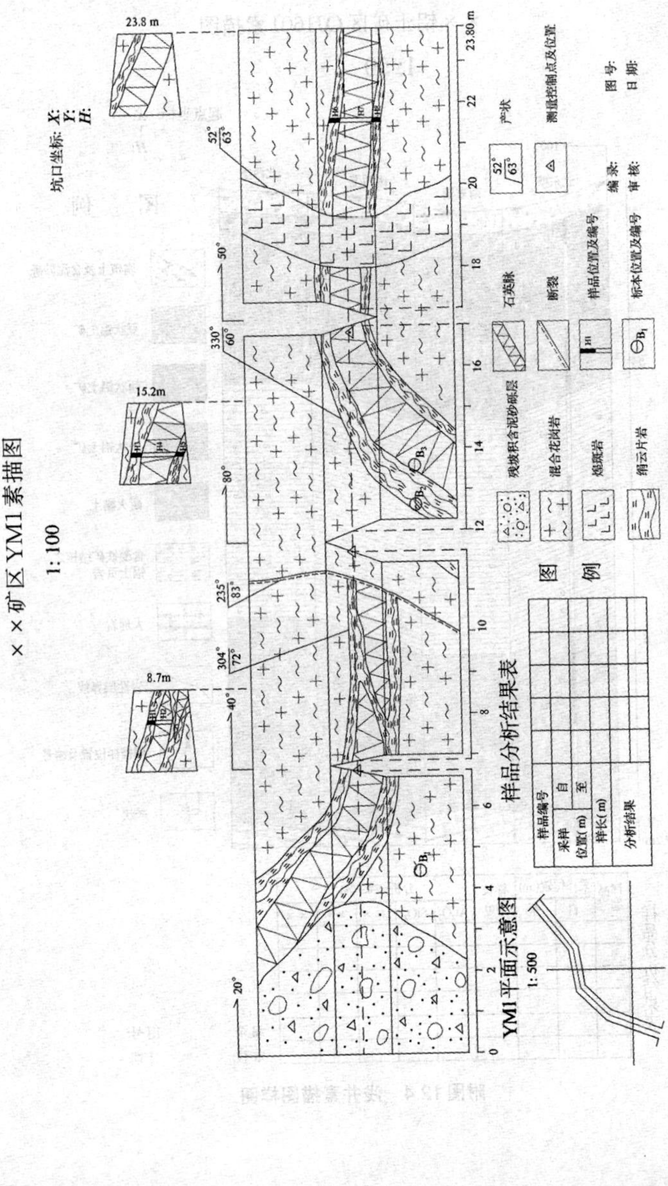

样品编号						
采样位置(m)	自					
	至					
样长(m)						
分析结果						

附图12.5　坑道素描图样图

××金矿区ZK201柱状图

孔口座标：X:　　　　开孔日期：　　年　月　日　　　　孔口方位角：　　°
　　　　　Y:　　　　终孔日期：　　年　月　日　　　　钻孔倾角：　　°
　　　　　H:　　　　　　　　　　　　　　　　　　　　实际孔深：　　m

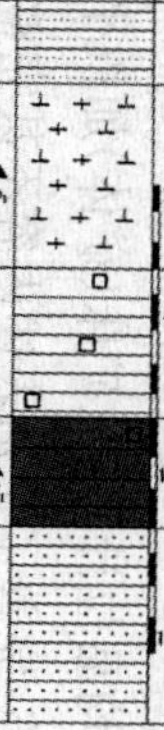

层位	分层 位置	孔深 (m)	厚度 (m)	岩心长度 (m)	采取率 (%)	标志面与岩心轴的夹角 (度)	光薄片位置及编号	柱状图 1:200	基本分析样位置及编号	岩（矿）性描述
Qbd^{1-3}	3 0.70	2.61	2.61	2.30	88					细砂岩： 灰黄色，上部风化较强，半松散块状，普遍具高岭土化和少量褐铁矿化，且褐铁矿主要分布于裂隙面上。局部显碳酸盐化，局部见石英细脉。岩心碎块状为主。层RQD值为0。
	9 0.10	8.43	5.82	5.05	87		▲b_1		1	花岗闪长斑岩： 灰黄色、黄褐色。斑状结构，块状构造。 斑晶主要长石、石英，少量角闪石，基质为长英质，铁质及少量云母。斑晶颗粒1~3mm，角闪石具绿泥石化，上部2.61~3.88m风化较强，呈高岭土化、褐铁矿化，偶见有星点状黄铁矿，裂隙密集，多组交错，岩心成碎块状为多，局部有石英细脉穿插。 其中：3.88~5.14m为细砂岩，接触界线产状不明显。岩心多碎块状，RQD值为0。
	15 0.17	13.10	4.67	3.87	83				5	蚀变岩： 灰色、灰带暗绿色。中粒结构，层状构造。矿物成分以长石、石英为主，蚀变矿物石英、碳酸盐、黄铁矿、绿泥石，局部含少量绢云母，10.30~14.70m有少量褐铁矿。岩石硅化较强，但自形—半自形粒状，粒径0.2~1.5mm，主要以聚斑状和星散分布，部分沿裂隙成条带状产出，分布不均匀，石英细脉稀疏遍布。（8.43~9.20m为硅化蚀变岩）。岩心呈柱状、块状，RQD值为53%。
	19 0.72	16.50	3.40	2.83	83		▲G_1		10	蚀变砂岩型金矿： 主要蚀变：硅化、绿泥石化、绢云母化、钾化、碳酸盐化、金属矿物、黄铁矿化。呈星点状，局部分布在裂隙中。裂隙较发育。呈网状分布，岩心呈块状、碎块状，少数呈柱状，RQD值为23%。 肉眼未见金微细颗粒，经实验室分析，含金。
	23 0	22.60	6.10	4.78	78				15	蚀变砂岩： 灰色、灰带暗绿色。中粒结构，层状构造。矿物成分以长石、石英为主，蚀变矿物石英、碳酸盐、黄铁矿、绿泥石，局部含少量绢云母。 岩石硅化较强，但自形—半自形粒状，粒径0.2~1.5mm。主要以聚斑状和星散分布，部分沿裂隙成条带状产出、分布不均匀，石英细脉稀疏遍布。 岩心较完整，呈柱状、短柱状、块状，RQD值为66%。

取样分析

样品编号	取样位置 起 (米)	止 (米)	代表长度 (米)	岩心长度 (米)	采取率 (%)	分析结果 Au (10^{-6})	Ag (10^{-6})		钻孔结构 (mm)	备注
ZK201									130	
−HX1	5.80	6.60	0.80	0.70	87.50	<0.20				
2		7.60	1.00	0.85	85.00	<0.20				
3		8.43	0.83	0.70	84.34	<0.20				
4		9.20	0.77	0.70	90.91	<0.20				
5		10.30	1.10	0.85	77.27	0.28				
6		11.40	1.10	0.90	81.82	0.23				
7		12.30	0.90	0.75	83.33	<0.20				
8		13.10	0.80	0.85	85.00	0.20				
9		14.30	1.20	0.82	82.00	0.56	2.10			
10		15.30	1.00	0.86	86.00	0.74	0.69			
11		16.50	1.20	0.83	83.00	0.70	1.86		91	
12		17.30	0.80	0.80	80.00	<0.20				
13		18.30	1.00	0.82	82.00	<0.20				
14		19.30	1.00	0.81	81.00	0.24				
15		20.40	1.10	0.86	78.18	<0.20				

孔深测量结果表

钻孔记录深度(m)	检查测量深度(m)	比差 (+)	(−)

钻孔弯曲度测量结果表

测量深度(m)	倾角	方位角	测量深度(m)	倾角	方位角

附注：根据需要，可增加简易水文测井结果、放射性检查结果等内容。

编　录：　　　　　图　号：

审　核：　　　　　日　期：

附图12.6　钻孔柱状图样图

附录13　地质资料综合整理研究附表格式

固体矿产勘查地质资料综合整理综合研究附表格式修订说明

固体矿产勘查地质资料综合整理综合研究附表格式，由中华人民共和国地质矿产行业标准《固体矿产勘查地质资料综合整理综合研究技术要求》(DZ/T 0079—2015)以附录B(以下简称“0079—15版”规范)的形式发布，共30种表式。本次编撰，根据目前矿产勘查地质资料综合整理综合研究对综合表格使用的具体实际，在该30种表式基础上进行了补充、修订和订正，删去了本附录12中已有的表格，形成了本附录计26种表式(附表13.2至附表13.27)，供参考使用。

本附录表格与“0079—15版”规范表格式样相比主要改变有：

(1) 删去了本附录12原始地质编录附表中已有的表格：如物相分析样品登记表、单矿物分析样品登记表、组合样品分析结果登记表、矿石体重、湿度测定记录表等。

(2) 给相关表格增加了制表、计算、审核、日期、填表说明等内容。

(3) 补充了“0079—15版”规范中遗漏的表格，如块段矿体面积登记表、线加权平均品位计算表、矿床(矿体)加权平均品位计算表、大厚度处理记录表等；完善了个别表述内容不甚完整的表格，如块段矿石资源/储量估算表，块段矿体平均品位计算表，样品内、外检分析误差计算表，特高品位处理记录表等。其中“0079—15版”规范中B29块段资源/储量估算表、B17块段平均品位厚度计算表仅适用于地质块段法，不适用于垂直断面法等储量计算；B9样品内、外检统计计算表表述不够完善等，本附录进行了部分补充。

附表13.1　地质资料综合整理研究附表修订记录

表(图)号	名称	修订记录	备注
附表13.2	资源/储量估算结果汇总表	采用"0079—15版"规范表B30,增加填表说明	
附表13.3	工业矿资源/储量估算结果表	采用"0079—15版"规范表B30,增加填表说明	
附表13.4	低品位矿资源/储量估算结果表	采用"0079—15版"规范表B30,增加填表说明	
附表13.5	块段矿石资源/储量估算表	"0079—15版"规范表B29没有考虑各种储量计算(体积计算)公式,不适用	新拟
附表13.6	矿床(矿体)加权平均品位计算表	"0079—15版"规范无本表	新拟
附表13.7	块段矿体平均品位计算表	"0079—15版"规范表B17仅适用于地质块段法,不适用于其他储量计算方法	新拟
附表13.8	线加权平均品位计算表	"0079—15版"规范无本表	新拟
附表13.9	块段矿体面积登记表	"0079—15版"规范无本表,适用于矿体面积较大的矿区	新拟
附表13.10	矿区矿体真厚度、铅垂厚度、水平厚度计算表	合并"0079—15版"规范表B12、B13、B14	新拟
附表13.11	矿区工程平均品位计算表	对"0079—15版"规范表B12适当补充	
附表13.12	样品内、外检分析误差计算表	补充"0079—15版"规范表B9不完善的部分	
附表13.13	样品内、外检结果统计表	采用"0079—15版"规范表B10	
附表13.14	钻探工程质量一览表	补充"0079—15版"规范表B15	
附表13.15	工程测量成果表(注明坐标系)	采用"0079—15版"规范表B1	
附表13.16	勘查区资源/储量估算范围测量成果表	采用"0079—15版"规范表B2	
附表13.17	最终坐标平差表	采用"0079—15版"规范表B3	

续表

表(图)号	名称	修订记录	备注
附表13.18	特高品位处理记录表	修改“0079—15版”规范表B11,并增加填表说明	
附表13.19	大厚度处理记录表	“0079—15版”规范缺失	新拟
附表13.20	块段(块段法)面积计算表	采用“0079—15版”规范表B18	
附表13.21	块段(剖面法)面积计算表	采用“0079—15版”规范表B19	
附表13.22	几何法面积计算表	采用“0079—15版”规范表B20	
附表13.23	软件法面积计算表	采用“0079—15版”规范表B21	
附表13.24	钻孔抽水实验成果表	采用“0079—15版”规范表B23	
附表13.25	钻孔水文观测结果表	采用“0079—15版”规范表B24	
附图13.1	××孔单孔抽水实验综合成果图	采用“0079—15版”规范表B25	
附图13.2	××孔多孔抽水实验综合成果图	采用“0079—15版”规范表B26	

附表13.2 资源/储量估算结果汇总表

资源/储量估算结果汇总表

矿体编号	矿石类型	平均矿石体重(t/m³)	工业矿							低品位矿							备注
			矿石体积(m³)		矿石量(t)		平均品位(10^{-2})	金属量(t)		矿石体积(m³)		矿石量(t)		平均品位(10^{-2})	金属量(t)		
			333	334	333	334		333	334	333	334	333	334		333	334	

制表、计算:＿＿＿＿＿＿ 审核:＿＿＿＿＿＿ 日期:＿＿＿年＿＿＿月＿＿＿日

说明:

1. “平均品位”一栏,须根据矿种确定计量单位,如元素含量(10^{-2})、含矿率(10^{-2})、矿物含量(10^{-2})、g/t、mg/m³、kg/m³等。

2. 根据矿种对资源/储量计量要求不同,表中“金属量”(t)一栏可以是金属量、矿物量、化合物量等,须根据勘查矿种的实际确定种类和计量单位。

附表 13.3　工业矿资源/储量估算结果表

工业矿资源/储量估算结果表

矿体编号	块段编号	资源量类别	矿石类型	块段体积(m^3)	矿石体重(t/m^3)	块段平均品位(10^{-2})	矿石量(t)	金属量(t)	合计				备注
									矿石体积(m^3)	矿石量(t)	金属量(t)	平均品位(10^{-2})	

制表、计算：＿＿＿＿＿＿　审核：＿＿＿＿＿＿　日期：＿＿年＿＿月＿＿日

说明：

1. 平均品位一栏，须根据矿种确定计量单位，如元素含量(10^{-2})、含矿率(10^{-2})、矿物含量(10^{-2})、g/t、mg/m³、kg/m³等。

2. 根据矿种对资源/储量计量要求不同，表中金属量(t)一栏可以是金属量、矿物量、化合物量等，须根据勘查矿种的实际确定种类和计量单位。

附表 13.4　低品位矿资源/储量估算结果表

低品位矿资源/储量估算结果表

矿体编号	块段编号	资源量类别	矿石类型	块段体积(m^2)	平均体重(t/m^3)	块段平均品位(10^{-2})	矿石量(t)	金属量(t)	合计				备注
									矿石体积(m^3)	矿石量(t)	金属量(t)	平均品位(10^{-2})	

制表、计算：＿＿＿＿＿＿　审核：＿＿＿＿＿＿　日期：＿＿年＿＿月＿＿日

说明：

1. 平均品位一栏，须根据矿种确定计量单位，如元素含量(10^{-2})、含矿率(10^{-2})、矿物含量(10^{-2})、g/t、mg/m³、kg/m³等。

2. 根据矿种对资源/储量计量要求不同，表中金属量(t)一栏可以是金属量、矿物量、化合物量等，须根据勘查矿种的实际确定种类和计量单位。

附表 13.5 块段矿石资源/储量估算表

块段矿石资源/储量估算表

矿体编号	块段号	资源/储量类别	矿石品级	前视剖面			后视剖面			间距 L (m)	计算公式	体积 (m^3)	平均体重 (t/m^3)	矿石量 (10^4t)	面积比
				线号	面积号	面积值 S_1 (m^2)	线号	面积号	面积值 S_2 (m^2)						
Ⅰ	Ⅰ-1	333													
	Ⅰ-2	333													
	Ⅰ-3	332													
	Ⅰ-4	333													
	小计	332	工业												
		333	工业												
	小计	333	低品位												
	合计	332+333	工+低												

计算公式：梯形体为 $(S_1+S_2)\times L\div 2$；截锥体为 $(S_1+S_2+\sqrt{S_1\times S_2})\times L\div 3$；锥体为 $S\times L\div 3$；正楔形体为 $S\times L\div 2$；斜楔形体为 $S\times L(2+a_2\div a_1)\div 6$ 或 $S\times L(2+m_2\div m_1)\div 6$。
斜楔形体公式中：m_1 为斜楔形体底面积上矿体平均厚度（底面积÷矿体倾斜长度），m_2 为斜楔形体中以米·百分率（米·克/吨值）圈矿工程矿体厚度，a_1 为斜楔形体底面积上的矿体宽度（或斜长），a_2 为斜楔形体线尖灭处的矿体宽度（或斜长）。

制表、计算：________ 审核：________ 日期：____年____月____日

填表说明：

1. 矿石品级是指工业矿、低品位矿等。

2. 计算公式栏要根据前视、后视两个剖面对应矿体面积差而定，分别选择梯形体、截锥体、锥体、正楔形体、斜楔形体公式，并在计算公式栏中注记所用公式。

附表 13.6　矿床(矿体)加权平均品位计算表

矿床(矿体)加权平均品位计算表

矿体编号	资源/储量类别	矿石类型	品级	块段编号	矿石量(t)	块段平均品位		矿石量×品位		∑矿石量×品位		∑矿石量(t)	平均品位		备注

制表、计算：____________　审核：____________　日期：____年____月____日

填表说明：表中品级栏指工业矿、低品位矿等。

附表 13.7　块段矿体平均品位计算表

块段矿体平均品位计算表

矿体编号	块段编号	块段分号	资源/储量类别	品级	对应面积		线平均品位 C (10^{-2})	品位×面积 $C\times S$	$\sum$品位×面积 $\sum C\times S$	累计面积 $\sum S$ (m^2)	块段平均品位 $\bar{C}$ (10^{-2})	备注
					编号	面积值 S (m^2)						

制表、计算：____________　审核：____________　日期：____年____月____日

填表说明：

1. 表中品级栏指工业矿、低品位矿等。
2. 本表适用于矿体剖面面积加权计算空间块段平均品位。

附表 13.8 线加权平均品位计算表

线加权平均品位计算表

线号	面积号	工程号	顺序样号	厚度(m)	品位(10^{-2})		品位×厚度		∑品位×厚度		∑厚度(m)	平均品位(10^{-2})		品级

制表、计算：＿＿＿＿＿＿ 审核：＿＿＿＿＿＿ 日期：＿＿年＿＿月＿＿日

填表说明：

1. 表中厚度栏要根据资源/储量计算公式中所使用的矿体厚度填写，它可以是真厚度、铅垂厚度、水平厚度之一或工程中矿体视厚度。

2. 品级栏指工业矿、低品位矿等。

附表 13.9 块段矿体面积登记表

块段矿体面积登记表

矿体编号	块段编号	资源量类别	块段面积编号	面积值 S(m^2)	备注

制表、计算：＿＿＿＿＿＿ 审核：＿＿＿＿＿＿ 日期：＿＿年＿＿月＿＿日

附表 13.10　矿区矿体真厚度、铅垂厚度、水平厚度计算表

矿区矿体真厚度、铅垂厚度、水平厚度计算表

矿体编号	钻孔编号	矿层顶底			孔斜		地质剖面		矿体产状		钻孔倾向与矿体倾向关系	钻孔倾向与矿体倾向夹角(°) γ	厚度计算			备注
		见矿孔深(m)	出矿孔深(m)	长度(m)	方位(°)	顶角(°)α	矿体视倾向(°)	矿体视倾角(°)	倾向(°)	真倾角(°)β			真厚度(m) M_z	铅垂厚度(m) M_c	水平厚度(m) M_s	

说明：矿体真厚度 $m_z=L(\sin\alpha\ \sin\beta\ \cos\gamma\pm\cos\alpha\ \cos\beta)$；矿体铅垂厚度 $m_c=L(\sin\ \tan\beta\ \cos\gamma\pm\cos\alpha)$；矿体水平厚度 $m_s=L(\sin\alpha\ \cos\gamma\pm\cos\ \cot\beta)$。

式中，L 为见矿长度；α 为钻孔截穿矿体时的天顶角；β 为矿体的真倾角；γ 为钻孔截穿矿体处钻孔倾向与矿体倾向的夹角。

以上各式中，凡钻孔倾向与矿体倾向相反时，括号中±项为"+"号连接，否则为"−"号连接。

制表、计算：＿＿＿＿＿＿　审核：＿＿＿＿＿＿　日期：＿＿年＿＿月＿＿日

附表 13.11　矿区工程平均品位计算表

矿区工程平均品位计算表

矿体编号	工程号	顺序号	样品编号	采样位置(m)		样品长度(m) L	矿层进尺(m) $\sum L$	品位(10^{-2}) C	工业品位矿体			低品位矿体			备注
				自	至				$L\times C$	$\sum L\times C$	平均品位$\bar{C}$(10^{-2})	$L\times C$	$\sum L\times C$	平均品位$\bar{C}$(10^{-2})	

制表、计算：＿＿＿＿＿＿　审核：＿＿＿＿＿＿　日期：＿＿年＿＿月＿＿日

填表说明：$\sum L\times C$及平均品位栏的样品组成个数由圈矿实际确定。

附表 13.12 样品内、外检分析误差计算表

样品内、外检分析误差计算表

样品号	原分析		检查样		平均值 (10^{-2}) $\bar{x}=(X_i+X_j)\div 2$	偏差值 $D=X_i-\bar{x}$	相对偏差% $RD=(X_i-\bar{x})\div\bar{x}$	允许限系数 C	相对偏差允许限 Y_C 或 Y_G	相对偏差值超差(合格)否
	实验室号	品位 x_i (10^{-2})	检查样号	品位 x_j (10^{-2})						

注：岩矿试样化学重复分析允许限数学模型为 $Y_c=C\times(14.37\bar{x}^{-0.1263}-7.659)$；贵金属试样化学重复分析允许限数学模型为 $Y_G=14.43\times C\bar{x}^{-0.3012}$，其中 C 为允许限系数。

制表、计算：＿＿＿＿＿＿ 审核：＿＿＿＿＿＿ 日期：＿＿年＿＿月＿＿日

附表 13.13 样品内、外检结果统计表

样品内、外检结果统计表

试验批号	样品数	检查性质	检查数	超差数	合格数	合格率	批次分析质量	处置意见

制表、计算：＿＿＿＿＿＿ 审核：＿＿＿＿＿＿ 日期：＿＿年＿＿月＿＿日

附表 13.14 钻探工程质量一览表

钻探工程质量一览表

钻孔编号	终孔深(m)	施工日期	孔口坐标			设计角度(°)		终孔角度(°)		采取率(%)		测斜成果		孔深检查		简易水文观测	封孔情况	原始记录	质量评级	备注
			X	*Y*	*H*	方位角	倾角	方位角	倾角	岩心	矿心	孔深(m)	顶角(°)	孔深(m)	误差(m)					

制表、计算：__________ 审核：__________ 日期：____年____月____日

附表 13.15 工程测量成果表(注明坐标系)

工程测量成果表(注明坐标系)

测点号 工程号	直角坐标			地理坐标		剖面方位(°)	备注
	X	*Y*	*H*	经度	纬度		

制表、计算：__________ 审核：__________ 日期：____年____月____日

附表 13.16 勘查区资源/储量估算范围测量成果表

勘查区资源/储量估算范围测量成果表(注明坐标系)

点号	直角坐标			地理坐标		备注
	X	*Y*	*H*	经度	纬度	

制表、计算：________ 审核：________ 日期：____年____月____日

附表 13.17 最终坐标平差

最终坐标平差

点号	*X*	*Y*	*H*	平面中误差(m)
	中误差(m)	中误差(m)	中误差(m)	

制表、计算：________ 审核：________ 日期：____年____月____日

附表13.18　特高品位处理记录表

特高品位处理记录表

工程号	矿体号	原样品编号	勘查线或孔深位置(m)		分析结果(单位:××)		矿体平均品位(单位:××)	特高品位的界限指标	取代值	备注
			自	至	第一次	第二次				

制表、计算：__________　审核：__________　日期：____年____月____日

填表说明：

1. “矿体平均品位”一栏的填写，要视特高品位处理方法而定，它们可以是由特高品位参与计算的矿体平均品位、块段平均品位、工程平均品位或数理统计法计算的平均品位等。品位计量单位要视矿种而定。

2. 特高品位的界限指标，一般是有特高品位参与计算的平均品位的6~8倍。

附表13.19　大厚度处理记录表

大厚度处理记录表

工程号	矿体号	原样品编号	勘查线或孔深位置(m)		大厚度(m)	矿区平均厚度(m)	大厚度的界限指标	取代值	备注
			自	至					

制表、计算：__________　审核：__________　日期：____年____月____日

填表说明：

1. “矿区平均厚度”一栏的填写要视大厚度处理方法而定，它们可以是由大厚度参与计算的矿体平均厚度、块段平均厚度或数理统计法计算的平均厚度等。

2. 大厚度的确定，一般是有大厚度参与计算的矿区(矿体)平均厚度的3倍。

附表13.20 块段(块段法)面积计算表

块段(块段法)面积计算表

块段号	矿石类型	面积号	块段总面积			块段中无矿面积			相减后的块段面积(m²)	计算块段所用面积(m²)	备注
			长或高(m)	宽或三角形底(1/2)(m)	总面积(m²)	长或高(m)	宽或三角形底(1/2)(m)	无矿面积(m²)			

制表、计算:＿＿＿＿＿　审核:＿＿＿＿＿　日期:＿＿年＿＿月＿＿日

附表13.21 块段(剖面法)面积计算表

块段(剖面法)面积计算表

矿体号	剖面号	面积号	剖面内总面积(m²)	剖面内无矿面积(m²)	相减后剖面内面积(m²)	参加计算面积(m²)	备注

制表、计算:＿＿＿＿＿　审核:＿＿＿＿＿　日期:＿＿年＿＿月＿＿日

附表 13.22　几何法面积计算表

几何法面积计算表

块段号/剖面号	面积号	计算公式	面积(m^2)	图形特征	备注
Ⅱ/10	S_1	$S=a\times b$		长方形	a、b、c为边长，h为梯形的高，$S=(a+b+c)/2$ S为△ABC面积
Ⅲ/12	S_{10}	$S=h\times(a+b)/2$		梯形	
Ⅳ/14	S_{16}	$S=\sqrt{s\times(s-a)(s-b)(s-c)}$		三角形	

制表、计算：__________　审核：__________　日期：____年____月____日

附表 13.23　软件法面积计算表

软件法面积计算表

矿体号	块段号/剖面号	面积号	面积(m^2)	备注

制表、计算：__________　审核：__________　日期：____年____月____日

附表13.24 钻孔抽水实验成果表

钻孔抽水实验成果表

<table>
<tr><td rowspan="3">试段编号</td><td colspan="2" rowspan="2">试段深度(m)</td><td rowspan="3">试段长度(m)</td><td colspan="5">含水层</td><td rowspan="3">降深值代号</td><td colspan="4">抽水时间</td></tr>
<tr><td colspan="2">顶板</td><td colspan="2">底板</td><td rowspan="2">厚度(m)</td><td>开始</td><td>结束</td><td>延续</td><td>稳定</td></tr>
<tr><td>自</td><td>至</td><td>埋深(m)</td><td>标高(m)</td><td>埋深(m)</td><td>标高(m)</td><td>年月日时分</td><td>年月日时分</td><td>时分</td><td>时分</td></tr>
<tr><td></td><td></td><td></td><td></td><td></td><td></td><td></td><td></td><td></td><td></td><td></td><td></td><td></td><td></td></tr>
</table>

<table>
<tr><td>降深值 S(m)</td><td>涌水量 Q (m³/d)</td><td>单位涌水量 Q [L/(s·m)]</td><td>水位误差(%)</td><td>流量误差(%)</td><td>渗透系数 K (m/d)</td><td>影响半径 R (m)</td><td>平均渗透系数 K_{cp} (m/d)</td><td>钻孔半径(mm)</td></tr>
<tr><td></td><td></td><td></td><td></td><td></td><td></td><td></td><td></td><td></td></tr>
</table>

<table>
<tr><td rowspan="2">抽水前孔深(m)</td><td rowspan="2">抽水后孔深(m)</td><td colspan="2">抽水前水位</td><td colspan="2">抽水后水位</td><td rowspan="2">水位恢复时间(时分)</td><td colspan="2">抽水时温度</td><td>计算公式</td></tr>
<tr><td>埋深(m)</td><td>标高(m)</td><td>埋深(m)</td><td>标高(m)</td><td>气温(℃)</td><td>水温(℃)</td><td>$K=\dfrac{0.366Q(\lg R+\lg r)}{(S+l)S}$
$R=2S\sqrt{H_r K}$</td></tr>
<tr><td></td><td></td><td></td><td></td><td></td><td></td><td></td><td></td><td></td><td></td></tr>
</table>

注：
K:渗透系数,单位为米每天(m/d);
Q:出水量,单位为立方米每天(m³/d);
R:影响半径,单位为米(m);
r:抽水孔过滤器的半径,单位为米(m);
S:降深值,单位为米(m);
l:过滤器的长度,单位为米(m);
s:水位下降值,单位为米(m);
H_r:自然状态下潜水含水层的厚度,单位为米(m)。

附表 13.25　钻孔水文观测结果表

钻孔水文观测结果表

勘查线号	观测孔号	孔深(m)				孔口标高(m)	地面标高(m)	距主孔间距(m)	观测孔段岩性	静止水位(m)		主孔试段编号	降深值代号	降深值(m)
		终孔	观测段							埋深	标高			
			自	至	小计									

观测：＿＿＿＿＿＿　审核：＿＿＿＿＿＿　日期：＿＿年＿＿月＿＿日

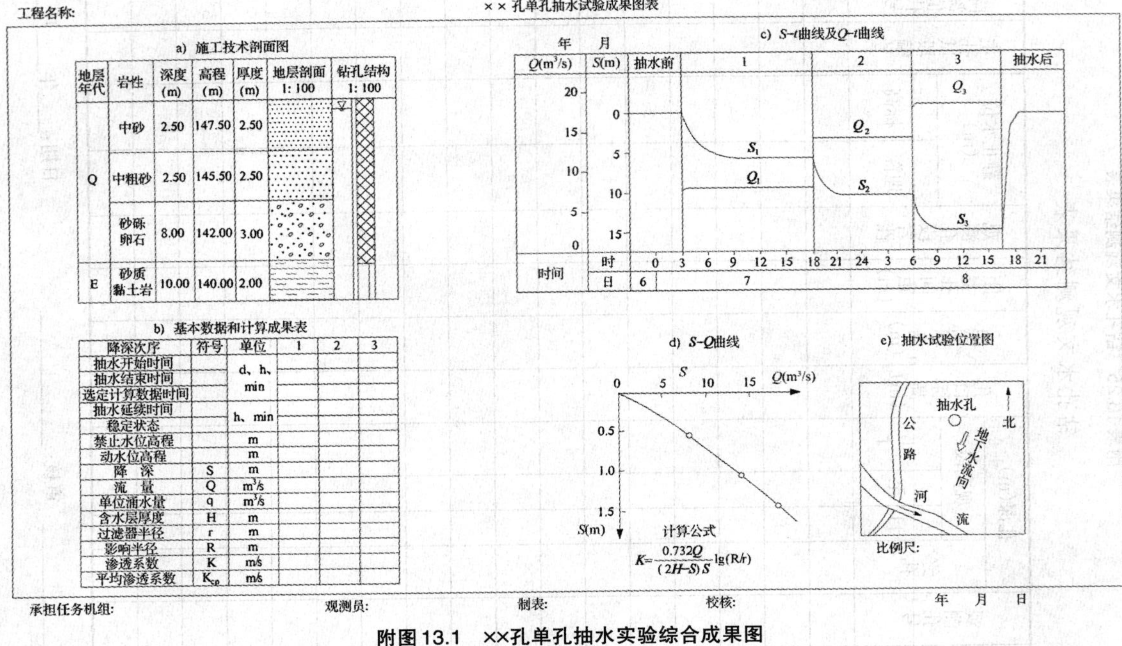

工程名称:

××孔单孔抽水试验成果图表

a) 施工技术剖面图

地层年代	岩性	深度(m)	高程(m)	厚度(m)	地层剖面 1:100	钻孔结构 1:100
Q	中砂	2.50	147.50	2.50		
	中粗砂	2.50	145.50	2.50		
	砂砾卵石	8.00	142.00	3.00		
E	砂质黏土岩	10.00	140.00	2.00		

b) 基本数据和计算成果表

降深次序	符号	单位	1	2	3
抽水开始时间		d、h、min			
抽水结束时间					
选定计算数据时间					
抽水延续时间		h、min			
稳定状态					
禁止水位高程		m			
动水位高程		m			
降深	S	m			
流量	Q	m^3/s			
单位涌水量	q	m^3/s			
含水层厚度	H	m			
过滤器半径	r	m			
影响半径	R	m			
渗透系数	K	m/s			
平均渗透系数	K_{cp}	m/s			

$$K=\frac{0.732Q}{(2H-S)S}\lg(R/r)$$

承担任务机组: 观测员: 制表: 校核: 年 月 日

附图 13.1 ××孔单孔抽水实验综合成果图

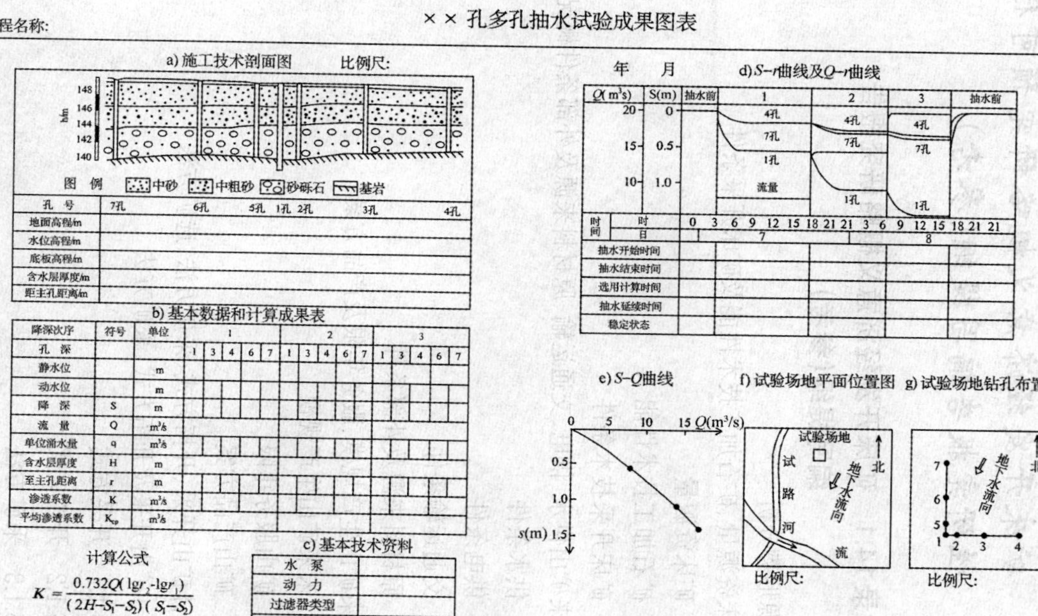

工程名称:

××孔多孔抽水试验成果图表

a) 施工技术剖面图　　比例尺:

图例　中砂　中粗砂　砂砾石　基岩

孔号	7孔	6孔	5孔	1孔	2孔	3孔	4孔
地面高程/m							
水位高程/m							
底板高程/m							
含水层厚度/m							
距主孔距离/m							

b) 基本数据和计算成果表

降深次序	符号	单位	1					2					3				
孔深			1	3	4	6	7	1	3	4	6	7	1	3	4	6	7
静水位		m															
动水位		m															
降深	S	m															
流量	Q	m³/s															
单位涌水量	q	m³/s															
含水层厚度	H	m															
至主孔距离	r	m															
渗透系数	K	m³/s															
平均渗透系数	K_{cp}	m³/s															

计算公式

$$K=\frac{0.732Q(\lg r_2-\lg r_1)}{(2H-S_1-S_2)(S_1-S_2)}$$

c) 基本技术资料

水泵	
动力	
过滤器类型	
网型网号	

年　月

d) S–r曲线及Q–r曲线

时间	时	0	3	6	9	12	15	18	21	21	3	6	9	12	15	18	21	21
	日			7								8						

	1	2	3	抽水前
抽水开始时间				
抽水结束时间				
选用计算时间				
抽水延续时间				
稳定状态				

e) S–Q曲线

f) 试验场地平面位置图

比例尺:

g) 试验场地钻孔布置图

比例尺:

承担任务机组:　　观测员:　　制表:　　校核:　　年　月　日

附图13.2　××孔多孔抽水实验综合成果图

附录14 矿床开发经济意义概略研究预可行性研究报告编写提纲(参考)

附录14.1 矿床开发经济意义概略研究报告编写提纲(参考)

1 资源形势分析

2 矿床资源量、矿石加工技术性能及矿床开采条件

2.1 矿床资源量

2.2 矿石加工技术性能

2.3 矿床开采技术条件

3 未来矿山供水、供电、交通运输、原材料来源及外部条件概况

3.1 供水条件

3.2 供电条件

3.3 交通运输条件

3.4 原材料来源及外部条件

4 未来矿山生产规模、服务年限及产品方案

4.1 未来矿山生产规模

4.2 矿山服务年限

4.3 矿山产品方案

5 预计矿山开采、开拓方式、采矿方法、选矿方法

5.1 矿山开采及开拓方式、采矿方法

5.1.1 开采方式

5.1.2 开拓方式

5.1.3 采矿方法

5.2 选矿方法

6　未来矿山经济效益概略评价

6.1　矿床资源/储量及矿石质量

6.2　企业技术经济概略评价

6.2.1　主要评价参数选取

a）未来矿山规模与寿命

b）基建期

c）流动资金

d）采矿选矿成本

e）地勘费摊销

f）矿石平均品位

g）精矿品位

h）采矿贫化率

i）选矿回收率

j）税金

k）经营成本及无形支出估算(办矿权、技术转让费摊销)

6.2.2　经济效益估算

6.3　综合评述

附录14.2　预可行性研究报告编写提纲(参考)

1　前言

1.1　项目名称

1.2　项目由来

1.3　项目目标

1.4　评价的依据和原则

1.5　建设基本条件

1.6　建设方案

1.7　主要技术经济指标

2 市场预测

2.1 国内矿石供需现状

2.2 国内矿石供需预测

2.3 矿石国内市场销售价格

3 地质概况

3.1 矿床地质概述

3.2 地质资料评述

3.3 矿床地质

3.4 矿体特征

3.5 资源量和质量计算

3.6 工程地质特征

3.7 水文地质

3.8 环境地质条件

4 采矿

4.1 矿床开采技术条件

4.2 开采方法

4.3 开采范围及开采顺序

4.4 矿山规模、产品方案、矿山服务年限及矿山工作制度

4.5 矿床开拓

4.6 矿石地下破碎

4.7 采矿方法

4.8 爆破材料设施

4.9 充填材料和充填设施

4.10 基建井巷工程量及基建进度计划

4.11 采矿进度计划

4.12 坑内运输

4.13 矿井通风、防尘与防火

5　矿山机械
　5.1　矿井提升
　5.2　压气设施
　5.3　排水设施
　5.4　坑内供水
6　选矿
　6.1　矿山供矿条件
　6.2　矿石性质
　6.3　选矿试验研究
　6.4　产品方案与设计流程
　6.5　工作制度与生产能力
　6.6　主要设备选择
7　总图运输
　7.1　概况
　7.2　总体布置
　7.3　矿区内部运输
　7.4　精矿外部运输
　7.5　道路技术标准
　7.6　厂区绿化
8　公辅设施
　8.1　矿山供电
　8.2　给排水
　8.3　机修
　8.4　生活福利设施
9　环境保护
　9.1　设计采用的标准
　9.2　矿山主要污染源、污染物

9.3 资源开发可能引起的生态变化

9.4 控制污染和生态变化的初步方案

9.5 复垦及矿山绿化

10 安全与职业卫生

10.1 主要危险有害因素分析

10.2 安全预防措施

10.3 矿区绿化

11 投资估算

11.1 概述

11.2 编制依据

11.3 有关问题说明

12 技术经济

12.1 项目概况

12.2 成本与费用

12.3 财务分析

12.4 综合评价

附图1:矿区总平面布置图

附图2:开拓系统纵投影图

附图3:阶段平面布置图

附图4:机械化点柱分层充填采矿方法图(选择附图)

附录15　相关系数临界值表

附表15.1　检验相关系数 $\rho=0$ 的临界值(γ_α)表

$$P(|\gamma|>\gamma_\alpha)=\alpha$$

f	α					f
	0.10	0.05	0.02	0.01	0.001	
1	0.98769	0.99692	0.99507	0.999877	0.9999988	1
2	0.90000	0.95000	0.98000	0.99000	0.99900	2
3	0.8054	0.8783	0.93433	0.95873	0.99116	3
4	0.7293	0.8114	0.8822	0.91720	0.97406	4
5	0.6694	0.7545	0.8329	0.8745	0.95074	5
6	0.6215	0.7067	0.7887	0.8343	0.92493	6
7	0.5822	0.6664	0.7498	0.7977	0.8982	7
8	0.5494	0.6319	0.7155	0.7646	0.8721	8
9	0.5214	0.6021	0.6851	0.7348	0.8471	9
10	0.4973	0.5760	0.6581	0.7079	0.8233	10
11	0.4762	0.5529	0.6336	0.6835	0.8010	11
12	0.4575	0.5324	0.6120	0.6614	0.7800	12
13	0.4409	0.5139	0.5923	0.6411	0.7603	13
14	0.4259	0.4973	0.5742	0.6226	0.7420	14
15	0.4124	0.4821	0.5577	0.6055	0.7246	15
16	0.4000	0.4683	0.5425	0.5897	0.7084	16
17	0.3887	0.4555	0.5285	0.5751	0.6932	17

续表

f	α					f
	0.10	0.05	0.02	0.01	0.001	
18	0.3783	0.4438	0.5155	0.5614	0.6787	18
19	0.3687	0.4329	0.5034	0.5487	0.6652	19
20	0.3598	0.4227	0.4921	0.5368	0.6524	20
25	0.3233	0.3809	0.4451	0.4869	0.5974	25
30	0.2960	0.3494	0.4093	0.4487	0.5541	30
35	0.2746	0.3246	0.3810	0.4182	0.5189	35
40	0.2573	0.3044	0.3578	0.3932	0.4896	40
45	0.2428	0.2875	0.3384	0.3721	0.4648	45
50	0.2306	0.2732	0.3218	0.3541	0.4433	50
60	0.2108	0.2500	0.2948	0.3248	0.4078	60
70	0.1954	0.2319	0.2737	0.3017	0.3799	70
80	0.1829	0.2172	0.2565	0.2830	0.3568	80
90	0.1726	0.2050	0.2422	0.2673	0.3375	90
100	0.1638	0.1946	0.2301	0.2540	0.3211	100

当f(即$n-2$)＞100时，相关系数临界值数据$\gamma_{\alpha,f}$见附表15.2。

附表15.2 检验相关系数ρ=0的临界值(γ_α)表

f	α					f
	0.10	0.05	0.02	0.01	0.001	
125	0.14662	0.17431	0.20624	0.22781	0.2286	125
150	0.13392	0.15927	0.18855	0.20835	0.26431	150
175	0.12434	0.14756	0.17475	0.19315	0.24528	175

续表

f	α					f
	0.10	0.05	0.02	0.01	0.001	
200	0.11606	0.1381	0.16359	0.18086	0.22984	200
250	0.10386	0.12361	0.14648	0.16199	0.20608	250
300	0.09483	0.11289	0.13382	0.14802	0.18843	300
350	0.08781	0.10455	0.12396	0.13713	0.17466	350
400	0.082155	0.09782	0.116	0.12834	0.16352	400
450	0.07747	0.09225	0.1094	0.12105	0.15427	450
500	0.0735	0.08753	0.10381	0.11487	0.14644	500
600	0.0671	0.07992	0.0948	0.10491	0.13379	600
700	0.06213	0.074	0.08779	0.09716	0.123935	700
800	0.05812	0.06923	0.082135	0.09091	0.11589	800
900	0.0548	0.06528	0.07745	0.08573	0.109385	900
1000	0.05199	0.061935	0.07348	0.08134	0.1038	1000
1200	0.04747	0.05655	0.06709	0.07427	0.094795	1200
1400	0.04318	0.05145	0.06105	0.06758	0.08627	1400
1600	0.04111	0.04898	0.05812	0.06434	0.08214	1600
1800	0.03876	0.04618	0.0548	0.060665	0.07745	1800
2000	0.03677	0.04381	0.05199	0.05756	0.07349	2000
2500	0.03289	0.03919	0.04651	0.05149	0.06575	2500
3000	0.03003	0.035775	0.04246	0.04701	0.06003	3000
4000	0.026005	0.030984	0.03677	0.04071	0.051996	4000
5000	0.02326	0.027714	0.032892	0.036417	0.046512	5000

续表

f	α					f
	0.10	0.05	0.02	0.01	0.001	
6000	0.021233	0.0253	0.030028	0.033246	0.042463	6000
7000	0.019659	0.023424	0.027801	0.030781	0.039361	7000
8000	0.018389	0.021911	0.026006	0.028794	0.036778	8000
9000	0.017337	0.020658	0.024519	0.027147	0.034676	9000
10000	0.016448	0.019598	0.023261	0.025755	0.032879	10000

查表说明：表中α为置信度，即难以置信概率，$1-\alpha$叫作置信水平，亦叫作可信度。

当$\alpha=0.05$时，其可信程度为95%；f为自由度，等于样品数减去2($f=n-2$)。

附录16　固体矿产勘查设计、勘查报告编写提纲

附录16.1　安徽省地质勘查基金项目申报书编写提纲

A卷(技术部分)

1　概况

　1.1　项目名称、起止时间

　1.2　工作区范围

　1.3　自然地理及社会经济发展概况

2　区域地质背景及成矿条件分析(主要侧重于立项依据的分析)

3　以往地质工作研究程度及勘查成果

4　目标任务及实现的可行性论述

5　工作部署

6　工作方法及技术要求

7　主要实物工作量

8　经费预算(按总预算和各年度预算分别编制)

9　预期成果

附图:区域地质矿产图、工作程度图、矿区地形地质矿产图、工作部署图、重要勘查线剖面图以及其他相关重要图件等

附录16.2　安徽省地勘基金项目立项建议书编写提纲

1　概况

　1.1　项目名称

　1.2　工作区范围

1.3 探矿权设置情况

1.4 项目与矿产资源规划的关系

1.5 项目与各级自然保护区的关系

2 区域地质背景及成矿条件分析(主要侧重于立项依据的分析)

3 以往地质工作研究程度及勘查成果

4 目标、任务及实现的可行性论述

5 指导思想及技术路线

6 总体工作部署及安排

7 工作方法及技术要求

8 主要实物工作量

9 质量保证与组织管理

10 经费预算与投资比例建议

11 预期成果

附图:矿区地形地质矿产图(含矿权分布情况)、工作部署图

附录16.3 安徽省公益性地质工作项目建议书编写提纲

1 概况

1.1 项目名称、起止时间

1.2 工作区范围

1.3 矿业权等级情况:矿产调查项目需要对工作区内的探矿权登记范围、面积等进行调查了解,在工作部署图中要标出

1.4 自然地理概况

2 区域地质背景分析

3 以往工作研究程度与综合评述

4 立项依据(主要是地质依据、需求分析和必要性评述)

5 目的、任务与实现的可行性论证

6 技术路线、方法和具体实施方案

7 主要实物工作量

8 质量保证与组织管理

9 经费预算及依据(参照安徽省预算标准)

10 预期成果及应用

附图:交通位置图、地质工作程度图或水、工、环地质图、工作部署图

附录16.4 固体矿产勘查设计参考提纲

1 概况

1.1 任务依据

1.2 项目名称、工作范围、起止日期

1.3 地理及经济条件

1.3.1 自然地理和社会经济发展概况

1.3.2 资料收集及野外踏勘

1.3.2.1 资料收集

1.3.2.2 野外踏勘

1.4 矿业权登记情况

1.5 以往地质工作程度及评述

2 地质特征

2.1 区域地质

地层、构造、岩浆岩、变质岩、矿产(矿化蚀变、已知矿产)

2.2 区域地球物理、地球化学特征

按地球物理、地球化学分别阐述背景特征、异常特征

2.3 勘查区(矿区)地质

地层、构造、岩浆岩、变质岩、围岩蚀变、矿体特征、矿石特征、地球物理及地球化学特征(详查及勘探)、其他需要阐

述的地质矿产特征

2.4 矿石选(冶)性能(适用于详查及勘探)

2.5 矿床开采技术条件(适用于详查及勘探)

水文地质、工程地质、环境地质

2.6 成矿条件综述

赋矿地层及岩石、典型矿床特征、成矿前景评述

3 目标、任务及实现的可行性论述

3.1 目标、任务

总体任务、具体任务

3.2 任务实现的可行性

政策许可性、市场需求性、外部条件允许、成矿条件有利

4 工作部署与工作方法

4.1 技术路线及工作部署

4.1.1 技术路线

4.1.2 工作部署

4.1.2.1 总体部署、技术路线

4.1.2.2 具体工作部署和施工顺序、工作进度安排

4.2 工作方法及技术要求

4.2.1 工作方法

4.2.2 技术要求

4.3 工业指标、勘查类型及网度的选择

5 质量、安全与组织保障

技术保障、安全保障、质量保障、组织保障

6 主要实物工作量

7 经费预算

8 预期成果

附图(基本附图)

设计书中应附的图、表视设计的工作性质和具体要求而定。一般应附图件有：

1. 普查设计的附图：

(1) 1:200000(1:100000)～1:50000(1:10000)比例尺的区域地质矿产图(也可作设计插图)(附综合地层柱状图、地质剖面图)。

(2) 区域地质研究程度图。

(3) 交通位置及工作布置图。

(4) 区域(矿区物、化成果图)。

(5) 矿区(矿点)普查要附较大比例尺的地质图、剖面图。

(6) 其他图件。

2. 详查—勘探设计应附图件：

(1) 交通位置图。

(2) 区域地质矿产图。

(3) 矿区地质研究程度及工作布置图。

(4) 矿区(矿床)地质(附工程布置)图。

(5) 矿区物、化探成果图。

(6) 矿区水文地质研究程度及工作布置图。

(7) 设计勘查线剖面图。

(8) 竖井、斜井、平巷设计剖面图。

(9) 代表性钻孔设计柱状图。

(10) 专门水文地质钻孔设计柱状图。

(11) 勘探砂矿时应附地貌图、第四纪地质图。

(12) 各种必要的储量预算图件。

上述附图有些可根据实际情况合并或作为插图。

主要附表有：

(1) 各类人员一览表(按年度需要分列)。

(2) 仪器设备及主要材料明细表(按年度需要分列)。

(3) 各项实物工作量一览表(按施工顺序分列季、年度工作量)。

(4) 各种费用预算表(按年度分列)。

(5) 储量预算表(按年度分列)。

附录16.5 矿点检查地质报告的编写格式

1 绪论

1.1 目的、任务 概述检查的目的及主要任务。

1.2 位置及交通 说明矿点或异常所在县、市,勘查范围、拐点经纬度、面积;矿点具体位置、方位,由矿点到最近城镇的距离;经公(小)路(或铁路)到在附近最近村、镇、县、市、直至省会的距离(附交通位置插图);交通是否方便。

1.3 以往工作评述 简述矿点或异常的发现,以及自发现后所进行的地质、物探、化探等各项工作,按时间先后简述其工作情况、投入主要工作量(可附插表)、取得的主要地质成果等。属异常查证的应说明异常元素组合、规模、形状、浓度带、查证结果;属已开采的勘查矿区,应阐明原估算的资源/储量(可附插表)、矿山生产建设规模、生产概况、累计采出矿量及已消耗的资源/储量、保有资源/储量等。存在的主要问题。

1.4 本次工作概况 说明工作的起止时间,采用的方法、手段,工程或样点布置原则、简要经过,完成的各项实物工作量(可附插表)及各项工作质量,取得的主要地质成果。

2 区域地质 以1:200000区调资料为基础,简要说明矿点、异常在区域构造中的位置,区内可能对成矿有影响的主要地层(可附地层简表、区域地质插图)、构造、岩浆岩特征及分布情况。

3 矿点、异常区地质 简要说明矿点或异常范围内,与成矿或异常有直接关系的地层、构造、岩浆岩、变质作用等特征，破矿构造性质、规模等。详细叙述控、破矿的主要因素。异常区增加地貌特征及异常的关系。

4 矿体(层)地质或异常概况说明　矿体(层)数、分布范围、分布规律及相互关系；主要工业矿体(层)控制工程数、埋深、规模(长度、宽度或倾向延伸、厚度)、形态、产状及走向、倾向的变化规律；矿石质量(结构、构造、矿物成分、化学成分、主要矿物特征等)、矿石类型、共伴生组分夹石等及变化规律；近矿围岩岩性、与矿体(层)的接触关系、蚀变特征等；矿床成因类型及主要依据(可附矿体特征一览表)。

异常查证主要说明：异常分解情况，分解后的异常特征，异常源种类、规模、品位及变化情况等(可附异常等特征一览表)。

5 资源量估算　简单说明参与资源量估算的矿体概况、类别及工业指标(采用一般工业指标)、估算方法及依据、估算参数的确定、矿体圈定原则、资源量类别及估算结果(附资源量估算结果表)。已查明异常源的可根据控矿的地层、构造等的规模，概略估算其远景资源量。

6 存在主要问题　简要说明检查中存在的主要生产、技术、认识等问题，并为下一步工作安排提供依据。

7 下一步工作建议　根据矿体或异常查证情况、存在问题、成矿远景和研究及控制程度，提出下一步工作的目的、主要任务、采用的方法、手段及具体工作(如地质、地形测量；探矿工程，特别是坑、钻，化探及勘查样品采集、化验分析及有关资料的收集等)的部署与要求、主要实物工作量(附工作量插表)、预期目标(查证目标或资源/储量目标)、工作周期及费用概算(附费用概算插表)等。

附录16.6 固体矿产勘查报告参考提纲

1 绪论
 1.1 目的、任务
 1.2 位置、交通
 1.3 自然地理、经济状况
 1.4 以往工作评述
 1.5 本次工作情况
2 区域地质
 2.1 大地构造位置
 2.2 地层
 2.3 构造
 2.4 岩浆岩
 2.5 地球物理、地球化学特征(勘探报告可略去)
 2.6 区域矿产
3 矿区(床)地质
 3.1 矿区地层
 3.2 矿区构造
 3.3 矿区岩浆活动
 3.4 矿区变质作用
 3.5 矿区围岩蚀变
 3.6 矿区赋矿层位及矿化特征
4 矿体(层)地质
 4.1 矿体(层)特征
  4.1.1 概述
  4.1.2 赋矿层位和赋矿岩石
  4.1.3 矿体分布、规模

4.1.4　矿体形态、产状、长、宽、厚度，沿走向、倾向变化规律

4.1.5　矿体埋深特征及顶、底板标高

4.1.6　成矿后断层对矿体的影响

4.1.7　矿体划分、连接及对比

4.2　矿石质量

4.2.1　矿石分带特征(氧化带、混合带、原生带)

4.2.2　矿石的岩石学特征

4.2.3　矿石的矿物学特征

4.2.4　矿石的化学成分

4.2.4.1　主元素品位特征及变化规律

4.2.4.2　伴生有用组分、有益、有害元素含量特征及变化规律

4.2.4.3　组合分析、多元素分析、全分析、光谱分析成果

4.2.4.4　元素赋存状态特征

4.3　矿体厚度与品位、矿石有益有害组分的关系

4.4　矿石类型和品级

4.4.1　矿石自然类型

4.4.2　矿石工业类型

4.4.3　氧化带、混合带、原生带分布及矿石质量变化特征

4.5　矿体(层)围岩和夹石

4.6　矿床成因及找矿标志

4.7　矿区(床)内共伴生矿产综合评价

4.8　矿床地质小结

5　矿石加工技术性能

5.1　采样种类、方法及其代表性

5.2　试验种类、方法及结果

5.3　矿石工业利用性能评价

6 矿床开采技术条件
6.1 水文地质
6.2 工程地质
6.3 环境地质
7 勘查工作及质量评述
7.1 勘查方法及工程布置
7.2 勘查工程质量评述
7.3 地形测量、地质勘查工程测量及其地质评述
7.4 地质填图工作及其质量评述
7.5 物探、化探工作及其质量评述
7.6 采样、化验和岩矿鉴定工作及其质量评述
8 资源/储量估算
8.1 资源/储量估算的工业指标
8.2 资源/储量估算的选择及其依据
8.3 资源/储量估算参数的确定
8.4 矿体(层)圈定的原则
8.5 资源/储量的分类
8.6 资源/储量估算的结果
8.7 资源/储量估算的可靠性
8.8 共(伴)生矿产的资源/储量估算的方法及结果
8.9 资源/储量估算中需要说明的问题
9 矿床开发经济意义概略研究
9.1 资源形势和矿产品市场供求
9.2 矿区概况
9.2.1 矿床地质特征概况
9.2.2 矿区勘查程度及查明资源/储量
9.2.3 矿石加工技术性能

9.2.4　矿山开采技术条件

9.2.5　矿山建设外部条件

9.3　矿山建设方案

9.3.1　未来矿山生产规模、产品方案、服务年限

9.3.2　矿山开拓、采选方案

9.4　未来矿山经济评估

9.4.1　经济评价方法、评价指标选取

9.4.2　经济效益计算及敏感性分析

9.5　矿山开发的环境影响

9.6　建设项目的综合评价

根据现行规范,矿床开发经济意义评价可分为概略研究评价、预可行性研究评价、可行性研究评价。概略研究评价由勘查报告编制单位完成,后两者由具有资质的机构完成,并由勘查单位编纂编入报告。

10　结论

10.1　勘查程度及报告质量评述

10.2　矿床成矿规律及找矿远景

10.3　矿床开采技术条件和地质环境

10.4　矿床开发经济效果

10.5　勘查工作主要经验教训及存在的问题

10.6　下一步工作建议

11　附图

11.1　勘查工作区交通位置图(也可作报告正文绪论部分的插图)

11.2　矿区勘查工作程度图(绘出前人历次区调、勘查的范围并注明工作年限和勘查阶段)

11.3　区域地质图

11.4　矿区地形地质图(包括图切地质剖面图、地层综合柱状

图、探矿工程分布位置）

11.5 矿区实际材料图

11.6 矿区资源/储量估算叠合图

11.7 物探、化探数据图、成果图

11.8 采样平面图

11.9 含矿地层及矿层对比图

11.10 勘查线剖面图（有时可与资源/储量估算剖面图合并）

11.11 矿体（层）纵剖面图

11.12 砂矿和缓倾斜矿体（层）顶底板等高线和矿层等厚线图

11.13 矿体（层）水平断面图或中段平面图

11.14 构造控制程度图（附主要矿层底板等高线图）

11.15 资源/储量估算水平投影或垂直纵投影图

11.16 钻孔柱状图（全部钻孔）

11.17 槽探、浅井、坑探工程素描图（全部工程）

11.18 老硐（窿）分布图和新老坑道联系图

11.19 地貌和第四纪地质图

11.20 区域水文地质图

11.21 矿区水文地质图

11.22 矿区工程地质图

11.23 矿区环境地质图

11.24 井巷水文地质工程地质图

11.25 钻孔抽水试验综合成果图

11.26 水文地质工程地质剖面图

11.27 地下水、地表水、矿坑水动态与降水量关系曲线图

11.28 矿坑涌水量计算图

11.29 矿床主要充水含水层地下水等水位（水压）图

11.30 矿体直接顶（底）板隔水层等厚线图

11.31　工程地质钻孔综合柱状图
11.32　岩石强风化带厚度等值线图
11.33　中段岩体稳定性预测图
11.34　露天采场边坡稳定性分区图
11.35　外剥离量计算及剥离比等值线图
11.36　等温线图

12　附表

12.1　测量成果表(包括三角点测量成果、各种勘查工程含勘查线端点测量成果)
12.2　钻探工程质量一览表、煤层综合成果表、封孔情况一览表
12.3　采样及样品分析结果表(全部的基本分析,组合分析,内、外部检查分析,光谱分析,全分析,物相分析,单矿物分析等);岩矿鉴定结果表、重砂分析结果表
12.4　煤质化验成果表(可选性、煤岩、一般分析)
12.5　矿石、岩石物理性能测定结果表、岩石力学试验成果表
12.6　各工程、各剖面、各块段的矿体平均品位、平均厚度计算表
12.7　矿石体重、湿度测定结果表
12.8　资源/储量估算综合表
12.9　块段资源/储量表、矿体资源/储量表、矿床总资源/储量表
12.10　主要含水层钻孔静止水位一览表
12.11　钻孔抽水试验成果汇总表
12.12　钻孔水文地质工程地质综合编录一览表
12.13　地下水、地表水、矿坑水动态观测成果表
12.14　气象资料综合表

12.15 风化带、构造破碎带及含水层厚度统计表

12.16 矿坑涌水量计算表

12.17 井、泉、生产矿井和老窿调查资料综合表

12.18 水质分析成果表

12.19 土样分析试验结果汇总表

12.20 瓦斯测量结果表

12.21 地温测量结果表

12.22 矿区环境地质调查资料汇总表

13 附件

13.1 矿石加工技术性能试验报告

13.2 可行性研究或预可行性研究报告

13.3 工业指标推荐报告

13.4 有关确定工业指标的文件

13.5 勘查许可证或采矿许可证(复印件)

13.6 探矿权人或采矿权人对报告中资料真实性的书面承诺

13.7 投资人或上级主管部门初审意见

13.8 投资人的委托勘查合同书(或上级主管部门的项目任务书)、委托(预)可行性研究合同书、委托监理合同书

13.9 勘查监理单位和监理人资格证书(复印件)、项目监理报告

13.10 矿产资源/储量主管部门对资源/储量的评审认定文件(本文件在报告评审认定之后补入)

13.11 记录有矿床全部钻孔孔口坐标、测斜资料、样品化验分析数据的软盘或光盘;记录有矿床全部探槽、浅井、坑探工程测量数据和全部样品化验分析数据的软盘或光盘;记录有主要图件的软件光盘

附录17　固体矿产勘查现行常用国家标准、行业标准(规范、规程)名录

附表17.1　固体矿产勘查现行常用国家标准、行业标准(规范、规程)名录
(以专业编号排序)

序号	编号	规范名称
		地质专业
1	GB/T 958—2015	区域地质图图例
2	GB/T 9649.9—1998	地质矿产术语分类代码　结晶学及矿物学
3	GB/T 9649.10—2009	地质矿产术语分类代码　岩石学
4	GB/T 9649.16—2009	地质矿产术语分类代码　矿床学
5	GB/T 9649.20—2009	地质矿产术语分类代码　水文地质学
6	GB/T 9649.21—2009	地质矿产术语分类代码　工程地质学
7	GB/T 9649.24—2009	地质矿产术语分类代码　地质经济学
8	GB/T 9649.28—2009	地质矿产术语分类代码　地球物理勘查
9	GB/T 9649.29—2009	地质矿产术语分类代码　地球化学勘查
10	GB/T 9649.32—2009	地质矿产术语分类代码　固体矿产普查与勘探
11	GB/T 13908—2002	固体矿产地质勘查规范总则
12	GB/T 14684—2011	建设用砂
13	GB/T 14685—2011	建筑用卵石、碎石
14	GB/T 17412.1—1998	岩石分类和命名方案:火成岩岩石分类和命名方案
15	GB/T 17412.2—1998	沉积岩岩石分类和命名方案
16	GB/T 17412.3—1998	变质岩岩石分类和命名方案
17	GB/T 17766—1999	固体矿产资源/储量分类
18	GB/T 19492—2004	石油天然气资源/储量分类
19	GB/T 25283—2010	矿产资源综合勘查评价规范
20	GB/T 33444—2016	固体矿产勘查工作规范

续表

21	DZ/T 0033—2002	固体矿产勘查　矿山闭坑地质报告编写规范
22	DZ/T 0059—1993	沙漠地区工程地质调查技术要求(比例尺1:200000～1:100000)
23	DZ/T 0078—2015	固体矿产勘查　原始地质编录规定
24	DZ/T 0079—2015	固体矿产勘查报告　地质资料综合整理、综合研究规定
25	DZ/T 0199—2002	铀矿地质勘查规范
26	DZ/T 0200—2002	铁、锰、铬矿地质勘查规范
27	DZ/T 0201—2002	钨、锡、汞锑矿地质勘查规范
28	DZ/T 0202—2002	铝土矿、冶金菱镁矿地质勘查规范
29	DZ/T 0203—2002	稀有金属矿产地质勘查规范
30	DZ/T 0204—2002	稀土矿产地质勘查规范
31	DZ/T 0205—2002	岩金矿地质勘查规范
32	DZ/T 0206—2002	高岭土、膨润土、耐火黏土矿地质勘查规范
33	DZ/T 0207—2002	玻璃硅质原料、饰面材料、石膏、温石棉、硅灰石、滑石、石墨地质勘查规范
34	DZ/T 0208—2002	砂矿(金属矿产)地质勘查规范
35	DZ/T 0209—2002	磷矿地质勘查规范
36	DZ/T 0210—2002	硫铁矿地质勘查规范
37	DZ/T 0211—2002	重晶石、毒重石、萤石、硼矿地质勘查规范
38	DZ/T 0212—2002	盐湖和盐类矿产地质勘查规范
39	DZ/T 0213—2002	岩金、化工石灰岩及白云岩、水泥原料矿产地质勘查规范
40	DZ/T 0214—2002	铜、铅、锌、银、镍、钼矿地质勘查规范
41	DZ/T 0215—2002	煤、泥炭地质勘查规范
42	DZ/T 0216—2002	煤层气资源/储量规范
43	DZ/T 0224—2007	观赏石鉴评标准
44	DZ/T 0225—2009	浅层地热能勘查评价规范
45	DZ/T 0234—2006	1:500000海区磁力异常(ΔT)平面图编图规范

续表

46	DZ/T 0235—2006	1:50000海区地貌编图规范
47	DZ/T 0236—2006	1:50000海区第四纪地质图编图规范
48	DZ/T 0237—2006	1:500000海区自由空间重力异常图编图规范
49	DZ/T 0246—2006	1:250000区域地质调查技术要求
50	DZ/T 0247—2006	1:1000000海洋区域地质调查规范
51	DZ/T 0249—2010	煤层气田开发方案编制规范
52	DZ/T 0251—2012	地质勘查单位质量管理规范
53	DZ/T 0254—2014	页岩气资源/储量计算与评价技术规范
54	DZ/T 0257—2014	区域地质调查规范(1:250000)
55	DZ/T 0268—2014	数字地质数据质量检查与评价
56	DZ/T 0272—2015	矿产资源综合利用技术指标及其计算方法
57	DZ/T 0291—2015	饰面石材矿产地质勘查规范
58	DD 2002—01	(333、334)资源量估算技术要求规范
59	DD 2012—10	海砂矿产(建筑用砂)地质60勘查规范
60	SL 251—2000	水利水电工程天然建筑材料勘查规程
61	储发〔1987〕27号	矿产勘查各阶段选冶试验程度的暂行规定
62	浙土资办〔2010〕85	浙江省普通建筑石料矿产地质勘查技术要求
63	国土资发〔2007〕26	固体矿产资源/储量核实报告编写规定
64	国土资矿评函〔2012〕70号	固体矿产勘查采样规范(征求意见稿) 固体矿产勘查设计编写规范(征求意见稿) 固体矿产资源/储量核实报告编写规范(征求意见稿)
	物探及遥感	
65	GB/T 14499—1993	地球物理勘查技术符号
66	GB/T 18314—2009	全球定位系统(GPS)测量规范
67	DZ/T 0004—2015	重力调查技术规范(1:50000)
68	DZ/T 0069—1993	地球物理勘查图示图例及用色标准
69	DZ/T 0070—2016	时间域激发极化法技术规程
70	DZ/T 0071—93	地面高精度磁测技术规程
71	DZ/T 0072—1993	电阻率测深法技术规程

续表

72	DZ/T 0073—2016	电阻率剖面法技术规程
73	DZ/T 0081—2017	自然电场法技术规程
74	DZ/T 0084—1993	地面甚低频电磁法技术规程
75	DZ/T 0142—2010	航空磁测技术规范
76	DZ/T 0144—94	地面磁勘查技术规程
77	DZ/T 0153—2014	物化探工程测量规范
78	DZ/T 0170—1997	浅层地震勘查技术规程
79	DZ/T 0171—2017	大比例尺重力勘查规范
80	DZ/T 0180—1997	石油、天然气地震勘查技术规范
81	DZ/T 0181—1997	水文测井工作规范
82	DZ/T 0187—2016	地面磁性源瞬变电磁法技术规程
83	DZ/T 0204—2016	井中激发极化法技术规程
84	DZ/T 0217—2006	电偶源频率电磁电磁测深法技术规程
85	DZ/T 0280—2015	可控源音频大地电磁法技术规程
86	DZ/T 0281—2015	相位激发极化法技术规程
87	DZ/T 0293—2016	井中磁测技术规程
88	DZ/T 0296—2016	地质环境遥感监测技术要求(1:250000)
89	DZ/T 0297—2017	金属矿地球物理测井规范
90	DZ/T 0300—2017	煤田地震勘探规范
91	DZ/T 0305—2017	天然场音频大地电磁法技术规程
	化　探	
92	DZ/T 0011—2015	地球化学普查规范(1:50000)
93	DZ/T 0145—1994	土壤地球化学测量规范
94	DZ/T 0167—1995	区域地球化学勘查规范(1:200000)
95	DZ/T 0248—2014	岩石地球化学测量技术规程

续表

96	DZ/T 0258—2014	多目标区域地球化学调查规范(1:250000)
97	DZ/T 0295—2016	土地质量地球化学评价规范
水、工、环		
98	GB/T 14158—1993	区域水文地质工程地质环境地质综合勘查规范
99	DZ/T 0060—1993	岩溶地区工程地质调查规程(比例尺1:200000~1:100000)
100	DZ/T 0061—1993	冻土地区工程地质调查规程(比例尺1:200000~1:100000)
101	DZ/T 0062—1993	红层地区工程地质调查规程(比例尺1:200000~1:100000)
102	DZ/T 0063—1993	黄土地区工程地质调查规程(比例尺1:200000~1:100000)
103	DZ/T 0218—2006	滑坡防治工程勘查规范
104	DZ/T 0219—2006	滑坡防治工程设计与施工技术规范
105	DZ/T 0219—2002	岩土体工程地质分类标准
106	DZ/T 0220—2006	泥石流灾害防治工程勘查与设计规范
107	DZ/T 0221—2006	崩塌、滑坡、泥石流监测规范
108	DZ/T 0222—2006	地质灾害防治工程监理规范
109	DZ/T 0223—2011	矿山环境保护与综合治理方案编制规范
110	DZ/T 0224—2004	地下水资源数值法计算技术要求
111	DZ/T 0225—2004	建设项目地下水环境影响评价规范
112	DZ 0238—2004	地质灾害分类分级(试行)
113	DZ/T 0239—2004	泥石流灾害防治工程设计规范

续表

114	DZ/T 0240—2004	滑坡防治工程设计与施工技术规范
115	DZ/T 0241—2004	地质灾害防治工程监理规范
116	DZ/T 0245—2004	建设用地地质灾害危险性评估技术要求
117	DZ/T 0282—2015	水文地质调查规范(1:50000)
118	DZ/T 0284—2015	地质灾害排查规范
119	DZ/T 0286—2015	地质灾害危险性评估规范
120	DZ/T 0287—2015	矿山地质环境监测技术规程
121	DZ/T 0288—2015	区域地下水污染调查评价规范
122	DZ/T 0289—2015	区域生态地球化学评价规范
123	DZ/T 0290—2015	地下水水质标准
124	DD 2008—02	崩塌滑坡泥石流灾害调查规范(1:50000)
测　绘		
125	GB/T 17228—1998	地质矿产勘查测绘术语
126	GB/T 18341—2001	地质矿产勘查测量规范
127	DZ/T 0034—1992	光电测距高程导线测量规范
128	DZ/T 0153—2014	物化探工程测量规范
129	DZ/T 0179—1997	地质图用色标准及用色原则(1:50000)
130	DZ/T 0227—2004	滑坡、崩塌监测测量规范
探矿工程		
131	GB/T 16950—2014	地质岩心钻探钻具
132	DZ/T 0032—1992	地质勘查钻探岩矿心管理通则
133	DZ/T 0065—1993	坑道钻机技术条件
134	DZ　0141—94	地质勘查坑探规程
135	DZ/T 0148—2014	水文水井地质钻探规程
136	DZ/T 0227—2010	地质岩心钻探规程

续表

137	DZ/T 0250—2010	煤层气钻进作业规范
138	DZ/T 0277—2015	地质岩心钻探金刚石钻头
139	DZ/T 0278—2015	地质岩心钻探金刚石扩孔器
140	AQ　2004—2005	地质勘探安全规程
	岩矿测试	
141	GB/T 14505—2010	岩石和矿石化学分析方法　总则及一般规定
142	GB/T 16552—2010	珠宝玉石　名称
143	GB/T 16553—2010	珠宝玉石　鉴定
144	GB/T 25282—2010	土壤和沉积物　13个微量元素形态顺序提取程序
145	DZ/T 0275.1—2015	岩矿鉴定技术规范　第1部分:总则及一般规定
146	DZ/T 0275.2—2015	岩矿鉴定技术规范　第2部分:岩石薄片制样
147	DZ/T 0275.3—2015	岩矿鉴定技术规范　第3部分:矿石光片制样
148	DZ/T 0275.4—2015	岩矿鉴定技术规范　第4部分:岩石薄片鉴定
	其　他	
149	GB/T 1.1—2009	标准化工作导则　第1部分:标准的结构和编写
150	GB　3101—93	有关量、单位和符号的一般原则
151	GB/T 8701—2008	数值修约规则与极限数值的表示和判定
152	GB/T 15835—2011	出版物上数字用法
153	DZ/T 0226—2010	矿产资源规划数据库标准
154	DZ/T 0273—2015	地质资料汇交规范
155	DZ/T 0274—2015	地质数据库建设规范的结构与编写
156	DZ/T 0431—2005	矿业权档案立卷归档规范

参考文献

[1] 固体矿产勘查地质工作规范:GB/T 33444—2016[S].北京:中国标准出版社,2017.

[2] 区域地质图图例:GB/T 958—2015[S].北京:中国标准出版社,2015.

[3] 矿产资源综合勘查评价规范:GB/T 25283—2010[S].北京:中国标准出版社,2011.

[4] 标准化工作导则:第一部分　标准的结构和编写:GB/T 1.1—2009[S].北京:中国标准出版社,2009.

[5] 数值修约规则与极限数值的表示和判定:GB/T 8170—2008[S].北京:中国标准出版社,2008.

[6] 数据的统计处理和解释:正态样本离群值的判断和处理——GB/T 4883—2008[S].北京:中国标准出版社,2008.

[7] 固体矿产地质勘查规范总则:GB/T 13908—2002[S].北京:中国标准出版社,2002.

[8] 中国环境科学研究院.地表水环境质量标准:GB 3838—2002[S].北京:中国环境科学出版社,2002.

[9] 固体矿产资源/储量分类:GB/T 17766—1999[S].北京:中国标准出版社,1999.

[10] 地下水环境质量标准:GB/T 14848—93[S].北京:中国标准出版社,1993.

[11] 矿区水文地质工程地质勘探规范:GB 12719—91[S].北京:中国标准出版社,1991.

[12] 地质资料汇交规范:DZ/T 0273—2015[S].北京:中国标准出版社,2015.
[13] 地质勘查单位质量管理规范:DZ/T 0251—2012[S].北京:中国标准出版社,2012.
[14] 固体矿产勘查/矿山闭坑地质报告编写规范:DZ/T 0033—2002[S].北京:地质出版社,2003.
[15] 国家地质总局.金属非金属矿产地质普查勘探采样规定及方法[S].北京:地质出版社,1978.
[16] 电阻率剖面法技术规程:DZ/T 0073—2016[S].北京:地质出版社,2016.
[17] 时间域激发极化法技术规程:DZ/T 0070—2016[S].北京:地质出版社,2016.
[18] 地面磁性源瞬变电磁法技术规程:DZ/T 0187—2016[S].北京:地质出版社,2016.
[19] 井中激发极化法技术规程:DZ/T 0204—2016[S].北京:地质出版社,2016.
[20] 重力调查技术规范(1:50000):DZ/T 0004—2015[S].北京:地质出版社,2015.
[21] 可控源音频大地电磁法技术规程:DZ/T 0280—2015[S].北京:地质出版社,2015.
[22] 地球化学普查规范(1:50000):DZ/T 0011—2015[S].北京:地质出版社,2015.
[23] 铁、锰、铬矿地质勘查规范:DZ/T 0200—2002[S].北京:地质出版社,2012.
[24] 矿山地质环境调查评价规范:DD 2014—05[S].北京:中国地质调查局,2014.
[25] 固体矿产勘查采样规范(征求意见稿)[S].北京:国土资源部矿产

资源/储量评审中心,2012.
[26] 地面高精度磁测技术规程:DZ/T 0071—93[S].北京:地质出版社,1993.
[27] 电阻率测深法技术规程:DZ/T 0072—1993[S].北京:地质出版社,1993.
[28] 煤矿床水文地质、工程地质及环境地质评价标准:MT/T 1091—2008[S].北京:煤炭工业出版社,2010.
[29] 水样采集与送检要求:GWI-B1[S].北京:中国地质调查局,2006.
[30] 原始地质资料立卷归档规则:DA/T41—2008[S].2008.
[31] 地球化学勘查术语:GB/T 14496—1993[S].1993.
[32] 科技报告、学位论文和学术论文的编写格式:GB 7713—87[S].1987.
[33] 固体矿产勘查原始地质编录规程:DZ/T 0078—2015[S].2015.
[34] 固体矿产勘查地质资料综合整理综合研究技术要求:DZ/T 0079—2015[S].2015.
[35] 地质岩心钻探规程:DZ/T 0227—2010[S].2010.
[36] 地质勘查实验室测试质量管理规范:DZ/T 0130—2006[S].2006.
[37] 固体矿产勘查报告格式规定:DZ/T 0131—94[S].1994.
[38] 区域地质及矿区地质图清绘规程:DZ/T 0156—95[S].1995.
[39] 土壤地球化学测量规范:DZ/T 0145—94[S].1994.
[40] 化学分析中不确定度的评估指南:CNAS-GL 06[S].2006.
[41] 测量不确定度要求的实施指南:CNAS-GL 05[S].2005.
[42] 测量不确定度评定与表示:JJF 1059—1999[S].1999.
[43] 孙宝钢.地质调查项目组野外实用技术手册[M].北京:地质出版社,2012.
[44] 彭觥,刘阴桐,陈稀廉,等.矿山地质手册[M].北京:冶金工业出版社,1995.

[45] 张志呈.矿山地质工程师实用手册[M].北京:冶金工业出版社,2010.
[46] 刘静.最新地质勘探技术手册[M].北京:中国工程技术出版社,2007.
[47] 徐靖中.矿产工业指标应用手册[M].北京:中国环境科学出版社,2007.
[48] 中国地质调查局.野外地质工作实用手册[M].长沙:中南大学出版社,2013.
[49] 陈淮生.环境地质工作手册[M].北京:中国科技文化出版社,2005.
[50] 常士骠,张苏民.工程地质手册[M].4版.北京:中国建筑工业出版社,2006.
[51] 汪民,殷跃平,文冬光,等.水文地质手册[M].2版.北京:地质出版社,2012.
[52] 柴登榜.矿井地质工作手册:下册[M].北京:煤炭工业出版社,1984.
[53] 地质矿产部水文地质工作地质技术方法研究队.水文地质手册[M].北京:地质出版社,1978.
[54] 韩运宴,罗刚,徐永齐.地质学基础[M].北京:地质出版社,2007.
[55] 汪新文.地球科学概论[M].北京:地质出版社,1999.
[56] 叶俊林.地质学基础[M].北京:地质出版社,1987.
[57] 潘兆橹.结晶学及矿物学:上、下册[M].北京:地质出版社,1984.
[58] 邱家骧.岩浆岩岩石学[M].北京:地质出版社,1985.
[59] 刘宝珺.沉积岩岩石学[M].北京:地质出版社,1981.
[60] 游振东,王方正.变质岩岩石学[M].武汉:中国地质大学出版社,1988.
[61] 王鸿祯.地史学教程[M].北京:地质出版社,1986.

[62] 宋鸿林,张长厚,王根厚.构造地质学[M].北京:地质出版社,2013.
[63] 李玉发,姜立福.安徽省岩石地层[M].武汉:中国地质大学出版社,1997.
[64] 任升莲.庐山地理与地质综合实习教程[M].合肥:中国科学技术大学出版社,2015.
[65] 李守义,叶松青.矿产勘查学[M].2版.北京:地质出版社,2003.
[66] 赵鹏大.矿产勘查理论与方法[M].武汉:中国地质大学出版社,2006.
[67] 杨云保,唐永虎,徐惠长.固体矿产勘查技术[M].北京:地质出版社,2007.
[68] 侯德义.找矿勘探地质学[M].北京:地质出版社,1984.
[69] 王云才.大学物理实验教程[M].3版.北京:科学出版社,2016.
[70] 地质矿产部《地质辞典》办公室.地质辞典[M].北京:地质出版社,1983.
[71] 刘天佑.地球物理勘探概论[M].北京:地质出版社,2007.
[72] 曾华霖.重力场与重力勘探[M].北京:地质出版社,2005.
[73] 刘光鼎.中国金属矿的地质与地球物理勘查[M].北京:测绘出版社,2013.
[74] 中国球物理地球化学勘查研究所.中国重要金属矿勘查物化探方法技术应用[M].北京:地质出版社,2011.
[75] 张明华,乔计花,刘宽厚,等.重力资料解释应用技术要求[M].北京:地质出版社,2010.
[76] 范正国,黄旭钊,熊盛青,等.磁测资料应用技术要求[M].北京:地质出版社,2010.
[77] 吴锡生.化探及其数据处理方法[M].北京: 地质出版社,1993.
[78] 罗先熔.勘查地球化学[M].北京:冶金工业出版社,2007.

[79] 沈继方,于青春,胡章喜.矿床水文地质学[M].武汉:中国地质大学出版社,1992.

[80] 王秀兰,刘忠席.矿山水文地质[M].北京:煤炭工业出版社,2007.

[81] 李世峰,金瞰昆,刘素娟.矿井地质与矿井水文地质[M].徐州:中国矿业大学出版社,2009.

[82] 国土资源部.关于煤炭资源合理开发利用"三率"指标要求(试行)的公告(2012年第23号)[Z].2012.

[83] 国土资源部.关于四川攀西钒钛磁铁矿开发利用"三率"指标要求(试行)的公告(2012年第26号)[Z].2012.

[84] 国土资源部.关于征求磷矿、金矿和高岭土矿资源合理开发利用"三率"指标要求(试行)的意见的函(国土资厅函〔2012〕30、29、28号)[Z].2012.

[85] 国土资源部.国土资源部关于铁、铜、铅、锌、稀土、钾盐和萤石等矿产资源合理开发利用"三率"最低指标要求(试行)的公告(2013年第21号)[Z].2014.

[86] 国土资源部.国土资源部关于锰、铬、铝土矿、钨、钼、硫铁矿、石墨和石棉等矿产资源合理开发利用"三率"最低指标要求(试行)的公告(2014年第31号)[Z].2014.

[87] 国土资源部.国土资源部关于镍、锡、锑、石膏和滑石等矿产资源合理开发利用"三率"最低指标要求(试行)的公告(2015年第30号)[Z].2015.

[88] 国土资源部.国土资源部关于锂、锶、重晶石、石灰岩菱镁矿、硼等矿产资源合理开发利用"三率"最低指标要求(试行)的公告(2016年第30号)[Z].2016.

[89] 国土资源部.征求镁矿等矿产资源合理开发利用"三率"最低指标要求意见的函(国土资厅函〔2017〕330号):镁、铌、钽、硅质原料、膨润土、芒硝矿理开发利用"三率"最低指标[Z].2017.

[90] 国土资源部.矿产资源储量规模划分标准(国土资发〔2000〕133号)[Z].2000.
[91] 国土资源部.关于调整部分矿种矿山生产建设规模标准的通知(国土资发〔2004〕208号)[Z].2004.
[92] 陈正友.地球化学找矿在实际生产中的应用[Z].2013.
[93] 吉林省地调院.化探数据处理与解释评价[Z].2008.
[94] 矿体圈定与资源/储量估算[Z].长沙:湖南省矿产资源/储量评审中心.
[95] 安徽省地质调查院.安徽省地质调查院质量管理手册[Z].2005.
[96] 李治堂.野外地质工作参考手册[Z].西安:陕西省地质矿产局,1992.
[97] 河南发恩德华威矿业有限公司.地质工程师手册:地质篇[Z].2008.
[98] 张运良.矿产资源/储量报告及评审中的若干问题[Z].辽宁富源矿产资源/储量评估有限公司.
[99] 实物地质资料管理办法(国土资规〔2016〕11号)[Z].2016.
[100] 国土资源部.关于加强地质资料管理的通知(国土资规〔2017〕1号)[Z].2017.
[101] 刘荣.地质勘查常用标准汇编[G].成都:四川省冶金地质勘查局,2003.
[102] 河南省有色金属地质矿产局.地质工作实施细则汇编[G].2006.